中国国家标准汇编

2008年修订-61

中国标准出版社 编

中国标准出版社

北京

图书在版编目（CIP）数据

中国国家标准汇编：2008年修订．61/中国标准出版社编．—北京：中国标准出版社，2009

ISBN 978-7-5066-5529-3

Ⅰ．中… Ⅱ．中… Ⅲ．国家标准-汇编-中国-2008 Ⅳ．T-652.1

中国版本图书馆 CIP 数据核字（2009）第 187106 号

中国标准出版社出版发行
北京复兴门外三里河北街16号
邮政编码：100045
网址 www.spc.net.cn
电话：68523946 68517548
中国标准出版社秦皇岛印刷厂印刷
各地新华书店经销

*

开本 880×1230 1/16 印张 38.5 字数 1 157 千字
2009年11月第一版 2009年11月第一次印刷

*

定价 200.00 元

出 版 说 明

1.《中国国家标准汇编》是一部大型综合性国家标准全集。自 1983 年起，按国家标准顺序号以精装本、平装本两种装帧形式陆续分册汇编出版。它在一定程度上反映了我国建国以来标准化事业发展的基本情况和主要成就，是各级标准化管理机构，工矿企事业单位，农林牧副渔系统，科研、设计、教学等部门必不可少的工具书。

2.《中国国家标准汇编》收入我国每年正式发布的全部国家标准，分为“制定”卷和“修订”卷两种编辑版本。

“制定”卷收入上年度我国发布的、新制定的国家标准，顺延前年度标准编号分成若干分册，封面和书脊上注明“20××年制定”字样及分册号，分册号一直连续。各分册中的标准是按照标准编号顺序连续排列的，如有标准顺序号缺号的，除特殊情况注明外，暂为空号。

“修订”卷收入上年度我国发布的、被修订的国家标准，视篇幅分设若干分册，但与“制定”卷分册号无关联，仅在封面和书脊上注明“20××年修订-1，-2，-3，……”字样。“修订”卷各分册中的标准，仍按标准编号顺序排列(但不连续)；如有遗漏的，均在当年最后一分册中补齐。需提请读者注意的是，个别非顺延前年度标准编号的新制定的国家标准没有收入在“制定”卷中，而是收入在“修订”卷中。

读者配套购买《中国国家标准汇编》“制定”卷和“修订”卷则可收齐上一年度我国制定和修订的全部国家标准。

3. 由于读者需求的变化，自 1996 年起，《中国国家标准汇编》仅出版精装本。

4. 2008 年制修订国家标准共 5946 项。本分册为“2008 年修订-61”，收入新制修订的国家标准 32 项。

中国标准出版社

2009 年 10 月

目　录

GB/T 12772—2008　排水用柔性接口铸铁管、管件及附件 …… 1
GB/T 12773—2008　内燃机气阀用钢及合金棒材 …… 69
GB/T 12777—2008　金属波纹管膨胀节通用技术条件 …… 85
GB/T 12778—2008　金属夏比冲击断口测定方法 …… 135
GB/T 12788—2008　核电厂安全级电力系统准则 …… 147
GB/T 12790—2008　核电厂安全级电气设备和系统文件标识方法 …… 169
GB/T 12801—2008　生产过程安全卫生要求总则 …… 177
GB/T 12823.1—2008　摄影　密度测量　第1部分:术语、符号和表示法 …… 188
GB/T 12823.4—2008　摄影　密度测量　第4部分:反射密度的几何条件 …… 200
GB/T 12827—2008　标准参比乙炔炭黑及鉴定方法 …… 209
GB/T 12830—2008　硫化橡胶或热塑性橡胶　与刚性板剪切模量和粘合强度的测定　四板剪切法 …… 215
GB/T 12832—2008　橡胶结晶效应的测定　硬度测量法 …… 223
GB/T 12903—2008　个体防护装备术语 …… 231
GB 12904—2008　商品条码　零售商品编码与条码表示 …… 287
GB/T 12906—2008　中国标准书号条码 …… 317
GB/T 12907—2008　库德巴条码 …… 327
GB/T 12913—2008　电容器纸 …… 343
GB/T 12914—2008　纸和纸板　抗张强度的测定 …… 357
GB/T 12920—2008　船用气动系统通用技术条件 …… 369
GB/T 12922—2008　弹性阻尼簧片联轴器 …… 379
GB/T 12924—2008　船舶工艺术语　船体建造和安装工艺 …… 405
GB/T 12928—2008　船用中低压活塞空气压缩机 …… 449
GB/T 12929—2008　船用高压活塞空气压缩机 …… 463
GB/T 12937—2008　煤岩术语 …… 475
GB/T 12940—2008　银石墨电触头技术条件 …… 495
GB/T 12947—2008　鲜柑橘 …… 505
GB/T 12954.1—2008　建筑胶粘剂试验方法　第1部分:陶瓷砖胶粘剂试验方法 …… 515
GB 12955—2008　防火门 …… 539
GB/T 12956—2008　卫生间配套设备 …… 565
GB/T 12959—2008　水泥水化热测定方法 …… 571
GB/T 12966—2008　铝合金电导率涡流测试方法 …… 585
GB/T 12967.1—2008　铝及铝合金阳极氧化膜检测方法　第1部分:用喷磨试验仪测定阳极氧化膜的平均耐磨性 …… 596

ICS 23.040.10
H 48

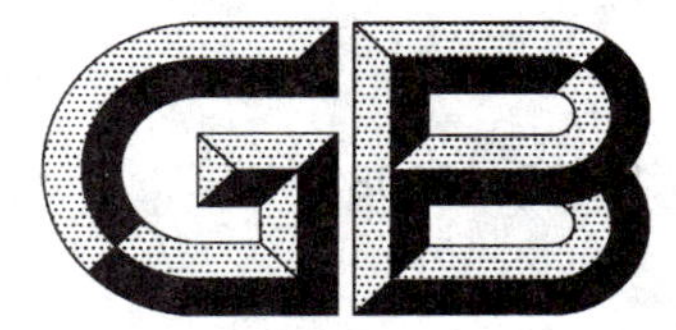

中华人民共和国国家标准

GB/T 12772—2008
代替 GB/T 12772—1999

排水用柔性接口铸铁管、管件及附件

Cast iron pipes, fittings and accessories with flexible joint sewerage for drainage

（ISO 6594:2006, Cast iron drainage pipes and fittings—Spigot series, MOD）

2008-09-11 发布　　　　2009-05-01 实施

中华人民共和国国家质量监督检验检疫总局
中国国家标准化管理委员会　发布

前言

本标准修改采用 ISO 6594:2006《铸铁排水管及管件——插口系列》。

本标准根据 ISO 6594:2006 重新起草。在附录 A 中列出了本标准章条编号与 ISO6594:2006 章条编号对照一览表。

本标准在采用国际标准时做了一些修改。有关技术性差异用垂直单线标识在它们所涉及的条款的页边空白处。在附录 B 中给出了技术性差异及其原因的一览表以供参考。

本标准代替 GB/T 12772—1999《排水用柔性接口铸铁管及管件》,与 GB/T 12772—1999 相比主要变化如下:

——标准名称改为《排水用柔性接口铸铁管、管件及附件》。

——增加分类、术语及定义。

——增加 W1 型直管及管件、B 型管件及相关附件。

——直管出厂试验水压标准,由原来的 0.2 MPa 提高到 0.3 MPa。

——直管及管件的磷含量,由原来的应不大于 0.3%提高到应不大于 0.6%。

——DN100 以上直管,弯曲度由原来的 2 mm/m 提高到 1.5 mm/m。

——增加试验项目、方法和精度要求。

——增加管件长度允许偏差。

——增加压环试验项目和试验方法。

——增加 W 型、W1 型直管及管件的最小自由长度项目。

——增加对铸管材料的质量要求。

本标准的附录 A、附录 B 是资料性附录,附录 C、附录 D 和附录 E 是规范性附录。

本标准由中国钢铁工业协会提出。

本标准由全国钢标准化技术委员会归口。

本标准主要起草单位:北京市市政工程研究院、北京柔星管道有限责任公司、河南禹州新光铸造有限公司、山西泫氏铸业集团有限公司、河北新兴铸管股份有限公司、天津凯远紧箍件制造有限公司、合肥久环给排水燃气设备有限公司。

本标准主要起草人:聂雪樵、宋文卿、李长庆、段爱文、朱岭生、张宝成、常保平、刘俊锋、杨长河。

本标准所代替标准的历次版本发布情况为:

——GB/T 12772—1991、GB/T 12772—1999。

排水用柔性接口铸铁管、管件及附件

1 范围

本标准规定了排水用柔性接口铸铁直管及管件(以下简称铸铁管)的分类、尺寸、形状、重量及允许偏差、技术要求、试验方法、检验规则、包装、标志、质量证明书、运输和贮存。

本标准适用于建筑物排放废水、污水、雨水及通气用铸铁排水管道。

2 规范性引用文件

下列文件中的条款通过本标准的引用而成为本标准的条款。凡是注日期的引用文件，其随后所有的修改单(不包括勘误的内容)或修订版均不适用于本标准，然而，鼓励根据本标准达成协议的各方研究是否可使用这些文件的最新版本。凡是不注日期的引用文件，其最新版本适用于本标准。

GB/T 223.3 钢铁及合金化学分析方法 二安替比林甲烷磷钼酸重量法测定磷量

GB/T 223.61 钢铁及合金化学分析方法 磷钼酸铵容量法测定磷量

GB/T 223.68 钢铁及合金化学分析方法 管式炉内燃烧后碘酸钾滴定法测定硫含量

GB/T 223.72 铁及合金化学分析方法 氧化铝色层分离—硫酸钡重量法测定硫量

GB/T 228 金属材料 室温拉伸试验方法

GB/T 528 硫化橡胶或热塑性橡胶拉伸应力应变性能的测定

GB/T 1690 硫化橡胶或热塑性橡胶 耐液体试验方法

GB/T 3512 硫化橡胶或热塑性橡胶 热空气加速老化和耐热试验

GB/T 6031 硫化橡胶或热塑性橡胶硬度的测定

GB/T 7759 硫化橡胶、热塑性橡胶 常温、高温、低温下压缩永久变形测定

GB/T7762 硫化橡胶或热塑性橡胶耐臭氧龟裂静态拉伸试验

GB/T 14203 钢铁及合金光电发射光谱分析法通则

ISO 185 灰铸铁的分类

3 术语及定义

下列术语和定义适用于本标准。

3.1

直管 pipe

内孔均匀、轴线成直线的铸件，通常端部平齐或承接。

3.2

管件 fitting

连接管道的铸件，能使管线偏转、改变方向或口径。

3.3

附件 accessory

在管线中除管或管件外的所有配件。如法兰压盖、卡箍、橡胶密封件、螺栓、螺母等。

3.4

柔性接口排水铸铁管 flexible joint cast iron pipe for drainage

以柔性接口相连接的灰口铸铁管及配套管件、附件的统称，其连接可分为卡箍式和机械式两种。

3.5

卡箍 coupling

用于平口铸铁管(件)的接口连接,由不锈钢加工成型的圆环状连接件,内置橡胶密封套。操作卡箍上的螺栓可进行紧固或拆卸。

3.6

橡胶密封套　rubber sealing gasket

用于连接和密封的橡胶套筒,置于卡箍内,套在两根需要连接的平口铸铁管(或件)的相邻管端上。

3.7

卡箍式柔性接口　coupling flexible joint

直管和管件端口均为平口。连接时,将两相邻管端外壁安装上内置橡胶密封套的不锈钢卡箍,用紧固卡箍上的螺栓来箍紧两管端,同时挤压橡胶密封套以达到连接和密封的要求。

3.8

法兰压盖　flange gland

密封圈的专用组件,按管径大小不同,法兰压盖有二耳、三耳、四耳、六耳、八耳。

3.9

橡胶密封圈　rubber sealing circle

安装在法兰机械式柔性接口上起连接和止水密封作用的橡胶圈。

3.10

机械式柔性接口　mechanism flexible joint

将直管(管件)的插口置入与之相连接的带法兰盘的承口内,用螺栓紧固承口法兰和安装在插口处的法兰压盖,挤压安装在两者中间的橡胶密封圈,以达到连接和密封的要求。

3.11

直管的弯曲度　degree of curvature of pipe

直管每米长度内管轴线的最大偏移量,以 mm/m 计。

4　分类

4.1　按接口型式分类

铸铁管按接口型式分为机械式接口(如 A 型图 1,B 型图 3)和卡箍式接口(如 W 型、W1 型图 2)两大类。

4.2　按直管的结构型式分类

铸铁管按直管的结构型式分为承插口直管(如 A 型图 4)和无承口直管(如 W 型、W1 型图 5)两种。

4.3　按管件的结构型式分类

按管件的结构型式分为承插口管件(如 A 型图 9～图 24)、无承口管件(如 W 型图 25～图 36,W1 型图 37～图 63)和全承口管件(如 B 型图 64～图 81)三种。

注:B 型管件一般与 W 型直管配套使用。由供需双方协商后,可选用 W1 型直管配套。

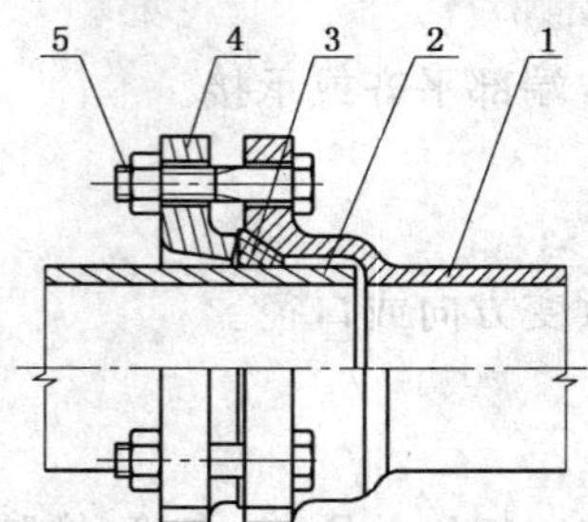

1——承口端;

2——插口端;

3——橡胶密封圈;

4——法兰压盖(分为三耳、四耳、六耳、八耳);

5——紧固螺栓。

图 1　A 型机械式接口安装图

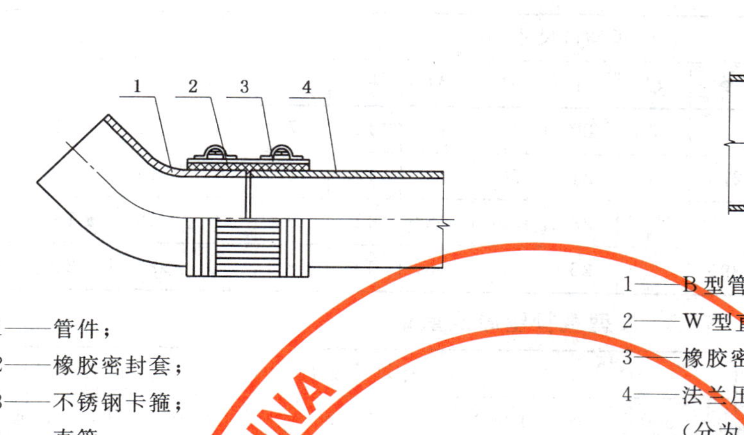

1——管件；
2——橡胶密封套；
3——不锈钢卡箍；
4——直管。

图 2　W 型、W1 型卡箍式接口安装图

1——B 型管件；
2——W 型直管；
3——橡胶密封圈；
4——法兰压盖
（分为二耳、三耳、四耳、六耳、八耳）；
5——紧固螺栓。

图 3　B 型机械式接口安装图

5　尺寸、形状、重量及允许偏差

5.1　接口形状及尺寸

5.1.1　接口形状及直管尺寸

5.1.1.1　A 型接口的形状及尺寸应符合图 4、表 1 的规定，B 型接口的形状及尺寸应符合图 7 和表 6 的规定。其法兰压盖和橡胶密封圈的尺寸和性能要求分别见附录 C 和附录 E。

5.1.1.2　W 型直管的形状和尺寸应符合图 5、表 3 的规定。W 型卡箍和橡胶密封套的尺寸和性能要求分别见附录 D 和附录 E。

5.1.1.3　W1 型直管的形状及尺寸应符合图 5、表 4 的规定。W1 型卡箍和橡胶密封套的尺寸和性能要求分别见附录 D 和附录 E。

5.1.1.4　W 型管件端部的形状和尺寸应符合图 6 和表 5 的规定。

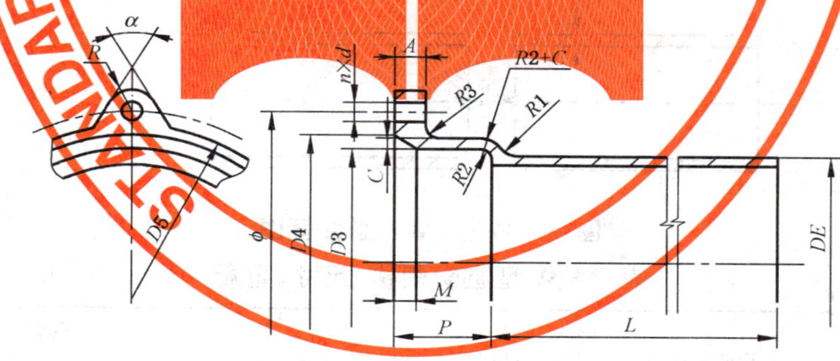

图 4　A 型接口直管图

表 1　A 型直管规格及尺寸

公称直径 DN	承插口尺寸/mm														α (°)
	DE	D3	D4	D5	ϕ	C	A	P	M	R1	R2	R3	R	n-d	
50	61	67	83	93	110	6	15	38	12	8	6	7	14	3-12	60
75	86	92	108	118	135	6	15	38	12	8	6	7	14	3-12	60
100	111	117	133	143	160	6	18	38	12	8	6	7	14	3-12	60
125	137	145	165	175	197	7	18	40	15	10	7	8	16	4-14	90

表 1（续）

公称直径 DN	承插口尺寸/mm														α (°)
	DE	D3	D4	D5	ϕ	C	A	P	M	$R1$	$R2$	$R3$	R	n-d	
150	162	170	190	200	221	7	20	42	15	10	7	8	16	4-14	90
200	214	224	244	258	278	8	21	50	15	10	7	8	16	4-14	90
250	268	278	302	317	335	9	23	60	18	12	8	10	18	6-16	90
300	318	330	354	370	395	9	25	72	18	14	8	10	22	8-20	90

表 2　A 型直管壁厚及重量

公称直径 DN	壁厚 T/mm		承口凸部重量/kg	直部每米重量/kg		有效长度 L/mm									
						500		1 000		1 500		2 000		3 000	
						总重量/kg									
	A 级	B 级		A 级	B 级	A 级	B 级	A 级	B 级	A 级	B 级	A 级	B 级	A 级	B 级
50	4.5	5.5	0.90	5.75	6.90	3.78	4.35	6.65	7.80	9.53	11.25	12.4	14.70	16.89	20.28
75	5.0	5.5	1.00	9.16	10.02	5.58	6.01	10.16	11.02	14.74	16.03	19.32	21.04	26.91	29.42
100	5.0	5.5	1.40	11.99	13.13	7.39	7.99	13.39	14.53	19.38	21.09	25.38	27.66	35.22	38.55
125	5.5	6.0	2.30	16.36	17.78	10.48	11.19	18.66	20.08	26.84	28.97	35.02	37.86	48.06	52.23
150	5.5	6.0	3.00	19.47	21.17	12.74	13.59	22.47	24.17	32.21	34.76	41.94	45.34	57.19	62.19
200	6.0	7.0	4.00	23.23	32.78	18.12	20.39	32.23	36.78	46.36	53.17	60.46	69.56	82.92	96.28
250	7.0		5.10	41.32		25.76		46.42		67.35		87.74		121.39	
300	7.0		7.30	49.24		31.92		56.54		81.16		105.78		144.65	

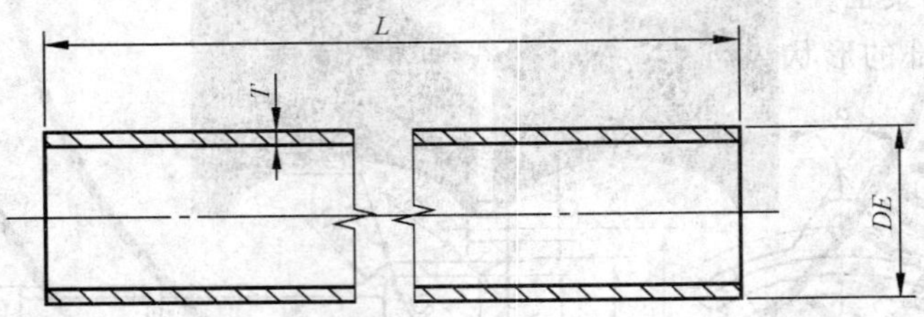

图 5　W 型、W1 型直管图

表 3　W 型直管规格、尺寸、重量

公称直径 DN	DE/mm	壁厚 T/mm	重量/kg	
			L=1 500 mm	L=3 000 mm
50	61	4.3	8.3	16.5
75	86	4.4	12.2	24.4
100	111	4.8	17.3	34.6
125	137	4.8	21.6	43.1
150	162	4.8	25.6	51.2
200	214	5.8	41.0	81.9
250	268	6.4	56.8	113.6
300	318	7.0	74	148

表 4　W1 型规格、尺寸、重量

公称直径 DN	DE/mm	壁厚 T/mm				重量/kg
		直管		管 件		L=3 000 mm
		标准	最小	标准	最小	
50	58	3.5	3.0	4.2	3.0	13.0
75	83	3.5	3.0	4.2	3.0	18.9
100	110	3.5	3.0	4.2	3.0	25.2
125	135	4.0	3.5	4.7	3.5	35.4
150	160	4.0	3.5	5.3	3.5	42.2
200	210	5.0	4.0	6.0	4.0	69.3
250	274	5.5	4.5	7.0	4.5	99.8
300	326	6.0	5.0	8.0	5.0	129.7

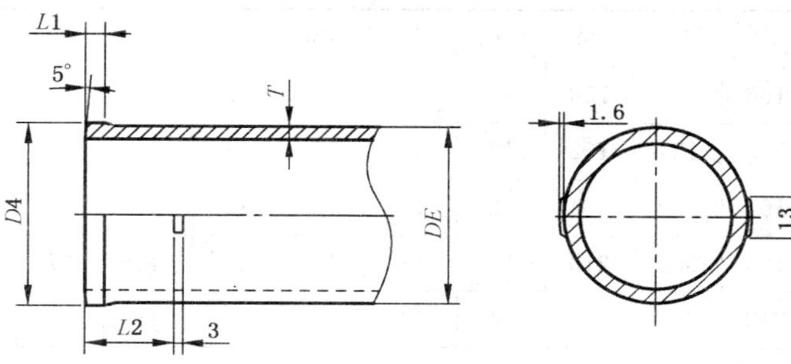

图 6　W 型管件端部图

表 5　W 型管件壁厚和端部尺寸

公称直径 DN	各 部 尺 寸/mm					
	壁厚 T		DE	D4	L1	L2
	A 级	B 级				
50	4.5	5.0	61	63	6	29
75	4.5	5.0	86	89	6	29
100	5.0	5.5	111	114	6	29
125	5.0	5.5	137	138.5	8	38
150	5.0	6.0	162	164.5	8	38
200	6.0	6.0	214	217.5	8	51
250	7.0	7.0	268	271	8	51
300	7.0	7.0	318	321	8	70

注 1：插口端部根据需要也可不设凸缘部。

注 2：管件重量不计凸缘部。

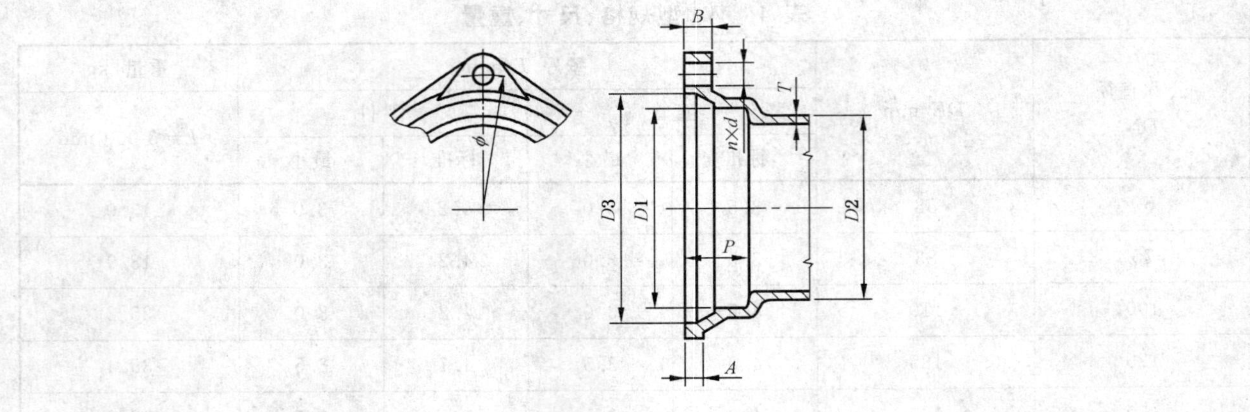

图 7　B 型管件承口型式

表 6　B 型管件承口尺寸

单位为毫米

DN	D1	D2	D3		ϕ		A		B		P		壁厚		n-d	
			Ⅰ型	Ⅱ型	Ⅰ型	Ⅱ型	Ⅰ型	Ⅱ型	Ⅰ型	Ⅱ型	Ⅰ型	Ⅱ型	T	偏差	Ⅰ型	Ⅱ型
50	65	61	73	77	95	90	9	7	13	11	23	22	4.5	−0.7	2-10	2-10
75	93	86	104	106	126	126	10	8	14	12	29	28	4.5	−0.7	3-12	3-10
100	118	111	132	133	154	152	12	9	15	13	34	30	5.0	−1.0	3-14	3-10
125	144	137	159	161	182	184	12	10	16	14	38	34	5.0	−1.0	4 -14	3-12
150	169	162	186	188	208	210	13	11	17	15	40	37	5.0	−1.0	4 -14	4 -12
200	221	214	243	243	271	268	14	13	18	17	48	42	6.0	−1.0	6-14	4-14
250	276	268	299	300	328	324	16	19	20	19	50	48	7.0	−1.2	6-14	6-14
300	323	318	350	354	382	382	16	21	21	21	55	53	7.0	−1.2	8-16	8-16

5.1.2　管件的名称、图形、标识

5.1.2.1　A 型管件的名称、图形、标识应符合表 8 的规定；

5.1.2.2　W 型管件的名称、图形、标识应符合表 25 的规定；

5.1.2.3　W1 型管件的名称、图形、标识应符合表 38 的规定；

5.1.2.4　B 型管件的名称、图形、标识应符合表 69 的规定。

5.2　壁厚、长度和重量

5.2.1　壁厚

5.2.1.1　A 型直管的壁厚、长度和重量应符合表 2 的规定，A 型管件的壁厚与直管壁厚相同。

5.2.1.2　W 型直管的壁厚、长度和重量应符合表 3 的规定，W 型管件的壁厚应符合表 5 的规定，B 型管件的壁厚应符合表 6 的规定。

5.2.1.3　W1 型直管和管件的厚度及直管的长度和重量应符合表 4 的规定。

5.2.2　管件的形状、尺寸和重量

5.2.2.1　A 型管件的形状、尺寸和重量应符合图 9～图 24 及表 9～表 24 的规定。管件承口各部位未注明的尺寸按图 4 和表 1 的规定。

5.2.2.2　W 型管件的形状、尺寸和重量应符合图 25～图 36 和表 26～表 37 的规定。管件端口各部位未注明的尺寸按图 6 和表 5 的规定。

5.2.2.3　W1 型管件的形状、尺寸和重量应符合图 37～图 63 和表 39～表 68 的规定。

5.2.2.4　B 型管件的形状、尺寸和重量应符合图 64～图 81 和表 70～表 87 的规定。管件承口各部位未注明的尺寸按图 7 和表 6 的规定。

表中未列的不同长度的直管及其他类型、规格和尺寸的管件，可由供需双方协商规定，但其连接部位尺寸应和本标准一致。为保持管道的柔性抗震性能，不允许将管件和直管做成一体。

5.2.3 自由长度

为便于安装，W 型、W1 型直管及管件的端部应具有自由长度，其尺寸应符合图 8 和表 7 的规定。

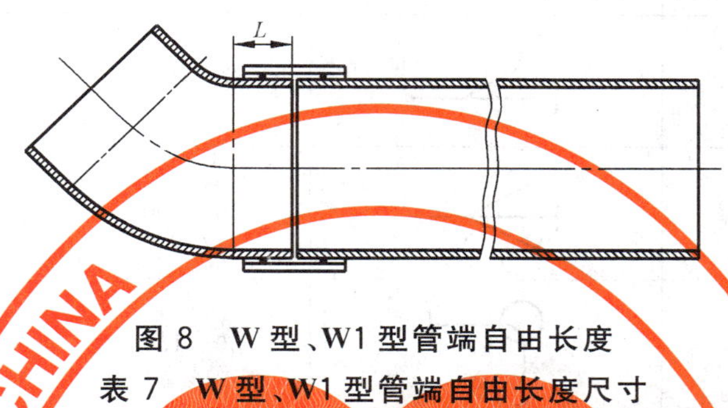

图 8 W 型、W1 型管端自由长度

表 7 W 型、W1 型管端自由长度尺寸

公称直径	最小自由长度 L/mm
50	25
75	30
100	35
125	40
150	45
200	56
250	66
300	76

表 8 A 型管件的名称图形标识

序号	名称	图形标示	公称直径	图号	表号
1	A 型 45°弯头		50～300	9	9
2	A 型 90°弯头		50～300	10	10
3	A 型变径接头		50～300	11	11
4	A 型套袖		50～200	12	12
5	A 型 P 存水弯		50～125	13	13
6	A 型 S 存水弯		50～125	14	14
7	A 型检查口构件		50～300	15	15

表 8（续）

序号	名称	图形标示	公称直径	图号	表号
8	A 型 Y 三通		50～200	16	16
9	A 型 TY 三通		50～300	17	17
10	A 型 Y 四通		50～200	18	18
11	A 型 90°四通		50～150	19	19
12	A 型 TY 四通		50～200	20	20
13	A 型 H 通气管		75～150	21	21
	A 型 Y 通气管			22	22
	A 型 h 通气管			23	23
14	A 型立管检查口		50～300	24	24

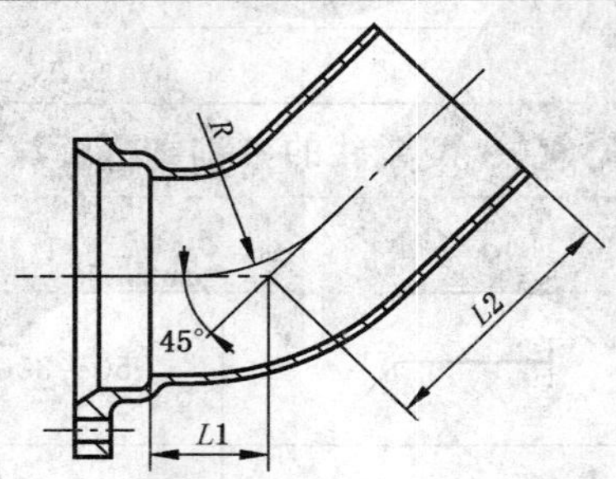

图 9　A 型 45°弯头

表 9　A 型 45°弯头尺寸及重量

公称直径	尺寸/mm			重量/kg	
DN	*L*1	*L*2	*R*	A 级	B 级
50	50	110	80	1.80	2.00
75	56	120	90	2.60	2.70
100	60	130	100	3.90	3.90
125	63	130	110	5.50	5.80
150	65	165	125	7.50	7.90
200	80	195	140	11.30	12.50
250	90	200	160	21.7	
300	105	220	185	27.7	

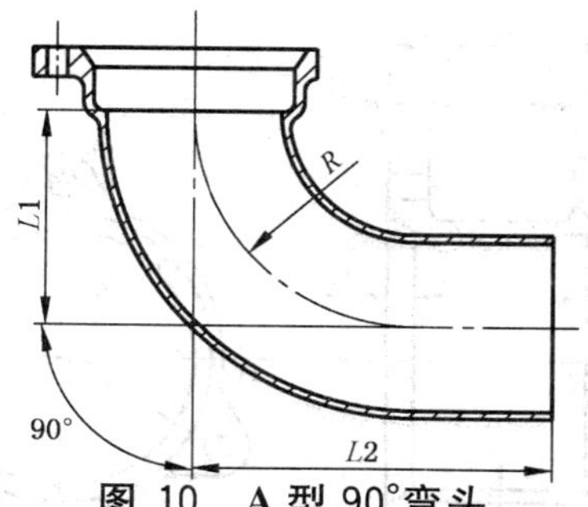

图 10 A 型 90°弯头

表 10 A 型 90°弯头尺寸及重量

公称直径	尺寸/mm			重量/kg	
DN	*L*1	*L*2	*R*	A 级	B 级
50	105	175	105	2.20	2.50
75	117	187	117	3.30	3.50
100	130	210	130	4.90	5.10
125	142	222	142	7.30	7.80
150	155	235	155	9.60	10.20
200	180	270	180	14.20	15.90
250	225	350	210	31.7	
300	270	395	245	41.5	

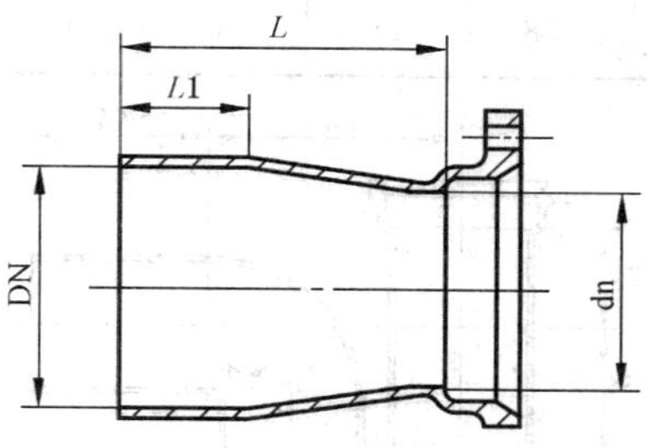

图 11 A 型变径接头

表 11 A 型变径接头尺寸及重量

公称直径		尺寸/mm		重量/kg		公称直径		尺寸/mm		重量/kg	
DN	dn	*L*1	*L*	A 级	B 级	DN	dn	*L*1	*L*	A 级	B 级
75	50	65	159	1.44	1.53	200	100	65	173	4.95	5.05
100	50	65	159	1.86	1.95		125	65	173	5.24	5.37
	75	65	159	2.09	2.17		150	65	171	5.46	5.61
125	50	65	164	2.77	2.86	250	150	90	208	11.41	
	75	65	164	3.03	3.11		200	90	240	12.40	
	100	65	164	3.20	3.30	300	100	105	212	13.90	
150	75	65	166	3.72	3.80		200	105	200	14.10	
	100	65	166	3.92	4.02		250	105	260	18.06	
	125	65	164	4.54	4.69	—					

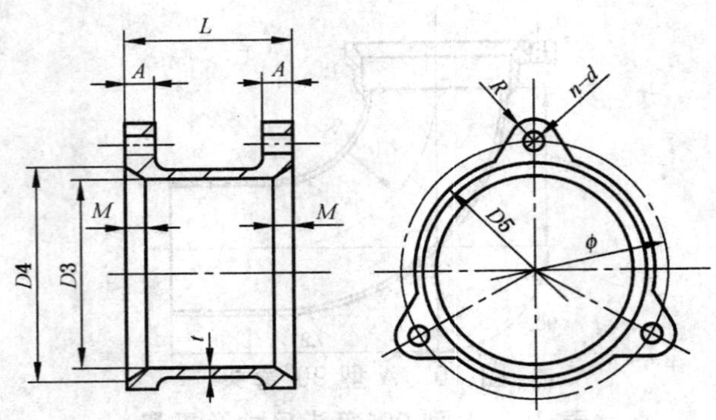

图 12　A 型套袖

表 12　A 型套袖尺寸及重量

公称直径	尺寸/mm									重量/kg
DN	D3	D4	D5	φ	A	t	M	L	n-d	
50	67	83	93	110	15	6	12	100	3-12	1.91
75	92	108	118	135	15	6	12	100	3-12	2.40
100	117	133	143	160	18	6	12	100	3-12	3.06
125	145	165	175	197	18	7	15	150	4-16	6.17
150	170	190	200	221	20	7	15	150	4-16	7.32
200	224	244	258	278	21	8	15	150	4-16	10.00

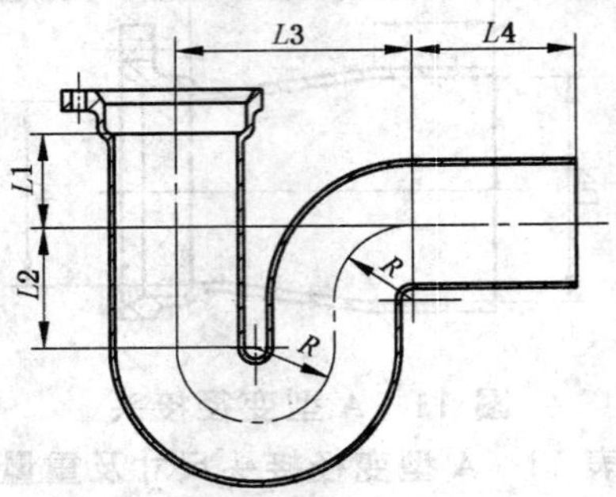

图 13　A 型 P 存水弯

表 13　A 型 P 存水弯尺寸及重量

公称直径	尺寸/mm					重量/kg	
DN	L1	L2	L3	L4	R	A 级	B 级
50	60	80	127.5	120	42.5	4.20	4.80
75	72	92	165	125	55	7.20	7.80
100	80	105	195	135	65	10.70	11.60
125	97	117	247.5	135	82.5	17.10	18.40

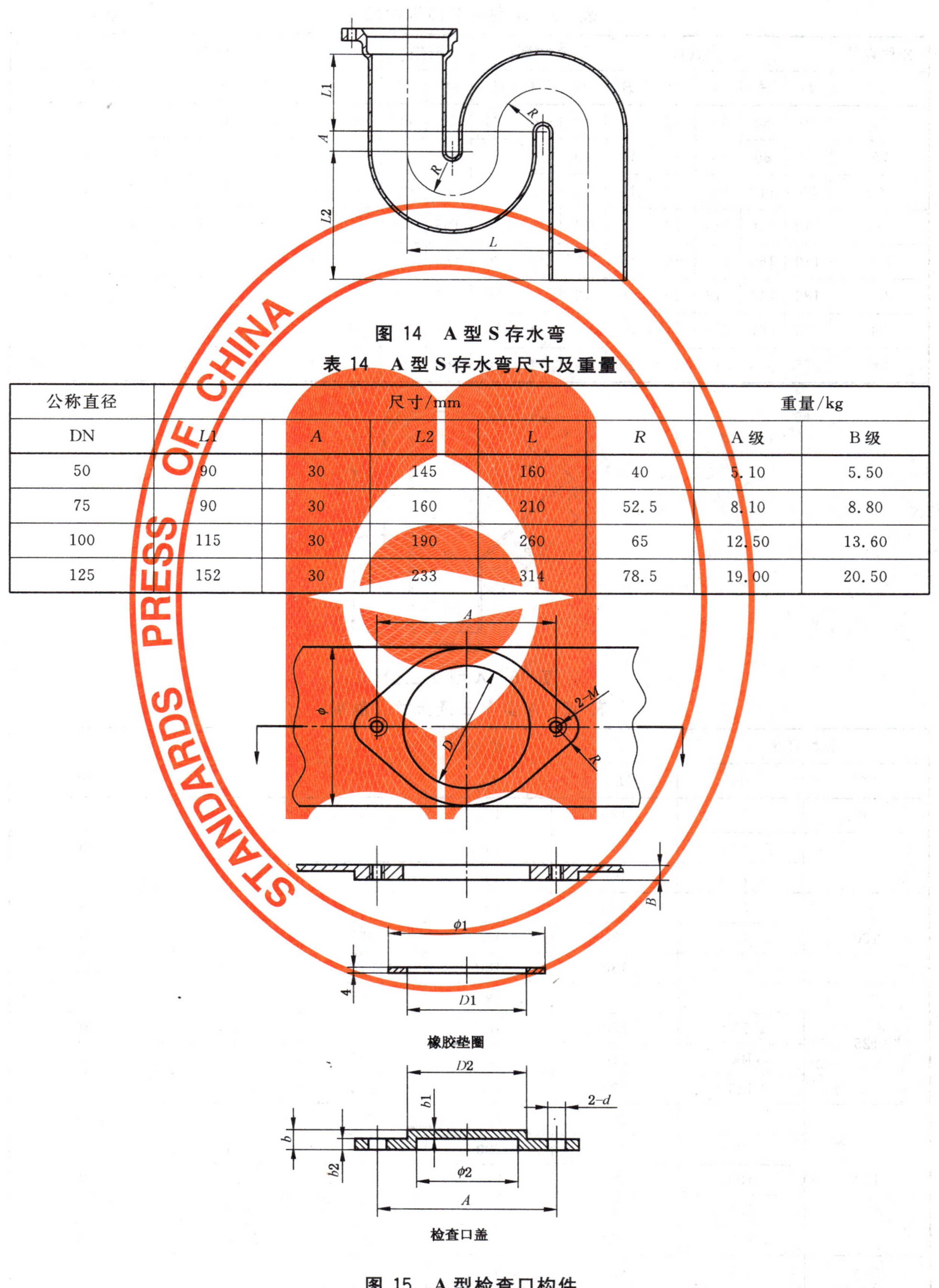

图 14　A 型 S 存水弯

表 14　A 型 S 存水弯尺寸及重量

公称直径	尺寸/mm					重量/kg	
DN	L1	A	L2	L	R	A 级	B 级
50	90	30	145	160	40	5.10	5.50
75	90	30	160	210	52.5	8.10	8.80
100	115	30	190	260	65	12.50	13.60
125	152	30	233	314	78.5	19.00	20.50

图 15　A 型检查口构件

表 15　A 型检查口构件尺寸

单位为毫米

公称直径	检查口						螺钉		胶垫		检查口盖							
DN	*D*	*ϕ*	*A*	*R*	*B*	*M*	*M*	*L*	*D*1	*ϕ*1	*ϕ*	*ϕ*2	*A*	*D*2	*b*	*b*1	*b*2	*d*
50	40	60	74	15	15	10	10	20	36	60	60	24	74	36	14	6	8	12
75	60	85	94	15	15	10	10	20	56	80	85	44	94	56	14	6	8	12
100	85	110	120	15	15	10	10	20	80	105	110	68	120	80	14	6	8	12
125	110	136	146	16	16	12	12	20	105	130	136	93	146	105	17	7	10	14
150	130	160	166	16	16	12	12	20	125	150	160	112	166	125	17	7	10	14
200	180	214	216	16	16	12	12	20	174	200	214	160	216	174	18	8	10	14
250	235	267	276	20	20	14	14	30	228	258	267	210	276	228	20	8	12	16
300	275	316	317	20	20	14	14	30	267	297	316	249	317	267	20	8	12	16

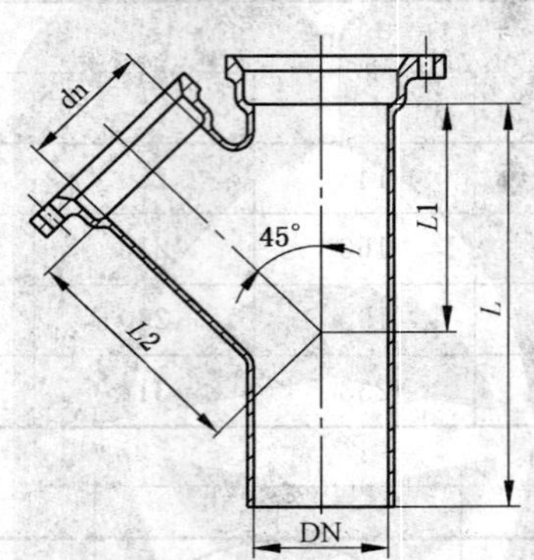

图 16　A 型 Y 三通

表 16　A 型 Y 三通尺寸及重量

公称直径		尺寸/mm			重量/kg	
DN	dn	*L*1	*L*2	*L*	A 级	B 级
50	50	130	130	230	3.52	3.86
75	50	145	140	255	4.70	5.00
	75	145	145	273	5.20	5.50
100	50	170	150	270	4.90	6.20
	75	170	155	305	6.80	7.20
	100	180	180	318	7.70	8.10
125	50	185	190	305	8.80	9.30
	75	190	185	315	9.30	9.80
	100	210	195	315	11.80	12.30
	125	225	220	345	12.00	12.60
150	50	215	220	345	11.40	12.10
	75	210	220	345	11.70	12.40
	100	220	210	355	12.50	13.20
	125	245	220	375	14.10	14.90
	150	262	255	395	16.80	17.80
200	200	325	340	460	23.10	25.60

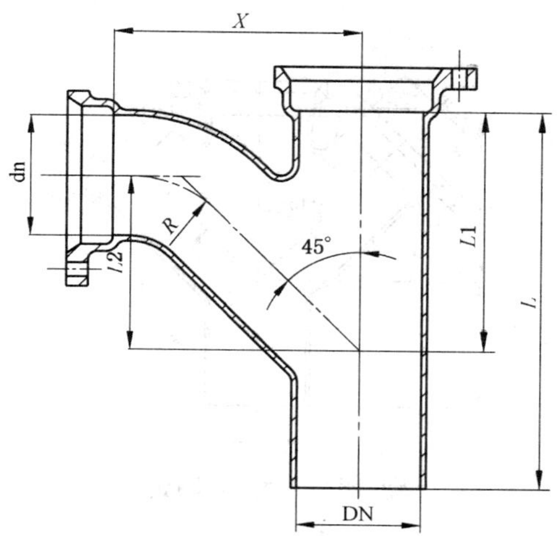

图 17　A 型 TY 三通

表 17　A 型 TY 三通尺寸及重量

公称直径		尺寸/mm					重量/kg	
DN	dn	*L*1	*L*2	*X*	*L*	*R*	A 级	B 级
50	50	110	85	110	200	60	3.40	3.80
75	50	110	55	110	220	60	4.30	4.50
	75	170	115	170	275	85	5.90	6.20
100	50	165	150	175	270	60	6.50	6.90
	75	203	158	208	305	85	7.40	7.80
	100	203	147	203	320	100	8.80	9.30
125	50	198	188	213	315	60	9.60	10.10
	75	199	159	209	315	85	9.59	10.10
	100	199	147	204	355	100	10.70	11.30
	125	231	173	231	355	127	13.80	14.60
150	50	231	221	246	355	60	12.30	13.10
	75	231	191	241	355	85	12.90	13.70
	100	231	173	236	355	100	14.50	15.37
	125	231	173	231	355	121	15.80	16.70
	150	263	200	263	398	127	18.40	19.50
200	200	293	215	293	470	140	24.80	27.60
250	200	345	270	340	505	140	41.09	
	250	395	295	375	580	160	52.12	
300	250	420	320	400	600	160	61.10	
	300	480	365	450	695	185	84.02	

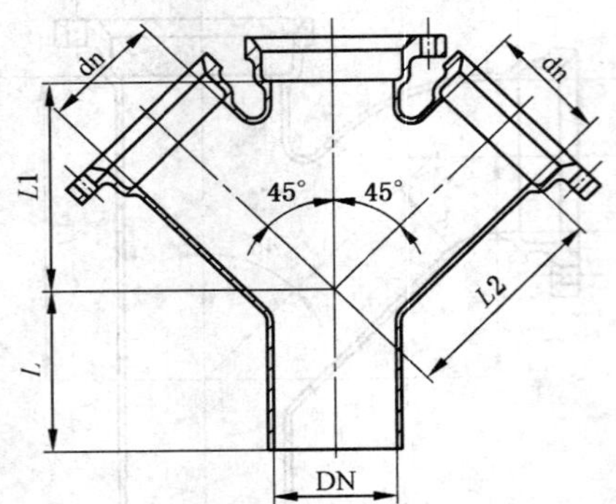

图 18 A 型 Y 四通

表 18 A 型 Y 四通尺寸及重量

公称直径	尺寸/mm			重量/kg		公称直径	尺寸/mm			重量/kg	
DN	*L*1	*L*2	*L*	A 级	B 级	DN	*L*1	*L*2	*L*	A 级	B 级
50	130	125	105	4.30	4.70	125	211	211	140	15.90	16.70
75	145	145	110	6.90	7.20	150	240	240	150	21.40	22.50
100	184	184	125	10.20	10.60	200	305	305	160	30.00	32.10

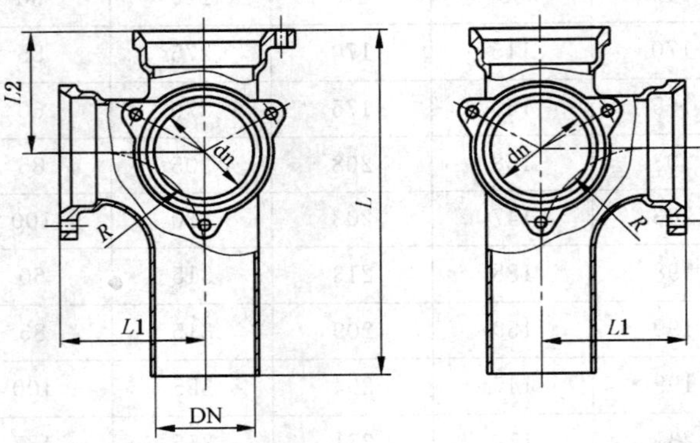

图 19 A 型 90°四通

表 19 A 型 90°四通尺寸及重量

公称直径		尺寸/mm				重量/kg		公称直径		尺寸/mm				重量/kg	
DN	dn	*L*1	*L*2	*L*	*R*	A 级	B 级	DN	dn	*L*1	*L*2	*L*	*R*	A 级	B 级
75	50	118	96	273	78	6.44	6.84	125	50	118	88	365	78	9.66	10.17
	75	133	115	293	89	6.73	7.46		75	133	107	365	89	9.92	10.42
100	50	138	110	78	78	6.70	7.21		100	148	125	365	110	11.41	11.97
	75	133	110	318	89	7.99	8.12	150	50	118	107	387	78	11.60	12.20
	100	148	128	368	110	10.34	10.92		75	133	127	407	89	12.53	13.19
—									100	148	160	407	110	13.90	14.62

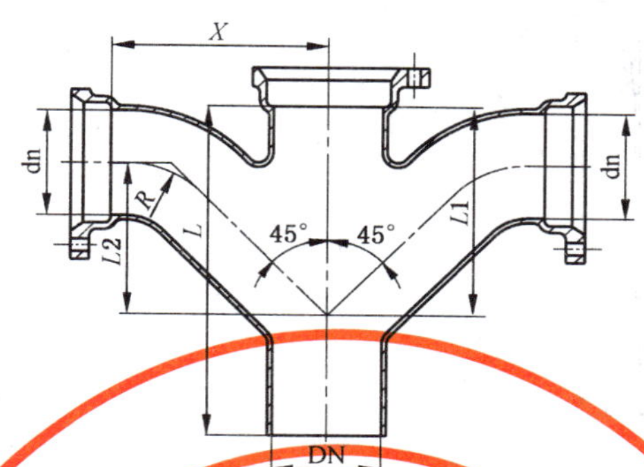

图 20 A 型 TY 四通

表 20 A 型 TY 四通尺寸及重量

公称直径		尺寸/mm					重量/kg	
DN	dn	$L1$	$L2$	X	L	R	A 级	B 级
50	50	110	85	110	200	60	4.75	5.32
75	50	110	55	110	220	60	5.58	5.80
	75	170	115	170	275	85	8.28	8.64
100	50	165	150	175	270	60	8.36	8.85
	75	203	158	208	305	85	9.76	10.20
	100	203	147	203	320	100	12.36	13.00
125	50	198	188	213	315	60	11.91	12.48
	75	199	159	209	305	85	11.35	11.90
	100	199	147	204	355	100	13.29	13.99
	125	231	173	231	355	127	19.49	20.59
150	50	231	221	246	355	60	14.69	15.68
	75	231	191	241	355	85	15.89	16.88
	100	231	173	236	315	100	18.67	19.13
	125	231	173	231	355	121	21.69	22.88
	150	263	200	263	398	127	26.05	27.57
200	200	293	215	293	470	140	34.68	35.79

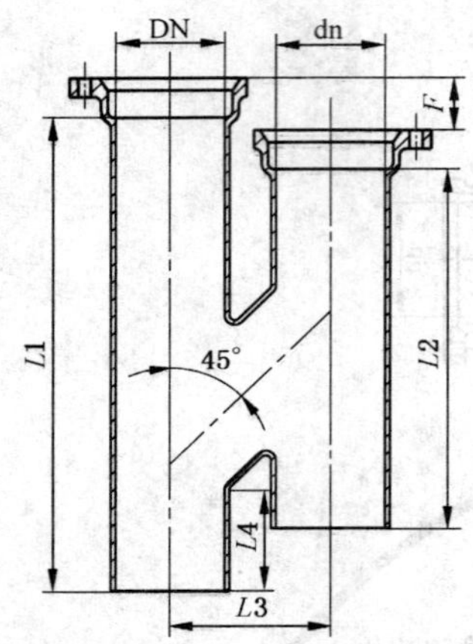

图 21 A型H通气管

图 22 A型Y通气管

表 21 A型H通气管尺寸及重量

公称直径		尺寸/mm					重量/kg	
DN	dn	*L*1	*L*2	*L*3	*L*4	*F*	A级	B级
100	75	432	327	150	85	50	11.4	12.7
100	100	461	350	160	100	60	13.5	14.6
150	100	561	340	241	120	48.5	20.4	21.9

表 22 A型Y通气管尺寸及重量

公称直径		尺寸/mm				重量/kg	
DN	dn	*L*1	*L*2	*L*3	*L*	A级	B级
100	75	322	143	150	392	7.87	8.40
	100	362	171	160	442	9.56	10.21
150	100	408	166	241	492	14.95	15.99

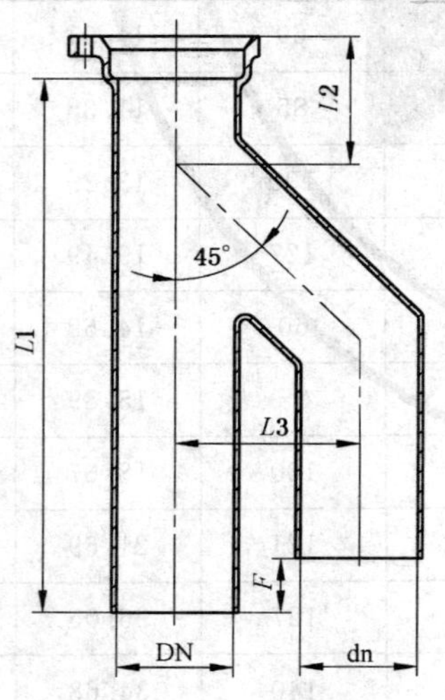

图 23 A型h通气管

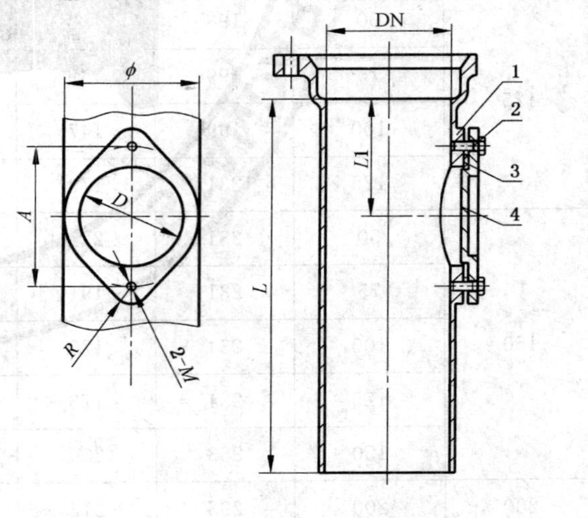

1——立管；

2——螺栓；

3——垫圈；

4——检查口盖。

图 24 A型立管检查口

表 23　A 型 h 通气管尺寸及重量

公称直径		尺寸/mm				重量/kg	
DN	dn	*L*1	*L*2	*L*3	*F*	A 级	B 级
100	75	447	116	150	70	8.89	9.52
	100	487	134	160	80	9.90	10.72
150	100	537	114	241	90	14.93	16.14

表 24　A 型立管检查口尺寸及重量

公称直径	尺寸/mm							立管重量/kg		检查口盖重量/kg
DN	*L*1	*L*	*D*	ϕ	*A*	*R*	*M*	A 级	B 级	
50	78	200	40	60	74	15	10	2.30	2.60	0.20
75	90	275	60	85	94	15	10	4.20	4.50	0.40
100	100	320	85	110	120	15	10	6.20	6.60	0.60
125	120	355	110	136	146	16	12	9.70	10.30	1.10
150	130	395	130	160	166	16	12	12.60	13.50	1.50
200	165	470	180	214	216	16	12	16.30	18.20	2.70
250	540	600	235	267	276	20	14	39.9		4.73
300	580	652	275	316	317	20	14	54.0		6.45

表 25　W 型管件的名称、图形、标识

序号	名称	图形标识	公称直径 DN	图号	表号
1	W 型 P 存水弯		50～150	25	26
2	W 型 S 存水弯		50～150	26	27
3	W 型 90°短弯头		50～250	27	28
4	W 型 90°长弯头		50～250	28	29

表 25（续）

序号	名称	图形标识	公称直径 DN	图号	表号
5	W 型 45°弯头		50～300	29	30
6	W 型堵头		50～300	30	31
7	W 型变径接头（漏门型）		75～125	31	32
8	W 型变径接头		75～200	32	33
9	W 型 TY 四通		50～200	33	34
10	W 型 Y 四通		50～200	34	35
11	W 型 TY 三通		50～250	35	36
12	W 型 Y 三通		50～300	36	37

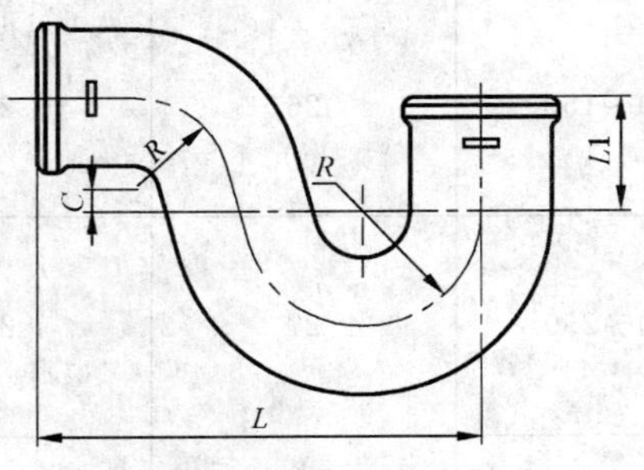

图 25　W 型 P 存水弯

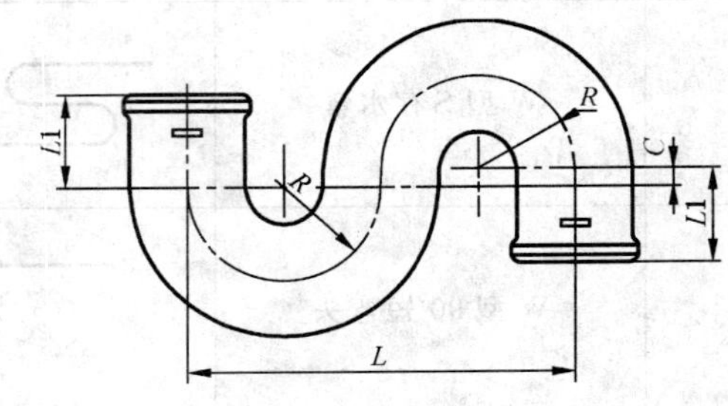

图 26　W 型 S 存水弯

表 26 W 型 P 存水弯尺寸及重量

公称直径	尺寸/mm				重量/kg	
DN	L	L1	R	C	A 级	B 级
50	191	51	51	—	2.04	2.24
75	229	83	64	13	3.66	4.04
100	267	102	76	13	6.25	6.81
150	356	152	102	13	12.59	13.79

表 27 W 型 S 存水弯尺寸及重量

公称直径	尺寸/mm				重量/kg	
DN	L	L1	C	R	A 级	B 级
50	204	51	13	51	2.68	2.95
75	256	83	13	64	4.88	5.38
100	304	102	13	76	8.40	9.15
125	408	152	13	102	17.13	20.39

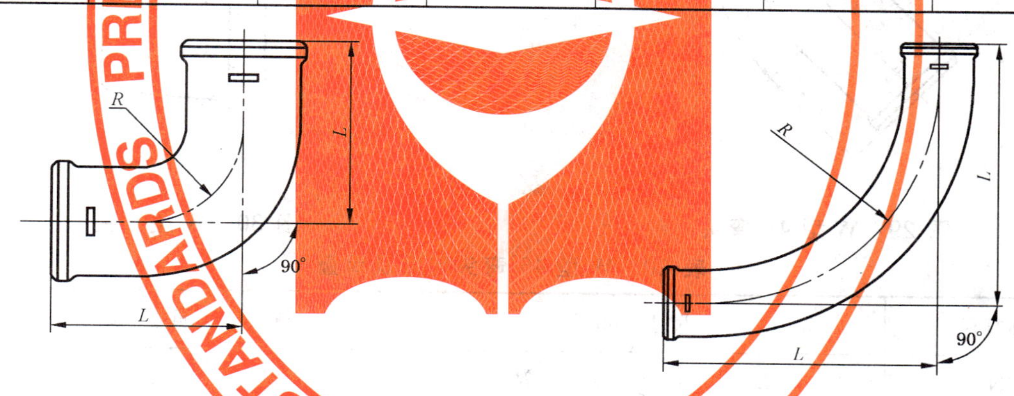

图 27 W 型 90°短弯头

图 28 W 型 90°长弯头

表 28 W 型 90°短弯头尺寸及重量

公称直径	尺寸/mm		重量/kg	
DN	L	R	A 级	B 级
50	165	127	1.63	1.79
75	178	140	2.50	2.76
100	190	152	3.84	4.18
125	216	165	5.47	5.99
150	229	178	6.91	8.22
200	267	203	12.77	12.77
250	305	229	25.31	25.31

表 29 W 型 90°长弯头尺寸及重量

公称直径	尺寸/mm		重量/kg	
DN	L	R	A 级	B 级
50	241	203	2.32	2.55
75	254	216	3.49	3.85
100	267	229	5.29	5.76
125	292	241	7.25	7.94
150	305	254	9.03	10.75
200	343	279	16.14	16.14
250	381	305	28.12	28.12

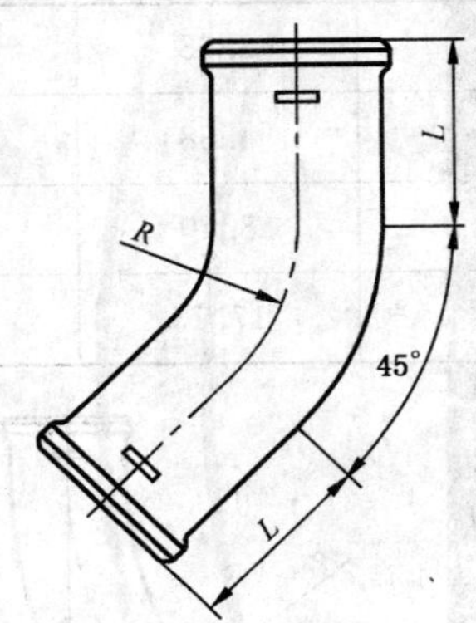

图 29 W 型 45°弯头

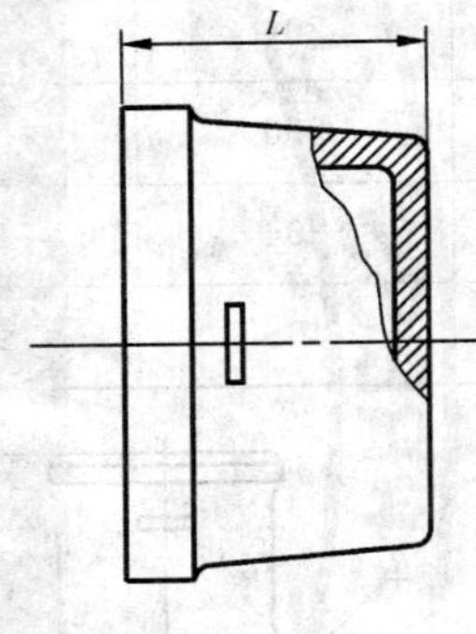

图 30 W 型堵头

表 30 W 型 45°弯头尺寸及重量

公称直径	尺寸/mm		重量/kg	
DN	L	R	A 级	B 级
50	70	76	0.83	0.91
75	76	89	1.25	1.38
100	79	102	1.94	2.11
125	98	114	2.95	3.23
150	103	127	3.70	4.39
200	127	152	7.12	7.12
250	151	178	13.05	13.05
300	160	203	17.76	17.76

表 31　W 型堵头尺寸及重量

公称直径	尺寸/mm	重量/kg	
DN	L	A 级	B 级
50	45	0.35	0.39
75	45	0.55	0.61
100	45	0.89	0.97
125	45	1.22	1.34
150	45	1.73	2.06
200	60	3.33	3.33
250	75	6.52	6.52
300	92	8.73	8.73

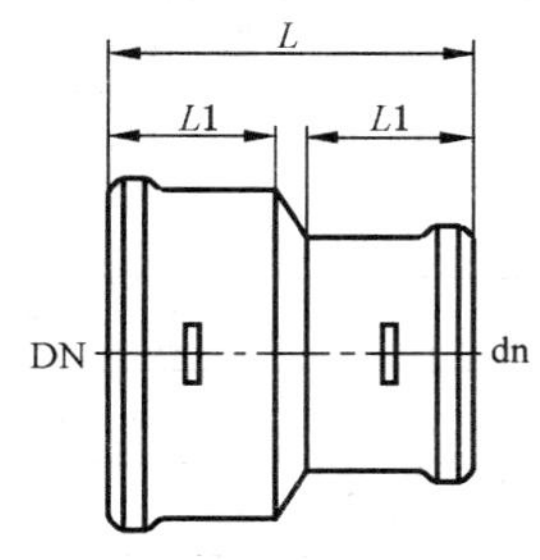

图 31　W 型变径接头(漏门型)

图 32　W 型变径接头

表 32　W 型变径接头(漏门型)尺寸及重量

公称直径		尺寸/mm		重量/kg	
DN	dn	L	L1	A 级	B 级
75	50	92	42	0.69	0.76
100	50	92	42	0.90	0.98
	75	92	42	1.03	1.13
125	50	102	45	1.16	1.27
	75	102	45	1.30	1.42
	100	102	45	1.44	1.57

表 33　W 型变径接头尺寸及重量

公称直径		尺寸/mm		重量/kg		公称直径		尺寸/mm		重量/kg	
DN	dn	L	L1	A 级	B 级	DN	dn	L	L1	A 级	B 级
75	50	200	42	1.45	1.60	150	75	200	42	2.81	3.30
100	50	200	42	1.89	2.06		100	200	42	3.08	3.61
	75	200	42	2.17	2.37		125	200	45	3.37	3.74
125	50	200	42	2.20	2.40	200	100	200	42	4.48	4.53
	75	200	42	2.49	2.72		125	200	45	4.80	4.82
	100	200	42	2.76	3.17		150	200	51	5.10	5.10

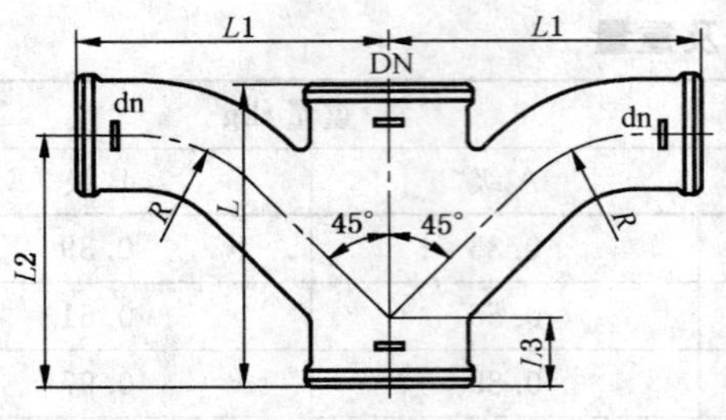

图 33　W 型 TY 四通

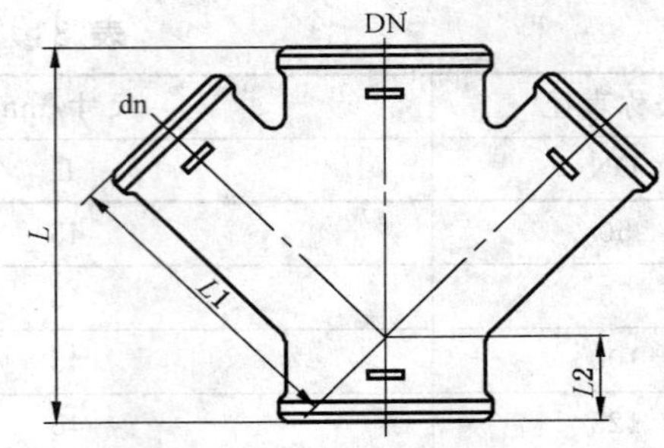

图 34　W 型 Y 四通

表 34　W 型 TY 四通尺寸及重量

公称直径		尺寸/mm					重量/kg	
DN	dn	*L*	*L*1	*L*2	*L*3	*R*	A 级	B 级
50	50	168	156	137	51	76	2.60	2.86
75	50	168	171	140	38	76	3.13	3.44
	75	203	203	186	57	89	4.75	5.24
100	50	168	184	140	25	76	3.79	4.14
	75	203	216	184	43	89	5.56	6.10
	100	241	254	235	62	102	8.44	9.19
125	75	246	229	197	43	89	6.81	7.48
	100	284	267	248	62	102	9.80	10.70
	125	321	318	298	79	114	13.42	14.77
150	75	248	241	198	32	89	7.57	8.73
	100	284	279	248	49	102	11.89	13.46
	125	318	330	297	65	114	14.34	16.25
	150	357	365	346	84	127	19.34	23.03
200	100	284	287	240	22	102	13.19	13.64
	125	322	325	278	41	114	16.67	17.37
	150	354	340	305	57	127	19.48	21.26
	200	430	395	375	95	152	30.07	30.07

表 35　W 型 Y 四通尺寸及重量

公称直径		尺寸/mm			重量/kg	
DN	dn	*L*	*L*1	*L*2	A 级	B 级
50	50	168	117	51	1.86	2.04
75	50	168	135	38	2.29	2.52
	75	203	146	57	3.01	3.31
100	50	168	152	25	2.93	3.19
	75	203	165	43	3.80	4.16
	100	241	179	62	5.04	5.48

表 35（续）

公称直径		尺寸/mm			重量/kg	
DN	dn	*L*	*L*1	*L*2	A 级	B 级
125	50	205	191	24	4.23	4.63
	75	246	203	43	5.39	5.90
	100	284	216	62	6.86	7.49
	125	321	241	79	8.03	8.78
150	50	211	210	13	4.97	5.80
	75	248	222	32	6.18	7.20
	100	284	235	49	7.76	8.97
	125	318	260	65	9.54	10.99
	150	357	273	84	11.22	13.34
200	100	291	264	24	10.79	11.01
	125	325	289	41	12.91	13.25
	150	360	300	59	14.80	15.64
	200	435	340	95	21.01	21.01

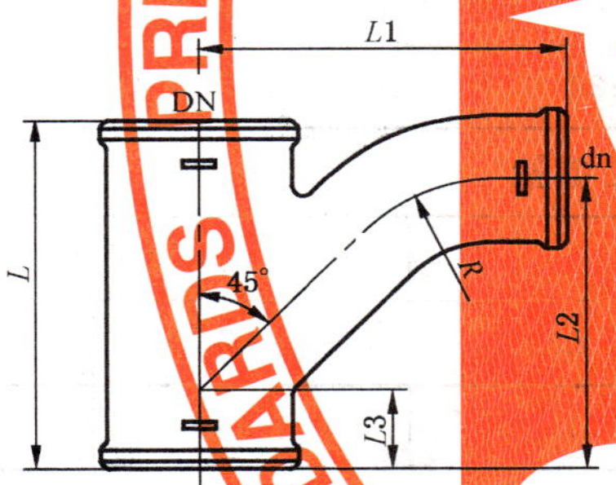

图 35　W 型 TY 三通

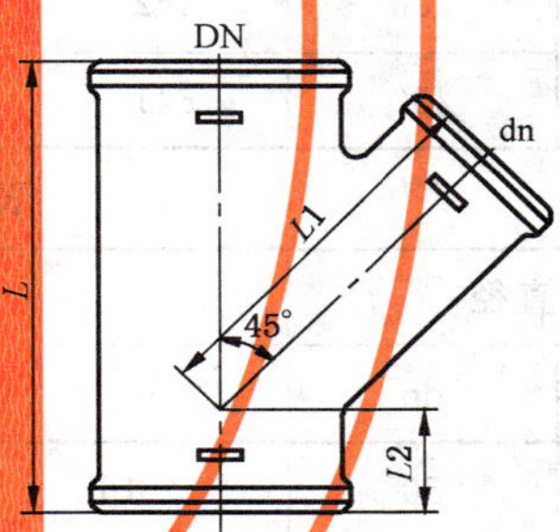

图 36　W 型 Y 三通

表 36　W 型 TY 三通尺寸及重量

公称直径		尺寸/mm					重量/kg	
DN	dn	*L*	*L*1	*L*2	*L*3	*R*	A 级	B 级
50	50	168	156	137	51	76	1.86	2.04
75	50	168	171	140	38	76	2.28	2.51
	75	203	203	186	57	89	3.25	3.58
100	50	168	184	140	25	76	2.95	3.22
	75	203	216	184	43	89	4.03	4.41
	100	241	254	235	62	102	5.70	6.21

表 36（续）

公称直径		尺寸/mm					重量/kg	
DN	dn	*L*	*L*1	*L*2	*L*3	*R*	A 级	B 级
125	75	246	229	197	43	89	5.28	5.79
	100	284	267	248	62	102	7.05	7.70
	125	321	318	298	79	114	9.16	10.03
150	75	248	241	198	32	89	6.06	7.07
	100	284	279	248	49	102	8.52	9.79
	125	318	330	297	65	114	10.07	11.57
	150	357	365	346	84	127	10.30	12.26
200	100	284	287	240	22	102	10.67	10.90
	125	322	325	278	41	114	12.96	13.31
	150	354	340	305	57	127	14.82	15.71
	200	430	395	375	95	152	21.18	21.18
250	150	384	357	313	59	127	19.75	19.75
	200	462	391	362	98	152	28.66	28.66
	250	541	443	426	133	178	38.21	38.21

表 37　W 型 Y 三通尺寸及重量

公称直径		尺寸/mm			重量/kg	
DN	dn	*L*	*L*1	*L*2	A 级	B 级
50	50	168	117	51	1.44	1.58
75	50	168	135	38	1.87	2.06
	75	203	146	57	2.37	2.61
100	50	168	152	25	2.51	2.73
	75	203	165	43	3.15	3.44
	100	241	179	62	3.99	4.34
125	50	205	191	24	3.69	4.04
	75	246	203	43	4.57	5.00
	100	284	216	62	5.58	6.11
	125	321	241	79	6.45	7.06
150	50	211	210	13	4.42	5.20
	75	248	222	32	5.35	6.29
	100	284	235	49	6.45	7.54
	125	318	260	65	7.66	8.93
	150	357	273	84	8.85	10.53

表 37（续）

公称直径		尺寸/mm			重量/kg	
DN	dn	*L*	*L*1	*L*2	A 级	B 级
200	100	291	264	24	9.57	9.68
	125	325	289	41	11.12	11.29
	150	360	300	59	12.56	12.98
	200	435	340	95	16.72	16.72
250	100	321	317	25	15.95	15.95
	125	356	359	44	17.30	17.30
	150	392	343	55	19.85	19.85
	200	467	373	92	25.71	25.71
	250	546	419	129	32.80	32.80
300	150	407	381	44	24.09	24.09
	250	560	449	121	38.52	38.52

表 38 W1 型管件的名称、图形、标识

序号	名称	图形标识	公称直径 DN	图号	表号
1	W1 型 45°弯头		50～300	37	39
2	W1 型 68°弯头		50～300	38	40
3	W1 型 88°弯头		50～300	39	41
4	W1 型 88°小半径弯头		50～150	40	42
5	W1 型 88°大半径弯头		50～150	41	43
6	W1 型 88°鸭脚支撑弯头		75～300	42	44
7	W1 型 88°长短弯头		100	43	45
8	W1 型 45°三通	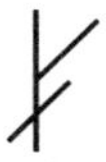	50～300	44	46
9	W1 型 45°加长三通		50～250	44	47
10	W1 型 68°三通		50～300	45	48

表 38（续）

序号	名称	图形标识	公称直径 DN	图号	表号
11	W1 型 68°加长三通		100	45	49
12	W1 型 88°三通		50～300	46	50
13	W1 型 88°TY 三通		50～300	47	51
14	W1 型 68°四通		75～200	48	52
15	W1 型 88°四通		100～150	49	53
16	W1 型 88°直角四通		100～150	50	54
17	W1 型变径接头		75～300	51	55
18	W1 型 S 存水弯		50～150	52	56
19	W1 型 P 存水弯		50～125	53	57
20	W1 型 TY 四通		50～100	54	58
21	W1 型 H 管		100～150	55	59
22	W1 型乙字弯头		50～200	56	60
23	W1 型承重短管及支架		50～300	57	61、62
24	W1 型堵头		50～300	58	63
25	W1 型防虹吸存水弯		50～100	59	64
26	W1 型检 查 口		50～300	60	65
27	W1 型直式清扫口		50～150	61	66
28	W1 型横式清扫口		50～200	62	67
29	W1 型透 气 帽		75～150	63	68

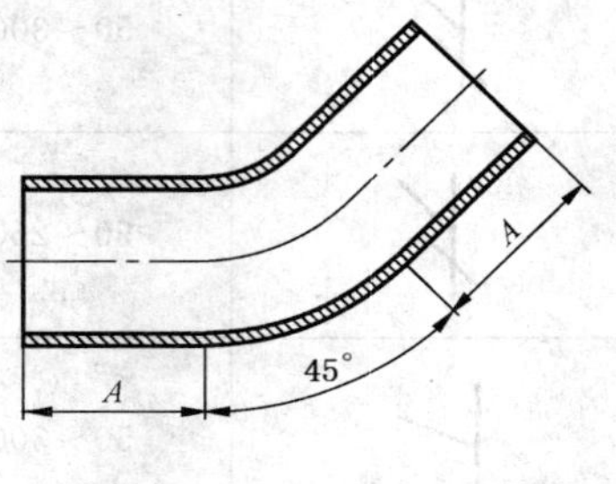

图 37　W1 型 45°弯头

表 39　W1 型 45°弯头尺寸及重量

DN	A/mm	重量/kg
50	50	0.6
75	60	1.0
100	70	1.8
125	80	2.3
150	90	3.2
200	110	6.5
250	130	10.0
300	155	16.4

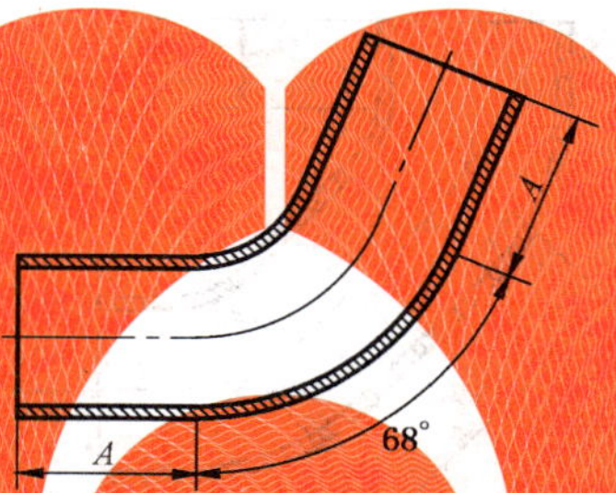

图 38　W1 型 68°弯头

表 40　W1 型 68°弯头尺寸及重量

DN	A/mm	重量/kg
50	70	0.7
75	80	1.2
100	90	1.9
125	105	2.9
150	120	4.3
200	145	7.7
250	170	13.5
300	200	21.4

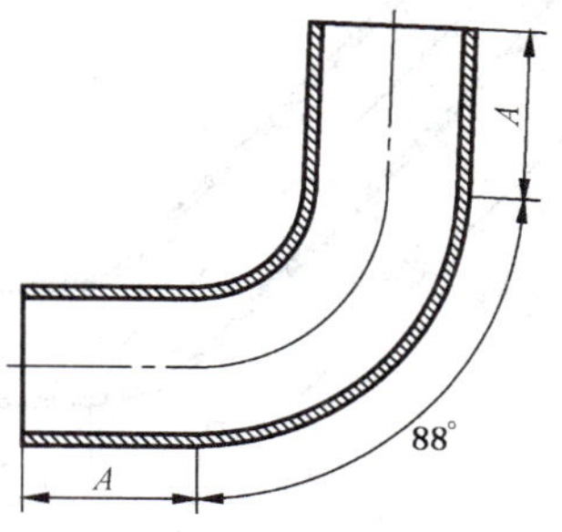

图 39　W1 型 88°弯头

表 41　W1 型 88°弯头尺寸及重量

DN	L/mm	重量/kg
50	75	0.7
75	95	1.4
100	110	2.0
125	125	3.2
150	145	4.2
200	175	7.5
250	220	14.8
300	260	24.0

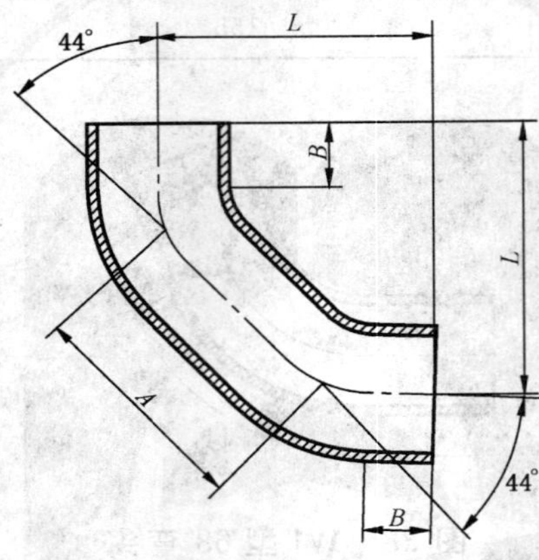

图 40　W1 型 88°小半径弯头

表 42　W1 型 88°小半径弯头尺寸及重量

DN	A/mm	B/mm	L/mm	重量/kg
50	100	50	121	1.2
75	125	60	150	2.0
100	140	70	170	3.3
125	160	80	195	4.6
150	180	90	219	7.0

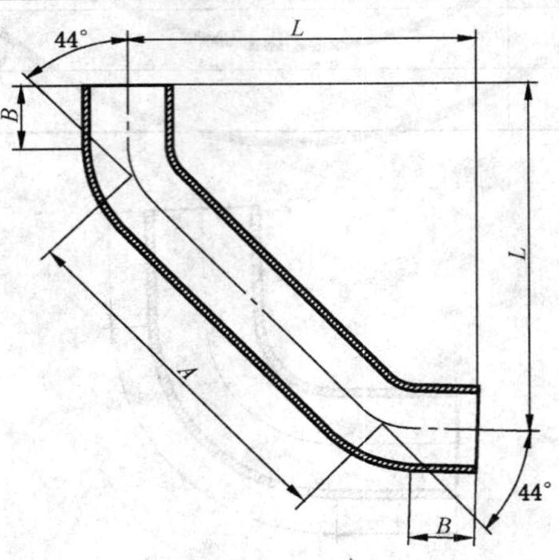

图 41　W1 型 88°大半径弯头

表 43 W1 型 88°大半径弯头尺寸及重量

DN	A/mm	B/mm	L/mm	重量/kg
50	250	50	230	1.7
75	310	60	280	3.5
100	312	70	291	4.8
125	321	80	308	6.8
150	333	90	325	9.8

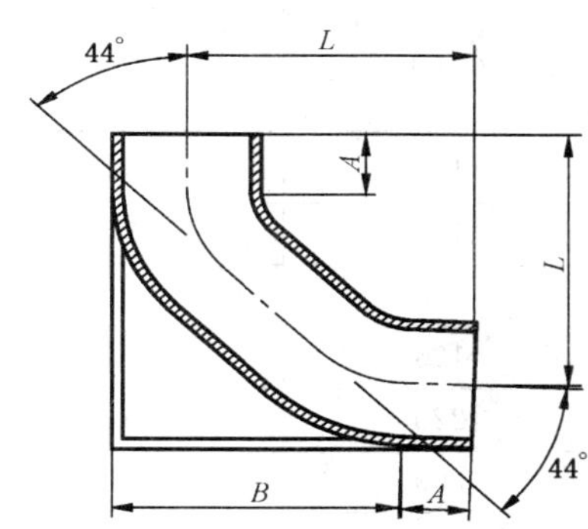

图 42 W1 型 88°鸭脚支撑弯头(排水落差较大,立管转横管时安装)

表 44 W1 型 88°鸭脚支撑弯头尺寸及重量

DN	A/mm	B/mm	L/mm	重量/kg
75	60	150	150	4.1
100	70	170	170	5.3
125	80	195	195	7.8
150	90	219	219	10.0
200	110	240	240	18.5
250	130	280	280	22.7
300	155	320	320	52.2

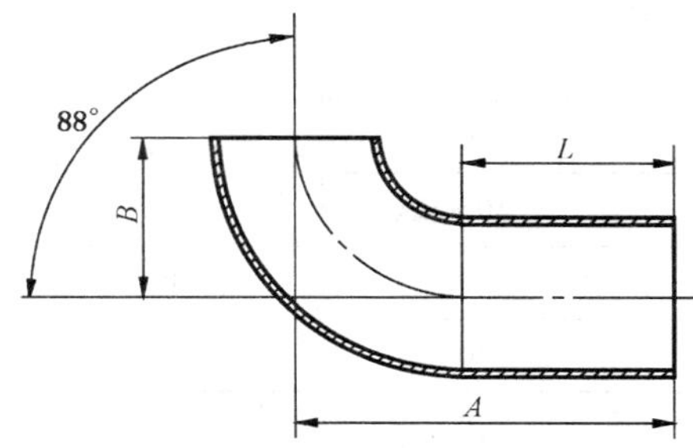

图 43 W1 型 88°长短弯头

表 45 W1 型 88°长短弯头尺寸及重量

DN	A/mm	B/mm	L/mm	重量/kg
100	250	110	140	4.6

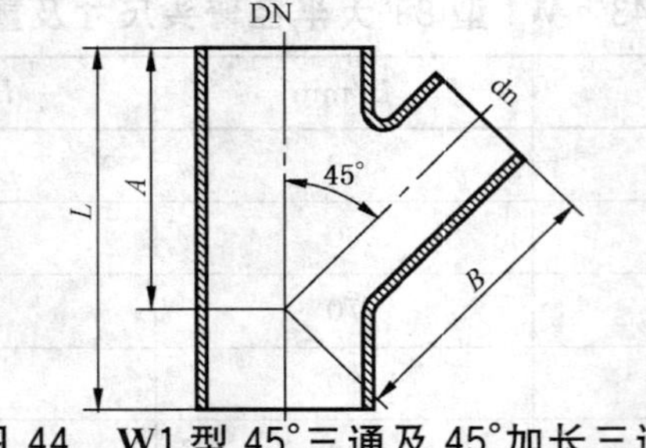

图 44　W1 型 45°三通及 45°加长三通

表 46　W1 型 45°三通尺寸及重量

公称直径		L/mm	A/mm	B/mm	重量/kg
DN	dn				
50	50	160	115	115	1.3
75	50	180	135	135	1.7
	75	215	155	155	2.4
100	50	190	150	150	2.5
	75	220	170	170	3.6
	100	260	190	190	4.3
125	50	200	160	160	3.2
	75	235	190	190	4.3
	100	270	210	210	5.0
	125	305	230	230	6.1
150	50	230	180	180	3.7
	75	250	200	200	6.0
	100	280	225	225	6.5
	125	320	240	240	8.1
	150	355	265	265	9.3
200	75	255	195	195	8.3
	100	300	230	230	9.1
	125	335	275	275	11.9
	150	375	300	300	13.3
	200	455	340	340	16.3
250	100	320	245	245	15.4
	150	405	325	325	20.2
	200	470	380	380	24.8
	250	560	430	430	31.5
300	100	350	275	275	22.0
	150	415	335	335	26.0
	200	485	395	395	34.0
	250	580	465	465	42.1
	300	660	505	505	50.1

表 47 W1 型 45°加长三通尺寸及重量

公称直径		L/mm	A/mm	B/mm	重量/kg
DN	dn				
50	50	185	135	135	1.6
100	50	200	165	165	2.5
	100	275	205	205	4.0
125	100	280	220	220	5.1
	125	320	240	240	6.4
150	100	295	240	240	6.7
	125	325	255	255	7.9
250	200	480	390	390	25.3

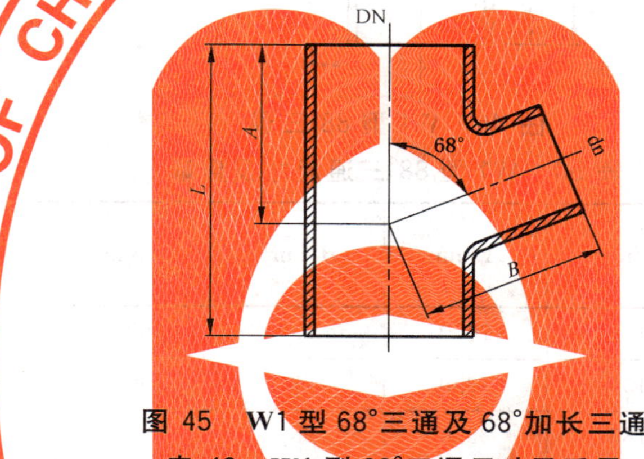

图 45 W1 型 68°三通及 68°加长三通

表 48 W1 型 68°三通尺寸及重量

公称直径		L/mm	A/mm	B/mm	重量/kg
DN	dn				
50	50	145	85	85	1.0
75	50	155	95	95	1.5
	75	180	110	110	1.9
100	50	155	100	100	1.9
	75	185	115	115	2.4
	100	220	130	130	2.9
125	100	225	140	140	4.0
	125	255	155	155	4.7
150	100	235	150	155	5.2
	125	265	165	170	6.1
	150	295	180	180	7.1
200	150	310	200	210	10.4
	200	365	225	225	12.8
250	200	390	255	265	19.4
	250	460	285	285	24.8
300	250	485	315	320	33.2
	300	545	345	345	40.4

表 49　W1 型 68°加长三通尺寸及重量

公称直径		L/mm	A/mm	B/mm	重量/kg
DN	dn				
100	50	155	100	110	2.1
	75	185	115	125	2.6

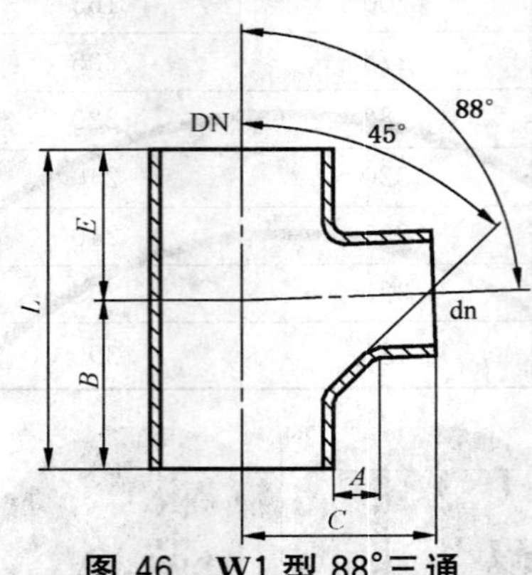

图 46　W1 型 88°三通

表 50　W1 型 88°三通尺寸及重量

公称直径		L/mm	A/mm	B/mm	C/mm	E/mm	重量/kg
DN	dn						
50	50	145	20.0	79	80	66	1.1
75	50	155	22.0	83	90	73	1.6
	75	185	22.0	98	95	83	1.8
100	50	170	22.0	94	105	76	2.7
	75	190	22.0	102	115	88	2.5
	100	220	22.0	115	115	105	3.6
125	50	180	25.0	98	120	82	3.0
	75	205	25.0	109	125	96	3.6
	100	235	25.0	125	130	110	4.0
	125	260	25.0	137	135	123	4.6
150	50	200	27.5	100	140	100	3.7
	75	220	27.5	120	140	100	4.0
	100	245	27.5	130	145	115	5.2
	125	275	27.5	147	150	128	6.2
	150	300	27.5	156	155	142	6.3
200	100	270	32.5	144	175	126	8.0
	125	295	32.5	156	180	139	9.8
	150	325	32.5	173	185	152	10.7
	200	360	32.5	180	200	180	12.8
250	250	450	38.0	225	230	225	19.8
300	300	530	42.0	265	271	265	32.0

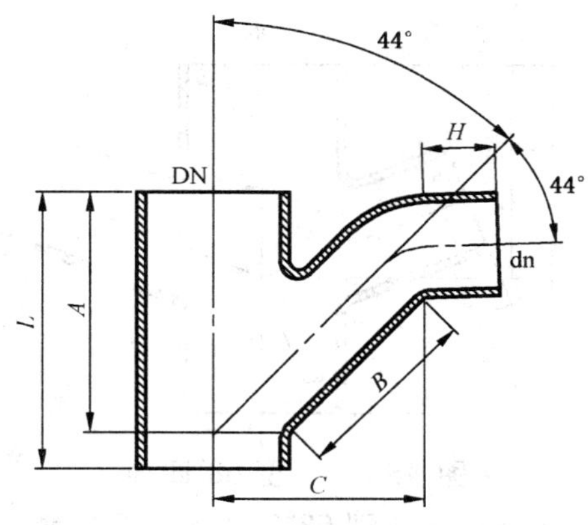

图 47 W1 型 88°TY 三通

表 51 W1 型 88°TY 三通尺寸及重量

公称直径		A/mm	B/mm	C/mm	H/mm	L/mm	重量/kg
DN	dn						
50	50	115	115	102	40	160	1.4
75	50	135	135	116	40	180	2.2
	75	155	155	139	45	215	3.2
100	50	150	150	127	40	180	2.3
	75	170	170	150	45	220	3.8
	100	190	190	174	50	260	4.1
150	50	205	205	185	40	230	5.4
	75	215	215	190	45	260	6.4
	100	225	225	198	50	280	7.5
	150	265	265	244	60	355	12.1
200	75	245	245	212	45	285	9.2
	100	260	260	223	50	300	11.4
	150	300	300	269	60	375	16.8
	200	340	340	315	70	455	23.4
250	100	290	290	260	50	330	17.0
	150	340	340	305	60	385	23.5
	200	380	380	343	70	470	31.0
	250	430	430	401	80	560	41.8
300	100	310	310	275	50	345	23.6
	150	370	370	340	60	400	30.1
	200	420	420	390	70	495	30.2
	250	465	465	426	80	580	52.4
	300	505	505	473	95	600	67.6

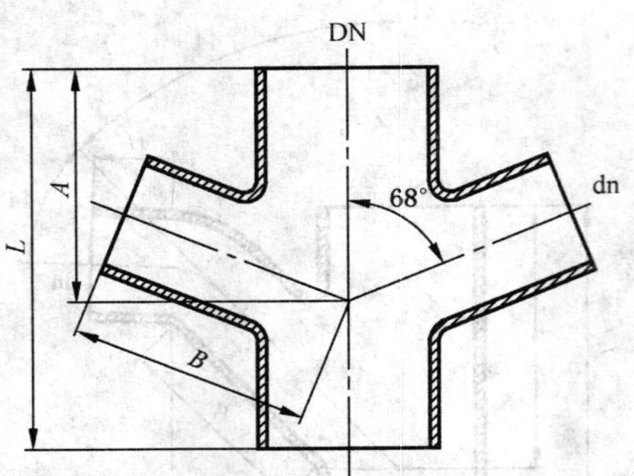

图 48 W1 型 68°四通

表 52 W1 型 68°四通尺寸及重量

公称直径		L/mm	A/mm	B/mm	重量/kg
DN	dn				
75	50	155	95	95	1.7
	75	180	110	110	2.3
100	75	185	115	125	2.9
	100	220	130	130	3.6
125	100	225	140	140	4.6
	125	255	155	155	5.6
150	125	265	165	170	7.2
	150	295	180	180	8.6
200	150	310	200	210	11.6
	200	365	225	225	15.5

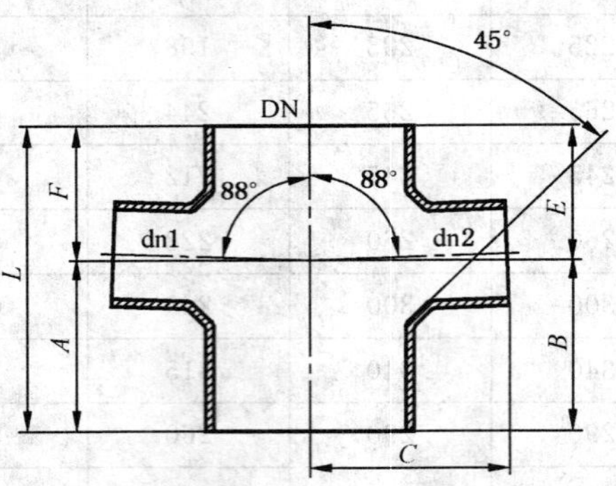

图 49 W1 型 88°四通

表 53 W1 型 88°四通尺寸及重量

公称直径			L/mm	A/mm	B/mm	C/mm	E/mm	F/mm	重量/kg
DN	dn1	dn2							
100	50	50	170	94	94	105	76	76	2.2
	75	75	190	102	102	110	88	88	2.7
	100	100	220	115	115	115	105	105	3.2

表 53（续）

公称直径			L/mm	A/mm	B/mm	C/mm	E/mm	F/mm	重量/kg
DN	dn1	dn2							
150	100	50	245	130	104	145	141	115	5.0
	100	75	245	130	112	145	133	115	6.0
	100	100	245	130	130	145	115	115	5.7

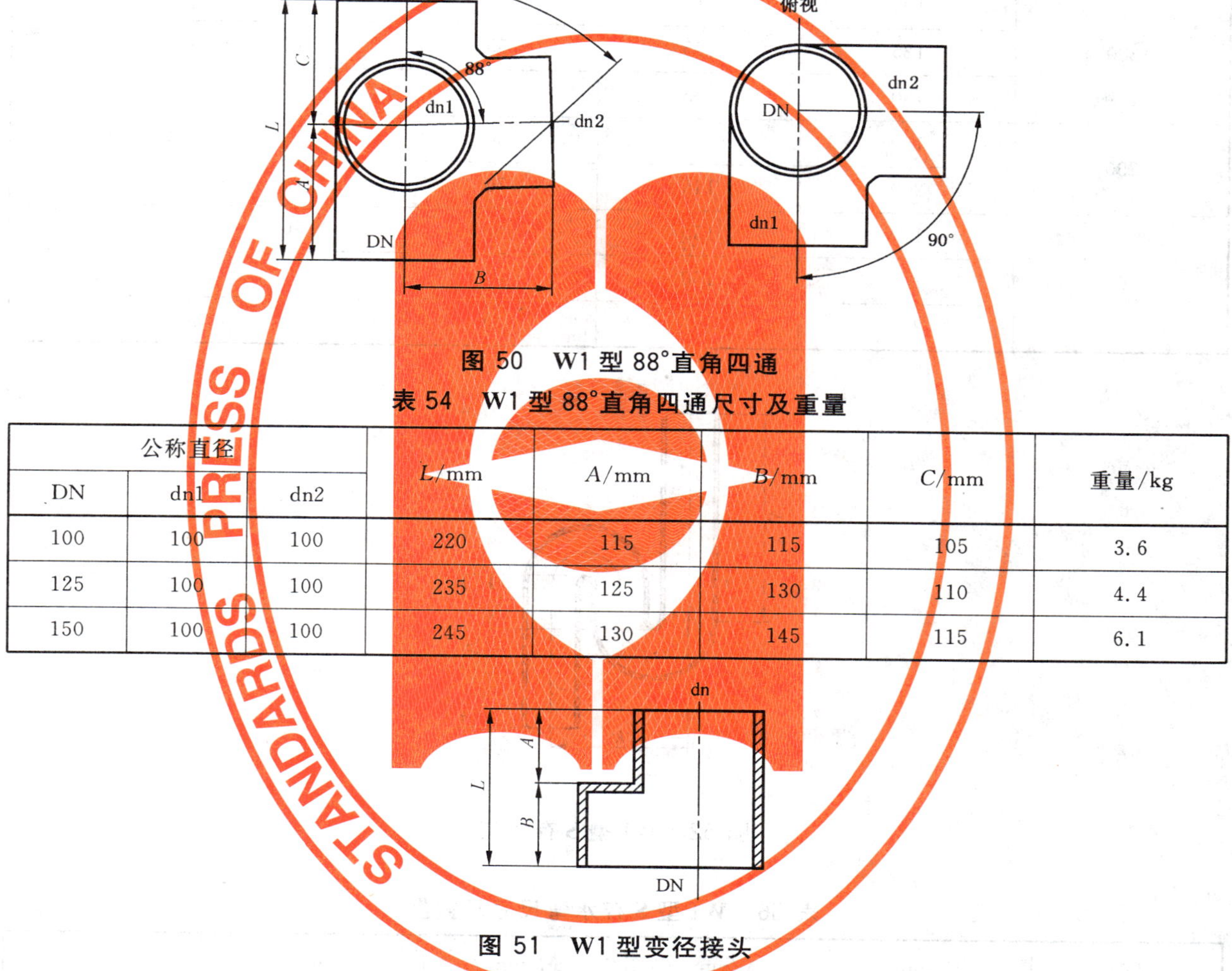

图 50 W1 型 88°直角四通

表 54 W1 型 88°直角四通尺寸及重量

公称直径			L/mm	A/mm	B/mm	C/mm	重量/kg
DN	dn1	dn2					
100	100	100	220	115	115	105	3.6
125	100	100	235	125	130	110	4.4
150	100	100	245	130	145	115	6.1

图 51 W1 型变径接头

表 55 W1 型变径接头尺寸及重量

公称直径		L/mm	A/mm	B/mm	重量/kg
DN	dn				
75	50	75	35	40	0.6
100	50	80	35	45	0.9
	75	85	40	45	1.0
125	50	85	35	50	1.4
	75	90	40	50	1.6
	100	95	45	50	1.7

表 55（续）

公称直径		L/mm	A/mm	B/mm	重量/kg
DN	dn				
150	50	95	35	60	2.0
	75	100	45	55	2.1
	100	105	45	60	2.2
	125	110	50	60	2.4
200	100	115	45	70	3.1
	125	125	55	70	3.2
	150	125	55	70	3.4
250	150	135	60	75	6.8
	200	145	70	75	7.0
300	150	150	60	90	10.7
	200	160	70	90	11.4
	250	170	80	90	12.4

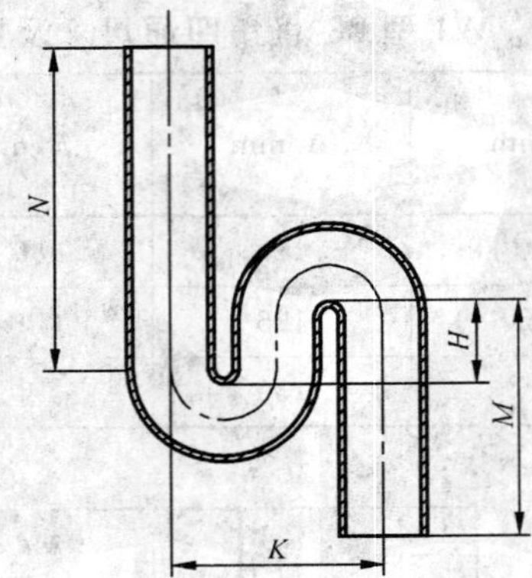

图 52　W1 型 S 存水弯

表 56　W1 型 S 存水弯尺寸及重量

DN	H/mm	N/mm	M/mm	K/mm	重量/kg
50	50	223	160	140	3.2
75	50	223	210	196	6.2
100	50	250	240	240	12.0
150	50	280	270	340	23.0

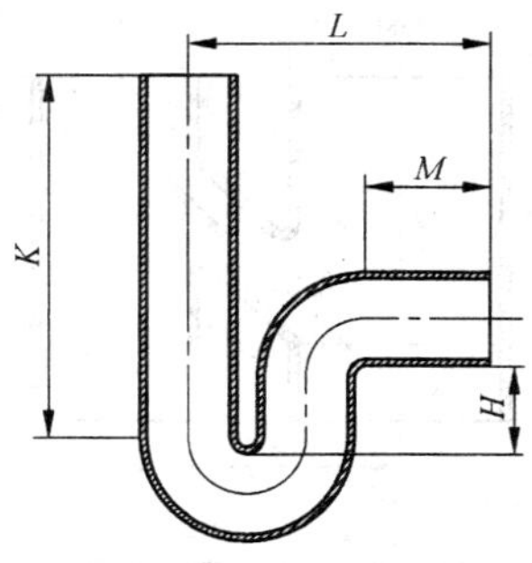

图 53 W1 型 P 存水弯

表 57 W1 型 P 存水弯尺寸及重量

DN	H/mm	K/mm	M/mm	L/mm	重量/kg
50	50	223	75	180	4.6
75	50	223	100	225	6.3
100	50	250	120	300	10.5
125	50	280	130	430	16.1

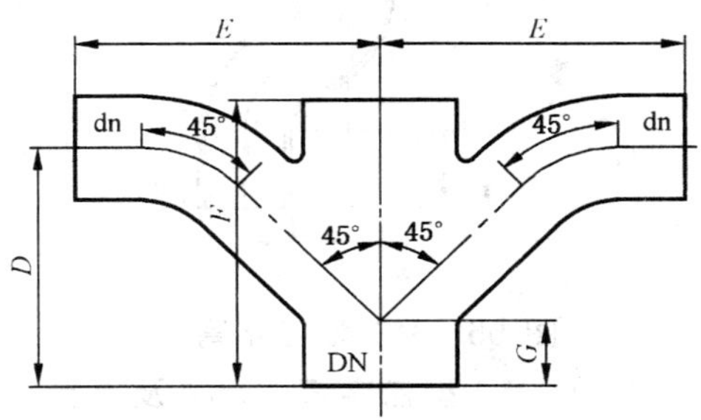

图 54 W1 型 TY 四通

表 58 W1 型 TY 四通尺寸及重量

公称直径		D/mm	E/mm	F/mm	G/mm	重量/kg
DN	dn					
50	50	137	156	168	51	2.6
75	50	140	171	168	51	3.13
	75	186	203	203	57	4.75
100	50	140	184	168	25	3.8
	75	184	216	203	43	5.6
	100	235	254	241	62	8.44

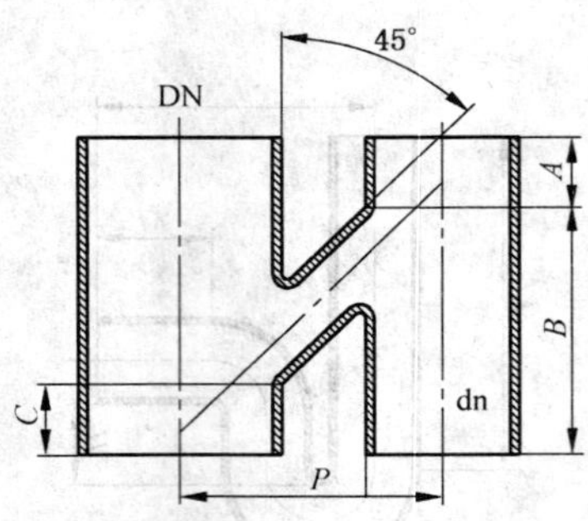

图 55 W1 型 H 管

表 59 W1 型 H 管尺寸及重量

公称直径		A/mm	B/mm	C/mm	P/mm	重量/kg
DN	dn					
100	75	40	200	40	150	3.73
	100	40	230	40	160	4.72
150	100	40	300	50	241	8.33

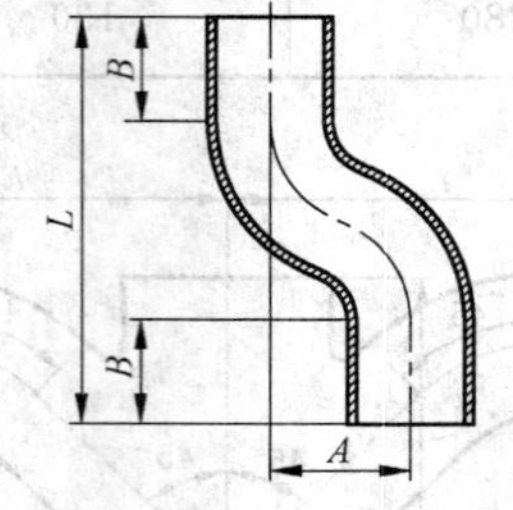

图 56 W1 型乙字弯头

表 60 W1 型乙字弯头尺寸及重量

DN	A/mm	B/mm	L/mm	重量/kg	DN	A/mm	B/mm	L/mm	重量/kg
50	65	50	165	0.9	50	130	50	230	1.4
75	65	65	190	1.7	75	130	65	260	2.4
100	65	70	205	2.8	100	130	70	270	3.4
125	65	80	225	3.6	125	130	80	290	4.8
150	65	90	245	5.3	150	130	90	310	6.9
200	65	110	285	8.9	200	130	110	350	11.4
50	200	50	300	1.9	125	200	80	360	6.2
75	200	65	330	3.2	150	200	90	380	8.7
100	200	70	340	4.4	200	200	110	420	14.1

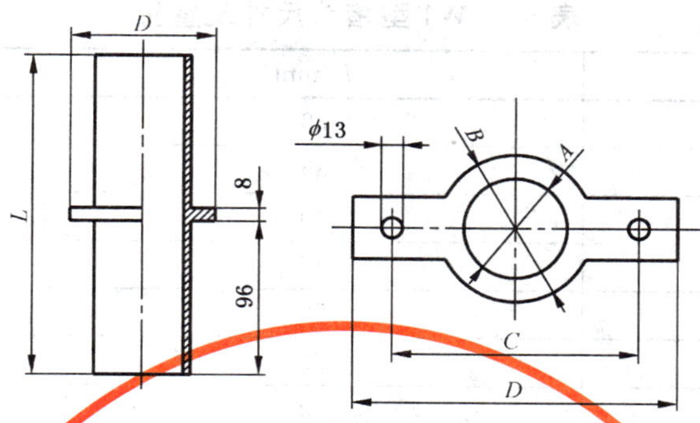

图 57 W1 型承重短管及支架

表 61 W1 型承重短管尺寸及重量

DN	D/mm	L/mm	重量/kg
50	87	200	1.3
75	111	200	2.0
100	145	200	2.3
125	170	200	3.0
150	195	200	4.0
200	245	200	6.0
250	309	250	10.0
300	361	250	14.0

表 62 W1 型承重短管支架尺寸及重量

DN	A/mm	B/mm	C/mm	D/mm	重量/kg
50	63	93	148	195	0.7
75	86	113	170	215	1.0
100	113	147	202	250	1.3
125	138	171	225	275	1.5
150	163	196	310	300	2.0
200	213	250	395	360	3.5
250	279	344	395	445	8.0
300	330	392	448	500	10.0

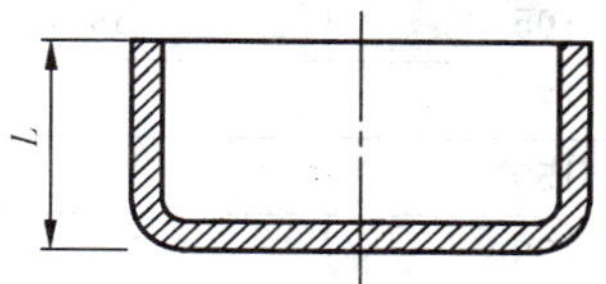

图 58 W1 型堵头

表 63　W1 型堵头尺寸及重量

DN	L/mm	重量/kg
50	30	0.3
75	35	0.5
100	40	0.8
125	45	1.1
150	50	1.7
200	60	3.1
250	70	6.0
300	80	9.5

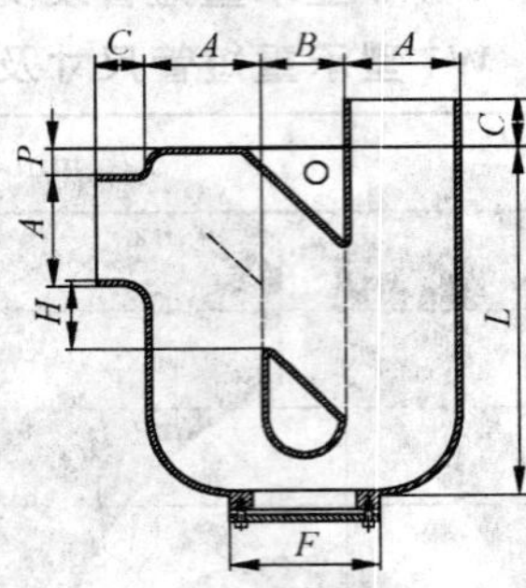

图 59　W1 型防虹吸存水弯

表 64　W1 型防虹吸存水弯尺寸及重量

DN	A/mm	B/mm	C/mm	P/mm	F/mm	H/mm	L/mm	重量/kg
50	58	58	30	20	98	50	231	4.1
75	83	60	35	20	108	50	261	6.3
100	110	62	40	20	130	50	345	8.7

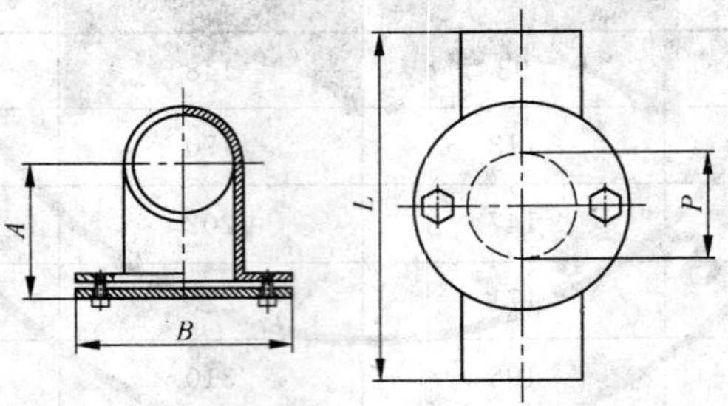

图 60　W1 型检查口

表 65　W1 型检查口尺寸及重量

DN	A/mm	B/mm	P/mm	L/mm	重量/kg
50	59	105	53	175	2.1
75	69	125	73	205	2.9
100	84	159	100	250	4.4
150	104	159	100	300	6.8
200	135	159	100	350	11.8
250	170	330	200	400	32.5
300	195	380	200	450	46.0

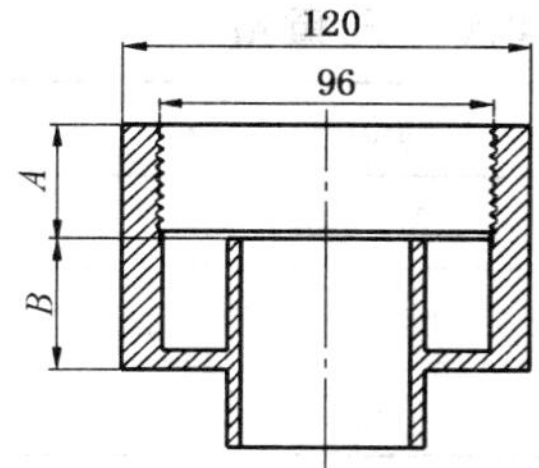

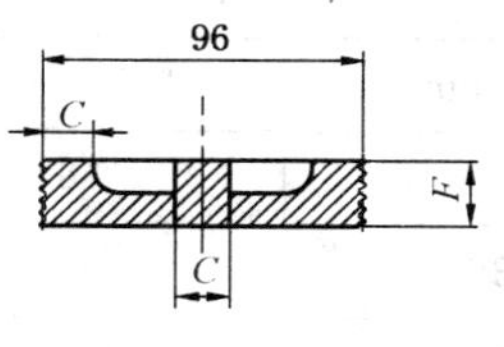

图 61　W1 型直式清扫口

表 66　W1 型直式清扫口

DN	A/mm	B/mm	C/ mm	F/mm	重量/kg
50	35	40	16	20	0.8
75	40	40	18	20	1.3
100	45	40	20	20	2.0
150	50	40	20	20	3.2

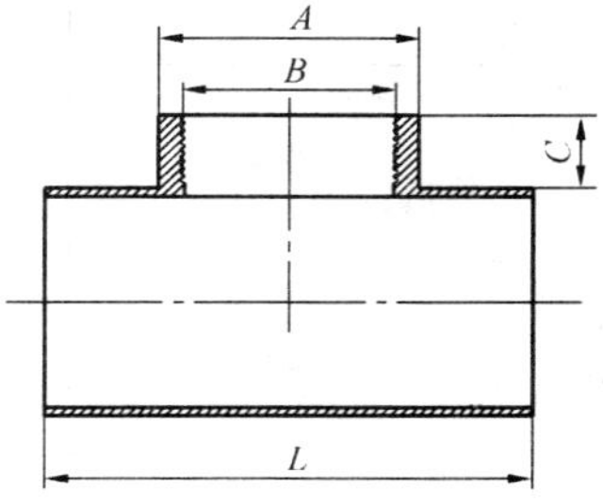

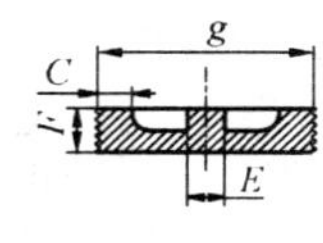

图 62　W1 型横式清扫口

表 67　W1 型横式清扫口尺寸及重量

DN	A/mm	B/mm	C/mm	E/mm	F/mm	g/mm	L1/mm	重量/kg
50	63	46	20	16	18	46	162	1.3
75	89	71	20	18	18	71	196	2.2
100	120	96	20	20	18	96	225	3.3
150	120	96	20	20	18	96	320	7.3
200	120	96	20	20	18	96	360	15.3

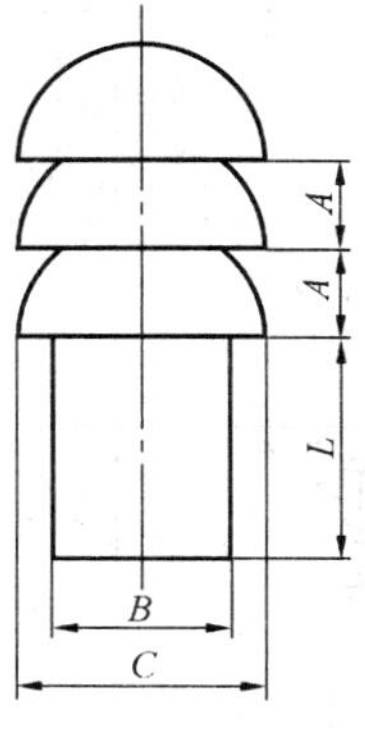

图 63　W1 型透气帽

表 68 W1 型透气帽尺寸及重量

DN	*A*/mm	*B*/mm	*C*/mm	*L*/mm	重量/kg
75	36	70	97	90	0.9
100	36	90	124	90	2.4
150	36	140	176	90	2.8

表 69 B 型管件的名称、图形、标识

序号	名称	图形标示	公称直径	图号	表号
1	B 型 90°弯头	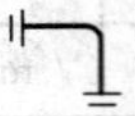	50～250	64	70
2	B 型 45°弯头	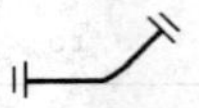	50～250	65	71
3	B 型 45°承插弯头	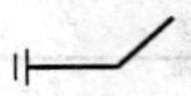	50～250	66	72
4	B 型立管检查口		50～200	67	73
5	B 型套袖		50～300	68	74
6	B 型乙字弯		50～250	69	75
7	B 型承插短管		50～150	70	76
8	B 型 Y 三通		50～250	71	77
9	B 型 TY 三通	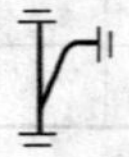	50～250	72	78
10	B 型直角四通	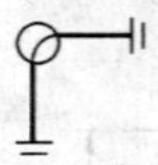	50～250	73	79
11	B 型 Y 四通	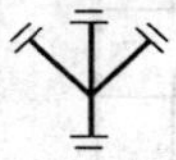	50～150	74	80
12	B 型 TY 四通		50～250	75	81
13	B 型变径接头		50～250	76	82

表 69（续）

序号	名称	图形标示	公称直径	图号	表号
14	B 型 H 通气管		50～200	77	83
15	B 型 h 通气管		50～200	78	84
16	B 型堵头		50～250	79	85
17	B 型 P 存水弯		50～150	80	86
18	B 型 S 存水弯		50～150	81	87

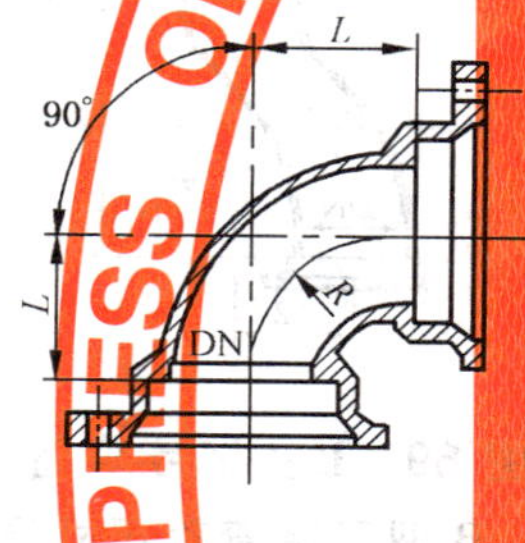

图 64　B 型 90° 弯头

图 65　B 型 45° 弯头

表 70　B 型 90°弯头尺寸及重量

DN	L/mm	R/mm	重量/kg
50	54	54	1.3
75	78	78	2.8
100	99	99	4.3
125	122	122	7.1
150	143	143	9.1
200	160	160	16.0
250	185	185	28.0

表 71　B 型 45°弯头尺寸及重量

DN	L/mm	R/mm	重量/kg
50	20	48	1.0
75	28	68	2.0
100	35	84	3.1
125	43	104	5.6
150	50	120	6.5
200	58	140	12.2
250	74	165	20.4

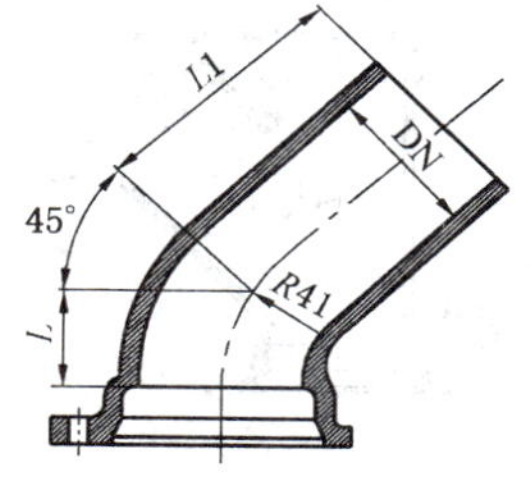

图 66　B 型 45°承插弯头

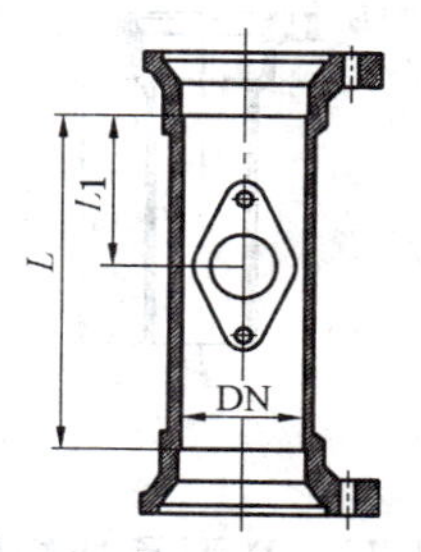

图 67　B 型立管检查口

表 72 B 型 45°承插弯头尺寸及重量

DN	L /mm	L1/mm		R /mm	重量/kg	
		标准型	加长型		标准型	加长型
50	22	66	500	50	0.9	3.6
75	32	88	500	70	1.9	5.5
100	41	107	500	80	3.0	8.0
125	50	122	500	90	5.3	11.4
150	60	137	500	105	6.3	13.9
200	75	145	500	140	10.0	20.5
250	80	155	500	165	16.5	32

表 73 B 型立管检查口尺寸及重量

DN	L/mm	L1/mm	重量/kg
50	200	78	2.95
75	275	90	6.05
100	320	100	9.10
125	355	120	12.00
150	395	130	14.75
200	470	165	32.48

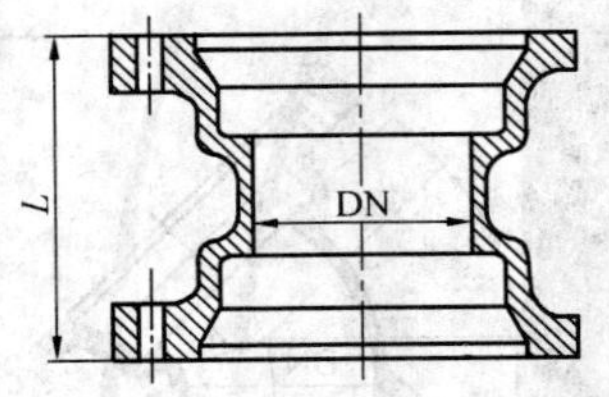

图 68 B 型套袖

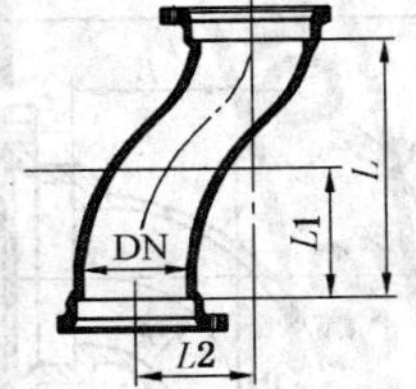

图 69 B 型乙字弯管

表 74 B 型套袖尺寸及重量

DN	L/mm	重量/kg
50	75	0.95
75	90	1.94
100	105	2.60
125	115	4.70
150	125	5.00
200	145	9.10
250	165	12.70
300	185	21.5

表 75 B 型乙字弯管尺寸及重量

DN	L/mm	L1/mm	L2/mm	重量/kg
50	250	125	100	2.8
75	280	140	140	4.1
100	322	151	140	7.3
125	300	150	150	10.5
150	268	134	150	11.2
200	320	160	160	14.5
250	320	160	160	21.0

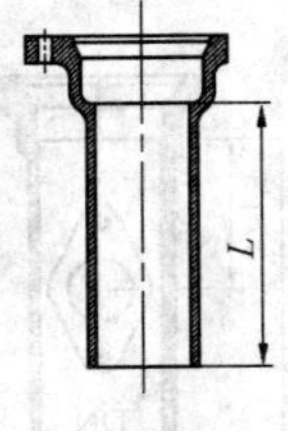

图 70 B 型承插短管

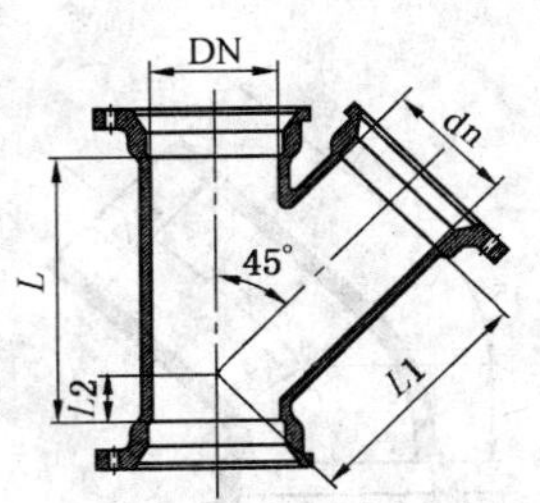

图 71 B 型 Y 三通

表 76 B型承插短管尺寸及重量

DN	L/mm	重量/kg
50	250	2.45
75	250	3.54
100	250	5.70
150	250	8.36

表 77 B型Y三通尺寸及重量

DN	dn	L/mm	L1/mm	L2/mm	重量/kg
50	50	125	100	26	2.2
75	50	125	122	16	3.5
	75	167	135	37	4.5
100	50	127	142	4	4.8
	75	164	154	17	6.0
	100	200	185	38	5.9
125	75	169	174	10	7.2
	100	220	184	28	9.3
	125	240	184	44	10.4
150	75	172	193	10	9.3
	100	206	202	17	11.0
	125	240	230	35	13.0
	150	279	235	56	14.2
200	100	210	241	8	17.0
	125	240	254	10	19.0
	150	274	264	25	21.2
	200	349	267	53	25.0
250	100	240	265	5	22.9
	125	300	265	12	26.0
	150	325	310	34	28.0
	200	385	330	53	34.0

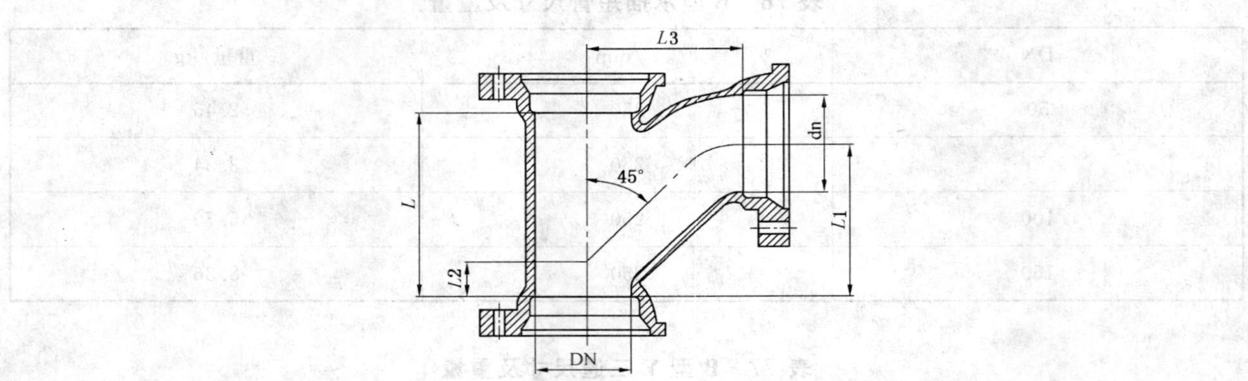

图 72 B 型 TY 三通

表 78 B 型 TY 三通尺寸及重量

DN	dn	L/mm	L1/mm	L2/mm	L3/mm	重量/kg
50	50	113	93	23	92	2.3
75	50	120	100	23	111	3.6
	75	182	132	36	130	4.9
100	50	124	104	22	127	5.4
	75	165	135	33	145	6.1
	100	207	167	47	165	7.6
125	75	185	150	33	181	8.0
	100	209	169	30	180	9.8
	125	250	210	45	210	11.8
150	75	170	140	33	175	10.3
	100	213	173	45	195	11.8
	125	255	210	64	214	14.0
	150	300	240	68	237	17.6
200	100	226	187	45	237	22.0
	125	271	219	60	254	20.5
	150	305	239	58	276	27.2
	200	384	282	95	282	32.5
250	100	275	230	33	290	26.5
	125	290	240	34	305	30.0
	150	315	255	43	310	32.5
	200	330	260	45	335	39.0
	250	365	280	80	360	45.0

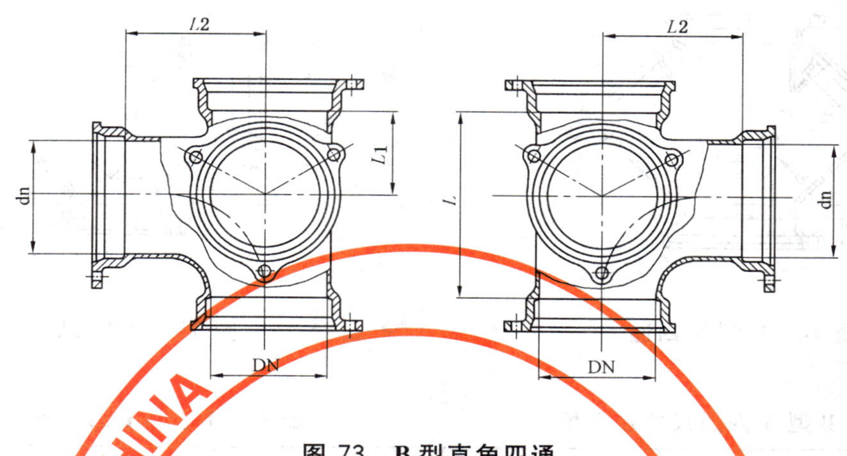

图 73 B 型直角四通

表 79 B 型直角四通尺寸及重量

DN	dn	L/mm	L1/mm	L2/mm	重量/kg
75	50	125	55	70	3.8
	75	155	75	80	4.6
100	50	160	55	105	6.0
	75	180	75	105	6.6
	100	190	85	105	7.4
125	75	185	75	110	10.0
	100	195	85	110	11.4
	125	210	100	110	12.0
150	75	205	80	125	11.0
	100	210	85	125	12.0
	125	225	100	125	14.0
	150	237	112	125	16.5
200	100	235	85	150	18.0
	125	250	100	150	20.0
	150	262	112	150	23.0
	200	290	140	150	27.0
250	100	260	85	175	26.0
	125	275	100	175	28.0
	150	287	112	175	33.0
	200	317	142	175	39.0
	250	350	175	175	46.0

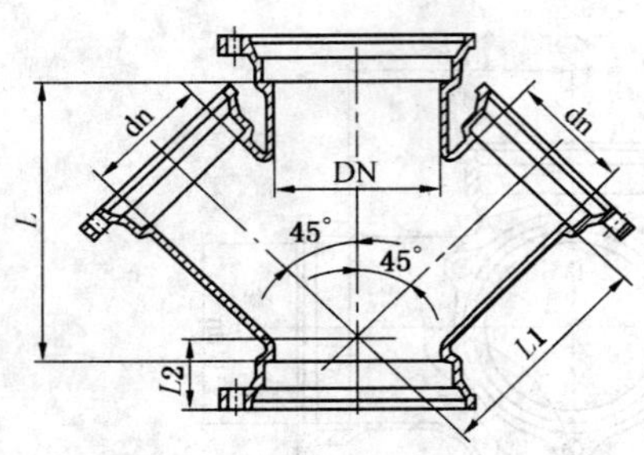

图 74 B型Y四通

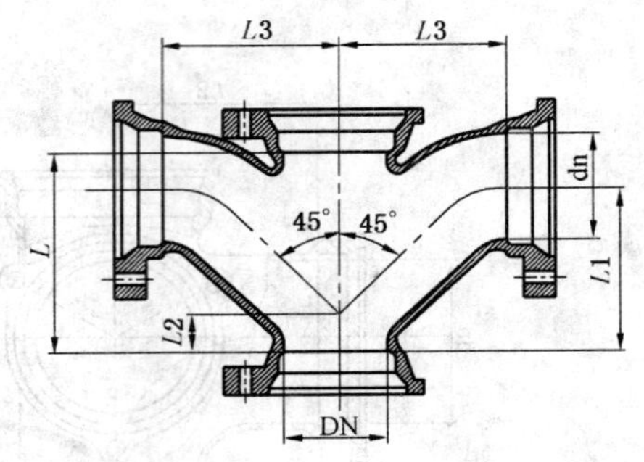

图 75 B型TY四通

表 80 B型Y四通尺寸及重量

DN	dn	L/mm	L1/mm	L2/mm	重量/kg
50	50	118	95	45	2.88
75	50	142	115	39	3.83
	75	182	125	57	5.31
100	50	143	134	29	4.66
	75	181	144	46	6.16
	100	219	156	64	7.96
125	75	183	165	38	7.89
	100	221	177	56	9.86
	125	261	189	74	12.97
150	75	154	184	30	9.48
	100	191	197	48	11.55
	125	230	209	66	14.75
	150	267	220	84	19.07

表 81 B型TY四通尺寸及重量

DN	dn	L/mm	L1/mm	L2/mm	L3/mm	重量/kg
50	50	113	93	23	92	3.68
75	50	120	100	23	111	5.38
	75	152	132	36	130	7.81
100	50	124	104	22	127	6.30
	75	165	135	33	145	10.06
	100	207	167	47	165	12.71
125	75	170	138	33	161	11.75
	100	209	169	45	180	14.18
	125	250	210	59	210	16.28
150	75	170	140	33	175	12.10
	100	213	173	45	196	16.59
	125	255	210	59	214	17.00
	150	306	240	71	237	25.30
200	100	226	190	45	245	24.30
	125	271	219	60	276	24.70
	150	325	259	58	276	28.00
	200	364	282	95	285	48.40
250	100	275	230	45	290	32.00
	125	290	240	45	305	35.00
	150	320	255	46	310	39.00
	200	364	282	46	335	45.00
	250	426	327	73	360	52.00

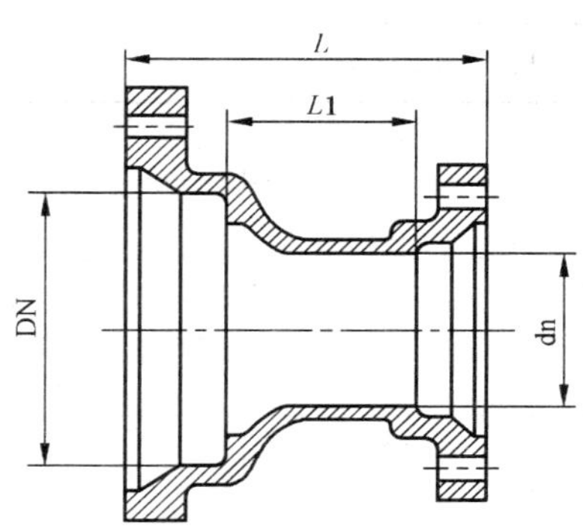

图 76　**B 型变径接头**

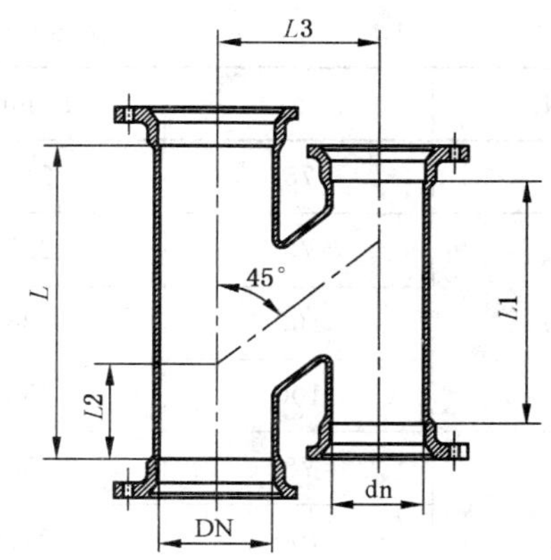

图 77　**B 型 H 型通气管**

表 82　**B 型变径接头尺寸及重量**

DN	dn	L/mm	L1/mm	重量/kg
75	50	83	31	1.5
100	50	95	38	2.1
	75	94	31	2.4
125	50	111	50	2.6
	75	108	41	2.8
	100	112	40	3.2
150	75	117	48	3.5
	100	117	43	3.7
	125	118	40	5.0
200	100	141	59	6.0
	150	131	43	7.4
250	150	149	59	11.0
	200	148	50	140

表 83　**B 型 H 型通气管尺寸及重量**

DN	dn	L/mm	L1/mm	L2/mm	L3/mm	重量/kg
75	75	280	180	40	150	8.12
100	75	240	160	20	150	9.07
	100	280	200	40	160	11.71
125	125	350	250	75	180	17.31
150	100	300	200	30	180	16.15
	125	380	250	30	240	21.05
	150	430	300	65	240	25.84
200	150	460	300	30	300	35.58
	200	520	360	70	300	43.74

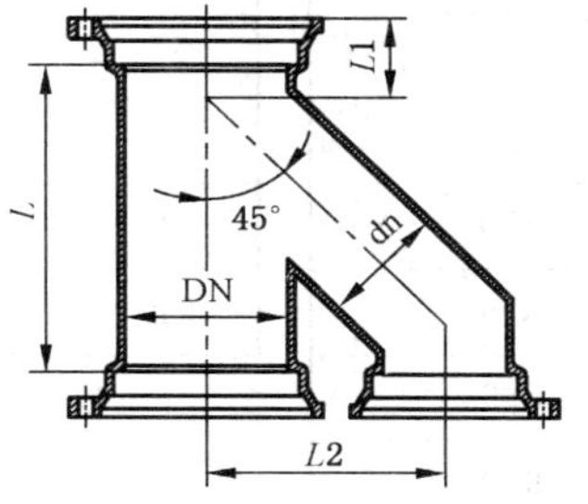

图 78　**B 型 h 通气管**

表 84　B 型 h 通气管尺寸及重量

DN	dn	L/mm	$L1$/mm	$L2$/mm	重量/kg
75	75	214	60	150	5.73
100	75	202	52	150	6.31
	100	238	69	160	7.30
	100	258	69	180	8.25
125	75	196	44	160	8.05
	100	243	62	180	9.66
	125	282	80	190	11.40
150	100	241	56	190	12.04
	125	290	74	210	14.65
	150	350	92	240	18.68
200	150	350	72	270	25.50
	200	434	109	300	32.68

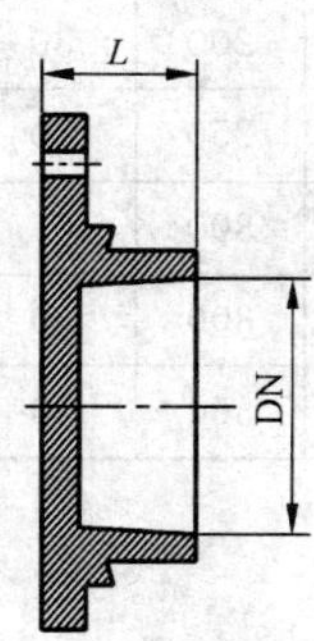

图 79　B 型堵头

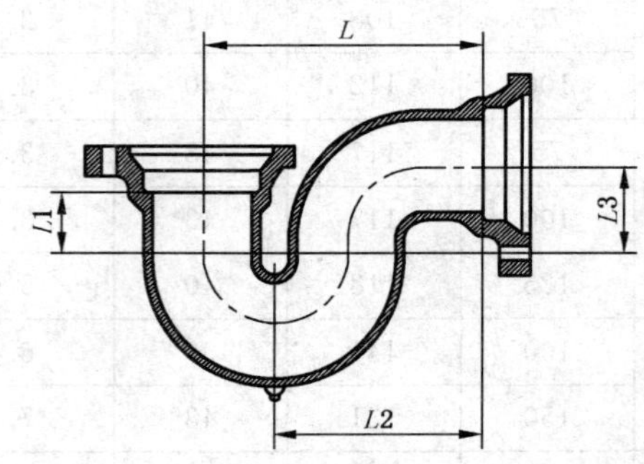

图 80　B 型 P 存水弯

表 85　B 型堵头尺寸及重量

DN	L/mm	重量/kg
50	33	0.6
75	39	1.2
100	45	2.0
125	50	3.0
150	53	3.6
200	56	5.9
250	61	9.0

表 86　B 型 P 存水弯尺寸及重量

DN	L/mm	$L1$/mm	$L2$/mm	$L3$/mm	重量/kg
50	150	40	111	52	2.7
75	190	54	137	66	4.8
100	228	67	163	78	7.9
125	260	80	182	91	12.5
150	310	93	220	103	18.0

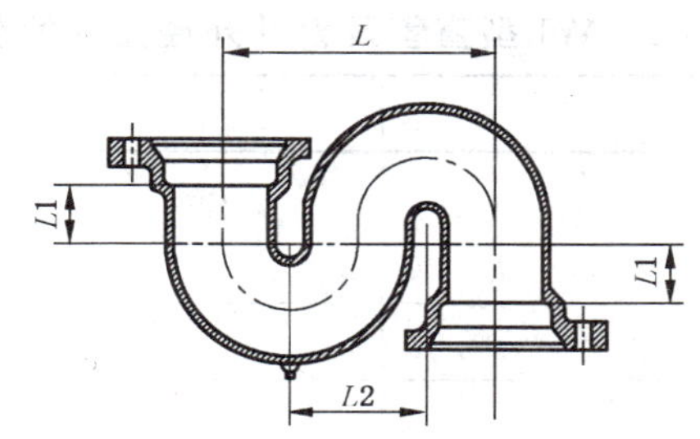

图 81 B 型 S 存水弯

表 87 B 型 S 存水弯

DN	L/mm	L1/mm	L2/mm	重量/kg
50	156	40	78	3.1
75	212	54	106	6.8
100	260	67	130	10.2
125	312	80	156	15.5
150	360	93	180	23.0

5.3 外形允许偏差

5.3.1 直管弯曲度，公称直径大于 DN100 时，应不大于 1.5 mm/m；当公称直径小于等于 DN100 时，应不大于 2 mm/m。

5.3.2 直管及管件端面应与轴线相垂直。公称直径小于等于 DN200 时，最大偏差为 3°；公称直径大于 DN200 时，最大偏差为 2°。

5.3.3 管件两轴线角度允许偏差为±1°30′。

5.4 尺寸允许偏差

5.4.1 外径、承口内径和承口深度偏差

5.4.1.1 A 型、W 型直管和管件的外径允许偏差，A 型、B 型承口内径和承口深度允许偏差及插口圆度应符合表 88 的规定。

5.4.1.2 W1 型直管和管件的外径偏差应符合表 89 的规定。

5.4.2 壁厚偏差

5.4.2.1 A 型、W 型直管的壁厚允许偏差应符合表 88 的规定。A 型、B 型承口壁厚允许偏差为 −1.0 mm。

5.4.2.2 W1 型直管和管件的壁厚偏差应符合表 4 的规定。

表 88 W 型、A 型直管及管件和 B 型管件尺寸允许偏差 单位为毫米

公称直径 DN	外径 DE	承口内径	承口深度	壁厚	圆度
50～100	+1.0 −2.0	±1.5	±2.0	−0.7	≤3.0
125～200	+1.5 −2.0	±2.0	±3.0	−1.0	≤3.5
250～300	+2.2 −1.8	±2.0	±3.0	−1.2	≤4.0

表 89　W1 型直管及管件外径允许偏差

单位为毫米

公称直径 DN	外径允许偏差
50～75	+2.0 −1.0
100～150	±2.0
200～300	±2.2

5.4.3　长度偏差

直管长度允许偏差为±20 mm，管件各分支方向长度偏差均为±5 mm。

5.4.4　管盘偏差

管盘厚度允许偏差为−1.5 mm。各螺栓孔中心必须和管轴中心相对应。螺栓孔的中心圆直径允许偏差为±1.0 mm。相邻螺栓中心间距允许偏差为 1.0 mm。

5.5　重量及允许偏差

5.5.1　直管及管件重量为参考值。

5.5.2　直管和管件重量允许负偏差为 15%。

6　技术要求

6.1　铸铁质量要求

直管及管件的铸铁牌号不得低于 ISO 185 标准中的 150 号铸铁，且磷含量应不大于 0.6%，硫含量应不大于 0.1%。

6.2　力学性能

6.2.1　抗拉强度

直管及管件的抗拉强度应不小于 150 MPa。W1 型直管的抗拉强度应不小于 200 MPa，管件的抗拉强度应不小于 150 MPa。

6.2.2　压环试验

W1 型直管管环的压环强度三次测得的平均值应不小于 350 MPa；每次测得的强度值应不小于 300 MPa。

6.2.3　硬度

直管和管件应可切削。

6.3　工艺性能

直管应进行水压试验，其试验压力为 0.3 MPa，稳压时间不低于 5 s。管件的水压试验，由供需双方协商确定。

6.4　组织

直管或管件应为灰口铸铁，组织应致密，能切削、钻孔。

6.5　表面质量

6.5.1　直管及管件的内外表面应光洁、平整，不允许有裂缝、冷隔、错位、蜂窝及其他影响使用的明显缺陷。允许存在不影响使用性能的冷铸花纹；不影响使用的铸造缺陷允许修补，但修补后局部凸起处应磨平，修补后应符合本标准的要求。

6.5.2　承插口密封工作面除符合上述要求外，不得有连续沟纹、麻面和凸出的棱线。

6.5.3　A 型、B 型的承口法兰盘轮廓应清晰，允许有不影响使用的轻微缺陷存在。

6.6　内外涂覆

6.6.1　管和管件的内外表面应涂涂料，涂覆前内外表面应干燥、无锈、无附着颗料或杂质，如油、润滑脂等，涂覆后的涂层应均匀，粘结牢固。

6.6.2 外涂层颜色一般为黑色或棕红色,根据用户要求确定。内外涂层材料为石油沥青、煤沥青或环氧树脂漆、环氧煤沥青、环氧粉末等。根据用户要求确定刷涂或喷涂。

7 试验和试验方法

7.1 铸件的试验

7.1.1 尺寸

7.1.1.1 直管及管件尺寸用具有足够精度的量具进行测量。

7.1.1.2 直管外径的检查应在距离管端 20 mm~30 mm 处进行,精度为 0.2 mm,在相隔 90°的两个方向上进行测量,每次测量的读数均应在规定的公差范围内。

7.1.1.3 所有的壁厚测量,均应至少在径向相对应的两个位置上进行,精度为 0.1 mm,每次的读数均应在规定的公差范围内。

7.1.1.4 管件的角度测量精度为 30′。

7.1.2 铸铁的质量要求

7.1.2.1 抗拉强度试验按 GB/T 228 的规定进行。

7.1.2.2 化学分析按 GB/T 223 或 GB/T 14203 的规定进行。

7.1.3 直管和管件的质量要求:

7.1.3.1 水压试验,当达到规定压力 0.3 MPa 后,稳压时间不小于 5 s,应无渗漏现象。

7.1.3.2 直管、管件表面及涂覆表面质量和直管的弯曲度用目视检测,若弯曲度有争议时,可用专用工具测量。

7.1.3.3 切削试验:为检查直管的可切削性,可使用一般的切削锯做切削直管试验。

7.1.3.4 压环试验

在未涂衬的管体上,垂直于轴线切取试验环,管环长度至少为 60 mm,试验环在大于其长度的平行压板之间压碎,压环强度用式(1)计算:

$$\delta = \frac{3F(d-e)}{\pi b e^2} \qquad \cdots\cdots (1)$$

式中:

δ——压环强度,单位为兆帕(MPa);

F——外加的载荷力,单位为牛顿(N);

d——试验前管环的外径,单位为毫米(mm);

e——断裂处测量的平均壁厚,单位为毫米(mm);

b——平均长度,单位为毫米(mm)。

试验结果应符合本标准 6.2.2 的规定。

7.2 涂覆后产品的检验

7.2.1 标识

目视检查标识应与本标准 9.1、9.2 的要求一致。

7.2.2 涂覆

目测涂覆层应与 6.6.1 的要求一致。

7.3 质量控制

7.3.1 总则

为了确保直管和管件的制造质量,生产厂方应有质量管理方法,根据 7.3.2 的规定进行质量管理。

7.3.2 生产厂方的验收

7.3.2.1 生产者应在自己的工厂内检查所生产的直管和管件的质量。

7.3.2.2 批量生产时应检查以下项目:

a) 每个铸件上检查：

——直管和管件质量，目测或专用工具检查

——标识(见 9.1、9.2)

——涂层(见 7.2.3)

b) 抽查时铸件检查项目：

——外径(见 7.1.1.2)

——壁厚(见 7.1.1.3)

——铸铁质量(见 7.1.2)

——切削和压环试验(见 7.1.3.4,7.1.3.5)

7.3.2.3 试验结果应有记录。试验记录应保存 5 年。

8 检验规则

8.1 检验和验收

直管及管件的检验和验收，由供方技术质量监督部门进行。

8.2 组批规则

直管应按批进行检查和验收。每批应由同一直径，同一管壁厚度等级，同一定尺长度，同一次化学分析结果和同一工艺生产的直管组成。管件应由同一炉铁水和同一工艺生产的管件组成。

8.3 取样数量

8.3.1 直管和管件的尺寸、表面质量和涂覆质量应逐件进行检查。

8.3.2 化学分析每班(8 h)取两个试样，改变炉料时，应及时取样，化验结果代表该班的全部产品。

8.3.3 拉伸试验每班(8 h)取两个试样，试验结果代表该班的全部产品。

8.3.4 直管应逐根进行水压试验。

8.4 复验与判定规则

当化学成分、拉伸试验中任一项试验结果不合格时，应从该批直管或管件中另取双倍数量的试样进行该不合格项目的复验，若复验结果仍不合格，则该批直管或管件应予判废。这时供方可逐根提交检验，合格者交货。

9 标志、质量证明书

9.1 直管及管件应铸出或印上制造厂名或商标及公称直径，直管还应标明制造日期。

9.2 每批直管及管件出厂时应附质量证明书，内容包括：

a) 本标准编号；

b) 供方名称；

c) 产品名称、规格；

d) 试水压力；

e) 每批数量；

f) 本标准要求的各项检验结果。

10 包装、运输和储存

10.1 车船联运或长途运输，装卸次数多时，在插口端应用橡胶圈、草绳子等捆扎方式保护。就地使用的管材，可简化包装。

10.2 直管及管件在搬运过程中，应避免碰伤摔坏。

10.3 储存直管的仓库、场地，地面应松软、平坦。硬地面应垫木块，并严防管子滚动。

10.4 管件应以同一品种，同一规格码放成垛，排列整齐。

10.5 直管按其接口型式和不同壁厚，以同一品种，同一规格码放成垛。

附 录 A
（资料性附录）
本标准章条编号与 ISO 6594:2006 章条编号对照

A.1 本标准章条编号与 ISO 6594:2006 章条编号对照见表 A.1

表 A.1 本标准章条编号与 ISO 6594:2006 章条编号对照

本标准章条编号	对应的国际标准章条编号
1	1
2	2
3	—
4	3.1
5	3
5.1	4.1,4.2
5.2	3.7,3.8,3.9
5.3	3.9
5.4	3.6,3.7,3.8
5.5	3.10
6	3
6.1	3.2
6.2	—
6.3	—
6.4	3.3
6.5	3.3
6.6	3.11
7	5
7.1	5.1
7.2	5.2
7.3	5.3
8	—
9	—
10	—

附 录 B
（资料性附录）
本标准与 ISO 6594:2006 技术性差异及其原因

B.1 本标准与 ISO 6594:2006 技术性差异及其原因见表 B.1

表 B.1 本标准与 ISO 6594:2006 技术性差异及其原因

本标准章条编号	技术性差异	原 因
1	1.适用范围增加了“建筑物”排放…… 2.改“通风”管为“通气”管	适合我国国情
2	有国家标准引用国家标准没有国家标准，引用国际标准	适应我国标准要求
4	1.增加了排水铸铁管及管件的接口型式。即 A 型、B 型，增加了管件的种类； 2.使用的公称直径缩小为八种。即：DN50，DN75，DN100，DN125，DN150，DN200，DN250，DN300	适合我国国情，我国有八种足够
5.1	增加了接口型式图及结构尺寸和重量	适合我国国情，便于生产、外贸
5.2	按接口型式不同，增加了管及管件的壁厚类别，部分外径略有增大	适合我国国情，便于维修、过渡
5.3	增加了对直管弯曲度的规定	适合我国国情
5.4	偏差普遍小于 ISO 6594	适合我国标准要求
6.1	提高了磷含量的要求，即应不大于 0.6%（ISO 6594 为 0.90%）同时增加了硫含量应不大于 0.1%的规定	适合我国国情， 便于保证产品质量
6.2.1	增加了对直管及管件“抗拉强度”的规定	适合我国标准要求， 便于控制产品质量
6.2.3	部分直管和管件增加了“硬度”规定	适合我国国情， 便于控制产品质量
6.3	增加了“水压试验”的规定	适合我国标准要求， 便于控制产品质量
6.6.2	增加了内外涂层材料的具体名称和涂刷方法	适合我国国情
8	增加了对产品的检验规则	便于确保产品质量、 适合我国国情
9	标识部分，改直管每米应标识为每根直管标识	适合我国国情
10	增加了包装、运输和储存的规定要求	适合我国国情
附录 C	增加了 A 型、B 型法兰压盖的结构、尺寸、技术要求	适合我国标准要求
附录 D	增加了不锈钢卡箍的结构、尺寸、技术要求	适合我国标准要求
附录 E	增加了 A 型、B 型、W 型、W1 型橡胶密封圈（套）的型式、尺寸、技术要求	适合我国标准要求

附 录 C
（规范性附录）
法兰压盖

C.1 范围

本附录适用于排水用柔性接口铸铁管及管件配套使用的法兰压盖(以下简称压盖)。

C.2 型式及尺寸

C.2.1 A型法兰压盖的型式及尺寸和重量应符合图C.1和表C.1的规定,并与A型直管及管件配合使用。

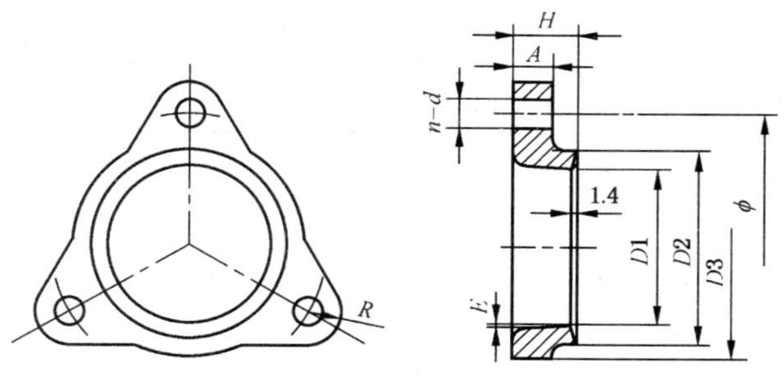

图 C.1 A型压盖

表 C.1 A型压盖尺寸及重量

公称直径	尺寸/mm									重量/kg
DN	D1	D2	D3	ϕ	A	E	H	R	n-d	
50	65	80	93	110	15	3	24	14	3-12	0.67
75	90	105	118	135	15	3	24	14	3-12	0.81
100	115	130	143	160	18	3	26	14	3-12	1.06
125	142	161	175	197	18	5	26	16	4-14	1.85
150	167	186	200	221	20	5	29	16	4-14	2.38
200	220	240	258	278	21	5	29	16	4-14	3.02
250	275	297	317	335	23	6	32	18	6-16	5.02
300	324	349	370	395	25	6	35	22	8-20	8.75

C.2.2 B型压盖的型式、尺寸和重量应符合图C.2和表C.2的规定,并与B型直管及管件配合使用。

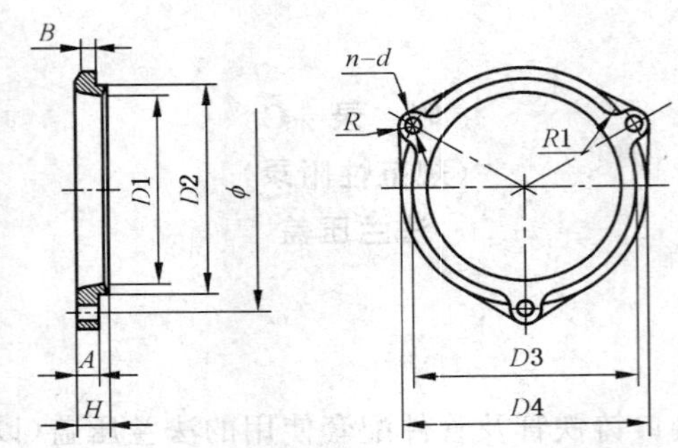

图 C.2 B型压盖

表 C.2 B型压盖尺寸及重量

公称直径	尺寸/mm																	重量/kg	
DN	D1	D2	D3	D4		ϕ		A		H		B		R		n-d			
				Ⅰ型	Ⅱ型	Ⅰ型	Ⅱ型	Ⅰ型	Ⅱ型	Ⅰ型	Ⅱ型	Ⅰ型	Ⅱ型	Ⅰ型	Ⅱ型	Ⅰ型	Ⅱ型	Ⅰ型	Ⅱ型
50	63	72	77	92	91	95	90	13	11	16	15	8	7	10	10	2-10	2-10	0.4	0.32
75	90	100	106	124	120	126	126	14	12	18	17	9	8	12	10	3-12	3-10	0.7	0.52
100	115	128	133	152	147	154	152	15	13	20	18	10	9	14	10	3-14	3-10	1.1	0.75
125	141	156	161	182	177	182	184	16	14	21	19	11	10	14	12	4-14	3-12	1.7	1.10
150	167	183	188	209	204	208	210	17	15	22	21	12	11	14	12	4-14	4-12	1.9	1.51
200	219	239	243	267	263	271	268	18	17	24	23	12	13	16	14	6-14	4-14	2.8	2.48
250	273	293	300	324	322	328	324	20	19	27	26	14	15	17	16	6-14	6-16	3.8	4.08
300	232	345	354	382	388	382	382	21	21	30	29	15	17	18	16	8-16	8-16	5.8	6.12

C.3 尺寸允许偏差

C.3.1 压盖尺寸允许偏差

压盖上法兰盘尺寸允许偏差应符合表 C.3 的规定。

表 C.3 压盖法兰尺寸允许偏差

单位为毫米

公称直径 DN	密封带内径 D1、D2	长　　度	法兰盘厚度	法兰盘直径
50～100	±1.0	−1.0	±1.0	±2.0
125～300	+1.5 −1.0			

各螺栓孔应以压盖轴心为基准，螺栓孔的中心圆直径偏差应不大于 0.1 mm，螺栓孔间距离偏差为±1.0 mm。

C.3.2 压盖的其余尺寸精度应不低于铸造 CT13 级精度。

C.4 技术要求

C.4.1 压盖材质与直管、管件材质相同。

C.4.2 压盖与胶圈接触面应平整、光滑，不允许有尖角凸起，其余各部的凸凹深度不大于 2 mm。

C.4.3 压盖表面涂覆材料与直管及管件相同，涂层应均匀密实。

C.5 检验方法

压盖的尺寸、形状、材质、性能的检验，采用直管及管件的有关检验方法。

C.6 检验规则

C.6.1 压盖由供方技术监督部门逐件进行检查验收。

C.6.2 压盖按重量交货，每件的重量负偏差为15%。

C.7 包装和质量证明书

C.7.1 压盖和直管及管件同时发货。用铁丝不少于两处捆在管体法兰盘上。若单独发货时，应用草绳捆扎，按同一品种、规格以10件为一串，用两道铁丝捆牢，成串装运，并轻装轻放避免碰伤。

C.7.2 压盖随同直管或管件发货时，在发货单上应注明，若单独发货时，应出具质量证明书，证明书内容包括：厂名、压盖、品种规格、数量、本标准编号等。

附 录 D
（规范性附录）
卡 箍

D.1 范围

本附录适用于W、W1型直管及管件配套使用的卡箍。

D.2 型式及尺寸

D.2.1 W型卡箍的型式、尺寸应符合图D.1和表D.1的规定，并与W型直管及管件配套使用。

D.2.2 W1型卡箍的型式、尺寸应符合图D.2和表D.2的规定并与W1型直管及管件配套使用。

D.2.3 W加强卡箍的型式、尺寸应符合图D.3和表D.3的规定并与W型直管及管件配套使用。

D.2.4 公称直径大于DN200的W1型管件使用W加强型不锈钢卡箍，尺寸应符合图D.3和表D.3的规定。

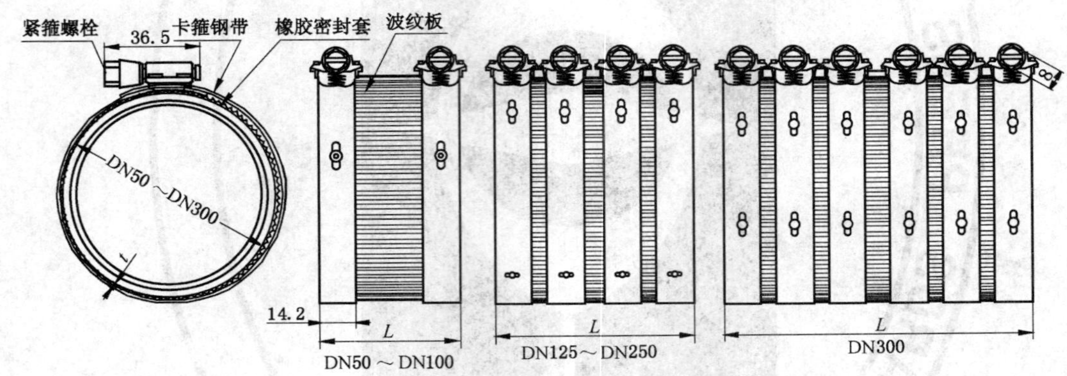

图 D.1 W型不锈钢卡箍

表 D.1 W型不锈钢卡箍尺寸

单位为毫米

公称直径DN	L	t	卡箍口径调节 D	
			最小	最大
50	54	0.65	50	76
75	54	0.65	75	101
100	54	0.65	101	127
125	76	0.65	134	157
150	76	0.65	160	182
200	100	0.65	198	233
250	100	0.65	248	298
300	138	0.65	298	352

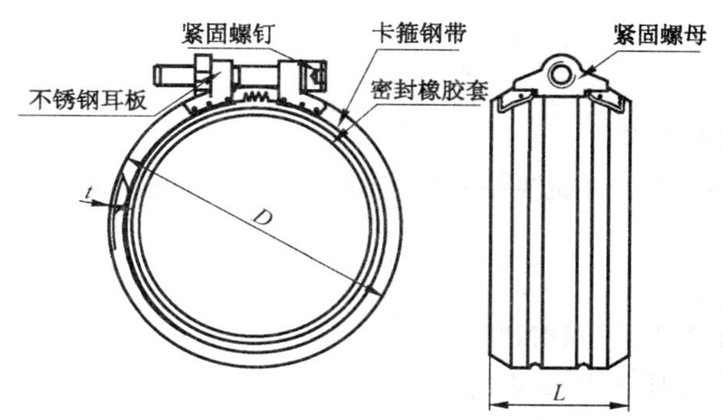

图 D.2 W1 型不锈钢卡箍

表 D.2 W1 型不锈钢卡箍尺寸

单位为毫米

公称直径 DN	D	t	L	螺栓
50	70	0.4	41	M8-45
75	94	0.4	45	M8-60
100	124	0.4	45	M8-60
125	152	0.4	54	M8-60
150	178	0.4	54	M8-70
200	230	0.4	66	M10-75

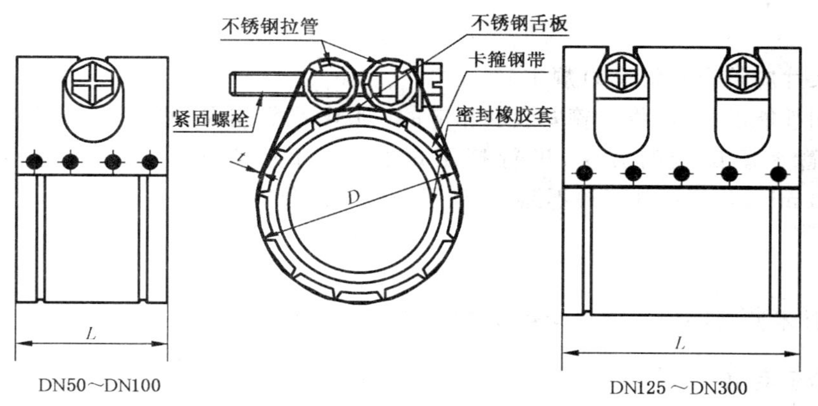

图 D.3 W 加强型不锈钢卡箍

表 D.3 W 加强型不锈钢卡箍尺寸

单位为毫米

公称直径 DN	D	L	t	螺栓
50	67	50	0.4	M8-60
75	92	54	0.4	M8-60
100	117	54	0.4	M8-60
125	143	78	0.5	M8-70
150	168	78	0.5	M8-70
200	220	104	0.6	M10-100
250	274	104	0.6	M10-100
300	325	144	0.7	M12-120

D.3 卡箍各部材质

D.3.1 卡箍钢带及紧固螺栓材质：

不锈钢卡箍钢带，为了保证其耐腐蚀性和安定性以防止晶间腐蚀作用，只允许使用下列类型：

奥氏体钢：所有等级；

铁素体钢：1Cr17Ti；

紧固螺栓材料为：1Cr17Ni7、0Cr18Ni9。

D.3.2 卡箍尺寸允许偏差应符合表 D.4 的规定。

表 D.4 卡箍尺寸允许偏差

单位为毫米

型号	卡箍直径 D	卡箍宽度 L	钢带厚度 t	螺栓长度
W 型	±1	+1	钢带－0.02 波纹板 +0.01－0.02	±1
W1 型	±1	+1	钢带－0.02	±1
W 加强型	±1	+1	钢带－0.02	±1

D.4 技术要求

D.4.1 W 型卡箍波纹板表面不允许有裂纹。

D.4.2 W1 型、W 加强型卡箍的表面应平整、光滑，接触面上不应有裂纹、尖角突起。

D.5 检验方法

D.5.1 卡箍的尺寸应符合本附录 D 规定。

D.5.2 卡箍使用性能的检验：将卡箍安装在相应的(即 W 型管用 W 型卡箍)，相同公称直径的两短管的接口处，按直管水压试验的方法，进行打压试验，以每分钟 0.1 MPa 的速度增加水压，直致 0.45 MPa，稳压 3 min，若接口处不渗不漏、卡箍不变形即为合格。

D.6 检验规则

卡箍由供方技术监督部门进行检验查收，需方有权对产品进行检查。

D.7 包装和质量证明书

D.7.1 产品组装后才可装箱，产品应整齐码放、每一层用纸板隔开。

D.7.2 发货时，应出具质量证明书，证明书内容包括：厂名、品种、规格、数量、本标准号等。

附 录 E
（规范性附录）
橡胶密封圈(套)

E.1 范围

本附录规定W型、W1型、A型、B型柔性接口铸铁管及管件配套使用的橡胶密封圈(套)。

E.2 W型、W1型橡胶密封套型式、规格及尺寸允许偏差

W型、W1型橡胶密封套的型式、规格及尺寸应分别符合图E.1、图E.2、图E.3和表E.1、表E.2、表E.3的规定，橡胶密封套各部尺寸偏差均不大于1 mm。

图E.1 W型橡胶密封套

表E.1 W型橡胶密封套尺寸

公称直径 DN	尺寸/mm				水线数量
	D1	D2	D3	A	
50	50	59	64	54	4
75	75	84	90	54	4
100	102	112	117	54	4
125	126	135	140	76	8
150	151	161	166	76	8
200	197	207	213	100	8
250	253	263	269	101	8
300	306	318	326	138	12

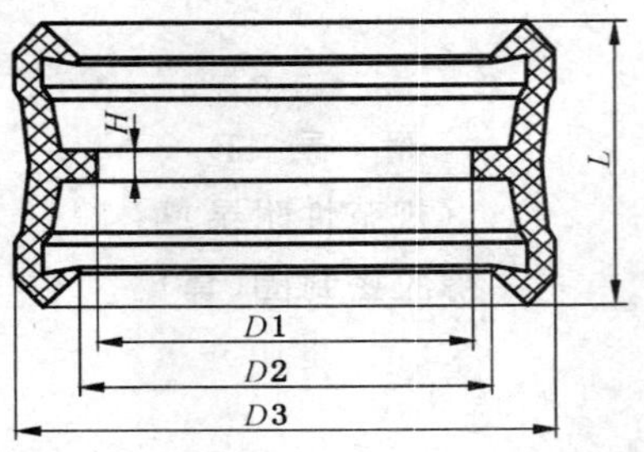

图 E.2 W1 型橡胶密封套

表 E.2 W1 型橡胶密封套尺寸

单位为毫米

DN	*D*1	*D*2	*D*3	*H*	*L*
50	52	56	70	4	35
75	77	81	97	4	37
100	104	108	124	4	37
125	127	132	151	4	43
150	154	159	178	4	43
200	201	207	226	6	54
注：公称直径大于 DN200 的 W1 型管件使用 W 加强型橡胶圈(套)，尺寸应符合图 E3 和表 E3 的规定。					

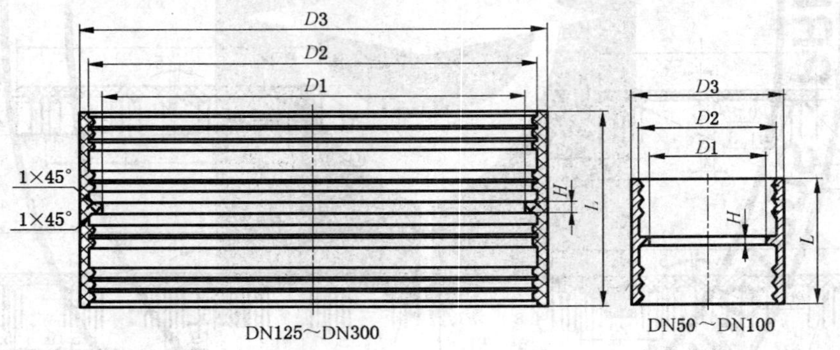

图 E.3 W 加强型橡胶密封套

表 E.3 W 加强型橡胶密封套尺寸

单位为毫米

DN	*D*1	*D*2	*D*3	*H*	*L*
50	51	60	66	4	47
75	76	85	91	4	52
100	101	110	116	4	52
125	126	135	141	4	74
150	148	157	164	4	74
200	195	206	212	4	97
250	255	266	273	4.5	97
300	305	317	327	5.5	138

E.3 A型、B型接口橡胶密封圈型式、规格及尺寸允许偏差

各型橡胶密封圈的型式、规格应符合图E.4和表E.4的规定，橡胶密封圈各部尺寸偏差均不大于1 mm。

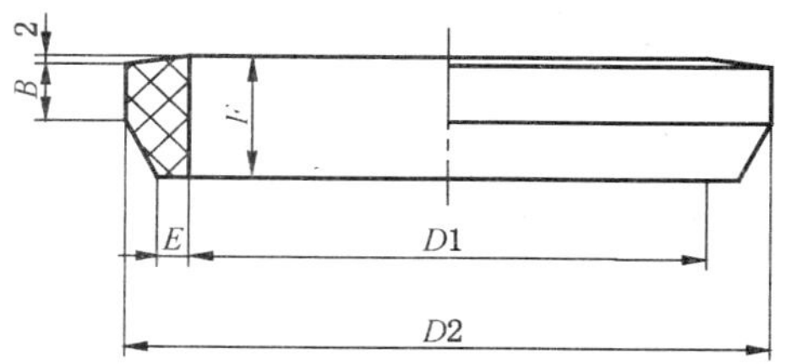

图 E.4 A型B型橡胶密封圈

表 E.4 A型B型橡胶密封圈

单位为毫米

公称直径 DN	D1		D2			F			E			B		
	A型	B型	A型	B型		A型	B型		A型	B型		A型	B型	
				Ⅰ型	Ⅱ型		Ⅰ型	Ⅱ型		Ⅰ型	Ⅱ型		Ⅰ型	Ⅱ型
50	59.5	59	83	75	76	17	15	17	4.0	4.0	4.2	3.1	6.0	8
75	84.5	84	108	104	104	17	17	19	4.0	4.0	5.1	3.1	6.0	8
100	109.5	109	133	132	130	17	18	19	4.0	4.0	5.5	3.1	6.0	8
125	135	135	165	159	157	21	20	22	4.5	4.5	6.9	3.5	6.5	9
150	160	160	190	186	184	21	21	22	4.5	4.5	6.3	3.5	6.5	9
200	212	212	244	243	238	21	23	25	5.5	5.5	8.1	3.5	6.5	11
250	265	265	299	299	295	22	26	26	6.5	5.5	8.1	3.8	9.0	11
300	315	315	350	350	348	24	28	28	7.0	6.8	9.5	4.2	11.5	12

E.4 橡胶密封圈(套)材质物理性能符合表E.5的要求。

表 E.5 橡胶密封圈(套)材质物理性能

序号	性能		单位	标准要求	引用标准号
1	邵尔硬度(A)		度	60±5	GB/T 6031
2	拉伸强度		MPa	≥10	GB/T 528
3	扯断伸长率		%	≥350	GB/T 528
4	压缩永久变形	23 ℃×72 h	%	≤10	GB/T 7759
		70 ℃×24 h	%	≤25	
		−10 ℃×72 h	%	≤30	
5	热空气老化	70 ℃×7 d 硬度变化	度	−5～+8	GB/T 3512
		70 ℃×7 d 拉伸强度变化	%	≤−15	
		70 ℃×7 d 扯断伸长率变化	%	−10～−30	
6	70 ℃×7 d 热水中体积变化		%	−1～+8	GB/T 1690
7	臭氧老化(臭氧浓度 50×10^{-8}×40 ℃×48 h)伸长率		%	在未经放大条件下观察时看不到裂纹	GB/T 7762

E.4.1 依据污水中主要成分选用橡胶品种，用于制造橡胶密封圈(套)的材料是天然橡胶、三元乙丙橡胶、丁苯橡胶、氯丁橡胶、丁晴橡胶。

E.4.2 制造橡胶密封圈(套)所用材料中，不得含有任何有害于橡胶密封圈(套)和管材的杂质。

E.4.3 橡胶质地均匀，不得有蜂窝、气孔、皱折、缺胶、开裂、飞边及外伤切口等缺陷。

E.5 试验方法

E.5.1 物理性能试验，采用成品橡胶密封圈(套)或与成品橡胶密封圈(套)硬化状态相同的硫化橡胶试样进行试验。

E.5.2 试验方法按表 E.5 所列标准进行。

E.6 检验规则

E.6.1 橡胶密封圈(套)应由制造厂技术监督部门进行检查验收。

E.6.2 橡胶密封圈(套)应按批进行验收，同班同机台生产的橡胶密封圈(套)用材应为一批，橡胶密封圈(套)的外观应逐支检验。

E.6.3 从每批橡胶密封圈(套)中取样作物理性能试验时，每项试样至少取 3 个试样。

E.6.4 任何一项试验结果不合格时，应取双倍数量的试样，对该不合格项目进行复验，若复验结果仍不合格，则全批报废。

ICS 77.140.60
H 44

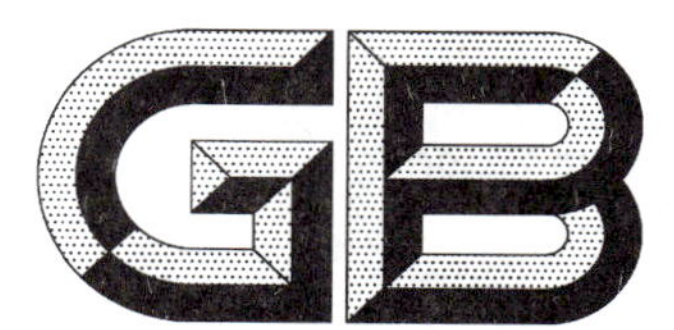

中华人民共和国国家标准

GB/T 12773—2008
代替 GB/T 12773—1991

内燃机气阀用钢及合金棒材

Valve steel and superalloy bars for internal combustion engines

(ISO 683-15:1992, Heat-treatable steels, alloy steels and free-cutting steels—Part 15: Valve steels for internal combustion engines, MOD)

2008-05-30 发布　　2008-12-01 实施

中华人民共和国国家质量监督检验检疫总局
中国国家标准化管理委员会　发布

前 言

本标准修改采用国际标准 ISO 683-15:1992《热处理钢、合金钢和易切削钢 第15部分:内燃机气阀用钢》。

为了方便比较,在附录D中列出了本标准章条编号和ISO 683-15:1992章条编号的对照一览表。

本标准在采用ISO 683-15:1992时进行了修改。这些技术性差异用垂直单线标识在它们所涉及的条款的页边空白处。在附录E中给出了技术性差异及其原因的一览表以供参考。

本标准与ISO 683-15:1992相比,主要差异如下:

——范围中增加对内燃机气阀用钢及合金棒材尺寸的要求;

——增加成品按热处理状态分;

——增加了40Cr10Si2Mo、42Cr9Si2、80Cr20Si2Ni、86Cr18W2VRe、20Cr21Ni12N、45Cr14Ni14W2Mo和61Cr21Mn10Mo1V1Nb1N共7个牌号,相应增加了上述牌号的热处理制度、交货硬度、高温短时抗拉强度和高温短时屈服强度;

——删除了X53CrMnNiNbN219和NiFe25CrNbTi牌号;

——增加了对剥皮棒材的尺寸、外形及允许偏差要求;

——增加了低倍组织、顶锻、非金属夹杂物的要求和试验方法。

——取消了附录A中的"持久强度"和"物理性能"。

本标准代替GB/T 12773—1991《内燃机气阀钢钢棒技术条件》。

本标准与GB/T 12773—1991相比,主要变化如下:

——增加了订货内容;

——增加了45Cr9Si3、51Cr8Si2、85Cr18Mo2V、86Cr18W2VRe、33Cr23Ni8Mn3N、50Cr21Mn9Ni4Nb2WN、55Cr21Mn8Ni2N、61Cr21Mn10Mo1V1Nb1N、GH4751和GH4080A等10个牌号;

——调整了牌号的命名;

——调整了部分牌号的化学成分;

——修改了冶炼方法;

——修改了交货状态;

——增加了酸浸低倍合格级要求;

——修改了对晶粒度的要求;

——将原按协议检验非金属夹杂物的要求改为必检项目,并规定了具体合格指标;

——增加了对银亮棒材表面粗糙度的规定。

本标准的附录A、附录B、附录C、附录D和附录E均是资料性附录。

本标准由中国钢铁工业协会提出。

本标准由全国钢标准化技术委员会归口。

本标准主要起草单位:宝钢股份特殊钢分公司、钢铁研究总院、冶金工业信息标准研究院、重庆东华特殊钢有限责任公司、马勒三环气门驱动(湖北)有限公司、江苏申源特钢有限公司。

本标准主要起草人:程世长、徐松乾、冯超、俞信霞、胡瑜、李乾方、宫友军、任翠英。

本标准1991年首次发布。

内燃机气阀用钢及合金棒材

1 范围

本标准规定了内燃机气阀用钢及高温合金棒材(以下简称棒材)的分类、订货内容、尺寸、外形及重量、技术要求、试验方法、检验规则、包装、标志和质量证明书。

本标准适用于制造内燃机气阀用直径不大于120 mm的热轧、锻制棒材和直径不大于25 mm的冷拉钢、银亮钢及合金棒材。

2 规范性引用文件

下列文件中的条款通过本标准的引用而成为本标准的条款。凡是注日期的引用文件,其随后所有的修改单(不包括勘误的内容)或修订版均不适用于本标准,然而,鼓励根据本标准达成协议的各方研究是否可使用这些文件的最新版本。凡是不注日期的引用文件,其最新版本适用于本标准。

GB/T 222 钢的成品化学成分允许偏差

GB/T 223.3 钢铁及合金化学分析方法 二安替吡啉甲烷磷钼酸重量法测定磷量

GB/T 223.4 钢铁及合金化学分析方法 硝酸铵氧化容量法测定锰量

GB/T 223.5 钢铁及合金化学分析方法 还原型硅钼酸盐光度法测定酸溶硅含量

GB/T 223.8 钢铁及合金化学分析方法 氟化钠分离-EDTA滴定法测定铝含量

GB/T 223.11 钢铁及合金化学分析方法 过硫酸铵氧化容量法测定铬量

GB/T 223.13 钢铁及合金化学分析方法 硫酸亚铁铵滴定法测定钒含量

GB/T 223.14 钢铁及合金化学分析方法 钽试剂萃取光度法测定钒含量

GB/T 223.15 钢铁及合金化学分析方法 重量法测定钛

GB/T 223.16 钢铁及合金化学分析方法 变色酸光度法测定钛量

GB/T 223.17 钢铁及合金化学分析方法 二安替吡啉甲烷光度法测定钛量

GB/T 223.18 钢铁及合金化学分析方法 硫代硫酸钠分离-碘量法测定铜量

GB/T 223.19 钢铁及合金化学分析方法 新亚铜灵-三氯甲烷萃取光度法测定铜量

GB/T 223.22 钢铁及合金化学分析方法 亚硝基R盐分光光度法测定钴量

GB/T 223.23 钢铁及合金化学分析方法 丁二酮肟分光光度法测定镍量

GB/T 223.25 钢铁及合金化学分析方法 丁二酮肟重量法测定镍量

GB/T 223.26 钢铁及合金化学分析方法 硫氰酸盐直接光度法测定钼量

GB/T 223.28 钢铁及合金化学分析方法 α-安息香肟重量法测定钼量

GB/T 223.36 钢铁及合金化学分析方法 蒸馏分离-中和滴定法测定氮量

GB/T 223.37 钢铁及合金化学分析方法 蒸馏分离-靛酚蓝光度法测定氮量

GB/T 223.40 钢铁及合金 铌含量的测定 氯磺酚分光光度法

GB/T 223.43 钢铁及合金化学分析方法 钨量的测定

GB/T 223.49 钢铁及合金化学分析方法 萃取分离-偶氮氯膦mA光度法测定稀土总量

GB/T 223.58 钢铁及合金化学分析方法 亚砷酸钠-亚硝酸钠滴定法测定锰量

GB/T 223.59 钢铁及合金化学分析方法 锑磷钼蓝光度法测定磷量

GB/T 223.60 钢铁及合金化学分析方法 高氯酸脱水重量法测定硅含量

GB/T 223.61 钢铁及合金化学分析方法 磷钼酸铵容量法测定磷量

GB/T 223.62 钢铁及合金化学分析方法 乙酸丁酯萃取光度法测定磷量

GB/T 223.63 钢铁及合金化学分析方法 高碘酸钠(钾)光度法测定锰量(GB/T 223.63—1998,

neq ISO R 629)

GB/T 223.64　钢铁及合金化学分析方法　火焰原子吸收光谱法测定锰量

GB/T 223.67　钢铁及合金化学分析方法　还原蒸馏-次甲基蓝光度法测定硫量

GB/T 223.68　钢铁及合金化学分析方法　管式炉内燃烧后碘酸钾滴定法测定硫含量

GB/T 223.69　钢铁及合金化学分析方法　管式炉内燃烧后气体容量法测定碳含量

GB/T 223.70　钢铁及合金化学分析方法　邻菲啰啉分光光度法测定铁量

GB/T 223.71　钢铁及合金化学分析方法　管式炉内燃烧后重量法测定碳含量

GB/T 223.72　钢铁及合金化学分析方法　氧化铝色层分离-硫酸钡重量法测定硫量

GB/T 223.75　钢铁及合金化学分析方法　甲醇蒸馏-姜黄素光度法测定硼量

GB/T 226　钢的低倍组织及缺陷酸蚀检验法(GB/T 226—1991,neq ISO 4969:1980,Steel-Macroscopic examination by etching with strong mineral acids)

GB/T 228　金属材料　室温拉伸试验方法(GB/T 228—2002,ISO 6892:1998,EQV)

GB/T 230.1　金属洛氏硬度试验　第1部分:试验方法(A、B、C、D、E、F、G、H、K、N、T标尺)(GB/T 230.1—2004,ISO 6508-1:1999,MOD)

GB/T 231.1　金属布氏硬度试验　第1部分:试验方法(GB/T 231.1—2002,ISO 6506-1:1999,EQV)

GB/T 702—2004　热轧圆钢和方钢尺寸、外形、重量及允许偏差(GB/T 702—2004 ,ISO 1035-1:1980,Hot-rolled steel bar—Part 1:Dimension of round bars,ISO 1035-2:1980 Hot-rolled steel bar-Part1:Dimension of square bars,ISO 1035-4:1982,Hot-rolled steel bar—Part 4:Tolerances,MOD)

GB/T 905—1994　冷拉圆钢、方钢、六角钢 尺寸、外形、重量及允许偏差

GB/T 908—1987　锻制圆钢和方钢尺寸、外形、重量及允许偏差

GB/T 1979　结构钢低倍组织缺陷评级图

GB/T 2101　型钢验收、包装、标志及质量证明书的一般规定

GB/T 2975　钢及钢产品力学性能试验取样位置及试样制备(GB/T 2975—1998,eqv ISO 377:1997)

GB/T 3207　银亮钢

GB/T 4338　金属材料　高温拉伸试验(GB/T 4338—2006,ISO 783:1999,MOD)

GB/T 6394　金属平均晶粒度测定法

GB/T 10561　钢中非金属夹杂物含量的测定　标准评级图谱显微检验法(GB/T 10561—2005,ISO 4967:1998,IDT)

GB/T 11170　不锈钢的光电发射光谱分析方法

GB/T 14992—1994　高温合金牌号

GB/T 14999.2　高温合金横向低倍组织酸浸试验法

GB/T 20066　钢和铁　化学成分测定用试样的取样和和制样方法(GB/T 20066—2006,ISO 14284:1996,IDT)

GB/T 20123　钢铁　总碳硫含量的测定　高频感应炉燃烧后红外吸收法(常规方法)

YB/T 5293　金属材料　顶锻试验方法

3　分类

3.1　按组织分为奥氏体型和马氏体型。

3.2　成品按热处理状态分为:

a)　热轧(热锻)或冷拉状态(不热处理状态);

b)　退火状态;

c)　固溶热处理状态;

d） 调质状态。

4 订货内容

按本标准订购的合同或订单应包括下列内容：

a） 标准编号；

b） 产品名称；

c） 牌号；

d） 交货状态；

e） 尺寸；

f） 订购的数量(重量或支数、米数)；

g） 选择性要求；

h） 其他特殊要求。

5 尺寸、外形及重量

5.1 尺寸、外形及允许偏差

5.1.1 热轧棒材的尺寸、外形应符合 GB/T 702 的规定，其中尺寸允许偏差和弯曲度应符合表 1 中2 组的规定。

5.1.2 剥皮棒材的尺寸、外形应符合表 1 的规定。尺寸允许偏差组别应在合同中注明，未注明时应符合表 1 中 2 组的规定。

5.1.3 锻制棒材的尺寸、外形应符合 GB/T 908 的规定，其中尺寸允许偏差和弯曲度应符合表 1 中2 组的规定。

5.1.4 冷拉棒材的尺寸、外形应符合 GB/T 905 的规定，其中尺寸允许偏差级别应在合同中注明。

5.1.5 银亮钢棒材和银亮合金棒材的尺寸、外形应符合 GB/T 3207 的规定。允许搭交长度不小于 1 000 mm的短尺料，短尺料量不得大于该交货批重量的 10%。

表 1

单位为毫米

钢材公称直径	允许偏差		不圆度
	1 组	2 组	
8～10	0 −0.09	0 −0.15	不大于尺寸公差的 1/2
>10～18	0 −0.11	0 −0.18	不大于尺寸公差的 1/2
>18～30	0 −0.13	0 −0.21	不大于尺寸公差的 1/2
>30～50	0 −0.16	0 −0.25	不大于尺寸公差的 1/2

5.2 交货重量

棒材应按实际重量交货。

6 技术要求

6.1 钢和合金牌号及化学成分

6.1.1 钢和合金的牌号和化学成分(熔炼分析)应符合表 2 的规定。

6.1.2 坯料或棒材的化学成分允许偏差应符合 GB/T 222 的规定。

6.1.3 高温合金棒材的化学成分允许偏差应符合 GB/T 14992—1994 的规定。

6.2 冶炼方法

6.2.1 钢和合金应采用电弧炉加炉外精炼方法或真空感应炉加真空自耗方法冶炼，也可用电渣重熔法冶炼。

6.2.2 经供需双方协商，并在合同中注明，也可采用能满足本标准要求的其他冶炼方法。

表 2

序号	类别	牌号	化学成分(质量分数)/%													
			C	Si	Mn	P	S	Ni	Cr	Mo	W	N	V	Nb	Cu	其他
1	马氏体型	40Cr10Si2Mo	0.35～0.45	1.90～2.60	≤0.70	≤0.035	≤0.030	≤0.60	9.00～10.50	0.70～0.90	—	—	—	—	≤0.30	—
2		42Cr9Si2	0.35～0.50	2.00～3.00	≤0.70	≤0.035	≤0.030	≤0.60	8.00～10.00	—	—	—	—	—	≤0.30	—
3		45Cr9Si3	0.40～0.50	2.70～3.30	≤0.80	≤0.040	≤0.030	≤0.60	8.00～10.00	—	—	—	—	—	≤0.30	—
4		51Cr8Si2	0.47～0.55	1.00～2.00	0.20～0.60	≤0.030	≤0.030	≤0.60	7.50～9.50	—	—	—	—	—	≤0.30	—
5		83Cr20Si2Ni	0.75～0.90	1.75～2.60	≤0.80	≤0.030	≤0.030	1.15～1.70	19.00～20.50	—	—	—	—	—	≤0.30	—
6		85Cr18Mo2V	0.80～0.90	≤1.00	≤1.50	≤0.040	≤0.030	—	16.50～18.50	2.00～2.50	—	—	0.30～0.60	—	≤0.30	—
7		86Cr18W2VRe	0.82～0.92	≤1.00	≤1.50	≤0.035	≤0.030	—	16.50～18.50	—	2.00～2.50	—	0.30～0.60	—	≤0.30	Re≤0.02
8	奥氏体型	20Cr21Ni12N	0.15～0.25	0.75～1.25	1.00～1.60	≤0.035	≤0.030	10.50～12.50	20.50～22.50	—	—	0.15～0.30	—	—	≤0.30	—
9		33Cr23Ni8Mn3N	0.28～0.38	0.50～1.00	1.50～3.50	≤0.040	≤0.030	7.00～9.00	22.00～24.00	≤0.50	≤0.50	0.25～0.35	—	—	≤0.30	—
10		45Cr14Ni14W2Mo	0.40～0.50	≤0.80	≤0.70	≤0.035	≤0.030	13.00～15.00	13.00～15.00	0.25～0.40	2.00～2.75	—	—	—	≤0.30	—
11		50Cr21Mn9Ni4Nb2WN	0.45～0.55	≤0.45	8.00～10.00	≤0.050	≤0.030	3.50～5.00	20.00～22.00	—	0.80～1.50	0.40～0.60	—	1.80～2.50	≤0.30	C+N≥0.90
12		53Cr21Mn9Ni4N	0.48～0.58	≤0.35	8.00～10.00	≤0.040	≤0.030	3.25～4.50	20.00～22.00	—	—	0.35～0.50	—	—	≤0.30	C+N≥0.90
13		55Cr21Mn8Ni2N	0.50～0.60	≤0.25	7.00～10.00	≤0.040	≤0.030	1.50～2.75	19.50～21.50	—	—	0.20～0.40	—	—	≤0.30	—
14		61Cr21Mn10Mo1V1Nb1N	0.57～0.65	≤0.25	9.50～11.50	≤0.050	≤0.030	≤1.50	20.00～22.00	0.75～1.25	—	0.40～0.60	0.75～1.00	1.00～1.20	≤0.30	—
15		GH4751	0.03～0.10	≤0.50	≤0.50	≤0.015	≤0.015	余	14.00～17.00	≤0.50	—	—	—	0.70～1.20	≤0.30	Al:0.90～1.50 Ti:2.00～2.60 Fe:5.00～9.00
16		GH4080A	0.04～0.10	≤1.00	≤1.00	≤0.020	≤0.015	余	18.00～21.00	—	—	—	—	—	≤0.20	Al:1.00～1.80 Ti:1.80～2.70 Fe≤3.00 Co≤2.00 B≤0.008

6.3 交货状态

棒材以3.2中规定的状态交货，交货状态应在合同中注明，合同中未注明时按退火或固溶状态交货，以热轧(热锻)或冷拉状态(不热处理状态)交货时，必须在合同中注明。

6.4 交货硬度

以热处理状态交货的棒材的交货硬度应符合表3的规定；以热轧(热锻)或冷拉状态(不热处理状态)交货的棒材应测定成品的交货硬度，并报出实测结果。要求按调质状态供货时交货硬度应由供需双方协商确定，并在在合同中注明。

表3

序号	类别	牌号	交货状态	硬度(HB)
1	马氏体型	40Cr10Si2Mo	退火	≤269
			调质	协商
2		42Cr9Si2	退火	≤269
			调质	协商
3		45Cr9Si3	退火	≤269
			调质	协商
4		51Cr8Si2	退火	≤269
			调质	协商
5		80Cr20Si2Ni	退火	≤321
			调质	协商
6		85Cr18Mo2V	退火	≤300
			调质	协商
7		86Cr18W2VRe	退火	≤300
			调质	协商
8	奥氏体型	20Cr21Ni12N	固溶	≤300
9		33Cr23Ni8Mn3N	固溶	≤360
10		45Cr14Ni14W2Mo	固溶	≤295
11		50Cr21Mn9Ni4Nb2WN	固溶	≤385
12		53Cr21Mn9Ni4N	固溶	≤380
13		55Cr21Mn8Ni2N	固溶	≤385
14		61Cr21Mn10Mo1V1Nb1N	固溶	≤385
15		GH4751	固溶	≤325
16		GH4080A	固溶	≤325

6.5 力学性能

6.5.1 用热处理毛坯制成试样在室温测定的棒材纵向力学性能和硬度应符合表4的规定。热处理用试样毛坯直径为25 mm；棒材直径小于25 mm时，用原尺寸钢材热处理。表4所列力学性能适用于直径不大于60 mm的棒材。直径大于60 mm～100 mm时，断后伸长率和断面收缩率允许按表4分别降低1个单位和5个单位；直径大于100 mm的棒材，可在锻成90 mm～100 mm的样坯上测定，其断后伸长率和断面收缩率允许按上述规定降低。

6.5.2 经供需双方协议，可测定用热处理毛坯制成试样的高温力学性能，试验结果不作为判定依据。

附录 A 列出的高温瞬时抗拉强度供参考。

6.6 低倍组织

棒材或坯料的横截面酸浸低倍试片上不得有目视可见的缩孔残余、气泡、夹杂和裂纹。酸浸低倍组织合格级别应符合如下规定：

一般疏松不大于 2 级，中心疏松不大于 2 级，锭型偏析不大于 2 级。

6.7 顶锻

棒材应进行热顶锻。试样锻至原高度的三分之一。顶锻后的试样上不得有裂口和裂纹。若生产厂能保证热顶锻要求，可以不作热顶锻检验。

表 4

序号	类别	牌号	热处理制度	室温力学性能，不小于				硬度	
				规定非比例延伸强度 $R_{p0.2}$/MPa	抗拉强度 R_m/MPa	断后伸长率 A/%	断面收缩率 Z/%	HB	HRC
1	马氏体型	40Cr10Si2Mo	(1 000～1 050)℃油冷＋(700～780)℃空冷	680	880	10	35	266～325	—
2		42Cr9Si2	(1 000～1 050)℃油冷＋(700～780)℃空冷	590	880	19	50	266～325	—
3		45Cr9Si3	(1 000～1 050)℃油冷＋(720～820)℃空冷	700	900	14	40	266～325	—
4		51Cr8Si2	(1 000～1 050)℃油冷＋(650～750)℃空冷	685	885	14	35	≥260	—
5		80Cr20Si2Ni	(1 030～1 080)℃油冷＋(700～800)℃空冷	680	880	10	15	≥295	—
6		85Cr18Mo2V	(1 050～1 080)℃油冷＋(700～820)℃空冷	800	1 000	7	12	290～325	—
7		86Cr18W2VRe	(1 050～1 080)℃油冷＋(700～820)℃空冷	800	1 000	7	12	290～325	—
8	奥氏体型	20Cr21Ni12N	(1 100～1 200)℃固溶＋(700～800)℃空冷	430	820	26	20	—	—
9		33Cr23Ni8Mn3N	(1 150～1 200)℃固溶＋(780～820)℃空冷	550	850	20	30	—	≥25
10		45Cr14Ni14W2Mo	(1 100～1 200)℃固溶＋(720～800)℃空冷	395	785	25	35	—	—
11		50Cr21Mn9Ni4Nb2WN	(1 160～1 200)℃固溶＋(760～850)℃空冷	580	950	12	15	—	≥28
12		53Cr21Mn9Ni4N	(1 140～1 200)℃固溶＋(760～815)℃空冷	580	950	8	10	—	≥28
13		55Cr21Mn8Ni2N	(1 140～1 180)℃固溶＋(760～815)℃空冷	550	900	8	10	—	≥28
14		61Cr21Mn10Mo1V1Nb1N	(1 100～1 200)℃固溶＋(720～800)℃空冷	800	1 000	8	10	—	≥32
15		GH4751	(1 100～1 150)℃固溶＋840℃×24 小时空冷＋700℃×2 小时空冷	750	1 100	12	20	—	≥32
16		GH4080A	(1 000～1 080)℃固溶＋(690～710)℃×16 小时空冷	725	1 100	15	25	—	≥32

6.8 晶粒度

棒材交货状态的实际晶粒度应符合表 5 的规定。奥氏体钢试样在同一视场中晶粒度的评级级差应不大于 3 级。如有要求，高温合金试样的同一视场中晶粒度的评级级差由供需双方协商确定。

表 5

分　类		公称直径		
		≤25 mm	>25 mm～60 mm	>60 mm～120 mm
马氏体型		8 级或更细	7 级或更细	6 级或更细
奥氏体型	奥氏体钢	6 级或更细	5 级或更细	5 级或更细
	高温合金	5 级或更细		4 级或更细

6.9 非金属夹杂物

棒材的非金属夹杂物按 GB/T 10561 中的评级图评定，粗系和细系夹杂物应符合表 6 的规定。

表 6

单位为级

分　类	A		B		C		D	
	细系	粗系	细系	粗系	细系	粗系	细系	粗系
电渣钢	≤1.5	≤0.5	≤1.5	≤1.0	≤1.0	≤0.5	≤1.5	≤1.5
其他方法炼钢	≤2.0	≤1.5	≤2.5	≤1.5	≤1.5	≤1.5	≤2.0	≤2.0
高温合金	≤1.0	≤1.0	≤1.0	≤1.0	≤1.0	≤1.0	≤1.0	≤1.0

6.10 表面质量

6.10.1 热轧（热锻）棒材的表面不允许有裂纹、折叠、结疤和夹杂，如有上述缺陷必须清除。清除深度应符合表 7 的规定，清除宽度应不小于深度的 5 倍。允许有从实际尺寸算起深度不超过尺寸公差之半的个别细小划痕、压痕、麻点等缺欠存在。

6.10.2 冷拉棒材的表面应洁净、光滑，不允许有裂纹、折叠、结疤和夹杂。棒材表面允许有从实际尺寸算起深度不超过尺寸公差的个别细小划痕、拉痕、黑斑、凹面、麻点及轻微的氧化色。

6.10.3 经剥皮的棒材表面不得有影响使用的缺陷。

6.10.4 银亮棒材的表面不得有影响使用的缺陷，其表面粗糙度 $Ra \leq 2.0\ \mu m$。

表 7

单位为毫米

棒材公称直径	缺陷清理深度
≥80	≤棒材尺寸公差的 1/2
<80	≤棒材尺寸公差

6.11 特殊要求

需方有特殊要求时，须经供需双方协商同意，并在合同中注明。

7 试验方法

7.1 棒材各项检验项目、试验方法和取样数量应符合表 8 的规定。

表 8

序号	检验项目	取样个数[a]/个	取样部位	试验方法
1	化学成分	1	GB/T 20066	GB/T 223、GB/T 11170、GB/T 20123
2	拉伸	2	不同支棒材 GB/T 2975	GB/T 228 中的 R4、R7 试样
3	热处理硬度	2	不同支棒材	GB/T 230.1、GB/T 231.1
	交货硬度	2	不同支棒材	GB/T 230.1、GB/T 231.1

表 8（续）

序号	检验项目	取样个数[a]/个	取样部位	试验方法
4	低倍组织	2	相当于钢锭头部的不同支棒材 连铸钢在任意不同支棒材	GB/T 226、GB/T 1979、GB/T14999.2
5	热顶锻	2	不同支棒材或坯料	YB/T 5293
6	非金属夹杂物	2	不同支棒材	GB/T 10561
7	晶粒度	1	任一支棒材	GB/T 6394
8	尺寸	逐支	整支棒材	卡尺、千分尺
9	表面	逐支	整支棒材	目视

[a] 电渣钢除表面和尺寸逐根取样外，其他检验项目的取样数量均为 1 个。以电渣电极的熔炼母炉号组批时，除化学成分每个电渣炉号取 1 个外，其他检验项目取样数量同表中规定。

8 检验规则

8.1 检查和验收

棒材的检查和验收由供方技术监督部门进行。

8.2 组批规则

棒材应按批检查和验收，每批棒材应由同一牌号、同一炉号、同一加工方法、同一规格和同一热处理炉次（用连续炉热处理时为同一热处理制度）的棒材组成。电渣钢在工艺稳定的条件下，允许以电渣电极的熔炼母炉号组批。

8.3 取样部位及取样数量

每批棒材各项试验的取样数量和取样部位应符合表 8 的规定。

8.4 复验和判定规则

复验和判定规则应符合 GB/T 2101 的有关规定。

8.4.1 供方若能保证棒材合格，对同一炉号的棒材或坯的力学性能、低倍组织、非金属夹杂物的检验结果，允许以坯代材、以大代小。

9 包装、标志和质量证明书

棒材的包装、标志和质量证明书应符合 GB/T 2101 中的有关规定。

附 录 A
（资料性附录）
高温短时抗拉强度和高温短时屈服强度

表 A.1 高温短时抗拉强度

序号	牌 号	热处理状态	高温短时抗拉强度(R_m)/MPa						
			500℃	550℃	600℃	650℃	700℃	750℃	800℃
马 氏 体 钢									
1	40Cr10Si2Mo	淬火＋回火	550	420	300	220	(130)	—	—
2	42Cr9Si2	淬火＋回火	500	360	240	160	—	—	—
3	45Cr9Si3	淬火＋回火	500	360	250	170	(110)	—	—
4	51Cr8Si2	淬火＋回火	500	360	230	160	(105)	—	—
5	80Cr20Si2Ni	淬火＋回火	550	400	300	230	180	—	—
6	85Cr18Mo2V	淬火＋回火	550	400	300	230	180	(140)	—
7	86Cr18W2VRe	淬火＋回火	550	400	300	230	180	(140)	—
奥 氏 体 钢									
8	20Cr21Ni12N	固溶＋时效	600	550	500	440	370	300	240
9	33Cr23Ni8Mn3N	固溶＋时效	600	570	530	470	400	340	280
10	45Cr14Ni14W2Mo	固溶＋时效	600	550	500	410	350	270	180
11	50Cr21Mn9Ni4Nb2WN	固溶＋时效	680	650	610	550	480	410	340
12	53Cr21Mn9Ni4N	固溶＋时效	650	600	550	500	450	370	300
13	55Cr21Mn8Ni2N	固溶＋时效	640	590	540	490	440	360	290
14	61Cr21Mn10Mo1V1Nb1N	固溶＋时效	800	780	750	680	600	500	400
高 温 合 金									
15	GH4751	固溶＋时效	1 000	980	930	850	770	650	510
16	GH4080A	固溶＋时效	1 050	1 030	1 000	930	820	680	500
注：表中数值在括号中列出时，表示该材料不推荐在此温度条件下使用。									

表 A.2 高温短时屈服强度

序号	牌号	热处理状态	高温短时屈服强度($R_{p0.2}$)/MPa						
			500℃	550℃	600℃	650℃	700℃	750℃	800℃
马氏体钢									
1	40Cr10Si2Mo	淬火+回火	450	350	260	180	(100)	—	—
2	42Cr9Si2	淬火+回火	400	300	230	110	—	—	—
3	45Cr9Si3	淬火+回火	400	300	240	120	(80)	—	—
4	51Cr8Si2	淬火+回火	400	300	220	110	(75)	—	—
5	80Cr20Si2Ni	淬火+回火	500	370	280	170	120	—	—
6	85Cr18Mo2V	淬火+回火	500	370	280	170	120	(80)	—
7	86Cr18W2VRe	淬火+回火	500	370	280	170	120	(80)	—
奥氏体钢									
8	20Cr21Ni12N	固溶+时效	250	230	210	200	180	160	130
9	33Cr23Ni8Mn3N	固溶+时效	270	250	220	210	190	180	170
10	45Cr14Ni14W2Mo	固溶+时效	250	230	210	190	170	140	100
11	50Cr21Mn9Ni4Nb2WN	固溶+时效	350	330	310	285	260	240	220
12	53Cr21Mn9Ni4N	固溶+时效	350	330	300	270	250	230	200
13	55Cr21Mn8Ni2N	固溶+时效	300	280	250	230	220	200	170
14	61Cr21Mn10Mo1V1Nb1N	固溶+时效	500	480	450	430	400	380	350
高温合金									
15	GH4751	固溶+时效	725	710	690	660	650	560	425
16	GH4080A	固溶+时效	700	650	650	600	600	500	450

注：表中数值在括号中列出时，表示该材料不推荐在此温度条件下使用。

附 录 B
（资料性附录）
各国内燃机气阀用钢及高温合金牌号对照

表 B.1 各国内燃机气阀用钢及高温合金牌号对照

序号	类别	本标准	国际标准 ISO 683-15:1992	欧洲 EN 10090:1998	美国 SAE J 775-93	日本 JIS G 4311-1991	简称
1	马氏体型	40Cr10Si2Mo	—	X40CrSiMo10-2 (1.473 1)	—	SUH3	—
2		42Cr9Si2	—	—	—	—	—
3		45Cr9Si3	X45CrSi93	X45CrSi9-3 (1.471 8)	HNV3	SUH1	—
4		51Cr8Si2	X50CrSi82	—	—	SUH11	—
5		80Cr20Si2Ni	—	—	HNV6	SUH4	XB
6		85Cr18Mo2V	X85CrMoV182	X85CrMoV18-2 (1.474 8)	—	—	—
7		86Cr18W2VRe	—	—	—	—	MF811
8	奥氏体型	20Cr21Ni12N	—	—	EV4	SUH37	21-12N
9		33Cr23Ni8Mn3N	X33CrNiMnN238	X33CrNiMnN23-8 (1.486 6)	EV16	—	23-8N
10		45Cr14Ni14W2Mo	—	—	—	SUH31	—
11		50Cr21Mn9Ni4Nb2WN	X50CrMnNiNbN219	X50CrMnNiNbN21-9 (1.488 2)	—	—	21-4NW Nb
12		53Cr21Mn9Ni4N	X53CrMnNiN219	X53CrMnNiN21-9 (1.487 1)	EV8	SUH35	21-4N
13		55Cr21Mn8Ni2N	X55CrMnNiN208	X55CrMnNiN20-8 (1.487 5)	EV12	—	21-2N
14		61Cr21Mn10Mo1V1Nb1N	—	—	—	—	Resis TEL
15		GH4751	NiCr15Fe7TiAl	—	HEV3	—	751
16		GH4080A	NiCr20TiAl	NiCr20TiAl (2.495 2)	HEV5	—	80A

附　录　C
（资料性附录）
本标准与相关标准牌号对照

表 C.1　本标准与相关标准牌号对照

序号	类别	本标准	GB/T 1221—2007	GB/T 12773—1991
1	马氏体型	40Cr10Si2Mo	40Cr10Si2Mo	4Cr10Si2Mo
2		42Cr9Si2	42Cr9Si2	4Cr9Si2
3		45Cr9Si3	—	—
4		51Cr8Si2	—	—
5		80Cr20Si2Ni	80Cr20Si2Ni	8Cr20Si2Ni
6		85Cr18Mo2V	—	—
7		86Cr18W2VRe	—	—
8	奥氏体型	20Cr21Ni12N	22Cr21Ni12N	2Cr21Ni12N
9		33Cr23Ni8Mn3N	—	—
10		45Cr14Ni14W2Mo	45Cr14Ni14W2Mo	4Cr14Ni14W2Mo
11		50Cr21Mn9Ni4Nb2WN	—	—
12		53Cr21Mn9Ni4N	53Cr21Mn9Ni4N	5Cr21Mn9Ni4N
13		55Cr21Mn8Ni2N	—	—
14		61Cr21Mn10Mo1V1Nb1N	—	—
15		GH4751	—	—
16		GH4080A	—	—

附　录　D
（资料性附录）
本标准章条与 ISO 683-15:1992 章条编号对照

表 D.1 给出了本标准章条编号与 ISO 683-15:1992 章条编号对照一览表。

表 D.1　本标准章条编号与 ISO 683-15:1992 章条编号对照

本标准章条编号	对应的国际标准章条编号
1	1、3
2	2
3	4
4	5
5	6.6
6	6.1～6.5、附录 A
7	7.1～7.4
8	7.5、9
9	8
附录 A	附录 A
附录 B	—
附录 C	—

附 录 E
（资料性附录）
本标准与 ISO 683-15：1992 的技术性差异及其原因

表 E.1 给出了本标准与 ISO 683-15：1992 的技术性差异及其原因的一览表。

表 E.1 本标准与 ISO 683-15：1992 的技术性差异及其原因

本标准章条号码	技术性差异	原因
1	1.1 增加了尺寸范围	1.1 适应生产技术发展现状，便于操作
3	3.2 增加了按热处理状态划分	3.2 增强划分方法，便于指导生产
5	5 增加了对剥皮棒材的要求；引用标准不同	5 剥皮棒材在该领域经常使用；尺寸外形等标准体系不同
6	6.1～6.5 牌号及相应化学成分、性能进行了修改； 6.6～6.10 增加了低倍组织、顶锻、非金属夹杂物的要求	6.1～6.5 国际标准牌号不完善，不适应市场需求，参照美国、日本等先进标准对牌号进行了修改； 6.6～6.10 保证产品质量
7	试验方法标准不同；增加了低倍组织、顶锻、非金属夹杂物试验	标准体系不同；加严了对产品的要求
8、9	修改了引用标准	标准体系不同
附录 A	增加一些牌号的“高温短时抗拉强度”； 取消“持久强度”和“物理性能”	为标准在设计、生产中的应用提供便利； “持久强度”应与高温弯曲疲劳强度共同考虑，“物理性能”在我国很少进行试验
附录 B	增加附录 B“各国内燃机用气阀钢和高温合金牌号对照”	为标准在设计、生产、贸易中的应用提供便利
附录 C	增加附录 C“我国内燃机用气阀钢和高温合金本标准与原标准牌号对照”	为标准在设计、生产、贸易中的应用提供便利

ICS 47.020.30
U 50

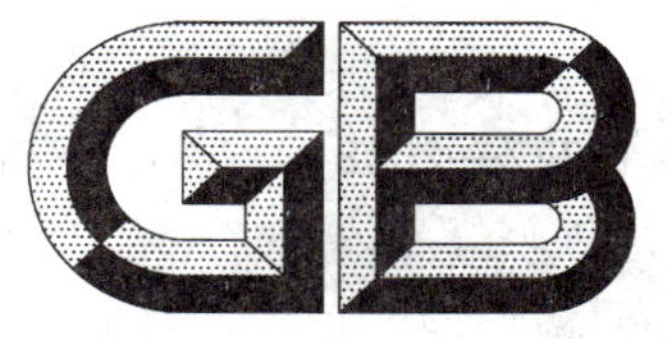

中华人民共和国国家标准

GB/T 12777—2008
代替 GB/T 12777—1999

金属波纹管膨胀节通用技术条件

General specification for metal bellows expansion joints

2008-08-04 发布 2009-02-01 实施

中华人民共和国国家质量监督检验检疫总局
中国国家标准化管理委员会 发布

前　言

本标准参照美国膨胀节制造商协会(EJMA)标准(Standards of the Expansion Joint Manufacturers Association)2003 年第 8 版、2005 年补遗。

本标准代替 GB/T 12777—1999《金属波纹管膨胀节通用技术条件》。

本标准与 GB/T 12777—1999 相比,主要有下列变化:

——增加了膨胀节工况分类、材料牌号、矩形波纹管的设计和制造要求、结构件的焊接结构要求和方形万向环的设计方法;

——调整了波纹管管坯焊接接头和波纹管与端管连接焊接接头的无损检测要求、疲劳试验的试验循环次数要求和圆形波纹管设计公式;

——取消了 7.3.2 抽样及 A.3.3 中的位移反力和位移反力矩。

本标准的附录 A 为规范性附录,附录 B 和附录 C 为资料性附录。

本标准由中国船舶工业集团公司提出。

本标准由全国船用机械标准化技术委员会管系附件分技术委员会归口。

本标准起草单位:中国船舶重工集团公司第七二五研究所、南京晨光航天应用技术股份有限公司、中国石化工程建设公司、中国船舶工业综合技术经济研究院、沪东中华造船(集团)有限公司。

本标准主要起草人:段玫、钟玉平、张道伟、姜雪桦、陈立苏、冯清晓、罗发元、贺慧琼。

本标准所代替标准的历次版本发布情况为:

——GB/T 12777—1991、GB/T 12777—1999。

金属波纹管膨胀节通用技术条件

1 范围

本标准规定了金属波纹管膨胀节(以下简称膨胀节)的术语和定义、分类和标记、要求、试验方法、检验规则、标志及包装、运输和贮存。

本标准适用于安装在管道中其挠性元件为金属波纹管的膨胀节的设计、制造和检验。

2 规范性引用文件

下列文件中的条款通过本标准的引用而成为本标准的条款。凡是注日期的引用文件,其随后所有的修改单(不包括勘误的内容)或修订版均不适用于本标准,然而,鼓励根据本标准达成协议的各方研究是否可使用这些文件的最新版本。凡是不注日期的引用文件,其最新版本适用于本标准。

GB 150—1998 钢制压力容器

GB/T 710—1991 优质碳素结构钢热轧薄钢板和钢带

GB/T 912—1989 碳素结构钢和低合金结构钢热轧薄钢板及钢带

GB/T 985.1—2008 气焊、焊条电弧焊、气体保护焊和高能束焊的推荐坡口(ISO 9692-1:2003,MOD)

GB/T 1800.3—1998 极限与配合 基础 第3部分:标准公差和基本偏差数值表(eqv ISO 286-1:1988)

GB/T 1800.4—1999 极限与配合 标准公差等级和孔、轴的极限偏差表(eqv ISO 286-2:1988)

GB/T 3280—2007 不锈钢冷轧钢板和钢带

GB/T 4171—2000 高耐候结构钢

GB/T 4237—2007 不锈钢热轧钢板和钢带

GB/T 8163—1999 输送流体用无缝钢管(neq ISO 559:1991)

GB/T 9711.1—1997 石油天然气工业 输送钢管交货技术条件 第1部分:A级钢管(eqv ISO 3183-1:1996)

GB/T 14976—2002 流体输送用不锈钢无缝钢管

GB 16749—1997 压力容器波形膨胀节

GB 50235—1997 工业金属管道工程施工及验收规范

JB/T 4711—2003 压力容器油漆、包装和运输

JB/T 4730.2—2005 承压设备无损检测 第2部分:射线检测

JB/T 4730.5—2005 承压设备无损检测 第5部分:渗透检测

YB/T 5354—2006 耐蚀合金冷轧薄板

ASME SB 168—2004 镍-铬-铁合金(UNS NO6600,NO6601,NO6603,NO6690,NO6693,NO6025,NO6045)和镍-铬-铁-钼合金(UNS NO6617)板材、薄板和钢带

ASME SB 409—2004 镍-铁-铬合金板材、薄板和钢带

ASME SB 424—2004 镍-铁-铬-钼-铜合金(UNS NO8825 和 UNS NO8221)板材、薄板和钢带

ASME SB 443—2004 镍-铬-钼-铌合金(UNS NO6625)和镍-铬-钼-硅合金(UNS NO6219)板材、薄板和钢带

3 术语和定义

下列术语和定义适用于本标准。

3.1

波纹管膨胀节　bellows expansion joints

由一个或几个波纹管及结构件组成，用来吸收由于热胀冷缩等原因引起的管道和(或)设备尺寸变化的装置。

3.2

圆形波纹管　circular bellows

膨胀节中由一个或多个波纹及端部直边段组成的圆形挠性元件。

3.3

矩形波纹管　rectangular bellows

膨胀节中由一个或多个波纹及端部直边段组成的矩形挠性元件。

3.4

单式轴向型膨胀节　single axial expansion joint

由一个波纹管和结构件组成，主要用于吸收轴向位移而不能承受波纹管压力推力的膨胀节。

3.5

单式铰链型膨胀节　single hinged expansion joint

由一个波纹管及销轴、铰链板和立板等结构件组成，只能吸收一个平面内的角位移并能承受波纹管压力推力的膨胀节。

3.6

单式万向铰链型膨胀节　single gimbal expansion joint

由一个波纹管及销轴、铰链板、万向环和立板等结构件组成，能吸收任一平面内的角位移并能承受波纹管压力推力的膨胀节。

3.7

复式自由型膨胀节　double untied expansion joint

由中间管所连接的两个波纹管及结构件组成，主要用于吸收轴向与横向组合位移而不能承受波纹管压力推力的膨胀节。

3.8

复式拉杆型膨胀节　double tied expansion joint

由中间管所连接的两个波纹管及拉杆、端板和球面与锥面垫圈等结构件组成，能吸收任一平面内的横向位移并能承受波纹管压力推力的膨胀节。

3.9

复式铰链型膨胀节　double hinged expansion joint

由中间管所连接的两个波纹管及销轴、铰链板和立板等结构件组成，只能吸收一个平面内的横向位移并能承受波纹管压力推力的膨胀节。

3.10

复式万向铰链型膨胀节　double gimbal expansion joint

由中间管所连接的两个波纹管及十字销轴、铰链板和立板等结构件组成，能吸收任一平面内的横向位移并能承受波纹管压力推力的膨胀节。

3.11

弯管压力平衡型膨胀节　bend pressure balanced expansion joint

由一个工作波纹管或中间管所连接的两个工作波纹管和一个平衡波纹管及弯头或三通、封头、拉杆、端板和球面与锥面垫圈等结构件组成，主要用于吸收轴向与横向组合位移并能平衡波纹管压力推力的膨胀节。

3.12

直管压力平衡型膨胀节　straight pressure balanced expansion joint

由位于两端的两个工作波纹管和位于中间的一个平衡波纹管及拉杆和端板等结构件组成，主要用于吸收轴向位移并能平衡波纹管压力推力的膨胀节。

3.13

旁通直管压力平衡型膨胀节　bypass straight pressure balanced expansion joint

由两个相同的波纹管及端环、封头、外管等结构件组成，主要用于吸收轴向位移并能平衡波纹管压力推力的膨胀节。

3.14

外压轴向型膨胀节　externally pressurized axial expansion joint

由承受外压的波纹管及外管和端环等结构件组成，只用于吸收轴向位移而不能承受波纹管压力推力的膨胀节。

3.15

加强环　reinforcing rings

U形波纹管中用来增强波纹管耐压能力的圆形或圆环形截面部件。

3.16

均衡环　equalizing rings

U形波纹管中用来增强波谷和波侧壁耐压能力并使各波纹压缩位移均匀的"T"形截面部件。

3.17

加强套环　reinforcing collars

波纹管中用来增强端部直边段耐内压能力的圆环形零件。

3.18

导流筒　sleeves

用于保持介质流动平稳和减小波纹管内壁与介质摩擦的衬筒。

3.19

成形态　as-formed condition

波纹管成形后未经固溶或退火处理、有冷作硬化的状态。

3.20

热处理态　heat-treated condition

波纹管成形后经固溶或退火处理、无冷作硬化的状态。

4　分类和标记

4.1　分类

4.1.1　膨胀节工况分类

膨胀节按工况分为三种类型，见表1。

表1　膨胀节工况分类

膨胀节类型	设计压力 p/MPa	设计温度 T/℃	工　作　介　质
A	$p \leqslant 0.1$	≤150	非可燃、非有毒、非易爆
B	$0.1 < p \leqslant 1.6$	≤350	非可燃、非有毒、非易爆气体
	$0.1 < p \leqslant 2.5$	≤150	非可燃、非有毒、非易爆液体
C	所有	所有	可燃、有毒、易爆
	$p > 1.6$	>350	非可燃、非有毒、非易爆气体
	$p > 2.5$	>150	非可燃、非有毒、非易爆液体

4.1.2 膨胀节型式分类

膨胀节按结构型式分为11种型式：

a) DZ——单式轴向型膨胀节，见图1；

b) DJ——单式铰链型膨胀节，见图2；

c) DW——单式万向铰链型膨胀节，见图3；

d) FZ——复式自由型膨胀节，见图4；

e) FL——复式拉杆型膨胀节，见图5；

f) FJ——复式铰链型膨胀节，见图6；

g) FW——复式万向铰链型膨胀节，见图7；

h) WP——弯管压力平衡型膨胀节，见图8；

i) ZP——直管压力平衡型膨胀节，见图9；

j) PP——旁通直管压力平衡型膨胀节，见图10；

k) WZ——外压轴向型膨胀节，见图11。

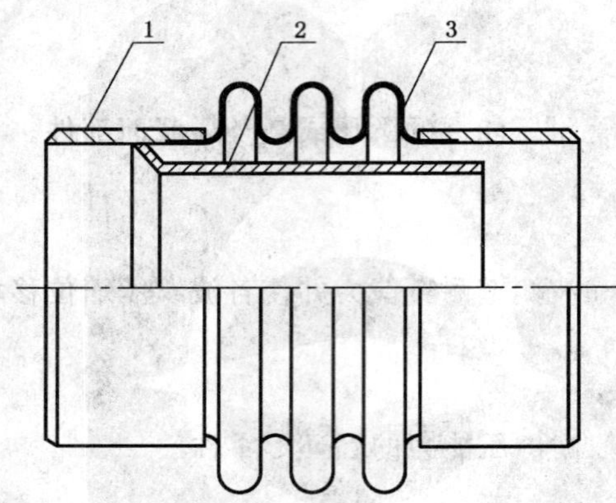

1——端管；

2——导流筒；

3——波纹管。

图1 单式轴向型膨胀节

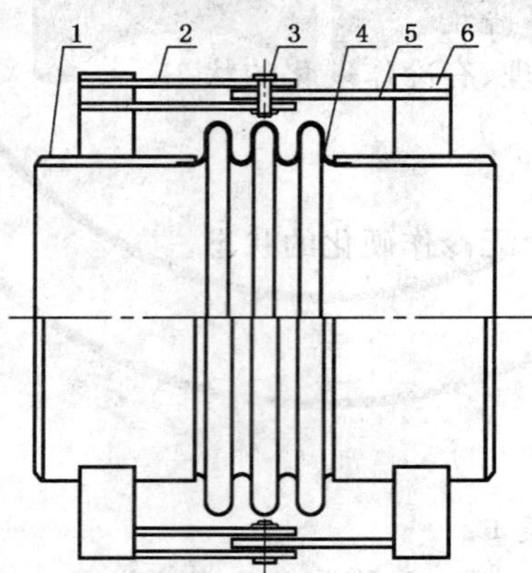

1——端管；

2——副铰链板；

3——销轴；

4——波纹管；

5——主铰链板；

6——立板。

图2 单式铰链型膨胀节

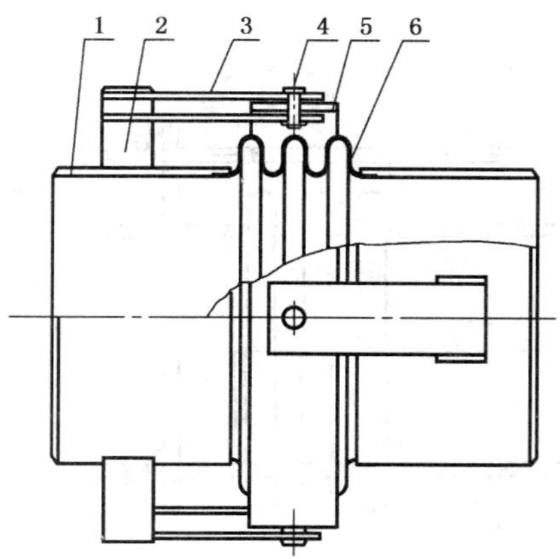

1——端管；
2——立板；
3——铰链板；
4——销轴；
5——万向环；
6——波纹管。

图 3 单式万向铰链型膨胀节

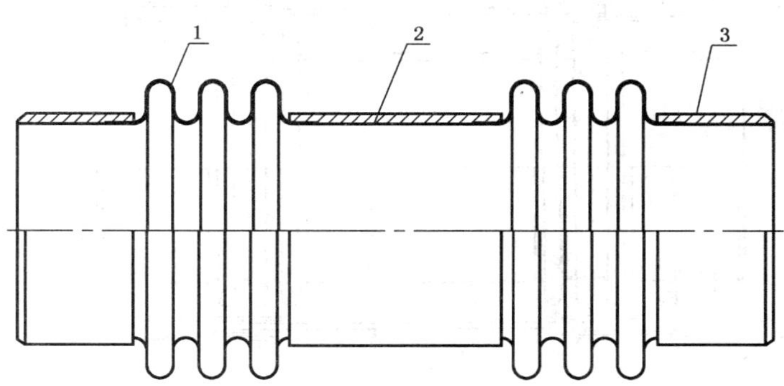

1——波纹管；
2——中间管；
3——端管。

图 4 复式自由型膨胀节

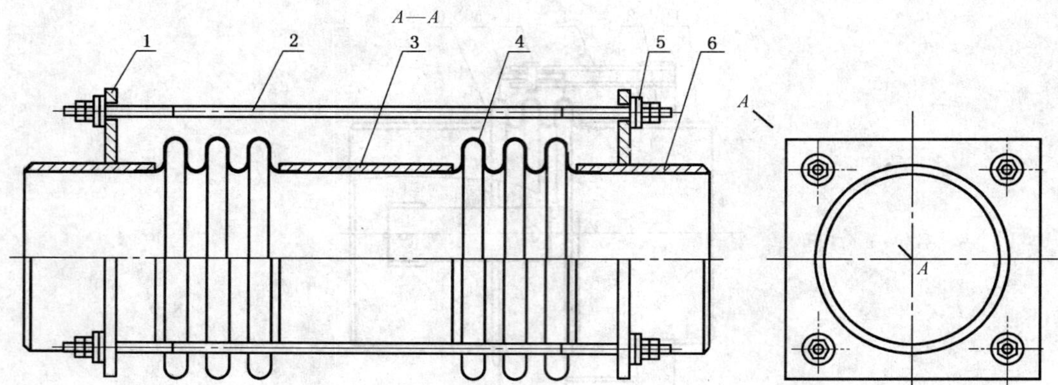

1——端板；
2——拉杆；
3——中间管；
4——波纹管；
5——球面、锥面垫圈；
6——端管。

图 5 复式拉杆型膨胀节

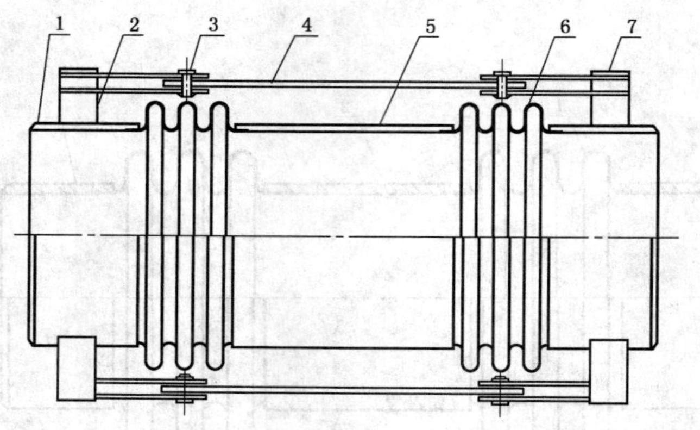

1——端管；
2——立板；
3——销轴；
4——主铰链板；
5——中间管；
6——波纹管；
7——副铰链板。

图 6 复式铰链型膨胀节

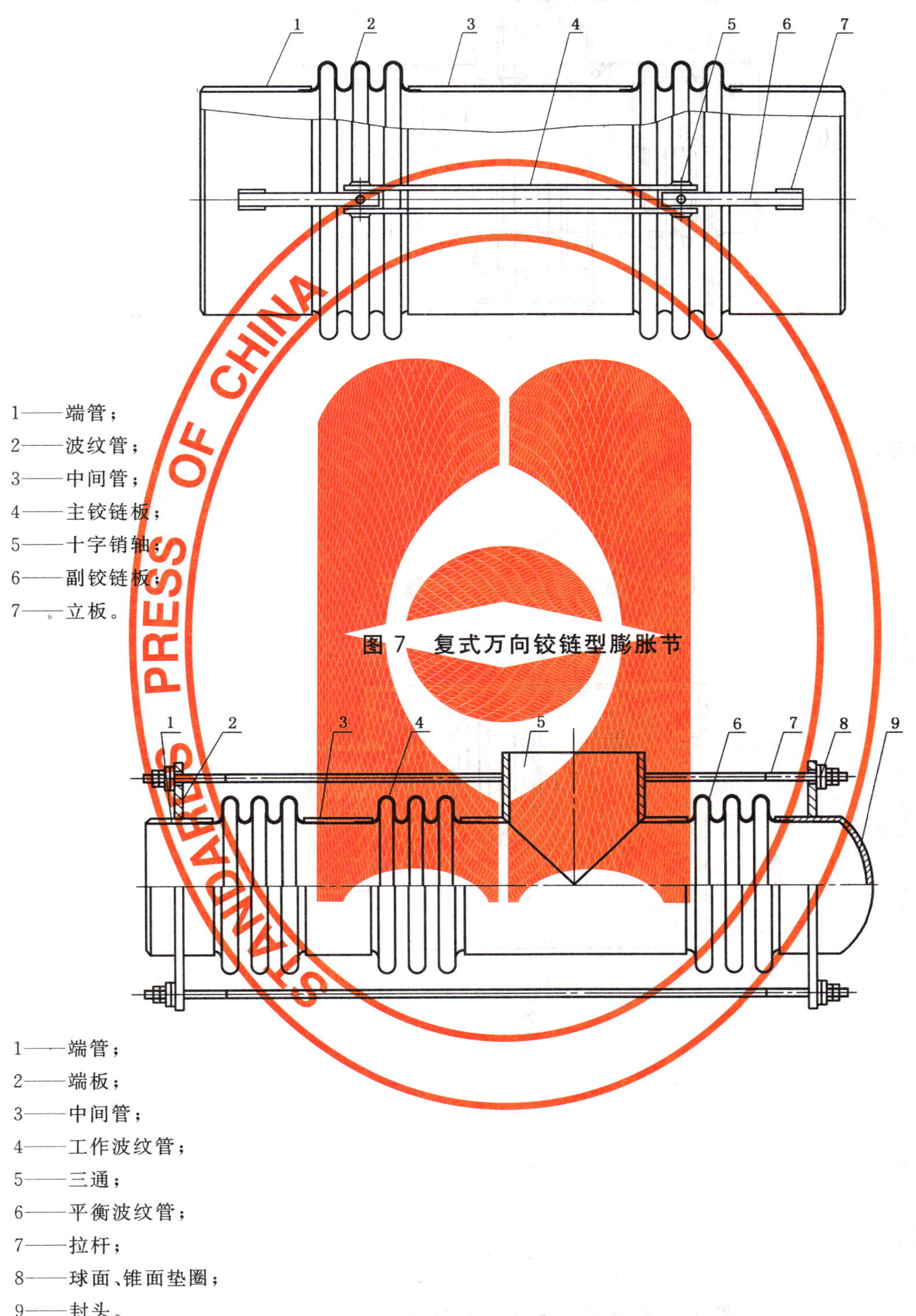

1——端管；
2——波纹管；
3——中间管；
4——主铰链板；
5——十字销轴；
6——副铰链板；
7——立板。

图 7 复式万向铰链型膨胀节

1——端管；
2——端板；
3——中间管；
4——工作波纹管；
5——三通；
6——平衡波纹管；
7——拉杆；
8——球面、锥面垫圈；
9——封头。

图 8 弯管压力平衡型膨胀节

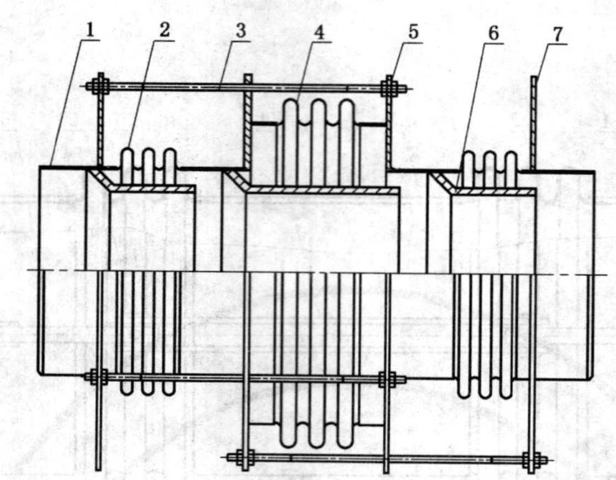

1——端管；

2——工作波纹管；

3——拉杆；

4——平衡波纹管；

5——端板(1)；

6——导流筒；

7——端板(2)。

图 9　直管压力平衡型膨胀节

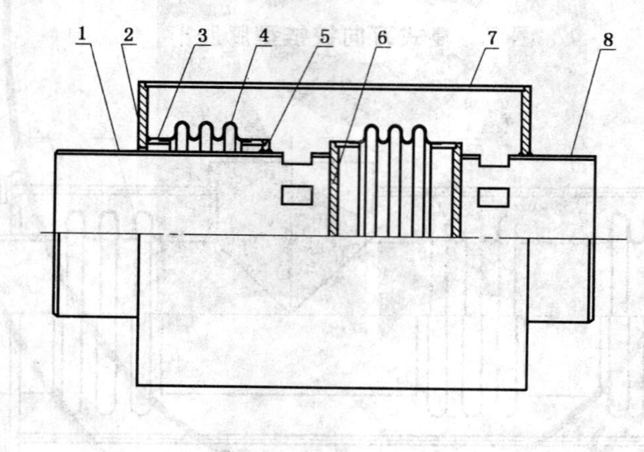

a) 全外压

1——端管(1)；

2——端环；

3——接管；

4——波纹管；

5——支撑环；

6——封头；

7——外管；

8——端管(2)。

图 10　旁通直管压力平衡型膨胀节

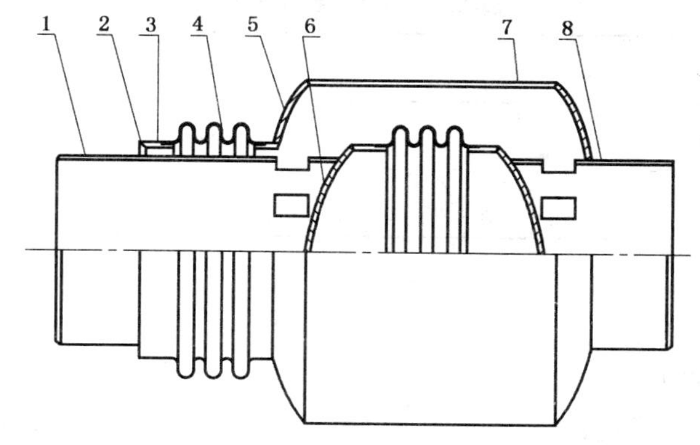

b）内外压组合

图 10（续）

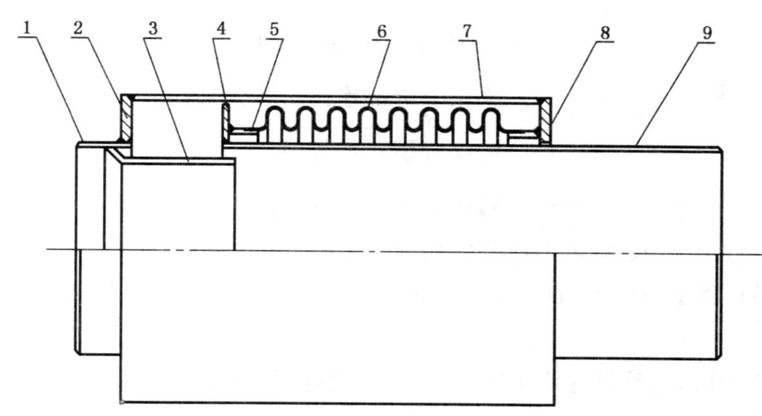

1——进口端管；
2——进口端环；
3——导流筒；
4——限位环；
5——端接管；
6——波纹管；
7——外管；
8——出口端环；
9——出口端管。

图 11 外压轴向型膨胀节

4.1.3 波纹管型式分类

膨胀节中波纹管型式及代号见表 2。

表 2 波纹管型式及代号

波纹管型式	代　号
无加强 U 形	U
加强 U 形	J
Ω 形	O

4.1.4 端部连接型式分类

膨胀节端部与管道或设备的连接型式及代号见表 3。

表 3 膨胀节端部连接型式及代号

膨胀节端部连接型式	代 号
焊接	H
法兰	F

4.2 标记

4.2.1 型号表示方法

膨胀节型号表示方法如下：

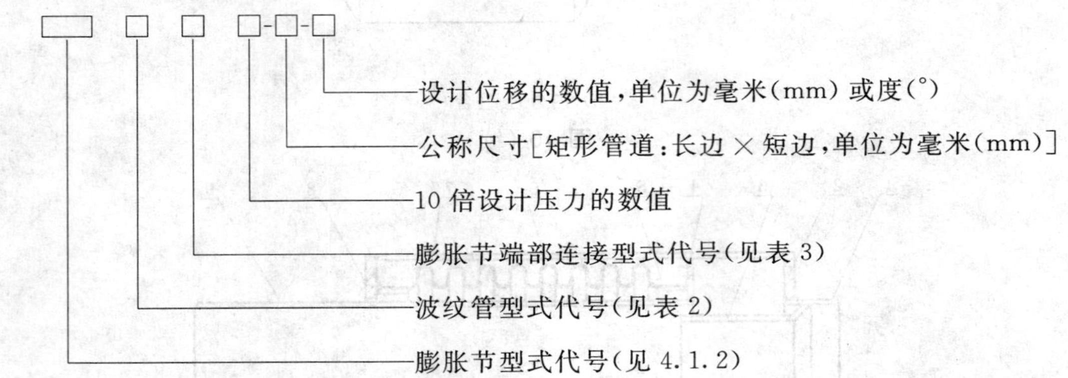

注：对于复式自由型膨胀节(代号 FZ)和弯管压力平衡型膨胀节(代号 WP),设计位移分别表示设计轴向位移和设计横向位移,设计轴向位移在前,设计横向位移在后,两个设计位移之间用“/”号连接。

4.2.2 标记示例

设计压力为 1.6 MPa,公称尺寸为 1 000 mm,设计轴向位移为 205 mm,端部连接为焊接型式,波纹管为无加强 U 形的外压轴向型膨胀节,标记为：

膨胀节 GB/T 12777—2008 WZUH 16-1000-205

设计压力为 6.0 MPa,公称尺寸为 800 mm,设计轴向位移为 35 mm,设计横向位移为 10 mm,端部连接为法兰型式,波纹管为 Ω 形的弯管压力平衡型膨胀节,标记为：

膨胀节 GB/T 12777—2008 WPOF 60-800-35/10

设计压力为 0.1 MPa,矩形管道尺寸为 600 mm×900 mm,设计轴向位移为 20 mm,端部连接为法兰型式,波纹管为无加强 U 形的单式轴向型膨胀节,标记为：

膨胀节 GB/T 12777—2008 DZUF 1-600×900-20

5 要求

5.1 材料

5.1.1 波纹管

波纹管用材料应按工作介质、外部环境和工作温度等工作条件选用。常用波纹管材料见表 4。

5.1.2 受压筒节

膨胀节中端管、法兰等受压件用材料,应与安装膨胀节的管道中的管子材料相同或优于管子材料。

5.1.3 受力件

膨胀节中拉杆、铰链板、万向环、销轴及其连接附件等承受波纹管压力推力的受力件用材料应按其工作条件选用。

表 4 常用波纹管材料

序号	零件名称	材料牌号		标准号		材料交货状态
		中国	美国	中国	美国	
1	波纹管	06Cr18Ni11Ti	S32100	GB/T 3280—2007 GB/T 4237—2007	ASME SA 240—2004	固熔
2		06Cr17Ni12Mo2	S31600			
3		06Cr19Ni10	S30400			
4		022Cr19Ni10	S30403			
5		022Cr17Ni12Mo2	S31603			
6		NS111	N08800	YB/T 5354—2006	ASME SA 240—2004	
7		NS112	N08810			
8		NS142	N08825		ASME SB 424—2004	退火
9		NS312	N06600		ASME SB 168—2004	
10		NS336	N06625 Ⅰ		ASME SB 443—2004	
			N06625 Ⅱ			固熔
11		Q235B	—	GB/T 912—1989	—	热轧
12		20		GB/T 710—1991		
13		09CuPCrNi-A		GB/T 4171—2000		

5.2 设计

5.2.1 波纹管

5.2.1.1 圆形波纹管的设计见附录 A。

5.2.1.2 矩形波纹管的设计参见附录 B。

5.2.2 结构件

受力结构件的焊接接头按等强度原则进行设计，膨胀节中受压及受力等结构件的设计参见附录 C。

5.2.3 导流筒

5.2.3.1 膨胀节导流筒的设计见附录 A 中 A.5。

5.2.3.2 当膨胀节工作介质温度高于波纹管材料的允许使用温度上限时，宜在导流筒与波纹管之间的环形空间内填充与工作介质温度相适应的隔热材料，隔热材料应与导流筒或端管可靠固定。

5.2.3.3 当膨胀节工作介质含有粉尘时，应在导流筒开口处设置防尘装置，防尘装置应与导流筒或端管可靠固定。

5.2.3.4 当膨胀节工作介质为液体或蒸汽且向上流动时，导流筒应设排液孔。

5.2.4 装运件

膨胀节应设置装运件，使膨胀节在运输和安装期间保持正确的长度。膨胀节安装后进行系统压力试验前应将装运件拆除或松开。

5.3 制造

5.3.1 圆形波纹管

5.3.1.1 圆形波纹管管坯只允许有纵向焊接接头，不允许有环向焊接接头。

5.3.1.2 管坯纵向焊接接头条数见表 5，各相邻纵向焊接接头间距不应小于 250 mm。

表 5 管坯纵向焊接接头条数

管坯外径/mm	焊接接头条数	管坯外径/mm	焊接接头条数
≤250	1	>1 800～2 400	≤8
>250～600	≤2	>2 400～3 000	≤10
>600～1 200	≤4	>3 000～4 000	≤13
>1 200～1 800	≤6	>4 000～5 000	≤17

5.3.1.3 多层波纹管套合时各层管坯间纵向焊接接头位置应沿圆周方向均匀错开。各层管坯间不应有水、油、泥土等污物。多层波纹管直边段端口应采用氩弧焊或滚焊封边，使端口各层熔为整体。

5.3.1.4 若需对波纹管进行热处理，应按有关材料标准规定的热处理工艺要求进行。

5.3.2 矩形波纹管

所有接长、接角、接波的对接焊接接头都应采用手工氩弧焊方法施焊，焊接接头背面应通氩气保护。

5.3.3 受压筒节

5.3.3.1 公称尺寸不大于 350 mm 的圆形膨胀节，其受压筒节宜用无缝钢管制造。无缝钢管应符合 GB/T 8163—1999、GB/T 14976—2002 等标准的要求。

5.3.3.2 公称尺寸不小于 400 mm 的圆形膨胀节，其受压筒节宜用钢板卷筒焊接制造，也可用符合 GB/T 9711.1—1997 要求的钢管制造。

5.4 外观

5.4.1 圆形波纹管

5.4.1.1 管坯纵向焊接接头表面应无裂纹、气孔、咬边和对口错边，凹坑、下塌和余高均不应大于壁厚的 10%。焊接接头表面应呈银白色或金黄色，亦可呈浅蓝色。

5.4.1.2 波纹管表面不允许有裂纹、焊接飞溅物及大于板厚下偏差的划痕和凹坑等缺陷。不大于板厚下偏差的划痕和凹坑应修磨使其圆滑过渡。

5.4.1.3 加强环或均衡环表面应光滑。

5.4.1.4 波纹管处于自由状态下，加强环或均衡环表面应与波纹管波谷外壁紧密贴合。

5.4.2 矩形波纹管

5.4.2.1 所有对接焊接接头表面应无裂纹、气孔、咬边、凹坑、下塌。焊接接头表面应呈银白色或金黄色，亦可呈浅蓝色。

5.4.2.2 波纹管表面应符合 5.4.1.2 的要求。

5.4.3 受压筒节

焊接接头表面应无裂纹、气孔、弧坑和焊接飞溅物。

5.4.4 膨胀节

5.4.4.1 波纹管与受压筒节的连接焊接接头表面应无裂纹、气孔、夹渣、焊接飞溅物、咬边和凹坑，余高应不大于波纹管壁厚，且不大于 1.5 mm。

5.4.4.2 不锈钢和耐蚀合金波纹管及所有不锈钢结构件表面不应涂漆。所有碳钢结构件外表面应涂防锈底漆，但距端管焊接坡口 50 mm 范围内不应涂漆。法兰密封面、销轴表面、球面垫圈与锥面垫圈配合面应涂防锈油脂。

5.5 焊接接头

5.5.1 圆形波纹管

5.5.1.1 波纹管成形之前，对于 A 类膨胀节，可不进行无损检测；对于 B 类膨胀节，应对每个波纹管接触工作介质的管坯焊接接头进行渗透检测或射线检测；对于 C 类膨胀节，应对所有管坯焊接接头进行 100%渗透检测或射线检测。

5.5.1.2 渗透检测法只适用于管坯厚度不大于 2 mm 的单道焊接接头。渗透检测时不应存在下列显示：

a) 所有的裂纹等线状显示；

b) 四个或四个以上边距小于 1.5 mm 的成行密集圆形显示；

c) 任一 150 mm 焊接接头长度内五个以上直径大于 1/2 管坯壁厚的随机散布圆形显示。

5.5.1.3 管坯壁厚小于 2 mm 时，射线检测合格等级应为 GB 16749—1997 中附录 B 规定的合格级。管坯厚度不小于 2 mm 时，射线检测合格等级应不低于 JB/T 4730.2—2005 规定的Ⅱ级。

5.5.2 矩形波纹管

所有对接焊接接头的内、外表面均应进行 100％渗透检测，检测结果应符合 5.5.1.2 的要求。

5.5.3 受压筒节

圆形受压筒节纵向焊接接头和环向焊接接头一般应进行局部射线检测。检测长度不应小于各条焊接接头长度的 20％，且不小于 250 mm，并应包含每一相交的焊接接头。合格等级应不低于 JB/T 4730.2—2005 规定的Ⅲ级。

5.5.4 膨胀节

波纹管与受压筒节连接环向焊接接头应进行 100％渗透检测，检测结果应符合 5.5.1.2 的要求。

5.6 尺寸

5.6.1 圆形波纹管

5.6.1.1 U 形波纹管波高、波距、波纹长度的标准公差等级应为 GB/T 1800.3—1998 表 1 中 IT18 级，其偏差为±IT18/2。

5.6.1.2 波纹管直边段外径的极限偏差等级，采用波纹管外套连接型式时，应为 GB/T 1800.4—1999 表 6 中的 H12 级；采用波纹管内插连接型式时，应为 GB/T 1800.4—1999 表 22 中的 h12 级。

5.6.1.3 U 形波纹管波峰、波谷曲率半径的极限偏差应为±15％ 的波纹名义曲率半径，波峰、波谷与波侧壁间应圆滑过渡。

5.6.1.4 Ω 形波纹管波纹平均半径的极限偏差应为±15％的波纹名义曲率半径，圆度公差应为±15％的波纹名义平均半径。

5.6.1.5 波纹管两端面对波纹管轴线的垂直度公差应为 1％的波纹管公称尺寸，且不大于 3 mm。公称尺寸不大于 200 mm 的波纹管，波纹管两端面轴线对波纹管轴线的同轴度公差应为 ϕ2 mm；公称尺寸大于 200 mm 的波纹管，波纹管两端面轴线对波纹管轴线的同轴度公差应为 1％的波纹管公称尺寸，且不超出 ϕ5 mm。

5.6.2 矩形波纹管

5.6.2.1 波纹管波高、波距、波纹长度的要求按 5.6.1.1 的规定。

5.6.2.2 波纹管边长和对角线的标准公差等级应为 GB/T 1800.3—1998 表 1 中的 IT17 级，其允许偏差为±IT17/2，且不大于 8 mm。

5.6.3 受压筒节

5.6.3.1 卷制的圆形受压筒节尺寸应符合 GB 50235—1997 中 4.3 的要求。

5.6.3.2 圆形受压筒节的焊接连接端对接焊焊接坡口见图 12。筒节壁厚大于相接管子壁厚时，应按 GB/T 985.1—2008 中 10.2.4.3 的要求削薄。

单位为毫米

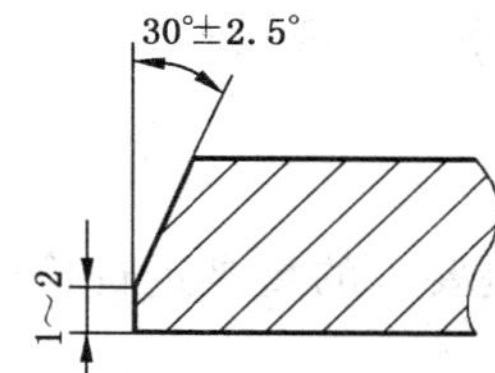

图 12 端管焊接连接端对接型焊接接头坡口

5.6.3.3 矩形受压筒节边长和对角线的标准公差等级应符合 5.6.2.2 的要求。

5.6.4 膨胀节

膨胀节外连接端面间尺寸的极限偏差见表6。

表6 膨胀节外连接端面间尺寸的极限偏差 单位为毫米

膨胀节外连接端面间尺寸	极限偏差
≤900	±3
>900～3 600	±6
>3 600	±9

5.7 耐压性能

膨胀节应有符合要求的耐压性能。膨胀节在规定的压力下应无渗漏，结构件应无明显变形，波纹管应无失稳现象。对于无加强U形波纹管，试验压力下的波距与加压前的波距相比最大变化率大于15%，对于加强U形波纹管和Ω形波纹管，试验压力下的波距与加压前的波距相比最大变化率大于20%，即认为波纹管已失稳。

5.8 密封性能

用于可燃流体介质、有毒流体介质、真空度高于0.085 MPa的膨胀节在设计压力下应无泄漏。A类膨胀节和设计压力不大于0.25 MPa的B类膨胀节，经煤油浸润，焊接接头应无渗漏现象。

5.9 疲劳性能

波纹管应有符合要求的疲劳性能。圆形波纹管试验循环次数应大于设计疲劳寿命的2倍。矩形波纹管试验循环次数应大于设计疲劳寿命。波纹管在规定的试验位移循环次数内应无泄漏。试验介质为水时，波纹管应无漏水的现象；试验介质为气体时，皂泡检查波纹管表面应无漏气现象。

6 试验方法

6.1 材料

用检查材料牌号和质量证明书的方法进行材料检验，结果应符合5.1的要求。

6.2 外观

目视或用适当倍数的放大镜进行外观检查。不进行无损检测的圆形波纹管管坯纵向焊接接头应用5倍以上放大镜进行外观检查，检查结果应符合5.4的要求。

6.3 焊接接头检测

6.3.1 圆形波纹管管坯纵向焊接接头的渗透检测按JB/T 4730.5—2005规定的方法进行，结果应符合5.5.1.2的要求。

6.3.2 圆形膨胀节中波纹管管坯纵向焊接接头射线检测按JB/T 4730.2—2005或GB 16749—1997中附录B规定的方法进行，结果应符合5.5.1.3的要求。

6.3.3 矩形波纹管的对接焊接接头的渗透检测按JB/T 4730.5—2005规定的方法进行，结果应符合5.5.2的要求。

6.3.4 受压筒节焊接接头的射线检测按JB/T 4730.2—2005规定的方法进行，结果应符合5.5.3的要求。

6.3.5 波纹管与受压筒节连接环向焊接接头的渗透检测按JB/T 4730.5—2005规定的方法，结果应符合5.5.4的要求。

6.4 尺寸及公差

膨胀节的尺寸及公差用精度符合公差要求的量具进行检查，结果应符合5.6的要求。

6.5 耐压性能

6.5.1 膨胀节的耐压性能应通过压力试验进行检验。一般应进行水压试验，在不适于进行水压试验的场合应进行气压试验，进行气压试验时须采取有效的安全措施。A类膨胀节和设计压力不大于

0.25 MPa的B类膨胀节，可不进行耐压性试验。

6.5.2 试验时试验装置应保证膨胀节两端固定和有效密封，波纹管处于直线状态。

6.5.3 水压试验后应将水渍清除干净。当无法达到这一要求时，应控制试验用水的氯离子含量不超过25 mg/L。气压试验介质应为干燥洁净的压缩空气或惰性气体。

6.5.4 内压膨胀节的水压试验压力应按公式(1)和公式(2)计算，取其中的较小值。

$$p_t = 1.5p[\sigma]_b/[\sigma]_b^t \quad \cdots\cdots(1)$$

$$p_t = 1.5p_{sc}E_b/E_b^t \quad \cdots\cdots(2)$$

内压膨胀节的气压试验压力应按公式(3)和公式(4)计算，取其中的较小值。

$$p_t = 1.1p[\sigma]_b/[\sigma]_b^t \quad \cdots\cdots(3)$$

$$p_t = 1.1p_{sc}E_b/E_b^t \quad \cdots\cdots(4)$$

式中：

p_t——试验压力的数值，单位为兆帕(MPa)；

p——设计压力的数值，单位为兆帕(MPa)；

$[\sigma]_b$——室温下的波纹管材料的许用应力的数值，单位为兆帕(MPa)；

$[\sigma]_b^t$——设计温度下波纹管材料的许用应力的数值，单位为兆帕(MPa)；

p_{sc}——波纹管两端固支时柱失稳的极限设计内压的数值，单位为兆帕(MPa)；

E_b——波纹管材料室温下的弹性模量的数值，单位为兆帕(MPa)；

E_b^t——波纹管材料设计温度下的弹性模量的数值，单位为兆帕(MPa)。

6.5.5 外压膨胀节的水压试验压力按公式(1)计算，气压试验压力按公式(3)计算。

6.5.6 耐压性能试验应用两个量程相同的压力表。压力表的量程为试验压力的2倍左右，但不应低于1.5倍和高于4倍的试验压力。

6.5.7 用于真空条件的膨胀节的耐压性能试验可用内压试验代替，试验压力应为1.5倍设计压差(压差值等于大气压值减真空度值)。

6.5.8 试验时应缓慢升压，达到规定试验压力后持压至少10 min。

6.5.9 试验压力下目视检查膨胀节，结果应符合5.7的要求。

6.5.10 型式检验时应测量波纹管的最大波距变化率。

6.6 密封性

6.6.1 气密性

6.6.1.1 试验时试验装置应保证膨胀节两端固定和有效密封，波纹管以其自由长度处于直线状态。

6.6.1.2 试验介质应为干燥洁净的压缩空气或惰性气体。

6.6.1.3 气密性试验压力等于设计压力。

6.6.1.4 试验时应缓慢升压，达到规定试验压力后持压至少10 min。

6.6.1.5 可以用皂泡法对焊接接头检漏，小直径膨胀节可以浸入水槽内检漏，结果应符合5.8的要求。

6.6.2 煤油渗漏

将焊接接头能够检查到的一面清理干净，涂以白粉浆，晾干后在焊接接头另一面涂以煤油，使表面得到足够的浸润，经至少30 min后检查白粉上有无油渍。结果应符合5.8的要求。

6.7 疲劳试验

6.7.1 试验应在专用的疲劳试验装置上进行，疲劳试验装置应保证能约束波纹管压力推力与位移反力，并能保证施加的轴向循环位移与波纹管轴线同轴。

6.7.2 试验波纹管应为所有其他型式检验项目合格的波纹管，波数不少于三个。试件中其他部件的结构可根据试验装置设计，以符合试验要求。

6.7.3 试验介质可为自来水、压缩空气、惰性气体和油等。

6.7.4 对于波纹管设计温度低于材料蠕变温度的膨胀节，试验温度为室温。

6.7.5 试验压力等于设计压力，试验时压力波动值不大于试验压力的±10%。

6.7.6 试验循环位移应为轴向位移，试验循环位移范围应等于设计轴向位移量或设计相当轴向位移量。试验循环速率应以使位移在各波纹中均匀分配所需时间确定，且应小于25 mm/s。

6.7.7 达到5.9规定的试验循环次数后，目视检查波纹管表面，结果应符合5.9的要求。

7 检验规则

7.1 检验分类

本标准规定的检验分类如下：

a) 型式检验；

b) 出厂检验。

7.2 型式检验

7.2.1 检验时机

膨胀节在下述情况之一时，应进行型式检验：

a) 产品定型、老产品转厂生产；

b) 产品停产超过一年后复产；

c) 正式生产后产品结构、材料或工艺有重大改变，足以影响产品性能；

d) 合同中有规定；

e) 国家质量监督机构提出要求。

7.2.2 检验项目和顺序

膨胀节型式检验项目和顺序见表7。

表7 膨胀节检验项目和顺序

<table>
<tr><th rowspan="2">序号</th><th rowspan="2" colspan="2">检验项目名称</th><th colspan="2">型式检验</th><th colspan="2">出厂检验</th><th rowspan="2">试验方法的章条号</th></tr>
<tr><th>检验项目</th><th>要求的章条号</th><th>检验项目</th><th>要求的章条号</th></tr>
<tr><td>1</td><td colspan="2">材料</td><td>●</td><td>5.1</td><td>●</td><td>5.1</td><td>6.1</td></tr>
<tr><td>2</td><td colspan="2">外观</td><td>●</td><td>5.4</td><td>●</td><td>5.4</td><td>6.2</td></tr>
<tr><td></td><td colspan="2">焊接接头检测</td><td>●</td><td>5.5</td><td>●</td><td>5.5</td><td>6.3</td></tr>
<tr><td>3</td><td colspan="2">尺寸</td><td>●</td><td>5.6</td><td>●</td><td>5.6.1.1、5.6.1.5、5.6.2、5.6.3、5.6.4</td><td>6.4</td></tr>
<tr><td>4</td><td colspan="2">耐压性能</td><td>●</td><td>5.7</td><td>●</td><td>5.7</td><td>6.5</td></tr>
<tr><td>5</td><td rowspan="2">密封性能</td><td>气密性</td><td>●</td><td rowspan="2">5.8</td><td>●</td><td rowspan="2">5.8</td><td>6.6.1</td></tr>
<tr><td>6</td><td>煤油渗漏</td><td>●</td><td>●</td><td>6.6.2</td></tr>
<tr><td>7</td><td colspan="2">疲劳性能</td><td>●</td><td>5.9</td><td>—</td><td>—</td><td>6.7</td></tr>
<tr><td colspan="8">注：●为检验项目；—为不检项目。</td></tr>
</table>

7.2.3 检验样品数量

膨胀节的型式试验样品数量为一件。

7.2.4 判定规则

膨胀节检验样品全部检验项目符合要求,判为型式检验合格。若材料、耐压性能中波纹管出现失稳现象、疲劳性能不符合要求,判为型式检验不合格。其他项目若有不符合要求的,允许返修复验,若复验符合要求,仍判膨胀节型式检验合格,若复验仍有不符合要求的项目,则判膨胀节型式检验不合格。

7.3 出厂检验

7.3.1 检验项目和顺序

膨胀节出厂检验项目和顺序见表7。

7.3.2 检验样品数量

膨胀节的出厂检验应逐件产品进行。

7.3.3 判定规则

全部检验项目符合要求的膨胀节,判为出厂检验合格。若材料不符合要求,判为出厂检验不合格。其他项目若有不符合要求的,允许返修复验。圆形波纹管管坯纵向焊接接头同一部位缺陷允许补焊一次。成型后的波纹管不允许补焊。波纹管与端管连接焊接接头、矩形波纹管对接焊接接头同一部位缺陷允许补焊两次。受压筒节焊接接头同一部位缺陷补焊次数不宜超过两次。若复验符合要求,仍判膨胀节出厂检验合格;若复验仍不符合要求,则判膨胀节出厂检验不合格。

8 标志

8.1 铭牌

每个膨胀节都应装有永久固定、耐腐蚀的铭牌,铭牌上至少应注明下列内容:

a) 膨胀节型式(型号);
b) 出厂编号;
c) 膨胀节设计温度和设计疲劳寿命;
d) 外形尺寸、总质量;
e) 制造厂名称;
f) 出厂日期。

8.2 介质流向箭头

膨胀节装有导流筒时,应在膨胀节外表面标出醒目的永久性介质流向箭头。

8.3 装运件标志

膨胀节装运件应涂黄色油漆。

9 包装、运输和贮存

9.1 包装和运输

9.1.1 膨胀节的包装与运输应符合JB/T 4711—2003中的要求。

9.1.2 膨胀节交货时应提供“质量证明文件”和“安装使用说明书”等随带文件。“质量证明文件”中至少应包括下述内容:

a) 膨胀节的型式、型号和出厂编号;
b) 波纹管的设计温度、设计压力、设计疲劳寿命和补偿量;
c) 波纹管和受压筒节、法兰、封头等受压件的材质证明书;
d) 膨胀节的外观检查、尺寸检查、焊接接头检测和压力试验等项目出厂检验结论及检验员与制造厂的印章;
e) 膨胀节生产所依据的标准。

9.2 贮存

膨胀节宜存放在清洁、干燥和无腐蚀性气氛的室内场地。注意防止由于堆放、碰撞和跌落等原因造成波纹管机械损伤。装有导流筒的膨胀节竖直放置时,导流筒开口端应朝下。

附 录 A
（规范性附录）
圆形波纹管的设计

A.1 符号

波纹管设计采用下列符号：

A_{cu}——单个U形波纹的金属横截面积的数值，单位为平方毫米（mm^2）。

$$A_{cu}=n\delta_m(0.571q+2h) \quad \cdots\cdots(A.1)$$

A_y——圆形波纹管有效面积的数值，单位为平方毫米（mm^2）。

$$A_y=\frac{\pi D_m^2}{4} \quad \cdots\cdots(A.2)$$

A_f——一个紧固件的金属横截面积的数值，单位为平方毫米（mm^2）。

A_r——一个加强件的金属横截面积的数值，单位为平方毫米（mm^2）。

A_{tc}——加强U形和Ω形波纹管一个直边段加强套环的金属横截面积的数值，单位为平方毫米（mm^2）。

B_1——Ω形波纹管 σ_5 的计算修正系数，见表A.1。

B_2——Ω形波纹管 σ_6 的计算修正系数，见表A.1。

B_3——Ω形波纹管 f_{it} 的计算修正系数，见表A.1。

C_c——直边段加强套环弯曲应力的计算系数。

$$C_c=-0.2431+0.0168n_g+0.3024n_g^2 \quad \cdots\cdots(A.3)$$

C_d——U形波纹管 σ_6 的计算修正系数，见表A.2。

C_f——U形波纹管 σ_5、f_{iu}、f_{ir} 的计算修正系数，见表A.3。

C_m——低于蠕变温度的材料强度系数。

$$C_m=1.5\text{，用于热处理态波纹管} \quad \cdots\cdots(A.4)$$

$$C_m=1.5Y_{sm}\text{，用于成形态波纹管}(1.5\leqslant C_m\leqslant 3.0) \quad \cdots\cdots(A.5)$$

C_p——U形波纹管 σ_4 的计算修正系数，见表A.4。

C_r——波高系数。

$$C_r=0.3-\left(\frac{100}{1048p^{1.5}+320}\right)^2 \quad \cdots\cdots(A.6)$$

C_w——纵向焊接接头有效系数，下标b、c、f、p和r分别表示波纹管、加强套环、紧固件、管子和加强件材料；其中，当波纹管管坯纵向焊接接头经100%渗透检测或射线检测合格且焊接接头内外表面都齐平时 $C_{wb}=1.0$。

C_θ——由初始角位移引起的柱失稳压力降低系数。

$$C_\theta=1-1.822\gamma+1.348\gamma^2-0.529\gamma^3\text{（无横向位移）} \quad \cdots\cdots(A.7)$$

$$C_\theta=1\text{（同时发生横向位移）} \quad \cdots\cdots(A.8)$$

D_b——波纹管直边段内径的数值，单位为毫米（mm）。

D_c——波纹管直边段加强套环平均直径的数值，单位为毫米（mm）。

$$D_c=D_b+2n\delta+\delta_c \quad \cdots\cdots(A.9)$$

D_i——圆环截面内径的数值，单位为毫米（mm）。

D_m——波纹管平均直径的数值,单位为毫米(mm)。

$$D_m = D_b + h + n\delta \quad (对于“U”形截面) \qquad \cdots\cdots(A.10)$$

D_0——圆环截面外径的数值,单位为毫米(mm)。

D_r——均衡环外径的数值,单位为毫米(mm)。

E——室温下的弹性模量的数值。下标 b、c、f、p、s 和 r 分别表示波纹管、加强套环、紧固件、管子、导流筒和加强件的材料,单位为兆帕(MPa)。

E_t——设计温度下的弹性模量的数值。下标 b、c、f、p、s 和 r 分别表示波纹管、加强套环、紧固件、管子、导流筒和加强件的材料,单位为兆帕(MPa)。

e——计算单波总当量轴向位移的数值,单位为毫米(mm)。

$[e]$——由$[N_c]$得到的设计单波额定轴向位移的数值,单位为毫米(mm)。

e_c——单波当量轴向压缩位移的数值,单位为毫米(mm)。

e_e——单波当量轴向拉伸位移的数值,单位为毫米(mm)。

$[e_c]$——由$[e]$得到的单波额定当量轴向压缩位移的数值,单位为毫米(mm)。

$[e_e]$——由$[e]$得到的单波额定当量轴向拉伸位移的数值,单位为毫米(mm)。

e_{cmax}——允许最大单波当量轴向压缩位移的数值,单位为毫米(mm)。

e_{emax}——允许最大单波当量轴向拉伸位移的数值,单位为毫米(mm)。

e_x——轴向位移“x”引起的单波轴向位移,单位为毫米(mm)。

e_y——横向位移“y”引起的单波最大相当轴向位移的数值,单位为毫米(mm)。

e_θ——角位移“θ”引起的单波相当轴向位移的数值,单位为毫米(mm)。

F_g——每个直边段加强套环筋板的轴向力的数值,单位为牛顿(N)。

$$F_g = \frac{1}{n_g}\left[0.25\pi(D_m^2 - D_b^2)p + e_c f_i\right] \qquad \cdots\cdots(A.11)$$

F_s——波纹管变形率的数值,%。

$$F_s = \sqrt{\left[\ln\left(1+\frac{2h}{D_b}\right)\right]^2 + \ln\left[1+\frac{n\delta_m}{2r_m}\right]} \qquad \cdots\cdots(A.12)$$

F_p——波纹管压力推力的数值,单位为牛顿(N);

f_i——波纹管单波轴向弹性刚度的数值,下标 u、r、t 分别表示无加强 U 形、加强 U 形和 Ω 形波纹管,单位为牛顿每毫米(N/mm);

f_n——膨胀节自振频率的数值,单位为赫兹(Hz);

G——设计温度下波纹管材料的剪切弹性模量的数值,单位为兆帕(MPa)。

$$G = \frac{E_b^t}{2(1+\mu)} \qquad \cdots\cdots(A.13)$$

h——波高的数值,单位为毫米(mm)。

K_2——平面失稳系数。

$$K_2 = \frac{\sigma_2}{p} \qquad \cdots\cdots(A.14)$$

K_4——平面失稳系数。

$$K_4 = \frac{h^2 C_p}{2n\delta_m^2} \qquad \cdots\cdots(A.15)$$

K_f——成型方法系数,对于滚压成型或胀压成型 K_f 为 1,对于液压成型 K_f 为 0.6。

K_r——周向应力系数,取下列算式中较大值且不小于 1。

$$K_r = \frac{2(q+e_x)+e_\theta/\psi+e_y}{2q}$$，在设计压力 p 时，e_x 和 e_y 处于拉伸状态 ……（A.16）

$$K_r = \frac{2(q-e_x)+e_\theta/\psi+e_y}{2q}$$，在设计压力 p 时，e_x 和 e_y 处于压缩状态 ……（A.17）

K_s——直边段加强套环截面形状系数，对于矩形截面 K_s 为 1.5，对于圆形截面 K_s 为 1.7，对于圆环形截面 K_s 按公式(A.18)计算。

$$K_s = \frac{1.7(D_o^4 - D_i^3 D_o)}{D_o^4 - D_i^4} \quad \cdots\cdots（A.18）$$

K_t——膨胀节整体扭转弹性刚度的数值，单位为牛顿米每度[N·m/(°)]。

K_u——e_y 的计算系数。

$$K_u = \frac{3L_u^2 - 3L_b L_u}{3L_u^2 - 6L_b L_u + 4L_b^2} \quad \cdots\cdots（A.19）$$

K_x——膨胀节整体轴向弹性刚度的数值，单位为牛顿每毫米(N/mm)。

K_y——膨胀节整体横向弹性刚度的数值，单位为牛顿每毫米(N/mm)。

K_θ——膨胀节整体弯曲刚度的数值，单位为牛顿米每度[N·m/(°)]。

k——σ_1、σ_1'的计算系数。

$$k = \frac{L_t}{1.5\sqrt{D_b\delta}} \quad 且\ k \leqslant 1 \quad \cdots\cdots（A.20）$$

L_b——波纹管的波纹长度的数值，单位为毫米(mm)。

$$L_b = Nq \quad \cdots\cdots（A.21）$$

L_c——波纹管直边段加强套环的长度的数值，单位为毫米(mm)。

L_d——U 形波纹管单波展开长度的数值，单位为毫米(mm)。

$$L_d = 0.571q + 2h \quad \cdots\cdots（A.22）$$

L_f——一个紧固件的有效长度的数值，单位为毫米(mm)。

L_l——导流筒的长度的数值，单位为毫米(mm)。

L_o——Ω 形波纹管波纹开口距离的数值，单位为毫米(mm)。

L_t——波纹管的直边段长度的数值，单位为毫米(mm)。

L_u——复式膨胀节中两波纹管最外端间距离的数值，单位为毫米(mm)。

L_w——加强 U 形波纹管、Ω 形波纹管连接环焊接接头到第一个波中心的长度的数值，单位为毫米(mm)。

$$L_w = L_t + \frac{q}{2} \quad \cdots\cdots（A.23）$$

M_y——膨胀节端部由横向位移引起的反力矩的数值，单位为牛顿米(N·m)。

M_θ——膨胀节端部由角位移引起的反力矩的数值，单位为牛顿米(N·m)。

N——一个波纹管的波数的数值。

$[N_c]$——波纹管设计疲劳寿命的数值，周次。

n——厚度为"δ"波纹管材料层数的数值。

n_f——设计疲劳寿命安全系数，$n_f \geqslant 10$。

n_g——每个直边段加强套环等间距筋板数量的数值。

p——设计压力的数值，单位为兆帕(MPa)。

p_{sc}——波纹管两端固支时柱失稳的极限设计内压的数值，单位为兆帕(MPa)。

p_{sc}'——波纹管端部支撑条件变化时柱失稳的极限设计内压的数值，单位为兆帕(MPa)。

p_{si}——波纹管两端固支时平面失稳的极限设计压力的数值,单位为兆帕(MPa)。

q——波距的数值,单位为毫米(mm)。

R_1——波纹管承受的内压作用力与整体加强件所承受的内压作用力之比。

$$R_1 = \frac{A_c E_b^t}{A_r E_r^t} \quad \cdots\cdots (A.24)$$

R_2——波纹管承受的内压作用力与用紧固件连接的加强件所承受的内压作用力之比。

$$R_2 = \frac{A_c E_b^t}{D_m}\left(\frac{L_f}{A_f E_f^t} + \frac{D_m}{A_r E_r^t}\right) \quad \cdots\cdots (A.25)$$

r——Ω形波纹管波纹平均半径的数值,单位为毫米(mm)。

r_c——U形波纹管波峰内壁曲率半径的数值,单位为毫米(mm)。

r_m——U形波纹管波峰(波谷)平均曲率半径的数值,单位为毫米(mm)。

r_o——Ω形波纹管开口外壁曲率半径的数值,单位为毫米(mm)。

r_r——U形波纹管波谷外壁曲率半径的数值,单位为毫米(mm)。

T——扭矩的数值,单位为牛顿米(N·m)。

t——介质温度的数值,单位为摄氏度(℃)。

u——介质流速的数值,单位为米每秒(m/s)。

V——U形波纹管所有波纹间体积的数值,单位为立方毫米(mm^3)。

W_z——复式膨胀节中间管质量的数值,单位为牛顿(N)。

x——波纹管轴向压缩位移或轴向拉伸位移的数值,单位为毫米(mm)。

y——波纹管横向位移的数值,单位为毫米(mm)。

Y_{sm}——屈服强度系数,对于奥氏体不锈钢Y_{sm}按公式(A.26)计算,对于镍基合金Y_{sm}按公式(A.27)计算,对于其他材料Y_{sm}按公式(A.28)。

$$Y_{sm} = 1 + 9.94 \times 10^{-2}(K_f F_s) - 7.59 \times 10^{-4}(K_f F_s)^2 - 2.4 \times 10^{-6}(K_f F_s)^3 + 2.21 \times 10^{-8}(K_f F_s)^4 \quad \cdots\cdots (A.26)$$

$$Y_{sm} = 1 + 6.8 \times 10^{-2}(K_f F_s) - 9.11 \times 10^{-4}(K_f F_s)^2 + 9.73 \times 10^{-6}(K_f F_s)^3 - 6.43 \times 10^{-8}(K_f F_s)^4 \quad \cdots\cdots (A.27)$$

$$Y_{sm} = 1 \quad \cdots\cdots (A.28)$$

Z_c——直边段加强套环截面对横向中性轴的抗弯截面模量的数值,单位为三次方毫米(mm^3)。

α——平面失稳应力相互作用系数。

$$\alpha = 1 + 2\eta^2 + \sqrt{1 - 2\eta^2 + 4\eta^4} \quad \cdots\cdots (A.29)$$

γ——初始角位移与最终角位移之比。

$$\gamma = \frac{0.0175 D_m \theta}{0.0175 \theta D_m + 0.3 L_b} \quad \cdots\cdots (A.30)$$

η——平面失稳应力比。

$$\eta = \frac{K_4}{3K_2} \quad \cdots\cdots (A.31)$$

δ——波纹管一层材料的名义厚度的数值,单位为毫米(mm)。

δ_c——直边段加强套环材料的名义厚度的数值,单位为毫米(mm)。

δ_1——导流筒厚度的数值,单位为毫米(mm)。

δ_m——波纹管成形后一层材料的名义厚度的数值,单位为毫米(mm)。

$$\delta_m = \delta\sqrt{\frac{D_b}{D_m}} \quad \cdots\cdots\cdots\cdots\cdots\cdots(A.32)$$

δ_{min}——推荐的导流筒最小厚度的数值,单位为毫米(mm)。

δ_p——与波纹管连接的管子的名义厚度的数值,单位为毫米(mm)。

θ——波纹管角位移的数值,单位为度(°)。

ψ——角位移的压力影响系数。

$$当\ C_\theta < 1\ 时,\psi = \frac{e_\theta C_\theta}{e_\theta C_\theta + 0.15q\phi} \quad \cdots\cdots\cdots\cdots\cdots\cdots(A.33)$$

$$当\ C_\theta = 1\ 时,\Psi = 1 \quad \cdots\cdots\cdots\cdots\cdots\cdots(A.34)$$

θ_z——复式膨胀节相对水平面的角度的数值,单位为度(°)。

μ——材料的泊松比。

σ_1——压力引起的波纹管直边段周向薄膜应力的数值,单位为兆帕(MPa)。

σ_1'——压力引起的加强套环周向薄膜应力的数值,单位为兆帕(MPa)。

σ_1''——压力引起的加强套环周向弯曲应力的数值,单位为兆帕(MPa)。

σ_2——压力引起的波纹管周向薄膜应力的数值,单位为兆帕(MPa)。

σ_2'——压力引起的波纹管加强件周向薄膜应力的数值,单位为兆帕(MPa)。

σ_2''——压力引起的波纹管紧固件薄膜应力的数值,单位为兆帕(MPa)。

σ_3——压力引起的波纹管子午向薄膜应力的数值,单位为兆帕(MPa)。

σ_4——压力引起的波纹管子午向弯曲应力的数值,单位为兆帕(MPa)。

σ_5——位移引起的波纹管子午向薄膜应力的数值,单位为兆帕(MPa)。

σ_6——位移引起的波纹管子午向弯曲应力的数值,单位为兆帕(MPa)。

$\sigma_{0.2y}$——成形态或热处理态的波纹管材料在设计温度下的的屈服强度的数值,单位为兆帕(MPa)。

$$\sigma_{0.2y} = \frac{0.67C_m\sigma_{0.2m}\sigma_{0.2}^t}{\sigma_{0.2}} \quad \cdots\cdots\cdots\cdots\cdots\cdots(A.35)$$

$\sigma_{0.2}$——室温下的波纹管材料的屈服强度的数值,单位为兆帕(MPa)。

$\sigma_{0.2}^t$——设计温度下的波纹管材料的屈服强度的数值,单位为兆帕(MPa)。

$\sigma_{0.2m}$——波纹管材料质保书中的屈服强度的数值,单位为兆帕(MPa)。

$[\sigma]^t$——设计温度下材料的许用应力的数值,下标 b、c、f、p、r 分别表示波纹管、加强套环、紧固件、管子和加强件材料,单位为兆帕(MPa)。

σ_t——子午向总应力范围的数值,单位为兆帕(MPa)。

τ_t——扭转剪应力的数值,单位为兆帕(MPa)。

Φ——扭转角的数值,单位为弧度(rad)。

ϕ——设计压力与临界柱失稳压力之比,对于无加强 U 形波纹管按公式(A.36)计算,对于加强 U 形波纹管按公式(A.37)计算,对于 Ω 形波纹管按公式(A.38)计算。

$$\phi = \frac{pqN^2}{0.764\pi f_{iu}} \quad \cdots\cdots\cdots\cdots\cdots\cdots(A.36)$$

$$\phi = \frac{pqN^2}{0.675\pi f_{ir}} \quad \cdots\cdots\cdots\cdots\cdots\cdots(A.37)$$

$$\phi = \frac{pqN^2}{0.338\pi f_{it}} \quad \cdots\cdots\cdots\cdots\cdots\cdots(A.38)$$

表 A.1　Ω 形波纹管 σ_5、σ_6、f_{it}的计算修正系数

$\frac{6.61r^2}{D_m\delta_m}$	B_1	B_2	B_3
0	1.0	1.0	1.0
1	1.1	1.0	1.1
2	1.4	1.0	1.3
3	2.0	1.0	1.5
4	2.8	1.0	1.9
5	3.6	1.0	2.3
6	4.6	1.1	2.8
7	5.7	1.2	3.3
8	6.8	1.4	3.8
9	8.0	1.5	4.4
10	9.2	1.6	4.9
11	10.6	1.7	5.4
12	12.0	1.8	5.9
13	13.2	2.0	6.4
14	14.7	2.1	6.9
15	16.0	2.2	7.4
16	17.4	2.3	7.9
17	18.9	2.4	8.5
18	20.3	2.6	9.0
19	21.9	2.7	9.5
20	23.3	2.8	10.0

表 A.2　U 形波纹管 σ_6 的计算修正系数 C_d

$\frac{2r_m}{h}$	$\frac{1.82r_m}{\sqrt{D_m\delta_m}}$												
	0.2	0.4	0.6	0.8	1.0	1.2	1.4	1.6	2.0	2.5	3.0	3.5	4.0
0.0	1.000	1.000	1.000	1.000	1.000	1.000	1.000	1.000	1.000	1.000	1.000	1.000	1.000
0.05	1.061	1.066	1.105	1.079	1.057	1.037	1.016	1.006	0.992	0.980	0.970	0.965	0.955
0.10	1.128	1.137	1.195	1.171	1.128	1.080	1.039	1.015	0.984	0.960	0.945	0.930	0.910
0.15	1.198	1.209	1.277	1.271	1.208	1.130	1.067	1.025	0.974	0.935	0.910	0.890	0.870
0.20	1.269	1.282	1.352	1.374	1.294	1.185	1.099	1.037	0.966	0.915	0.885	0.860	0.830

表 A.2（续）

$\frac{2r_m}{h}$	$\frac{1.82r_m}{\sqrt{D_m\delta_m}}$												
	0.2	0.4	0.6	0.8	1.0	1.2	1.4	1.6	2.0	2.5	3.0	3.5	4.0
0.25	1.340	1.354	1.424	1.476	1.384	1.246	1.135	1.052	0.958	0.895	0.855	0.825	0.790
0.30	1.411	1.426	1.492	1.575	1.476	1.311	1.175	1.070	0.952	0.875	0.825	0.790	0.755
0.35	1.480	1.496	1.559	1.667	1.571	1.381	1.220	1.091	0.947	0.840	0.800	0.760	0.720
0.40	1.547	1.565	1.626	1.753	1.667	1.457	1.269	1.116	0.945	0.833	0.775	0.730	0.685
0.45	1.614	1.633	1.691	1.832	1.766	1.539	1.324	1.145	0.946	0.825	0.750	0.700	0.655
0.50	1.679	1.700	1.757	1.905	1.866	1.628	1.385	1.181	0.950	0.815	0.730	0.670	0.625
0.55	1.743	1.766	1.822	1.973	1.969	1.725	1.452	1.223	0.958	0.800	0.710	0.645	0.595
0.60	1.807	1.832	1.886	2.037	2.075	1.830	1.529	1.273	0.970	0.790	0.688	0.620	0.567
0.65	1.872	1.897	1.950	2.099	2.182	1.943	1.614	1.333	0.988	0.785	0.670	0.597	0.538
0.70	1.937	1.963	2.014	2.160	2.291	2.066	1.710	1.402	1.011	0.780	0.657	0.575	0.510
0.75	2.003	2.029	2.077	2.221	2.399	2.197	1.819	1.484	1.042	0.780	0.642	0.555	0.489
0.80	2.070	2.096	2.141	2.283	2.505	2.336	1.941	1.578	1.081	0.785	0.635	0.538	0.470
0.85	2.138	2.164	2.206	2.345	2.603	2.483	2.080	1.688	1.130	0.795	0.628	0.522	0.452
0.90	2.206	2.234	2.273	2.407	2.690	2.634	2.236	1.813	1.191	0.815	0.625	0.510	0.438
0.95	2.274	2.305	2.344	2.467	2.758	2.789	2.412	1.957	1.267	0.845	0.630	0.502	0.428
1.0	2.341	2.378	2.422	2.521	2.800	2.943	2.611	2.121	1.359	0.890	0.640	0.500	0.420

表 A.3　U形波纹管 σ_5、f_{iu}、f_{ir} 的计算修正系数 C_f

$\frac{2r_m}{h}$	$\frac{1.82r_m}{\sqrt{D_m\delta_m}}$												
	0.2	0.4	0.6	0.8	1.0	1.2	1.4	1.6	2.0	2.5	3.0	3.5	4.0
0.0	1.000	1.000	1.000	1.000	1.000	1.000	1.000	1.000	1.000	1.000	1.000	1.000	1.000
0.05	1.116	1.094	1.092	1.066	1.026	1.002	0.983	0.972	0.948	0.930	0.920	0.900	0.900
0.10	1.211	1.174	1.163	1.122	1.052	1.000	0.962	0.937	0.892	0.867	0.850	0.830	0.820
0.15	1.297	1.248	1.225	1.171	1.077	0.995	0.938	0.899	0.836	0.800	0.780	0.750	0.735
0.20	1.376	1.319	1.281	1.217	1.100	0.989	0.915	0.860	0.782	0.730	0.705	0.680	0.655
0.25	1.451	1.386	1.336	1.260	1.124	0.983	0.892	0.821	0.730	0.665	0.640	0.610	0.590
0.30	1.524	1.452	1.392	1.300	1.147	0.979	0.870	0.784	0.681	0.610	0.580	0.550	0.525
0.35	1.597	1.517	1.449	1.340	1.171	0.975	0.851	0.750	0.636	0.560	0.525	0.495	0.470
0.40	1.669	1.582	1.508	1.380	1.195	0.975	0.834	0.719	0.595	0.510	0.470	0.445	0.420
0.45	1.740	1.646	1.568	1.422	1.220	0.976	0.820	0.691	0.557	0.470	0.425	0.395	0.370
0.50	1.812	1.710	1.630	1.465	1.246	0.980	0.809	0.667	0.523	0.430	0.380	0.350	0.325
0.55	1.882	1.775	1.692	1.511	1.271	0.987	0.799	0.646	0.492	0.392	0.342	0.303	0.285
0.60	1.952	1.841	1.753	1.560	1.298	0.996	0.792	0.627	0.464	0.360	0.300	0.270	0.252

表 A.3（续）

$\frac{2r_m}{h}$	$\frac{1.82r_m}{\sqrt{D_m\delta_m}}$												
	0.2	0.4	0.6	0.8	1.0	1.2	1.4	1.6	2.0	2.5	3.0	3.5	4.0
0.65	2.020	1.908	1.813	1.611	1.325	1.008	0.787	0.611	0.439	0.330	0.271	0.233	0.213
0.70	2.087	1.975	1.871	1.665	1.353	1.022	0.783	0.598	0.416	0.300	0.242	0.200	0.182
0.75	2.153	2.045	1.929	1.721	1.382	1.038	0.780	0.586	0.394	0.275	0.212	0.174	0.152
0.80	2.217	2.116	1.987	1.779	1.415	1.056	0.779	0.576	0.373	0.253	0.188	0.150	0.130
0.85	2.282	2.189	2.049	1.838	1.451	1.076	0.780	0.569	0.354	0.230	0.167	0.130	0.109
0.90	2.349	2.265	2.119	1.896	1.492	1.099	0.781	0.563	0.336	0.206	0.146	0.112	0.090
0.95	2.421	2.345	2.201	1.951	1.541	1.125	0.785	0.560	0.319	0.188	0.130	0.092	0.074
1.0	2.501	2.430	2.305	2.002	1.600	1.154	0.792	0.561	0.303	0.170	0.115	0.081	0.061

表 A.4　U 形波纹管 σ_4 的计算修正系数 C_p

$\frac{2r_m}{h}$	$\frac{1.82r_m}{\sqrt{D_m\delta_m}}$												
	0.2	0.4	0.6	0.8	1.0	1.2	1.4	1.6	2.0	2.5	3.0	3.5	4.0
0.0	1.000	0.999	0.961	0.949	0.950	0.950	0.950	0.950	0.950	0.950	0.950	0.950	0.950
0.05	0.976	0.962	0.910	0.842	0.841	0.841	0.840	0.841	0.841	0.840	0.840	0.840	0.840
0.10	0.946	0.926	0.870	0.770	0.744	0.744	0.744	0.731	0.731	0.732	0.732	0.732	0.732
0.15	0.912	0.890	0.836	0.722	0.657	0.657	0.651	0.632	0.632	0.630	0.630	0.630	0.630
0.20	0.876	0.854	0.806	0.691	0.592	0.579	0.564	0.549	0.549	0.550	0.550	0.550	0.550
0.25	0.840	0.819	0.777	0.669	0.559	0.518	0.495	0.481	0.481	0.480	0.480	0.480	0.480
0.30	0.803	0.784	0.750	0.653	0.536	0.501	0.462	0.432	0.421	0.421	0.421	0.421	0.421
0.35	0.767	0.751	0.722	0.640	0.541	0.502	0.460	0.426	0.388	0.367	0.367	0.367	0.367
0.40	0.733	0.720	0.696	0.627	0.548	0.503	0.458	0.420	0.369	0.332	0.328	0.322	0.312
0.45	0.702	0.691	0.670	0.615	0.551	0.503	0.455	0.414	0.354	0.315	0.299	0.287	0.275
0.50	0.674	0.665	0.646	0.602	0.551	0.503	0.453	0.408	0.342	0.300	0.275	0.262	0.248
0.55	0.649	0.642	0.624	0.590	0.550	0.502	0.450	0.403	0.332	0.285	0.258	0.241	0.225
0.60	0.627	0.622	0.605	0.579	0.547	0.500	0.447	0.398	0.323	0.272	0.242	0.222	0.205
0.65	0.610	0.606	0.590	0.570	0.544	0.497	0.444	0.394	0.316	0.260	0.228	0.208	0.190
0.70	0.596	0.593	0.580	0.563	0.540	0.494	0.442	0.391	0.309	0.251	0.215	0.194	0.176
0.75	0.585	0.583	0.573	0.559	0.536	0.491	0.439	0.388	0.304	0.242	0.203	0.182	0.163
0.80	0.577	0.576	0.569	0.557	0.531	0.488	0.437	0.385	0.299	0.236	0.195	0.171	0.152
0.85	0.571	0.571	0.566	0.556	0.526	0.485	0.435	0.384	0.296	0.230	0.188	0.161	0.142
0.90	0.566	0.566	0.563	0.554	0.521	0.482	0.433	0.382	0.294	0.224	0.180	0.152	0.134
0.95	0.560	0.560	0.556	0.547	0.515	0.479	0.432	0.381	0.293	0.219	0.175	0.146	0.126
1.0	0.552	0.550	0.540	0.529	0.510	0.476	0.431	0.380	0.292	0.215	0.171	0.140	0.119

A.2 波纹管设计

A.2.1 波纹尺寸

A.2.1.1 U形波纹管的 r_c、r_r 宜按公式(A.39)设计。

$$r_c = r_r \geqslant 3\delta \qquad \text{(A.39)}$$

A.2.1.2 Ω形波纹管的 L_o、r_o 宜按公式(A.40)和公式(A.41)设计。

$$L_o \leqslant \frac{r}{2} \qquad \text{(A.40)}$$

$$r_o \geqslant 3\delta \qquad \text{(A.41)}$$

A.2.2 波纹管设计温度

波纹管设计温度应根据波纹管预计工作温度确定。

A.2.3 无加强U形波纹管

A.2.3.1 无加强U形波纹管结构见图A.1。

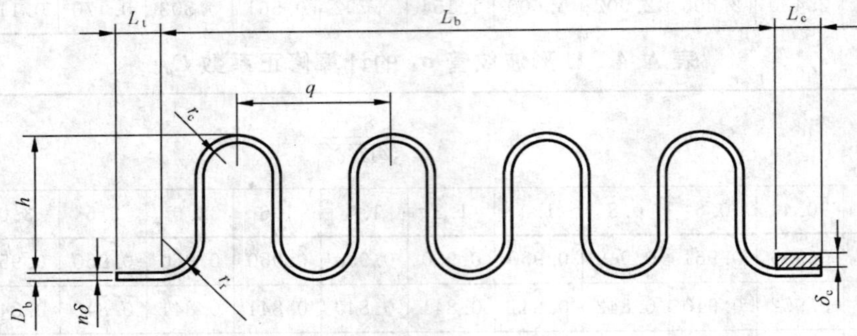

图A.1 无加强U形波纹管

A.2.3.2 压力应力计算及其校核按公式(A.42)～公式(A.48)。

$$\sigma_1 = \frac{p(D_b + n\delta)^2 L_t E_b^t k}{2[n\delta E_b^t L_t (D_b + n\delta) + \delta_c k E_c^t L_c D_c]} \leqslant C_{wb}[\sigma]_b^t \qquad \text{(A.42)}$$

$$\sigma'_1 = \frac{p D_c^2 L_t E_c^t k}{2[n\delta E_b^t L_t (D_b + n\delta) + \delta_c k E_c^t L_c D_c]} \leqslant C_{wc}[\sigma]_c^t \qquad \text{(A.43)}$$

$$\sigma_2 = \frac{K_r q p D_m}{2A_{cu}} \leqslant C_{wb}[\sigma]_b^t \qquad \text{(A.44)}$$

$$\sigma_3 = \frac{ph}{2n\delta_m} \qquad \text{(A.45)}$$

$$\sigma_4 = \frac{ph^2 C_p}{2n\delta_m^2} \qquad \text{(A.46)}$$

$$\sigma_3 + \sigma_4 \leqslant C_m[\sigma]_b^t \quad \text{(蠕变温度以下)} \qquad \text{(A.47)}$$

$$\sigma_3 + \frac{\sigma_4}{1.25} \leqslant [\sigma]_b^t \quad \text{(蠕变温度范围内)} \qquad \text{(A.48)}$$

A.2.3.3 疲劳寿命按公式(A.49)～公式(A.52)计算。

$$[N_c] = \left(\frac{12\,820}{\sigma_t - 370}\right)^{3.4} \bigg/ n_f \qquad \text{(A.49)}$$

$$\sigma_t = 0.7(\sigma_3 + \sigma_4) + \sigma_5 + \sigma_6 \qquad \text{(A.50)}$$

$$\sigma_5 = \frac{E_b \delta_m^2 e}{2h^3 C_f} \qquad \text{(A.51)}$$

$$\sigma_6 = \frac{5E_b \delta_m e}{3h^2 C_d} \qquad \text{(A.52)}$$

公式(A.49)只适用于设计疲劳寿命$[N_c]$在10^2～10^4之间、设计温度低于425℃的成形态奥氏体不锈钢和耐蚀合金波纹管。

$[N_c]$应由设计单位根据系统工况提出且不低于500次。

A.2.3.4 单波轴向弹性刚度按公式(A.53)计算。

$$f_{iu}=\frac{1.7D_m E_b^t \delta_m^3 n}{h^3 C_f} \qquad \cdots\cdots(A.53)$$

A.2.3.5 稳定性计算

a) 波纹管两端为固支时，柱失稳的极限设计内压按公式(A.54)计算。

$$p_{sc}=\frac{0.34\pi f_{iu} C_\theta}{N^2 q} \qquad \cdots\cdots(A.54)$$

对于复式膨胀节，计算p_{sc}时，N为两个波纹管波数总和。

对于弯管压力平衡型膨胀节的平衡波纹管，柱失稳极限设计内压按公式(A.55)计算。

$$p'_{sc}=0.25p_{sc} \qquad \cdots\cdots(A.55)$$

b) 波纹管两端为固支时，平面失稳的极限设计压力按公式(A.56)计算。

$$p_{si}=\frac{1.3A_c\sigma_{0.2y}}{K_r D_m q\sqrt{\alpha}} \qquad \cdots\cdots(A.56)$$

A.2.4 加强U形波纹管

A.2.4.1 加强U形波纹管结构件及零部件名称见图A.2。

图A.2 加强U形波纹管

A.2.4.2 应力计算及其校核按公式(A.57)～公式(A.67)。

$$\sigma_1=\frac{p(D_b+n\delta)^2 L_w E_b^t}{2[(n\delta L_t+A_c/2)E_b^t(D_b+n\delta)+A_{tc}E_c^t D_c]}\leqslant C_{wb}[\sigma]_b^t \qquad \cdots\cdots(A.57)$$

$$\sigma'_1=\frac{pD_c^2 L_w E_c^t}{2[(n\delta L_t+A_c/2)E_b^t(D_b+n\delta)+A_{tc}E_c^t D_c]} \qquad \cdots\cdots(A.58)$$

$$\sigma''_1=\frac{F_g n_g D_c}{4\pi C_c Z_c} \qquad \cdots\cdots(A.59)$$

$$\sigma_2=\frac{pD_m qRK_r}{2A_{cu}(R+1)}\leqslant C_{wb}[\sigma]_b^t \qquad \cdots\cdots(A.60)$$

$$\sigma'_2=\frac{pD_m qK_r}{2A_r(R_1+1)}\leqslant C_{wr}[\sigma]_r^t \qquad \cdots\cdots(A.61)$$

$$\sigma''_2=\frac{pD_m qK_r}{2A_f(R_2+1)}\leqslant [\sigma]_f^t \qquad \cdots\cdots(A.62)$$

$$\sigma_3=\frac{0.85p(h-C_r q)}{2n\delta_m} \qquad \cdots\cdots(A.63)$$

$$\sigma_4=\frac{0.85p(h-C_r q)^2 C_p}{2n\delta_m^2} \qquad \cdots\cdots(A.64)$$

$$\sigma_1' + \sigma_1'' \leqslant K_s C_{wc} [\sigma]_c^t \quad \cdots\cdots (A.65)$$

$$\sigma_3 + \sigma_4 \leqslant C_m [\sigma]_b^t \quad \text{（蠕变温度以下）} \quad \cdots\cdots (A.66)$$

$$\sigma_3 + \frac{\sigma_4}{1.25} \leqslant [\sigma]_b^t \quad \text{（蠕变温度范围内）} \quad \cdots\cdots (A.67)$$

A.2.4.3 疲劳寿命按公式(A.68)～公式(A.71)计算。

$$[N_c] = \left(\frac{35\ 720}{\sigma_t - 290}\right)^{2.9} \Big/ n_f \quad \cdots\cdots (A.68)$$

$$\sigma_t = 0.7(\sigma_3 + \sigma_4) + \sigma_5 + \sigma_6 \quad \cdots\cdots (A.69)$$

$$\sigma_5 = \frac{E_b \delta_m^2 e}{2(h - C_r q)^3 C_f} \quad \cdots\cdots (A.70)$$

$$\sigma_6 = \frac{5 E_b \delta_m e}{3(h - C_r q)^2 C_d} \quad \cdots\cdots (A.71)$$

公式(A.68)只适用于设计疲劳寿命$[N_c]$在 10^2～10^4 之间、设计温度低于 425 ℃的成形态奥氏体不锈钢和耐蚀合金波纹管。

$[N_c]$应由设计单位根据系统工况提出且不低于 500 次。

A.2.4.4 单波轴向弹性刚度按公式(A.72)计算。

$$f_{ir} = \frac{1.7 D_m E_b^t \delta_m^3 n}{(h - C_r q)^3 C_f} \quad \cdots\cdots (A.72)$$

A.2.4.5 波纹管两端为固支时，柱失稳的极限设计内压按公式(A.73)计算。

$$p_{sc} = \frac{0.3\pi f_{ir} C_\theta}{N^2 q} \quad \cdots\cdots (A.73)$$

对于复式膨胀节，计算 p_{sc}时，N 为两个波纹管波数总和。

对于弯管压力平衡型膨胀节平衡波纹管，柱失稳极限设计内压按公式(A.55)计算。

A.2.5 Ω 形波纹管

A.2.5.1 Ω 形波纹管结构及零部件名称见图 A.3。

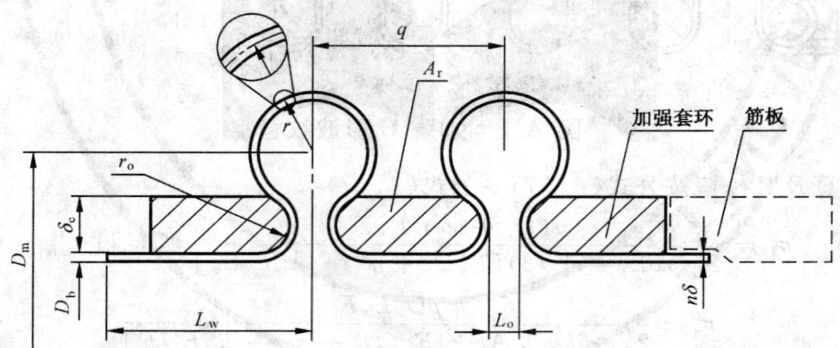

图 A.3 Ω 形波纹管

A.2.5.2 压力应力的计算及其校核按公式(A.74)～公式(A.80)。

$$\sigma_1 = \frac{p D_b^2 L_w E_b^t}{2 A_{tc} E_c^t D_c} \leqslant C_{wb} [\sigma]_b^t \quad \cdots\cdots (A.74)$$

$$\sigma_1' = \frac{p D_c L_w}{2 A_{tc}} \leqslant C_{wc} [\sigma]_c^t \quad \cdots\cdots (A.75)$$

$$\sigma_1'' = \frac{F_g n_g D_c}{4\pi C_c Z_c} \quad \cdots\cdots (A.76)$$

$$\sigma_1' + \sigma_1'' \leqslant K_s C_{wc} [\sigma]_c^t \quad \cdots\cdots (A.77)$$

$$\sigma_2 = \frac{pr}{2n\delta_m} \leqslant C_{wb} [\sigma]_b^t \quad \cdots\cdots (A.78)$$

$$\sigma'_2 = \frac{pD_r qD_r}{2A_r} \leqslant C_{wr}[\sigma]^t_r \qquad \text{(A.79)}$$

$$\sigma_3 = \frac{pr(D_m - r)}{n\delta_m(D_m - 2r)} \leqslant [\sigma]^t_b \qquad \text{(A.80)}$$

A.2.5.3 疲劳寿命按公式(A.81)～公式(A.84)计算。

$$[N_c] = \left(\frac{15\ 860}{\sigma_t - 290}\right)^{3.25} \Big/ n_f \qquad \text{(A.81)}$$

$$\sigma_t = 3\sigma_3 + \sigma_5 + \sigma_6 \qquad \text{(A.82)}$$

$$\sigma_5 = \frac{E_b \delta_m^2 e B_1}{34.3r^3} \qquad \text{(A.83)}$$

$$\sigma_6 = \frac{E_b \delta_m e B_2}{5.72r^2} \qquad \text{(A.84)}$$

公式(A.81)只适用于设计疲劳寿命$[N_c]$在10^2～10^4之间、设计温度低于425 ℃的成形态奥氏体不锈钢和耐蚀合金波纹管。

$[N_c]$应由设计单位根据系统工况提出且不低于500次。

A.2.5.4 单波轴向弹性刚度按公式(A.85)计算。

$$f_{it} = \frac{D_m E^t_b \delta_m^3 n B_3}{10.92r^3} \qquad \text{(A.85)}$$

A.2.5.5 波纹管两端为固支时，柱失稳的极限设计内压按公式(A.86)计算。

$$p_{sc} = \frac{0.15\pi f_{it} C_\theta}{rN^2} \qquad \text{(A.86)}$$

对于复式膨胀节，计算p_{sc}时，N为两个波纹管波数总和。

对于弯管压力平衡型膨胀节平衡波纹管，柱失稳极限设计内压按公式(A.55)计算。

A.2.6 外压周向稳定性

A.2.6.1 当膨胀节用于真空条件或承受外压时，除应进行应力和疲劳寿命核算外，还应对U形波纹管及其相连接的管子(见图A.4)进行外压周向稳定性校核。

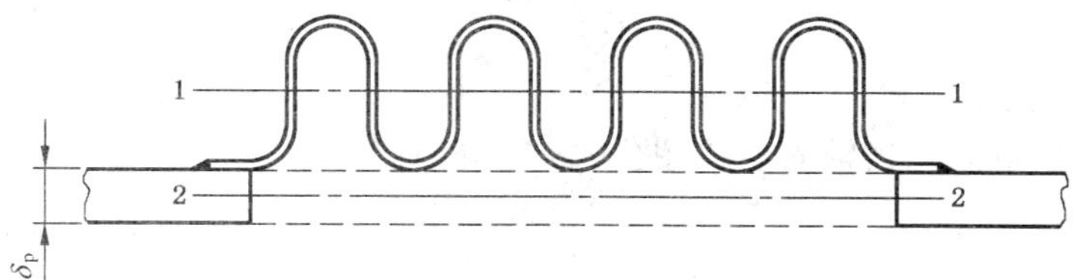

图A.4 截面形心轴

A.2.6.2 波纹管截面对1—1轴的惯性矩按公式(A.87)计算。

$$I_1 = Nn\delta_m\left[\frac{(2h-q)^3}{48} + 0.4q(h-0.2q)^2\right] \qquad \text{(A.87)}$$

被波纹管取代的管子部分截面对2—2轴的惯性矩按公式(A.88)计算。

$$I_2 = \frac{L_b \delta_p^3}{12(1-\mu^2)} \qquad \text{(A.88)}$$

A.2.6.3 当$\frac{E^t_b}{E^t_p}I_1 < I_2$时，将波纹管视为长度为$L_b$、外径为$D_m$、厚度为$\sqrt[3]{12\frac{I_1}{L_b}}$的当量圆筒进行外压周向稳定性校核。

当$\frac{E^t_b}{E^t_p}I_1 \geqslant I_2$时，将波纹管视为管子的一部分，作为连续管子进行外压周向稳定性校核。外压管子周向稳定性核算方法按GB 150—1998中6.2.1的规定。

A.2.7 波纹管扭转

一个无加强 U 形和加强 U 形波纹管绕轴线扭转时产生的扭转剪应力和扭转角分别按公式(A.89)和(A.90)计算。

$$\tau_t = \frac{2\,000T}{\pi n\delta D_b^2} \leqslant 0.25[\sigma]_b^t \quad \text{(A.89)}$$

$$\Phi = \frac{4\,000TL_d N}{\pi n\delta G D_b^3} \quad \text{(A.90)}$$

A.3 膨胀节位移及其作用力计算

A.3.1 单波位移

A.3.1.1 单式膨胀节单波位移按下列公式计算。

a) 轴向位移“x”引起单波轴向位移按公式(A.91)计算。

$$e_x = \frac{x}{N} \quad \text{(A.91)}$$

b) 横向位移“y”引起单波最大相当轴向位移按公式(A.92)计算。

$$e_y = \frac{3D_m y}{N(L_b \pm x)} \quad \text{(A.92)}$$

当轴向位移“x”为拉伸时取“+”号，当轴向位移“x”为压缩时取“−”号。

c) 角位移“θ”引起单波相当轴向位移按公式(A.93)计算。

$$e_\theta = \frac{\pi\theta D_m}{360N} \quad \text{(A.93)}$$

A.3.1.2 复式膨胀节单波位移按下列公式计算。

a) 轴向位移“x”引起单波轴向位移按公式(A.94)计算。

$$e_x = \frac{x}{2N} \quad \text{(A.94)}$$

b) 横向位移“y”引起单波最大相当轴向位移按公式(A.95)计算。

$$e_y = \frac{K_u D_m y}{2N(L_u - L_b \pm x/2)} \quad \text{(A.95)}$$

轴向位移符号的定义见公式(A.92)。

c) 角位移“θ”引起单波相当轴向位移按公式(A.96)计算。

$$e_\theta = \frac{\pi\theta D_m}{720N} \quad \text{(A.96)}$$

d) 当吸收横向位移的复式膨胀节装有导流筒时，应考虑中间管转角对导流筒与管子内径间隙的影响；中间管转角按(A.97)式计算。

$$\theta_z = \frac{3(L_u - L_b)y}{3L_u^2 - 6L_b L_u + 4L_b^2} \quad \text{(A.97)}$$

A.3.1.3 单波总相当轴向位移的计算及校核按下列公式计算。

a) 由几何形状确定的单波最大允许压缩位移和拉伸位移按公式(A.98)和公式(A.99)计算。

$$e_{cmax} = 0.5q - n\delta \quad \text{(A.98)}$$

$$e_{emax} = 0.5q \quad \text{(A.99)}$$

对于带均衡环的膨胀节，e_{cmax}应为均衡环之间的距离与按公式(A.98)计算结果的较小值。

b) 单波总相当轴向位移按公式(A.100)和公式(A.101)。

$$e_c = e_y + e_\theta + |e_x| \text{或} e_c = \frac{e_\theta}{\Psi} + |e_x| \text{中的较大值} \leqslant [e_c] \quad \text{(A.100)}$$

$$e_e = e_y + e_\theta - |e_x| \text{或} e_e = \frac{e_\theta}{\Psi} - |e_x| \text{中的较大值} \leqslant [e_e] \quad \text{(A.101)}$$

公式(A.62)、公式(A.63)设定"x"为压缩位移,当"x"为拉伸位移时,应改变上式中 e_x 的正负号;公式(A.58)、公式(A.59)假定"y"和"θ"发生在同一平面内,当"y"和"θ"不在同一平面内时,须求其矢量和,然后与"e_x"计算,以确定其最大值。

c) 单波额定压缩位移和拉伸位移按公式(A.102)和公式(A.103)计算。

$$[e_c]\text{或}[e_e]\text{中的较大值} \leqslant [e]\ ([N_c] \geqslant 3\,000) \qquad \text{(A.102)}$$

$$[e_c] \leqslant [e],[e_e] \leqslant 0.6[e]\ ([N_c] < 3\,000) \qquad \text{(A.103)}$$

A.3.2 膨胀节整体弹性刚度及压力推力

A.3.2.1 单式膨胀节整体弹性刚度按下列公式计算。

a) 轴向弹性刚度按公式(A.104)计算。

$$K_x = \frac{f_i}{N} \qquad \text{(A.104)}$$

b) 横向弹性刚度按公式(A.105)计算。

$$K_y = \frac{1.5D_m^2 f_i}{N(L_b \pm x)^2} \qquad \text{(A.105)}$$

轴向位移符号的定义见公式(A.92)。

c) 弯曲弹性刚度按公式(A.106)计算。

$$K_\theta = \frac{\pi D_m^2 f_i}{1.44 \times 10^6 N} \qquad \text{(A.106)}$$

A.3.2.2 复式膨胀节整体弹性刚度按下列公式计算。

a) 轴向弹性刚度按公式(A.107)计算。

$$K_x = \frac{f_i}{2N} \qquad \text{(A.107)}$$

b) 横向弹性刚度按公式(A.108)计算。

$$K_y = \frac{K_u D_m^2 f_i}{4N(L_u \pm x)(L_u - L_b \pm x/2)} \qquad \text{(A.108)}$$

轴向位移符号的定义见公式(A.92)。

c) 弯曲弹性刚度按公式(A.109)计算。

$$K_\theta = \frac{\pi D_m^2 f_i}{2.88 \times 10^6 N} \qquad \text{(A.109)}$$

A.3.2.3 弯管压力平衡型膨胀节整体弹性刚度按下列公式计算。

a) 轴向弹性刚度按公式(A.110)计算。

$$K_x = \frac{f_i}{N_1} + \frac{f_i}{N_2} \qquad \text{(A.110)}$$

式中:

N_1——工作波纹管总波数的数值;

N_2——平衡波纹管总波数的数值。

b) 弯管压力平衡型膨胀节只有一个工作波纹管时,横向刚度按(A.105)计算;当工作波纹管为两个时,横向刚度按(A.108)计算。

A.3.2.4 直管压力平衡型膨胀节整体轴向弹性刚度按公式(A.111)计算。

$$K_x = \frac{2f_{i1}}{N_1} + \frac{f_{i2}}{N_2} \qquad \text{(A.111)}$$

式中:

f_{i1}——工作波纹管单波刚度的数值,单位为牛顿每毫米(N/mm);

f_{i2}——平衡波纹管单波刚度的数值,单位为牛顿每毫米(N/mm);

N_1——一个工作波纹管波数的数值；

N_2——平衡波纹管波数的数值。

A.3.2.5 旁通直管压力平衡型膨胀节整体轴向弹性刚度按公式(A.112)计算。

$$K_x = \frac{2f_i}{N} \qquad \cdots\cdots (A.112)$$

A.3.2.6 膨胀节整体扭转弹性刚度按公式(A.113)计算。

$$K_t = \frac{\pi^2 Gn\delta D_b^3}{7.2\times 10^5 NL_d} \qquad \cdots\cdots (A.113)$$

A.3.3 波纹管压力推力

波纹管压力推力按公式(A.114)计算。

$$F_p = pA_y \qquad \cdots\cdots (A.114)$$

A.4 膨胀节自振频率的计算

A.4.1 自振频率的范围

膨胀节可用于高频低幅振动系统，为了避免膨胀节与系统发生共振，膨胀节自振频率应低于2/3的系统频率或至少大于2倍的系统频率。

A.4.2 自振频率的计算

A.4.2.1 U形波纹管所有波纹间体积按公式(A.115)计算。

$$V = \frac{\pi}{4}(D_m^2 - D_b^2)L_b - \frac{\pi}{2}Nn\delta_m D_m(2h + 0.571q) \qquad \cdots\cdots (A.115)$$

A.4.2.2 单式膨胀节轴向振动自振频率 f_n 按公式(A.116)计算。

$$f_n = C_i\sqrt{\frac{K_x}{W_1}} \qquad \cdots\cdots (A.116)$$

式中：

W_1——包括加强件的波纹管质量的数值，介质为液体时 W 还应包括仅波纹间的液体质量的数值，单位为千克(kg)；

C_i——对于前五阶振型，C_i 的取值见表A.5。

表 A.5 C_i值

波　数	C_1	C_2	C_3	C_4	C_5
1	14.22	—	—	—	—
2	15.30	28.48	37.17	—	—
3	15.69	30.25	42.64	52.59	58.25
4	15.69	30.73	44.73	56.96	66.94
5	15.78	31.06	45.70	59.22	71.12
6	15.78	31.22	46.18	60.34	73.38
7	15.78	31.38	46.50	61.14	74.99
8	15.78	31.38	46.82	61.47	75.79
9	15.78	31.38	46.82	61.95	76.43
≥10	15.78	31.54	46.98	62.12	76.91

A.4.2.3 单式膨胀节横向振动自振频率 f_n按公式(A.117)计算。

$$f_n = C_i(D_m/L_b)\sqrt{\frac{K_x}{W_2}} \qquad \cdots\cdots (A.117)$$

式中：

W_2——包括加强件的波纹管质量的数值，介质为液体时 W 还应包括一个直径为 D_m、长度为 L_b 的液柱质量的数值，单位为千克(kg)；

C_i——对于前五阶振型，C_i 的取值见表 A.6。

表 A.6　C_i 值

C_1	C_2	C_3	C_4	C_5
39.91	109.74	214.01	355.61	531.00

A.4.2.4　复式膨胀节轴向振动自振频率 f_n 按公式(A.118)计算：

$$f_n = 7.13\sqrt{\frac{2K_x}{W_3}} \qquad \text{(A.118)}$$

式中：

W_3——包括加强件的一个波纹管加中间管质量的数值，介质为液体时 W 还应包括一个波纹管的仅波纹间的液体质量的数值，单位为千克(kg)。

A.4.2.5　复式膨胀节中间管两端同相横向振动自振频率 f_n 按公式(A.119)计算：

$$f_n = 8.73(D_m/L_b)\sqrt{\frac{2K_x}{W_4}} \qquad \text{(A.119)}$$

式中：

W_4——包括加强件的一个波纹管加中间管质量的数值，介质为液体时 W 还应包括一个直径为 D_m、长度为 (L_u-L_b) 的液柱质量的数值，单位为千克(kg)。

A.4.2.6　复式膨胀节中间管两端异相横向振动自振频率 f_n 按公式(A.120)计算：

$$f_n = 15.10(D_m/L_b)\sqrt{\frac{2K_x}{W_5}} \qquad \text{(A.120)}$$

式中：

W_5——包括加强件的一个波纹管加中间管质量的数值，介质为液体时 W 还应包括一个直径为 D_m、长度为 (L_u-L_b) 的液柱质量的数值，单位为千克(kg)。

A.5　导流筒的设计

A.5.1　导流筒的设置

当有下述要求之一时应设置导流筒：

a)　要求保持摩擦损失最小及流动平稳时；

b)　介质流速较高，可能引起波纹管共振；

c)　存在磨蚀可能时；

d)　介质温度高，需降低波纹管金属温度时。

A.5.2　导流筒的厚度

A.5.2.1　当导流筒长度 $L_1 \leqslant 460$ mm、介质流速 $u \leqslant 30$ m/s 且 $T \leqslant 150$ ℃时，推荐的导流筒最小厚度 δ_{min} 见表 A.7。

表 A.7　导流筒最小厚度

单位为毫米

公称尺寸	最小厚度 δ_{min}	公称尺寸	最小厚度 δ_{min}
50～80	0.6	700～1 200	1.5
100～250	1.0	1 300～1 800	2.0
300～600	1.2	＞1 800	2.5
注：矩形膨胀节导流筒的厚度可按等面积原则确定。			

表中的δ_{min}指的是用不锈钢材料制造的导流筒应选取的最小厚度值，当导流筒材料为碳钢时，应在δ_{min}上再加腐蚀裕量。

A.5.2.2 当$L_1>460$ mm时，$\delta_1 \geqslant \delta_{min}\sqrt{L_1/460}$；

当$u>30$ m/s时，$\delta_1 \geqslant \delta_{min}\sqrt{u/30}$；

当$T>150$ ℃时，$\delta_1 \geqslant \delta_{min} E_s^{150}/E_s^t$；

当$L_1>460$ mm、$u>30$ m/s时且$T>150$ ℃时，$\delta_1 \geqslant \delta_{min}\sqrt{L_1/460} \times \sqrt{u/30} \times E_s^{150}/E_s^t$。

A.5.2.3 若在膨胀节上游10倍管子直径范围内由于阀门、三通、弯头等引起湍流时，在采用上述判定之前，应将实际流速乘以4。

附 录 B
（资料性附录）
矩形波纹管的设计

B.1 符号

A_c——单个 U 形或 V 形波纹的金属横截面积的数值，单位为平方毫米（mm^2）。

$$A_c = 2\left[\pi r_m + \sqrt{\left(\frac{q}{2} - 2r_m\right)^2 + (h - 2r_m)^2}\right]\delta \qquad \text{(B.1)}$$

A_j——矩形波纹管有效面积的数值，单位为平方毫米（mm^2）。

$$A_j = L_l L_s \qquad \text{(B.2)}$$

C_{sf}——由疲劳试验结果得到的应力集中系数，是拐角形状和焊接接头有效系数的函数。对于圆形拐角 $C_{sf} \geqslant 1.5$；对于单斜接拐角和双斜接拐角 $C_{sf} \geqslant 2.5$。

C_{sp}——由疲劳试验结果得到的应力集中系数，是压力作用的函数，$C_{sp} \geqslant 1.0$。

e_{max}——允许最大单波当量轴向位移的数值，单位为毫米（mm）。

e_{yl}——由“y_l”引起的单波最大相当轴向位移的数值，单位为毫米（mm）。

e_{ys}——由“y_s”引起的单波最大相当轴向位移的数值，单位为毫米（mm）。

$e_{\theta l}$——由“θ_l”引起的单波相当轴向位移的数值，单位为毫米（mm）。

$e_{\theta s}$——由“θ_s”引起的单波相当轴向位移的数值，单位为毫米（mm）。

I——矩形波纹管波纹段横截面的惯性矩的数值，单位为四次方毫米（mm^4）。

$$I = N\delta\left[\frac{(2h - q)^3}{48} + 0.4q(h - 0.2q)^2\right] \qquad \text{(B.3)}$$

J_l——长边拐角影响系数。

$$J_l = 12I\left(\frac{Nq}{\delta}\right)^3\left(\frac{\beta}{L_l^4}\right) + 1 \qquad \text{(B.4)}$$

J_s——短边拐角影响系数。

$$J_s = 12I\left(\frac{Nq}{\delta}\right)^3\left(\frac{\beta}{L_s^4}\right) + 1 \qquad \text{(B.5)}$$

K_{yl}——平行于长边方向的膨胀节整体横向弹性刚度的数值，单位为牛顿每米（N/m）。

K_{ys}——平行于短边方向的膨胀节整体横向弹性刚度的数值，单位为牛顿每米（N/m）。

$K_{\theta l}$——平行于长边平面的膨胀节整体弯曲刚度的数值，单位为牛顿米每度[N·m/(°)]。

$K_{\theta s}$——平行于短边平面的膨胀节整体弯曲刚度的数值，单位为牛顿米每度[N·m/(°)]。

L_l——长边平均长度的数值，单位为毫米（mm）。

$$L_l = l_l + h \qquad \text{(B.6)}$$

l_l——长边内侧长度的数值，单位为毫米（mm）。

L_{ml}——长边有效长度的数值，单位为毫米（mm）。

$$L_{ml} = \frac{L_l}{3}\left(\frac{3L_s + L_l}{L_l + L_s}\right) \qquad \text{(B.7)}$$

L_{ms}——短边有效长度的数值，单位为毫米（mm）。

$$L_{ms} = \frac{L_s}{3}\left(\frac{3L_l + L_s}{L_l + L_s}\right) \qquad \text{(B.8)}$$

L_s——短边平均长度的数值，单位为毫米（mm）。

$$L_s = l_s + h \qquad \text{(B.9)}$$

L_t——波纹管直边段长度的数值，单位为毫米（mm）。

l_s——短边内侧长度的数值，单位为毫米(mm)。

y_{bml}——长边中线与波纹段中线的交点处由压力引起的波纹管梁模式挠度的数值，单位为毫米(mm)。

y_{bms}——短边中线与波纹段中线的交点处由压力引起的波纹管梁模式挠度的数值，单位为毫米(mm)。

y_l——平行于长边方向的外加横向位移的数值，单位为毫米(mm)。

y_{max}——允许的波纹管梁模式最大挠度的数值，单位为毫米(mm)。

y_s——平行于短边方向的外加横向位移的数值，单位为毫米(mm)。

β——刚性系数，对于U形波按公式(B.10)计算；对于V形波按公式(B.11)计算。

$$\beta=\frac{2(h+1.15r_m)}{q} \quad \cdots\cdots(B.10)$$

$$\beta=\frac{2\pi r_m+\sqrt{q^2+4h^2-4r_m(2q+4h)}}{q} \quad \cdots\cdots(B.11)$$

θ_l——平行于长边平面的单式轴向型膨胀节角位移的数值，单位为度(°)。

θ_s——平行于短边平面的单式轴向型膨胀节角位移的数值，单位为度(°)。

σ_{7l}——压力引起的长边周向薄膜应力的数值，单位为兆帕(MPa)。

σ_{7s}——压力引起的短边周向薄膜应力的数值，单位为兆帕(MPa)。

σ_{8l}——压力引起的长边周向弯曲应力的数值，单位为兆帕(MPa)。

σ_{8s}——压力引起的短边周向弯曲应力的数值，单位为兆帕(MPa)。

σ_9——压力引起的波纹管子午向弯曲应力的数值，单位为兆帕(MPa)。

σ_{10}——位移引起的波纹管子午向弯曲应力的数值，单位为兆帕(MPa)。

σ_{11}——压力引起的波纹管直边段弯曲应力的数值，单位为兆帕(MPa)。

B.2 波纹管设计

B.2.1 矩形波纹管的波形见图B.1。矩形波纹管的拐角形状见图B.2。

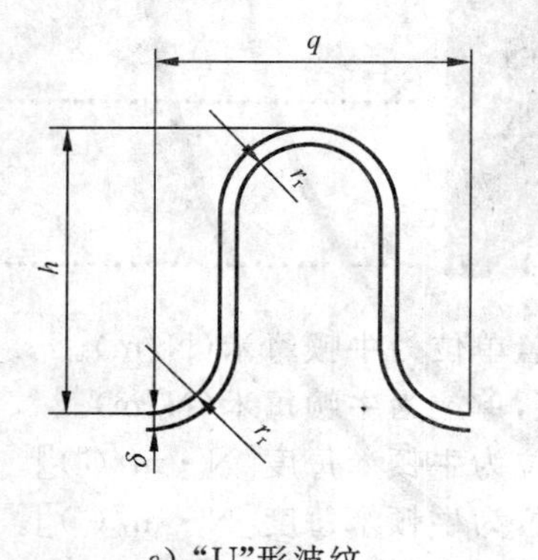

a)"U"形波纹

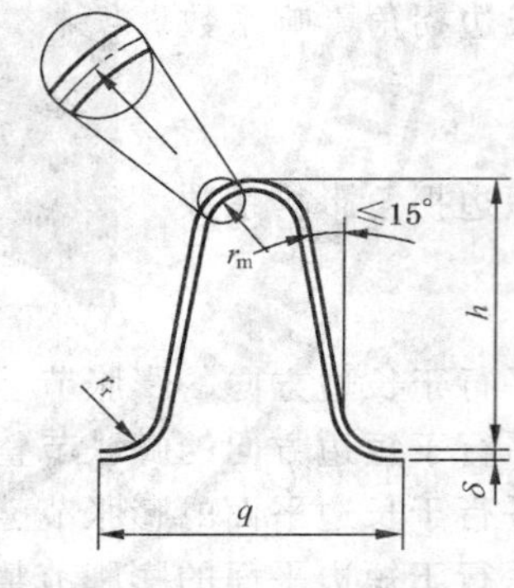

b)"V"形波纹

图B.1 矩形波纹管的"U"形波纹和"V"形波纹

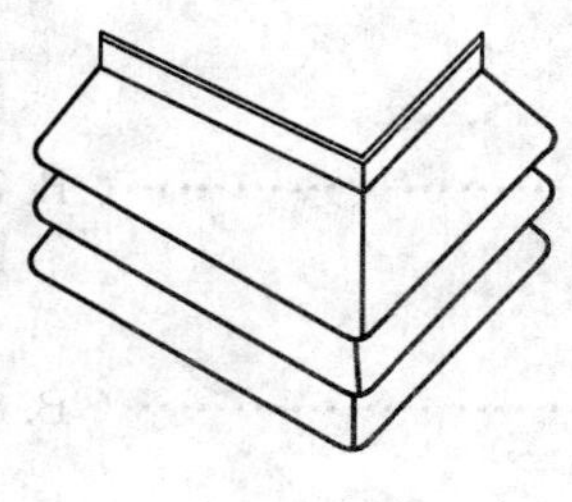

a) 单斜接角

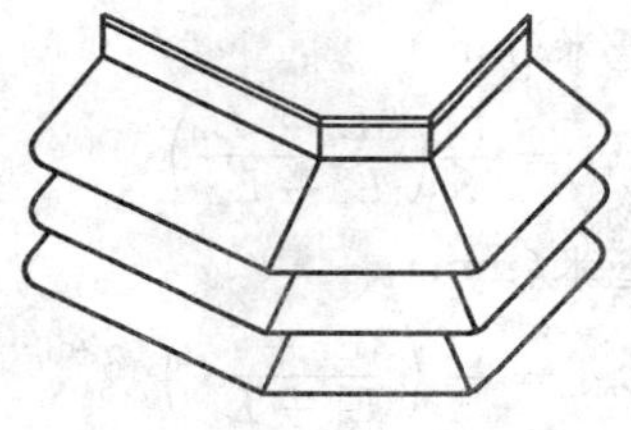

b) 双斜接角

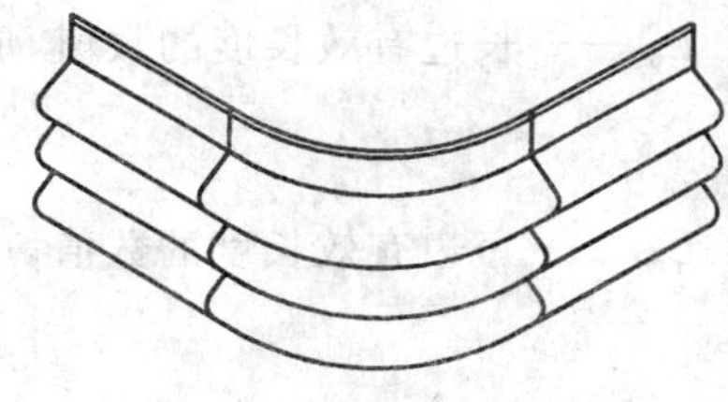

c) 圆接角

图B.2 矩形波纹管的拐角形状

B.2.2 压力应力的计算及其校核按公式(B.12)～公式(B.25)计算。

$$\sigma_{7l} = \frac{pL_s q}{2A_c} \leqslant [\sigma]_b^t \quad \cdots\cdots(B.12)$$

$$\sigma_{7s} = \frac{pL_l q}{2A_c} \leqslant [\sigma]_b^t \quad \cdots\cdots(B.13)$$

$$\sigma_{8l} = \frac{pL_l^2 Nqh}{24I}\left(1.0 - \frac{1.0}{J_l}\right) \quad \cdots\cdots(B.14)$$

$$\sigma_{8s} = \frac{pL_s^2 Nqh}{24I}\left(1.0 - \frac{1.0}{J_s}\right) \quad \cdots\cdots(B.15)$$

$$\sigma_9 = \frac{p}{2}\left(\frac{h}{\delta}\right)^2\left(1.0 - \frac{1.3r_m}{h}\right) \quad \cdots\cdots(B.16)$$

$$\sigma_{11} = \frac{0.938pL_t^2}{\delta^2} \quad \cdots\cdots(B.17)$$

$$\sigma_{7l} + \sigma_{8l} \leqslant 1.5[\sigma]_b^t \quad \text{(蠕变温度以下)} \quad \cdots\cdots(B.18)$$

$$\sigma_{7s} + \sigma_{8s} \leqslant 1.5[\sigma]_b^t \quad \text{(蠕变温度以下)} \quad \cdots\cdots(B.19)$$

$$\sigma_{7l} + \frac{\sigma_{8l}}{1.25} \leqslant [\sigma]_b^t \quad \text{(蠕变温度范围内)} \quad \cdots\cdots(B.20)$$

$$\sigma_{7s} + \frac{\sigma_{8s}}{1.25} \leqslant [\sigma]_b^t \quad \text{(蠕变温度范围内)} \quad \cdots\cdots(B.21)$$

$$\sigma_9 \leqslant 1.5[\sigma]_b^t \quad \text{(蠕变温度以下)} \quad \cdots\cdots(B.22)$$

$$\sigma_9 \leqslant 1.25[\sigma]_b^t \quad \text{(蠕变温度范围内)} \quad \cdots\cdots(B.23)$$

$$\sigma_{11} \leqslant 1.5[\sigma]_b^t \quad \text{(蠕变温度以下)} \quad \cdots\cdots(B.24)$$

$$\sigma_{11} \leqslant 1.25[\sigma]_b^t \quad \text{(蠕变温度范围内)} \quad \cdots\cdots(B.25)$$

B.2.3 设计疲劳寿命按公式(B.26)～公式(B.28)计算。

$$[N_c] = \left(\frac{12\,820}{\sigma_t - 370}\right)^{3.4} \Big/ n_f \quad \cdots\cdots(B.26)$$

$$\sigma_t = C_{sp}\sigma_9 + C_{sf}\sigma_{10} \quad \cdots\cdots(B.27)$$

$$\sigma_{10} = \frac{5E_b\delta e}{3h^2(1.0 + 3r_m/h)} \quad \cdots\cdots(B.28)$$

公式(B.26)只适用于设计疲劳寿命$[N_c]$在$10^2 \sim 10^4$之间,设计温度低于425 ℃的成形态奥氏体不锈钢波纹管。

B.2.4 压力引起的波纹管梁模式挠度按公式(B.29)和公式(B.30)计算。

$$y_{bml} = \frac{p(Nq)^4\beta}{32E_b^t\delta^3 J_l} \leqslant 0.003l_l \quad \text{(长边)} \quad \cdots\cdots(B.29)$$

$$y_{bms} = \frac{p(Nq)^4\beta}{32E_b^t\delta^3 J_s} \leqslant 0.003l_s \quad \text{(短边)} \quad \cdots\cdots(B.30)$$

B.2.5 单波轴向弹性刚度的计算按公式(B.31)。

$$f_t = \frac{E_b^t\delta^3(L_l + L_s)}{h^3(1 + 3.4r_m/h)} \quad \cdots\cdots(B.31)$$

B.3 膨胀节位移及其刚度的计算

B.3.1 单波位移

B.3.1.1 单式膨胀节单波位移按下列公式计算。

a) 轴向位移“x”引起单波轴向位移按公式(B.32)计算。

$$e_x = \frac{x}{N} \quad \cdots\cdots(B.32)$$

b) 横向位移“y”引起单波最大相当轴向位移按公式(B.33)和公式(B.34)计算。

$$e_{yl}=\frac{3L_l y_l}{N(L_b\pm x)} \quad \cdots\cdots(B.33)$$

$$e_{ys}=\frac{3L_s y_s}{N(L_b\pm x)} \quad \cdots\cdots(B.34)$$

在公式(B.33)和公式(B.34)中，当轴向位移“x”为拉伸时取“+”号，当轴向位移“x”为压缩时取“−”号。

c) 角位移“θ”引起单波相当轴向位移按公式(B.35)和公式(B.36)计算。

$$e_{\theta l}=\frac{\pi\theta_l L_l}{360N} \quad \cdots\cdots(B.35)$$

$$e_{\theta s}=\frac{\pi\theta_s L_s}{360N} \quad \cdots\cdots(B.36)$$

B.3.1.2 复式膨胀节单波位移按下列公式计算。

a) 轴向位移“x”引起单波轴向位移按公式(B.37)计算。

$$e_x=\frac{x}{2N} \quad \cdots\cdots(B.37)$$

b) 横向位移“y”引起单波最大相当轴向位移按公式(B.38)和公式(B.39)计算。

$$e_{yl}=\frac{K_u L_l y_l}{2N(L_u-L_b\pm x/2)} \quad \cdots\cdots(B.38)$$

$$e_{ys}=\frac{K_u L_s y_s}{2N(L_u-L_b\pm x/2)} \quad \cdots\cdots(B.39)$$

轴向位移符号的定义见公式(B.33)和公式(B.34)。

c) 角位移“θ”引起单波相当轴向位移按公式(B.40)和公式(B.41)计算。

$$e_{\theta l}=\frac{\pi\theta_l L_l}{720N} \quad \cdots\cdots(B.40)$$

$$e_{\theta s}=\frac{\pi\theta_s L_s}{720N} \quad \cdots\cdots(B.41)$$

B.3.1.3 膨胀节承受组合位移时，其单波总相当位移范围的计算及其校核按公式(B.42)～公式(B.45)。

$$e_{max}\leqslant\frac{q}{2}-\delta \quad \cdots\cdots(B.42)$$

$$e_c=e_{yl}+e_{ys}+e_{\theta l}+e_{\theta s}+|e_x| \quad \cdots\cdots(B.43)$$

$$e_e=e_{yl}+e_{ys}+e_{\theta l}+e_{\theta s}-|e_x| \quad \cdots\cdots(B.44)$$

e 为 e_c 和 e_e 中的较大值，$e\leqslant[e]\leqslant e_{max}$ ……(B.45)

公式(B.43)和公式(B.45)设定“x”为压缩位移，位移 y_l 和 θ_l 与 y_s 和 θ_s 当“x”所在平面相互垂直；如果 x 为拉伸位移时，应改变上式中 e_x 的正负号。

B.3.2 膨胀节整体弹性刚度及压力推力

B.3.2.1 单式膨胀节

a) 膨胀节整体轴向弹性刚度按公式(B.46)计算。

$$K_x=\frac{f_i}{N} \quad \cdots\cdots(B.46)$$

b) 膨胀节整体横向弹性刚度按公式(B.47)和公式(B.48)计算。

$$K_{yl}=\frac{3f_i L_{ml} L_l}{NL_b(L_b\pm x)} \quad \cdots\cdots(B.47)$$

$$K_{ys}=\frac{3f_i L_{ms} L_s}{NL_b(L_b\pm x)} \quad \cdots\cdots(B.48)$$

轴向位移符号的定义见公式(B.33)和公式(B.34)。

c) 膨胀节整体弯曲弹性刚度按公式(B.49)和公式(B.50)计算。

$$K_{\theta l}=\frac{\pi f_{i}L_{ml}L_{l}}{0.72\times10^{6}N} \tag{B.49}$$

$$K_{\theta s}=\frac{\pi f_{i}L_{ms}L_{s}}{0.72\times10^{6}N} \tag{B.50}$$

B.3.2.2 复式膨胀节

a) 膨胀节整体轴向弹性刚度按公式(B.51)计算。

$$K_{x}=\frac{f_{i}}{2N} \tag{B.51}$$

b) 膨胀节整体横向弹性刚度按公式(B.52)和公式(B.53)计算。

$$K_{yl}=\frac{K_{u}f_{i}L_{ml}L_{l}}{2NL_{u}(L_{u}-L_{b}\pm x/2)} \tag{B.52}$$

$$K_{ys}=\frac{K_{u}f_{i}L_{ms}L_{s}}{2NL_{u}(L_{u}-L_{b}\pm x/2)} \tag{B.53}$$

c) 膨胀节整体弯曲弹性刚度按公式(B.54)和公式(B.55)计算。

$$K_{\theta l}=\frac{\pi f_{i}L_{ml}L_{l}}{1.44\times10^{6}N} \tag{B.54}$$

$$K_{\theta s}=\frac{\pi f_{i}L_{ms}L_{s}}{1.44\times10^{6}N} \tag{B.55}$$

轴向位移符号的定义见公式(B.33)和公式(B.34)。N为一个波纹管的波数。

B.3.2.3 波纹管压力推力按公式(B.56)计算。

$$F_{p}=pA_{j} \tag{B.56}$$

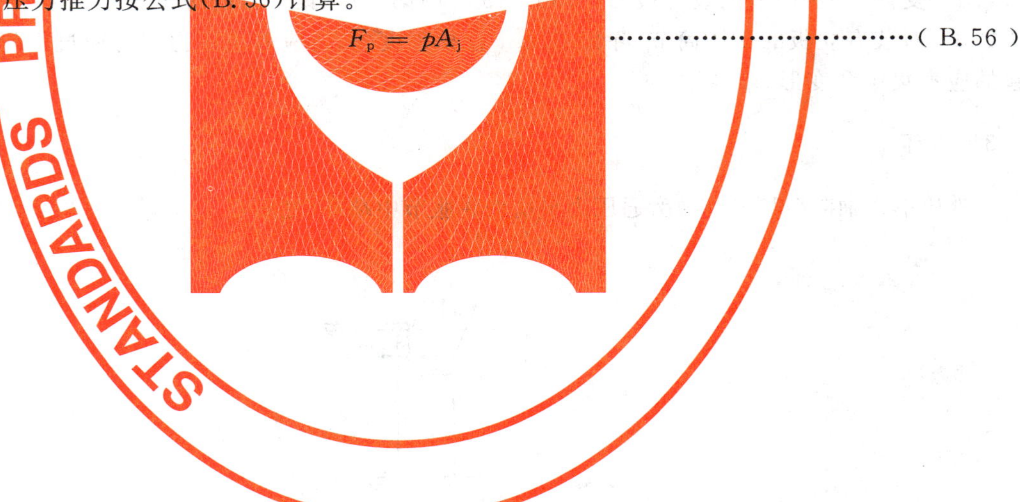

附 录 C
（资料性附录）
结构件的设计

C.1 符号

b——矩形截面板宽度的数值，单位为毫米（mm）；
d——端管外径的数值，单位为毫米（mm）；
F——总轴向力的数值，包括波纹管压力推力及其他轴向作用力，单位为牛顿（N）；
I——截面惯性矩的数值，下标表示所对应的轴，单位为四次方毫米（mm^4）；
r_x——销轴半径的数值，单位为毫米（mm）；
S——截面静矩的数值，下标表示所对应的轴，单位为三次方毫米（mm^3）；
δ_j——矩形截面板厚度的数值，单位为毫米（mm）；
σ——正应力的数值，单位为兆帕（MPa）；
$[\sigma]$——按相关标准取值的室温下材料的许用应力的数值，单位为兆帕（MPa）；
τ——剪应力的数值，单位为兆帕（MPa）。

C.2 受压筒节

C.2.1 受内、外压筒节的设计按 GB 150—1998 中第 5 章、第 6 章的规定。

C.2.2 对装有立板的受压筒节，除按 C.2.1 校核强度外，还应考虑压力推力通过立板在受压筒节上引起的应力集中和变形。

C.3 端环

外压单式轴向型膨胀节及旁通压力平衡型膨胀节中端环（见图 C.1）的设计及校核按公式（C.1）计算。

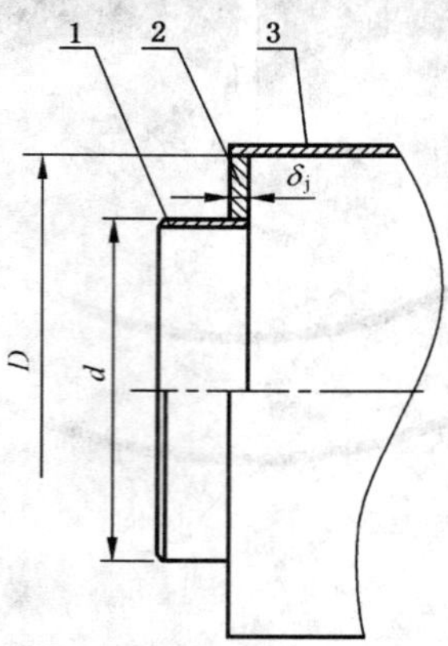

1——进口端管；
2——端环；
3——外管。

图 C.1 端环

$$\sigma = \alpha \frac{pD^2}{4\delta_j^2} \leqslant [\sigma]^t \qquad \cdots\cdots（C.1）$$

式中：

D——端环外径的数值，单位为毫米(mm)；

α——端环外周界应力计算系数，见表 C.1。

表 C.1 端环外周界应力计算系数

d/D	α	d/D	α
0.9	0.017	0.6	0.250
0.8	0.072	0.5	0.361
0.7	0.151	—	—

端环与进口端管、外管的焊接参照 GB 150—1998 图 J10 的焊接结构。

C.4 立板

C.4.1 单式铰链型、单式万向铰链型、复式铰链型、复式万向铰链型膨胀节中立板结构应根据工作压力、端管直径选用。

C.4.2 无马鞍板的立板(见图 C.2)的设计及校核按公式(C.2)和公式(C.3)计算。

$$\tau = \frac{0.375F}{\delta_j b} \leqslant 0.6[\sigma]^t \quad \cdots\cdots(C.2)$$

$$\sigma = \frac{1.5FL}{\delta_j b^2} \leqslant 1.5[\sigma]^t \quad \cdots\cdots(C.3)$$

式中：

L——主铰链板中心至立板与端管焊接接头的距离的数值，单位为毫米(mm)。

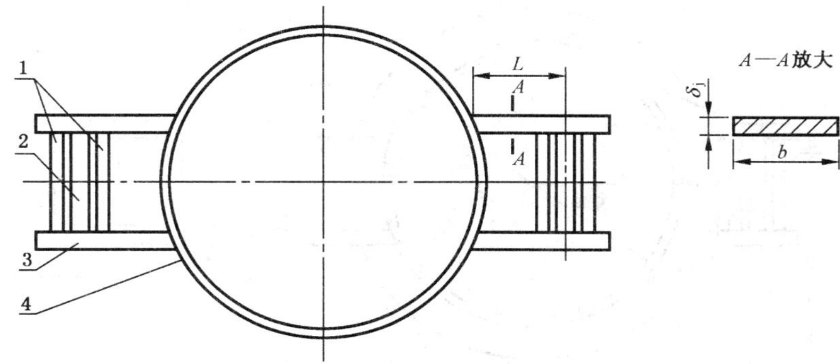

1——副铰链板；

2——主铰链板；

3——立板；

4——端管。

图 C.2 无马鞍板的立板

C.4.3 两端均有马鞍板的立板(见图 C.3)的设计及校核按公式(C.2)和公式(C.4)计算。

$$\sigma = \frac{FL(b+2\delta_2)}{4I_z} \leqslant K_s[\sigma]^t \quad \cdots\cdots(C.4)$$

式中：

I_z——立板组合截面惯性矩的数值，单位为四次方毫米(mm^4)；

$$I_z = \frac{\theta d(b+2\delta_2)^3 - (\theta d - 4\delta_1)b^3}{24} \quad \cdots\cdots(C.5)$$

K_s——截面形状系数；

$$K_s = \frac{6(b+2\delta_2)[b^2\delta_1 + \theta d\delta_2(b+\delta_2)]}{d\theta(b+\delta_2)^3 - b^3(d\theta - 4\delta_1)} \quad \cdots\cdots\cdots\cdots\cdots\cdots\cdots\cdots(\text{C.6})$$

δ_1——立板厚度的数值，单位为毫米(mm)；

δ_2——马鞍板厚度的数值，单位为毫米(mm)；

θ——两立板对端管圆心的夹角，单位为弧度(rad)。

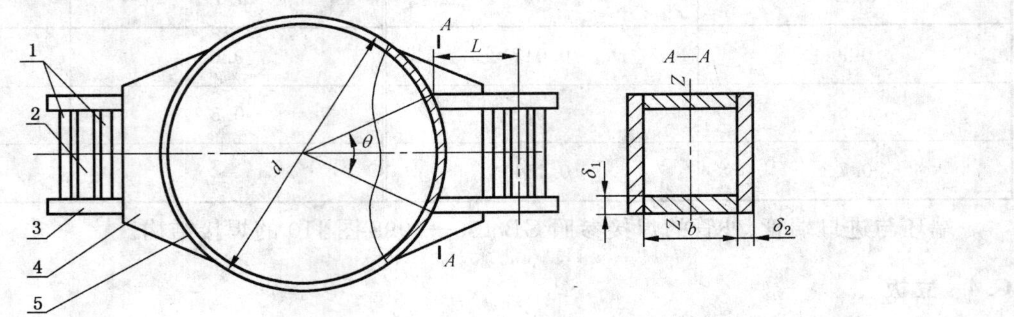

1——副铰链板；
2——主铰链板；
3——立板；
4——马鞍板；
5——端管。

图 C.3 有马鞍板的立板

C.4.4 一端马鞍板一端环板的立板(见图 C.4)的设计及校核同两端均有马鞍板的立板。

C.4.5 立板与端管、马鞍板(环板)、主铰链板、副铰链板及端管与马鞍板、立板的焊接参照 GB/T 985.1—2008 表 1 序号 10、序号 12，表 2 序号 10 的焊接结构。

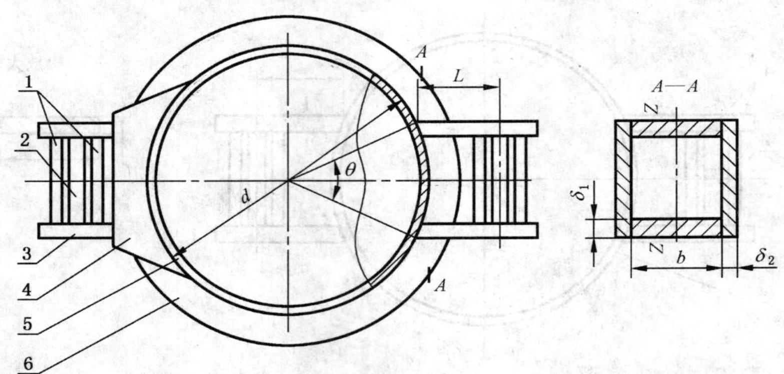

1——副铰链板；
2——主铰链板；
3——立板；
4——马鞍板；
5——端管；
6——环板。

图 C.4 一端马鞍板一端环板的立板

C.5 铰链板

单式铰链型、单式万向铰链型、复式铰链型、复式万向铰链型膨胀节中铰链板(见图 C.5)的设计及校核按公式(C.7)～公式(C.9)计算：

拉伸应力 $\sigma=\dfrac{F}{n(b-2r_x)\delta_j}\leqslant[\sigma]$ ……………………(C.7)

挤压应力 $\sigma_{jy}=\dfrac{F}{2nr_x\delta_j}\leqslant 1.5[\sigma]$ ……………………(C.8)

剪应力 $\tau=\dfrac{F}{2n(L-r_x)\delta_j}\leqslant 0.6[\sigma]$ ……………………(C.9)

当 $L\geqslant 4r$ 时，可不考虑剪应力。

式中：

n——铰链板数量的数值。对于单式铰链型、复式铰链型膨胀节其主铰链板 $n=2$，副铰链板 $n=4$；对于单式万向铰链型、复式万向铰链型膨胀节 $n=4$；

L——铰链板孔中心到铰链板边缘的距离的数值，单位为毫米(mm)。

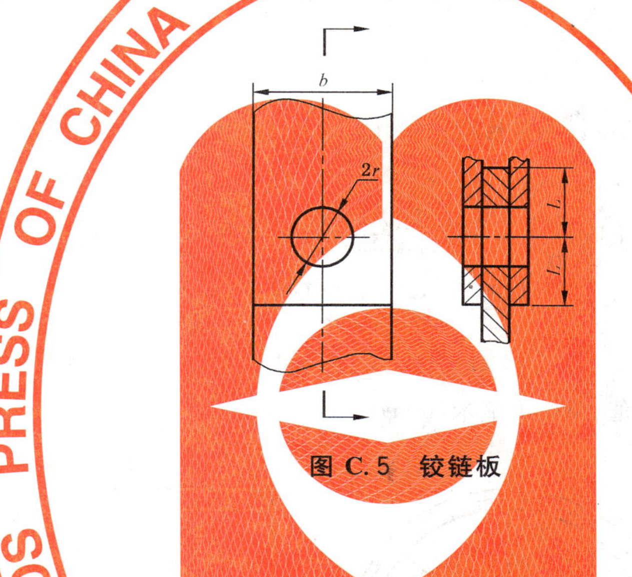

图 C.5 铰链板

C.6 销轴

C.6.1 单式铰链型、单式万向铰链型、复式铰链型、复式万向铰链型膨胀节中销轴(见图 C.6)的设计及校核按公式(C.10)计算。

$$\tau=\frac{F}{4\pi r_x^2}\leqslant 0.6[\sigma] \qquad \text{(C.10)}$$

C.6.2 复式万向铰链型膨胀节中十字销轴(见图 C.6)的设计除应满足公式(C.8)外，还应按公式(C.11)～公式(C.13)核算。

弯曲应力 $\sigma=\dfrac{3FBh_2}{4h_1(h_2^3-8r_x^3)}\leqslant 1.5[\sigma]$ ……………………(C.11)

挤压应力 $\sigma_{jy}=\dfrac{F}{4r_xh_1}\leqslant 1.7[\sigma]$ ……………………(C.12)

剪应力 $\tau=\dfrac{F}{2h_1(h_2-2r_x)}\leqslant 0.6[\sigma]$ ……………………(C.13)

式中：

B——十字销轴长度的数值，单位为毫米(mm)；

h_1——十字销轴宽度的数值，单位为毫米(mm)；

h_2——十字销轴厚度的数值，单位为毫米(mm)；

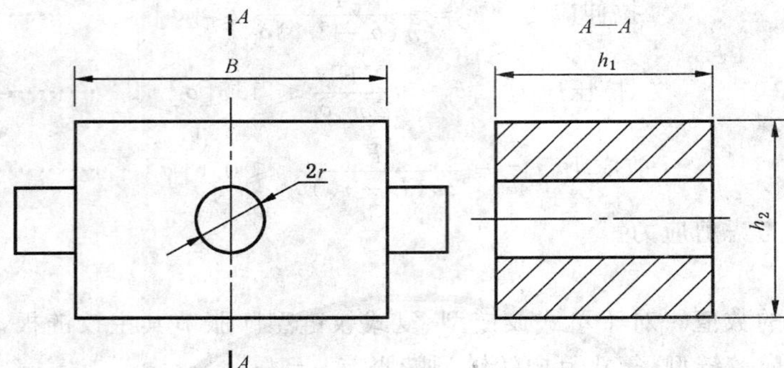

图 C.6　十字销轴

C.7　万向环

C.7.1　圆形万向环(见图 C.7)的设计及校核按公式(C.14)和公式(C.15)计算。挤压应力按公式(C.8)计算。

$$\text{正应力}:\sigma = \frac{0.75F(D+\delta_j)}{\delta_j b^2} \leqslant 1.5[\sigma] \qquad \text{(C.14)}$$

$$\text{剪应力}:\tau = \frac{0.156F(b+0.6\delta_j)(D+\delta_j)}{\delta_j{}^2 b^2} \leqslant 0.8[\sigma] \qquad \text{(C.15)}$$

式中：

D——圆形万向环内径的数值,单位为毫米(mm)。

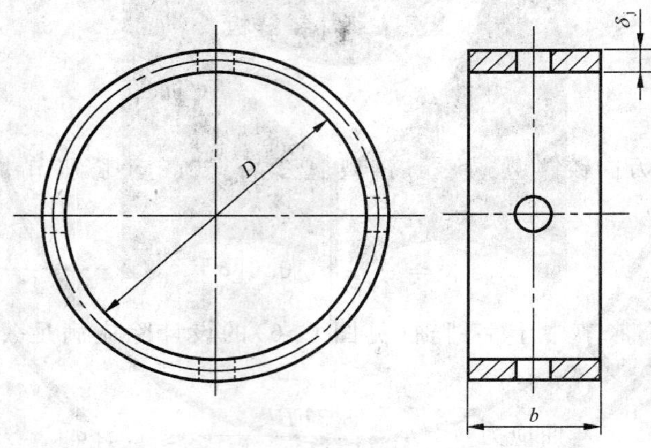

图 C.7　圆形万向环

C.7.2　方形万向环(见图 C.8)的设计及校核按公式(C.16)和公式(C.17)计算。挤压应力按公式(C.8)计算。

$$\text{正应力}:\sigma = \frac{0.75F(L+\delta_j)}{\delta_j b^2} \leqslant 1.5[\sigma] \qquad \text{(C.16)}$$

$$\text{剪应力}:\tau = \frac{0.75F}{\delta_j(b-2r_x)} \leqslant 0.6[\sigma] \qquad \text{(C.17)}$$

式中：

L——方形万向环内边长的数值,单位为毫米(mm)。

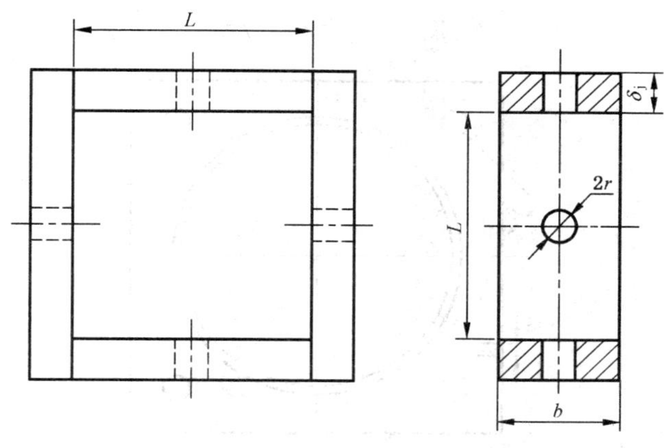

图 C.8　方形万向环

C.7.3　圆形万向环的焊接参照 GB/T 985.1—2008 表 2 序号 5、序号 7 的焊接结构。方形万向环的焊接参照 GB/T 985.1—2008 表 2 序号 9、序号 11 的焊接结构。

C.8　拉杆

复式拉杆型、弯管压力平衡型和直管压力平衡型膨胀节中拉杆的设计及校核按公式(C.18)计算：

$$\sigma = \frac{F}{nA} \leqslant [\sigma] \qquad \cdots\cdots(C.18)$$

式中：

A——拉杆有效截面积的数值，单位为平方毫米(mm^2)；

n——拉杆数量的数值。

拉杆直径的选取除应满足公式(C.16)的要求外，还应符合表 C.2 的要求。

表 C.2　拉杆最小直径　　单位为毫米

<table>
<tr><th rowspan="2">拉杆长度</th><th colspan="5">膨胀节公称尺寸</th></tr>
<tr><th>≤150</th><th>>150～300</th><th>>300～600</th><th>>600～1 200</th><th>>1 200</th></tr>
<tr><td>≤600</td><td>16</td><td rowspan="2">20</td><td rowspan="2">24</td><td rowspan="2">30</td><td>30</td></tr>
<tr><td>≤1 200</td><td>20</td><td rowspan="2">36</td></tr>
<tr><td>≤2 400</td><td>24</td><td rowspan="2">30</td><td>30</td><td rowspan="2">36</td></tr>
<tr><td>>2 400</td><td>30</td><td>36</td><td>40</td></tr>
</table>

C.9　端板

C.9.1　复式拉杆型、弯管压力平衡型膨胀节中无筋板的端板(见图 C.9)的设计及校核按公式(C.19)和公式(C.20)计算。

$$\sigma = \frac{48FL}{n\pi d\delta_j^2} \leqslant 1.5[\sigma]^t \qquad \cdots\cdots(C.19)$$

$$\tau = \frac{12F}{n\pi d\delta_j} \leqslant 0.8[\sigma]^t \qquad \cdots\cdots(C.20)$$

式中：

L——端板上拉杆孔中心到端管外壁的距离的数值，单位为毫米(mm)；

n——拉杆孔数量的数值。

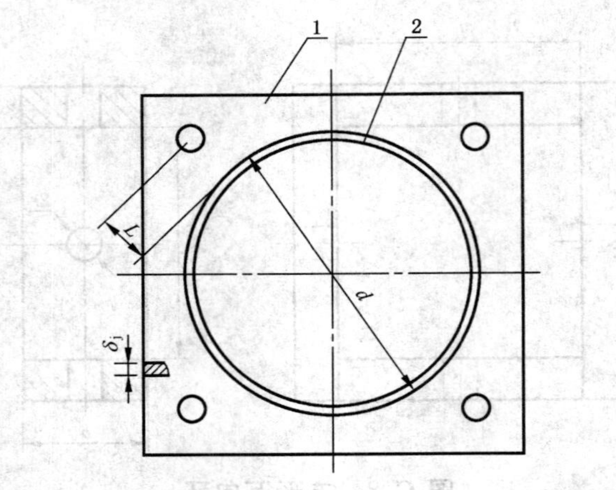

1——端板；

2——端管。

图 C.9 无筋板的端板

C.9.2 复式拉杆型、弯管压力平衡型膨胀节中有筋板的端板（见图 C.10）的设计按公式（C.21）和公式（C.22）计算。

$$\sigma=\frac{FL(b+2\delta_2)}{2nI_z}\leqslant K_s[\sigma]^t \qquad \cdots\cdots(C.21)$$

$$\tau=\frac{FS_z}{2nI_z\delta_1}\leqslant 0.8[\sigma]^t \qquad \cdots\cdots(C.22)$$

式中：

b——筋板轴向长度的数值，单位为毫米（mm）；

I_z——截面对中性轴 Z 的惯性矩的数值，单位为四次方毫米（mm^4）；

$$I_z=\frac{\theta d(b+2\delta_2)^3-(\theta d-4\delta_1)b^3}{24} \qquad \cdots\cdots(C.23)$$

K_s——截面形状系数；

$$K_s=\frac{6(b+2\delta_2)[b^2\delta_1+\theta d\delta_2(b+\delta_2)]}{d\theta(b+2\delta_2)^3-b^3(d\theta-4\delta_1)} \qquad \cdots\cdots(C.24)$$

L——端板上拉杆孔中心到端管外壁的距离的数值，单位为毫米（mm）；

n——拉杆孔数量的数值；

S_z——截面对中性轴 Z 的静矩的数值，单位为三次方毫米（mm^3）；

$$S_z=\frac{1}{2}\left(\theta d\delta_2(b+\delta_2)+\frac{1}{2}b^2\delta_1\right) \qquad \cdots\cdots(C.25)$$

δ_1——筋板厚度的数值，单位为毫米（mm）；

δ_2——端板厚度的数值，δ_2 不小于拉杆半径，单位为毫米（mm）；

θ——筋板间夹角的数值，单位为弧度（rad）。

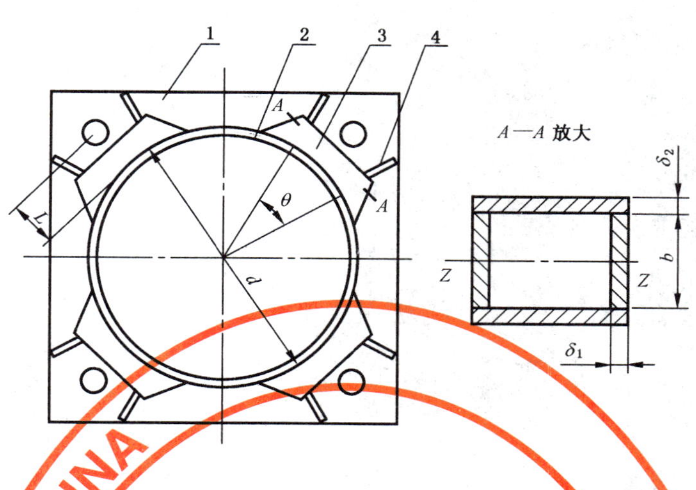

1——端板；
2——端管；
3——马鞍板；
4——筋板。

图 C.10　有筋板的端板

C.9.3　端板与端管的焊接参照 GB/T 985.1—2008 表 2 序号 9、序号 11 的焊接结构。筋板与端板、端管的焊接参照 GB/T 985.1—2008 表 2 序号 9 的焊接结构。马鞍板与筋板、马鞍板与端管的焊接参照 GB/T 985.1—2008 表 1 序号 10 的焊接结构。

ICS 77.040.10
H 22

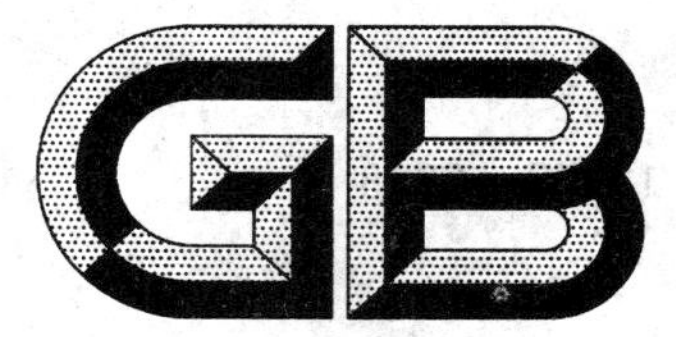

中华人民共和国国家标准

GB/T 12778—2008
代替 GB/T 12778—1991

金属夏比冲击断口测定方法

Determination of Charpy impact fracture surface for metallic materials

2008-02-01 发布 2008-07-01 实施

中华人民共和国国家质量监督检验检疫总局
中国国家标准化管理委员会 发布

前　言

本标准修改采用 ASTM E 23-02《金属材料缺口试样冲击试验标准方法》第 9 章和附录中 A6 部分中的相关内容。

本标准代替 GB/T 12778—1991《金属夏比冲击断口测定方法》。本标准与 GB/T 12778—1991 相比主要变化如下：

——结构上的部分章节进行了调整；

——增加了“试验设备及仪器”一章；

——删除了原标准中“利用低倍显微镜等光学仪器测量晶状区面积”部分；

——增加了附录 A“韧性断面率的测定”。

本标准附录 A 是资料性附录。

本标准由中国船舶重工集团公司提出。

本标准由全国海洋船标准化技术委员会船用材料应用工艺分技术委员会归口。

本标准起草单位：中国船舶重工集团公司第七二五研究所、北京航空航天大学、武昌造船厂、江南造船厂、大连造船厂。

本标准主要起草人：白杰、唐振廷、叶宏德、袁德辉、沈权、安丽君、陈庆垒、张欣耀。

本标准所代替标准的历次版本发布情况为：

——GB/T 12778—1991。

金属夏比冲击断口测定方法

1 范围

本标准规定了金属材料夏比冲击试样断口纤维断面率和侧膨胀值的测定方法。

本标准适用于测定金属材料夏比冲击试样断口，其他类型的冲击试样断口，也可参照使用。

2 规范性引用文件

下列文件中的条款通过本标准的引用而成为本标准的条款。凡是注日期的引用文件，其随后所有的修改单（不包括勘误的内容）或修订版均不适用于本标准，然而，鼓励根据本标准达成协议的各方研究是否可使用这些文件的最新版本。凡是不注日期的引用文件，其最新版本适用于本标准。

GB/T 229　金属材料　夏比摆锤冲击试验方法（GB/T 229—2007，ISO 148-1:2006，MOD）

GB/T 3808　摆锤式冲击试验机的检验（GB/T 3808—2002，ISO 148-2:1998，MOD）

GB/T 8170　数值修约规则

GB/T 19748　钢材夏比V型缺口摆锤冲击试验　仪器化试验方法（GB/T 19748—2005，ISO 14556:2000，MOD）

3 术语和定义

下列术语和定义适用于本标准。

3.1

冲击试样断口　fracture section of impact specimen

冲击试样冲断后的断裂表面及临近表面的区域。

3.2

晶状断面　crystalline fracture surface

断裂表面一般呈现金属光泽，无明显塑性变形的齐平断面。

3.3

晶状断面率　percentage of crystallinity

断口中晶状区的总面积与缺口处原始横截面积的百分比。

3.4

纤维状断面　fibrous fracture surface

断裂表面一般呈现无金属光泽的纤维形貌，有明显塑性变形的断面。

3.5

纤维断面率　percentage of fibrousity

断口中纤维区的总面积与缺口处原始横截面积的百分比。

3.6

侧膨胀值　lateral expansion

断裂试样缺口侧面每侧宽度较大增加量之和，单位为毫米（mm）。

4 试样

4.1 通则

夏比缺口冲击试样的形状、尺寸及试验方法应符合 GB/T 229 的规定，冲断后的试样即为本标准的测试试样。

4.2 要求

4.2.1 试样断口表面及侧面不应污染、锈蚀和碰伤，垂直于缺口的两个侧面不应有毛刺。

4.2.2 测定侧膨胀值的试样，在垂直于缺口的侧面上，做同侧标记。

5 试验设备及仪器

5.1 试验机

冲击试验机应符合 GB/T 3808 规定，当要记录冲击曲线时，应使用符合 GB/T 19748 要求的仪器化冲击试验机。

5.2 侧膨胀仪

侧膨胀仪见图 1，其分辨力应不大于 0.01 mm。

图 1 侧膨胀仪

5.3 投影仪、游标卡尺等量具的分辨力应不大于 0.02 mm。

5.4 上述所有试验设备及仪器应定期由计量部门按相应的检定规程进行检定。

6 纤维断面率的测定

6.1 通则

本标准给出了纤维断面率的四种测定方法和韧性断面率的一种参考测定方法，其中对比法和游标卡尺测定法较简便易行，当对测定结果有疑义时，可用放大测定法做为仲裁方法。

6.2 测定方法

6.2.1 对比法

将冲击试样断口与冲击试样断口纤维断面率图谱(图 2)或纤维断面率示意图(图 3)进行比较，估算出纤维断面率。

图 2 冲击试样纤维断面率图谱

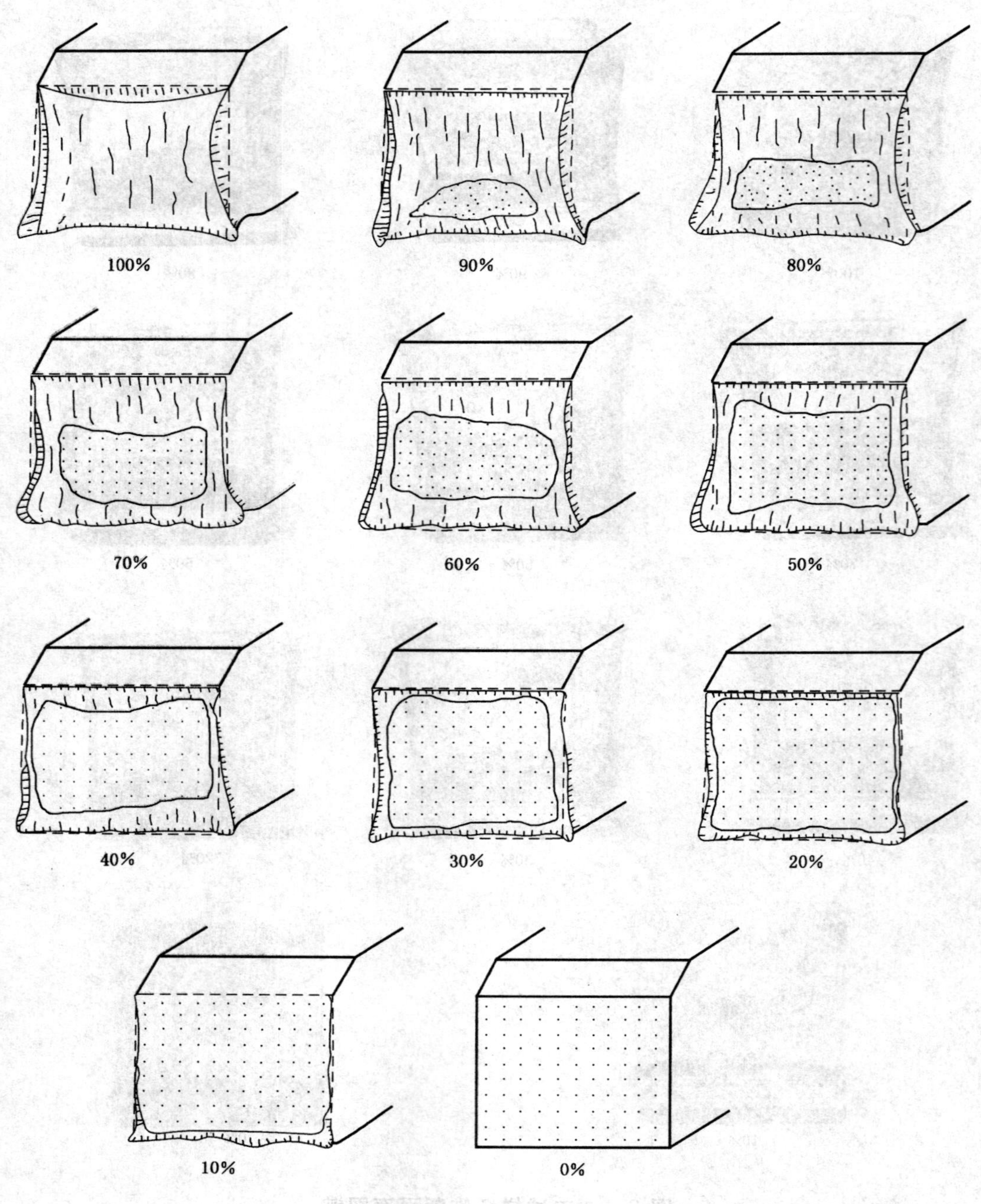

图 3 冲击试样纤维断面率示意图

6.2.2 游标卡尺测定法

按断口上晶状区的形状，若能归类成矩形、梯形时（图 4），可用游标卡尺测出相应尺寸，直接查表 1 得到纤维断面率。若断口上晶状部分形状不规则时，可规类成若干个正方形、平行四边形、三角形或梯形等，再测量相应尺寸，计算其总面积，然后用公式(1)或公式(2)分别算出晶状断面率或纤维断面率。

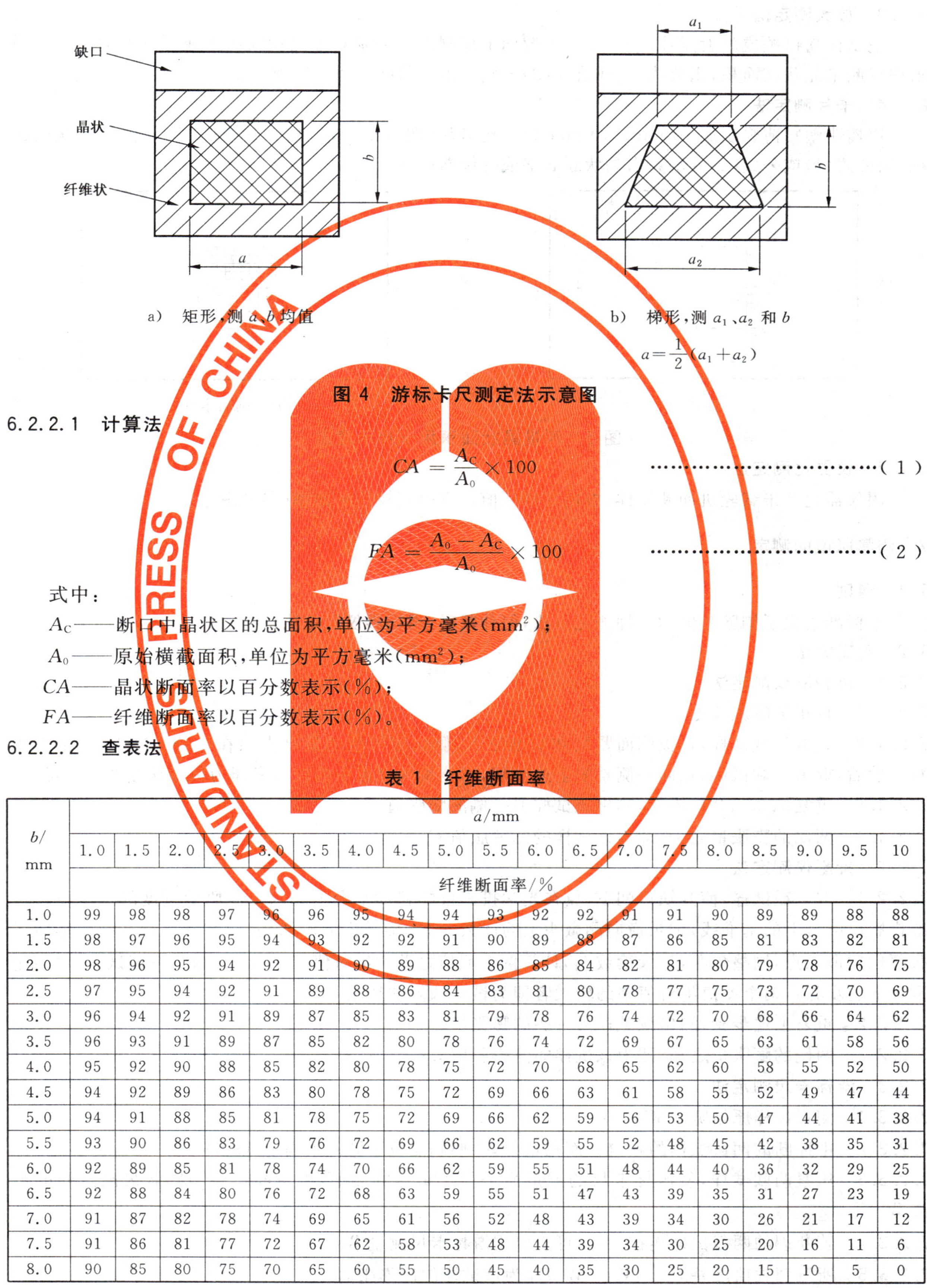

a） 矩形，测 a、b 均值

b） 梯形，测 a_1、a_2 和 b

$a=\frac{1}{2}(a_1+a_2)$

图 4 游标卡尺测定法示意图

6.2.2.1 计算法

$$CA=\frac{A_C}{A_0}\times 100 \quad\cdots\cdots(1)$$

$$FA=\frac{A_0-A_C}{A_0}\times 100 \quad\cdots\cdots(2)$$

式中：

A_C——断口中晶状区的总面积，单位为平方毫米(mm^2)；

A_0——原始横截面积，单位为平方毫米(mm^2)；

CA——晶状断面率以百分数表示(%)；

FA——纤维断面率以百分数表示(%)。

6.2.2.2 查表法

表 1 纤维断面率

b/mm	a/mm																		
	1.0	1.5	2.0	2.5	3.0	3.5	4.0	4.5	5.0	5.5	6.0	6.5	7.0	7.5	8.0	8.5	9.0	9.5	10
	纤维断面率/%																		
1.0	99	98	98	97	96	96	95	94	94	93	92	92	91	91	90	89	89	88	88
1.5	98	97	96	95	94	93	92	92	91	90	89	88	87	86	85	81	83	82	81
2.0	98	96	95	94	92	91	90	89	88	86	85	84	82	81	80	79	78	76	75
2.5	97	95	94	92	91	89	88	86	84	83	81	80	78	77	75	73	72	70	69
3.0	96	94	92	91	89	87	85	83	81	79	78	76	74	72	70	68	66	64	62
3.5	96	93	91	89	87	85	82	80	78	76	74	72	69	67	65	63	61	58	56
4.0	95	92	90	88	85	82	80	78	75	72	70	68	65	62	60	58	55	52	50
4.5	94	92	89	86	83	80	78	75	72	69	66	63	61	58	55	52	49	47	44
5.0	94	91	88	85	81	78	75	72	69	66	62	59	56	53	50	47	44	41	38
5.5	93	90	86	83	79	76	72	69	66	62	59	55	52	48	45	42	38	35	31
6.0	92	89	85	81	78	74	70	66	62	59	55	51	48	44	40	36	32	29	25
6.5	92	88	84	80	76	72	68	63	59	55	51	47	43	39	35	31	27	23	19
7.0	91	87	82	78	74	69	65	61	56	52	48	43	39	34	30	26	21	17	12
7.5	91	86	81	77	72	67	62	58	53	48	44	39	34	30	25	20	16	11	6
8.0	90	85	80	75	70	65	60	55	50	45	40	35	30	25	20	15	10	5	0

6.2.3　放大测定法

把试样断口拍成放大照片，按6.2.2.1游标卡尺测定法分别算出晶状断面率或纤维断面率。或用求积仪测量晶状区面积，用公式(1)或公式(2)分别算出晶状断面率或纤维断面率。

6.2.4　卡片测定法

用透明塑料薄膜制成10 mm×10 mm的方孔卡片[图5 a)]或网格卡片[图5 b)]，测量晶状区面积，用公式(1)或公式(2)分别算出晶状断面率或纤维断面率。

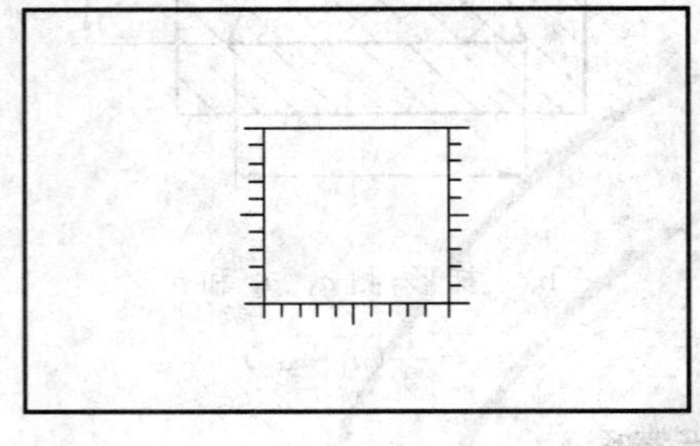

a)　方孔卡片

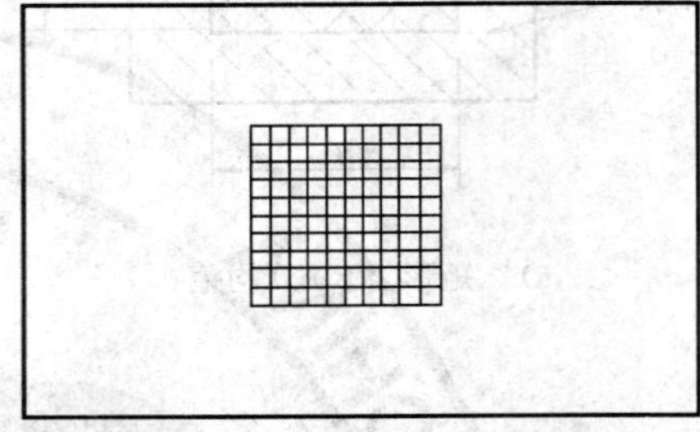

b)　网格卡片

图5　测量晶状面积用卡片示意图

6.2.5　仪器化测定法

用仪器化冲击试验机冲断试样，根据其特征值计算得到韧性断面率(参见附录A)。

7　侧膨胀值的测定

7.1　通则

本标准给出了侧膨胀值的三种测定方法，但仲裁时，用投影仪测定法。

7.2　测定方法

7.2.1　侧膨胀仪测定法

7.2.1.1　校正侧膨胀仪零位。

7.2.1.2　先取一截试样，把被测面紧贴在基准座上，侧膨胀部位的最高点顶在百分表砧面上，记下读数。然后，取另一截试样，在同一侧重复上述步骤，所测量两个值中的较大者即为试样该侧的膨胀量。

7.2.1.3　重复7.2.1.2项操作，测出该试样另一侧的膨胀值。

7.2.1.4　两侧的膨胀量之和，即为该试样的侧膨胀值 C_p。

7.2.2　投影仪测定法

7.2.2.1　取一截试样，使其缺口朝下，放在光学投影仪的移动平台上。以试样原始宽度的一个棱边对准投影仪屏幕上的基准线，记录横向测微头上的读数 b_0，再旋转横向测微头，使基准线对准试样侧向膨胀部位的最高点，调整焦距，记录读数 b_1，计算两个数值之差的绝对值 $|b_0-b_1|$。取另一截试样，对同侧重复上述步骤。两个差值绝对值中的较大者即为试样该侧的膨胀量。

7.2.2.2　重复上述步骤，测出该试样另一侧的膨胀量。

7.2.2.3　两侧的膨胀量之和，即为该试样的侧膨胀值 C_p。

7.2.3　游标卡尺测定法

7.2.3.1　测量试样原始宽度 W_0。

7.2.3.2　把冲断的两截试样的缺口背面相重合，并使侧面位于同一平面上(图6)。

7.2.3.3　压紧两截试样，使游标卡尺的测量面平行于试样的侧面，测量断口侧向膨胀最高点间的距离 W_1。

7.2.3.4　若断裂的两截试样连在一起，可直接用游标卡尺测量 W_1。

7.2.3.5　所测两数值之差 $C_p=(W_1-W_0)$ 即为该试样的侧膨胀值。

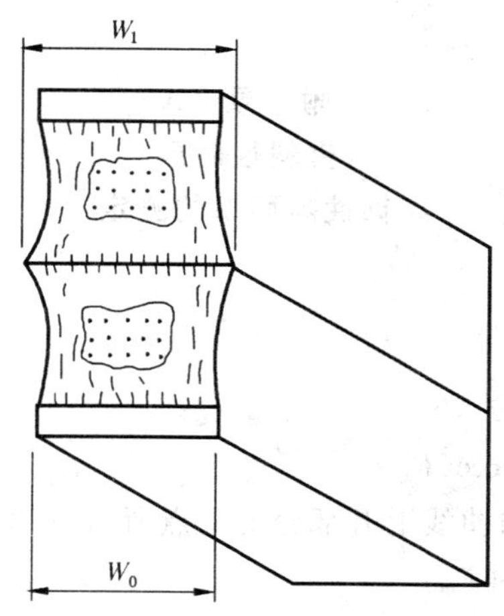

图 6 侧膨胀值测定示意图

8 测定结果的处理与修约

8.1 测定结果按 GB/T 8170 进行修约。

8.2 纤维(或晶状)断面率修约到百分之一。

8.3 侧膨胀值保留两位有效数字。

9 试验报告

试验报告一般包括:试验日期、产品名称、材料、炉批号和试样编号、试样类型和尺寸、试验温度、检测结果、试验者和审核者等。

附　录　A
（资料性附录）
韧性断面率的测定

A.1　名称、符号、定义和单位

A.1.1　冲击力特征值采用国际单位 kN

A.1.1.1　屈服力　general yield force（F_{gy}）

力-位移曲线的直线上升部分与曲线上升部分的交点所对应的力。

A.1.1.2　最大力　maximum force（F_m）

力-位移曲线上的最大力。

A.1.1.3　不稳定裂纹扩展起始力　initiation force of unstable crack propagation（F_{iu}）

力-位移曲线急剧下降开始时的力。

A.1.1.4　不稳定裂纹扩展终止力　arrest force of unstable crack propagation（F_a）

力-位移曲线急剧下降终止时的力。

A.2　方法依据

仪器化冲击试验方法，把所测出的六种类型力-位移特征曲线（见图 A.1）根据冲击力特征值分成三种断裂方式。

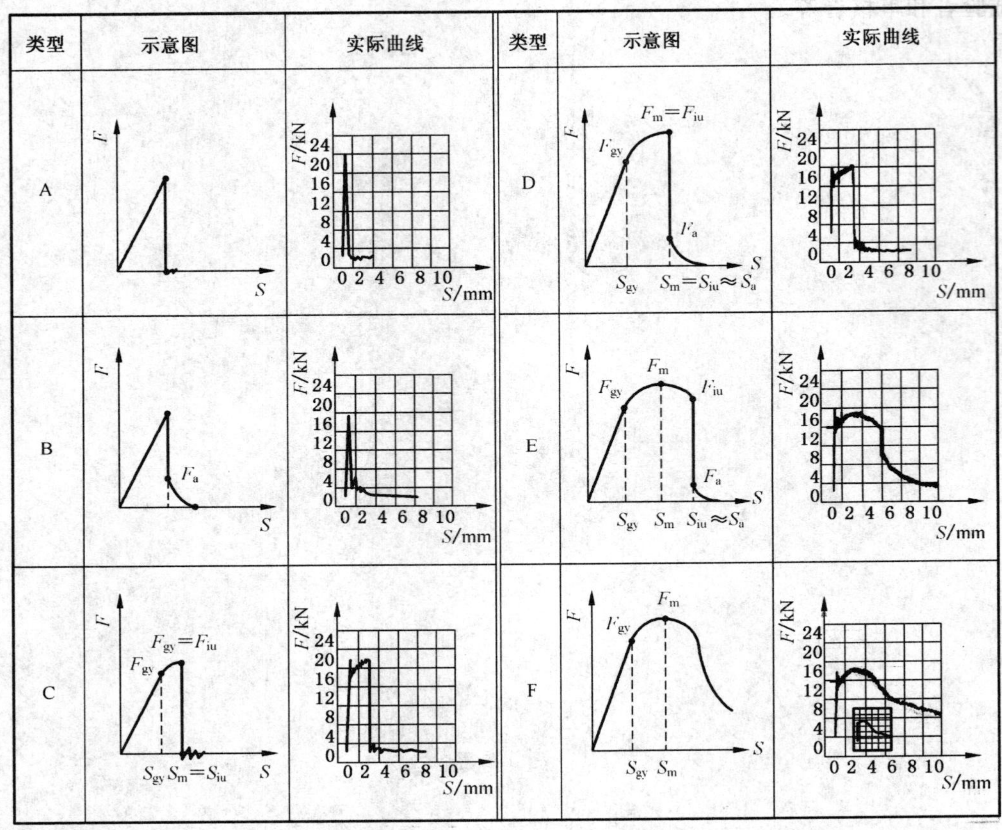

图 A.1　力-位移特征曲线的分类

A.2.1 脆性断裂

包括图 A.1 中 A、B 两种类型曲线。其特点是 A、B 两种类型均不存在 F_{gy}、F_{iu}，但 B 类型存在 F_a。

A.2.2 韧性断裂

图 A.1 中 F 类型曲线。其特点是存在 F_{gy} 和 F_m，不存在 F_{iu} 以及 F_a。

A.2.3 韧脆断裂混合型

包括图 A.1 中 C、D、E 三种类型曲线。其特点是存在塑性变形，即 F_{gy} 和 F_m，也存在裂纹稳定扩展和不稳定扩展。但各种类型的各部分相对数量有所不同。

C 型：存在 F_{gy}、F_m，$F_{iu}=F_m$，不存在 F_a；

D 型：存在 F_{gy}、F_m，$F_{iu}=F_m$，且存在 F_a；

E 型：四个特征力 F_{gy}、F_m、F_{iu}、F_a 均存在，且 $F_m \neq F_{iu}$，是该断裂方式的典型曲线。

从上述冲击曲线的类型划分中不难看出，与韧性断面率有关的曲线类型是 C、D、E 三种。A、B 型断口几乎是百分之百的晶状断口；F 类型则为百分之百的纤维断口。因此，我们要用力特征值计算方法算出 C、D、E 三种类型曲线所对应的断口韧性断面率。

A.3 韧性断面率的计算公式

$$C=\left[1-\frac{F_{iu}-F_a}{F_m+K(F_m-F_{gy})}\right]\times 100$$

式中：

C——韧性断面率，以百分数表示(%)；

K——与材质有关的系数，$0<K<1$，在材料标准和规范没作规定时，可选择 0.5。

ICS 27.120.20
F 83

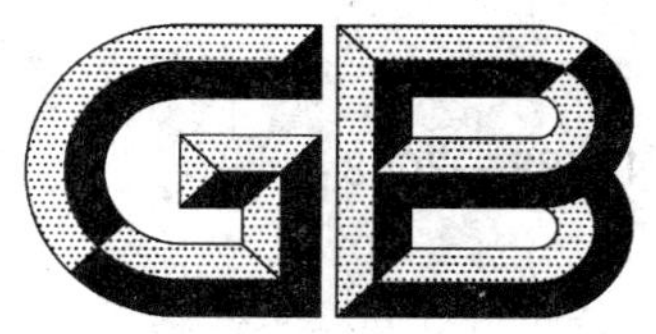

中华人民共和国国家标准

GB/T 12788—2008
代替 GB/T 12788—2000

核电厂安全级电力系统准则

Criteria for class 1E power systems for nuclear power generating stations

2008-07-02 发布 2009-04-01 实施

中华人民共和国国家质量监督检验检疫总局
中国国家标准化管理委员会 发布

前 言

本标准修改采用 IEEE Std 308-2001《核电厂 1E 级电力系统准则》，技术内容等同，将 IEEE Std 308-2001 中引用的美国标准改为相应的我国标准，编写格式与 GB/T 1.1—2000 相一致。

本标准代替 GB/T 12788—2000《核电厂安全级电力系统准则》。

本标准与 GB/T 12788—2000 相比主要差异如下：

a） 增加以下条文：3.6，3.11，3.14，3.17，3.18，3.20，3.21，3.23，3.25，3.27，3.29，3.32，4.14；

b） 增加第 8 章；

c） 修改了 3.12，3.22，3.26，4.5，4.10，5.1.3，5.2.4.1，5.2.4.3，5.3.4.3，5.4.1，5.4.5.4，6.3 和表 2、表 3 的部分内容；

d） 增加了 2 项引用标准：HAF 003 和 GB/T 13629。

本标准由中国核工业集团公司提出。

本标准由全国核仪器仪表标准化技术委员会(SAC/TC 30)归口。

本标准起草单位：上海核工程研究设计院。

本标准主要起草人：陆佩芳、陶果。

本标准所代替标准的历次版本发布情况为：

——GB/T 12788—1991，GB/T 12788—2000。

核电厂安全级电力系统准则

1 范围

本标准规定了核电厂：

a) 安全级电力系统的主要设计准则和设计措施，这些准则和措施能使安全级电力系统在适用的设计基准事件引起的条件下满足其功能要求；

b) 安全级电力系统的试验和监测要求；

c) 多机组核电厂共用的安全级电力系统的准则；

d) 安全级电力系统的文档要求。

本标准适用于单机组和多机组核电厂的下列系统和设备的安全级部分：

a) 交流电力系统；

b) 直流电力系统；

c) 仪表和控制(I&C)用电力系统。

这些系统包括表1所列出的物项。

表1 本标准适用的系统中包括的物项

基本单元		示例
动力源	电源	备用发电机 蓄电池组
	部件和配电设备	变压器 母线 开关柜 电缆 蓄电池充电器 逆变器
执行装置	驱动设备	断路器 控制器 控制继电器 控制开关 先导阀
	被驱动设备	电动机 电磁线圈 加热器
监测指令设施	仪表、控制和电气保护器件(与电源和配电设备有关的)	监视指示器 开关 电流互感器 电压互感器 传感器 保护继电器 频率继电器 微处理器

本标准不适用于优先电源、机组的发电机及其母线，发电机断路器、主（即升压）变压器、辅助（即厂用）变压器、启动变压器、至核电厂开关站的连接线、开关站、输电线和输电网络（见图 1）。

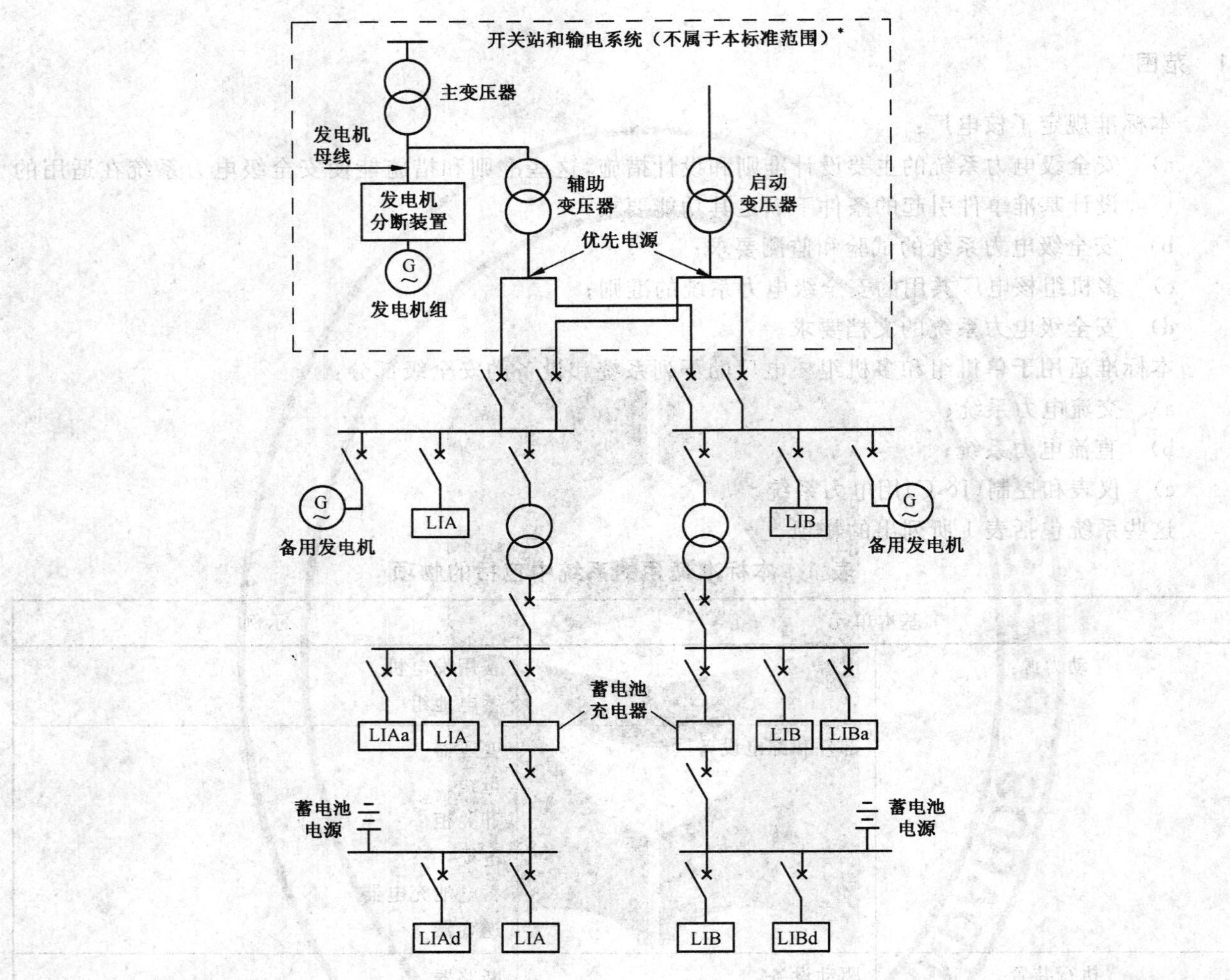

注：LIA 和 LIB——冗余负载；

LIAa 和 LIAd——LIA 的附属设备；

LIBa 和 LIBd——LIB 的附属设备；

a——交流负载；

d——直流负载。

* 推荐的设计准则参考 GB/T 13177。

图 1 具有两个 100%容量序列的单机组安全级电力系统的例子

2 规范性引用文件

下列文件中的条款通过本标准的引用而成为本标准的条款。凡是注日期的引用文件，其随后所有的修改单（不包括勘误的内容）或修订版均不适用于本标准，然而，鼓励根据本标准达成协议的各方研究是否可使用这些文件的最新版本。凡是不注日期的引用文件，其最新版本适用于本标准。

GB/T 5204 核电厂安全系统定期试验与监测

GB/T 7163 核电厂安全系统的可靠性分析要求

GB/T 9225 核电厂安全系统可靠性分析一般原则

GB/T 12727 核电厂安全系统电气设备质量鉴定(GB/T 12727—2002,IEC 60780:1998,MOD)

GB/T 12790 核电厂安全级电气设备和系统文件标识方法

GB/T 13177 核电厂优先电源

GB/T 13284.1 核电厂安全系统 第1部分:设计准则

GB/T 13286 核电厂安全级电气设备和电路独立性准则

GB/T 13538 核电厂安全壳电气贯穿件

GB/T 13626 单一故障准则应用于核电厂安全系统

GB/T 13629 核电厂安全系统数字计算机的适用准则

GB/T 14546 核电厂直流电力系统设计推荐实施方法

EJ/T 519 核电厂安全级电力系统运行前试验大纲编制导则

EJ/T 525.1 核电厂用蓄电池 第1部分:容量确定

EJ/T 525.2 核电厂用蓄电池 第2部分:安装设计和安装准则

EJ/T 525.4 核电厂用蓄电池 第4部分:维护、试验和更换方法

EJ/T 625—2004 核电厂备用电源用柴油发电机组准则

EJ/T 639 核电厂安全级电力系统及设备保护准则

HAF 003 核电厂质量保证安全规定

3 术语和定义

下列术语和定义适用于本标准。

3.1

可接受的 acceptable

通过核电厂安全分析证明是满足要求的。

3.2

被驱动设备 actuated equipment

用以完成保护动作的原动机和执行设备的组合。

注:原动机的例子有汽轮机、电动机和电磁线圈。执行设备的例子有泵和阀门。

3.3

驱动设备 actuation device

直接控制被驱动设备动力(如电力、压缩空气、液体流等)的部件或一些部件的组合,例如断路器、继电器和先导阀。

3.4

行政管理 administrative controls

指法律、法令、指示、程序、政策、习惯做法授予的权利与职责。

3.5

辅助支持设施 auxiliary supporting features

为安全系统完成其安全功能提供服务(如冷却、润滑和动力)的系统或设备。

3.6

通道 channel

在核电厂工况需要时,为产生一个单一保护动作信号所需要的元器件和组件的一种配置。一个通道在各单一保护动作信号汇合处就丧失了其特征。

3.7

安全级(1E级)　class 1E

是反应堆或核电厂电气设备和系统的一个安全级别,这些设备和系统是完成反应堆紧急停堆、安全壳隔离、堆芯冷却以及从安全壳和反应堆排出热量所必需的,或者是防止放射性物质向环境大量排放所必需的。

3.8

设计基准事件　design basis events

为确定构筑物、系统级部件可接受的性能要求,在设计中所采用的假设始发事件。

3.9

可探测故障　detectable failures

可以通过定期试验鉴别的故障,或通过报警或异常显示发现的故障。在通道级、序列级或系统级测出的部件故障都是可探测故障。

注:可鉴别但不可探测的故障是用分析来判断的故障,这类故障不能通过维护试验来发现,也不能通过报警或异常显示发现。

3.10

序列　division

某一给定系统或设备组的名称,它们能与其他冗余设备组在实体、电气和功能上保持独立。

3.11

文件　documentation

所有与活动、要求、过程或结果有关的描述、定义、说明、报告或证明等的文字记录或图表资料。

3.12

专设安全设施　engineered safety features

除反应堆停堆或者正常运行所需设施外,为防止、限制或者缓解放射性物质释放而设置的设施。

3.13

执行装置　execute features

由电气设备和机械设备及其连接部件组成,接到来自监测指令设施的信号后,执行与安全功能直接或间接有关的某一功能。执行装置的范围从监测指令设施输出端起,到(并且包括)被驱动设备与过程的耦合处为止。

3.14

独立性　independence

设备的一种状态,在该状态下,冗余的设备不会因任何单一设计基准事件而同时失效。

3.15

隔离装置　isolating device

能够防止电路中某一部分失常导致该电路其余部分或其他电路产生不可接受的影响的装置。

3.16

负载组　load group

一个序列内由一个共用电源供电的母线、变压器、开关设备和负载的组合。

3.17

组件　module

由一个确定的装置、仪表或设备的一部分互相连接组合成的一个组件。一个组件能作为一个单元断开、拆卸和使用备件更换,它有固定的功能特性,可作为一个单元被试验。只要符合此定义,一个组件可以是一台大型装置的一个卡件、一个抽出式断路器或其他子组件。

3.18

动力源　power sources

产生或转换动力所必需的电气设备、机械设备及其连接件。

注：本文中动力源即电源。

3.19

优先电源　preferred power supply (PPS)

在事故和事故后工况下，从输电系统优先给安全级电力系统供电的电源。

3.20

可编程数字计算机　programmable digital computer

可存储指令，并能够通过内部指令以数据形式执行一系列系统操作的装置。

3.21

保护系统　protection system

产生用于反应堆停堆系统和专设安全设施信号的相关的监测指令设施。

3.22

保护动作　protective action

为完成某一安全功能，在监测指令设施内产生一个信号，或是执行装置内设备的运行。

3.23

冗余设备或系统　redundant equipment or system

两个或两个以上功能相同的设备或系统，其中任何一个都可以执行要求的功能，而与其余设备或系统的状态(正常还是故障)无关。

注：冗余可以通过使用相同设备、设备多样性或者功能多样性来实现。

3.24

安全级构筑物　safety class structures

为保护安全级设备免受设计基准事件影响而设计的构筑物。

3.25

安全功能　safety function

为了把核电厂参数保持在按设计基准事件确定的可接受的限值内所必需的一种过程或状态(例如：应急负反应性引入、事故后热量排出、应急堆芯冷却、事故后放射性物质清除、安全壳隔离)。

注：完成某一安全功能是由反应堆停堆系统和辅助支持系统、或者是由专设安全设施和辅助支持设施、或者是由两者完成所有必需的保护动作来实现的。

3.26

安全组　safety group

完成某一安全功能所必须的一组最少量的连接部件、组件和设备的组合。

注：一个安全组可以包括一个或多个序列。在设计中，若每个序列都可以实现一个安全功能，每个序列都是一个安全组。然而，由三个50%容量系统分成三个序列的设计中就有三个安全组；三个序列中的任意两个序列工作才能实现安全功能。

3.27

安全系统　safety system

在设计基准事件中和事件后能保证功能正常的系统，该系统是为了保证：反应堆冷却剂压力边界的完整性；停堆和维持停堆工况的能力；防止和缓解可能导致潜在的厂外泄漏事故后果的能力。

3.28

监测指令设施 sense and command features

用以产生与安全功能直接或间接有关的信号的电气和机械设备及其连接部件。其范围从被测量过程变量起到执行装置输入端为止。

3.29

重要的 significant

通过电厂安全分析证明是重要的。

3.30

备用电源 standby power supply

当优先电源不能使用时，用于供应电力的电源。

3.31

机组 unit

一个核蒸汽供应系统及其有关的汽轮发电机组、辅助设备和专设安全设施。

3.32

验证和确认 verification and validation

确定对系统或部件制定的要求是否完整和正确，软件开发周期中的每个研制阶段的产品是否满足在前一阶段确立的需求，在软件开发过程结束时对系统或部件进行评价以确定它是否符合软件需求的过程。

4 主要设计准则

4.1 总则

安全级电力系统应设计成能够保证设计基准事件不会引起：

a) 一些专设安全设施、监视设备或保护系统设备失电而导致不能执行要求的安全功能；

b) 能产生反应堆功率瞬变的设备失电，这种功率瞬变能导致燃料包壳或反应堆冷却剂压力边界严重损坏。

4.2 安全系统与安全级电力系统之间的关系

安全级电力系统中为安全系统执行其安全功能服务的部分应满足核电厂安全系统准则(GB/T 13284.1)的要求。

在安全级电力系统内无直接安全功能而只是为了增加安全级电力系统的可用性和可靠性而设置的其他部件、设备和系统应满足安全系统的某些要求，以保证这些部件、设备和系统不使安全级电力系统的性能降低到可接受的水平之下。这些部件、设备和系统不一定要满足 GB/T 13284.1 规定的一些准则，例如运行旁通、维修旁通和旁通指示，但应进行分析以保证，当使用这些部件、设备和系统时，任何操作或故障的后果均是安全级电力系统可接受的。

提供某种保护动作（例如安全壳完整性保护）或提供隔离保护所要求的部件、设备和系统应满足 GB/T 13284.1 的全部要求。

图 2 表示了典型的安全功能和安全级电力系统之间的关系。

图 3 表示了安全级电力系统及其部件。

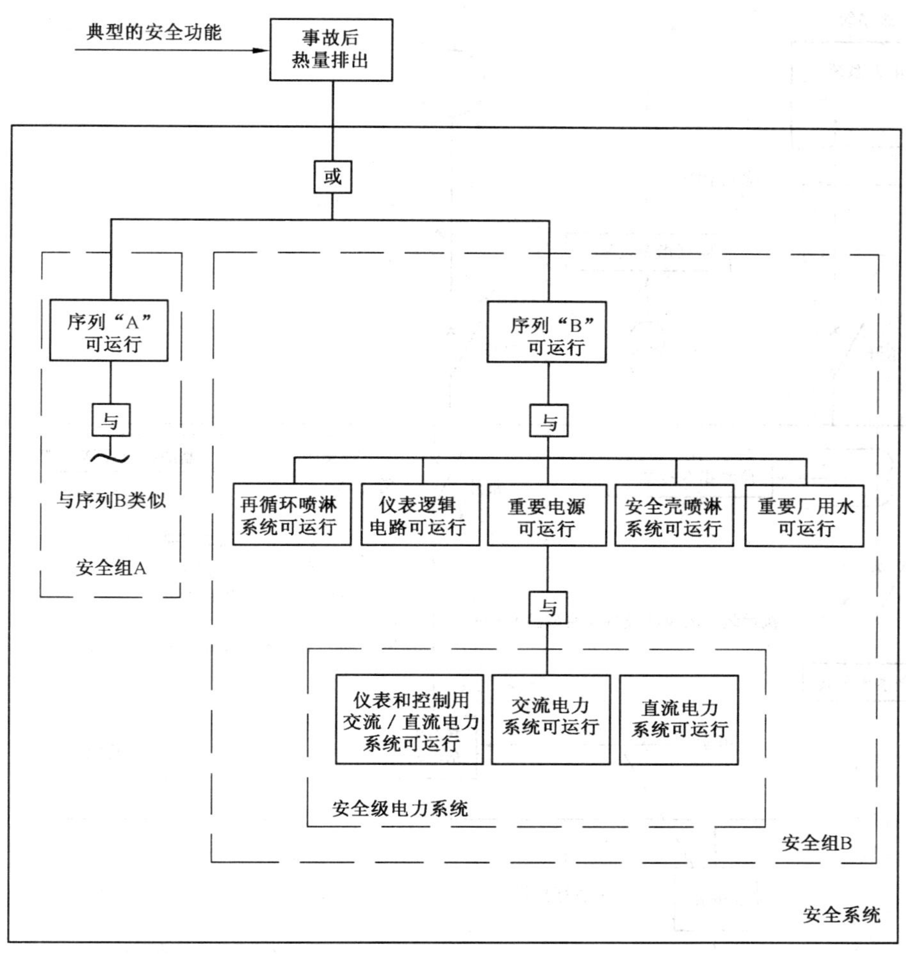

注：每个序列由一个100%容量的系统组成，所以每个安全组只需一个序列即可完成安全功能。

图2　典型的安全功能和安全级电力系统

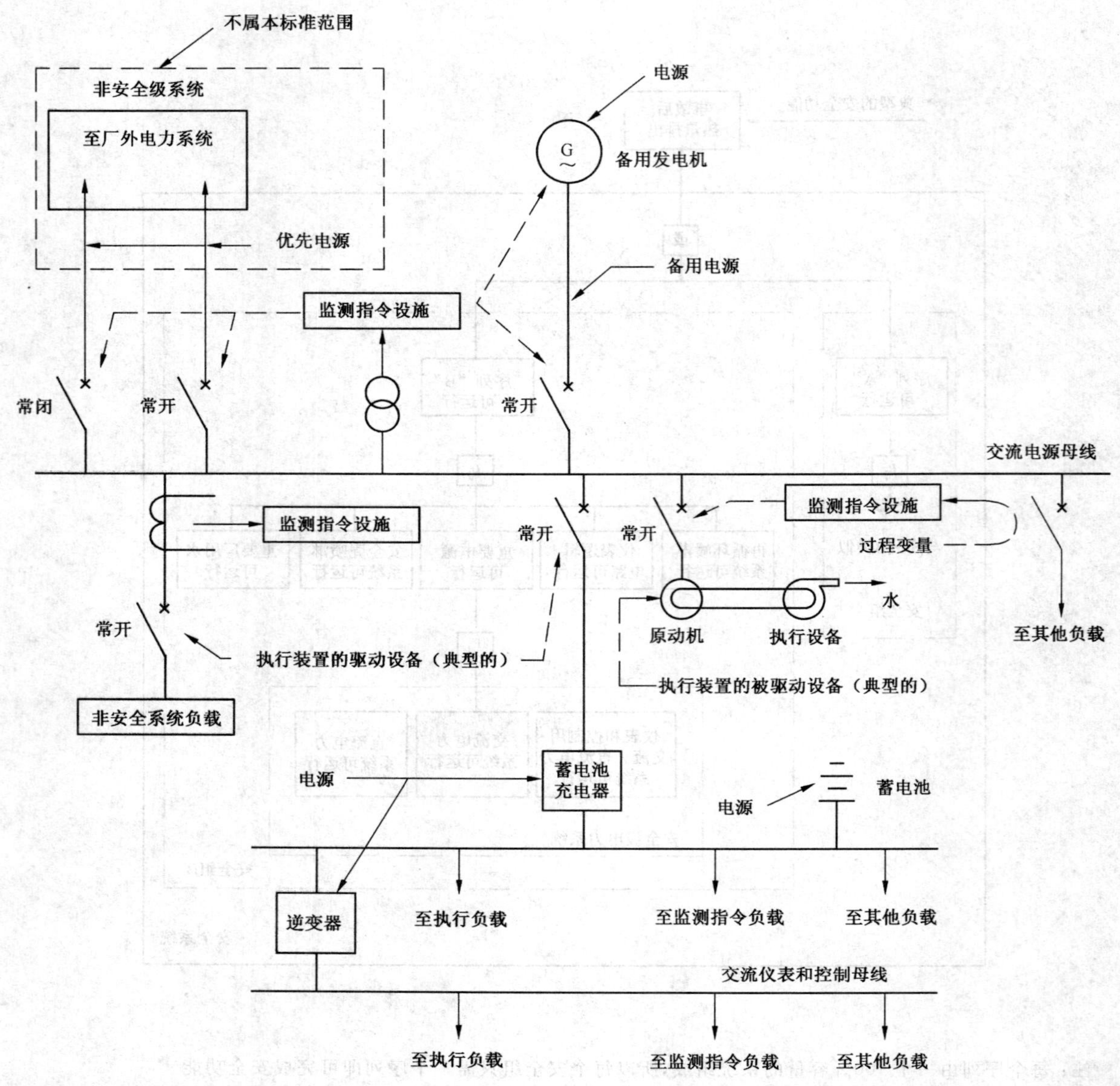

图 3　一个序列安全级电力系统的简化电气单线图

4.3　设计基准事件的影响

为机组确定的设计基准事件应指出能对安全级电力系统产生有害影响的假想事件。应规定那些事件的严重性和预计结果。当受到任何设计基准事件影响时，安全级电力系统中所要求的部分应能执行其功能。

4.4　设计基准

应对每一座核电厂的安全级电力系统规定一个特定的设计基准，至少包括：

a)　要求安全级电力系统运行的事件；

b)　安全级电力系统运行的驱动信号；

c)　接至安全级母线和备用电源的负载清单；

d)　安全级电源的启动顺序和加载曲线；

e)　当受到 d)条所述顺序的事件的作用时，适用于备用发电机及其原动机的时间、电压、转速和其他限值；

f) 能在实体上损坏安全级电力系统或导致系统性能降低而为此应采取措施的失常、事故、环境事件和运行方式(见表2);

g) 在设备应工作的正常、异常和事故工况期间能源供应和环境(例如电压、频率、湿度、温度、压力、振动等)的允许瞬态变化范围和稳态值范围;

h) 系统或设备的最低性能准则(例如:备用电源启动时间、低电压继电器精度、电压调节限值、负荷限值和蓄电池充电时间、电压等);

i) 允许安全级电源停运或断开的情况(例如:差动继电器动作、发动机超速)。

表2 失常、事故等的例子

自然现象	地震　雨、冰和雪 风　洪水 台风　雷击 龙卷风　极端温度条件
假设现象	1) 假设事故环境(湿度、温度、压力、化学性能和辐射); 2) 火灾; 3) 事故产生的飞射物、甩管; 4) 消防系统运行; 5) 事故产生的洪水、喷淋或喷射; 6) 假设丧失优先电源并同时发生以上1)~5)中的任一事件; 7) 假设丧失全部交流电源(全厂断电); 8) 单个设备失常; 9) 能引起多个设备失常的单个动作、事件、部件故障或电路故障; 10) 单个设备维修停役。

4.5 供电质量

在电厂的任何运行方式下,安全级电力系统的电压、频率和波形变化(包括谐波对波形畸变的影响)不得使任何安全级系统负载的性能降低到可接受的水平之下。尤其需要注意的是电网质量下降的影响(见EJ/T 639)。

4.6 指示器和控制器件的布置地点

设计应在主控制室提供控制器件和指示器,并且应在主控制室之外提供下列设备的控制和指示设备:

a) 将安全级电源母线在优先电源和备用电源之间切换的断路器;

b) 备用电源;

c) 为了使电厂处于安全停堆工况所必需的断路器、接触器和其他设备。

4.7 标识

对安全级电力系统的部件及其有关设计、运行和维修的文件应有区别地作标记或加标签。所有文件均应按GB/T 12790的要求加以标识。

4.8 独立性

冗余设备和电路的独立性应符合GB/T 13286的要求。

4.9 设备质量鉴定

安全级电力系统的设备应通过型式试验、以往的运行经验、分析或以上三种方法的任意组合进行质量鉴定,以证实该设备能够连续地满足设计基准中规定的性能要求。

安全级电力系统的设备应按GB/T 12727的要求进行质量鉴定。

4.10 单一故障准则

安全级电力系统应在下列情况下能执行某一设计基准事件所要求的全部安全功能:

a) 安全级电力系统内存在任何单一可探测故障，并同时存在所有可鉴别但不可探测的故障；

b) 存在由单一故障引起的所有故障；

c) 由于故障和系统误动作而引发的设计基准事件或由设计基准事件引发的所有故障和系统误动作而需要执行安全功能的情况。

单一故障可能先于设计基准事件发生或发生于设计基准事件期间，安全系统均应能执行安全功能。单一故障准则适用于安全级电力系统，而不管控制是自动的还是手动的(见 GB/T 13626)。

可用安全级电力系统概率风险评价来证明应用单一故障准则时无需考虑某些假设故障。

概率风险评价的目的是排除对不可信事件和故障进行考虑的必要性，但不能用它来代替单一故障准则。GB/T 7163 和 GB/T 9225 对概率风险评价提供了指导。

当有适当的证据表明满足单一故障准则的某一设计可能不满足设计基准所规定的所有可靠性要求时，对安全级电力系统应进行概率风险评价，评价时不能只限于考虑单一故障。若评价表明不满足设计基准的可靠性要求，则应在设计中采取措施，或进行修改以保证系统满足规定的可靠性要求。

4.11 非安全级电路的连接

不宜将非安全级电路与安全级电力系统相连接。但是，如果进行了连接，则非安全级电路只能限于需要由可靠备用电源供电的负载。如果非安全级电路由安全级电力系统供电，则安全级电力系统的性能不得降低到本标准规定的可接受的水平之下。

这些非安全级电路应满足独立性和隔离要求(见 GB/T 13286)。

4.12 进入管理

电厂设计中应考虑能对进入安全级电力系统的设备区域进行行政管理。

4.13 贯穿安全壳的电路

在核电厂正常运行期间或在要求安全壳隔离的任何设计基准事件期间，贯穿安全壳的电路的任何故障引起的过电流不应超过该电路安全壳贯穿件的电流引起的发热量限值。进一步指导见 GB/T 13538和 EJ/T 639。

4.14 保护

应提供保护装置，以限制安全级电力系统的性能降低到可接受的水平之下(见 EJ/T 639)。

5 补充设计准则

5.1 安全级电力系统

5.1.1 描述

安全级电力系统应由一个交流电力系统、一个直流电力系统及一个仪表和控制用电力系统组成。图 1 示出了单机组核电厂安全级电力系统的一种可能配置的例子。

5.1.2 功能

安全级电力系统应在设计基准所规定的工况下提供可接受的电力以支持安全系统的运行。

5.1.3 相互连接

优先电源与备用电源连接的时间应尽可能短(例如：仅限于备用电源进行试验时)。系统的设计应包括母线自动切换(见 EJ/T 639)。

5.2 交流电力系统

5.2.1 总则

交流电力系统包括可向安全级交流负载和控制设备提供交流电力的电源和配电系统。为了有助于防止发生单一设计基准事件引起电厂安全级电力系统内的冗余设备不能工作的事件，设计中应采用实体分隔、电气隔离、冗余及设备质量鉴定等措施。设计要求应包括：

a) 安全级电气负载应分成两个或两个以上的冗余负载组；

b) 每个负载组的保护动作应独立于冗余负载组提供的保护动作；

c) 每个冗余负载组应既能接至优先电源，也能接至备用电源；

d) 如果在设计基准工况下，负载组失去共用电源所产生的后果是可接受的，则两个或两个以上的负载组可以共用一个电源；

e) 在备用电源的设计中，应采取措施以使任何设计基准事件不会导致冗余电源发生故障。此外，设计应将与同一负载组连接的优先电源和备用电源的共因故障减至最少。

5.2.2 配电系统

5.2.2.1 描述

配电系统包括配电电路中从馈电断路器到负载的所有设备。

5.2.2.2 能力

对设计基准中规定的电厂所有工况，每个配电回路应能够传输足够的电能使该回路中需要的所有负载启动和运行。

5.2.2.3 独立性

冗余设备的配电回路应按照安全级电气设备和电路独立性准则的规定(见 GB/T 13286)在实体和电气上保持相互独立。冗余的安全级电源之间不应设置自动切换负载的设施。

5.2.2.4 辅助设备

为了防止由于一个负载组失电而引起另一个负载组的设备丧失功能，与一个负载组有关的设备运行所需的辅助设备应由相关的母线段供电。

5.2.2.5 馈线

对于在安全级电力系统与非安全级构筑物中的电力系统之间的馈线，应在安全级构筑物中设置安全级断路器。

5.2.3 优先电源

优先电源由从输电系统到安全级配电系统的两条或两条以上的电路组成。优先电源不属于安全级系统。

优先电源供电回路可以在所有运行工况下使用，向电厂安全级和非安全级母线供电。每一个优先电源，其容量应能同时提供预计的安全级和非安全级稳态和瞬态最大负载要求。

对优先电源的要求见 GB/T 13177。

5.2.4 备用电源

5.2.4.1 描述

每个备用电源系统在失去优先电源的情况下为所需的安全系统提供电能。备用电源由从储备的能源(燃料)到接至配电系统的馈电断路器之间的所有部件组成。这些部件包括与原动机和发电机有关的启动系统、冷却系统、励磁和电压调节系统及就地控制、保护和监测系统等。详细部件清单见 EJ/T 625—2004 第1章。此外备用电源的设计和应用可见 EJ/T 625—2004 的表1。

5.2.4.2 能力

每个备用电源都应能按要求的顺序向所有需要的安全系统负载供电或使它们启动并加速到额定转速。对柴油发电机组的要求见 EJ/T 625—2004。

5.2.4.3 独立性

一个备用电源中的任何部件的故障不得危及冗余的备用电源执行所要求的安全功能的能力。

每个备用电源都应设有自动地与一个安全级负载组相连接的设备，但不允许设有自动地与任何其他冗余负载组进行连接的设备。如果备有非自动的相互连接手段，则应设置避免冗余备用电源并联运行的措施。

与这些措施相一致，应设置自动和手动控制器件，以便于：

a) 启动备用电源；

b) 在备用电源投入时，将适当的负载从安全级电力系统中断开；

c) 将备用电源连接至安全级配电系统及其负载。

5.2.4.4 **可用性**

在正常和事故工况下，优先电源失电后，备用电源应在与安全功能要求相一致的时间内投入使用。

5.2.4.5 **能源储存**

现场储存的能源(燃料)应能在事故后使备用电源在下列时间中较长的时间内运行，以便向机组提供所要求的电力：

a) 7 d；

b) 在极限设计基准事件后，从远离核电厂的地方补充能源所需要的时间。

5.2.4.6 **试验规定**

应按EJ/T 625—2004柴油发电机组的要求设置在电厂运行时进行备用发电机启动和加载试验的手段，并且：

a) 应对仅在试验期间使用的自动停闭装置加以标识；

b) 应设置当出现事故信号时，自动地从系统试验状态切换到运行状态的设备；

c) 应设置在试验期间当备用发电机与厂外电源连接时探测厂外电源失电的设备。进一步指导见EJ/T 639。

5.3 **直流电力系统**

5.3.1 **总则**

直流电力系统包括可向安全级直流负载及为安全级电力系统的控制和切换提供直流电力的电源和配电系统。为了防止发生单一设计基准事件引起电厂安全级电力系统中的冗余设备不能投入运行，设计中应采用实体分隔、电气隔离、冗余及设备质量鉴定等措施。进一步指导见GB/T 14546。设计要求应包括：

a) 安全级电气负载应分成两个或两个以上的冗余负载组；

b) 每个负载组的保护动作应独立于冗余负载组提供的保护动作；

c) 每个冗余负载组应能接至由一组或多组蓄电池和一个或多个蓄电池充电器组成的电源；

d) 每个负载组应有自己的蓄电池充电器，并且没有自动的相互连接设备，如果在设计基准工况下，负载组失电产生的后果可以接受，则两个或两个以上的充电器可共用一个交流电源；

e) 蓄电池应设有在冗余蓄电池之间使共因故障减至最小的设施。进一步指导见EJ/T 525.2。

5.3.2 **配电系统**

5.3.2.1 **描述**

配电系统由配电回路中从电源到负载之间所有的设备组成。

5.3.2.2 **能力**

每个配电回路应能够传输足够的电能使那个回路中所有需要的负载启动和运行。

5.3.2.3 **独立性**

接至冗余设备的配电回路应按照安全级电气设备和电路独立性准则的规定(见GB/T 13286)实现实体和电气上的相互独立。不应在冗余负载组之间设置自动连接设备。如果备有非自动相互连接的手段，则应设置防止冗余直流电源并联运行的措施。在安全级电源之间不应自动切换负载。

5.3.2.4 **辅助设备**

为了防止由于一个负载组失电而引起另一个负载组的设备丧失功能，操作相关设备所需要的辅助设备应从相关的母线段供电。

5.3.2.5 **馈线**

对于在安全级电力系统与非安全级构筑物中的电力系统之间的馈线，应在安全级构筑物中设置安全级断路器。

5.3.3 蓄电池电源

5.3.3.1 描述

每个蓄电池电源由蓄电池、连接器及接至配电系统电源断路器的接线所组成(5.3 中蓄电池是指为一个冗余负载组供电的一个或多个蓄电池)。

5.3.3.2 能力

每组蓄电池应确保使所要求的稳态和瞬时的负载启动和运行,其容量的确定见 EJ/T 525.1。

5.3.3.3 可用性

在正常运行工况和交流系统失电情况下,每组蓄电池应能立即投入使用。

5.3.3.4 独立性

每组蓄电池电源应与其他蓄电池电源相互独立。

5.3.3.5 储存的能量

当发生下列情况时,在下列任一时间内,蓄电池所储存的能量应足以使所有需要的连接负载启动和运行,并能操作所需要的断路器。

a) 在设计基准规定的时间内,接至蓄电池充电器的交流电丧失;或

b) 接至蓄电池充电器的交流电已经恢复,蓄电池正在恢复到它的满充电状态,而所需的电力超过蓄电池充电器的容量。

5.3.3.6 试验规定

应按 EJ/T 525.4 的规定,测试蓄电池的容量。

5.3.3.7 安装

蓄电池的安装设计和安装准则见 EJ/T 525.2。

5.3.4 蓄电池充电器

5.3.4.1 描述

每个蓄电池充电器包括从其与交流电源系统连接处到其配电系统电源断路器间所有的设备(5.3 中蓄电池充电器是指为一个冗余负载组提供电能的一个或多个蓄电池充电器)。

5.3.4.2 功能

当蓄电池恢复到或维持在满充电状态时,每个蓄电池充电器应能为正常运行期间和事故后运行期间所需要的连接负载的稳态运行提供电能。

5.3.4.3 能力

每个蓄电池充电器的容量应根据下述两项要求之和来确定:

a) 各种连续稳态负载的最大组合要求;

b) 在经历极限设计基准事件,蓄电池放电后,为蓄电池充电到能够为后续假想的运行与设计基准功能执行其设计基准功能的状态,而后恢复满充所需的充电容量。

在电厂的设计基准中,应对确定充电器容量的充电时间加以描述。蓄电池充电器的容量确定可参见 GB/T 14546。

5.3.4.4 独立性

除了在 5.3.1d)中所提到的情况以外,每个蓄电池充电器应与其他蓄电池充电器相互独立。

5.3.4.5 分断装置

为了能隔离蓄电池充电器,每个蓄电池充电器应在其交流电源进线端和直流输出回路中设置分断装置。

5.3.4.6 逆向保护

每一个蓄电池充电器的设计应能防止它的交流电源变成蓄电池的负载。

5.3.4.7 瞬态保护

应采取隔离保护措施防止蓄电池充电器的交流系统不可接受的瞬态变化影响直流系统,反之亦然。

5.4 仪表和控制用电力系统

5.4.1 总则

仪表和控制用电力系统包括为安全级仪表和控制系统负载提供交流或直流电源的供电及配电系统。

该系统的设计应能为反应堆停堆系统、专设安全设施、辅助支持设施及其他辅助设施提供高可靠性的电源。

设计要求应包括：

a) 安全级仪表和控制负载应分成两个或多个冗余负载组；

b) 每个负载组的保护动作应独立于其他冗余负载组所提供的保护动作；

c) 应为仪表和控制提供两个或两个以上独立的直流电源。在每个冗余序列里，直流电源可以是安全级直流电源与仪表和控制负载共用的蓄电池；

d) 应为仪表和控制提供两个或两个以上独立的交流电源；

e) 应考虑谐波的来源及其影响。

要满足这些条款的要求，在为机组常规的仪表和控制提供的交流和直流电源之外可能需要设置经隔离的专用电源。

5.4.2 配电系统

5.4.2.1 描述

配电系统由配电回路中从电源到负载之间所有的设备组成。

5.4.2.2 能力

每个配电回路应足以使它所有连接的负载启动和运行。

5.4.2.3 独立性

接至冗余设备的配电回路应按照安全级电气设备和电路独立性准则的规定（见 GB/T 13286）实现实体和电气上的相互独立。不应在冗余负载组之间设置自动连接设备。如果备有非自动相互连接的手段，则应设置防止冗余仪表和控制用电力系统电源并联运行的措施。在冗余的安全级电源之间不应自动切换仪表和控制负载。

5.4.2.4 辅助设备

为了防止由于一个负载组失电而引起另一个负载组的设备丧失功能，操作相关设备所需要的辅助设备应从相关的母线段供电。

5.4.3 蓄电池电源

蓄电池电源的要求见 5.3.3。

5.4.4 蓄电池充电器

蓄电池充电器的要求见 5.3.4。

5.4.5 交流电源

5.4.5.1 描述

每个冗余的仪表和控制系统交流电源应包括电源（如：不间断电源、逆变器、变压器等）及其与配电电路相连的分断设备。

5.4.5.2 能力

每个冗余的仪表和控制系统交流电源的容量应根据在电厂正常或事故运行期间下述两项要求之和来确定：

a) 各种连续负载的最大组合要求；

b) 可能同时连接至该母线上的各种非连续负载的最大组合。

5.4.5.3 独立性

每个仪表和控制系统交流电源应与其他冗余负载组的仪表和控制系统交流电源实现电气和实体上的相互独立。

5.4.5.4 监视

应提供指示器以监视仪表和控制系统交流电源的状态,用于指示:

a) 输出电压;

b) 输出电流;

c) 断路器和(或)熔断器的状态;

d) 频率。

5.5 执行装置

5.5.1 总则

执行装置的例子见表1和图3。执行装置包括驱动设备、连接导线和电缆以及被驱动设备,它在收到来自监测指令设施的信号后,为保护动作提供电能。执行装置应满足核电厂安全系统执行装置的功能和设计要求(见GB/T 13284.1),并应满足下列附加要求。

5.5.2 手动控制

如果需要对执行装置的任何被驱动设备进行手动控制,则实现此手动控制所必需的设备应:

a) 是安全级的;

b) 满足5.5.1的要求;

c) 通过分析,表明不违反核电厂安全系统有关手动触发的要求(见GB/T 13284.1)。

5.6 监测指令设施

5.6.1 总则

监测指令设施的要求见GB/T 13284.1。

5.6.2 保护装置

对执行装置的被驱动设备应设置保护装置,以限制安全级被驱动设备的性能降低。应提供足够的指示来识别保护装置动作。如果使用保护装置可能妨碍安全功能的完成,那么只要引起安全级电力系统的性能降低是在可接受的范围以内,就可以省去(或旁路)这些保护装置。

总之,安全系统的功能不包括那些通常与电路和设备相关联的故障保护。

6 监视和试验要求

6.1 监视方法

应提供安全级电力系统运行状态的信息,指示安全级电力系统运行状态的各种监视方法(包括定期试验)的范围、选择及应用取决于电厂本身的设计要求。表3中列举了安全级设备的示例性的监视方法。

表3 示例性的监视方法

安全级电气设备参数	监视方法				
	连续监测				定期试验
	仪表	指示灯	信号报警器	计算机	
柴油发电机					
辅助系统	○	○	×○		P
电压	×○			×	
频率	×○			×	
电流	×○			×	
功率因数	×○				
功率	×○				

表 3（续）

安全级电气设备参数	监 视 方 法				
	连续监测				定期试验
	仪表	指示灯	信号报警器	计算机	
无功功率	×○				
绕组温度				×	
励磁电流	×○				
励磁电压	×○				
接地			×○		
控制电压			×○		
启动能力					P
带载能力					P
断路器位置		×○	×	×	P
保护继电器			×		P
配电装置母线					
电压	×○			×	
进线电流	×○			×	
接地			×		
电源断路器位置		×○	×	×	P
控制电压			×		
保护继电器			×		P
蓄电池					
电流	○				
断路器打开			×		
试验断路器闭合			×		
蓄电池充电器					
输出电压	○		×		
输出电流	○				
直流电源故障			×		
交流电源故障			×		
断路器打开（充电直流电压高，电压继电器打开主交流电源断路器）			×		
直流母线					
电压	×○		×		
接地	○		×		
母联断路器闭合			×		

表3(续)

安全级电气设备参数	监视方法				
	连续监测				定期试验
	仪表	指示灯	信号报警器	计算机	
仪表和控制用电力系统					
电压	○				
电流	○				
断路器/熔断器状态			×		
电能质量(例如:总的谐波畸变)					P

注:×——在主控制室里采用的方法。
○——在主控制室外采用的方法。
P——定期试验是所指名的连续监视的一种补充或替代方法。

需要在主控制室外面控制的安全级电力系统也应在主控制室外(例如:在设备本体上、在其电源处或在另一个位置)提供其运行状态的信息。

应在主控制室向运行人员提供有关执行装置状态的准确、完整和及时的信息,包括保护动作的指示和执行装置不可用状态的指示。

6.2 设备运行前试验和检查

在设备运行前应对已安装好的所有部件和已校准、调整好的所有仪表以及保护装置进行试验与检查,以证明:

a) 所有部件是正确的,安装也是恰当的;
b) 所有连接是正确的,电路是连续的;
c) 所有部件都可运行;
d) 所有冗余部件都能单独试验。

6.3 系统运行前试验

在系统运行前应对已安装好的所有设备进行试验。试验应证明设备能在设计限值范围内运行,系统可以运行并且能满足性能指标要求。这些试验应在设备的运行前试验之后进行,并应证明:

a) 优先电源能同时带上所要求的所有安全级和非安全级负载正常运行;
b) 能检测到优先电源失电;
c) 能启动每一个备用电源,并且能在设计基准规定的时间内带载设计负荷,并使电压维持在可接受的范围内;
d) 安全级冗余电源和它们的相关负载组与所有其他电源相互之间保持独立;
e) 能进行优先电源与备用电源之间的切换;
f) 在没有充电器投入运行的情况下,直流电源蓄电池能满足它们所连接负载的设计要求;
g) 每一个蓄电池充电器应有足够的容量来满足各种连续稳态负载的最大组合要求;再加上在设计基准规定的时间内使蓄电池从设计的最低充电状态恢复到满充电状态的充电容量。

有关这些试验性能的进一步指导见EJ/T 519。

6.4 定期试验

定期试验应按预定的时间间隔进行:

a) 在实际限值范围内探测出设备向不可接受状态变坏的趋势;
b) 证明备用电源设备及其他在电厂正常运行期间没有投入使用的设备是可运行的。

对安全级设备的试验应进行规划，以保证在任何时间都有足够的设备可投入使用，以便执行安全功能。

定期试验应按 GB/T 5204 规定的时间间隔进行。

7 多机组电厂的考虑

如果符合本章规定，多机组电厂的各机组可以共用安全级电源。

7.1 准则

7.1.1 限制条件

如果符合以下条件，允许在多机组电厂中共用安全级电力系统：

a) 对每一个设计基准事件，有最少量的专设安全设施可以使用。共用的安全级电力系统不应损害执行所需安全功能的能力；

b) 已证明在一台机组上发生设计基准事件不损害其他机组执行所需安全功能的能力。

7.1.2 独立性

设计中应采取措施，保证一台机组中发生单一故障或瞬态不会对其他机组产生不利影响或蔓延至其他机组，以致妨碍共用系统执行所需的安全功能。

7.1.3 单一故障

应假定在各台机组中同时发生单一故障或在共用系统中发生单一故障是设计基准的一部分，并要满足 7.1.2 的要求。

7.2 备用电源容量

共用备用电源的容量应能足以使一台机组上发生设计基准事件需要的所有安全系统投入运行，同时满足在其他机组上发生误信号要求安全系统运行或要求机组安全停闭所需的电力。

7.3 蓄电池电源

在多机组电厂中不应共用安全级直流系统，除非能证明这样的共用不会损害它们执行其安全功能的能力。

8 文件

8.1 设计文件记录

根据为电厂建立的质量记录系统的要求，支持安全级电力系统设计的信息、分析和计算应形成文件并进行控制。每个系统设施或功能的设计都应有文件记录的支持。应根据 HAF 003 对每个设计文件记录进行审核，设计文件记录应包含足够的信息以备进一步的独立校核或审核。

在安全级电力系统的设计支持文件中，应至少包括以下信息和研究：

a) 稳态负载和电压曲线的研究：在电厂不同的运行模式下(包括设计基准事件、正常和电压质量恶化时)，整个电力系统的电压；

b) 瞬态负载和电压的研究：在电厂不同的运行模式下(包括设计基准事件)，按顺序加在优先和备用电源上的负载曲线；

c) 仪表和控制用电力系统的研究：检查在假想设计基准工况下，交流和直流系统的负载和电压；

d) 保护装置匹配和设备保护的研究：为所有保护方案选择适当的整定值；

e) 母线切换的研究：分析在母线自动切换之前、过程中和之后电压、相角和频率对母线和电机的冲击；

f) 短路研究：确定在电厂不同的运行模式下(包括设计基准事件)，整个电力系统的最大故障电流，用来分析电气设备承受故障电流的能力和故障恢复能力；

g) 设备容量确定：保证电气设备使用恰当。

8.2 验证和确认

采用了可编程数字计算机系统的安全级电力系统应遵守 GB/T 13629 的要求。

8.3 试验记录

对设备的定期试验记录或运行前试验程序的记录应包括以下内容：

a) 试验描述；

b) 试验设备的描述和标识；

c) 试验的前提条件；

d) 环境条件(环境条件试验对保证正常运行是必要的)；

e) 试验前设备状态；

f) 异常校正；

g) 试验结果与期望结果的比较；

h) 标识状态或结果与预期状态或结果的差别；

i) 要求的纠正措施；

j) 试验结果评价。

ICS 27.120.20
F 83

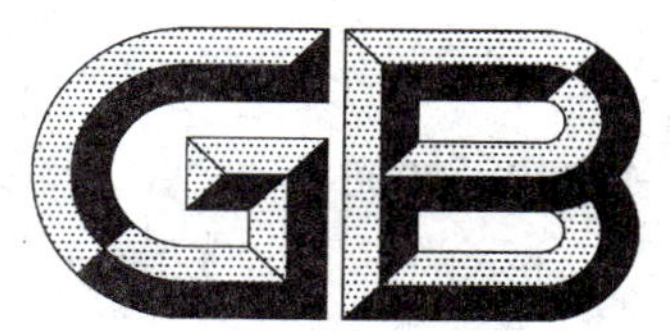

中华人民共和国国家标准

GB/T 12790—2008
代替 GB/T 12790—1991

核电厂安全级电气设备和系统文件标识方法

Method for identification of documents related to safety class 1E equipment and systems for nuclear power plants

2008-07-02 发布　　2009-04-01 实施

中华人民共和国国家质量监督检验检疫总局
中国国家标准化管理委员会　发布

前　言

本标准代替 GB/T 12790—1991《核电厂安全级电气设备和系统文件标识方法》。

本标准与 GB/T 12790—1991 相比主要变化如下：

——修改了“文件”、“核安全级的”、“冗余设备或系统”术语的定义；

——原标准的“第 4 章　要求”改为“第 3 章　要求”，并对部分内容进行了修改：

- 原“核安全级的”改为“核安全相关的”；
- 原“标志”改为“标识术语”；
- 原“细部”改为“特定部分”；
- 原“代号”改为“代码”；

——修改了附录 A 中图 A.1～图 A.5。

本标准附录 A 为资料性附录。

本标准由中国核工业集团公司提出。

本标准由全国核仪器仪表标准化技术委员会(SAC/TC 30)归口。

本标准起草单位：核工业标准化研究所。

本标准主要起草人：章坚青、崔贞北。

本标准所代替标准的历次版本发布情况为：

——GB/T 12790—1991。

核电厂安全级电气设备和系统文件标识方法

1 范围

本标准规定了核电厂安全级电气设备和系统的设计、建造、试验、运行和维修文件的统一标识准则。

本标准适用于核电厂安全级电气设备和系统。

2 术语和定义

下列术语和定义适用于本标准。

2.1

安全级 safety class 1E

反应堆、核电厂电气设备和系统的一个安全级别。它是完成反应堆紧急停堆、安全壳隔离、堆芯冷却以及从安全壳和反应堆排出热量所必需的，或者是防止放射性物质向环境过量排放所必需的。

2.2

文件 documents

核电厂安全级电气设备和系统设计、建造、试验、运行和维修的图表和其他资料，这些图表和其他资料由核电厂安全分析证明是重要的。

本标准中，文件包括：

a） 图纸，如：仪表图、逻辑图、单线图、原理图、设备布置图、电缆桥架布置图、电缆敷设图、接线图；

b） 仪表数据表；

c） 电缆敷设表；

d） 设计说明书；

e） 规程手册；

f） 试验(技术)规格书、规程和报告；

g） 设备清单。

本标准中，文件不包括工作进度表、财务报告、会议记录、电报和便条之类的函件，以及在质量保证大纲中包含了的设备采购文件。

2.3

核安全相关的 nuclear safety related

标在文件中的用来引起人们注意的标识术语，表明该文件中所涉及的系统或设备是安全级的。

2.4

冗余设备或系统 redundant equipment or systems

两个或两个以上功能相同的设备或系统，其中任何一个都可以执行要求的功能，而与其余设备或系统的状态(正常还是故障)无关。

3 要求

3.1 文件标识

3.1.1 第2章中所定义的安全级电气设备和系统的全部或部分文件，都应标上“核安全相关的”这个标识术语。

3.1.2 "核安全相关的"标识术语应醒目地放在标题上方或首页。安全级电气设备和系统的图纸上应在标题栏中或紧靠标题栏处标注该标识术语。

3.1.3 "核安全相关的"标识术语应用文件中使用的最大号字体或更大的字体标注。

3.2 核安全相关的文件特定部分的附加标识

3.2.1 除了3.2.2规定的以外，仅有部分内容是属于核安全级的文件，应在相关的特定部分标上"核安全相关的"或"非核安全相关的"标识术语，以便区分这二者。

3.2.2 以文字形式叙述的文件，其中核安全级的部分由于正文是明显的，除了3.1.2规定的标识之外，不要求另外标记。

3.3 核安全相关的文件中冗余电气设备和系统的附加标识

3.3.1 对那些要求与冗余设备或系统分隔的特定设备或系统的有关资料，应标上该设备或系统的专用标记。这个标记应包括该设备或系统的代码。

3.3.2 仅属于单个冗余设备或系统的文件，应在文件标题中或靠近文件的标题处标上该设备或系统的专用标记。

3.3.3 除了3.3.1包含的资料之外，属于多个机组共用的设备或系统的资料，应标上所属那些机组的标记。

3.3.4 对特定设备或系统所采用的专用标记，应表示在文件中临近该特定设备或系统的地方。

3.4 符号和略语

为了满足3.2和3.3的要求，可以使用符号和略语，如果采用了符号和略语，则文件应包含各符号和略语的注释，或者应包含能找到该注释的参考文献。

4 标识方法示例

符合3.1、3.2、3.3、3.4要求的标识方法示例参见附录A。

附 录 A
（资料性附录）
标识方法示例

A.1 说明

A.1.1 图 A.1～图 A.5 是符合本标准要求规定的标识方法示例，它们仅仅是为解释的目的而给出的。

A.1.2 如果能满足本标准要求规定，任何适宜的核安全相关的资料的标识方法都可以采用。

A.1.3 图 A.1～图 A.5 中括弧内的序号是指与例证中使用的标识有关的正文章条号，在文件中不用。

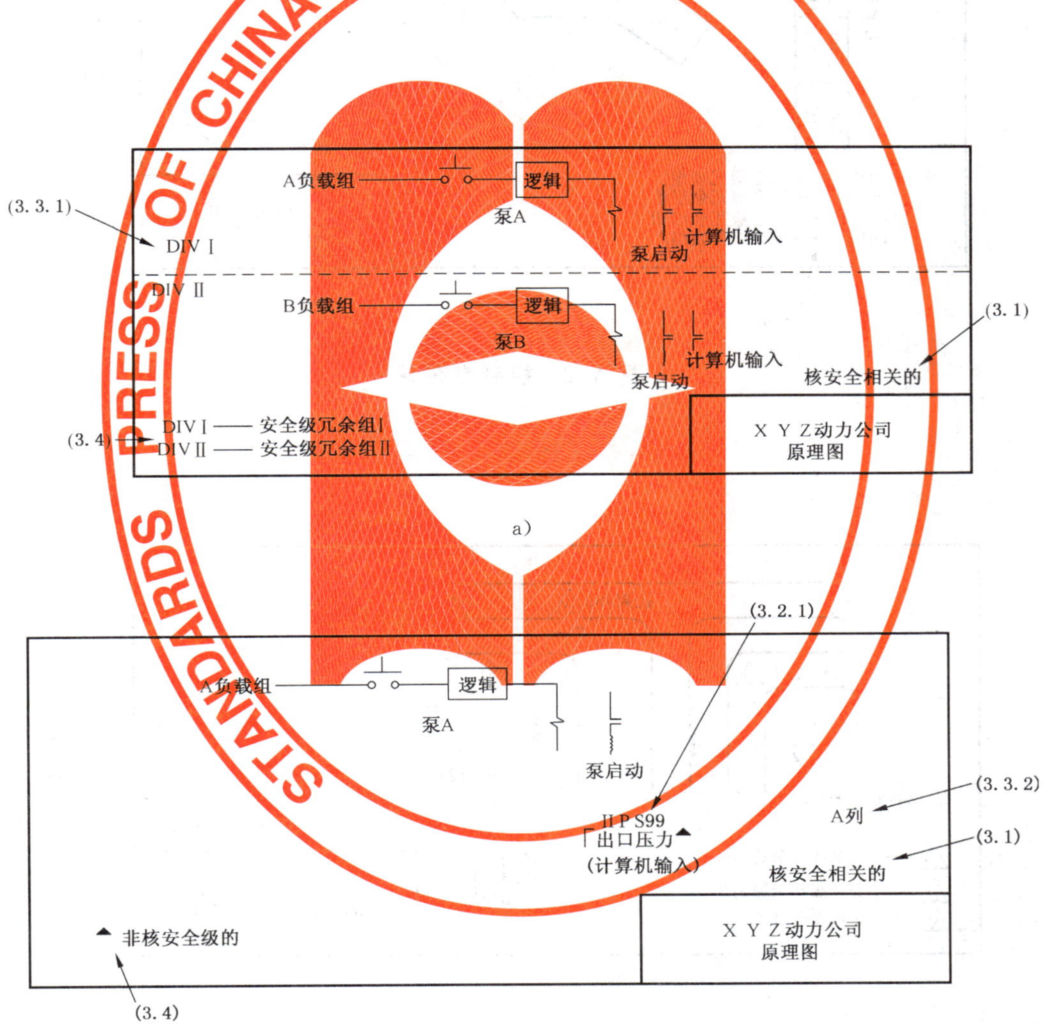

图 A.1 原理图

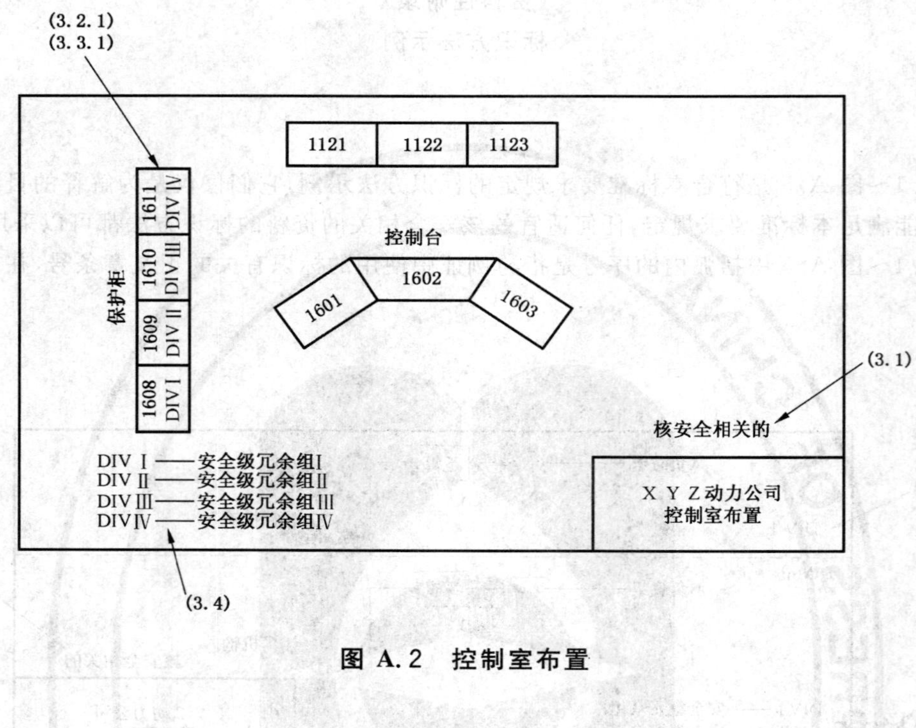

图 A.2 控制室布置

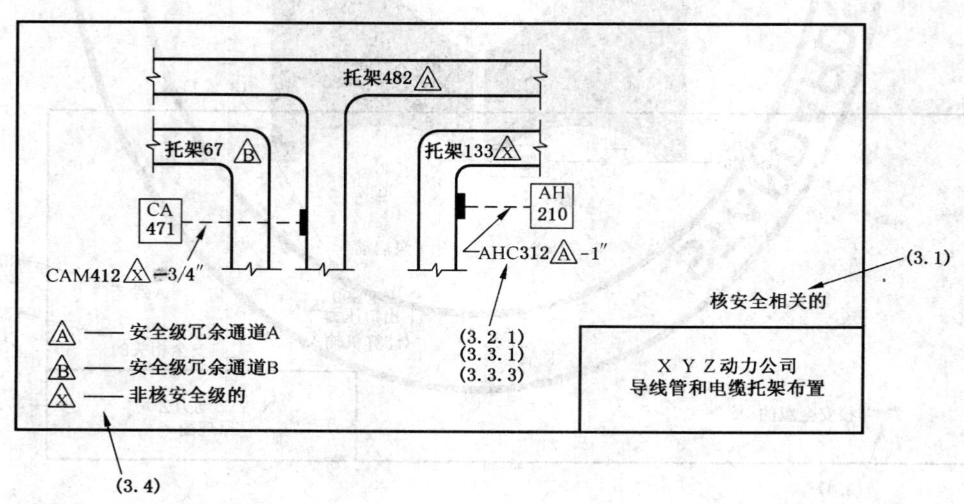

图 A.3 导线管和电缆托架布置

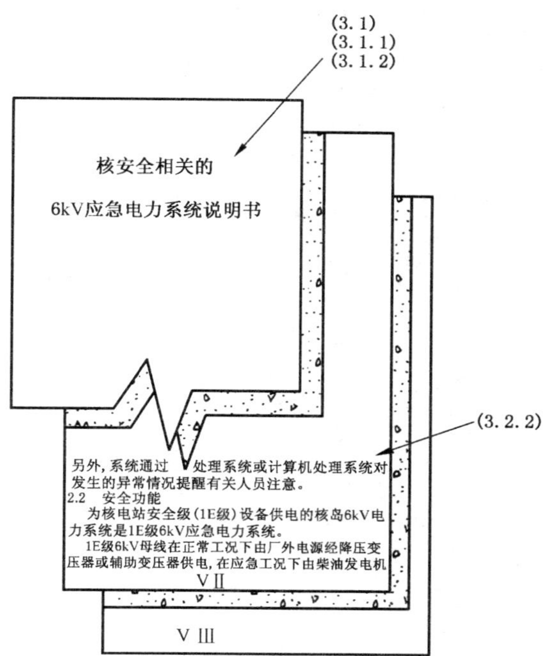

图 A.4 系统说明书

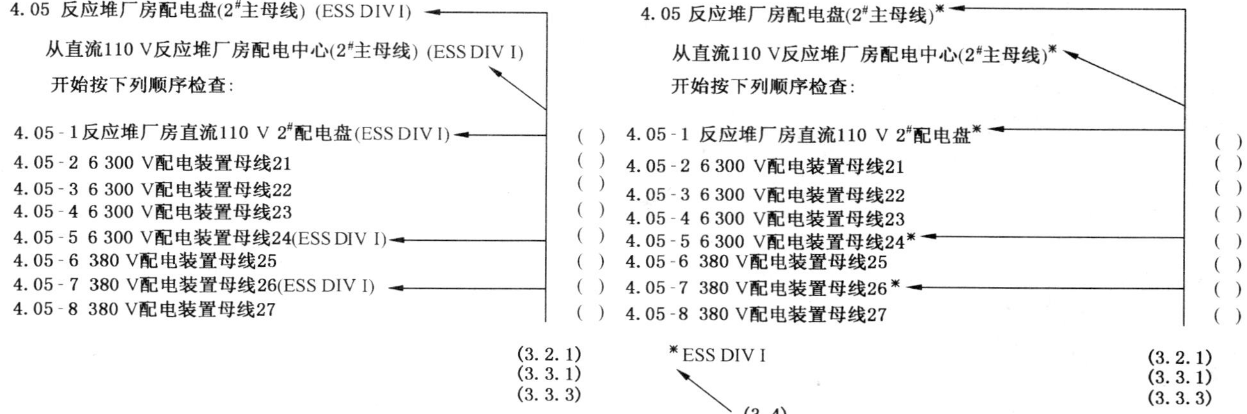

图 A.5 试验程序

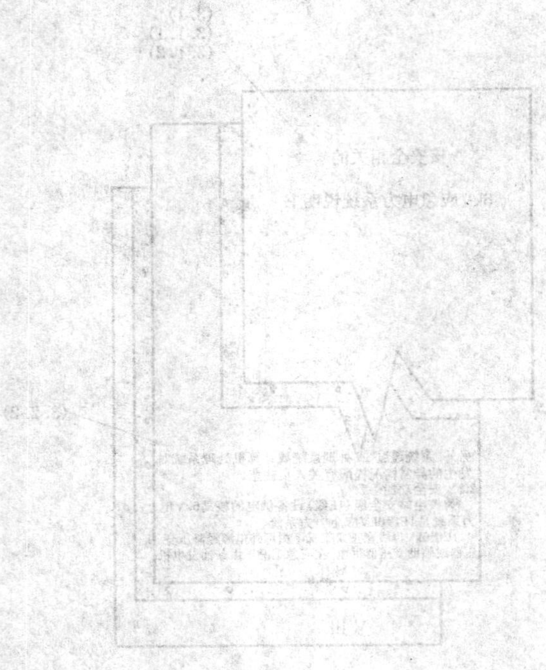

ICS 13.100
C 65

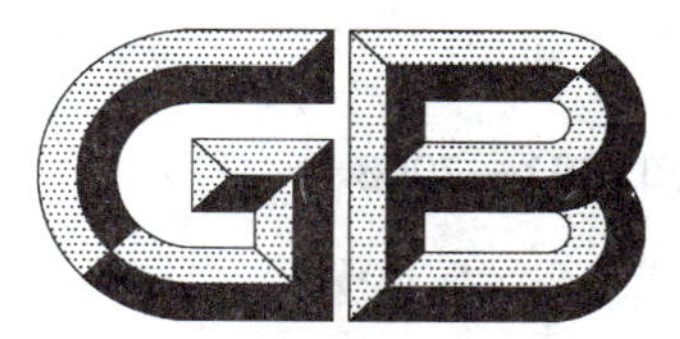

中华人民共和国国家标准

GB/T 12801—2008
代替 GB 12801—1991

生产过程安全卫生要求总则

General principles for the requirements of safety and health in production process

2008-12-15 发布　　2009-10-01 实施

中华人民共和国国家质量监督检验检疫总局
中国国家标准化管理委员会　发布

前 言

本标准代替 GB 12801—1991《生产过程安全卫生要求总则》。

本标准与 GB 12801—1991 相比主要变化如下：

——由强制性标准改为推荐性标准；

——更新并补充了部分引用文件；

——更新并补充了部分术语和定义；

——修改了基本要求、控制生产过程安全卫生影响因素的一般要求、安全卫生防护技术措施、安全卫生管理措施中的部分条款。

本标准由国家安全生产监督管理总局提出。

本标准由全国安全生产标准化技术委员会归口。

本标准起草单位：辽宁省安全科学研究院、上海市安全生产科学研究所、中国石油锦西石化分公司、本溪钢铁（集团）公司。

本标准主要起草人：王新、高成凤、隋旭、王立群、孙明伟、陈兵、夏昕、陈守海、陈兴坤。

本标准 1991 年 4 月 26 日首次发布，2008 年第一次修订。

生产过程安全卫生要求总则

1 范围

本标准规定了生产过程安全卫生的基本要求、控制生产过程安全卫生影响因素的一般要求、安全卫生防护技术措施;安全卫生管理措施。

本标准适用于企业生产过程的规划、设计、组织和实施;建立企业生产过程安全、卫生标准体系和编写生产过程安全、卫生要求的标准、规范等;也适用于对企业生产过程中的安全、卫生状况,安全、卫生技术措施与管理措施的考核和监察。

农业、林业、矿山、电力、建筑、交通运输等生产过程的安全、卫生要求,应结合生产特点制定。

本标准中的卫生,系指生产过程中的卫生工程技术和组织管理。

2 规范性引用文件

下列文件中的条款通过本标准的引用而成为本标准的条款。凡是注日期的引用文件,其随后所有的修改单(不包括勘误的内容)或修订版均不适用于本标准,然而,鼓励根据本标准达成协议的各方研究是否可使用这些文件的最新版本。凡是不注日期的引用文件,其最新版本适用本标准。

GB 2893 安全色

GB 2894 安全标志及其使用导则

GB 4387 工业企业厂内铁路、道路运输安全规程

GB 5044 职业性接触毒物危害程度分级

GB 5083 生产设备安全卫生设计总则

GB 5749 生活饮用水卫生标准

GB 8702 电磁辐射防护规定

GB 11651 劳动防护用品选用规则

GB 50201 防洪标准

3 术语和定义

下列术语和定义适用于本标准。

3.1

生产过程 production process

一般指从劳动对象进入生产领域到制成产品的全部过程。

本标准中的生产过程包含安全作业和施工的过程。

3.2

生产物料 production materials

生产需要的原料、材料、燃料、辅料和半成品。

3.3

剩余物料 waste materials

生产过程中的余料和生产过程产生的废品、废料,包括气态、液态和固态物质。

3.4

生产装置 production equipments

生产需要的设备、设施、工机具、仪器仪表等各种劳动资料。

3.5

危险因素 hazardous factors

能对人造成伤亡或对物造成突发性损坏的因素。

3.6

有害因素 harmful factors

能影响人的身体健康，导致疾病，或对物造成慢性损坏的因素。

3.7

有害物质 harmful substances

化学的、物理的、生物的等能危害职工健康的所有物质的总称。

4 基本要求

4.1 凡对人员的安全健康可能造成危害，对财产可能造成损失的生产过程，都应制定相关的安全、卫生标准。

4.2 生产过程安全、卫生标准中，应对下列诸因素明确规定具体要求：

a) 生产过程中的危险和有害因素；

b) 厂址、矿区、施工作业区的选择及其平面布置；

c) 工艺、作业和施工过程的设计、组织和实施；

d) 生产厂房和作业场地上的建(构)筑物；

e) 生产物料；

f) 生产装置；

g) 设备、设施、管线、电缆的配置和作业区的规划和组织；

h) 生产物料、产品、剩余物料的储存和运输；

i) 生产辅助设施和公用工程；

j) 人员选择；

k) 防护技术措施；

l) 管理措施；

m) 重大危险源的管理；

n) 应急救援体系；

o) 其他。

4.3 根据危险和有害源特点及可能的影响范围，明确规定相应的安全、卫生防护距离和防护带。

5 控制生产过程安全卫生影响因素的一般要求

5.1 阐明危险和有害因素

在规划、设计、组织和实施生产时，应首先阐明以下内容：

a) 生产过程中存在或可能产生的危险和有害因素的类别、数量和性质，危害的途径和后果；

b) 可能产生危险和有害作用的过程、设备、场所和物料；

c) 危险和有害因素的危害程度或浓度，以及国家有关法规和标准规定的指标。

5.2 厂址、矿区、施工作业区的选择及其平面布置

5.2.1 选址的原则

a) 选址时，除应考虑其经济性和技术合理性外，还应按国家标准和有关规定同时选定生活区、水源以及有害废气、废水、废渣的排放点。

b) 生活饮用水的水质，应符合 GB 5749 的有关要求。

c) 产生危害较大的气体、烟雾、粉尘、噪声、振动、电磁辐射等的工业企业选址时，应遵守国家标准

和有关规定。

d) 厂址应位于不受洪水、潮水或内涝威胁的地带；当不可避免时，应具有可靠的防洪、排涝措施。凡位于受江、河、湖、海洪水、潮水或山洪威胁地带的工业企业，其防洪标准应符合 GB 50201 的有关要求。

e) 下列地段和地区不得选为厂址：发震断层和设防烈度高于九度的地震区；有泥石流、滑坡、流沙、溶洞等直接危害的地段；采矿陷落（错动）区界限内；爆破危险范围内；坝或堤决溃后可能淹没的地区；重要的供水水源卫生保护区；国家规定的风景区及森林和自然保护区；历史文物古迹保护区；对飞机起落、电台通讯、电视转播、雷达导航和重要的天文、气象、地震观察以及军事设施等规定有影响的范围内；Ⅳ级自重湿陷性黄土、厚度大的新近堆积黄土、高压缩性的饱和黄土和Ⅲ级膨胀土等工程地质恶劣地区；存在放射源危害的地段；具有开采价值的矿藏区。

f) 根据企业物流、人流状况，确定厂区出入口、交通运输通道和人行道及其安全设施，公路、路网铁路不得通过厂区。

g) 厂区设计最低标高应符合有关规定。

5.2.2 平面布置的原则

a) 总平面布置，应结合当地气象条件，使建筑物具有良好的朝向、采光和自然通风条件。高温、热加工、有特殊要求和人员较多的建筑物，应避免西晒；

b) 具有或能产生危险和有害因素的生产装置和场所，应根据生产特点，在保证从业人员和公众安全、卫生的原则下合理布置；

c) 消防站、急救站等公用设施，应布置在便于服务、指挥和使用的地点；

d) 新建、改建和扩建厂矿企业时，厂房（装置、作业场地、设备设施）之间的防火距离、消防通道、消防给水及有关设施均应符合有关标准的规定；

e) 具有或能产生危险和有害因素源的车间、装置和设备设施与控制室、变配电室、仓库、办公室、休息室、试验室等公用设施的距离应符合防火、防爆、防尘、防毒、防振、防辐射、防触电和防噪声等的规定；

f) 电离辐射装置宜布置在厂区内人流少的区域，与人行道和人员密集场所之间的距离应符合有关规定；

g) 建筑物之间的距离应符合通风、采光和防火规定；

h) 厂（场）内运输网应根据生产流程，结合进出厂（场）物品的特征、运输量、装卸方式合理布局，并满足防火、防爆、防振、防尘、防毒和防触电等安全、卫生要求，保证消防车、急救车顺利通往可能出现事故的地点；

i) 利用水路运输时，选定的船坞和码头的位置，应保证当水情、气象变化时的作业安全；

j) 应根据生产性质、地下设施和环境要求，规划绿地面积和绿化带。

5.3 工艺、作业和施工过程的设计、组织和实施

5.3.1 设计、组织和实施的原则

a) 应防止工作人员直接接触具有或能产生危险和有害因素的设备、设施、生产物料、产品和剩余物料；

b) 应优先采用没有危害或危害较小的新工艺、新技术、新设备、新材料；

c) 对具有危险和有害因素的生产过程应合理地采用机械化、自动化和计算机技术，实现遥控或隔离操作；

d) 对产生危险和有害因素的过程，应配置监控检测仪器、仪表，必要时配置自动联锁、自动报警装置；

e) 及时排除或处理具有危险和有害因素的剩余物料；

f) 危险性较大的生产装置或系统，应设置能保证人员安全、设备紧急停止运行的安全监控系统；

g) 对产生尘毒危害较大的工艺、作业和施工过程，应采取密闭、负压等综合措施；

h) 对易燃、易爆的工艺、作业和施工过程，应采取防火防爆措施；

i) 排放的有害废气、废液和废渣，应符合国家标准和有关规定；

j) 其他。

5.3.2 对工艺、作业和施工过程的控制、检测系统的要求

a) 对事故后果严重的生产过程，应按冗余原则，设计备用装置或备用系统，并能保证在出现危险时能自动转换到备用装置或备用系统；

b) 各种仪器、仪表、监测记录装置等，应选用合理，灵敏可靠，易于识别。

5.3.3 工艺、作业和施工文件中，应按5.1的要求，阐明危险和有害因素的概况及相应的预防和处置措施，以及操作和作业时的注意事项。

5.4 生产厂房和作业场地上的建(构)筑物

5.4.1 生产厂房、仓库和各种构筑物的结构强度、耐火等级、抗震设防烈度、通风、采光、照明等，均应按其使用特点和地区环境条件符合有关标准规定，应有抗震、防水、防漏、防风、防雪等措施。

5.4.2 建(构)筑物的通风换气条件，应保证作业环境空气中的危险和有害物质浓度不超过国家卫生标准和防爆规定。

5.4.3 生产过程中产生的振动、高温、高压、低温、腐蚀等因素，如对建(构)筑物造成影响时，应采取相应的防范措施。

5.4.4 生产、处理、储存有GB 5044中规定的极度和高度危害毒物的厂房和仓库，其墙壁、顶棚和地面均应光滑，便于清扫，必要时加设保护层及专门的清洗设施。

5.4.5 具有爆炸危险场所的建(构)筑物的结构形式以及选用的建筑材料，应符合防火、防爆要求。

5.4.6 危险性作业场所，应设置安全通道；应设应急照明、安全标志和疏散指示标志；门窗应向外开启；通道和出口应保持畅通；出入口的设置应符合有关规定。

5.4.7 根据建(构)筑物的防雷类别，按有关标准规定设置防雷电设施，并定期检测。

5.5 生产物料

5.5.1 应优先选用无毒和低毒的生产物料。若使用给人员带来危险和有害作用的生产物料时，则应采取相应的防护措施，并制定使用、处理、储存和运输的安全、卫生标准。

5.5.2 对不易搬运的物料，应设置或采用便于吊装及搬运的装置或设施。

5.5.3 生产过程中废弃物的处置应符合有关安全卫生规定。

5.6 生产装置

5.6.1 应尽量选用自动化程度高的设备。危险性较大的、重要的关键性生产设备，应由具备有效资质的单位进行设计、制造和检验。

5.6.2 使用的各种设备，应符合GB 5083的有关规定。

5.6.3 锅炉、压力容器及起重机械等特种设备的设计、制造、安装、维修和检验，应按《特种设备安全监察条例》进行，并应符合国家标准和有关规定。

5.6.4 用于具有火灾和爆炸危险场所的电气设备，应根据场所的危险等级和使用条件，按有关规定选型、安装和维护。

5.6.5 设备本身应具备必要的防护、净化、减振、消音、保险、联锁、信号、监测等可靠的安全、卫生装置。对有突然超压或瞬间爆炸危险的设备，还应设置符合标准要求的泄压、防爆等安全装置。

5.7 设备、设施、管线、电缆配置和作业区的组织

5.7.1 配置设备、设施、管线、电缆和组织作业区的基本要求

a) 在生产厂房和作业场地上配置的生产设备、设施、管线、电缆以及堆放的生产物料、产品和剩余物料，不应对人员、生产和运输造成危险和有害影响；

b) 各设备之间，管线之间，以及设备、管线与厂房、建(构)筑物的墙壁之间的距离，均应符合有关设计和建筑规范要求；

c) 在设备、设施、管线上需要人员操作、检查和维修,并有发生高处坠落危险的部位,应配置扶梯、平台、围栏和系挂装置等附属设施。

5.7.2 设备布置的原则

a) 便于操作和维护;

b) 发生火灾或出现紧急情况时,便于人员撤离;

c) 尽量避免生产装置之间危害因素的相互影响,减小对人员的综合作用;

d) 布置具有潜在危险的设备时,应根据有关规定进行分散和隔离,并设置必要的提示、标志和警告信号;

e) 对振动、爆炸敏感的设备,应进行隔离或设置屏蔽、防护墙、减振设施等;

f) 设备的噪声超过有关标准规定时,应予以隔离;

g) 加热设备及反应釜等的作业孔、操纵器、观察孔等应有防护设施;作业区的热辐射强度不应超过有关规定。

5.7.3 管线配置的原则

a) 各种管线的配置,应符合有关标准、规范要求;

b) 配置的管线,不应对人员造成危险,管线和管线系统的附件、控制装置等设施,应便于操作、检查和维修;

c) 具有危险和有害因素的液体、气体管线,不得穿过与其无关的生产车间、仓库等区域,其地下管线上不得修建建(构)筑物;

d) 管线系统的支撑和隔热应安全可靠,对热胀冷缩产生的应力和位移,应有预防措施;

e) 根据管线内输送介质的特性,管线上应按有关规定设置相应的排气、泄压、稳压、缓冲、阻火、放液、接地等安全装置。

5.7.4 电缆配置的原则

配置电缆应符合有关标准和规定要求。

5.7.5 作业区组织的原则

a) 作业区的布置应保证人员有足够的安全活动空间。设备、工机具、辅助设施的布置,生产物料、产品和剩余物料的堆放,人行道、车行道的布置和间隔距离,都不应妨碍人员工作和造成危害;

b) 作业区的生产物料、产品、半成品的堆放,应用黄色或白色标记在地面上标出存放范围,或设置支架、平台存放,保证人员安全,通道畅通;

c) 坐姿作业,应根据人员的生理特征和人机工程学要求配置操作台、座椅、脚踏板,以及存放生产物料、产品或工具的架、盘等;

d) 高处作业区堆放生产物料和工具,应严格控制数量,布置合理,保证人员便于作业和不发生人、物坠落;

e) 坑道等狭窄作业区,产品、设备和工具的布置,除保证人员便于作业外,还应留出安全通道;

f) 根据作业需要,配置符合标准规定的照明设备。

5.8 生产物料、产品、剩余物料的储存和运输

5.8.1 储存的基本要求

5.8.1.1 原则

a) 采用能排除或减小危险和有害因素的储存方法;

b) 使用能保证安全、卫生的储存装置和设施;

c) 装卸工作机械化和自动化。

5.8.1.2 要求

a) 应保证储存物品的平稳、安全。应标明物品名称、牌号、存入日期和其他注意事项;

b) 危险化学品应储存在专门的仓库中,并应有符合规定的包装,包装上应附有危险化学品安全标签;

c) 储存物品的地点、仓库、场院应严禁烟火，并配置符合规定的照明和消防器材；

d) 存放物品的货架、容器等，应具有相应的强度、刚度、耐腐蚀性能；

e) 应根据危险化学品的性质，采取隔离、隔开、分离的储存方式；

f) 储存化学物品，应按其特性要求存放，并设置相应的支架或箱柜，配备必要的器皿、工具和工作人员的防护用品；

g) 各类危险化学品不得与禁忌物料混合储存；

h) 成垛堆放生产物料、产品和剩余物料时，垛高、垛距应符合规定，垛的基础要牢固，不得产生下沉、歪斜或倾塌，垛之间的距离应便于机械化装卸和作业；

i) 储存易燃易爆物品的场所，应备有相应的消防器材和通讯报警装置；

j) 储存危险、剧毒和放射性物品，应严格执行有关规定；

k) 储存可燃性液体、可燃及助燃气体、液化烃的储罐，应有足够的安全距离，设置必要的消防设施、防护堤（防火堤）、防雷装置、监控仪表等防护设施。

5.8.2 运输的基本要求

5.8.2.1 原则

a) 采用能排除危险和有害因素的运输方法；

b) 选用具备安全、卫生条件的运输工具；

c) 使运输、装卸工作机械化和自动化。

5.8.2.2 要求

a) 生产使用的危险和有害的液态、气态和粉状物料，应尽量采用不受该物料侵蚀的管道输送。采用容器输送时，应符合有关规定，确保安全；

b) 运送重量较大的生产物料、产品和剩余物料时，应采用机械吊装输送，并掌握车辆，道路环境等情况，以确保输送安全；

c) 输送危险化学品时，应符合配装规定，专车专用，并有明显标志；

d) 对输送管线、设备和工具应定期进行维护、保养和检修；

e) 装卸、运输方法应符合 GB 4387 和有关标准要求，或根据作业特点和环境条件，编写专门的装卸、运输作业安全规程。

5.9 人员选择

5.9.1 对人员的基本要求

a) 凡参加生产的各类人员，均需进行职业适应性选择，其心理、生理条件应满足工作性质要求；

b) 从事接触职业病危害作业的人员应当按照国务院卫生行政部门的规定进行上岗前、在岗期间和离岗时的职业健康检查，其健康状况应符合工作性质要求。

5.9.2 对人员的技能要求

a) 参加生产的各类人员，应掌握本专业及本岗位的生产技能，并经安全、卫生知识培训和考核，合格后方可上岗工作；

b) 了解或掌握生产过程中可能存在和产生的危险和有害因素，并能根据其危害性质、途径和程度（后果）采取防范措施；

c) 了解本岗位的工作内容以及与相关作业的关系，掌握完成工作的方法和措施；

d) 掌握消防知识和消防器材的使用及维护方法；

e) 掌握个体防护用品的使用和维护方法；

f) 掌握应急处理和紧急救护的方法；

g) 特种作业人员应按照国家有关规定经专门的安全作业培训，取得特种作业操作资格证书，方可上岗作业。

6 安全卫生防护技术措施

6.1 基本要求

a) 能预防生产过程中产生的危险和有害因素；

b) 能处置危险和有害物，并降低到国家规定的限值内；

c) 能从作业区排除危险和有害因素；

d) 能预防生产装置失灵或操作失误时产生的危险和有害因素；

e) 发生意外事故时，能为遇险人员提供自救条件。

6.2 防护用品

6.2.1 企业应当按照 GB 11651 和国家颁发的劳动防护用品配备标准以及有关规定，为从业人员配备劳动防护用品。

6.2.2 企业为从业人员提供的劳动防护用品，应符合国家标准或行业标准，不得超过使用期限。

6.2.3 企业应当督促、教育从业人员正确佩戴和使用劳动防护用品。

6.2.4 从业人员在作业过程中，应按照安全生产规章制度和劳动防护用品使用规则，正确佩戴和使用劳动防护用品；未按规定佩戴和使用劳动防护用品的，不得上岗作业。

6.2.5 企业应当建立健全劳动防护用品的采购、验收、保管、发放、使用、报废等管理制度。

6.3 防火防爆

6.3.1 具有火灾爆炸危险的生产过程，应综合考虑防火防爆措施和报警系统，合理选择和配备消防设施。

6.3.2 有可燃性气体和粉尘的作业场所，应采取避免产生火花的措施；应有良好的通风系统，通风空气不应循环使用。

6.3.3 下列具有火灾爆炸危险的工艺装置、设备和管道，必要时应根据介质特点设置惰性气体和蒸气等置换和保护设施：

a) 易燃固体物质的粉碎、研磨、筛分、混合以及粉状物的输送；

b) 可燃气体混合物的生产和处理过程；

c) 输送易燃液体；

d) 具有火灾爆炸危险的装置，设备的停车检修处理。

6.3.4 电缆应按有关规定采取阻火措施。

6.3.5 在易于产生静电的场所，根据生产工艺要求、作业环境特点和物料的性质应采取相应的消除静电措施。对下列设备管线应作接地处理：

a) 生产、储存、装卸和输送液化石油气、可燃气体、易燃液体的设备和管道；

b) 用空气干燥、掺合、输送可燃的粉状塑料、树脂及其他易产生静电集聚的物料的厂房、设备和管道；

c) 在绝缘管线上配置的金属件等；

d) 其他。

6.3.6 重要的控制室、计算机房、技术档案室、配电间、贵重设备和仪器室等，应备有火灾自动报警装置，必要时设置自动灭火系统。

6.4 防尘防毒防窒息

6.4.1 生产过程中散发的尘、毒应严加控制，以减少对人体和生产设施造成的危害。生产车间和作业环境空气中的有毒有害物质的浓度，不得超过国家标准或有关规定。

6.4.2 对毒物泄漏可能造成重大事故的设备，应有应急防护措施。

6.4.3 对生产中难以避免的生产性粉尘，应采取有效的防护、除尘、净化等措施和监测装置。

6.4.4 对生产中难以避免的生产性毒物，应加强监测，采取有效的通风、净化和个体防护措施：

a) 加强对设备、设施、管线和电缆的检查、维修，防止跑、冒、滴、漏；

b) 进入有毒物的容器和通风不良的作业区进行作业前，应先进行处理，经采样分析合格后，方可进入。同时，应有监护和必要的应急防护措施；

c) 对尘、毒环境中的作业人员，应严格执行休息、就餐、洗漱及污染衣物的洗涤管理制度。

6.4.5 进入受限空间作业前，应针对作业内容，对受限空间进行危害识别和风险评估，制定相应的作业程序及安全措施。

6.5 防辐射

6.5.1 电离辐射装置的设计、建造，应符合有关标准和规范的规定。

6.5.2 凡从事具有电离辐射的作业或作业环境中存在电离辐射影响时，应按有关规定进行防护。

6.5.3 对封闭性放射源外照射的防护，应根据剂量强度、照射时间以及与照射源的距离，采取有效的防护措施。

6.5.4 对内照射的防护，应制定必要的规章制度，采用生产过程密封化、自动化或远距离操作。

6.5.5 对操作和使用放射线、放射性同位素仪器和设备的人员，应按有关规定进行防护。

6.5.6 放射源库、放射性物料及废料堆放处理场所，应有安全防护措施，并应设有明显的标志、警示牌和禁区范围。

6.5.7 使用激光的作业环境，禁止使用产生镜面反射的材料，光通路应设置密封式防护罩。

6.5.8 高频、微波、激光、紫外线、红外线等非电离辐射作业，除合理选择作业点外，应按危害因素的不同性质，采取屏蔽辐射源、加强个体防护等相应的防护措施。

6.5.9 凡从事具有电磁辐射的作业或作业环境中存在电磁辐射影响时，应按 GB 8702 等有关规定进行防护。

6.6 防作业环境气象异常

6.6.1 除工艺、作业、施工过程的特殊需要外，应防止气温、气压、气湿、气流对人员的不良作用。

6.6.2 根据生产特点，采取相应措施，保证车间和作业环境的气象条件符合防寒、防暑、防湿的要求。

6.6.3 根据寒暑季节和生产特点，对室外、野外作业，采取防寒保暖、防雨、防风、防雷电、防湿和防暑降温措施，并设置休息场所。

6.7 防噪声

6.7.1 具有生产性噪声的车间应尽量远离其他非噪声作业车间、行政区和生活区。

6.7.2 噪声较大的设备应尽量将噪声源与操作人员隔开；工艺允许远距离控制的，可设置隔声操作(控制)室。

6.7.3 工作场所操作人员每天连续接触噪声 8 h，噪声声级卫生限值为 85 dB(A)。对于操作人员每天接触噪声不足 8 h 的场合，可根据实际接触噪声的时间，按接触时间减半，噪声声级卫生限值增加 3 dB(A)的原则，确定其噪声声级限值，但最高限值不得超过 115 dB(A)。工作地点噪声声级的卫生限值应遵守表 1 的要求：

表 1 工作地点噪声级的卫生限值

日接触噪声时间/h	卫生限值/[dB(A)]
8	85
4	88
2	91
1	94
1/2	97
1/4	100
1/8	103
最高不得超过 115 dB(A)	

6.8 安全标志和报警信号

6.8.1 凡容易发生事故的地方，应按 GB 2894 的要求设置安全标志，或在建(构)筑物及设备上按 GB 2893 的要求涂安全色。

6.8.2 在易发生事故和人员不易观察到的地方、场所和装置，应设置声、光或声光结合的事故报警信号。

6.8.3 生产场所、作业点的紧急通道和出入口，应设置醒目的标志。

6.8.4 设备和管线应按有关标准的规定涂识别色、识别符号和安全标识。

6.9 其他防护技术措施

7 安全卫生管理措施

7.1 基本要求

企业应实施以保证生产过程安全、卫生为目标的现代化管理。发现、分析和消除生产过程中的各种危险和有害因素；制定相应的安全、卫生标准和必要的规章制度；建立应急救援体系；对各类人员进行安全、卫生知识的培训、教育，防止发生事故和职业病，避免各种损失。

7.2 安全、卫生管理机构

7.2.1 按国家有关规定，建立健全安全、卫生专职管理机构和管理网，配备专职和兼职管理人员。

7.2.2 各级安全、卫生管理机构，按国家及有关部门规定的职能和职责，检查、监督和贯彻国家、部门下达的指令和规定，制定必要的规章制度，实行全面、系统的标准化管理。

7.3 安全、卫生管理制度

企业应根据本标准和国家有关规定制定如下安全、卫生管理制度：

a) 安全、卫生目标管理制度；
b) 安全生产责任制；
c) 岗位安全操作规程；
d) 重大危险源管理制度；
e) 特种设备及特种作业人员管理制度；
f) 危险化学品管理制度；
g) 易燃易爆场所、重点部位管理制度；
h) 安全、卫生技术措施实施计划；
i) 安全投入实施计划；
j) 事故调查、分析、报告、处理制度；
k) 安全、卫生培训、教育制度；
l) 安全评价、职业病危害评价制度；
m) 事故应急救援预案；
n) 相关方管理制度；
o) 安全设施管理制度；
p) 职业卫生管理制度；
q) 其他安全、卫生管理制度。

7.4 其他安全、卫生管理措施

ICS 37.040.20
G 80

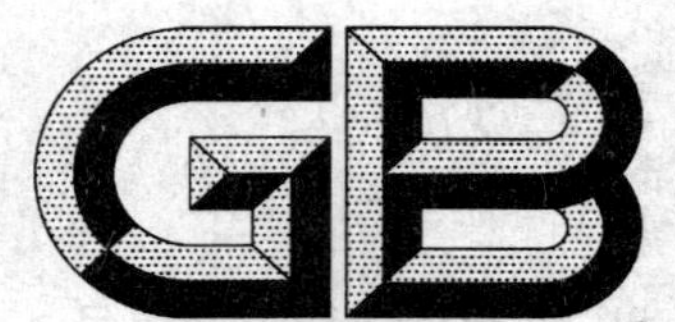

中华人民共和国国家标准

GB/T 12823.1—2008/ISO 5-1:1984
代替 GB/T 12823—1991

摄影 密度测量 第1部分：术语、符号和表示法

Photography—Density measurement—
Part 1:Terms,symbols and notations

（ISO 5-1:1984,IDT）

2008-09-24 发布 2009-05-01 实施

中华人民共和国国家质量监督检验检疫总局
中国国家标准化管理委员会 发布

前 言

GB/T 12823《摄影 密度测量》分为四个部分：

——第1部分：术语、符号和表示法；

——第2部分：透射密度的几何条件；

——第3部分：光谱条件；

——第4部分：反射密度的几何条件。

本部分为GB/T 12823的第1部分。

本部分等同采用ISO 5-1:1984《摄影——密度测量——第1部分：术语、符号和表示法》(英文版)。

本部分等同翻译ISO 5-1:1984。技术内容与ISO 5-1:1984保持一致。

为便于使用，本部分做了以下编辑性修改：

a) “ISO 5的本部分”一词改为“GB/T 12823的本部分”；

b) 用小数点“.”代替作为小数点的逗号“,”；

c) 删除ISO 5-1:1984的前言；将ISO 5-1:1984的引言直接译为本部分的引言；

d) 规范性引用文件的引导语改为GB/T 1.1—2000规定的引导语。

本部分代替GB/T 12823—1991《摄影密度测量的术语符号、坐标系和函数表示法》。

本部分与GB/T 12823—1991相比，主要变化如下：

——将标准名称按国际标准名称翻译，从原来的《摄影密度测量的术语、符号、坐标系和函数表示法》改为《摄影 密度测量 第1部分：术语、符号和表示法》；

——增加了前言和引言；

——为了能更清晰地理解标准内容，对“范围”内容进行了明确的规定；

——增加了“规范性引用文件”一章，在引用标准中，国际标准已经转化为我国国家标准的，引用国家标准，未转化的直接引用国际标准(见本版第2章)。

本部分由中国石油和化学工业协会提出。

本部分由全国感光材料标准化技术委员会(SAC/TC 102)归口。

本部分起草单位：中国计量科学研究院、山东省潍坊市计量测试所。

本部分主要起草人：陈锐、韩杰、李在清。

本部分所代替标准历次版本发布情况为：

——GB/T 12823—1991。

引　言

物体和相片反射透射特性的测量对于摄影学和光学是基本的。当光或其他辐射能量打到一个物体,它或者被吸收或者传输。传输可能涉及反射、透射、折射、衍射、散射、荧光和偏振。被传输的光分布在物体周围的各个方向。在大多数的应用中,不必考虑分布在每一方向的光,仅考虑离开物体并被接受器如人眼响应的那一方向的光。

物体调制从源到接受器的辐射能量流。辐射能量流的时间率称为辐射通量或简称通量。国际标准提供了在任意系统中描述通量调制测量的方法。为精确规定这样一个系统,必须给定系统的几何特性、入射至被测样品的通量的光谱分布和接受器的光谱响应度。如果源和接受器的反射特性影响测量,如在乳白玻璃法的透射测量中那样,特性必须规定。

样品光阑定义了所考虑的样品面积。在一些应用中,如果样品有可察觉的非均匀,采样孔尺寸是重要的,必须规定。如果测量要量化在给定的实际应用中样品调制通量的方法,如观察或接触印相,测量的光谱条件和几何条件必须模拟实际应用中的条件。

在大多数实际应用中,透射或反射传输通量;有时可能涉及它们的组合或其他传输模式。在这种情况下,该过程用“传输”这一通用术语表示。

测量调制量并将其表示为无量纲的、等于通量比的调制系数;既在一定方向的传输和限制光谱范围的通量与某些参考通量的比值。参考通量可能是入射通量,移开样品时传输通过系统的通量;或者当一个参考标准取代该样品时传输通过系统的通量。对某些应用,对数标尺的调制测量比算术比例的更有用。通常采用以 10 为底的调制系数的负对数定义的光学密度。

由于国际标准确认传输的三种模式(其一是通用模式“传输”),三种参考通量和二个数学形式,18 个不同的调制测量。给每一个量一个名称和一个符号。给这些定义所需要的每一种通量一个名称和一个符号。

以前的标准已经定义了光学密度的各种类型,提供了一些容易规定的类型的符号。用简单的术语规定几何上可能认为是极端情况的某些安排,如漫射或镜反射。尽管经常可以近似它们,这些理想化的极端情况在实际中从未复现。长期以来,一直需要更接近实际以及极端情况的规定几何条件的标准方法。在国际标准中的规定系统满足所有情况,允许精确描述它们。

用于摄影和其他光学系统的多数几何安排可以被方便和适当地按圆锥为边界的均匀通量束描述。这样的锥形分布经常辐照样品的一个点。到达感应器的射线束的几何形式通常是锥状的。例如,眼睛的瞳孔对应样品上一点构成一个锥立体角。在投影系统中,投影透镜弦对着该样品点上的锥立体角。国际标准用锥的半角和它的轴向规定了锥分布。

要获得透射和反射基准测量,通常需要辐射学的经验知识。在良好的辐射学实践中,例如采用合适的档屏和某些样品适度发黑可最小化杂散光的影响。因为辐射学的原理与实践在文献已知并完整地描述,在本部分中不必考虑提供辐射学过程的详细规定。

摄影　密度测量　第1部分：术语、符号和表示法

1　范围

GB/T 12823的本部分规定了描述测量样品调制辐射通量程度的几何条件和光谱条件的术语、符号、坐标系，适用于摄影学和辐射学。它主要为测量或规定摄影材料的透射和反射特性的描述方法提供一个系统。

注：除用在正式ISO语言的术语外，国际标准给出德语等效术语。按ISO/TC 42技术委员会的要求已经包括了它们，并应成员体的要求用德语，F.R.(DIN)出版。可是，作为ISO的术语和定义，只能考虑在正式语言中给出的术语和定义。

2　规范性引用文件

下列文件中的条款通过GB/T 12823的本部分的引用而成为本部分的条款。凡是注日期的引用文件，其随后所有的修改单(不包括勘误的内容)或修订版均不适用于本部分，然而，鼓励根据本部分达成协议的各方研究是否可使用这些文件的最新版本。凡是不注日期的引用文件，其最新版本适用于本部分。

GB/T 11500—2008　摄影　密度测量　第2部分：透视密度的几何条件(ISO 5-2:2001,IDT)

GB/T 11501—2008　摄影　密度测量　第3部分：光谱条件(ISO 5-3:1995,IDT)

GB/T 12823.4—2008　摄影　密度测量　第4部分：反射密度的几何条件(ISO 5-4:1995,IDT)

ISO 31/6　光的量和单位以及相关的电磁辐射

CIE出版物　17号(E-1.1)1970,国际光词汇

CIE出版物　38号(TC-2.3)1977,材料光辐射特性及其测量

3　术语和定义

ISO 31/6、CIE出版物17号(E-1.1)1970、CIE出版物38号(TC-2.3)1977等确立的以及下列术语和定义适用于本部分。

3.1

入射通量　influx

形容表示入射在试样表面或采样孔上的辐射通量的词。

3.2

出射通量　efflux

形容表示出自试样表面或采样孔并且被接受器评价的辐射通量的词。

3.3

辐射通量　radiant flux

Φ

单位时间穿过的辐射能。用脚标区分不同的通量类型。

3.4

入射通量　incident flux

Φ_i

入射在试样被测面积限定的采样孔上的通量。

3.5

吸收通量　absorbed flux

Φ_a

被测样品吸收的通量。

3.6

传输通量　propagated flux

Φ_ψ

被试样传输到某些方向上而且是有用光谱区的辐射通量。该通量是通过透射、反射、折射、衍射、荧光或者它们之间组合传输的。

3.6.1

总传输通量　total propagated flux

Φ_ψ'

被试样传输到所有方向上和所有光谱区的辐射通量。可能是总透射通量 Φ_τ'，或者是总反射通量 Φ_ρ'。

3.6.2

反射通量　reflected flux

Φ_ρ'

从试样被照表面出来的通量，它包括被反射散射传输的通量。它可能伴随吸收过程而产生荧光。

3.6.3

透射通量　transmitted flux

Φ_τ'

透过试样，从表面出来而不是入射通量投射其上的通量。

3.6.4

参比标准传输通量　reference standard propagated flux

$\Phi_{\psi e}$

与试样相同位置的参比标准传输的通量。

3.6.5

参比标准反射通量　reference standard reflected flux

$\Phi_{\rho e}$

处于试样相同位置的参比标准反射的通量。

3.6.6

绝对参比反射通量　absolute reference reflected flux

$\Phi_{\rho A}$

与试样处于相同位置的完全漫反射体反射的通量。

3.6.7

参比标准透射通量　reference standard transmitted flux

$\Phi_{\tau e}$

与试样处于相同位置的参比标准透射的通量。

3.6.8

寄生通量(杂散光)　xtraneous flux

Φ_x

不遵循仪器规定的光程到达探测器的通量。

3.7

孔径通量　aperture flux

Φ_j

在移去试样但不干扰系统其他部分时，从采样孔某些方向和有用光谱区出来的通量。

4　符号

为了方便和鼓励采用摄影学和辐射度学范畴的符号，列出在国际标准中表示和定义的符号。对于在 CIE 国际照明词汇中定义和本部分表示的符号，已经采用相同的符号。

A[1]　吸收的

J[1]　孔径

i[1]　入射的

ψ[1]　传输比的

ψ'[1]　总传输的

τ[1]　透射的

τ'[1]　总透射的

e[1]　参比标准体

A[1]　绝对标准

R　相对的

Φ[2]　通量

D[2]　光学密度

ψ　传输比

ρ[2]　反射比

τ[2]　透射比

P　传输因数

R　绝对反射因数

T　透射因数

S　入射通量光谱

s　探测器的光谱响应度

V[2]　标准光度观察者

CIE A CIE　标准施照体 A

G　入射通量的几何条件

g　出射通量的几何条件

K　正圆锥半角

θ　极坐标角或俯仰角

η　方位角或天顶角

E　辐照度

Π　光谱乘积

λ[2]　辐通量的波长

1）在 1970 版的 CIE 国际照明词汇，这些测量表示为“透射密度”和“反射密度”。计划在第四版将其改变为“透射比密度”和“反射比密度”。

2）这些测量可能还表示为“透射因数密度”和“反射因数密度”。

5 通量调制测量

表1中给出了各种通量调制测量的术语、符号和定义公式。

表1 通量调制测量

算法(调制因数 m)		对数(光学密度 D)	
术语	公式	术语	公式
透射比	$\tau=\Phi_\tau/\Phi_i$ (1)	透射比[1]密度	$D_\tau=-\lg\tau$ (2)
反射比	$\rho=\Phi_\rho/\Phi_i$ (3)	反射比[1]密度	$D_\rho=-\lg\rho$ (4)
传输比	$\psi=\Phi_\psi/\Phi_i$ (5)	传输比密度	$D_\psi=-\lg\Psi$ (6)
透射因数	$T=\Phi_\tau/\Phi_j$ (7)	透射[2]密度	$D_T=-\lg T$ (8)
反射因数	$R=\Phi_\rho/\Phi_{\rho A}$ (9)	反射[2]密度	$D_R=-\lg R$ (10)
传输因数	$P=\Phi_\psi/\Phi_j$ (11)	传输密度	$D_P=-\lg P$ (12)
相对透射因数	$T_r=\Phi_\tau/\Phi_{\tau e}$ (13)	相对透射密度	$D_{Tr}=-\lg T_r$ (14)
相对透射因数	$R_r=\Phi_\rho/\Phi_{\rho e}$ (15)	相对反射密度	$D_{Rr}=-\lg R_r$ (16)
相对传输因数	$P_r=\Phi_\psi/\Phi_{\psi e}$ (17)	相对传输密度	$D_{Pr}=-\lg P_r$ (18)

6 坐标系

图1给出了描述影响光学透射和反射测量的几何因数的坐标系。确定入射或出射通量的几何模式时选定的参考系统,称为坐标系。把影响光学透射和反射程度的几何因素的坐标系绘在图1中。把坐标系的 XY 参考平面选取在试样测量面或有用表面上,而坐标原点放在待测面积的中心。Z 轴与入射通量的矢量方向一致,即它垂直于参考平面。光线与 Z 轴之间的夹角叫做俯仰角 θ。

入射光线与反射光线的俯仰角应从 Z 轴的负方向算起。透射光线与传输光线的俯仰角应从 Z 轴的正方向算起。光线的方位角是在 XY 平面内量得的 ϕ 角,它是从正 X 轴反时针方向到光线在 XY 面内的投影量得的。于是光线的方向由坐标 θ 和 ϕ 给定。角 ϕ 小于 360°,角 θ 等于或小于 180°,通常小于 90°。

光线方向角的脚标与通量脚标相对应,也就是说入射的用 i,反射的用 ρ,透射的用 τ,传输的用 ψ,如下所示:

θ_i,θ_τ 和 θ_ψ

如果必须考虑试样的厚度,那么出射通量分布可以使用第二坐标系,它的原点 O' 设在沿正 Z 轴与厚度相应的确定距离 h 作一位移,即 $X'=X,Y'=Y,Z'=Z-h$,以相应的方式规定其角度。

在采样孔相对于试样运动的系统中,孔运动的标准方向应与 X 轴的正方向一致,称该采样孔为扫描孔。

因为在多数情况下,入射通量分布与探测器的响应度分布图可用一个圆锥加以充分描述,系统给在图2中。它是图1的扩展。图中指出了坐标系。

通量束和接收器响应度分布的正圆锥半角被称为 K,其脚标的使用与前面相同。如果达到二个以上的圆锥,则用脚标表示其数目,例如 K_{e1} 和 K_{e2},且用 $K=90°$ 表示半球的角分布。

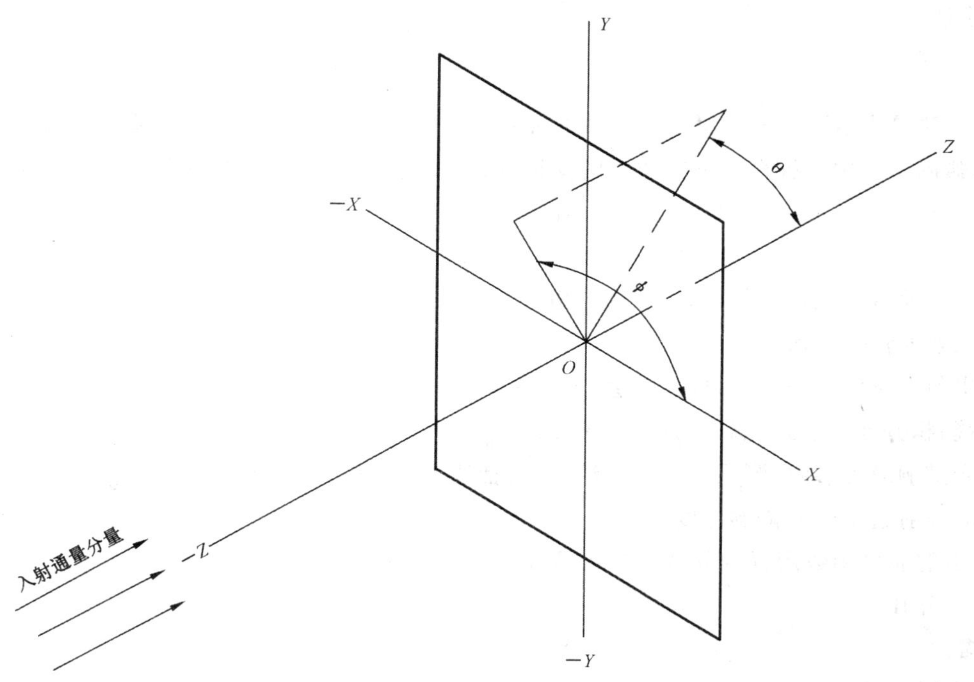

图 1 描述影响光学透射和反射测量的几何因数的坐标系

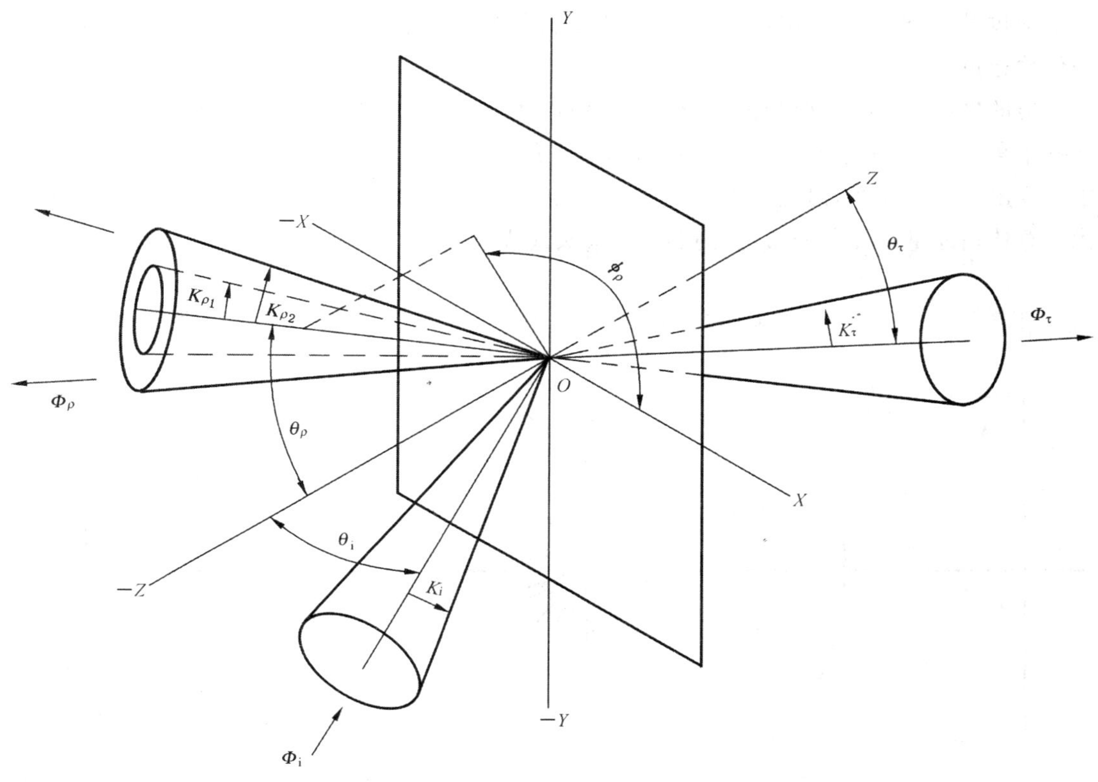

图 2 按圆锥角描述分布的坐标系和角变换

7　函数表示法

7.1　概述

函数表示法是表示可测量及其相关参数的关系的一种工具。量的符号后面紧跟各种参数的符号，且放在圆括弧内。利用这种符号可把透射密度和测量（或使用）条件的依赖关系写成如下形式：

$$D_{T}(G;S:g;s)$$

其中：

G——入射通量的几何条件，即辐照度的角分布；

S——入射通量的光谱分布；

g——出射通量的几何条件，即接收系统的效率相对于原点 O 的角分布。该系统包括滤光器、透镜、积分球、乳白玻璃，或其他光学元件；

s——光谱响应度，即探测系统对来自试样（包括滤光器、透镜、积分球、乳白玻璃或其他光学元件）的辐射通量的光谱响应度。

入射和出射通量函数用冒号分开。几何函数与光谱函数用分号分开。在 5.2 中介绍的几何函数的角参数用逗号分开。

7.2　几何描述

入射和出射通量的几何条件如图 3 所示。

辐亮度和响应度的角分布是用变长度的矢量表示的。该矢量代表不同角度下的相对值，勿需知道其绝对值。在图中表示的总传输通量 Φ_{ψ}'的一部分才被探测器收集。这就是测量的透射通量。该测量值依赖于响应度分布 $S(\theta,\phi)$。例如，它依赖于光电器件面上的响应度分布，或者依赖于透镜的不同环带收集和传输通量的方式。

图 2 给出的坐标系描述入射和出射通量的几何性质。在实际情况下，入射和出射通量的几何性质可用正圆锥半角 K 与锥轴方向 θ 和 ϕ 加以描述，所有角度均以度为单位。

图中箭头虽不代表光线，但是代表矢量分布。照明器上的箭头应代表入射通量的几何分布，试样上的箭头代表总传输通量的几何分布，探测器上的箭头代表响应度的几何分布。

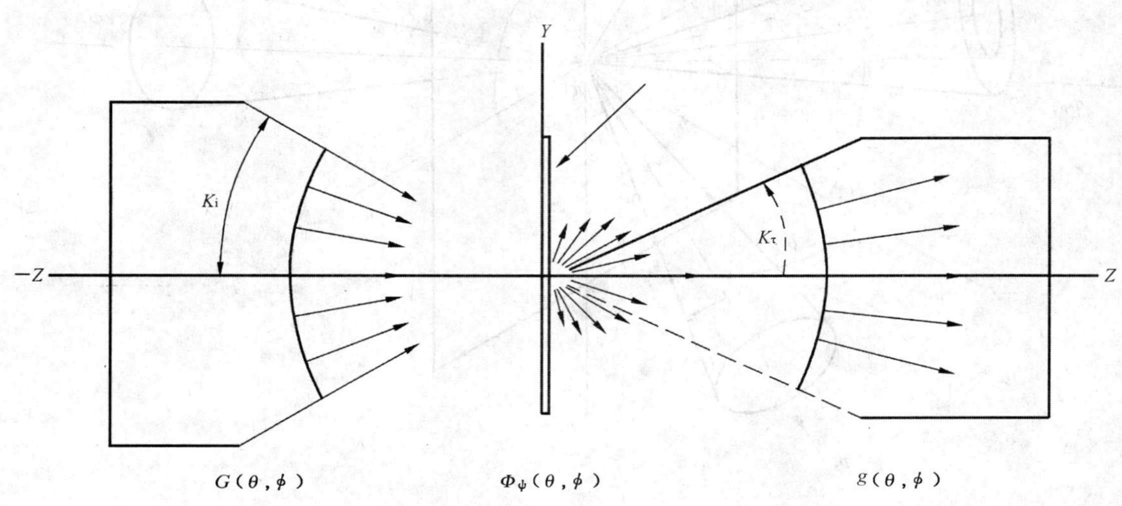

图 3　总传输通量 ϕ_{ψ}、入射通量几何条件 G 和出射通量几何条件 g

7.2.1 单锥

在单正圆锥的情况下，其函数表示如下：

$G=K_i,\theta_i,\phi_i$（入射）

$g=K_\rho,\theta_\rho,\phi_\rho$（反射）

$g=K_\tau,\theta_\tau,\phi_\tau$（透射）

7.2.2 垂直条件

在许多的摄影应用中，都是垂直地照明试样中心和垂直进行观察；在反射情况下，通量分布在锥轴垂直于试样的两个圆锥轴之间，即 $\theta_i=\theta_\rho=\theta_\tau=0$，如果 $\theta=0$，ϕ 是不确定的，则为了方便起见，它们都可以略掉，于是在多数情况下，几何条件可以用入射几何条件的一个角度和出射几何条件的一个角度加以充分规定。对于透射密度，其表示法为 $D_T(K_i;S:K_\tau;s)$。例如，入射通量是漫射的，而且用积分球获得，则它的表示法为 $D_T(90°;S:K_\tau;s)$。

当用乳白色玻璃作为漫射照明或者漫射收集的工具时，存在这样一种特殊情况，乳白玻璃和试样之间的相互反射影响试样测得的密度，对于这种情况应采取特殊表示法，当乳白玻璃用在照明系统上，$K_\tau=90°$乳白。当乳白玻璃用在收集系统上，则 $K_i=90°$乳白。它相应的透射密度应表示为 D_T(90°乳白；$S:K_\tau;s$)和 D_T(K_i；90°乳白；s)。

在 $\theta=0$，用 ϕ 的范围被给定时，这个范围不是参照圆锥轴，而是参照锥内分布的方位角。这种特殊的约定，在描述反射测量时特别有用。

7.2.3 环形区

在一些标准测量系统中，通量被均匀地入射在两个共轴圆锥之间的环形区域里，或者在这样两个圆锥之间均匀地收集出射通量。在这种情况下，把反射密度表示为 $D_R(K_{i1}\sim K_{i2};S:K_\rho;s)$，或者 $D_R(K_i;S:K_\rho\sim K_\rho;s)$。

7.2.4 相加区或相减区

当一个角度对着的弦是由两个以上连续区形成的。则可能过使用加号“+”来描述它。例如，$K_{i1}\sim K_{i2}+K_{i3}\sim K_{i4}$。同样，可使用减号“－”表示相减区域，例如，0°～360°－170°～190°。

7.2.5 出射通量坐标系的移动

如果要在 Z 轴距离原点为 h 处建立描述出射通量的第二坐标系，则按第 6 章所述，距离 h 可表示在两个冒号之间，而且这个符号组可按如下形式替换通常的单冒号：

$D_T(K_i;S:h:K_\tau;s)$

7.3 光谱条件的描述

7.3.1 入射光谱

入射通量光谱是光源的函数，也是试样之前调制入射通量的光学元件的函数。

在照相科学中，许多有用的光谱功率分布都可用分布温度（以 K 为单位）满意地描述。其他的某些标准光源，例如 CIE 标准施照体 A，或者磷光体 P-11 可以用符号加以规定，如果入射光谱近乎单色的，则可用 nm 为单位的波长表示。

如果使用其他的光谱分布，必须指明其符号，并给出光谱功率分布。

7.3.2 探测器的光谱响应度

探测器的光谱响应度不仅包括光电探测器件的响应度，也包括调制到达探测器那部分通量的任何光学元件的光谱响应。

可以使用一些符号表示标准化的光谱响应度。诸如用 V 表示视觉的，用 P_2 表示普通使用的照相纸，用 S-4 表示光电倍增管这类器件。如果把光谱响应度限制在窄谱带内，即近乎单色的，则可用波长表示它。表示窄带的一般符号是 λ。如果使用其他光谱响应函数，必须指明其符号，并给出光谱响应函数。

7.3.3 光谱乘积

入射通量光谱 S 与探测器的光谱响应度 s 在每一波长上的乘积是波长的函数，而且叫做仪器的光谱乘积；它用符号 Π 表示，其意义 $\Pi = S \cdot s$。

如果待测材料或光学元件没有荧光或其他辐射，允许把 S 和 s 从规定的函数中分离开，只要组合函数的光谱乘积与用两个规定函数得到的光谱乘积相同。可让探测系统的滤光器补偿入射光谱对规定函数的偏离，如果发现试样或光学元件有可查觉的荧光，一般是不允许的。若试样有荧光，则调制测量值将与入射光谱有关，应另外规定光谱乘积。

7.4 参比标准

欲表明一种测量相对于实际参比标准而不是理想的标准进行的，则将参比标准的符号放在参数表的末端，且用符号/与出射参数分开，如 $D_{\mathrm{Te}}(G;S:g;s/e)$，或 $D_{\mathrm{Re}}(G;S:g;s/e)$。在摄影科学中，最经常使用的参比标准是硫酸钡，支持体或支持体加灰雾，分别用符号 $BaSO_4$，“b”和“bf”表示。也可赋予其他标准以其他符号，或者使用合适的普通符号 e。

通过绝对反射因数 R_{A} 的量值容易比较不同场所和不同时间的测量结果。也就是这个值是以理想的完全漫反射体作参比标准测得的。但这种测量几乎总是相对于一个实际标准进行的，也就是说，测量值是相对反射因数值 R_{r}。试样的绝对反射因数 R_{A}，是从试样的相对反射因数 R_{r} 和参比标准的绝对反射因数 R'_{A} 通过公式 $R_{\mathrm{A}} = R_{\mathrm{r}} \times R'_{\mathrm{A}}$ 计算出来的。一些用作参比标准的实际材料的绝对反射因数已由国家计量实验室测量公布。

7.5 函数表示法举例

透射密度的函数表示法($R_{\mathrm{r}}90°$;CIE A:10°;V)意味着入射通量均匀地分布在整个半球的所有角度上，其光谱分布为 CIE 标准施照体 A。这个表示法还说明，在圆锥轴与试样法线夹 5°角的半锥角内均匀分布的通量被一个响应度正比于标准明视觉光谱光视效率函数的探测器所评价。

反射因数的函数表示法 R(40°～50°;CIE A:5°;V)意味着入射通量均匀分布在俯仰角 40°～50°的所有方位角内。且具有 CIE 施照体 A 的光谱功率分布。它还表明，在俯仰角 0°～50°的所有方位角内的通量被响应度正比于标准明视觉光谱光视效率函数的探测器均匀地评价。

参 考 文 献

[1] WALSH J. W. T. Photometry, New York, Dover Publications, 1965, 3rd ed. (London, Constable and Co., 1958, 3rd ed.)

[2] JEDEC Publication No. 16, Optiv-cal Characteristics of Cathode Ray Screens. Washington, D. C, Joint Electronic device Engineering Council, 1960

[3] JEDEC Publication No. 50, Relative Spectral Response Data for Photosensitive Devices("S" Curves). Washington, D. C, Joint Electronic device Engineering Council, 1964

[4] GRUM, F., and LUCKEY G. W., Optical sphere paint and a working standard of reflectance. Applied Optics, Vol. 7, No. 11

[5] BUDDE, W., Standards of reflectance. Journal of the Optical Society of America, Vol, No. 3, Mar. 1960, pp. 217-220

[6] MCCAMY, C. S., Concepts, Terminology and Notation for Optical Modulation, Photographic Science and Engineering, Vol, 10, No. 6, Nov. -Dec. 1966

ICS 37.040.20
G 80

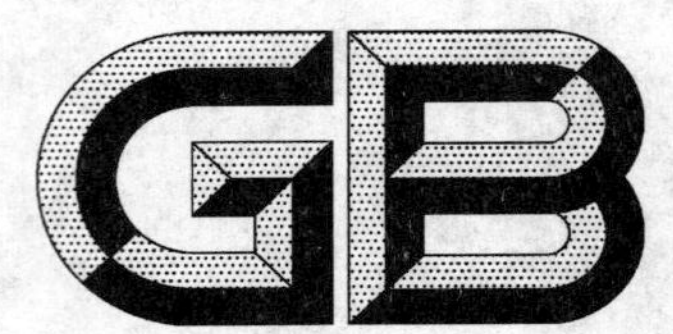

中华人民共和国国家标准

GB/T 12823.4—2008/ISO 5-4:1995
代替 GB/T 12822—1991

摄影 密度测量 第4部分:反射密度的几何条件

**Photography—Density Measurement—
Part 4:Geometric conditions for reflection density**

(ISO 5-4:1995,IDT)

2008-09-24 发布 2009-05-01 实施

中华人民共和国国家质量监督检验检疫总局
中国国家标准化管理委员会 发布

前　　言

GB/T 12823《摄影　密度测量》分为4个部分：

——第1部分：术语、符号和表示法；

——第2部分：透射密度的几何条件；

——第3部分：光谱条件；

——第4部分：反射密度的几何条件。

本部分为GB/T 12823的第4部分。

本部分等同采用ISO 5-4:1995《摄影——密度测量——第4部分：反射密度的几何条件》(英文版)。

本部分等同翻译ISO 5-4:1995。

为便于使用，本部分做了以下编辑性修改：

a) “ISO的本部分”一词改为“GB/T 12823的本部分”；

b) 用小数点“.”代替作为小数点的逗号“,”；

c) 删除ISO 5-4:1995的前言，将ISO 5-4:1995的引言直接翻译作为本部分的引言；

d) 规范性引用文件的引导语改为GB/T 1.1—2000规定的引导语。

本部分修订并代替GB/T 12822—1991《摄影反射密度测量的几何条件》。

本部分与GB/T 12822—1991相比，主要变化如下：

——将标准名称按国际标准名称翻译，从原来的《摄影反射密度测量的几何条件》改为《摄影　密度测量　第4部分：反射密度的几何条件》；

——增加了前言和引言；

——为了能更清晰地理解标准内容，对“范围”的内容进行了明确的规定；

——增加了“规范性引用文件”一章，在引用标准中，国际标准已经转化为我国国家标准的，引用国家标准；

——“术语和定义”进行了扩充，为了应用的一致性和意义更明确，增加部分术语；

——标准阐明了衬底材料光学特性对反射密度测量的影响原因，规定了衬底材料的视觉反射密度。

——附录A推荐了衬底材料的应用方法和常用样品的光学参数；

——附录B从定义上强调反射比和反射因数的区别。

本部分的附录A和附录B为资料性附录。

本部分由中国石油和化学工业协会提出。

本部分由全国感光材料标准化技术委员会(SAC/TC 102)归口。

本部分起草单位：中国计量科学研究院，广东省计量科学研究院。

本部分主要起草人：陈锐、朱峻青、李再清。

本部分所代替标准历次版本发布情况为：

——GB/T 12822—1991。

引　　言

GB/T 12823 的本部分定义了反射密度测量的几何条件，它们与观察反射摄影和印刷产品的实际情况相似。它特别要求照明印刷品的角度与法线之间的夹角在 40°～50°之间，观察角沿法线方向。这些条件可以减少表面光泽并使图像的密度范围最大化。常常将其称之为环 45°：0°（或 0°：45°）几何条件。

本部分定义的几何条件是要模拟 45°照明条件下观察样品或拍摄样品。垂直照明和 45°收集几何条件在设计测量仪器中有某些工程方面的优点。交换几何条件目前对测量结果没有影响。因此，在本标准中涵盖上述两种几何安排。

除非本部分中另有说明，通常样品应与衬底材料接触。衬底材料应无光谱选择性、漫反射（感觉不到镜反射）并且其反射密度为 1.50±0.20。只有证明在测试某些特殊样品时，采用不同衬底材料所得到的测量结果相同时，衬底材料的反射密度偏离才是允许的。这种证明当然是测量密度时的负担。

用于在线过程控制的测量需要有一个共识：根据可接受的并且通常针对目前生产任务制定该过程。虽然，对于在线闭环控制系统并不重要，但是这些标准通常是有用的。由于应用条件千变万化，标准不可能涵盖所有实际应用条件。

摄影　密度测量
第4部分:反射密度的几何条件

1　范围

GB/T 12823的本部分规定了测量相纸和印刷制版材料反射密度的几何条件。

本部分规定了各个方位角的照明条件。这种测量对于条纹表面的定向反射不敏感。本部分不涵盖采用偏振光的测量条件。

本部分适用于加工后的相纸材料的反射特性测量,也可应用于其他材料的相同特性测量。

本部分由下述三项主要功能:

a) 采用可溯源至基本物理现象并具有数据的标准物质,有助于密度计或用于密度测量的光谱光度计的校准和检定;

b) 为需要说明的测量、组织之间的相互交流和合同一致性,提供明确测量基础;

c) 为解决系统之间的似乎不同的测量数据提供仲裁功能。

2　规范性引用文件

下列文件中的条款通过GB/T 12823的本部分的引用而成为本部分的条款。凡是注日期的引用文件,其随后所有的修改单或修订版均不适用于本部分,然而,鼓励根据本部分达成协议的各方研究是否可使用这些文件的最新版本。凡是不注日期的引用文件,其最新版本适用于本部分。

GB/T 12823.1—2008　摄影　密度测量　第1部分:术语、符号和表示法(ISO 5-1:1984,IDT)。

GB/T 11501—2008　摄影　密度测量　第3部分:光谱条件(ISO 5-3:1995,IDT)。

3　定义

下列术语和定义适用于本部分。

3.1

反射因数　reflectance factor

R

样品的反射通量(Φ_Q)与代替该样品的完全漫反射材料的反射通量(Φ_{QA})之比,见式(1):

$$R=\frac{\Phi_Q}{\Phi_{QA}} \quad \cdots\cdots(1)$$

3.2

反射密度　reflection density

反射因数密度　D_R

以10为底的反射因数倒数的对数(见附录B)见式(2):

$$D_R=\lg\frac{1}{R}=-\lg R \quad \cdots\cdots(2)$$

4　ISO标准反射密度

4.1　入射和出射几何条件

反射测量应采用环状照明器和垂直定向接收器或垂直定向照明器和环状接收器。这两种模式分别称为“环入射模式”和“环出射模式”。环入射模式如图1所示。如果将表示通量方向的箭头反转,“入射”和“出射”标记相互交换，图 1 可表示环出射模式。

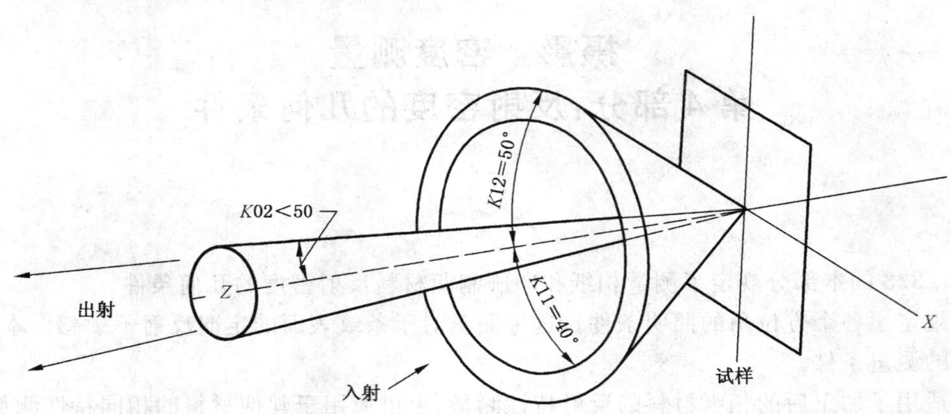

图 1 环入射模式的几何图

可按环形分布和垂直定向分布在几何上描述这些模式。分布可能是辐亮度分布或响应度分布。响应度分布包括接收器中所有光学元件的影响。

4.2 采样孔

仪器光学系统的几何状态限定了对样品定义区域的测量，此区域称为采样孔。采样孔应由探测器所探测的角度范围确定。如果在试样平面内用一个机械孔径，其面积应大于采样孔，它的边界至少应超过采样孔边界 2 mm。

探测器对辐射的响应度在采样孔和环绕区域内的每一点应相同，区域之外点的响应度为零。一个小的稳定辐射源放在采样孔及其环绕区域的不同点上的探测器响应，可测量探测器的响应度。源面积的最大值等于采样孔面积的十分之一。

辐射源位于采样孔内任一点的响应不应小于最大响应的 90%。采样孔周围区域任一点的响应不应大于采样孔内得到的最大响应的 0.1%。

采样孔的最大尺寸取决于用于测量反射因数或反射密度的接收光学系统的大小。只要采样孔内每一点都满足 4.4 和 4.5 中规定的角度条件，采样孔可以是任何尺寸。但是它不能小到必须考虑颗粒度、试样表面结构和衍射效应。对于非均匀性样品，应该规定采样孔的尺寸。

4.3 照射面积

样品的被照射面积应大于采样孔，其边界应至少超过采样孔的边界 2 mm。理想情况下，全部被照射面积的辐照度应是均匀的。用形状与采样孔相似且尺寸不大于采样孔四分之一的光电探测器测量辐照度的变化。被照区域内任一点的辐照度至少是最大照度值的 90%；测量均匀样品时，均匀性不好影响不大；但是，它是非均匀样品测量的重要误差源。

4.4 环形分布

入射辐亮度分布或响应度分布的最大值应在垂直于采样孔中心的夹角 45°的方向上；垂直于采样孔上任一点的夹角小于 40°或大于 50°的分布应忽略不计。在 ISO 5-1 描述的函数表示法中，符号 G 以及 K_{i1} 和 K_{i2} 表示入射通量环状分布。

测量这种入射分布的方法如下：放置一个小孔，它在样品平面内的接收锥角不大于 1°，以给定的距离和尺寸适合的探测器测量各个方向通过该小孔的通量。

测量这种响应度分布的方法如下：在样品平面放置一个小孔，以给定的距离和尺寸适合的探测器测量各个方向通过该小孔的通量；移动光源以各种角度照射接收器，记录相应的响应值。

如果样品在自身的平面内旋转，其反射特性不变，环内的照度或响应度分布不必均匀。可是，对于某些材料，例如模拟表面纤维结构而模压成型的材料，如果环内的照度或响应度分布不均匀，测得的密度值可能与方位角有关。

4.5 垂直定向分布

入射辐亮度分布或响应度分布的最大值应在采样孔中心且垂直于采样孔的方向上；距法线方向5°以外的采样孔上任一点的分布应忽略不计。两种模式的分布测量方法见4.4。

4.6 杂散辐射

应采用如清洁光学元件、加适当的挡屏、朝向样品的表面黑化处理以及丰富的光度学经验等方法将杂散辐射减至忽略不计。

4.7 衬底材料

报告ISO标准反射密度时，样品应牢固定位于测量平面并与满足下述特性的衬底材料接触：

a) 非光谱选择性：400 nm～700 nm波长区间的光谱漫反射密度的变化范围不应超过同一区间平均密度的5%；

b) 漫反射性：在典型室内照明条件下任意角度观测样品，感觉不到镜反射；

c) 具有1.50±0.20的ISO视觉反射密度（参见附录A）。

在特殊的被测样品上，如果可以证明其他衬底给出相同测量结果，允许偏离上述标准；不透明样品的衬底不是关键因素，不需要满足这些标准。

注：可能有一些实际应用需要采用“白”衬底。当向外发布这一密度时，应说明衬底的光谱选择性、漫射性、荧光特性以及ISO反射密度等。

4.8 参比标准

基于与完全漫反射体的关系定义ISO标准反射密度。由于这种理想材料不存在，在校准中，常采用如陶瓷板、硫酸钡等作为标准材料。应知道标准材料和理想材料之间的密度关系，并用于确定ISO标准反射密度。密度计制造厂商和国家标准化实验室通常提供此类标准材料的ISO标准反射密度。

5 表示法

按照上述规定得到的密度值称为“ISO标准反射密度”，或简称“ISO反射密度”。用函数式表示为：D_R(40°～50°;S:5°;s)或D_R(5°;S:40°～50°;s)。式中S和s分别定义为入射通量光谱特性和光探测器系统光谱特性。

定义光谱条件的形容词应放在词“反射”之前（即ISO视觉反射密度）。测量反射密度的光谱条件在ISO 5-3中规定。

附 录 A
（资料性附录）
衬底材料

A.1 黑色衬底

在确定反射密度时，必须规定用于样品背后的材料特性。对于 ISO 反射密度，本部分要求衬底材料无光谱选择性、漫反射（感觉不到镜反射）和 ISO 视觉反射密度为 1.50±0.20。这一选择是要减少衬底材料引入的读数变化。这对计量和过程控制是重要的，因为用于摄影、印刷和出版的多数样品通常不是完全不透光的，在支持体反面的文字或图像会影响测量，有时会很大。与低密度衬底相比，高密度衬底可大大减少来自光谱中性、密度和物理要求的与保持衬底表面相关的问题。值得注意是经验表明找到一种比本部分规定所允许的密度高、稳定性好的表面不光滑的材料是困难的。因此，如果衬底材料的密度高于 1.7，很可能表面漫射性已经损坏，一些镜反射不在密度计的接收锥角内，应及时更换衬底。

不采用黑色衬底材料所导致的被测密度值的影响随着纸张变薄和透射密度（无图像）减小而增加。PSI 对这种影响的初步研究表明，在无图像区域的最差的情况下，用白色衬底和黑色衬底测量的纸样品的密度，纸样品的透射密度为 0.3 时，密度差为 0.05；纸样品的透射密度为 1.2 时，密度差为 0.002。随图像密度的增加，密度差显著减小。

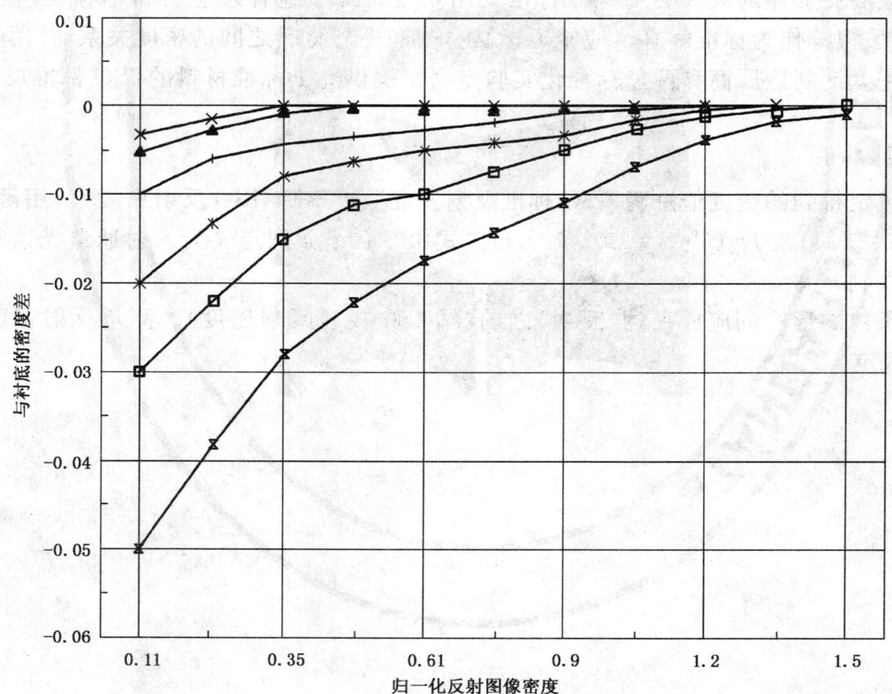

× 衬底——1.3D；
▲ 衬底——1.1D；
ı 衬底——0.9D；
⁎ 衬底——0.7D；
□ 衬底——0.5D；
⧗ 白衬底。

图 A.1 不同衬底材料的反射密度差
（原纸透射密度＝0.30）

图 A.1 的曲线簇表示出不带图像的原纸带来的两种影响,纸版的透射密度为 0.30。当光谱中性的标称反射密度从 0.11 增至 1.5,表示出六个不同衬底的密度差。用于此项研究的白板是非荧光白色陶瓷板,反射比为 89%;黑色衬底是 GCA(Graphic Communication Association)黑纸,与 ANSI/ISO 的要求一致。

为了对纸张的透射密度有实际的深入了解,PSI 评价了几种纸,发现薄纸,例如用于圣经印刷或多层复印的,透射密度为 0.30;75 g/m²(20 lb)的白色布纹胶印纸的透射密度为 0.60;300 g/m²(80 lb)的涂塑卡片原纸为 0.90;450 g/m²(120 lb)的卡片原纸为 1.2。此项研究表明:虽然曲线形状有差异,相纸具有类似的形式。

了解了黑色衬底使测量变化为最小,下述情况使用标准黑色衬底特别重要:

a) 仪器校准(注意用于密度设置的校准板应在背面附有黑色衬底,除非板自身是不透明的);

b) 施工规范(例如按规定目标印刷施工),除非指定不同的衬底;

c) 工业规范(例如按规定目标印刷杂志广告类的产品),除非指定不同的衬底;

d) 不同组织不同地点之间的测量数据交流,除非指定不同的衬底。

A.2 白色衬底

在实际应用中有黑色衬底不适用的情况。例如,对于高度半透明(实际上透明)纸张,因为在非图像区域显示出黑色衬底,很难区分图像区域和非图像区域(即 D_{max} 和 D_{min} 之间)。

除此之外的其他内部应用,如操作员正在与印样或另一印刷纸比较评价图像,黑衬底会使得印刷图像看上去略有不同,可能不适用。另一通用的做法是在样品下放一张或几张没印刷的原纸。

在这些情况下,操作员想采用"白"衬底,其反射密度不大于 0.08、光谱非选择性、漫反射(感觉不到镜反射)、不透明(视觉漫透射密度大于 4.0)以及非荧光(当用密度计照明激发时,在所用响应带内无发射)。可是这种密度不是 ISO 标准反射密度。在报告中衬底特性应与密度值放在一起。

附 录 B
（资料性附录）
反射比密度与反射因数密度

本部分所指的密度不是反射比密度而是反射因数密度(或简称反射密度)。因此,注意反射比和反射因数之间的差异很重要。

a) 反射比定义为反射通量与入射通量之比;

b) 反射因数是一个表面的反射通量与在相同照明和探测的几何和光谱条件下完全漫反射材料的反射通量之比。

反射因数计算见式(B.1):

$$R=\frac{\Phi_Q}{\Phi_{QA}} \qquad \cdots\cdots(B.1)$$

反射密度(或反射因数密度)计算见式(B.2):

$$D_R=-\lg R \qquad \cdots\cdots(B.2)$$

应注意由于某些样品包含荧光材料,有可能在一定光谱条件下这种样品有大于1.0的反射因数。

ICS 83.040.20
G 49

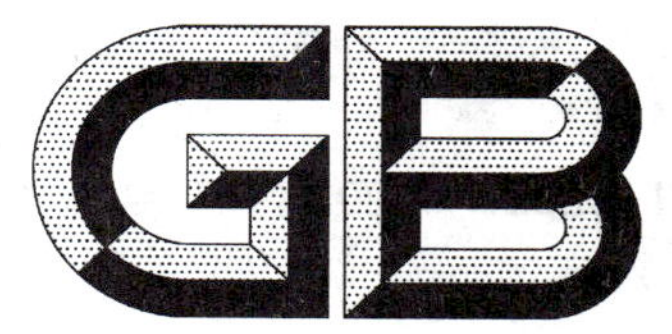

中华人民共和国国家标准

GB/T 12827—2008
代替 GB/T 12827—1991

标准参比乙炔炭黑及鉴定方法

Standard reference acetylene blank and standard practice for evaluation

2008-06-18 发布　　2009-02-01 实施

中华人民共和国国家质量监督检验检疫总局
中国国家标准化管理委员会　发布

前　言

本标准代替 GB/T 12827—1991《标准参比乙炔炭黑及鉴定方法》。

本标准与 GB/T 12827—1991 相比主要变化如下：

a） 增加了“前言”和“警告”语；

b） 规范性引用文件中采用了最新版本的标准编号和标准名称；

c） 增加了“意义”(本版第 3 章)；

d） 本版的章条编号“4～10”分别对应于 1991 年版的“3～9”；

e） 将 1991 年版 SRABR1 的测试项目“比电阻，kΩ·cm”修改为“电阻率，Ω·m”，标准值“0.20±0.03”修改为“2.0±0.3”(本版的表 1)；

f） 按 GB/T 3781.8 最新版本“盐酸吸液量测试方法”的变化，表 1 中 SRABR1 盐酸吸液量标准值由(4.2±0.3)cm^3/g 修改为(4.0±0.3)cm^3/g(本版的表 1)；

g） 1991 年版的行、列平均值上下控制限及标准偏差公式有误，本版进行了更正(1991 年版的 7.3、7.7，本版的 8.3、8.7)；

h） 删除了“认定”的内容(1991 年版第 9 章)；

i） 删除了 1991 年版的“附加说明”。

本标准由中国石油和化学工业协会提出。

本标准由全国橡胶与橡胶制品标准化技术委员会炭黑分技术委员会(SAC/TC 35/SC 5)归口。

本标准负责起草单位：中橡集团炭黑工业研究设计院。

本标准主要起草人：聂素青、邓毅。

本标准所代替标准的历次版本发布情况为：

——GB/T 12827—1991。

标准参比乙炔炭黑及鉴定方法

警告——使用本标准的人员应有正规实验室工作的实践经验。本标准并未指出所有可能的安全问题。使用者有责任采取适当的安全和健康措施,并保证符合国家有关法规规定的条件。

1 范围

本标准规定了标准参比乙炔炭黑1号(SRAB1)的主要理化性能的标准值、生产的质量控制要求及测试其均匀性的标准方法。

本标准适用于标准参比乙炔炭黑的鉴定和定值,也可适用于校正试验仪器。

2 规范性引用文件

下列文件中的条款通过本标准的引用而成为本标准的条款。凡是注日期的引用文件,其随后所有的修改单(不包括勘误的内容)或修订版均不适用于本标准,然而,鼓励根据本标准达成协议的各方研究是否可使用这些文件的最新版本。凡是不注日期的引用文件,其最新版本适用于本标准。

GB/T 3780.1　炭黑　第1部分:吸碘值试验方法(GB/T 3780.1—2006,ASTM D 1510:2003,Standard Test Method for Carbon Black-Iodine Adsorption Number,MOD)

GB/T 3780.7　炭黑　第7部分:pH值的测定(GB/T 3780.7—2006,ASTM D 1512:1995 Standard Test Methods for Carbon Black-pH Value,MOD)

GB/T 3780.8　炭黑　第8部分:加热减量的测定(GB/T 3780.8—2002,ISO 1126:1992 Rubber compounding ingredients—Carbon black—Determination of loss on heating,MOD)

GB/T 3780.10　炭黑　第10部分:灰分的测定(GB/T 3780.10—2002,ISO 1125:1999 Rubber compounding ingredients—Carbon black—Determination of ash,NEQ)

GB/T 3781.5　乙炔炭黑　第5部分:粗粒分的测定(GB/T 3781.5—2006,ISO 1437:1992 Rubber compounding ingredients—Carbon black—Determination of sieve residue,MOD)

GB/T 3781.6　乙炔炭黑　第6部分:视比容的测定

GB/T 3781.8　乙炔炭黑　第8部分:盐酸吸液量的测定

GB/T 3781.9　乙炔炭黑　第9部分:电阻率的测定

GB/T 3782　乙炔炭黑(GB/T 3782—2006,JIS K1469—1989,NEQ)

3 意义

3.1 本标准用来保证各批标准参比乙炔炭黑都是按同一标准步骤评价的。

3.2 本标准用来确定用作标准参比乙炔炭黑的产品的理化性能的标准值。

4 标准参比乙炔炭黑的标准值

SRAB 1的标准值如表1。

表 1　SRAB 1 的标准值

项　　目	标准值	试验方法
pH 值	6.9±0.2	GB/T 3780.7
加热减量(质量分数)/%	0.2±0.2	GB/T 3780.8
灰分(质量分数)/%	0.2±0.2	GB/T 3780.10
粗粒分(质量分数)/%	$0.01^{+0.02}_{0}$	GB/T 3781.5
视比容/cm^3/g	14±2	GB/T 3781.6
吸碘值/g/kg	94±2	GB/T 3780.1
盐酸吸液量/cm^3/g	4.0±0.3	GB/T 3781.8
电阻率/Ω·m	2.0±0.3	GB/T 3781.9

5　生产及质量控制

5.1　生产厂应严格控制生产工艺，连续生产出质量均匀并符合 GB/T 3782 的乙炔炭黑。

5.2　生产厂应对生产出的乙炔炭黑进行充分混合，以使该批量乙炔炭黑质量进一步均匀。并通过实验室验证其质量的均匀性。

5.3　将包装好的乙炔炭黑分成 12 个批次，存放 30 d 以上。

6　采样

6.1　从每个批次中随机取出 1 袋，并按 1～12 的顺序编号。

6.2　从每袋中各取 200 g 试样，按对应号编号后分别送至 5 个以上实验室。

6.3　另取 200 g 前一个号的 SRAB 样品一并送至每个实验室同时进行试验。

7　试验方法

7.1　pH 值

按 GB/T 3780.7 进行。

7.2　加热减量

按 GB/T 3780.8 进行。

7.3　灰分

按 GB/T 3780.10 进行。

7.4　粗粒分

按 GB/T 3781.5 进行。

7.5　视比容

按 GB/T 3781.6 进行。

7.6　吸碘值

按 GB/T 3780.1 进行。

7.7　盐酸吸液量

按 GB/T 3781.8 进行。

7.8　电阻率

按 GB/T 3781.9 进行。

7.9　每天测一个样品连续测 12 d。

8 试验结果的统计分析

8.1 将各实验室不同编号试样的每个试验结果分别记录在统计分析表(见表2)中。

表2 统计分析表

试样编号	实验室编号	1	2	…	i	…	L	$\overline{X}_R$	S_R
1									
2									
…									
j									
…									
N									
$\overline{X}_C$								$\overline{\overline{X}}=$	$\overline{S}_R=$
S_C									$\overline{S}_C=$

8.2 按式(1)至(7)计算,分别得到$\overline{X}_R$、S_R、$\overline{\overline{X}}$、$\overline{X}_C$、S_C、$\overline{S}_R$和$\overline{S}_C$。并将这些计算结果填入表2中的相应位置。

计算公式如下:

行平均值 $$\overline{X}_R=\sum_i X/L \qquad (1)$$

行标准偏差 $$S_R=\sqrt{\sum_i(X-\overline{X}_R)^2/(L-1)} \qquad (2)$$

总体平均值 $$\overline{\overline{X}}=\sum_j \overline{X}_R/N \qquad (3)$$

列平均值 $$\overline{X}_C=\sum_j X/N \qquad (4)$$

列标准偏差 $$S_C=\sqrt{\sum_j(X-\overline{X}_C)^2/(N-1)} \qquad (5)$$

行平均标准偏差 $$\overline{S}_R=\sqrt{\sum_j S_R^2/N} \qquad (6)$$

列平均标准偏差 $$\overline{S}_C=\sqrt{\sum_i S_C^2/L} \qquad (7)$$

8.3 根据各试验方法的精密度数值,计算下述控制限。

行平均值上下控制限为:$\overline{X}_R\pm$试验方法的再现性

列平均值上下控制限为:$\overline{X}_C\pm$试验方法的重复性

8.4 如果表2中任一行的行平均值$\overline{X}_R$落在控制限(见8.3)以外,说明该行所代表的批量样品是不均匀的,应舍去该行数据。

8.5 如果表2中任一列的列平均值$\overline{X}_C$(即任一实验室的平均值)落在控制限(见8.3)以外,说明该列所对应的实验室存在明显的需要校正的问题,应舍去该实验室数据。

8.6 舍去不均匀样品的试验数据和不符合再现性要求的实验室试验数据后,对统计分析表留下的数据按式(1)至式(7)重新计算平均值和标准偏差。

8.7 根据式(3)、式(6)的计算结果,代入式(8)得到标准值(标准偏差)。

$$\overline{\overline{X}}\pm 2\overline{S}_R \qquad (8)$$

9 包装、标志与贮存、运输

9.1 每包净重10 kg,包装材料应能防潮、防污染,内袋为一层80 g/m^{2}牛皮纸,外袋为厚0.14 mm聚丙塑料袋,封口后,装入硬纸板箱。

9.2 标志、贮存和运输应符合GB/T 3782相应章条的规定。

使用单位分装SRAB 1时,应装入具塞广口玻璃瓶中贮存。

ICS 83.060
G 40

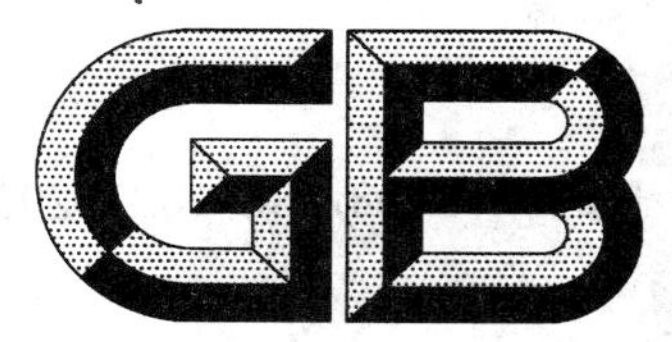

中华人民共和国国家标准

GB/T 12830—2008/ISO 1827:2007
代替 GB/T 12830—1991

硫化橡胶或热塑性橡胶与刚性板剪切模量和粘合强度的测定 四板剪切法

Rubber, vulcanized or thermoplastic—Determination of shear modulus and adhesion to rigid plates—Quadruple shear methods

(ISO 1827:2007, IDT)

2008-06-04 发布　　2008-12-01 实施

中华人民共和国国家质量监督检验检疫总局
中国国家标准化管理委员会
发布

前言

本标准等同采用 ISO 1827:2007《硫化橡胶或热塑性橡胶　与刚性板剪切模量和粘合强度的测定　四板剪切法》(英文版)。

本标准代替 GB/T 12830—1991《硫化橡胶与金属粘合剪切强度测定方法　四板法》。

本标准等同翻译 ISO 1827:2007。

为了便于使用,本标准做了下列编辑性修改:

a) ‘本国际标准’一词改为‘本标准’;

b) 删除国际标准的前言;

c) 在 11 章中单位 N/mm^2 统一用 MPa 表示;

d) 在本标准 6.1 节中增加一个条文注。

本标准与 GB/T 12830—1991 相比主要变化如下:

——修改了标准的名称;

——测定的对象从硫化橡胶扩展为硫化橡胶、热塑性橡胶;

——增加了剪切模量的测定方法(本版的 3.1、4.1、10.1、11.1、12.1);

——采用文字说明代替原 δ_{sh} 表示粘合强度,删去原 $S=1\times10^{-3}$ m^2 的取值(1991 年版的 8.1;本版的 11.2.1)。

本标准由中国石油和化学工业协会提出。

本标准由全国橡标委橡胶物理和化学试验方法标准化分技术委员会(SAC/TC 35/SC 2)归口。

本标准起草单位:上海橡胶制品研究所、北京橡胶工业研究设计院。

本标准主要起草人:李宪权、杨晨耘、谢君芳。

本标准所代替标准的历次版本发布情况为:

——GB/T 12830—1991。

硫化橡胶或热塑性橡胶
与刚性板剪切模量和粘合强度的测定
四板剪切法

警告——使用本标准的人员应有正规实验室工作的实践经验。本标准并未指出所有可能的安全问题,使用者有责任采取适当的安全和健康措施,并保证符合国家有关法规规定的条件。

注意事项——本标准涉及的一些操作可能使用、生成一些物质或产生废物而对当地的环境有污染影响,应制定使用后处置这些物质的适当的文件。

1 范围

本标准规定了测定在四块平行刚性板之间粘合的橡胶剪切模量以及橡胶与金属或其他刚性板粘合强度的试验方法。

方法 A 适用于橡胶剪切模量的测定。

方法 B 适用于橡胶粘合强度的测定。

本方法适用于在标准试验室的条件下制备的试样,试验结果也可为橡胶胶料和粘接剪切件的制作方法的研究和控制提供试验数据。

2 规范性引用文件

下列文件中的条款通过本标准的引用而成为本标准的条款。凡是注日期的引用文件,其随后所有的修改单(不包括勘误的内容)或修订版均不适用于本标准,然而,鼓励根据本标准达成协议的各方研究是否可使用这些文件的最新版本。凡是不注日期的引用文件,其最新版本适用于本标准。

GB/T 2941 橡胶物理试验方法试样制备和调节通用程序(GB/T 2941—2006,ISO 23529:2004,IDT)

ISO 5893:2002 橡胶与塑料拉伸、弯曲和压缩型(恒速移动)试验设备规范

3 术语

下列术语和定义适用于本标准。

3.1

剪切模量 shear modulus

按标准方法所规定的试件的橡胶部分粘接面积计算得到的剪切应力除以应力方向上的总剪切应变。

注 1:剪切应变(γ)是形变测量值的一半除以一块橡胶片即单片板厚度。

剪切应力(τ)是所施加的力值除以一块橡胶片即单片板双倍粘接面积的值。

注 2:制备的试件应保证粘接面的法向应力为零,这样的变形可以被认为是纯剪切状态下的变形。

注 3:本标准定义的剪切模量有时也被称为正割模量。

4 原理

4.1 方法 A 剪切模量的测定

方法原理是测定使标准尺寸试样达到预定的剪切形变值所需要的作用力。这种试样由四块橡胶片对称分布并粘合到四块平行板上组成。作用力平行于粘合面,而且通常不破坏试样,即作用力的最大值

略低于粘合强度。

4.2 方法 B 粘合强度的测定

方法原理是测定方法 A 中使试样破坏所需要的作用力。

5 试验设备

5.1 试验机

试验机应符合 ISO 5893 的要求，力值测量精度达到 ISO 5893 中规定的 1 级(见 ISO 5893:2002)。夹具移动的速度为 5 mm/min(方法 A)或 50 mm/min(方法 B)。

试验机应附有测量试样中橡胶形变的装置，测量精度为 0.02 mm。

5.2 定位装置

用于将试样固定在夹具中，定位装置的万向节确保所施加力准确对准作用中心线。

5.3 试验箱

试验箱能够提供选择或规定的温度(见第 9 章)，并符合 GB/T 2941 的规定。

6 试样

6.1 形状与尺寸

试样由四个长度为 25 mm±5 mm、宽度为 20 mm±5 mm 、厚度为 4 mm±1 mm 的尺寸相同的橡胶片组成。每个橡胶片的两个相对最大面分别与四块宽度相同、长度适宜的刚性板对应面相互粘合，形成一个对称的双夹层结构。在刚性板两自由端中心位置采用适宜的方法可与试验机的夹具配合相连，刚性板应有相当的厚度，避免试验时弯曲。典型的排列结构如图 1 所示。

注：推荐刚性板的厚度为 4.0 mm±0.1 mm。

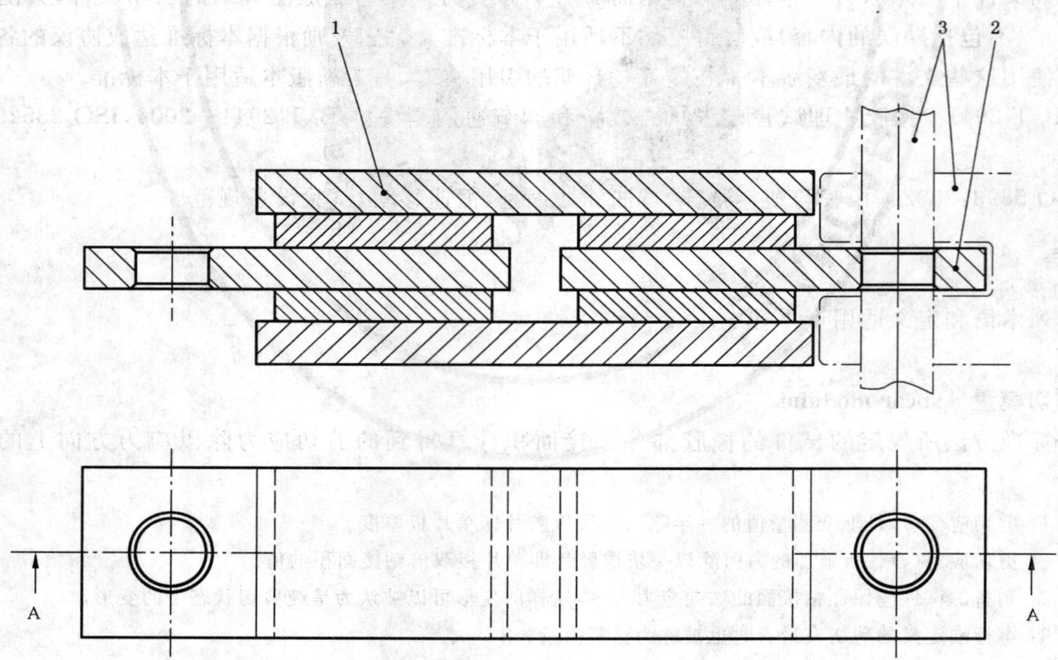

1——两块外板；

2——两块内板；

3——用于拉伸载荷的销和拉伸夹具。

图 1 试片排列结构

6.2 试样制备

6.2.1 刚性板制备

制备尺寸合适的长方体刚性板并按所使用的适用胶黏剂的应用要求进行处理。

6.2.2 采用未硫化橡胶料制备模压试样

采用平板硫化或传递模压法将适宜尺寸的橡胶胶料与制备刚性板模压成型。模压的温度与时间分别按试验胶料的要求进行。硫化结束后，小心地从模具中取出试样以避免试样粘合面受到过度的应力作用。

6.2.3 采用已模压成型橡胶块制备试样

同一试样的四块橡胶片可从同厚度的一块已模压成型的橡胶板上或橡胶制品上裁取。以上两种裁切制备的橡胶片应有统一的尺寸。所有尺寸偏差不超过±0.1 mm。

应采用高模量的胶黏剂将橡胶片与制备好的刚性板粘接。

6.3 试样数量

方法 A 试验试样为 3 个，方法 B 试样为 5 个。

7 试验与硫化之间的时间间隔

除非有其他技术原因的规定，试验与硫化之间的时间间隔应符合 GB/T 2941 的规定。

8 试样调节

8.1 当试验在 GB/T 2941 规定的标准实验室温度下进行，试样在试验前至少在该温度下调节 3 h。

8.2 当试验在低温或高温下进行，试样在试验前应有足够的调节时间以使试样达到规定的试验平衡温度，或者按试验材料或试验制品规范所规定的时间调节后立即进行试验。

9 试验温度

试验应在 GB/T 2941 规定的温度下进行。除有其他规定外，试验应在标准实验室温度下进行。

用于比较的目的，系列试验应在相同的温度下进行。

10 试验步骤

10.1 方法 A

10.1.1 测量试样中的橡胶片的尺寸，无论应用何种制备方法都需要满足 GB/T 2941 的规定。用模具硫化制备的试样可以用模具的尺寸作为试样粘接尺寸，分别测量模压试样与刚性板的厚度。对已成型橡胶片，在粘接前测量尺寸。

10.1.2 试样按第 8 章要求调节后，立即安装于试验机上，小心地使作用力方向与试样轴向自动对中。

某些试验可能需要进行机械调节。在这种情况下，连续施加 0%～30%应变 5 次循环的剪切载荷。在机械调节和后面的试验期间试样应保持相同的试验温度。

10.1.3 将试样安装于试验机上，立即在保持轻微的加载力(如取预计最大力值的 1%)条件下将加载力和形变调整为零。然后在夹具的移动速度为 5 mm/mim±1 mm/min 条件下施加递增拉力，直到最大应变的 30%为止，并记录力-形变曲线。

10.2 方法 B

10.2.1 测量试样中的橡胶片的尺寸，无论应用何种制备方法都需要满足 GB/T 2941 的规定。用模具硫化制备的试样可以采用模具测量的尺寸作为试样粘接面积，厚度根据测量刚性板与模压试样的差来确定。对预成型橡胶片制作试样，在粘接前测量尺寸。

10.2.2 试样按第 8 章要求调节后，应立即安装于试验机上，小心地使作用力方向与试样轴向自动对中。将试样装在夹具中 ，开动试验机使夹具按 50 mm/min±5 mm/min 速度拉伸试样 ，直至试样破坏为止。记录最大力值,并检查破坏面。

11 结果表述

11.1 方法 A

测定在25%应变条件下的剪切模量。

剪切应变(γ)按(1)式计算:

$$\gamma = d/2c \qquad \cdots\cdots(1)$$

式中:

d——试样的形变,单位为毫米(mm);

c——试样中一块橡胶片的厚度,单位为毫米(mm)。

25%应变时形变(d_{25})按(2)式计算:

$$d_{25} = 0.25 \times 2c \qquad \cdots\cdots(2)$$

从力-形变曲线测得25%形变时的力值(F_{25}),单位为牛顿(N)。

25%应变时的剪切应力(τ_{25})按(3)式计算,单位为兆帕(MPa):

$$\tau_{25} = F_{25}/2A \qquad \cdots\cdots(3)$$

式中:

F_{25}——加载力,单位为牛顿(N);

A——试样中一块橡胶片的粘合面积,单位为平方毫米(mm^2)。

剪切模量(G)按(4)式计算,单位为兆帕(MPa):

$$G = \tau_{25}/\gamma_{25} = \tau_{25}/0.25 \qquad \cdots\cdots(4)$$

计算三个试样剪切模量的平均值。

11.2 方法 B

11.2.1 按(5)式计算粘合强度(MPa),最大力值除以夹层结构一块刚性板粘合总面积。

$$粘合强度 = F_{max}/2A \qquad \cdots\cdots(5)$$

式中:

F_{max}——试样最大破坏力,单位为牛顿(N);

A——试样中一块橡胶片或刚性板的单面粘合面积,单位为平方毫米(mm^2)。

11.2.2 使用下列符号表示试样粘合破坏类型:

R:表示橡胶破坏;

RC:表示橡胶与涂层破坏;

CP:表示涂层与底涂破坏;

M:表示刚性板表面破坏。

12 试验报告

12.1 适用于方法 A

试验报告应包括下列内容:

a) 本标准的编号。

b) 采用的方法。

c) 试片的详细说明:

1) 识别混炼胶料所必需的全部信息;

2) 采用的粘合方法和(或)模压方法(直接硫化、粘合硫化、加压硫化、传递硫化、注模硫化等);

3) 硫化和(或)粘合固化的持续时间和温度;

4） 硫化和(或)粘合固化的日期。

d） 试验的详细说明：

1） 是否采用机械调节；

2） 试验温度；

3） 在本标准中未规定步骤的详细说明。

e） 试验结果：

1） 各个试验结果；

2） 剪切模量的平均值。

f） 试验日期。

12.2 适用于方法 B

试验报告应包括下列内容：

a） 使用的本标准编号；

b） 使用的方法；

c） 试片的详细说明：

1） 识别混炼胶料所必需的全部信息；

2） 刚性板的性质(材质、表面粗糙度等)；

3） 保证粘合所采用方法的有关细节(表面预处理、使用的粘合剂系统等)；

4） 采用的粘合方法和(或)模压方法(直接硫化、粘合硫化、加压硫化、传递硫化、注模硫化等)；

5） 硫化和(或)粘合固化的持续时间和温度；

6） 硫化和(或)粘合固化的日期；

d） 试验的详细说明：

1） 试验温度；

2） 在本标准中未规定步骤的详细说明；

e） 所有 5 个试样的试验结果，按 11.2.1 计算粘合强度值；

f） 试验日期。

ICS 83.060
G 40

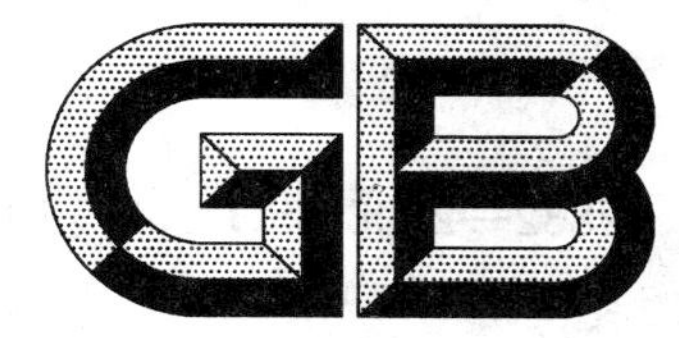

中华人民共和国国家标准

GB/T 12832—2008/ISO 3387:1994
代替 GB/T 12832—1991

橡胶结晶效应的测定　硬度测量法

Rubber—Determination of crystallization effects by hardness measurements

(ISO 3387:1994,IDT)

2008-04-01 发布　　2008-09-01 实施

中华人民共和国国家质量监督检验检疫总局
中国国家标准化管理委员会　发布

前言

本标准等同采用 ISO 3387:1994《橡胶 用测量硬度来测定其结晶效应》(英文版)。

本标准代替 GB/T 12832—1991《橡胶结晶效应的测定 硬度测量法》。

本标准等同翻译 ISO 3387:1994。在规范性引用文件中,GB/T 2941 等同采用 ISO 23529:2004,其同时代替 ISO 471、ISO 3383、ISO 4661-1,在技术内容上完全一致。

为便于使用,本标准还做了下列编辑性修改:

a) “本国际标准”一词改为“本标准”;

b) 用小数点“.”代替作为小数点的逗号“,”;

c) 删除国际标准前言。

本标准与 GB/T 12832—1991 相比主要变化如下:

——对规范性引用文件进行了调整。本版中规范性引用文件 GB/T 6031 同时取代 1991 年版中引用的标准 GB/T 6031、GB/T 9866、GB/T 11207,并已发布;用 GB/T 2941 同时取代 1991 年版中引用的标准 GB/T 2941、GB/T 9865、GB /T 9868(见第 2 章)。

——对选择试样厚度的尺寸作出了明确的规定。在本版中根据试样的硬度确定试样厚度的尺寸时,对橡胶试样的硬度范围作了明确的规定(见 5.1)。

——对硬度测量有了新的要求。在本版中,当采用方法 L 规定的仪器,且硬度超过 35 IRHD 时所得到的硬度值在 GB/T 6031 中给出了计算方法,而没有对初始硬度低于 85 IRHD 时的情况作出规定(见 6.1)。

——对试验温度下初始硬度的测量有了新的要求。本版中在试验温度下对初始硬度进行测量这一步骤不适用于初始硬度大于 85 IRHD 的材料(见 6.3)。

——增加了试验报告的内容(见第 9 章)。

本标准由中国石油和化学工业协会提出。

本标准由全国橡胶与橡胶制品标准化技术委员会橡胶物理和化学试验方法分技术委员会(SAC/TC 35/SC 2)归口。

本标准起草单位:中橡集团沈阳橡胶研究设计院。

本标准主要起草人:赵博丹、于凯江。

本标准所代替标准的历次版本发布情况为:

——GB/T 12832—1991。

橡胶结晶效应的测定　硬度测量法

1　范围

本标准规定了用硬度测量法来测定橡胶由于结晶而引起的随时间逐渐变硬的效应。它限定于在试验温度下初始硬度为 10 IRHD～85 IRHD 的材料。

本标准适用于生胶、未硫化(混炼)胶和硫化橡胶的测定。它主要适用于在低温下有明显结晶趋势的橡胶,如氯丁橡胶和天然橡胶。

本标准不适用于在试验温度下调节 15 min 之内达到相当高结晶度的快速结晶材料。

2　规范性引用文件

下列文件中的条款通过本标准的引用而成为本标准的条款。凡是注日期的引用文件,其随后所有的修改单(不包括勘误的内容)或修订版均不适用于本标准,然而,鼓励根据本标准达成协议的各方研究是否可使用这些文件的最新版本。凡是不注日期的引用文件,其最新版本适用于本标准。

GB/T 2941　橡胶物理试验方法试样制备和调节通用程序(GB/T 2941—2006,ISO 23529:2004,IDT)

GB/T 6031—1998　硫化橡胶或热塑性橡胶硬度的测定(10～100 IRHD)(idt ISO 48:1994)

3　原理

以下测定的物理量都是将试样放置在规定的温度下进行的:

a)　一定时间后硬度的增加值;

b)　硬度增加到规定值所需要的时间。

厚度不同的试样所测得的硬度值不一定相同,对比试验应在相同厚度的试样上进行。

数据计算的方法不同,报告的结果可能不同,因此不同方法得到的数值不应进行比较。

4　仪器

4.1　低温箱

根据 GB/T 2941 的规定,该低温箱用气体作为传热介质,其温度控制能力应保持在±1℃范围内。

整个操作和测量都在低温箱内进行,在进行操作时试样的温度也要保持在允许的变化范围内。这种操作可以用一个适当的装置来完成,允许操作者在外面操作低温箱内的仪器(例如:利用箱门上或箱壁上的手孔和手套进行操作)。

4.2　硬度计

硬度计应符合 GB/T 6031—1998 的规定。如果使用润滑剂,则应选用在试验温度下不能使仪器之间引起摩擦作用的润滑剂。

4.3　镊子或夹子

用来夹持试样。

4.4　手套

用来操作试验设备。

4.5　平板硫化机

用来制备生胶、未硫化(混炼)胶的试样。

5 试样

5.1 尺寸

试样的上、下表面应平直、光滑且互相平行。标准试样的厚度为 8 mm～10 mm，非标准试样可以厚些或薄些。但是，当试样的硬度值在 35 IRHD～100 IRHD 之间时，试样的厚度不应小于 4 mm；当试样的硬度值在 10 IRHD～35 IRHD 之间时，试样的厚度不应小于 6 mm。无论标准试样或非标准试样，其横向尺寸应使测量点与试样边缘的距离符合表 1 的规定。

表 1

单位为毫米

试样的总厚度	测量点与试样边缘的最小距离
4	7.0
6	8.0
8	9.0
10	10.0
15	11.5
25	13.0

5.2 硫化橡胶试样的制备

按照 GB/T 2941 的规定制备硫化橡胶试样。为了获得所需要的厚度，可将两块胶片叠加起来（但不应多于两片），其表面应平直且互相平行。

5.3 生胶和未硫化橡胶试样的制备

在制备生胶和未硫化（混炼）胶试样时，把适量的胶料放入经过预热的模腔内，在平板硫化机（见 4.5）上加热、加压一定的时间。

将仍在压力下的模型冷却到标准温度（见 GB/T 2941），再经过 15 min 后，卸压并取出试样。试样应无缺陷、无气泡。

要制备合适的试样，对模型的温度和加压时间有一定的要求，这些都与胶种有关。许多生胶适用于温度 150℃、加压 10 min 的条件下制备，而某些混炼胶适用于在 120℃、加压 3 min 的条件下制备试样。然而，有一些胶料则需要更长的时间和更高的温度来确保试样表面的光滑、平整。在任何情况下，都不要使用能引起早期硫化和降解的条件。

5.4 调节

5.4.1 硫化与试验之间的时间间隔

硫化与试验之间的时间间隔应符合 GB/T 2941 的规定。

5.4.2 解晶作用和调节

硫化橡胶试样、用生胶和未硫化（混炼）胶制备的试样，模压定型后保持 8 h 以上方可试验，再将试样放在 70℃ 恒温箱中加热 45 min，迅速解晶之后进行试验。然后将试样在标准实验室温度（见 GB/T 2941）下至少调节 30 min，但不应超过 60 min。

6 试验步骤

6.1 硬度测量

按照 GB/T 6031—1998 的规定进行硬度测量。每次测量都分布于试样表面上的 3 个或 5 个不同点上进行，取其中位数作为试验结果。每次测量点之间的距离至少要相距 4 mm。

整个试验过程应当采用同样的硬度计，根据在试验温度下的初始硬度来选用适当的硬度计。初始硬度在 10 IRHD～30 IRHD 时，应选用 GB/T 6031—1998 方法 L 规定的的仪器；初始硬度在 30 IRHD～80 IRHD 时，应选用 GB/T 6031—1998 方法 N 规定的仪器；硬度超过 80 IRHD 时，应选用 GB/T 6031—1998 方法 H 规定的仪器。如果采用方法 L 规定的仪器进行试验，当硬度超过 35 IRHD

时，这种特殊情况下所得到的硬度值是根据 GB/T 6031—1998 中的表 5 得到的，计算公式在其附录 A 中给出。

6.2 原始硬度的测量

首先要用标准实验室温度下调节过的试样和仪器来测定硬度。本步骤只提供附加信息，不能用来计算结晶效应。对于高塑性未硫化橡胶的样品，本步骤可以省略。

6.3 试验温度下初始硬度的测量

在规定的试验温度的低温箱中，硬度计和镊子或夹子至少要调节 60 min。

将试样放置在规定温度的低温箱中，15 min±1 min 后，用镊子或夹子夹取试样，戴手套进行操作，测量初始硬度值。这步测量不适用于初始硬度大于 85 IRHD 的样品。

注：这个试验过程中使用的硬度计是在标准条件下调节的，并且是在低温箱中进行操作。另外，还可以把硬度计的支架、底座放在低温箱外面，支架由一根低导热性的杆与低温箱内的压头连接。该类装置的结构应防止产生额外的摩擦作用。

6.4 结晶后硬度的测量

根据 6.1，在试验温度下放置规定时间后进行硬度测量。

注：全部测量完成后，用大约 40℃ 的循环热风吹干仪器。

7 试验温度和试验周期

7.1 温度

可选择下列温度进行试验：

23℃±2℃(标准温度)、27℃±2℃(标准温度)、10℃±1℃、0℃±1℃、−10℃±1℃、−25℃±1℃、−40℃±1℃、−55℃±1℃、−70℃±1℃

如果没有特殊规定，并已知最大结晶速度时的温度，应在接近该温度下进行试验。

注：现将人们所熟知材料在通常情况下，达到最大结晶速度时的温度列表如下：

橡胶类高聚物	最大结晶速度时的温度/℃
氯丁橡胶	−10
聚氨酯橡胶	−10
天然胶(1,4-顺式聚异戊二烯)	−25
二甲基硅橡胶	−25
1,4-顺式聚丁二烯	−55

7.2 周期

通常在试验温度下放置 $24_{-0.5}^{\ 0}$ h 和 $168_{-2}^{\ 0}$ h 后测量硬度。为了作出硬度与时间的关系曲线图，可在 24 h～168 h 之间测若干次硬度(建议在放置 48 h 和 96 h 时测量)。如果到 168 h 硬度仍在增加，则需要放置更长的时间。

如果在 $24_{-0.5}^{\ 0}$ h 测得的硬度比初始硬度增加 10 IRHD 以上时，则试验应在较短的周期再重复测量(建议使用 1 h，2 h，4 h 和 8 h)。

8 结果表示

8.1 当初始硬度与放置 $168_{-2}^{\ 0}$ h 时的硬度差值小于 10 IRHD 时，用该差值表示试验结果(见图 1 中的曲线 A)。当初始硬度与放置 $168_{-2}^{\ 0}$ h 时的硬度差值超过 10 IRHD 时，应将不同时间下的硬度读数对时间或对时间的对数坐标作图，逐点连接，绘出平滑的曲线。可以从曲线上得到硬度增加值为 10 IRHD 的相应时间(见图 1 中的曲线 B)。

若放置 $24_{-0.5}^{\ 0}$ h 时的硬度增加值超过 10 IRHD，则应在较短的时间间隔里测量硬度并绘图。

还可以用达到规定时间的硬度增加值，或硬度增加到规定值所需的时间表示(见图 1 中的曲线 C)。

8.2 为了科学起见，用初始硬度与最终硬度之差的二分之一所对应的时间表示(见图 1 中的曲线 D)。它表明了硬度发展到最终程度的时间趋势。

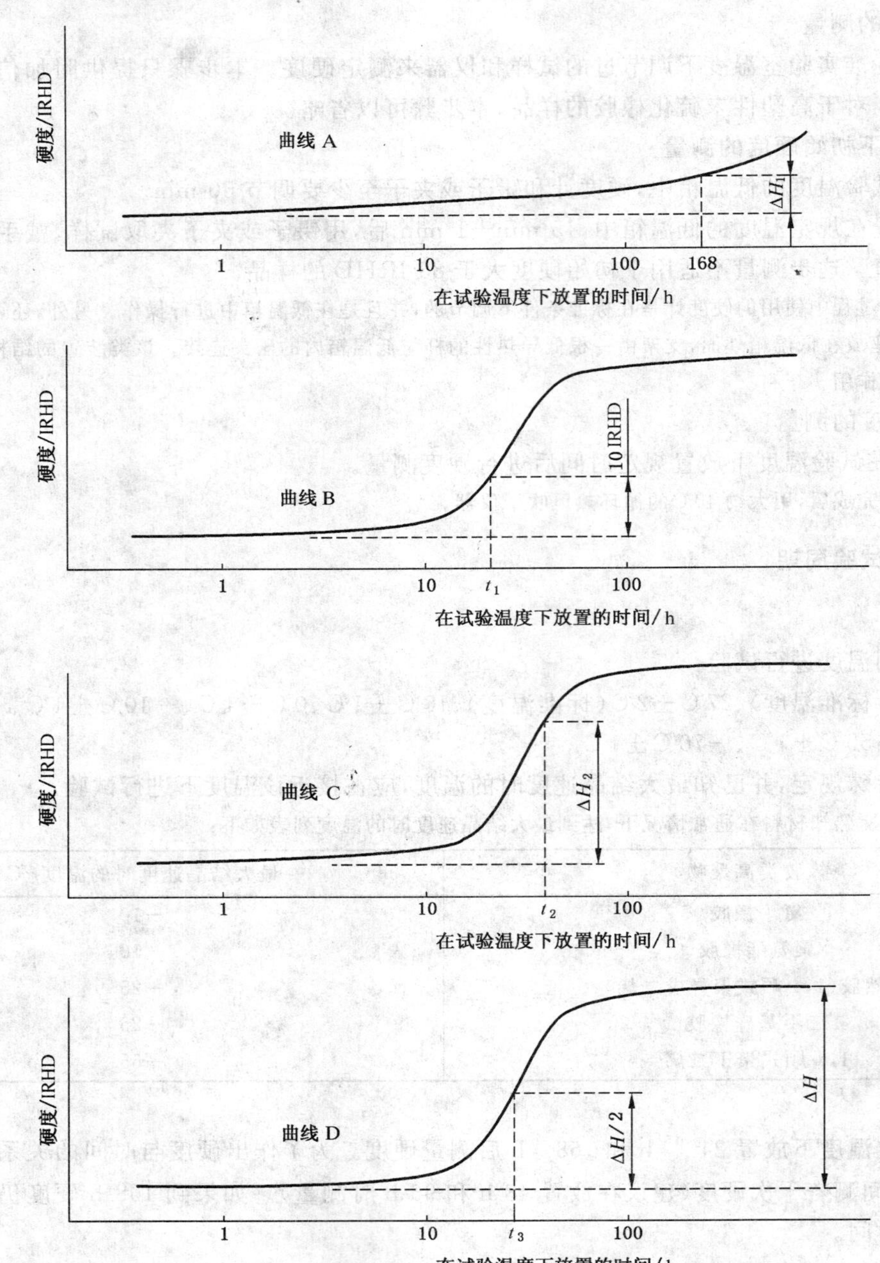

曲线 A：放置 $168_{-2}^{\ 0}$ h 时，硬度增加值小于 10 IRHD，ΔH_1 为 $168_{-2}^{\ 0}$ h 时硬度的实际增加值。

曲线 B：t_1 为硬度增加 10 IRHD 的时间。

曲线 C：t_2 为硬度增加到规定值 ΔH_2 所需要的时间，或者 ΔH_2 为在规定时间 t_2 时硬度的增加值。

曲线 D：t_3 为硬度增加值达到初始硬度与最终硬度之差的二分之一所需的时间。

图 1 在试验温度下硬度与时间的关系曲线

9 试验报告

试验报告应包括以下内容：

a) 详述样品

1） 完整的样品名称及其来源；
2） 详述混炼胶的制备、适合的硫化时间及温度；
3） 制备试样的方法；
4） 试样厚度(并注明一片或两片叠加)。

b） 试验方法和试验细节
1） 检验依据的标准代号；
2） 进行硬度测量所依据的方法；
3） 与仪器相关的数据；
4） 使用的实验室标准温度；
5） 试验温度；
6） 试验温度下的试验周期；
7） 试验是否有解晶作用和调节。

c） 试验结果
1） 标准实验室温度下的原始硬度；
2） 试验温度下的初始硬度；
3） 在试验温度下放置 $168_{-2}^{\ 0}$ h 时硬度的增加值；
或在试验温度下从初始硬度增加 10 IRHD 所需用的时间(h)；
或在规定时间后硬度的增加值，或硬度增加到规定值所需用的时间(h)；
或硬度增加值达到初始硬度与最终硬度之差的二分之一所需用的时间(h)；
4） 计算结果所用的方法。

d） 试验日期。

ICS 13.340.01
C 73

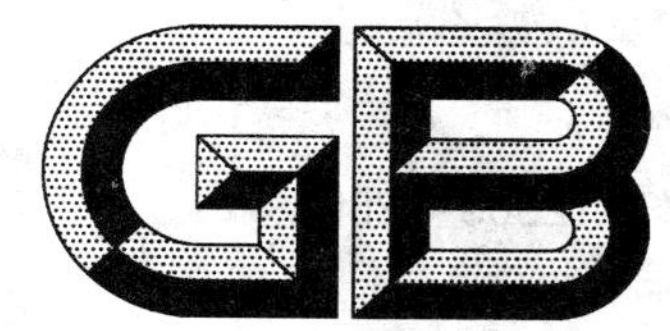

中华人民共和国国家标准

GB/T 12903—2008
代替 GB/T 12903—1991

个体防护装备术语

Personal protective equipment terminology

2008-12-11 发布　　　　2009-10-01 实施

中华人民共和国国家质量监督检验检疫总局
中国国家标准化管理委员会　发布

前　言

本标准代替 GB/T 12903—1991《劳动防护用品　术语》。

本标准与 GB/T 12903—1991 相比主要变化如下：

——修改了耳塞、耳罩、插入损失的定义，增加了“可丢弃耳塞”、“预成型耳塞”、“衬垫”等耳部防护装备术语；

——修改防酸碱手套定义为“防御手部免受酸碱伤害的防护用品”。增加了“劳动防护手套”、“袖套”、“防微生物手套”等手部防护装备术语；

——修改安全带的定义为“防止高处作业人员发生坠落或发生坠落后将作业人员安全悬挂的防护装备。注：一般由系带、连接器、安全绳、缓冲器等组成。将“悬挂作业安全带”改为“坠落悬挂安全带”。

——修改自锁钩为自锁器，删除攀登挂钩概念，增加“缓冲器的长度”、“坠落距离”、“安全空间”等坠落防护装备术语；

——修改防尘服为防静电服和无尘服；

——增加了“帽壳”、“帽沿”、“水平间距”等头部防护装备术语；

——增加了“正压式呼吸器”、“负压式呼吸器”、“送风过滤式呼吸器”等呼吸防护装备术语；

——增加了“眼镜”、“滤光片”、“防护面罩”，在性能术语中增加“顶焦距”、“棱镜度”、“光透射比”等眼面部防护装备术语；

——增加了“护腿”、“安全鞋”、“保护包头”等足部防护装备术语；

——增加了“洁肤型护肤剂”、“趋避型护肤剂”、“有效组分”等劳动护肤用品术语；

——增加了逃生防护装备术语。

本标准由国家安全生产监督管理总局提出。

本标准由全国个体防护装备标准化技术委员会（SAC/TC 112）归口。

本标准负责起草单位：北京市劳动保护科学研究所。

本标准参加起草单位：总后军需装备研究所、中国安全生产科学研究院。

本标准主要起草人：杨文芬、周宏、傅雅惠、卢伟、赵阳、许超、罗穆夏、刘兰英、张明明。

本标准所代替标准的历次版本发布情况为：

——GB 12903—1991。

个体防护装备术语

1 范围

本标准规定了个体防护装备的术语及定义。

本标准适用于有关标准制、修订,技术文件的编制,专业手册、教材、书刊等的编写和翻译。

本标准不适用于医疗救护用个人防护装备。

2 规范性引用文件

下列文件中的条款通过本标准的引用而成为本标准的条款。凡是注日期的引用文件,其随后所有的修改单(不包括勘误的内容)或修订版均不适用于本标准,然而,鼓励根据本标准达成协议的各方研究是否可使用这些文件的最新版本。凡是不注日期的引用文件,其最新版本适用于本标准。

GB/T 2428—1998 成年人头面部尺寸

GB/T 4854.1—2004 声学 校准测听设备的基准零级 第1部分:压耳式耳机纯音基准等效阈声压级

3 通用术语

3.1

个体防护装备 personal protective equipment

从业人员为防御物理、化学、生物等外界因素伤害所穿戴、配备和使用的各种护品的总称。

注:在生产作业场所穿戴、配备和使用的劳动防护用品也称个体防护装备。

3.2

防护性能 protective properties

防御各种危险和有害因素,保护作业人员安全与健康的能力。

3.3

防尘性能 dustproof properties

防御粉尘伤害的能力。

3.4

防毒性能 chemical protective properties

防御有毒物质伤害的能力。

3.5

防酸性能 acid resistance properties

防御酸类物质伤害的能力。

3.6

防碱性能 alkali resistance properties

防御碱类物质伤害的能力。

3.7

防放射性能 radioactivity protective properties

防御放射性物质伤害的能力。

3.8

防非电离辐射性能 non-ionization radiation protective properties

防御高频电磁波、微波、激光、红外线、可见光和紫外线等伤害的能力。

3.9

电绝缘性能 dielectric properties

防御电击、电灼伤等的能力。

3.10

防静电性能 static protective properties

防止本身静电积聚引起危害和灾害事故的能力。

3.11

热防护性能 heat protective properties

防御辐射热、对流热、传导热等热传递伤害的能力。

3.12

阻燃性能 flame retardation properties

阻止本身被点燃、有焰燃烧和阴燃的能力。

3.13

保暖性能 warmth retention properties

在低温环境下阻止穿戴者体热散失的能力。

3.14

防机械伤害性能 machinery injury resistance

防御冲击、刺穿、切割、绞碾、磨损、振动等机械作用伤害人体的能力。

3.15

防生物危害性能 biological resistance

防御昆虫和微生物等伤害的能力。

3.16

防刺穿性能 resistance to puncture

防御尖锐物体刺穿的能力。

3.17

抗冲击性能 anti-impact properties

耐受物体冲撞负荷的能力。

3.18

使用性能 performance properties

保证使用者使用方便的能力。

注：其包括易穿脱、耐污垢、易洗涤、易储存、耐运输和易维修等。

3.19

工效性能 efficacy of protector

保证使用者发挥工作效能的能力。

3.20

耐久性能 durability

在使用和储存条件下保持防护性能的能力。

3.21

舒适性能 comfort ability

使使用者在生理上和心理上感到适宜的能力。

3.22

耐磨性能 abrasion resistance

材料抵抗由于机械作用使表面产生磨损的能力。

注：一般以材料耐受摩擦的次数表示，或以摩擦一定次数后试样的外观、强力、厚度、重量等的变化程度表示。

3.23

标准头型　standard head dummy

按 GB/T 2428—1998 中国成年人头型系列的标准尺寸制作的人头模型。

3.24

防护有效区域　protective coverage

人体被个体防护装备覆盖而受到有效防护的部分。

3.25

断裂强力　breaking strength

在规定条件下进行的拉伸测试过程中，试样断开前瞬间记录的最大力。

试样拉伸至断裂是测得的断裂力。

3.26

老化　degradation

材料暴露于自然或人工环境条件下性能随时间变坏的现象。

注：这些变化包括剥落、肿胀、分解、脆化、变色、尺寸变化、变形、硬化、软化等。

4　头部防护装备术语

4.1　基本术语

4.1.1

防护帽　head-protectors

使头部免受冲击、刺穿、挤压、绞碾、擦伤和脏污等伤害的各种头部防护装备的总称。

4.1.2

工作帽　working cap

防御头部脏污、擦伤、长发被绞碾等伤害的防护用品。

4.1.3

安全帽　safety helmet

安全盔

对人体头部受坠落物及其他特定因素引起的伤害起防护作用的防护用品。

注：一般由帽壳、帽衬、下颏附件组成。

4.2　构件术语

4.2.1

帽壳　shell

防护帽外表面的组成部分。

注：一般由帽舌、帽沿和顶筋组成。

4.2.2

帽舌　peak

帽壳前部伸出的部分。

4.2.3

帽沿　brim

在帽壳上，除帽舌以外帽壳周围其他伸出的部分。

4.2.4

顶筋　top reinforcement

用来增强防护帽壳顶部强度的结构。

4.2.5

帽衬　harness

帽壳内部部件的总称。

注：包括帽箍、吸汗带、缓冲垫、衬带、内衬等。

4.2.6

帽箍　headband

缠绕头部一圈起固定作用的带圈。

注：其佩戴位置通常位于人体眼部上方的最大头围尺寸部位。

4.2.7

吸汗带　sweatband

附加在帽箍内表面上的吸汗材料。

4.2.8

缓冲垫　inner cushion

位于安全帽帽箍和帽壳之间吸收冲击能力的部件。

4.2.9

衬带　liner strip

安全帽内部与头顶直接接触的带子。

4.2.10

下颏带　chin strap

系在下巴上，起辅助固定作用的带子。

注：通常由系带、锁紧卡组成。

4.2.11

锁紧卡　lock

调节与固定系带有效长短的零部件。

4.2.12

通气孔　vent

为了使安全帽透气在帽壳上开的孔。

4.3　性能术语

4.3.1

冲击吸收性能　damping properties

在规定条件下安全帽耐受自由下落重锤冲击的能力。

4.3.2

侧向刚性　lateral pressure rigidity

在规定条件下安全帽耐受侧压变形的能力。

4.3.3

水平间距　horizontal distance

安全帽在佩戴时，帽箍与帽壳内侧之间在水平面上的径向距离。

4.3.4

垂直间距　vertical distance

安全帽在佩戴时，头顶最高点与帽壳内表面之间的轴向距离。

注：其不包括顶筋的空间。

4.3.5

佩戴高度　wearing height

安全帽在佩戴时，帽箍底部至衬带最高点的轴向距离。

4.3.6

头模　head-form

按标准尺寸制作，测试安全帽时使用的模拟人头模型。

5　呼吸防护装备术语

5.1　基本术语

5.1.1

呼吸防护装备　respiratory protective equipment

防御缺氧空气和空气污染物进入呼吸道的装备。

5.1.2

过滤式呼吸器　air-purifying respirator

利用净化部件吸附、吸收、催化或过滤等作用除去环境空气中有害物质后作为气源的防护用品。

5.1.3

自吸过滤式防颗粒物呼吸器　self-inhalation air-purifying particle respirator

靠佩戴者自主呼吸克服部件阻力，防御颗粒物（如毒烟、毒雾）等危害呼吸系统或眼面部的防护用品。

5.1.4

自吸过滤式防尘口罩　self-inhalation filter type dust respirator

靠佩戴者自主呼吸克服部件阻力，用于防尘的过滤式防护用品。

5.1.4.1

随弃式面罩　disposable facepiece

简易防尘口罩　simple dust respirator

结构简单不可拆卸由滤料构成主体的半面罩。

注：一般不能清洗再用，任何部件失效时即应废弃，有或无呼气阀。

5.1.4.2

可更换式面罩　replaceable facepiece

复式防尘口罩　complex dust respirator

由单个或多个可更换过滤器组成的面罩。

注：有或无呼吸气阀，有或无呼吸导管。

5.1.5

自吸过滤式防毒面具　non-powered air-purifying respirator

靠佩戴者呼吸克服部件阻力，防御有毒、有害气体或蒸气、颗粒物（如毒烟、毒雾）等危害其呼吸系统或眼面部的净气式防护用品。

5.1.5.1

直接式防毒面具　chin style gas mask

过滤器与罩体直接连接的防毒面具。

5.1.5.2

导管式防毒面具　chest style gas mask

过滤器与罩体用导气管连接的防毒面具。

5.1.6

送风过滤式呼吸器　powered air-purifying respirator

靠动力（如电动风机或手动风机）克服部件阻力，防御有毒、有害气体或蒸气、颗粒物（如毒烟、毒雾）等危害其呼吸系统或眼面部的防护用品。

5.1.7

隔绝式呼吸器　isolated type respirator

能使佩戴者呼吸器官与作业环境隔绝、靠自身携带的气源或者依靠导气管引入作业环境以外的洁净气源的防护用品。

5.1.8

长管呼吸器　long tube breathing apparatus

长管面具 long tube mask

使佩戴者的呼吸器官与周围空气隔绝，并通过长管得到清洁空气供呼吸的防护用品。

5.1.9

供气式呼吸器　supplied air respirator

佩戴者自主呼吸或借助机械力通过导管引入清洁空气的隔绝式呼吸防护用品。

5.1.10

携气式呼吸器　self-contained breathing apparatus

佩戴者携带空气瓶、氧气瓶或生氧器等作为气源的隔绝式呼吸防护用品。

5.1.10.1

氧气呼吸器　oxygen breathing apparatus

配有压缩氧气瓶作为气源的隔绝式呼吸防护用品。

5.1.10.2

压缩空气呼吸器　compressed air breathing apparatus

配有压缩空气瓶作为气源的隔绝式呼吸防护用品。

5.1.10.3

生氧面具　oxygen mask

配有生氧罐，产生氧气供给呼吸的隔绝式呼吸防护用品。

5.1.11

自给开路式压缩空气呼吸器　self-contained open-circuit compressed air breathing apparatus

利用面罩与佩戴者面部密合，使佩戴者呼吸器官、眼睛和面部与外界有毒空气或缺氧环境完全隔离，自带压缩空气源供给人员呼吸洁净空气，呼出的气体直接排到大气中的一种呼吸防护用品。

5.1.12

正压式呼吸器　positive-pressure respirator

任一呼吸循环过程面罩内压力均大于环境压力的呼吸防护用品。

5.1.13

负压式呼吸器　negative-pressure respirator

任一呼吸循环过程面罩内压力在吸气阶段均小于环境压力的呼吸防护用品。

5.1.14

消防和应急空气呼吸器　air breathing apparatus for fire-fighting and emergency services

消防人员、承担核生化突发事件应急处置任务的人员使用的一种空气呼吸防护用品。

5.1.15

空气污染物　airborne contaminant

正常空气中本不存在的、或浓度超过其在正常空气中浓度标准范围的任何气态或颗粒状物质。

5.1.16

颗粒物　particle

气溶胶　aerosol

悬浮在空气中的固态、液态或固态和液态的颗粒状物质。

注：如粉尘、烟、雾和微生物。

5.1.17

粉尘 dust

悬浮在空气中的微小固体颗粒。

注：一般由固体物料受机械力作用破碎而产生。

5.1.18

烟 fume

悬浮在空气中的微小固体颗粒。

注：一般由气体或蒸气冷凝产生，粒度通常小于粉尘。

5.1.19

雾 mist

悬浮在空气中的微小液滴。

5.1.20

微生物 microorganism

自然界中形体微小、结构简单、不能用眼直接观察，须在光学显微镜或电子显微镜下才能看到的微小生物。

5.1.21

低沸点有机物 low boiling point organic compound

沸点低于 65 ℃的有机化合物。

5.2 构件术语

5.2.1

送气头罩 hood

用于正压式呼吸防护装备的送气导入装置，能完全罩住眼、鼻和口，至颈部，也可以罩住部分肩或与防护服连用。

5.2.2

面罩 facepiece

（呼吸防护）用于连接佩戴者呼吸道和其他装置并且将呼吸道和外界空气环境隔离。

注：面罩可以是全面罩、半面罩或四分之一面罩，也可以与帽子或上衣连接在一起。

5.2.2.1

开放型面罩 loose-fitting facepiece

用于正压式呼吸防护装备的送气导入装置，只罩住眼、鼻和口，与脸部形成部分密合。

5.2.2.2

半面罩 half mask

与头部密合，能覆盖口和鼻，或覆盖口、鼻和下颌的面罩。

5.2.2.3

全面罩 full mask

与头部密合，能遮盖住眼、面、鼻、口和下颌等的面罩。

5.2.2.4

四分之一面罩 quarter mask

仅将口和鼻密封起来的面罩。

5.2.3

过滤件 filter

滤毒盒 cartridge

滤毒罐 canister

自吸过滤式防毒面具使用的,可滤除吸入空气中有毒、有害物质的过滤组件。

5.2.4

组合过滤器　combined filter

可过滤空气中的固体、液体颗粒物或特定气体和蒸汽的装置。

5.2.5

压缩空气过滤器　compressed air filter

可过滤压缩空气中的固体、液体颗粒物或特定气体和蒸汽的装置。

5.2.6

多重过滤器　multiple filters

在呼吸防护装备中有两个或两个以上的过滤器对空气进行过滤。

5.2.7

综合毒气过滤器　multi-type gas-filter

可以对多种有害气体进行过滤的过滤器。

5.2.8

过滤装置　filtering device

呼吸防护设备中在有害气体被佩戴者吸入之前首先经过的装置,此装置可以为独立、电动助力或电动。

5.2.9

送风式过滤装置　power assisted filtering device

佩戴者自携小型电动风机进行送风并将空气传输进面罩内部的空气净化装置。

5.2.10

滤尘装置　particle filtering device

能滤除空气中的颗粒物的过滤装置。

5.2.11

呼吸装置　breathing apparatus

可以使佩戴者不受周围大气影响而自主呼吸的装置。

5.2.12

报警装置　warning device

警告佩戴者呼吸防护将要或已经失去有效防护功能的装置。

5.2.13

自检装置　checking device

供佩戴者检查呼吸防护装备是否达到或超出设计量程的装置。

5.2.14

失效指示器　end-of-service-life indicator

警告使用者呼吸防护装备接近失效的部件。

5.2.15

溢流阀　overflow valve

泄放阀

安装在呼吸管上的单向阀门,用于供气过量时的外泄。

5.2.16

安全阀　relief valve

用于释放过大压力的阀门。

5.2.17

流量控制阀　continuous flow valve

允许佩戴者在指定范围内对呼吸防护具的空气流量进行调节的装置。

5.2.18

泄漏阀　downstream valve

在压力正常时为关闭状态，而压力突然增大时将打开的装置。

5.2.19

吸气阀　inhalation valve

只允许吸入气体进入面罩，防止呼出气体通过它排出面罩的单向阀门。

5.2.20

呼气阀　exhalation valve

只允许呼出气体通过其排出面罩，防止吸入气体通过它进入面罩的单向阀门。

5.2.21

生氧罐　oxygen generator

呼吸防护装备中产生氧气的装置。

5.2.22

分离器　separator

去除压缩空气中的水或其他液体的装置。

5.2.23

送风管　air supply hose

供气管

用于常压下输送空气的管。

5.2.24

呼吸导管　breathing hose

用于连接面罩与过滤器的柔软、气密的导气管。

5.2.25

背板　body harness

（呼吸防护）将压缩气瓶固定于使用者背后的装置。

5.3　性能术语

5.3.1

穿透浓度　breakthrough concentration

在防毒性能测试中，判定过滤器已经失去防护作用时排出气流中的毒气浓度值。

5.3.2

防护时间　protective time

在规定条件下，测试介质混合气开始通入过滤件至透过测试介质浓度达到限定值时的时间。

5.3.3

呼吸响应　breath-responsive

随着佩戴者对空气的需求而做出的主动或被动的响应。

5.3.4

露点　dew point

在一定压力下空气发生凝结时的温度。

5.3.5

面罩贴合泄漏率　face seal leakage

以特定的测试气流对面罩进行气密性测试时，外部大气环境向面罩内泄漏的气体占吸入气体的百分比。

5.3.6

泄漏率　inward leakage

在实验室规定测试条件下，受试者吸气时从除过滤件以外的所有其他面罩部件泄漏入面罩内的模拟剂浓度与吸入空气中模拟剂浓度的比值。

5.3.7

总泄漏率　total inward leakage

在实验室规定测试条件下，受试者吸气时从包括过滤件在内的所有其他面罩部件泄漏入面罩内的模拟剂浓度与吸入空气中模拟剂浓度的比值。

5.3.8

视野保留率　reservation ratio of visual field

佩戴面罩时的视野与未佩戴时的视野之百分比。

5.3.9

方位视野　position visual field

佩戴者视野某方位的边界与眼睛的水平视角的夹角。

注：用球面度表示。

5.3.10

死腔　dead space

从前一次呼气中被重新吸入的气体的体积。

注：用二氧化碳在吸入气中的体积分数表示。

5.3.11

透漏率　penetrating leaking coefficient

尘毒物质透过和漏入的浓度与呼吸防护装备使用环境中尘毒物质浓度的百分比值。

5.3.12

防护因数　protection factor

使用环境的尘毒物质浓度与透过和漏入呼吸防护装备内的尘毒物质浓度的比值。

5.3.13

适合因数　fit factor

在人佩戴呼吸防护装备模拟作业活动过程中，定量测量呼吸防护装备外部测试剂浓度与漏入内部浓度的比值。

注：呼吸防护装备定量适合性测试的直接结果。

5.3.14

指定防护因数　assigned protection factor

一种或一类适宜功能的呼吸防护装备，在适合使用者佩戴且正确使用的前提下，预期能将空气污染物浓度降低的倍数。

5.3.15

过滤效率　filter efficiency

在规定测试条件下，未经过滤器与经过滤器的测试空气中颗粒物含量的百分比。

5.3.16

吸气阻力　inhalation resistance

面罩佩戴在模拟头型上，以一定的气流量抽吸通过面罩时产生的压力降。

5.3.17

呼气阻力 exhalation resistance

面罩佩戴在模拟头型上，以一定的气流量吹气通过面罩时产生的压力降。

5.3.18

静态压力 static pressure

在供气阀正压装置开启后，空气呼吸器气路平衡时面罩腔体内的压力。

5.3.19

额定储气量 air supply volume

把处于公称工作压力下气瓶的贮气量换算到 20 ℃一个标准大气压状态时的气量。

5.3.20

立即威胁生命和健康浓度 immediately dangerous to life or health concentration

有害环境中空气污染物浓度达到某种危险水平。

注：即超过该浓度可致命、可永久损害健康或可使人立即丧失逃生能力。

6 眼面部防护装备术语

6.1 基本术语

6.1.1

眼面部防护装备(简称眼面护品) **eye and face protective equipment(protectors for eye and face)**

防御电磁辐射、紫外线及有害光线、烟雾、化学物质、金属火花和飞屑、尘粒，抗机械和运动冲击等伤害眼睛、面部和颈部的防护装备。

注：眼面部防护装备包括太阳镜、职业眼面部防护装备和运动眼面部防护装备。

6.1.2

眼镜 glasses

镜架内装有镜片的眼部防护用品。

6.1.3

防护面罩 protective mask

(眼面部防护)保护面部的眼部防护用品，可以直接戴在头上或者连接在防护头盔上，既可以保护眼部，还可以保护面部、喉部和颈部。

6.1.4

护目镜 goggle

戴在脸上并紧紧围住眼眶的防护用品。

6.1.5

眼镜式眼护具 spectacle eye protector

防护镜片安装在眼镜架内并满足相关标准、带有或不带有侧面防护的防护用品。

6.1.6

焊接眼镜 welders spectacles

装有合适的滤光片、并带有侧护板用以保护眼睛的框架式防护用品。

6.1.7

焊接护目镜 goggles and visor for welder

通常用头带固定并护住眼部，以使在焊接操作中产生的光线只能通过滤光片和保护片的防护用品。

注：其可以防御焊接产生的紫外线、红外线、强光、金属火花和烟尘等有害光线。

6.1.8

防放射性护目镜　goggles and visor for radioactivity protection

防御X、Y射线电子流等电离辐射物质伤害的眼部防护用品。

6.1.9

防腐蚀液护目镜　goggles and visor for corrosive liquid-resisting

防御酸、碱等有腐蚀性化学液体飞溅伤害的眼部防护用品。

6.1.10

防微波护目镜　goggles and visor for microwave protection

屏蔽或衰减微波辐射，防御其伤害的眼部防护用品。

6.1.11

防冲击护目镜　goggles and visor for impacts protection

防御铁屑、灰砂、碎石等物体冲击伤害的眼部防护用品。

6.1.12

防水护目镜　waterproof goggles

防御水伤害的封闭型眼部防护用品。

6.1.13

防烟尘护目镜　smoke and dust goggles

防御烟尘及有毒气体伤害的封闭型眼部防护用品。

6.1.14

防激光眼镜　laser protective spectacles

以反射、吸收、光化等作用衰减或消除激光危害的眼部防护用品。

6.1.15

反射式防护镜　reflection type protective eyewear

用镀有反射相应波长激光辐射的介质膜滤光材料制成的眼部防护用品。

6.1.16

吸收式防护镜　absorption type protective eyewear

用吸收相应波长激光辐射的滤光材料制成的眼部防护用品。

6.1.17

复合式防护镜　compound type protective eyewear

用在吸收相应波长激光辐射的材料上镀有反射介质膜的滤光材料制成的眼部防护用品。

6.1.18

炉窑眼面防护镜　goggles and visor for furnace-operator

防御炉窑的红外线等辐射伤害的眼面部防护用品。

6.2　构件术语

6.2.1

眼科镜片　ophthalmic lens

被用于测量、矫正视力和/或眼部防护、或改变外观的镜片。

6.2.2

眼镜镜片　spectacle lens

戴在眼前、但不与眼球接触的眼科镜片。

6.2.3

防护镜片　protective lens

被设计用于保护眼睛防止外部危险的镜片。

6.2.4

吸收镜片　absorptive lens

被设计用于吸收特定的入射光辐射范围或防护入射光辐射的镜片。

6.2.5

无色镜片　clear lens

在光照情况下无明显可见颜色的镜片。

6.2.6

渐变着(染)色镜片　gradient-tinted lens

整体或局部表面颜色按照设计要求变化(透射比亦随之变化)的镜片。

6.2.7

光致变色镜片　photochromic lens

透射比特性随着光强和照射波长发生可逆变化的镜片。

6.2.8

偏光镜片　polarizing lens

对不同的偏振入射光表现出不同透射比特性的镜片。

6.2.9

装成太阳镜　completed sunglass

镜片与镜架组装后的带有顶焦度(或平光)的框架太阳镜。

6.2.10

配装成镜　mounted spectacle lens

可以从生产商、销售商或市场上得到并直接使用的、已完成配装的各类带有顶焦度(或平光)的框架眼镜。

6.2.11

侧挡片　side-lens

防御有害因素从侧面伤害佩戴者眼部的透光部件。

6.2.12

滤光镜　filter

(眼部防护)能衰减入射光强度的镜片。

6.2.13

滤光片　optical filter

防御紫外线、红外线对眼睛的伤害,同时能减弱强烈可见光对眼睛刺激的混合颜色镜片。

6.2.14

焊接滤光片　welding filter lens

阻挡焊接时产生的杂光、以保护和减少紫外和红外光线对人眼伤害的特殊滤光片。

6.2.15

保护片　screening glass

保护滤光片免受损伤的无色玻璃片或塑料片。

6.2.16

防雾剂　anti-dim compound

涂于镜片表面提高镜片防水汽凝结性能的物质。

6.3 性能术语

6.3.1

镜片机械强度　mechanical strength of spectacle lens

在规定测试条件下，镜片耐受自由下落钢球冲击的能力。

6.3.2

表面耐磨性能　surface abrasion resistance

在正常使用状态下，镜片表面对由佩戴或清洁擦拭造成划痕的耐受能力。

6.3.3

抗高速粒子冲击性能　high speed particles protection

在规定测试条件下，眼面护品耐受高速粒状物冲击的能力。

6.3.4

遮光号　shading numerals

根据遮光片的可见光透过率，由高到低排列的滤光片编号。

6.3.5

几何中心　geometrical centre

镜片毛坯或未割边镜片外形水平中心和垂直中心的交叉点。

6.3.6

镜片垂直高度　optical vertical height

垂直于镜片水平基准线的中心线长度。

6.3.7

镜片水平基准长度　optical horizontal reference length

镜片顶部和底部之间的中心水平基准线长度。

6.3.8

光透射比　luminous transmittance

透过镜片的光通量与入射光通量之比。

6.3.9

光谱透射比　spectral transmittance

在任意指定的某一波长 λ 处，透过镜片的光谱辐通量与入射光谱辐通量之比。

6.3.10

可见辐射　visible radiation

能直接引起视感觉的光学辐射(波长为 380 nm～780 nm 之间)。

6.3.11

紫外辐射　ultraviolet radiation

波长小于 380 nm 的光学辐射。

6.3.12

球镜度　spherical power

球镜片的后顶焦度、或散光镜片两主子午面之一(选择作为参考基准的主子午面)的顶焦度。

6.3.13

顶焦距　vertex focal length

镜片顶点到焦点的距离。

6.3.14

顶焦度　vertex power

以米为单位测得的镜片近轴顶焦距的倒数。

注：顶焦度的单位为米的倒数(m^{-1})，单位名称为屈光度，以符号 D 表示。

6.3.15

屈光度　focal power

表征光学系统会聚或发散光束能力的量。

注：其值为镜片后顶点至焦点距离的倒数。

6.3.16

棱镜度　prism dioptre

光线通过镜片某一特定的点后产生的偏离。

注：棱镜度的单位为厘米每米(cm/m)，单位名称为棱镜屈光度，以符号△表示。

6.3.17

棱镜效应　prismatic effect

表示棱镜度偏差和基底朝向的集合性名词。

6.3.18

棱镜效应差值　difference in prismatic effect

在眼部防护镜的两个参考点测得的棱镜效应的差值。

6.3.19

瞳孔距离　inter-pupillary distance；PD；distance between pupils

当两眼直视正前方无穷远目标时两瞳孔中心之间的距离。

注：单位为毫米(mm)。

7　听力防护装备术语

7.1　基本术语

7.1.1

听力防护装备　hearing protective equipment

护耳器

保护听觉、使人耳免受噪声过度刺激的防护装备。

7.1.2

耳塞　ear plug

塞入外耳道内(耳内的)或戴在耳甲腔中对准外耳道口的(半耳内的)听力防护用品。

7.1.2.1

可丢弃耳塞　disposable ear-plugs

一次性使用的听力防护用品。

7.1.2.2

可重复使用的耳塞　re-usable ear-plugs

可以循环使用的听力防护用品。

7.1.2.3

成型耳塞　formable ear-plugs

具有固定形状，直接塞入耳道使用的听力防护用品。

7.1.2.4

预成型耳塞　pre-formed ear-plugs

用户可以进行调整，以使其更好适应耳道形状的听力防护用品。

7.1.2.5

头带型耳塞　headband ear-plugs

通过头带连接的听力防护用品。

7.1.2.6

过头顶的头带型耳塞　over-the-head headband ear-plugs

用过头顶的硬质连接带连接的的听力防护用品。

7.1.2.7

脑后型头带耳塞　behind-the-head headband ear-plugs

用过脑后的硬质连接带连接的听力防护用品。

7.1.2.8

颈项型耳塞　under-the-chin headband ear-plugs

用经过下颚的硬质连接带连接的听力防护用品。

7.1.2.9

通用型耳塞　universal headband earplugs

包括过头顶头带型耳塞，脑后型耳塞和颈项型听力防护用品。

7.1.3

耳罩　ear-muff

压在耳廓周围包围耳廓具有降低噪声伤害的听力防护用品。

注：通常由耳壳、衬垫、头带等组成。

7.1.3.1

头带式耳罩　over-the-head ear-muff

用过头顶的硬质连接件连接的听力防护用品。

7.1.3.2

脑后式耳罩　behind-the-head ear-muff

用过脑后的硬质连接带连接的听力防护用品。

7.1.3.3

颈项式耳罩　under-the-chin ear-muff

用经过下颚的硬质连接带连接的听力防护用品。

7.1.3.4

通用型耳罩　universal ear-muff

包括头带式耳罩、脑后式耳罩、颈项式听力防护用品。

7.2　构件术语

7.2.1

耳罩外壳　cup

安装在头带上的中空圆形或椭圆形壳体。

注：耳罩的外壳通常安装一个缓冲衬垫。

7.2.2

衬垫　cushion

用以改善舒适性并且与耳罩密合，安装在耳罩外壳边缘的可变形部件。

注：通常含有发泡胶或可变形的填充物。

7.2.3

消声衬垫　liner

填充于耳罩外壳内部，用来衰减噪声频率的隔音吸音材料。

7.2.4

头带　headband

对耳罩施加夹紧力，使耳罩完全的包裹在耳朵周围的带子。

注：通常由金属或者塑料制成。

7.2.5

头带绳　head-strap

安装在耳罩上或者系紧在头带上具有弹性的绳。

7.2.6

卫生衬垫　hygiene covers

安装在消声衬垫上，用来阻止灰尘、汗水、化妆品等腐蚀的的保护套。

7.3　性能术语

7.3.1

听阈级　hearing threshold level

某一耳对某一规定的声信号的听阈与 GB/T 4854.1—2004 规定的正常听阈的差值的百分数。

7.3.2

声衰减　sound-attenuation

在一个给定的测试信号下，所有受试者在戴与不戴耳罩时，两者听阈之差的平均分贝值。

7.3.3

插入损失　insertion loss

在规定的测试条件下，声学测试装置上未安装耳罩或其他条件完全相同的情况下安装耳罩时，该装置中测试传声器测得的 1/3 倍频带声压级分贝数的代数差。

7.3.4

降低噪声评价数　noise reduction rating(NRR)

作业环境噪声的 C 声级与护耳器佩戴者在该作业环境下暴露噪声的 A 声级之差值。

8　手部防护装备术语

8.1　基本术语

8.1.1

手套　glove

用来保护手部免受伤害的手部防护装备。

注：也可以增加长度覆盖前肢和整个胳膊。

8.1.2

直型手套　plane-type glove

手指和手掌连在一起并且在一个平面上的手部防护用品。

8.1.3

手型手套　hand-type glove

大拇指与其他四指不在一个平面上，手掌和五个手指略向内弯曲的手部防护用品。

8.1.4

五指手套　five finger glove

五个手指分开的手部防护用品。

8.1.5

三指手套　three finger glove

除拇指和食指外，其余三个手指和手掌连在一起的手部防护用品。

8.1.6

连指手套 mitten

四个手指连在一起而与拇指分开的手部防护用品。

8.1.7

指叉 fork

手套的手指与手指间的连接部分。

8.1.8

筒口 the edge of a glove and mitten at the cuff

手套袖筒最上部的开口处。

8.1.9

袖卷边 cuff roll

手套筒口处的加强边。

8.1.10

手腕 wrist

手套、袖套最狭窄的部分。

8.1.11

袖套 cuff

从手套的手腕或手臂至开口的筒状部分。

8.1.12

手掌 palm

手套覆盖手心的部分。

8.1.13

手背 hand back

手套的背部。

8.1.14

手指 finger

手套的指尖部。

8.1.15

衬里手套 lined glove

衬在橡胶或胶乳手套内的织物手部防护用品。

8.1.16

指套 finger-stall

保护单个手指的护套。

8.1.17

防护手套 safety glove

防御物理、化学和生物等外界因素伤害的手部防护用品。

注：包括劳动防护手套和一般工作手套。

8.1.18

劳动防护手套 protective glove and mittens

具有保护手和手臂的功能，供作业者戴用的手部防护用品。

8.1.19

一般工作手套 working glove

防御磨擦和脏污等普通伤害的手部防护用品。

8.1.20

防振手套 vibration isolation glove

防御手部免受震动伤害的手部防护用品。

8.1.21

防昆虫手套 insect resistance glove

防御手部免受昆虫叮咬的手部防护用品。

8.1.22

防放射性手套 radioactivity protective glove

防御手部免受放射性伤害的手部防护用品。

8.1.23

防静电手套 static protective glove

防止电荷积聚引起静电伤害的手部防护用品。

8.1.24

绝缘手套 electric insulation glove

能使作业人员的手部与带电物体绝缘,免受电流伤害的手部防护用品。

8.1.25

防化学品手套 chemical protective glove

防御手部免受有毒物质伤害的防护用品。

8.1.26

防酸碱手套 acid and alkali resistant glove

防御手部免受酸碱伤害的防护用品。

8.1.27

防机械伤害手套 protective glove against mechanical risks

防御手部免受刀片割伤及穿刺等机械伤害的防护用品。

8.1.28

防微生物手套 anti-microbial protective glove

防御手部免受微生物伤害的防护用品。

8.1.29

焊接手套 welder's glove

防御焊接作业的火花、熔融金属、高温金属、高温辐射伤害的手部防护用品。

8.1.30

耐油手套 oil resistant glove

防御手部皮肤免受油脂类物质刺激的防护用品。

8.1.31

皮革手套 leather glove

防止火花、适度的热量、燃烧、切割和粗糙物体伤害的皮制或革制手部防护用品。

8.1.32

铝化手套 aluminized glove

防御手部免受过热和过冷伤害的镀铝手部防护用品。

8.1.33

芳纶纤维手套 aramid fiber glove

防御手部免受冷、热、切割和摩擦保护的防护用品。

8.1.34

纺织手套　fabric glove

由普通织物制成的防御污物、切割、摩擦和腐蚀的手部防护用品。

注：纺织手套对于粗糙、锋利的材料不能提供足够的保护。

8.2 性能术语

8.2.1

防渗透性能　resistance to permeation

防止表面附着的液体(不包括气体)渗透到手套里层的能力。

8.2.2

穿透　penetration

化学品和(或)微生物以非分子状态通过多孔材料、缝边、针孔或手套的其他部位。

8.2.3

渗透　infiltration

化学品以分子状态通过防护手套材质的过程。

注：渗透涉及以下情况：化学分子被材质外层表面吸附，被吸附的分子在材质内的扩散，分子在材质内层表面释放出来。

8.2.4

渗透率　penetration rate

单位时间、单位面积内化学物质的渗透量。

8.2.5

收集介质　collection medium

测试中用于吸收化学指示剂的物质。

注：其饱和浓度按重量或体积计算，需大于0.5％。

8.2.6

灵巧性　dexterity

操作过程中手部的活动能力。

8.2.7

危险性　hazard

可能导致身体受伤害或者损害身体健康的情况。

8.2.8

穿透时间　breakthrough time

化学试剂从防护手套一面穿透到另一面的时间。

9 足部防护装备术语

9.1 基本术语

9.1.1

足部防护装备　protective shoes(boots)

保护穿用者的小腿及脚部免受物理、化学和生物等外界因素伤害的防护装备。

9.1.2

职业鞋　occupational footwear

具有保护特征、未装有保护包头的鞋，用于保护穿用者免受意外事故引起的伤害。

9.1.3

防化学品鞋　chemical resistant footwear

用单一或复合型材料做成的保护脚或腿部免受化学液体伤害的防护用品。

9.1.4

防(耐)酸碱鞋(靴)　acid and alkali resistant shoes(boots)

保护穿用者的脚部免受酸碱等腐蚀性液体伤害的防护用品。

9.1.5

防(耐)油鞋(靴)　oil resistant shoes(boots)

具有防油性能,适合脚部接触油类的作业人员穿用的足部防护用品。

9.1.6

防水胶靴　waterproof rubber boots

具有防水、防滑和耐磨性能,适合工矿企业职工穿用的足部防护用品。

9.1.7

防砸鞋(靴)　anti-squashy shoes (boots)

能防御冲击挤压损伤脚骨的足部防护用品。

注:有皮安全鞋和胶面防砸鞋等品种。

9.1.8

防护鞋　protective footwear

具有保护特征的鞋,用于保护穿着者免受意外事故引起的伤害,装有保护包头,能提供至少 100 J 能量测试时的抗冲击和至少 10 kN 压力测试时的耐压力保护。

9.1.9

安全鞋　safety footwear

具有保护特征的鞋,用于保护穿着者免受意外事故引起的伤害,装有保护包头,能提供至少 200 J 能量测试时的抗冲击和至少 15 kN 压力测试时的耐压力保护。

9.1.10

防刺穿鞋　puncture proof footwear

防御尖锐物刺穿鞋底的足部防护用品。

9.1.11

防震鞋　vibration isolation shoes

具有衰减震动性能,防御震动伤害的足部防护用品。

9.1.12

防热阻燃鞋(靴)　heat-resistant and flame-retardant shoes(boots)

防御高温、熔融金属火花和明火等伤害的足部防护用品。

9.1.13

隔热鞋　foundry shoes

以隔绝热源和熔融金属来保护脚趾的足部防护用品。

注:用于防止熔融金属从鞋的小孔、舌头、边缘或者其他缝隙中流入鞋内。

9.1.14

防寒鞋　warm-proof shoes

鞋体结构与材料都具有防寒保暖作用的足部防护用品。

9.1.15

防静电鞋 static protective shoes

鞋底采用静电材料,能及时消除人体静电积聚的足部防护用品。

9.1.16

导电鞋 conductive shoes

具有良好的导电性能,能在短时间内消除人体静电积聚,只能用于没有电击危险场所的足部防护用品。

9.1.17

电绝缘鞋(靴) dielectric shoes(boots)

能使人的脚部与带电物体绝缘,防止电击的足部防护用品。

9.1.18

耐化学品的工业用模压塑料靴 moulded plastics industial boots with chemical resistance

在有酸、碱及相关化学品作业中穿用的塑料或橡塑足部防护用品。

9.1.19

耐化学品的工业用橡胶靴 rubber industrial boots with chemical resistance

在有酸、碱及相关化学品作业中穿用的橡胶足部防护用品。

9.1.20

护腿 strap for leg

防御腿部免受击打伤害的防护用品。

9.1.21

防护鞋罩 protective over-boots

覆盖在鞋表面,具有防热阻燃或冲击吸收或防酸碱等防护性能的足部防护用品。

9.2 构件术语

9.2.1

保护包头 protective toecap

保护脚趾免受伤害的部件。

注:可以由铝、钢或者塑料制成。

9.2.2

中骨保护护具 metatarsal guards

保护脚背区域免受冲击和压缩伤害的部件。

注:这种护具绑在鞋外部的脚面上,可以由铝、钢、纤维或者塑料制成。

9.2.3

小腿和脚的组合保护护具 combination foot and shin guards

组合使用保护脚和小腿免受伤害的防护用品。

9.2.4

脚面防护具 instep protector

覆盖在安全鞋脚面部分用来保护脚面免于高空坠物砸伤脚面的防护用品。

9.2.5

内底 insole

用于构成鞋底部,通常与鞋连接的非移动部件。

9.2.6

鞋垫 insock

用于覆盖部分或全部内底的可移动或固定的鞋部件。

9.2.7

衬里 lining

覆盖鞋帮内表面的材料。

9.2.8

鞋舌　tongue

包在脚背防止其擦伤的成形片材。

9.2.9

防刺穿垫　penetration-resistant insert

为提供穿透保护而放在鞋底组合体中的鞋底部件。

9.3　性能术语

9.3.1

防砸性能　anti-squashy properties

防护鞋防御物体冲击和挤压的能力。

9.3.2

防滑性能　slide resistance properties

在光滑而又坚硬的路面上正常行走时鞋底的防滑能力。

注：以防滑系数表示。

9.3.3

耐压力性能　compression resistance properties

耐受静负荷的能力。

9.3.4

耐折性能　break resistance properties

耐受屈挠的能力。

9.3.5

抗切割性能　incision resistance properties

防御锋利物体切割的能力。

9.3.6

结合强度　adhesive strength

鞋底与鞋帮或鞋底中间层的结合强度。

9.3.7

防水性能　water resistance properties

防御水穿透的能力。

9.3.8

透水性能　water permeability

试样透过水分的能力。

注：在规定压差和时间的条件下，以通过单位面积试样的水量表示。

9.3.9

吸水性能　water absorbent properties

材料吸收水分的能力。

注：用吸水率表示。

9.3.10

水蒸汽渗透性能　water vapour permeation properties

水蒸气渗透到鞋衬里的能力。

注：用水蒸气渗透率表示。

9.3.11

鞋座区域能量吸收性能　heelpiece energy absorption properties

鞋后跟缓解冲击能量的特性。

10 躯体防护装备术语

10.1 基本术语

10.1.1

防护服 **protective clothing**

防御物理、化学和生物等外界因素伤害的躯体防护装备。

10.1.2

一般防护服 **working wear(overalls)**

防御普通伤害和脏污的躯体防护用品。

10.1.3

化学品防护服 **chemical protective clothing**

避免皮肤接触或暴露于化学物品中,使人体免受化学品伤害的防护用品。

注:该服装可以覆盖整个或绝大部分人体,可以提供对躯干、手臂、腿部的防护。化学品防护服可以是多件具有防护功能服装的组合,也可以和不同类型其他的防护装备相联接。

10.1.4

液态化学品防护服 **liquid chemical protective clothing**

用于保护全部或部分躯体,避免皮肤暴露于或直接接触液态化学品的服装。

10.1.5

喷射液体防护服 **liquid chemical jet tight protective clothing**

能够避免一定压力下大量连续流动的液态化学品穿透的防护服。

10.1.6

泼溅液体防护服 **liquid chemical spray tight protective clothing**

防护低压或无压液体化学品伤害的躯体防护用品。

10.1.7

防酸服 **acid resistant clothing**

防御酸性物质伤害的躯体防护用品。

10.1.8

防碱服 **alkali resistant clothing**

防御碱性物质伤害的躯体防护用品。

10.1.9

防油服 **oil resistant clothing**

防御油污污染的躯体防护用品。

10.1.10

防水服 **water-proof clothing**

防御水透过和漏入的躯体防护用品。

注:包括防护雨衣、下水衣、水产服等。

10.1.11

防放射性服 **radiation protective coverall**

防御放射性物质伤害的躯体防护用品。

10.1.12

浸水工作服 **soaking uniforms**

具有规定保温性能及浮力性能,帽(可带有面罩)衣、裤、靴、手套等紧密连为一体(手套亦可不连接)的防护用品。

10.1.13

防寒服　garments for protection against cool environments

具有保暖性能的躯体防护用品。

注：包括普通防寒服和电热服等。

10.1.14

热防护服　thermal protective clothing

防御高温、高热、高湿度等伤害人体的防护用品。

注：包括换热冷却服，铝膜布隔热服等。

10.1.15

带电作业屏蔽服　equipotential live clothing for line work

等电位带电检修时穿着的电阻小于 10 Ω 的躯体防护用品。

注：应与相应的帽子、手套和袜子配用。

10.1.16

防静电服　static protective clothing

为了防止服装上的静电积聚，用防静电织物为面料，按规定的款式和结构而缝制的躯体防护用品。

10.1.17

无尘服　cleanness clothing

能防止静电积聚，阻隔体屑外露，耐磨损的躯体防护用品。

注：用于超净场所。

10.1.18

阻燃防护服　flame retardant protective clothing

在接触火焰及炽热物体后能阻止本身被点燃、有焰燃烧和阴燃的躯体防护用品。

10.1.19

X 射线防护服　X-ray protective clothing

铅橡胶、铅塑料和其他复合材料制作的供接触 X 射线工作人员穿用的躯体防护用品。

注：包括前面型和前后两面型。

10.1.20

高可视性警示服　high-visibility warning clothing

用鲜艳的基底材料和逆反射材料按特殊设计要求制作，具有警示作用的躯体防护用品。

10.1.21

焊接防护服　protective clothing for welders

用于焊接及相关作业场所，使作业人员免受熔融金属飞溅及其热伤害的躯体防护用品。

10.1.22

全封闭式防护服　fully encapsulated suit

可以完全覆盖穿着者的气密和(或)液密的躯体防护用品。

10.1.23

气密型防护服　gas-tight protective ensembles

带有头罩、视窗和手部足部防护的单件躯体防护用品，可以配置自携带式呼吸器或长管式呼吸器。为穿着者提供对有害气体、液体、粉尘和蒸汽的防护。

注：气密型防护服需要满足气密性测试的要求。

10.1.24

非气密型防护服　non-gas-tight protective ensembles

带有头罩、视窗和手部足部防护的单件躯体防护用品，可以配置自携带式呼吸器或长管式呼吸器。

为穿着者提供对有害液体或者粉尘的防护。

注：非气密型防护服不需要满足气密性测试的要求。

10.1.25

颗粒物防护服　particle tight protective clothing

防御环境中的细小颗粒物伤害的躯体防护用品。

10.1.26

连体式防护服　coverall

可以防护人体绝大部分或躯干、手臂、腿部和(或)头部的躯体防护用品。

10.1.27

有限次使用防护服　limited use protective clothing

单次使用或者在服装未受污染前可以多次使用的躯体防护用品。

10.1.28

重复性使用防护服　reusable protective clothing

经过洗消、清洁等处理后,依然可以提供有效防护的躯体防护用品。

10.1.29

透气式防护服　permeable protective clothing

具有透气、散热等防护功能的躯体防护用品。

10.1.30

防击伤背心　shock absorption armor

防止物体打击伤害人体的防护用品。

10.1.31

防击伤背甲　collision shell for spine

防御物体打击背部和腰部的躯体防护用品。

10.1.32

防静电织物　static protective fabric

在纺织时,采用混入导电纤维纺成的纱或嵌入导电长丝织造形成的织物,也可是经处理具有防静电性能的织物。

10.1.33

导电纤维　conductive fibre

全部或部分使用金属或有机物的导电材料或静电耗散材料制成的纤维。

10.1.34

静电耗散材料　electrostatic dissipative material

表面电阻率大于或等于 1×10^{5} Ω/□,但小于 1×10^{11} Ω/□的材料。

10.2　性能术语

10.2.1

损毁长度　damage length

在规定的测试条件下,材料损毁面积在规定方向上的最大长度。

10.2.2

接焰次数　ignition times

在规定的测试条件下,对试样点火,试样燃烧距下端 90 mm 处需要接触火焰的次数。

10.2.3

铅当量　lead equivalent

在相同照射条件下,具有与被测防护材料等同屏蔽能力的铅层厚度。

10.2.4

续燃时间　afterflame time

在规定的测试条件下，移开(点)火源后材料持续有焰燃烧的时间。

10.2.5

阴燃时间　afterglow time

在规定的测试条件下，当有焰燃烧终止后，或者移开(点)火源后，材料持续无焰燃烧的时间。

10.2.6

耐热性能　heat resistance

材料暴露于特定的温度和环境条件下，经一定的时间后测得的材料保留有用性能的程度。

10.2.7

热防护系数　TPP thermal protective performance

透过织物引起人体二度烧伤的热能值。

注：热防护系数的值越高，织物的热防护性能越强。

10.2.8

抗油拒水　oil resistant and water-proof

织物经过整理，纤维表面能排斥疏远油、水类液体介质，既不妨碍透气舒适，又能有效抗拒此类液体对内衣和人体的浸蚀。

10.2.9

燃烧特征　burning behavior

材料或产品处于特定的点火源时发生的所有变化。

10.2.10

熔融物　molten debris

测试过程中被火焰熔化并从试样上滴落的物质(无火焰)。

10.2.11

熔滴　molten drip

熔融材料的滴落物，不论它是否燃烧。

10.2.12

熔融　melting

测试热防护服时，材料点燃后的流动或滴落。

10.2.13

炭化　char

在热解或不完全燃烧时形成炭质残渣的过程。

10.2.14

表面电阻　surface resistance

在材料表面上放置专用电极测得的电阻值。

注：单位为欧姆(Ω)。

10.2.15

表面电阻率　surface resistivity

表征物体表面导电性能的物理量。

注：表面电阻率是材料表面正方形对边间测得的电阻值，与该物体厚度及正方形大小无关。

10.2.16

点对点电阻　point to point resistance

在给定时间内，施加材料表面两个电极间的直流电压与流过这两点间的直流电流之比。

10.2.17

带电电荷量　quantity of electric charge

由于摩擦在织物上积聚的电荷量。

10.2.18

拒液性能　liquid repellency

服料接触液体化学品时，化学品从服料表面流过而不残留的能力。

10.2.19

抗酸压性能　resistance to penetration by acids under pressure

服料在一定压强的酸液作用下，保持其防护特性的能力。

10.2.20

拒酸性能　acid repellency

服料接触酸性液体时，酸液从服料表面流过而不附着的能力。

10.2.21

浸酸强力下降率　decrease of breaking force for acid-resistance materials

服料经酸液浸蚀后断裂强力的变化率。

10.2.22

撕破强力　tear force

在规定条件下，使试样上初始切口扩展所需的力。

10.2.23

胀破强力　bursting strength

胀破试验中，用膜片压力修正后的胀破压力。

10.2.24

接缝强力　seam strength

在规定条件下，使织物接缝处断裂时所需的力值。

10.2.25

耐屈挠破坏性能　resistance to damage by flexing

橡胶或塑料涂覆织物抗反复弯曲屈挠，不产生龟裂的能力。

10.2.26

透气性　air permeability

试样透过空气的能力。

注：在规定的面积、压差和时间等测试条件下，以空气流垂直通过试样的速率表示。

10.2.27

透湿量　water vapour transmission rate

在织物两面分别存在恒定的水蒸汽压条件下，规定时间内通过单位面积织物的水蒸汽质量。

注：单位为克每平方米天[g/(m^2・d)]。

10.2.28

收缩　shrinkage

物体或材料在一个或多个维度上的尺寸减小。

10.2.29

弯曲长度　bending length

水平放置的矩形长条织物，一端因自重而弯曲下垂至规定角度时的长度。

注：通常用作表示材料抵抗弯曲变形的特性(硬挺度)。

11 坠落防护装备术语

11.1 基本术语

11.1.1

坠落防护装备 fall protection equipment

防止高处作业者坠落或高处落物伤害的防护用品。

11.1.2

安全带 personal fall protection system

防止高处作业人员发生坠落或发生坠落后将作业人员安全悬挂的防护装备。

注：一般由系带、连接器、安全绳、缓冲器等组成。

11.1.3

围杆作业安全带 work positioning systems

通过围绕在固定构件上的绳或带将人体绑定在构件附近，使作业人员的双手可以进行其他操作的安全带。

11.1.4

区域限制安全带 restraint systems

用以限制工作人员的活动范围，避免到达可能发生坠落区域的安全带。

注：由定位装置、绳、系带组成。

11.1.5

坠落悬挂安全带 fall arrest systems

高处作业或登高人员发生坠落时，将人安全悬挂的安全带。

11.1.6

安全网 safety nets

用来防止人、物坠落，或用来避免、减轻坠落物及物击伤害的网具。

注1：安全网一般由网体、边绳、系绳等构件组成。

注2：安全网按功能分为安全平网、安全立网、密目式安全立网。

11.1.6.1

安全平网 horizontal safety net

安装平面不垂直于水平面，用来防止人、物坠落，或用来避免、减轻坠落及物击伤害的安全网，简称为平网。

11.1.6.2

安全立网 vertical safety net

安装平面垂直于水平面，用来防止人、物坠落，或用来避免、减轻坠落及物击伤害的安全网，简称为立网。

11.1.6.3

密目式安全立网 fine mesh safety vertical net

网眼孔径小于ϕ12 mm，垂直于水平面安装，用于阻挡人员、视线、自然风、飞溅及失控小物体的网。

注：密目网一般由网体、开眼环扣、边绳和附加系绳组成。

11.2 构件术语

11.2.1

安全绳 lanyard

在安全带中连接系带与挂点的绳（带、钢丝绳）。

注：一般起扩大或限制佩戴者活动范围、吸收冲击能量的作用。

11.2.2

缓冲器　energy absorber

串联在系带和挂点之间，发生坠落冲击时可大幅伸长的吸收部分冲击能量降低冲击力的部件。

11.2.3

速差自控器　retractable type fall arrester

安装在挂点上，装有可伸缩长度的绳（带、钢丝绳），串联在系带和挂点之间的坠落时因速度变化引发制动作用的部件。

11.2.4

自锁器　guided type fall arrester

附着在导轨上，由坠落动作、引发制动作用的部件。

注：该部件不一定有缓冲能力。

11.2.5

系带　harnesses

坠落发生时支撑和控制人体、分散冲击力，避免人体伤害的部件。

注：由织带、带扣和其他金属件构成。

11.2.6

主带　primary strap

系带中承受冲击力的带。

11.2.7

辅带　secondary strap

系带中不直接承受冲击力的带。

11.2.8

调节扣　adjusting buckle

用于调节主带或辅带长度的零件。

11.2.9

扎紧扣　fastening buckle

用于将主带接为封闭环的零件。

11.2.10

连接器　connector

具有常闭活门的环状零件。

注：用于将系带和绳、绳和挂点连接在一起。

11.2.11

护腰带　comfort pad

同单腰带一起使用的宽带，起分散压力、提高舒适程度的作用。

11.2.12

网目密度　mesh density

每百平方厘米面积内所具有的目数。

11.2.13

开眼环扣　round button with hole

用金属材料制做而成，中间开有孔的环状扣。两个环扣间的距离叫环扣间距。

11.2.14

网体　net body

用丝或线编织而成的网状体。

11.2.15

边绳 border rope

沿网体边缘与网体连接的绳。

11.2.16

系绳 tie rope

把安全网固定在支撑物上的绳。

11.2.17

筋绳 tendon rope

为增加安全网强度而有规则地穿在网体上的绳。

11.2.18

网目 mesh

由一系列绳、线等经编织或采用其他工艺形成的基本几何形状。

注：网目组合在一起构成安全网的主体。

11.2.19

网目边长 mesh size

平(立)网相邻两个网绳结或节点之间的距离。

11.3 性能术语

11.3.1

缓冲器的长度 length of energy absorber

缓冲器(含安全绳)不受力抻直时，两受力点间的总长，以 m 为单位。

11.3.2

坠落距离 fall distance

从坠落起始点或工作平台到安全带佩戴者的身体最低点的最大距离。

11.3.3

安全空间 safety space

安全带佩戴者作业面下方，不存在任何可能对坠落者造成碰撞伤害物体的立体空间。

11.3.4

伸展长度 deploy distance

在坠落过程中，从悬挂点到安全带佩戴者身体最低点的最大距离。

注：包括安全绳的长度、连接器、打开的缓冲器、部分人体的尺寸、保险余量等。

11.3.5

挂点装置 anchor device

安全带同固定构造物的连接装置。

注：其强度应满足安全带的负荷要求。

11.3.6

挂点 anchor point

安全带同固定构造物的固定连接点，该点强度应满足安全带的负荷要求。

11.3.7

导轨 anchor line

附着自锁器的具有固定方向的柔性绳索或刚性滑道，自锁器在导轨上可滑动。发生坠落时自锁器可锁定在导轨上。

注：导轨不是安全带的组成部分，但同安全带的使用密切相关。

11.3.8

模拟人　torso test mass

安全带测试时使用的模拟人的躯干外形、重心的重物。

11.3.9

调节器　adjustment device

用于调整安全绳长短的构部件。

11.3.10

安装平面　setting surface

安全网支撑点所在的平面。

12　劳动护肤用品术语

12.1　基本术语

12.1.1

劳动护肤用品　skin-protector for worker

防御物理、化学、生物等有害因素损伤皮肤或引起皮肤疾病的护肤剂。

12.1.1.1

防油型护肤剂　aifoleo phobic agent for skin protection

涂抹在皮肤上，能形成耐油性薄膜的护肤用品。

注：包括漆类作业护肤膏(霜)、防矿物油护肤膏(霜)等品种。

12.1.1.2

防水型护肤剂　hydrophobic agent for skin protection

能在皮肤上形成疏水性薄膜，以遮盖毛孔，防止水溶性物质损害的护肤用品。

注：包括潮湿作业用的护肤膏(霜)、防酸护肤膏(霜)等品种。

12.1.1.3

遮光护肤剂　pacifier for skin protection

涂抹在皮肤上，具有防御紫外线等辐射的护肤用品。

注：包括沥青作业护肤剂、防强光护肤剂、防晒霜等品种。

12.1.1.4

皮膜型护肤剂　film-forming cream

能在皮肤表面形成半透膜，具有防尘、防毒等性能的护肤用品。

注：包括煤尘作业护肤剂等。

12.1.1.5

护肤洗涤(简称洗涤剂)　detergent for skin (detergent)

用来洗净皮肤上的尘、毒沾污等的护肤用品。

12.1.1.6

油污洗涤剂　soil detergent

去除油污沾污的洗涤用品。

12.1.1.7

粉尘洗涤剂　dust detergent

去除碳黑、金属粉尘等沾污的洗涤用品。

12.1.1.8

硝基苯类洗涤剂　nitrobenzene detergent

去除硝基苯类物质沾污的洗涤用品。

12.1.1.9

肼类洗涤剂　hydrazine detergent

去除肼类物质沾污的洗涤用品。

12.1.1.10

洁肤型护肤剂　cleaner for skin

清除皮肤上的油、尘、毒等沾污的护肤用品。

注：包括需用水的护肤剂和不需水的干洗膏两种。

12.1.1.11

趋避型护肤剂　repellent for skin protection

涂抹在皮肤上，能趋避蚊、蠓、蚋等刺叮骚扰性卫生害虫的护肤用品。

12.2　性能术语

12.2.1

护肤安全性能　fail-safe for skin protector

护肤用品在使用条件下所具有的无毒、无菌、无刺激等安全性能。

12.2.2

有效组分　effective component

直接影响防护性能或防护效果的组分。

13　逃生防护装备术语

13.1　基本术语

13.1.1

救生缓降器　descent rescue device

通过主机内的行星轮减速机构及磨擦轮毂内的磨擦块的作用，保证使用者依靠自重始终保持一定速度安全降至地面的往复式高楼火灾自救逃生器械。

13.1.2

火灾逃生管　fire escape pipe

当火灾发生时，一种可移送困在火海中的人到固定建筑窗口的救生设备。

13.1.3

救生气垫　inflatable cushion for escape

利用充气产生缓冲效果的高空救生设备。

13.1.4

楼顶缓降装置　descent rescue device for towers

安装于大楼楼顶的缓降装置，危险时刻可依靠其缓降至地面的装置。

注：其顶端包括一个圆球、一个支架和滑动平台，圆球内垂下一根带着挂钩的钢索。

13.1.5

柔性救生滑道　flexible escape chute

能使多人顺序地从高处在其内部缓慢滑降的逃生用具。

注：采用摩擦限速原理，达到缓降的目的。

13.1.6

高楼免用电避难梯　non-powered escape ladder

利用链轮、链条以及平行在链条上的折叠梯组成的逃生梯。

注：它是安装在建筑物尽头窗户外墙上，自上而下的链条输送线。

13.1.7

救生滑道 escape chute

采用高强氨纶制成滑道，内衬防静电，外罩防护套，配置在消防云梯车、登高平台车上作为移动式救援器材，高层遇险人员通过膝部、肘部、双臂、肢体形态的变化调整下滑速度，快速地脱离险区。

13.1.8

火灾逃生头袋 fire escape bag

用于火灾逃生时的透明尼龙袋。

注：它附有一根绳子，逃生者只要将其套在头上，拉紧绳子，便可防止浓烟窜入袋中。

13.1.9

火灾逃生头套 fire escape hood

火灾逃生时使用的过滤有毒有害烟雾的面罩。

注：其设计的有效使用时间为 15 min。

13.1.10

化学制氧型隔绝携气式呼吸器 chemical oxygen self-contained closed-circuit breathing apparatus

仅限于逃生时使用的用化学方法制造氧气的隔绝式呼吸防护用品。

13.1.11

压缩氧型隔绝携气式呼吸器 compressed oxygen self-contained closed-circuit breathing apparatus

逃生时使用的由压缩氧气作为呼吸气源的隔绝式呼吸防护用品。

13.1.12

逃生用全面罩式携气型呼吸器 self-contained open-circuit compressed air breathing apparatus with full face mask or mouthpiece assembly for escape

由一个装有压缩空气的高压气瓶作为气源供气，由全面罩将脸部与外界隔绝的呼吸防护用品。仅用于逃生。

13.1.13

逃生用头盔式携气型呼吸器 self-contained open-circuit compressed air breathing apparatus with hood for escape

由一个装有压缩空气的高压气瓶作为气源供气，并连接防护头盔一起使用的呼吸防护用品。仅用于逃生。

汉语拼音索引

A

安全带 …… 11.1.2
安全阀 …… 5.2.16
安全空间 …… 11.3.3
安全立网 …… 11.1.6.2
安全帽(盔) …… 4.1.3
安全平网 …… 11.1.6.1
安全绳 …… 11.2.1
安全网 …… 11.1.6
安全鞋 …… 9.1.9
安装平面 …… 11.3.10

B

半面罩 …… 5.2.2.2
保护包头 …… 9.2.1
保护片 …… 6.2.15
保暖性能 …… 3.13
报警装置 …… 5.2.12
背板 …… 5.2.25
边绳 …… 11.2.15
便用性能 …… 3.18
标准头型 …… 3.23
表面电阻 …… 10.2.14
表面电阻率 …… 10.2.15
表面耐磨性能 …… 6.3.2

C

侧挡片 …… 6.2.11
侧向刚性 …… 4.3.2
插入损失 …… 7.3.3
长管呼吸器 …… 5.1.8
衬带 …… 4.2.9
衬垫 …… 7.2.2
衬里 …… 9.2.7
衬里手套 …… 8.1.15
成型耳塞 …… 7.1.2.3
重复性使用防护服 …… 10.1.28
冲击吸收性能 …… 4.3.1
穿透 …… 8.2.2
穿透浓度 …… 5.3.1
穿透时间 …… 8.2.8
垂直间距 …… 4.3.4

D

带电电荷量 …… 10.2.17
带电作业屏蔽服 …… 10.1.15
导电纤维 …… 10.1.33
导电鞋 …… 9.1.16
导管式防毒面具 …… 5.1.5.2
导轨 …… 11.3.7
低沸点有机物 …… 5.1.21
点对点电阻 …… 10.2.16
电绝缘鞋(靴) …… 9.1.17
电绝缘性能 …… 3.9
顶焦度 …… 6.3.14
顶焦距 …… 6.3.13
顶筋 …… 4.2.4
断裂强力 …… 3.25
多重过滤器 …… 5.2.6

E

额定储气量 …… 5.3.19
耳塞 …… 7.1.2
耳罩 …… 7.1.3
耳罩外壳 …… 7.2.1

F

反射式防护镜 …… 6.1.15
方位视野 …… 5.3.9
芳纶纤维手套 …… 8.1.33
防(耐)酸碱鞋(靴) …… 9.1.4
防(耐)油鞋(靴) …… 9.1.5
防尘性能 …… 3.3
防冲击护目镜 …… 6.1.11
防刺穿垫 …… 9.2.9
防刺穿鞋 …… 9.1.10
防刺穿性能 …… 3.16
防毒性能 …… 3.4
防放射性服 …… 10.1.11

防放射性护目镜…………………………… 6.1.8
防放射性能…………………………………… 3.7
防放射性手套 ……………………………… 8.1.22
防非电离辐射性能…………………………… 3.8
防腐蚀液护目镜…………………………… 6.1.9
防寒服…………………………………… 10.1.13
防寒鞋 …………………………………… 9.1.14
防护服 …………………………………… 10.1.1
防护镜片…………………………………… 6.2.3
防护帽……………………………………… 4.1.1
防护面罩…………………………………… 6.1.3
防护时间…………………………………… 5.3.2
防护手套 ………………………………… 8.1.17
防护鞋……………………………………… 9.1.8
防护鞋罩 ………………………………… 9.1.21
防护性能…………………………………… 3.2
防护因数 ………………………………… 5.3.12
防护有效区域 ……………………………… 3.24
防滑性能…………………………………… 9.3.2
防化学品手套 …………………………… 8.1.25
防化学品鞋………………………………… 9.1.3
防击伤背甲……………………………… 10.1.31
防击伤背心……………………………… 10.1.30
防机械伤害手套 ………………………… 8.1.27
防机械伤害性能 …………………………… 3.14
防激光眼镜 ……………………………… 6.1.14
防碱服 …………………………………… 10.1.8
防碱性能…………………………………… 3.6
防静电服………………………………… 10.1.16
防静电手套 ……………………………… 8.1.23
防静电鞋 ………………………………… 9.1.15
防静电性能 ………………………………… 3.10
防静电织物……………………………… 10.1.32
防昆虫手套 ……………………………… 8.1.21
防热阻燃鞋(靴) ………………………… 9.1.12
防渗透性能………………………………… 8.2.1
防生物危害性能 …………………………… 3.15
防水服…………………………………… 10.1.10
防水护目镜 ……………………………… 6.1.12
防水胶靴…………………………………… 9.1.6
防水型护肤剂 ………………………… 12.1.1.2
防水性能…………………………………… 9.3.7
防酸服 …………………………………… 10.1.7
防酸碱手套 ……………………………… 8.1.26
防酸性能 …………………………………… 3.5
防微波护目镜 …………………………… 6.1.10
防微生物手套 …………………………… 8.1.28
防雾剂 …………………………………… 6.2.16
防烟尘护目镜 …………………………… 6.1.13
防油服 …………………………………… 10.1.9
防油型护肤剂 ………………………… 12.1.1.1
防砸鞋(靴) ……………………………… 9.1.7
防砸性能…………………………………… 9.3.1
防振手套…………………………………… 8.1.20
防震鞋 …………………………………… 9.1.11
纺织手套 ………………………………… 8.1.34
非气密型防护服………………………… 10.1.24
分离器……………………………………… 5.2.22
粉尘 ……………………………………… 5.1.17
粉尘洗涤剂 …………………………… 12.1.1.7
辅带……………………………………… 11.2.7
负压式呼吸器 …………………………… 5.1.13
复合式防护镜 …………………………… 6.1.17

G

高可视性警示服………………………… 10.1.20
高楼免用电避难梯 ……………………… 13.1.6
隔绝式呼吸器……………………………… 5.1.7
隔热鞋 …………………………………… 9.1.13
个体防护装备……………………………… 3.1
工效性能…………………………………… 3.19
工作帽……………………………………… 4.1.2
供气式呼吸器……………………………… 5.1.9
挂点 ……………………………………… 11.3.6
挂点装置 ………………………………… 11.3.5
光谱透射比………………………………… 6.3.9
光透射比…………………………………… 6.3.8
光致变色镜片……………………………… 6.2.7
过滤件……………………………………… 5.2.3
过滤式呼吸器……………………………… 5.1.2
过滤效率 ………………………………… 5.3.15
过滤装置…………………………………… 5.2.8
过头顶的头带型耳塞………………………… 7.1.2.6

H

焊接防护服……………………………… 10.1.21

焊接护目镜…… 6.1.7
焊接滤光片 …… 6.2.14
焊接手套 …… 8.1.29
焊接眼镜…… 6.1.6
呼气阀 …… 5.2.20
呼气阻力 …… 5.3.17
呼吸导管 …… 5.2.24
呼吸防护装备…… 5.1.1
呼吸响应…… 5.3.3
呼吸装置 …… 5.2.11
护肤安全性能 …… 12.2.1
护肤洗涤(简称洗涤剂) …… 12.1.1.5
护目镜…… 6.1.4
护腿 …… 9.1.20
护腰带…… 11.2.11
化学品防护服 …… 10.1.3
化学制氧型隔绝携气式呼吸器…… 13.1.10
缓冲垫…… 4.2.8
缓冲器 …… 11.2.2
缓冲器的长度 …… 11.3.1
火灾逃生管 …… 13.1.2
火灾逃生头袋 …… 13.1.8
火灾逃生头套 …… 13.1.9

J

几何中心…… 6.3.5
渐变着(染)色镜片…… 6.2.6
降低噪声评价数…… 7.3.4
脚面防护具…… 9.2.4
接缝强力…… 10.2.24
接焰次数 …… 10.2.2
洁肤型护肤剂…… 12.1.1.10
结合强度…… 9.3.6
筋绳…… 11.2.17
浸水工作服…… 10.1.12
浸酸强力下降率…… 10.2.21
肼类洗涤剂 …… 12.1.1.9
颈项式耳罩…… 7.1.3.3
颈项型耳塞…… 7.1.2.8
静电耗散材料…… 10.1.34
静态压力 …… 5.3.18
镜片垂直高度…… 6.3.6
镜片机械强度…… 6.3.1
镜片水平基准长度…… 6.3.7
救生滑道 …… 13.1.7
救生缓降器 …… 13.1.1
救生气垫 …… 13.1.3
拒酸性能…… 10.2.20
拒液性能…… 10.2.18
绝缘手套 …… 8.1.24
系带 …… 11.2.5
系绳…… 11.2.16

K

开放型面罩…… 5.2.2.1
开眼环扣…… 11.2.13
抗冲击性能…… 3.17
抗高速粒子冲击性能…… 6.3.3
抗切割性能…… 9.3.5
抗酸压性能…… 10.2.19
抗油拒水 …… 10.2.8
颗粒物/气溶胶…… 5.1.16
颗粒物防护服…… 10.1.25
可重复使用的耳塞…… 7.1.2.2
可丢弃耳塞…… 7.1.2.1
可更换式面罩…… 5.1.4.2
可见辐射 …… 6.3.10
空气污染物 …… 5.1.15

L

劳动防护手套…… 8.1.18
劳动护肤用品 …… 12.1.1
老化 …… 3.26
棱镜度 …… 6.3.16
棱镜效应 …… 6.3.17
棱镜效应差值 …… 6.3.18
立即威胁生命和健康浓度 …… 5.3.20
连接器…… 11.2.10
连体式防护服…… 10.1.26
连指手套…… 8.1.6
灵巧性…… 8.2.6
流量控制阀 …… 5.2.17
楼顶缓降装置…… 13.1.4
炉窑眼面防护镜 …… 6.1.18
露点…… 5.3.4
铝化手套 …… 8.1.32

滤尘装置 …… 5.2.10
滤光镜 …… 6.2.12
滤光片 …… 6.2.13

M

帽衬 …… 4.2.5
帽箍 …… 4.2.6
帽壳 …… 4.2.1
帽舌 …… 4.2.2
帽沿 …… 4.2.3
密目式安全立网 …… 11.1.6.3
面罩 …… 5.2.2
面罩贴合泄漏率 …… 5.3.5
模拟人 …… 11.3.8

N

耐化学品的工业用模压塑料靴 …… 9.1.18
耐化学品的工业用橡胶靴 …… 9.1.19
耐久性能 …… 3.20
耐磨性能 …… 3.22
耐屈挠破坏性能 …… 10.2.25
耐热性能 …… 10.2.6
耐压力性能 …… 9.3.3
耐油手套 …… 8.1.30
耐折性能 …… 9.3.4
脑后式耳罩 …… 7.1.3.2
脑后型头带耳塞 …… 7.1.2.7
内底 …… 9.2.5

P

佩戴高度 …… 4.3.5
配装成镜 …… 6.2.10
喷射液体防护服 …… 10.1.5
皮革手套 …… 8.1.31
皮膜型护肤剂 …… 12.1.1.4
偏光镜片 …… 6.2.8
泼溅液体防护服 …… 10.1.6

Q

气密型防护服 …… 10.1.23
铅当量 …… 10.2.3
球镜度 …… 6.3.12
区域限制安全带 …… 11.1.4
屈光度 …… 6.3.15
趋避型护肤剂 …… 12.1.1.11
全封闭式防护服 …… 10.1.22
全面罩 …… 5.2.2.3

R

燃烧特征 …… 10.2.9
热防护服 …… 10.1.14
热防护系数 …… 10.2.7
热防护性能 …… 3.11
熔滴 …… 10.2.11
熔融 …… 10.2.12
熔融物 …… 10.2.10
柔性救生滑道 …… 13.1.5

S

三指手套 …… 8.1.5
伸展长度 …… 11.3.4
渗透 …… 8.2.3
渗透率 …… 8.2.4
生氧罐 …… 5.2.21
生氧面具 …… 5.1.10.3
声衰减 …… 7.3.2
失效指示器 …… 5.2.14
视野保留率 …… 5.3.8
适合因数 …… 5.3.13
收集介质 …… 8.2.5
收缩 …… 10.2.28
手背 …… 8.1.13
手套 …… 8.1.1
手腕 …… 8.1.10
手型手套 …… 8.1.3
手掌 …… 8.1.12
手指 …… 8.1.14
舒适性能 …… 3.21
水平间距 …… 4.3.3
水蒸汽渗透性能 …… 9.3.10
撕破强力 …… 10.2.22
死腔 …… 5.3.10
四分之一面罩 …… 5.2.2.4
送风管 …… 5.2.23
送风过滤式呼吸器 …… 5.1.6
送风式过滤装置 …… 5.2.9

送气头罩…… 5.2.1
速差自控器 …… 11.2.3
随弃式面罩…… 5.1.4.1
损毁长度 …… 10.2.1
锁紧卡 …… 4.2.11

T

炭化…… 10.2.13
逃生用全面罩式携气型呼吸器…… 13.1.12
逃生用头盔式携气型呼吸器…… 13.1.13
调节扣 …… 11.2.8
调节器 …… 11.3.9
听力防护装备…… 7.1.1
听阈级…… 7.3.1
通气孔 …… 4.2.12
通用型耳塞…… 7.1.2.9
通用型耳罩…… 7.1.3.4
瞳孔距离 …… 6.3.19
筒口…… 8.1.8
头带…… 7.2.4
头带绳…… 7.2.5
头带式耳罩…… 7.1.3.1
头带型耳塞…… 7.1.2.5
头模…… 4.3.6
透漏率 …… 5.3.11
透气式防护服…… 10.1.29
透气性…… 10.2.26
透湿量…… 10.2.27
透水性能…… 9.3.8

W

弯曲长度…… 10.2.29
网目…… 11.2.18
网目边长…… 11.2.19
网目密度…… 11.2.12
网体…… 11.2.14
危险性…… 8.2.7
微生物 …… 5.1.20
围杆作业安全带 …… 11.1.3
卫生衬垫…… 7.2.6
无尘服…… 10.1.17
无色镜片…… 6.2.5
五指手套…… 8.1.4
雾 …… 5.1.19

X

吸汗带…… 4.2.7
吸气阀 …… 5.2.19
吸气阻力 …… 5.3.16
吸收镜片…… 6.2.4
吸收式防护镜 …… 6.1.16
吸水性能…… 9.3.9
下颏带 …… 4.2.10
消防和应急空气呼吸器 …… 5.1.14
消声衬垫…… 7.2.3
硝基苯类洗涤剂 …… 12.1.1.8
小腿和脚的组合保护护具…… 9.2.3
携气式呼吸器 …… 5.1.10
鞋垫…… 9.2.6
鞋舌…… 9.2.8
鞋座区域能量吸收性能 …… 9.3.11
泄漏阀 …… 5.2.18
泄漏率…… 5.3.6
袖卷边…… 8.1.9
袖套 …… 8.1.11
X 射线防护服…… 10.1.19
续燃时间 …… 10.2.4

Y

压缩空气过滤器…… 5.2.5
压缩空气呼吸器 …… 5.1.10.2
压缩氧型隔绝携气式呼吸器…… 13.1.11
烟 …… 5.1.18
眼镜…… 6.1.2
眼镜镜片…… 6.2.2
眼镜式眼护具…… 6.1.5
眼科镜片…… 6.2.1
眼面部防护装备(简称眼面护品) …… 6.1.1
氧气呼吸器 …… 5.1.10.1
液态化学品防护服 …… 10.1.4
一般防护服 …… 10.1.2
一般工作手套 …… 8.1.19
溢流阀 …… 5.2.15
阴燃时间 …… 10.2.5
油污洗涤剂 …… 12.1.1.6
有限次使用防护服…… 10.1.27

有效组分 ………………………………… 12.2.2
预成型耳塞……………………………… 7.1.2.4

Z

扎紧扣 ………………………………… 11.2.9
胀破强力……………………………… 10.2.23
遮光号………………………………… 6.3.4
遮光护肤剂 ………………………… 12.1.1.3
正压式呼吸器 ……………………… 5.1.12
直接式防毒面具…………………… 5.1.5.1
直型手套……………………………… 8.1.2
职业鞋………………………………… 9.1.2
指叉…………………………………… 8.1.7
指定防护因数 ……………………… 5.3.14
指套 ………………………………… 8.1.16
中骨保护护具………………………… 9.2.2
主带 ………………………………… 11.2.6
装成太阳镜…………………………… 6.2.9
坠落防护装备 ……………………… 11.1.1
坠落距离 …………………………… 11.3.2
坠落悬挂安全带 …………………… 11.1.5
紫外辐射 …………………………… 6.3.11
自给开路式压缩空气呼吸器 ……… 5.1.11
自检装置 …………………………… 5.2.13
自锁器 ……………………………… 11.2.4
自吸过滤式防尘口罩……………… 5.1.4
自吸过滤式防毒面具……………… 5.1.5
自吸过滤式防颗粒物呼吸器……… 5.1.3
总泄漏率…………………………… 5.3.7
综合毒气过滤器…………………… 5.2.7
足部防护装备………………………… 9.1.1
阻燃防护服 ………………………… 10.1.18
阻燃性能 …………………………… 3.12
组合过滤器…………………………… 5.2.4

英文字母索引

A

abrasion resistance ······ 3.22
absorption type protective eyewear ······ 6.1.16
absorptive lens ······ 6.2.4
acid and alkali resistant glove ······ 8.1.26
acid and alkali resistant shoes (boots) ······ 9.1.4
acid repellency ······ 10.2.20
acid resistance properties ······ 3.5
acid resistant clothing ······ 10.1.7
adhesive strength ······ 9.3.6
adjusting buckle ······ 11.2.8
adjusting device ······ 11.3.9
aerosol ······ 5.1.16
afterflame time ······ 10.2.4
afterglow time ······ 10.2.5
aifoleo phobic agent for skin protection ······ 12.1.1.1
air breathing apparatus for fire-fighting and emergency services ······ 5.1.14
air permeability ······ 10.2.26
air supply hose ······ 5.2.23
air supply volume ······ 5.3.19
airborne contaminant ······ 5.1.15
air-purifying respirator ······ 5.1.2
alkali resistance properties ······ 3.6
alkali resistant clothing ······ 10.1.8
aluminized glove ······ 8.1.32
anchor device ······ 11.3.5
anchor line ······ 11.3.7
anchor point ······ 11.3.6
anti-dim compound ······ 6.2.16
anti-impact properties ······ 3.17
anti-microbial protective glove ······ 8.1.28
anti-squashy properties ······ 9.3.1
anti-squashy shoes (boots) ······ 9.1.7
aramid fiber glove ······ 8.1.33
assigned protection factor ······ 5.3.14

B

behind-the-head ear-muff ······ 7.1.3.2

behind-the-head headband ear-plugs …… 7.1.2.7
bending length …… 10.2.29
biological resistance …… 3.15
body harness …… 5.2.25
border rope …… 11.2.15
break resistance properties …… 9.3.4
breaking strength …… 3.25
breakthrough concentration …… 5.3.1
breakthrough time …… 8.2.8
breathing apparatus …… 5.2.11
breathing hose …… 5.2.24
breath-responsive …… 5.3.3
brim …… 4.2.3
burning behavior …… 10.2.9
bursting strength …… 10.2.23

C

canister …… 5.2.3
cartridge …… 5.2.3
char …… 10.2.13
checking device …… 5.2.13
chemical oxygen self-contained closed-circuit breathing apparatus …… 13.1.10
chemical protective clothing …… 10.1.3
chemical protective glove …… 8.1.25
chemical protective properties …… 3.4
chemical resistant footwear …… 9.1.3
chest style gas mask …… 5.1.5.2
chin strap …… 4.2.10
chin style gas mask …… 5.1.5.1
cleaner for skin …… 12.1.10
cleanness clothing …… 10.1.17
clear lens …… 6.2.5
collection medium …… 8.2.5
collision shell for spine …… 10.1.31
combination foot and shin guards …… 9.2.3
combined filter …… 5.2.4
comfort ability …… 3.21
comfort pad …… 11.2.11
completed sunglass …… 6.2.9
complex dust respirator …… 5.1.4.2
compound type protective eyewear …… 6.1.17
compressed air breathing apparatus …… 5.1.10.2
compressed air filter …… 5.2.5

compressed oxygen self-contained closed-circuit breathing apparatus …… 13.1.11
compression resistance properties …… 9.3.3
conductive fibre …… 10.1.33
conductive shoes …… 9.1.16
connector …… 11.2.10
continuous flow valve …… 5.2.17
coverall …… 10.1.26
cuff …… 8.1.11
cuff roll …… 8.1.9
cup …… 7.2.1
cushion …… 7.2.2

D

damage length …… 10.2.1
damping properties …… 4.3.1
dead space …… 5.3.10
decrease of breaking force for acid-resistance materials …… 10.2.21
degradation …… 3.26
deploy distance …… 11.3.4
descent rescue device for towers …… 13.1.4
descent rescue device …… 13.1.1
detergent for skin(detergent) …… 12.1.1.5
dew point …… 5.3.4
dexterity …… 8.2.6
dielectric properties …… 3.9
dielectric shoes(boots) …… 9.1.17
difference in prismatic effect …… 6.3.18
disposable ear-plugs …… 7.1.2.1
disposable facepiece …… 5.1.4.1
downstream valve …… 5.2.18
durability …… 3.20
dust detergent …… 12.1.1.7
dust …… 5.1.17
dustproof properties …… 3.3

E

ear plugs …… 7.1.2
ear-muff …… 7.1.3
effective component …… 12.2.2
efficacy of protector …… 3.19
electric insulation glove …… 8.1.24
electrostatic dissipative material …… 10.1.34
end-of-service-life indicator …… 5.2.14

energy absorber …… 11. 2. 2
equipotential live clothing for line work …… 10. 1. 15
escape chute …… 13. 1. 7
exhalation resistance …… 5. 3. 17
exhalation valve …… 5. 2. 20
eye and face protective equipment(protectors for eye and face) …… 6. 1. 1

F

fabric glove …… 8. 1. 34
face seal leakage …… 5. 3. 5
facepiece …… 5. 2. 2
fail-safe for skin protector …… 12. 2. 1
fall arrest systems …… 11. 1. 5
fall distance …… 11. 3. 2
fall protection equipment …… 11. 1. 1
fastening buckle …… 11. 2. 9
film-forming cream …… 12. 1. 4
filter efficiency …… 5. 3. 15
filter type protective gas mask …… 5. 1. 6
filter …… 6. 2. 12, 5. 2. 3
filtering device …… 5. 2. 8
fine mesh safety vertical net …… 11. 1. 6. 3
finger guard …… 8. 2. 6
finger …… 8. 1. 14
finger-stall …… 8. 1. 16
fire escape hood …… 13. 1. 9
fire escape pipe …… 13. 1. 2
fire escape safety bag …… 13. 1. 8
fit factor …… 5. 3. 13
five finger glove …… 8. 1. 4
flame retardant protective clothing …… 10. 1. 18
flame retardation properties …… 3. 12
flexible escape chute …… 13. 1. 5
focal power …… 6. 3. 15
fork …… 8. 1. 7
formable ear-plugs …… 7. 1. 2. 3
foundry shoes …… 9. 1. 13
full mask …… 5. 2. 2. 3
fully encapsulated suit …… 10. 1. 22
fume …… 5. 1. 18

G

garments for protection against cool environments …… 10. 1. 13

gas-tight protective ensembles ···· 10.1.23
geometrical centre ···· 6.3.5
glasses ···· 6.1.2
glove ···· 8.1.1
goggle ···· 6.1.4
goggles and visor for corrosive liquid-resisting ···· 6.1.9
goggles and visor for furnace-operator ···· 6.1.18
goggles and visor for impact protection ···· 6.1.11
goggles and visor for microwave protection ···· 6.1.10
goggles and visor for radioactivity protection ···· 6.1.8
goggles and visor for welder ···· 6.1.7
gradient-tinted lens ···· 6.2.6
guided type fall arrester ···· 11.2.4

H

half mask ···· 5.2.2.2
hand back ···· 8.1.13
hand-type glove ···· 8.1.3
harness ···· 4.2.5
harnesses ···· 11.2.5
hazard ···· 8.2.7
headband ear-plugs ···· 7.1.2.5
headband ···· 4.2.6,7.2.4
head-form ···· 4.3.6
head-protectors ···· 4.1.1
head-strap ···· 7.2.5
hearing protective equipment ···· 7.1.1
hearing threshold level ···· 7.3.1
heat protective properties ···· 3.11
heat resistance ···· 10.2.6
heat-resistant and flame-retardant shoes(boots) ···· 9.1.12
heelpiece energy absorption properties ···· 9.3.11
high speed particles protection ···· 6.3.3
high-visibility warning clothing ···· 10.1.20
hood ···· 5.2.1
horizontal distance ···· 4.3.3
horizontal safety net ···· 11.1.6.1
hydrazine detergent ···· 12.1.1.9
hydrophobic agent for skin protection ···· 12.1.1.2
hygiene cover ···· 7.2.6

I

ignition times ···· 10.2.2

immediately dangerous to life or health concentration …… 5.3.20
incision resistance properties …… 9.3.5
infiltration …… 8.2.3
inflatable cushion for escape …… 13.1.3
inhalation resistance …… 5.3.16
inhalation valve …… 5.2.19
inner cushion …… 4.2.8
insect resistance glove …… 8.1.21
insertion loss …… 7.3.3
insock …… 9.2.6
insole …… 9.2.5
instep protector …… 9.2.4
inter-pupillary distance …… 6.3.19
inward leakage …… 5.3.6
isolated type respirator …… 5.1.7

L

lanyard …… 11.2.1
laser protective spectacles …… 6.1.14
lateral pressure rigidity …… 4.3.2
lead equivalent …… 10.2.3
leather glove …… 8.1.31
length of energy absorber …… 11.3.1
limited use protective clothing …… 10.1.27
lined glove …… 8.1.15
liner strip …… 4.2.9
liner …… 7.2.3
lining …… 9.2.7
liquid chemical jet tight protective clothing …… 10.1.5
liquid chemical spray tight protective clothing …… 10.1.6
liquid chemical tight protective clothing …… 10.1.4
liquid repellency …… 10.2.18
lock …… 4.2.11
long tube breathing apparatus …… 5.1.8
long tube mask …… 5.1.8
loose-fitting facepiece …… 5.2.2.1
low boiling point organic compound …… 5.1.21
luminous transmittance …… 6.3.8

M

machinery injury resistance …… 3.14
mechanical strength of spectacle lens …… 6.3.1
melting …… 10.2.12

mesh density …… 11.2.12
mesh size …… 11.2.19
mesh …… 11.2.18
metatarsal guards …… 9.2.2
microorganism …… 5.1.20
mist …… 5.1.19
mitten …… 8.1.6
molten debris …… 10.2.10
molten drip …… 10.2.11
moulded plastics industrial boots with chemical resistance …… 9.1.18
mounted spectacle lens …… 6.2.10
multiple filters …… 5.2.6
multi-type gas-filter …… 5.2.7

N

negative-pressure respirator …… 5.1.13
net body …… 11.2.14
nitrobenzene detergent …… 12.1.1.8
noise reduction rating …… 7.3.4
non-gas-tight protective ensembles …… 10.1.24
non-ionization radiation protective properties …… 3.8
non-powered air-purifying respirator …… 5.1.5
non-powered escape ladder …… 13.1.6

O

occupational footwear …… 9.1.2
oil resistant and water-proof …… 10.2.8
oil resistant clothing …… 10.1.9
oil resistant glove …… 8.1.30
oil resistant shoes(boots) …… 9.1.5
ophthalmic lens …… 6.2.1
optical filter …… 6.2.13
optical horizontal reference length …… 6.3.7
optical vertical height …… 6.3.6
overflow valve …… 5.2.15
over-the-head ear-muff …… 7.1.3.1
over-the-head headband ear-plugs …… 7.1.2.6
oxygen breathing apparatus …… 5.1.10.1
oxygen generator …… 5.2.21
oxygen mask …… 5.1.10.3

P

pacifier for skin protection …… 12.1.1.3

palm ······ 8.1.12
particle filtering device ······ 5.2.10
particle tight protective clothing ······ 10.1.25
particle ······ 5.1.16
peak ······ 4.2.2
penetrating leaking coefficient ······ 5.3.11
penetration rate ······ 8.2.4
penetration ······ 8.2.2
penetration-resistant insert ······ 9.2.9
performance properties ······ 3.18
permeable protective clothing ······ 10.1.29
personal fall protection system ······ 11.1.2
personal protective equipment ······ 3.1
photochromic lens ······ 6.2.7
plane-type glove ······ 8.1.2
point to point resistance ······ 10.2.16
polarizing lens ······ 6.2.8
position visual field ······ 5.3.9
positive-pressure respirator ······ 5.1.12
power assisted filtering device ······ 5.2.9
powered air-purifying respirator ······ 5.1.6
pre-formed ear-plugs ······ 7.1.2.4
primary strap ······ 11.2.6
prism dioptre ······ 6.3.16
prismatic effect ······ 6.3.17
protection factor ······ 5.3.12
protective clothing for welders ······ 10.1.21
protective clothing ······ 10.1.1
protective coverage ······ 3.24
protective footwear ······ 9.1.8
protective glove against mechanical risks ······ 8.1.27
protective glove and mittens ······ 8.1.18
protective lens ······ 6.2.3
protective mask ······ 6.1.3
protective over-boots ······ 9.1.21
protective roperties ······ 3.2
protective shoes (boots) ······ 9.1.1
protective time ······ 5.3.2
protective toecap ······ 9.2.1
puncture proof footwear ······ 9.1.10

Q

quantity of electric charge ······ 10.2.17

quarter mask ······ 5. 2. 2. 4

R

radiation protective coverall ······ 10. 1. 11
radioactivity protective glove ······ 8. 1. 22
radioactivity protective properties ······ 3. 7
reflection type protective eyewear ······ 6. 1. 15
relief valve ······ 5. 2. 16
repellent for skin protection ······ 12. 1. 1. 11
replaceable facepiece ······ 5. 1. 4. 2
reservation ratio of visual field ······ 5. 3. 8
resistance to damage by flexing ······ 10. 2. 25
resistance to penetration by acids under pressure ······ 10. 2. 19
resistance to permeation ······ 8. 2. 1
resistance to puncture ······ 3. 16
respiratory protective equipment ······ 5. 1. 1
restraint systems ······ 11. 1. 4
retractable type fall arrester ······ 11. 2. 3
reusable protective clothing ······ 10. 1. 28
re-usable ear-plugs ······ 7. 1. 2. 2
round button with hole ······ 11. 2. 13
rubber industrial boots with chemical resistance ······ 9. 1. 19

S

safety footwear ······ 9. 1. 9
safety glove ······ 8. 1. 17
safety helmet ······ 4. 1. 3
safety nets ······ 11. 1. 6
safety space ······ 11. 3. 3
screening glass ······ 6. 2. 15
seam strength ······ 10. 2. 24
secondary strap ······ 11. 2. 7
self-contained breathing apparatus ······ 5. 1. 10
self-contained open-circuit compressed air breathing apparatus with full face mask or mouthpiece assembly for escape ······ 13. 1. 12
self-contained open-circuit compressed air breathing apparatus with hood for escape ······ 13. 1. 13
self-contained open-circuit compressed air breathing apparatus ······ 5. 1. 11
self-inhalation air-purifying particle respirator ······ 5. 1. 3
self-inhalation filter type dust respirator ······ 5. 1. 4
separator ······ 5. 2. 22
setting surface ······ 11. 3. 10
shading numerals ······ 6. 3. 4
shell ······ 4. 2. 1

shock absorption armor ………… 10. 1. 30
shrinkage ………… 10. 2. 28
side-lens ………… 6. 2. 11
simple dust respirator ………… 5. 1. 4. 1
skin-protector for worker ………… 12. 1. 1
slide resistance properties ………… 9. 3. 2
smoke and dust goggle ………… 6. 1. 13
soaking uniforms ………… 10. 1. 12
soil detergent ………… 12. 1. 1. 6
sound-attenuation ………… 7. 3. 2
spectacle eye protector ………… 6. 1. 5
spectacle lens ………… 6. 2. 2
spectral transmittance ………… 6. 3. 9
spherical power ………… 6. 3. 12
standard head dummy ………… 3. 23
static pressure ………… 5. 3. 18
static protective clothing ………… 10. 1. 16
static protective fabric ………… 10. 1. 32
static protective glove ………… 8. 1. 23
static protective properties ………… 3. 10
static protective shoes ………… 9. 1. 15
strap for leg ………… 9. 1. 20
supplied air respirator ………… 5. 1. 9
surface abrasion resistance ………… 6. 3. 2
surface resistance ………… 10. 2. 14
surface resistivity ………… 10. 2. 15
sweatband ………… 4. 2. 7

T

tear force ………… 10. 2. 22
tendon rope ………… 11. 2. 17
the edge of a glove and mitten at the cuff ………… 8. 1. 8
thermal protective clothing ………… 10. 1. 14
three finger glove ………… 8. 1. 5
tie rope ………… 11. 2. 16
tongue ………… 9. 2. 8
top reinforcement ………… 4. 2. 4
torso test mass ………… 11. 3. 8
total inward leakage ………… 5. 3. 7
TPP thermal protective performance ………… 10. 2. 7

U

ultraviolet radiation ………… 6. 3. 11

under-the-chin ear-muff ······ 7.1.3.3
under-the-chin headband ear-plugs ······ 7.1.2.8
universal ear-muff ······ 7.1.3.4
universal headband earplugs ······ 7.1.2.9

V

vent ······ 4.2.12
vertex focal length ······ 6.3.13
vertex power ······ 6.3.14
vertical distance ······ 4.3.4
vertical safety net ······ 11.1.6.2
vibration isolation glove ······ 8.1.20
vibration isolation shoes ······ 9.1.11
visible radiation ······ 6.3.10

W

warmth retention properties ······ 3.13
warm-proof shoes ······ 9.1.14
warning device ······ 5.2.12
water absorbent properties ······ 9.3.9
water resistance properties ······ 9.3.7
water vapour permeation properties ······ 9.3.10
water vapour transmission rate ······ 10.2.27
waterproof goggle ······ 6.1.12
water permeability ······ 9.3.8
waterproof rubber boots ······ 9.1.6
water-proof clothing ······ 10.1.10
wearing height ······ 4.3.5
welder's glove ······ 8.1.29
welder's spectacles ······ 6.1.6
welding filter lens ······ 6.2.14
work positioning systems ······ 11.1.3
working cap ······ 4.1.2
working glove ······ 8.1.19
working wear(overalls) ······ 10.1.2
wrist ······ 8.1.10

X

X-ray protective clothing ······ 10.1.19

参 考 文 献

[1] GB 2626—2006 呼吸防护用品 自吸过滤式防颗粒物呼吸器

[2] GB 2811—2007 安全帽

[3] GB 2890—1995 过滤式防毒面具通用技术条件

[4] GB/T 3291.1—1997 纺织 纺织材料性能和试验术语 第1部分:纤维和纱线

[5] GB/T 3291.3—1997 纺织 纺织材料性能和试验术语 第3部分:通用

[6] GB/T 3609.1—1994 焊接眼面防护具

[7] GB 4385—1995 防静电鞋、导电鞋技术要求

[8] GB 5893.1—1986 护耳器 耳塞

[9] GB 5893.2—1986 护耳器 耳罩

[10] GB 6095—1985 安全带

[11] GB 6096—1985 安全带检验方法

[12] GB 6220—1986 长管面具

[13] GB/T 6223—1997 自吸过滤式防颗粒口罩

[14] GB 12011—2000 电绝缘鞋通用技术条件

[15] GB 12018—1989 耐酸碱皮鞋

[16] GB 12019—1989 耐酸碱胶靴

[17] GB/T 12623—1990 防护鞋通用技术条件

[18] GB/T 12624—2006 劳动防护手套通用技术条件

[19] GB/T 13641—2006 劳动护肤剂通用技术条件

[20] GB 14866—2006 个人用眼护具技术要求

[21] GB/T 15557—2008 服装术语

[22] GB/T 18664—2002 呼吸防护用品的选择、使用与维护

[23] GB/T 20991—2007 个体防护装备 鞋的测试方法

[24] GB 21146—2007 个体防护装备 职业鞋

[25] GB 21147—2007 个体防护装备 防护鞋

[26] GB 21148—2007 个体防护装备 安全鞋

[27] ISO 8782:1998 Safety, protective and occupational footwear for professional use

[28] ISO 10333-1:2000 Personal fall-arrest systems—Part 1: Full-body harnesses

[29] ISO 10333-1 AMD1:2002 Personal fall-arrest systems-Part 1: Full-body harnesses; Amendment 1

[30] ISO 10333-4:2002 Personal fall-arrest systems—Part 4: Vertical rails and vertical lifelines incorporating a sliding-type fall arrester

[31] ISO/TR 11610:2004 Protective clothing—Vocabulary

[32] ISO 13666:1999 Ophthalmic optics—Spectacle lenses—Vocabulary

[33] ISO 20346:2007 Personal protective equipment—Protective footwear

[34] EN 132:1999 Respiratory protective devices—Definitions of terms and pictograms

[35] EN 352:2002 Hearing protectors—Safety requirements and testing

[36] EN 358:2000 Personal protective equipment for work positioning and prevention of falls from a height—Belts for work positioning and restraint and work positioning lanyards

[37] EN 360:2002 Personal protective equipment against falls from a height—Retractable type

fall arresters

[38] EN 361:2002 Personal protective equipment against falls from a height—Full body harnesses

[39] EN 362:2004 Personal protective equipment against falls from a height—Connectors

[40] EN 363:2002 Personal protective equipment against falls from a height—Fall arrestsystems

[41] EN 374-1:2003 Protective glove against chemicals and micro-organisms—Terminology and performance requirements

[42] EN 388:2003 Protective glove against mechanical risks

[43] EN 397:1995 Specification for industrial safety helmets

[44] EN 420:2003 Protective glove—General requirements and test methods

[45] EN 511:2006 Protective glove against cold

[46] EN 13832:2006 Footwear protecting against chemical

ICS 35.040
A 24

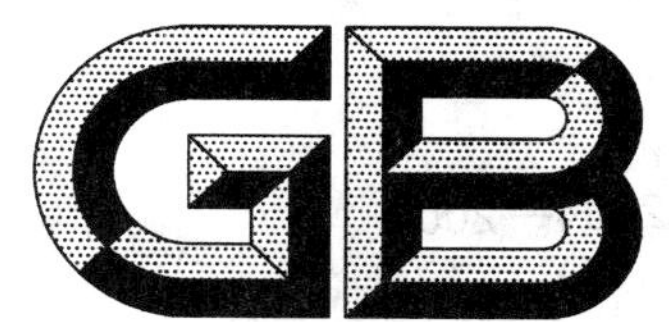

中华人民共和国国家标准

GB 12904—2008
代替 GB 12904—2003

商品条码　零售商品编码与条码表示

Bar code for commodity—Retail commodity numbering and bar code marking

(ISO/IEC 15420:2000, Information technology—
Automatic identification and data capture techniques—
Bar code symbology specification—EAN/UPC, NEQ)

2008-11-07 发布　　　　2009-11-15 实施

中华人民共和国国家质量监督检验检疫总局
中国国家标准化管理委员会　发布

前言

本标准中第4.1.1条、第4.1.2条、第4.2.1.2条、第7章、第9.2条、第9.3条和附录C的第C.1条、第C.4条为强制性条款，其余为推荐性条款。

本标准与ISO/IEC 15420:2000《信息技术　自动识别与数据采集技术　条码符号规范　EAN/UPC》的一致性程度为非等效，并结合了《GS1通用规范》(2008年版)和我国的实际情况，在GB 12904—2003《商品条码》的基础上，改名为《商品条码　零售商品编码与条码表示》，标准号保持不变，是商品条码系统标准体系中的一个重要标准。

本标准代替GB 12904—2003《商品条码》。本标准与GB 12904—2003相比主要变化如下：

——修改了原标准第3章中“商品条码”的定义，删去了“商品标识代码”、“商品项目”、“EAN-13商品条码”、“EAN-8商品条码”、“UPC-A商品条码”、“UPC-E商品条码”和“前置码”的术语及其定义，增加了“零售商品”、“零售商品代码”、“放大系数”和“前缀码”等术语及其定义。

——将原标准第4章“商品标识代码”改为“编码”，对原内容进行调整，增加了第4.3条“代码的编制”。

——将原标准第5、6章合并，改为第5章“条码表示”，并对原内容进行了调整。

——将原标准第7章“符号尺寸与颜色搭配”改为第6章“条码符号的设计”。将原内容中条码颜色搭配的内容调整到附录F中的F.3。

——将原标准第8章“符号等级”和第9章“符号质量及判定规则”的内容进行合并，改为第9章“条码符号质量的评价和要求”。将原标准第8.1条“符号的质量参数及分级”和第9.1条“符号质量”的内容合并为9.1条“条码符号质量要求”。

——原标准的第10章“符号的选用原则”改为第7章“条码符号选用”，并作为强制条款。

——增加了第8章“条码符号的放置”。

——更新了原标准附录A内容并改为“GS1已分配给国家(地区)编码组织的前缀码”。

——取消原标准附录C“UPC商品条码”的内容，改为“12位代码及条码表示”。对原内容进行了调整。

——保留原标准附录D“商品条码的码制标识符”，改名为附录D“EAN/UPC条码的码制标识符”。

——删除了原标准附录E“商品条码的识读和印制指南”的内容。

——将原标准附录F“商品条码的参考译码算法”，改为附录E，更名为“EAN/UPC条码的参考译码算法”。

——将原标准附录G“商品条码印制过程质量控制技术要求”的内容，改为附录F，更名为“EAN/UPC条码印制过程质量控制技术要求”。

本标准的附录B、附录C、附录D、附录E为规范性附录，附录A和附录F为资料性附录。

本标准由全国物流信息管理标准化技术委员会提出并归口。

本标准起草单位：中国物品编码中心。

本标准主要起草人：张成海、黄燕滨、罗秋科、李素彩、韩树文、黄泽霞。

本标准所代替标准的历次版本发布情况为：

——GB 12904—1991，GB 12904—1998，GB 12904—2003。

商品条码　零售商品编码与条码表示

1　范围

本标准规定了零售商品的编码、条码表示、条码的技术要求和质量判定规则。

本标准适用于零售商品的条码标识。

2　规范性引用文件

下列文件中的条款通过本标准的引用而成为本标准的条款。凡是注日期的引用文件，其随后所有的修改单(不包括勘误的内容)或修订版均不适用于本标准，然而，鼓励根据本标准达成协议的各方研究是否可使用这些文件的最新版本。凡是不注日期的引用文件，其最新版本适用于本标准。

GB/T 1988　信息技术　信息交换用七位编码字符集(GB/T 1988—1998，eqv ISO/IEC 646：1991)

GB/T 12508　光学识别用字母数字字符集　第二部分：OCR-B 字符集印刷图像的形状和尺寸(GB/T 12508—1990，eqv ISO 1073-2：1976)

GB/T 12905　条码术语

GB/T 14257　商品条码符号位置

GB/T 18283　商品条码　店内条码

GB/T 18348　商品条码　条码符号印制质量的检验

ISO/IEC 15420　信息技术　自动识别与数据采集技术　条码符号规范　EAN/UPC

ISO/IEC 15424　信息技术　自动识别与数据采集技术　数据载体标识符(包括码制标识符)

3　术语和定义

GB/T 12905 中确立的以及下列术语和定义适用于本标准。

3.1

商品条码　bar code for commodity

由一组规则排列的条、空及其对应代码组成，表示商品代码的条码符号，包括零售商品、储运包装商品、物流单元、参与方位置等等的代码与条码标识。

3.2

零售商品　retail commodity

零售业中，根据预先定义的特征而进行定价、订购或交易结算的任意一项产品或服务。

3.3

零售商品代码　identification code for retail commodity

零售业中，标识商品身份的唯一代码，具有全球唯一性。

3.4

前缀码　GS1 prefix

商品代码的前 2 或 3 位数字，由国际物品编码协会(GS1)统一分配。

3.5

放大系数　magnification factor

条码实际尺寸与模块宽度(X 尺寸)为 0.330 mm 的条码尺寸的比值。

4 编码

4.1 代码结构

4.1.1 13位代码结构

4.1.1.1 组成

由厂商识别代码、商品项目代码、校验码三部分组成的13位数字代码，分为四种结构，其结构见表1。

表1 13位代码结构

结构种类	厂商识别代码	商品项目代码	检验码
结构一	$X_{13}X_{12}X_{11}X_{10}X_9X_8X_7$	$X_6X_5X_4X_3X_2$	X_1
结构二	$X_{13}X_{12}X_{11}X_{10}X_9X_8X_7X_6$	$X_5X_4X_3X_2$	X_1
结构三	$X_{13}X_{12}X_{11}X_{10}X_9X_8X_7X_6X_5$	$X_4X_3X_2$	X_1
结构四	$X_{13}X_{12}X_{11}X_{10}X_9X_8X_7X_6X_5X_4$	X_3X_2	X_1

4.1.1.2 厂商识别代码

厂商识别代码由7～10位数字组成，中国物品编码中心负责分配和管理。

厂商识别代码的前3位代码为前缀码，国际物品编码协会已分配给中国物品编码中心的前缀码为690～695。国际物品编码协会已分配给国家(或地区)编码组织的前缀码见附录A。

4.1.1.3 商品项目代码

商品项目代码由5～2位数字组成，一般由厂商编制，也可由中国物品编码中心负责编制。

4.1.1.4 校验码

校验码为1位数字，用于检验整个编码的正误。校验码的计算方法见附录B。

4.1.2 8位代码结构

4.1.2.1 组成

8位代码由前缀码、商品项目代码和校验码三部分组成。其结构见表2。

表2 8位代码结构

前缀码	商品项目代码	校验码
$X_8X_7X_6$	$X_5X_4X_3X_2$	X_1

4.1.2.2 前缀码

X_8～X_6是前缀码，国际物品编码协会已分配给中国物品编码中心的前缀码为690～695。

4.1.2.3 商品项目代码

X_5～X_2是商品项目代码，由4位数字组成，中国物品编码中心负责分配和管理。

4.1.2.4 校验码

X_1是校验码，为1位数字，用于检验整个编码的正误。校验码的计算方法见附录B。

4.1.3 12位代码结构

12位代码结构、条码表示、条码符号选择及质量判定见附录C。

注：根据客户要求，出口到北美地区的零售商品可采用12位的代码。

4.2 代码的编制原则

零售商品代码是一个统一的整体，在商品流通过程中应整体应用。编制零售商品代码时，应遵守以下基本原则。

4.2.1 唯一性原则

4.2.1.1 相同的商品分配相同的商品代码，基本特征相同的商品视为相同的商品。

4.2.1.2 不同的商品应分配不同的商品代码，基本特征不同的商品视为不同的商品。

注：通常情况下，商品的基本特征包括商品名称、商标、种类、规格、数量、包装类型等产品特性。企业可根据所在行业的产品特征以及自身的产品管理需求为产品分配唯一的商品代码。

4.2.2 无含义性原则

零售商品代码中的商品项目代码不表示与商品有关的特定信息。

4.2.3 稳定性原则

零售商品代码一旦分配，若商品的基本特征没有发生变化，就应保持不变。

4.3 代码的编制

4.3.1 独立包装的单个零售商品代码的编制

独立包装的单个零售商品是指单独的、不可再分的独立包装的零售商品。其商品代码的编制通常采用 4.1.1 所规定的 13 位代码结构。当商品的包装很小，符合以下三种情况任意之一时，可申请采用 4.1.2 所规定的 8 位代码结构：

——13 位代码的条码符号的印刷面积超过商品标签最大面面积的四分之一或全部可印刷面积的八分之一时；

——商品标签的最大面面积小于 40 cm^2 或全部可印刷面积小于 80 cm^2 时；

——产品本身是直径小于 3 cm 的圆柱体时。

4.3.2 组合包装的零售商品代码的编制

4.3.2.1 标准组合包装的零售商品代码的编制

标准组合包装的零售商品是指由多个相同的单个商品组成的标准的、稳定的组合包装的商品。其商品代码的编制通常采用 13 位代码结构，但不应与包装内所含单个商品的代码相同。

4.3.2.2 混合组合包装的零售商品代码的编制

混合组合包装的零售商品是指由多个不同的单个商品组成的标准的、稳定的组合包装的商品。其商品代码的编制通常采用 13 位代码结构，但不应与包装内所含商品的代码相同。

4.3.3 变量零售商品代码的编制

变量零售商品的代码用于商店内部或封闭系统中的商品消费单元。其商品代码的选择见 GB/T 18283。

5 条码表示

5.1 码制

零售商品代码的条码表示采用 ISO/IEC 15420 中定义的 EAN/UPC 条码码制。EAN/UPC 条码共有 EAN-13、EAN-8、UPC-A、UPC-E 四种结构。UPC-A、UPC-E 的条码结构见附录 C。EAN/UPC 条码的码制标识符见附录 D。

5.2 EAN/UPC 条码的符号结构

5.2.1 EAN-13 条码的符号结构

EAN-13 条码由左侧空白区、起始符、左侧数据符、中间分隔符、右侧数据符、校验符、终止符、右侧空白区及供人识别字符组成。见图 1 和图 2。

图 1 EAN-13 条码的符号结构

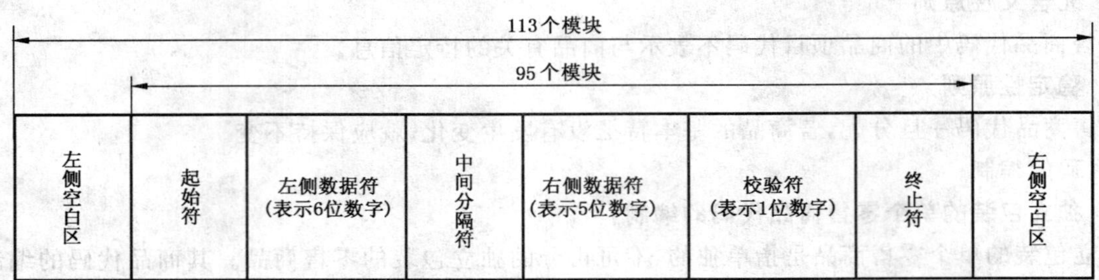

图 2 EAN-13 条码符号构成示意图

5.2.1.1 **左侧空白区**

位于条码符号最左侧的与空的反射率相同的区域，其最小宽度为 11 个模块宽。

5.2.1.2 **起始符**

位于条码符号左侧空白区的右侧，表示信息开始的特殊符号，由 3 个模块组成。

5.2.1.3 **左侧数据符**

位于起始符右侧，表示 6 位数字信息的一组条码字符，由 42 个模块组成。

5.2.1.4 **中间分隔符**

位于左侧数据符的右侧，是平分条码字符的特殊符号，由 5 个模块组成。

5.2.1.5 **右侧数据符**

位于中间分隔符右侧，表示 5 位数字信息的一组条码字符，由 35 个模块组成。

5.2.1.6 **校验符**

位于右侧数据符的右侧，表示校验码的条码字符，由 7 个模块组成。

5.2.1.7 **终止符**

位于条码符号校验符的右侧，表示信息结束的特殊符号，由 3 个模块组成。

5.2.1.8 **右侧空白区**

位于条码符号最右侧的与空的反射率相同的区域，其最小宽度为 7 个模块宽。为确保右侧空白区的宽度，可在条码符号右下角加“＞”符号，“＞”符号的位置见图 3。

图 3 EAN-13 条码符号右侧空白区中“＞”的位置

5.2.1.9 **供人识别字符**

位于条码符号的下方，与条码相对应的 13 位数字。供人识别字符优先选用 GB/T 12508 中规定的 OCR-B 字符集；字符顶部和条码字符底部的最小距离为 0.5 个模块宽。

5.2.2 **EAN-8 条码的符号结构**

EAN-8 条码由左侧空白区、起始符、左侧数据符、中间分隔符、右侧数据符、校验符、终止符、右侧空白区及供人识别字符组成，见图 4 和图 5。

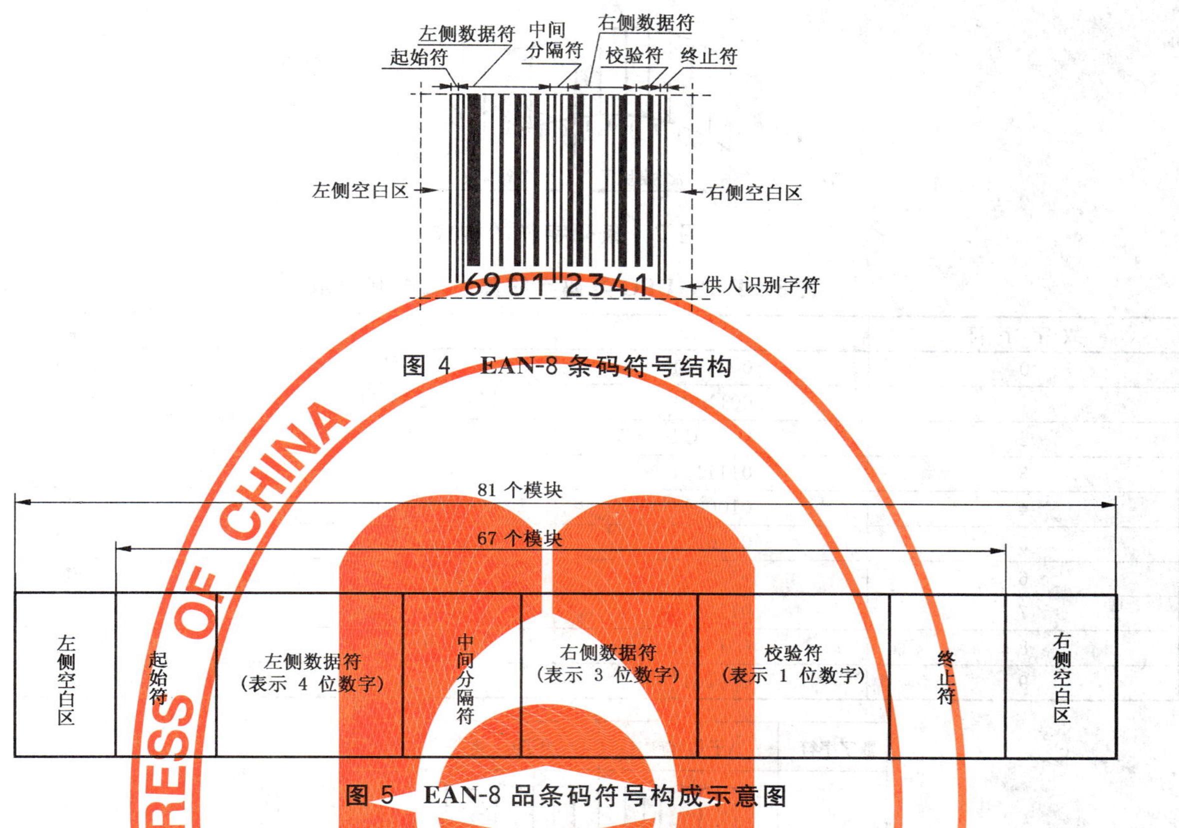

图 4 EAN-8 条码符号结构

图 5 EAN-8 品条码符号构成示意图

5.2.2.1 EAN-8 条码的起始符、中间分隔符、校验符、终止符的结构同 EAN-13 条码。

5.2.2.2 EAN-8 条码的左侧空白区与右侧空白区的最小宽度均为 7 个模块宽。为确保左右侧空白区的宽度，可在条码符号左下角加“<”符号，在条码符号右下角加“>”符号，“<”和“>”符号的位置见图 6。

图 6 EAN-8 条码符号空白区中“<”“>”的位置

5.2.2.3 左侧数据符表示 4 位数字信息，由 28 个模块组成。

5.2.2.4 右侧数据符表示 3 位数字信息，由 21 个模块组成。

5.2.2.5 供人识别字符与条码相对应的 8 位数字，位于条码符号的下方。

5.3 EAN/UPC 条码的二进制表示

5.3.1 EAN/UPC 条码字符集的二进制表示

EAN/UPC 条码字符集包括 A 子集、B 子集和 C 子集。每个条码字符由 2 个“条”和 2 个“空”构成。每个“条”或“空”由 1～4 个模块组成，每个条码字符的总模块数为 7。用二进制“1”表示“条”的模块，用二进制“0”表示“空”的模块，见图 7。条码字符集可表示 0～9 共 10 个数字字符。EAN/UPC 条码字符集的二进制表示见表 3 和图 8。

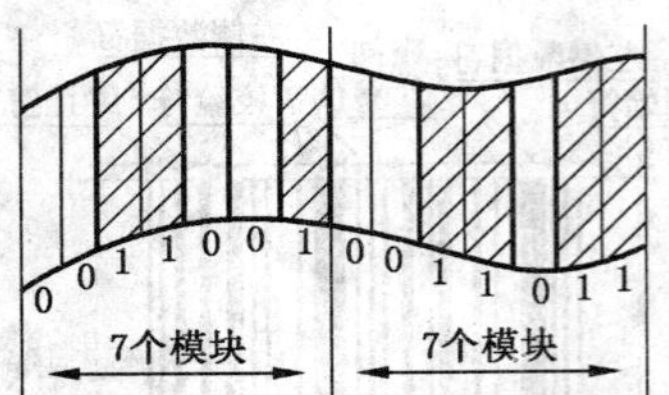

图 7　条码字符的构成

表 3　EAN/UPC 条码字符集的二进制表示

数字字符	A 子集	B 子集	C 子集
0	0001101	0100111	1110010
1	0011001	0110011	1100110
2	0010011	0011011	1101100
3	0111101	0100001	1000010
4	0100011	0011101	1011100
5	0110001	0111001	1001110
6	0101111	0000101	1010000
7	0111011	0010001	1000100
8	0110111	0001001	1001000
9	0001011	0010111	1110100

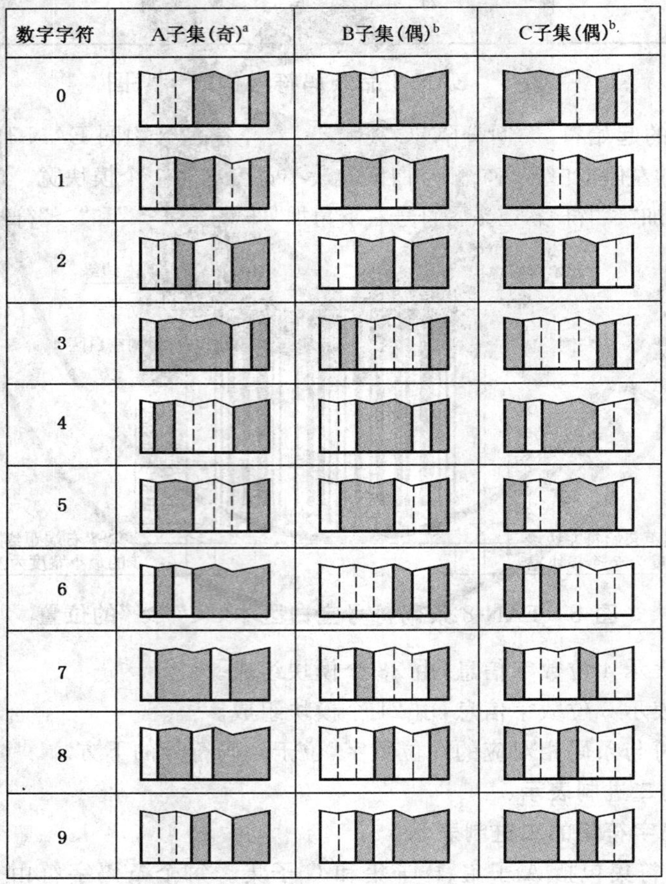

数字字符	A子集(奇)[a]	B子集(偶)[b]	C子集(偶)[b]
0			
1			
2			
3			
4			
5			
6			
7			
8			
9			

[a] A 子集中条码字符所包含的“条”的模块的个数为奇数，称为奇排列。

[b] B、C 子集中条码字符所包含的“条”的模块的个数为偶数，称为偶排列。

图 8　EAN/UPC 条码字符集示意图

5.3.2 EAN-13 条码的二进制表示

5.3.2.1 起始符、终止符

起始符、终止符的二进制表示都为“101”，见图 9。

5.3.2.2 中间分隔符

中间分隔符的二进制表示为“01010”，见图 9。

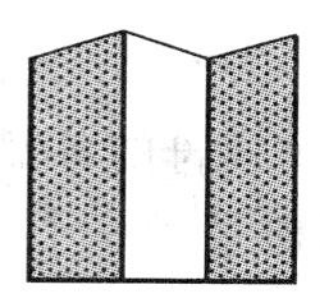
起始符、终止符

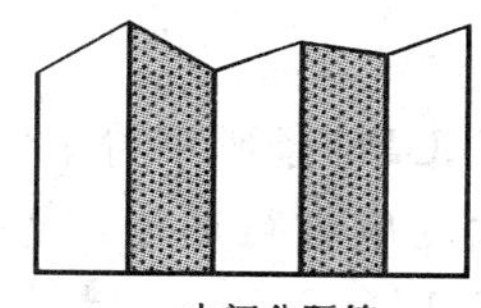
中间分隔符

图 9 EAN/UPC 条码起始符、终止符、中间分隔符示意图

5.3.2.3 EAN-13 条码的数据符及校验符

5.3.2.3.1 13 代码中左侧的第一位数字为前置码。左侧数据符根据前置码的数值选用 A、B 子集，见表 4。

表 4 左侧数据符 EAN/UPC 条码字符集的选用规则

前置码数值	EAN-13 左侧数据符商品条码字符集					
	代码位置序号					
	12	11	10	9	8	7
0	A	A	A	A	A	A
1	A	A	B	A	B	B
2	A	A	B	B	A	B
3	A	A	B	B	B	A
4	A	B	A	A	B	B
5	A	B	B	A	A	B
6	A	B	B	B	A	A
7	A	B	A	B	A	B
8	A	B	A	B	B	A
9	A	B	B	A	B	A

示例：确定一个 13 位代码 6901234567892 的左侧数据符的二进制表示。

——根据表 4 可查得：前置码为“6”的左侧数据符所选用的商品条码字符集依次排列为 ABBBAA。

——根据表 3 可查得：左侧数据符“901234”的二进制表示，见表 5。

表 5 前置码为“6”时左侧数据符的二进制表示示例

左侧数据符	9	0	1	2	3	4
条码字符集	A	B	B	B	A	A
二进制表示	0001011	0100111	0110011	0011011	0111101	0100011

5.3.2.3.2 右侧数据符及校验符均用 C 子集表示。

5.3.2.4 EAN-8 条码的数据符及校验符

左侧数据符用 A 子集表示；右侧数据符和校验符用 C 子集表示。

6 条码符号的设计

6.1 尺寸

6.1.1 模块宽度(*X* 尺寸)

模块是构成条码符号的最小单元。当放大系数为 1.00 时,EAN/UPC 条码的模块宽度为0.330 mm。

6.1.2 条码字符的条空尺寸

当放大系数为 1.00 时,EAN/UPC 条码字符集中每个字符的各部分尺寸见图 10。

条码字符 1、2、7、8 的条空宽度应进行适当调整,调整量为一个模块宽度的 1/13,见表 6。EAN/UPC 条码字符尺寸允许偏差见 F.1。

单位为毫米

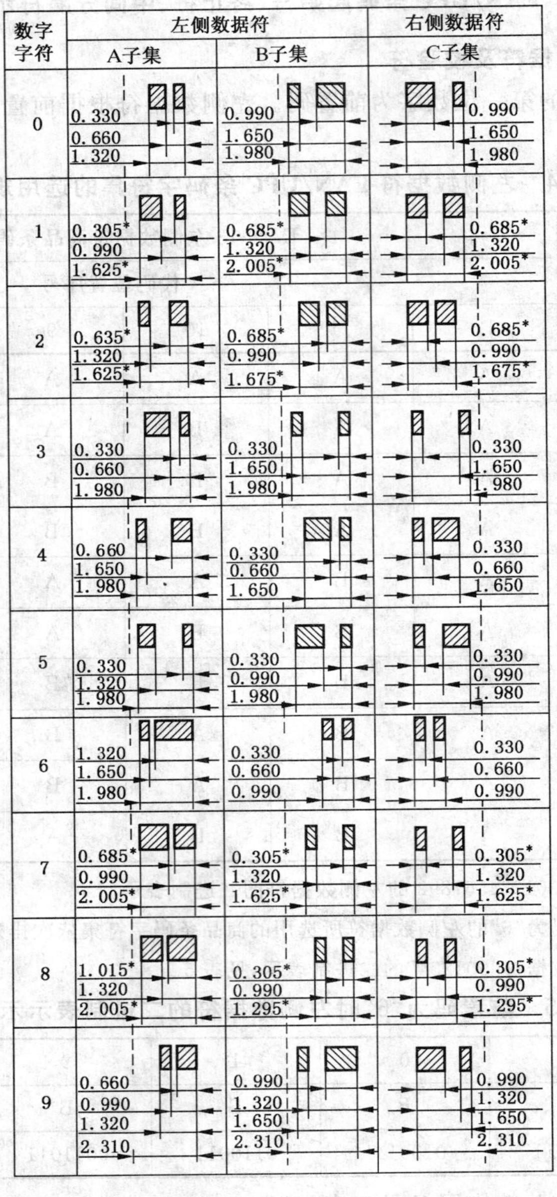

数字字符	左侧数据符		右侧数据符
	A子集	B子集	C子集
0	0.330 0.660 1.320	0.990 1.650 1.980	0.990 1.650 1.980
1	0.305* 0.990 1.625*	0.685* 1.320 2.005*	0.685* 1.320 2.005*
2	0.635* 1.320 1.625*	0.685* 0.990 1.675*	0.685* 0.990 1.675*
3	0.330 0.660 1.980	0.330 1.650 1.980	0.330 1.650 1.980
4	0.660 1.650 1.980	0.330 0.660 1.650	0.330 0.660 1.650
5	0.330 1.320 1.980	0.330 0.990 1.980	0.330 0.990 1.980
6	1.320 1.650 1.980	0.330 0.660 0.990	0.330 0.660 0.990
7	0.685* 0.990 2.005*	0.305* 1.320 1.625*	0.305* 1.320 1.625*
8	1.015* 1.320 2.005*	0.305* 0.990 1.295*	0.305* 0.990 1.295*
9	0.660 0.990 1.320 2.310	0.990 1.320 1.650 2.310	0.990 1.320 1.650 2.310

* 表示对 1,2,7,8 条码字符条空的宽度尺寸进行了适当调整。

图 10 条码字符的尺寸

表 6 条码字符 1,2,7,8 条空宽度的调整量

单位为毫米

字符值	A 子集		B 子集或 C 子集	
	条	空	条	空
1	−0.025	+0.025	+0.025	−0.025
2	−0.025	+0.025	+0.025	−0.025
7	+0.025	−0.025	−0.025	+0.025
8	+0.025	−0.025	−0.025	+0.025

6.1.3 空白区宽度

当放大系数为 1.00 时,EAN-13 条码的左右侧空白区最小宽度分别为 3.63 mm 和 2.31 mm,EAN-8 条码的左右侧空白区最小宽度均为 2.31 mm。

6.1.4 起始符、中间分隔符、终止符的尺寸

当放大系数为 1.00 时,EAN 条码起始符、中间分隔符、终止符的尺寸见图 11。

单位为毫米

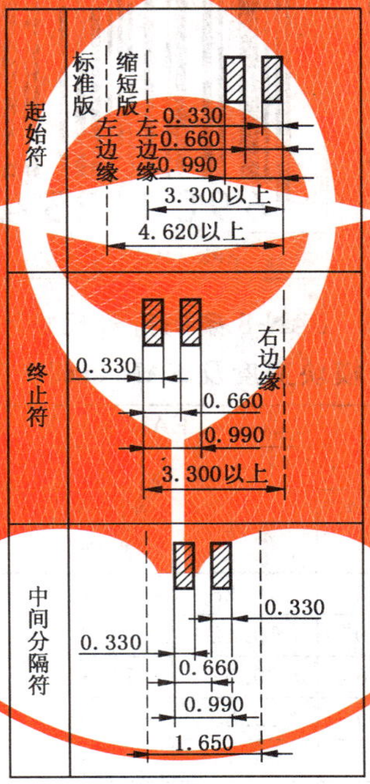

图 11 起始符、中间分隔符、终止符的尺寸

6.1.5 供人识别字符的尺寸

当放大系数为 1.00 时,供人识别字符的高度为 2.75 mm。

6.1.6 EAN-13 商品条码的符号尺寸

当放大系数为 1.00 时,EAN-13 条码的符号尺寸见图 12。

6.1.7 EAN-8 条码的符号尺寸

当放大系数为 1.00 时,EAN-8 条码的尺寸见图 13。

6.1.8 符号尺寸与放大系数

EAN/UPC 条码的放大系数为 0.80～2.00,条码符号随放大系数的变化而放大或缩小。由于条高的截短会影响条码符号的识读,因此不宜随意截短条高。不同放大系数所对应的模块宽度、EAN 条码的主要尺寸见表 7(加一列条码长度)。

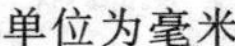

单位为毫米

图 12 EAN-13 条码符号尺寸示意图

单位为毫米

图 13 EAN-8 条码符号尺寸示意图

表 7 放大系数与模块宽度及 EAN 条码符号主要尺寸对照表

单位为毫米

放大系数	模块宽度	EAN 条码符号的主要尺寸							
		EAN-13				EAN-8			
		条码长度[a]	条码符号长度[b]	条高[c]	条码符号高度[d]	条码长度[a]	条码符号长度[b]	条高[c]	条码符号高度[d]
0.80	0.264	25.08	29.83	18.28	20.74	17.69	21.38	14.58	17.05
0.85	0.281	26.65	31.70	19.42	22.04	18.79	22.72	15.50	18.11
0.90	0.297	28.22	33.56	20.57	23.34	19.90	24.06	16.41	19.18
1.00	0.330	31.35	37.29	22.85	25.93	22.11	26.73	18.23	21.31
1.10	0.363	34.49	41.01	25.14	28.52	24.32	29.40	20.05	23.44
1.20	0.396	37.62	44.75	27.42	31.12	26.53	32.08	21.88	25.57
1.30	0.429	40.76	48.48	29.71	33.71	28.74	34.75	23.70	27.70
1.40	0.462	43.89	52.21	31.99	36.30	30.95	37.42	25.52	29.83
1.50	0.495	47.03	55.94	34.28	38.90	33.17	40.10	27.35	31.97
1.60	0.528	50.16	59.66	36.56	41.49	35.38	42.77	29.17	34.10
1.70	0.561	53.30	63.39	38.85	44.08	37.59	45.44	30.99	36.23
1.80	0.594	56.43	67.12	41.13	46.67	39.80	48.11	32.81	38.36
1.90	0.627	59.57	70.85	43.42	49.27	42.01	50.79	34.64	40.49
2.00	0.660	62.70	74.58	45.70	51.86	44.22	53.46	36.46	42.62

[a] 条码长度为从条码起始符左边缘到终止符右边缘的距离。

[b] 条码符号长度为条码长度与左、右侧空白区的最小宽度之和。

[c] 条高为条码的短条高度。

[d] 条码符号高度为条的上端到供人识别字符下端的距离。

6.2 条码符号的颜色搭配

条空颜色搭配应满足 9.2.2.3 和 9.2.2.5 的要求。条码符号的颜色搭配及反射率要求见 F.2、F.3。

7 条码符号选用

7.1 13 位编码的条码选用

13 位编码的条码表示采用 EAN-13 条码符号。

7.2 8 位编码的条码选用

8 位编码的条码表示采用 EAN-8 条码符号。

7.3 12 位编码的条码选用

12 位编码的条码表示采用 UPC-A 条码符号。

8 条码符号的放置

零售商品上条码符号的放置见 GB/T 14257。

9 条码符号质量的评价和要求

9.1 条码符号质量要求

9.1.1 代码结构要求

零售商品条码所表示的代码应符合 4.1.1、4.1.2 或 C.1 的要求并且有效。

9.1.2 代码唯一性要求

零售商品条码所表示代码的唯一性应符合 4.2.1.2 的要求。

9.1.3 条码符号要求

零售商品条码的码制应符合第 7 章或 C.4 的要求。

9.1.4 条码符号等级要求

零售商品条码的符号等级不得低于 1.5/06/670。其中，1.5 为符号等级值；06 为测量孔径标号（测量孔径为 0.15mm）；670(nm)为测量光波长，其允许偏差为±10 nm。

注：符号等级 1.5/06/670 是对零售商品条码符号的最低质量要求，但由于商品在包装、储存、装卸等过程中商品条码易受损毁，使符号等级降低，因此建议零售商品条码的印制质量等级不低于 2.5/06/670。

9.2 条码符号质量评价

9.2.1 评价方法

零售商品条码符号质量的评价方法采用 GB/T 18348 规定的反射率曲线分析综合分级法。

9.2.2 质量参数

9.2.2.1 参考译码

参考译码是描述按照 GB/T 18348 规定的程序、用附录 E 指定的参考译码算法确定零售商品条码符号所表示数据过程的参数。参考译码的检测和分级见 GB/T 18348。

9.2.2.2 可译码度

可译码度是依据指定参考译码算法评定的、条码符号条空尺寸偏差测量值与最大允许偏差值接近的程度。零售商品条码符号可译码度的评定依据的参考译码算法见附录 E，检测方法、计算公式和分级见 GB/T 18348。

9.2.2.3 光学特性

条码符号的光学特性参数包括最低反射率(R_{min})、符号反差(SC)、最小边缘反差(EC_{min})、调制比(MOD)和缺陷度(Defects)。光学特性参数的检测和分级见 GB/T 18348。

9.2.2.4 空白区宽度

零售商品条码符号左、右空白区的宽度应分别不小于本标准规定的左、右空白区最小宽度（单位为

mm，保留小数点后一位）。空白区宽度大于或等于允许的最小宽度，等级评定为4；空白区宽度小于允许的最小宽度，等级评定为0。

9.2.2.5 符号等级

零售商品条码的符号等级依据译码、可译码度、光学特性和空白区宽度的等级进行评定，评定方法见GB/T 18348。

9.3 判定规则

商品条码的质量符合9.2要求的，判定为合格。

附 录 A
（资料性附录）
GS1 已分配给国家（地区）编码组织的前缀码

GS1 已分配给国家（地区）编码组织的前缀码见表 A.1。

表 A.1 GS1 已分配给国家（地区）编码组织的前缀码

前缀码	编码组织	管理的国家（地区）
000～019 030～039 060～139	GS1 US	美国
300～379	GS1 France	法国
380	GS1 Bulgaria	保加利亚
383	GS1 Slovenija	斯洛文尼亚
385	GS1 Croatia	克罗地亚
387	GS1 BIH (Bosnia-Herzegovina)	波斯尼亚-黑塞哥维那
400～440	GS1 Germany	德国
450～459 490～499	GS1 Japan	日本
460～469	GS1 Russia	俄罗斯
470	GS1 Kyrgyzstan	吉尔吉斯斯坦
471	GS1 Taiwan	中国台湾
474	GS1 Estonia	爱沙尼亚
475	GS1 Latvia	拉脱维亚
476	GS1 Azerbaijan	阿塞拜疆
477	GS1 Lithuania	立陶宛
478	GS1 Uzbekistan	乌兹别克斯坦
479	GS1 Sri Lanka	斯里兰卡
480	GS1 Philippines	菲律宾
481	GS1 Belarus	白俄罗斯
482	GS1 Ukraine	乌克兰
484	GS1 Moldova	摩尔多瓦
485	GS1 Armenia	亚美尼亚
486	GS1 Georgia	乔治亚
487	GS1 Kazakhstan	哈萨克斯坦
489	GS1 Hong Kong	中国香港
500～509	GS1 UK	英国
520	GS1 Greece	希腊
528	GS1 Lebanon	黎巴嫩
529	GS1 Cyprus	塞浦路斯
530	GS1 Albania	阿尔巴尼亚
531	GS1 MAC (FYR Macedonia)	马其顿
535	GS1 Malta	马尔他
539	GS1 Ireland	爱尔兰
540～549	GS1 Belgium & Luxembourg	比利时、卢森堡
560	GS1 Portugal	葡萄牙
569	GS1 Iceland	冰岛
570～579	GS1 Denmark	丹麦
590	GS1 Poland	波兰
594	GS1 Romania	罗马尼亚
599	GS1 Hungary	匈牙利
600～601	GS1 South Africa	南非
603	GS1 Ghana	加纳
608	GS1 Bahrain	巴林
609	GS1 Mauritius	毛里求斯
611	GS1 Morocco	摩洛哥
613	GS1 Algeria	阿尔及利亚
616	GS1 Kenya	肯尼亚
618	GS1 Ivory Coast	科特迪瓦
619	GS1 Tunisia	突尼斯
621	GS1 Syria	叙利亚
622	GS1 Egypt	埃及
624	GS1 Libya	利比亚
625	GS1 Jordan	约旦
626	GS1 Iran	伊朗
627	GS1 Kuwait	科威特
628	GS1 Saudi Arabia	沙特阿拉伯
629	GS1 Emirates	阿拉伯联合酋长国
640～649	GS1 Finland	芬兰
690～695	GS1 China	中国
700～709	GS1 Norway	挪威
729	GS1 Israel	以色列
730～739	GS1 Sweden	瑞典
740	GS1 Guatemala	危地马拉
741	GS1 El Salvador	萨尔瓦多
742	GS1 Honduras	洪都拉斯
743	GS1 Nicaragua	尼加拉瓜

表 A.1(续)

前缀码	编码组织	管理的国家(地区)	前缀码	编码组织	管理的国家(地区)
744	GS1 Costa Rica	哥斯达黎加	859	GS1 Czech	捷克
745	GS1 Panama	巴拿马	860	GS1 YU (Serbia & Montenegro)	塞尔维亚和黑山国
746	GS1 Republica Dominicana	多米尼加	865	GS1 Mongolia	蒙古
750	GS1 Mexico	墨西哥	867	GS1 North Korea	朝鲜
754～755	GS1 Canada	加拿大	869	GS1 Turkey	土尔其
759	GS1 Venezuela	委内瑞拉	870～879	GS1 Netherlands	荷兰
760～769	GS1 Schweiz, Suisse, Svizzera	瑞士	880	GS1 South Korea	韩国
770	GS1 Colombia	哥伦比亚	884	GS1 Cambodia	柬埔寨
773	GS1 Uruguay	乌拉圭	885	GS1 Thailand	泰国
775	GS1 Peru	秘鲁	888	GS1 Singapore	新加坡
777	GS1 Bolivia	玻利维亚	890	GS1 India	印度
779	GS1 Argentina	阿根廷	893	GS1 Vietnam	越南
780	GS1 Chile	智利	899	GS1 Indonesia	印度尼西亚
784	GS1 Paraguay	巴拉圭	900～919	GS1 Austria	奥地利
786	GS1 Ecuador	厄瓜多尔	930～939	GS1 Australia	澳大利亚
789～790	GS1 Brazil	巴西	940～949	GS1 New Zealand	新西兰
800～839	GS1 Italy	意大利	950	GS1 Head Office	国际物品编码协会总部
840～849	GS1 Spain	西班牙	955	GS1 Malaysia	马来西亚
850	GS1 Cuba	古巴	958	GS1 Macau	中国澳门
858	GS1 Slovakia	斯洛伐克			

注:以上数据截止到 2008 年 2 月。

附 录 B
（规范性附录）
校验码的计算方法

B.1 代码位置序号

代码位置序号是指包括校验码在内的，由右至左的顺序号（校验码的代码位置序号为1）。

B.2 计算步骤

校验码的计算步骤如下：

a） 从代码位置序号2开始，所有偶数位的数字代码求和。

b） 将步骤a）的和乘以3。

c） 从代码位置序号3开始，所有奇数位的数字代码求和。

d） 将步骤b）与步骤c）的结果相加。

e） 用10减去步骤d）所得结果的个位数作为校验码（个位数为0，校验码为0）。

用大于或等于步骤d）所得结果且为10的整数倍的最小数减去步骤d）所得结果，其差即为所求校验码的值。

示例1：13位代码690123456789X_1校验码的计算见表B.1。

表B.1 13位代码校验码的计算方法示例

步骤	举例说明	
自右向左顺序编号	位置序号：13, 12, 11, 10, 9, 8, 7, 6, 5, 4, 3, 2, 1 代码：6, 9, 0, 1, 2, 3, 4, 5, 6, 7, 8, 9, X_1	
a） 从序号2开始求出偶数位上数字之和①	9+7+5+3+1+9=34	①
b） ①×3=②	34×3=102	②
c） 从序号3开始求出奇数位上数字之和③	8+6+4+2+0+6=26	③
d） ②+③=④	102+26=128	④
e） 用大于或等于结果④且为10的整数倍的最小数减去④，其差即为所求校验码的值	130−128=2 校验码 X_1=2	

位置序号	13	12	11	10	9	8	7	6	5	4	3	2	1
代码	6	9	0	1	2	3	4	5	6	7	8	9	X_1

示例 2：8 位代码 6901234X_1 校验码的计算见表 B.2。

表 B.2　8 位代码校验码的计算方法示例

<table>
<tr><th>步　骤</th><th colspan="9">举 例 说 明</th></tr>
<tr><td rowspan="2">自右向左顺序编号</td><td>位置序号</td><td>8</td><td>7</td><td>6</td><td>5</td><td>4</td><td>3</td><td>2</td><td>1</td></tr>
<tr><td>代码</td><td>6</td><td>9</td><td>0</td><td>1</td><td>2</td><td>3</td><td>4</td><td>X_1</td></tr>
<tr><td>a） 从序号 2 开始求出偶数位上数字之和①</td><td colspan="9">4＋2＋0＋6＝12　　①</td></tr>
<tr><td>b） ①×3＝②</td><td colspan="9">12×3＝36　　②</td></tr>
<tr><td>c） 从序号 3 开始求出奇数位上数字之和③</td><td colspan="9">3＋1＋9＝13　　③</td></tr>
<tr><td>d） ②＋③＝④</td><td colspan="9">36＋13＝49　　④</td></tr>
<tr><td>e） 用大于或等于结果④且为 10 的整数倍的最小数减去④，其差即为所求校验码的值</td><td colspan="9">50－49＝1
校验码 X_1＝1</td></tr>
</table>

附　录　C
（规范性附录）
12 位代码及条码表示

C.1　12 位代码

C.1.1　12 位代码结构

C.1.1.1　组成

由厂商识别代码、商品项目代码和校验码组成的 12 位数字组成，其结构如下：

X_{12}　X_{11}　X_{10}　X_9　X_8　X_7　X_6　X_5　X_4　X_3　X_2　X_1

厂商识别代码和商品项目代码（X_{12}～X_2）　　校验码（X_1）

C.1.1.2　厂商识别代码

厂商识别代码是统一代码委员会(GS1 US)分配给厂商的代码，由左起 6～10 位数字组成。

注：X_{12} 为系统字符，其应用规则见表 C.1。

表 C.1　系统字符应用规则

系 统 字 符	应 用 范 围
0,6,7	一般商品
2	商品变量单元
3	药品及医疗用品
4	零售商店内码
5	代金券
1,8,9	保留

C.1.1.3　商品项目代码

商品项目代码由厂商编码，由 1～5 位数字组成。

C.1.1.4　校验码

校验码为 1 位数字，计算方法见附录 B。

C.1.2　消零压缩代码结构

消零压缩代码是将系统字符为 0 的 12 位代码进行消零压缩所得的 8 位数字（$X_8X_7X_6X_5X_4X_3X_2X_1$）代码，消零压缩方法见表 C.2。其中，$X_8X_7X_6X_5X_4X_3X_2$ 为商品项目识别代码；X_8 为系统字符，取值为 0；X_1 为校验码，校验码为消零压缩前 12 位代码的校验码。

表 C.2　12 位代码转换为消零压缩代码的压缩方法

12 位代码				消零压缩代码	
厂商识别代码		商品项目代码 $X_6X_5X_4X_3X_2$	校验码 X_1	商品项目代码	校验码
X_{12}（系统字符）	$X_{11}X_{10}X_9X_8X_7$				
0	$X_{11}X_{10}$ 0 0 0 $X_{11}X_{10}$ 1 0 0 $X_{11}X_{10}$ 2 0 0	0 0 $X_4X_3X_2$	X_1	0 $X_{11}X_{10}X_4X_3X_2X_9$	X_1
	$X_{11}X_{20}$ 3 0 0 ⋮ $X_{11}X_{10}$ 9 0 0	0 0 0 X_3X_2		0 $X_{11}X_{10}X_9X_3X_2$ 3	

表 C.2(续)

12 位代码				消零压缩代码	
厂商识别代码		商品项目代码 $X_6X_5X_4X_3X_2$	校验码 X_1	商品项目代码	校验码
X_{12}(系统字符)	$X_{11}X_{10}X_9X_8X_7$				
0	$X_{11}X_{10}X_9$ 1 0 ⋮ $X_{11}X_{10}X_9$ 9 0	0 0 0 0 X_2	X_1	0 $X_{11}X_{10}X_9X_8X_2$ 4	X_1
	无 0 结尾($X_7 \neq 0$)	0 0 0 0 5 ⋮ 0 0 0 0 9		0 $X_{11}X_{10}X_9X_8X_7X_2$	

C.2 条码表示

C.2.1 条码符号结构

C.2.1.1 UPC-A 条码的符号结构

UPC-A 条码左、右侧空白区最小宽度均为 9 个模块宽，其他结构与 EAN-13 商品条码相同，见 5.2 和图 C.1。

C.2.1.2 UPC-E 条码的符号结构

UPC-E 条码由左侧空白区、起始符、数据符、终止符、右侧空白区及供人识别字符组成，见图 C.2。

图 C.1 UPC-A 条码的符号结构

图 C.2 UPC-E 条码的符号结构

UPC-E 条码的左侧空白区、起始符的模块数同 UPC-A 条码；终止符为 6 个模块宽，右侧空白区最小宽度为 7 个模块宽，数据符为 42 个模块宽。

C.2.2 符号的二进制表示

C.2.2.1 UPC-A 条码的二进制表示

UPC-A 条码的二进制表示同前置码为 0 的 EAN-13 条码的二进制表示。

C.2.2.2 UPC-E 条码的二进制表示

C.2.2.2.1 起始符的二进制表示见 5.3.2；终止符的二进制表示为“010101”，见图 C.3。

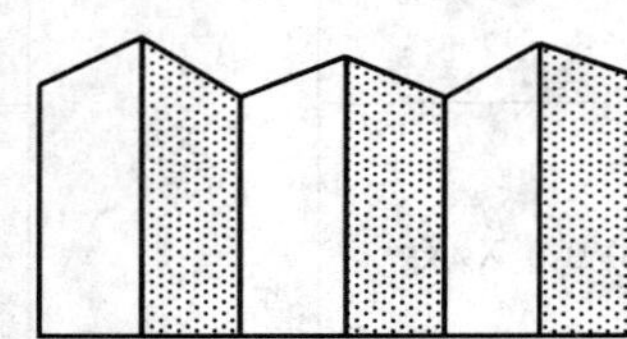

图 C.3 UPC-E 条码终止符示意图

C.2.2.2.2 每个数据符用二进制表示时，选用A子集或B子集取决于校验码的数值，见表C.3。

表 C.3 UPC-E 条码数据符条码字符集的选用规则

校验码数值	条码字符集					
	代码位置序号					
	7	6	5	4	3	2
0	B	B	B	A	A	A
1	B	B	A	B	A	A
2	B	B	A	A	B	A
3	B	B	A	A	A	B
4	B	A	B	B	A	A
5	B	A	A	B	B	A
6	B	A	A	A	B	B
7	B	A	B	A	B	A
8	B	A	B	A	A	B
9	B	A	A	B	A	B

C.2.2.2.3 UPC-E 条码中系统字符(X_8)和校验码(X_1)不用条码字符表示。

C.3 符号尺寸

C.3.1 空白区宽度尺寸

当放大系数为1.00时，UPC-A 商品条码的左右侧空白区最小宽度尺寸均为2.97 mm；UPC-E 商品条码的左右侧空白区最小宽度尺寸分别为2.97 mm 和2.31 mm。

C.3.2 起始符、终止符、中间分隔符的尺寸

UPC-A 条码的起始符、终止符、中间分隔符尺寸见6.1.4。

UPC-E 条码的起始符尺寸见6.1.4；当放大系数为1.00时，终止符的尺寸见图C.4。

单位为毫米

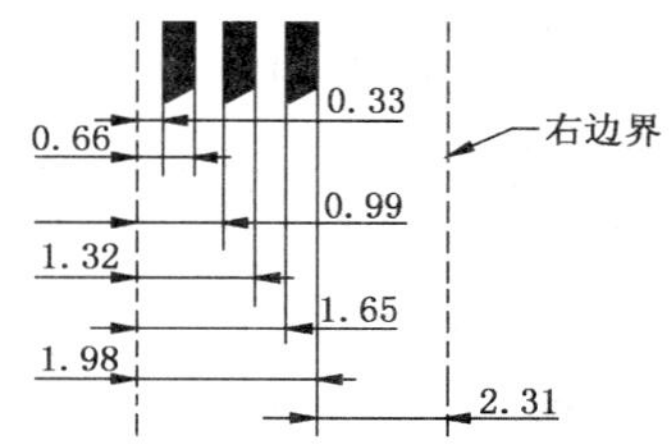

图 C.4 UPC-E 条码终止符尺寸

C.3.3 供人识别字符

C.3.3.1 供人识别字符应选用OCR—B字符集。

C.3.3.2 放大系数为1.00时，供人识别字符的尺寸与印刷位置见图C.5、图C.6。

C.3.3.3 条码符号放大或缩小时，供人识别字符应以相同的倍率放大或缩小。

C.3.4 UPC-A 条码的尺寸

当放大系数为1.00时，UPC-A 条码的主要尺寸见图C.5。

单位为毫米

图 C.5 UPC-A 商品条码尺寸示意图(放大系数为1.00)

C.3.5 UPC-E 条码的尺寸

当放大系数为 1.00 时，UPC-E 条码的主要尺寸见图 C.6。

单位为毫米

图 C.6 UPC-E 条码尺寸示意图(放大系数为 1.00)

C.3.6 符号尺寸与放大系数

不同的放大系数所对应的 UPC-A 条码的主要尺寸同 EAN-13 条码，见表 7。UPC-E 条码与放大系数的对应关系见表 C.4。

表 C.4 放大系数与 UPC-E 条码符号主要尺寸对照表 单位为毫米

放大系数	UPC-E 条码符号的主要尺寸		
	条码符号长度	条高	条码符号高度
0.80	17.69	18.28	20.74
0.85	18.79	19.42	22.04
0.90	19.90	20.57	23.34
1.00	22.11	22.85	25.93
1.10	24.32	25.14	28.52
1.20	26.53	27.42	31.12
1.30	28.74	29.71	33.71
1.40	30.95	31.99	36.30
1.50	33.17	34.28	38.90
1.60	35.38	36.56	41.49
1.70	37.59	38.85	44.08
1.80	39.80	41.13	46.67
1.90	42.01	43.42	49.27
2.00	44.22	45.70	51.86

C.4 符号选择

12 位代码用 UPC-A 条码表示，消零压缩代码用 UPC-E 条码表示。

附 录 D
（规范性附录）
EAN/UPC 条码的码制标识符

码制标识符由解码器解码后生成，作为数据的引导字符传输。在条码符号中，不对码制标识符进行编码。

EAN/UPC 条码的码制标识符为“]Em”。

其中：]——ASCII 符值为 93；

E——EAN/UPC 条码的编码字符；

m——修正字符，取值为 0(EAN-13、UPC-A、UPC-E)或 4(EAN-8)。

EAN/UPC 条码的码制标识符的有关规定见 ISO/IEC 15424。

EAN/UPC 条码所表示的所有数据按 GB/T 1988 中规定的数据格式传输。

附　录　E
（规范性附录）
EAN/UPC 条码的参考译码算法

条码译码器通过计算和对比条码字符中条的相似边缘之间的距离来实现对 EAN/UPC 条码的译码。本附录规定了用于确定 EAN/UPC 条码译码和可译码度技术指标的参考译码算法。EAN/UPC 条码字符及起始符、中间分隔符、终止符的各相似边缘尺寸定义见图 E.1，每一条码字符的相似边缘尺寸所包含的模块宽度数见表 E.1。

首先，译码程序根据扫描时测得的各条码字符的条空宽度计算相似边缘之间的距离 $e_i(i=1,2)$，根据扫描实测的条码字符宽度 p（参见图 E.1）计算参考阈值（RT）。

$RT_1=(1.5/7)p$；$RT_2=(2.5/7)p$；

$RT_3=(3.5/7)p$；$RT_4=(4.5/7)p$；

$RT_5=(5.5/7)p$。

然后，将 e_i 的值与 RT 的值进行比较，确定相应的 E_i 值。

若　$RT_1\leqslant e_i<RT_2$，则 $E_i=2$

　　$RT_2\leqslant e_i<RT_3$，则 $E_i=3$

　　$RT_3\leqslant e_i<RT_4$，则 $E_i=4$

　　$RT_4\leqslant e_i<RT_5$，则 $E_i=5$

最后，根据计算的 E_i 值和表 E.1 可得出该字符的逻辑值（逻辑值为 1、2、7、8 的字符除外）。

表 E.1　条码字符的相似边缘尺寸所包含的模块宽度数

条码字符	A 子集（奇）		B、C 子集（偶）	
	E_1	E_2	E_1	E_2
0	2	3	5	3
1	3	4	4	4
2	4	3	3	3
3	2	5	5	5
4	5	4	2	4
5	4	5	3	5
6	5	2	2	2
7	3	4	4	4
8	4	3	3	3
9	3	2	4	2

注：E_1、E_2 分别是各条码字符中第 1 对、第 2 对相似边之间距离的标准值，可参见图 E.1 中 e_1、e_2。

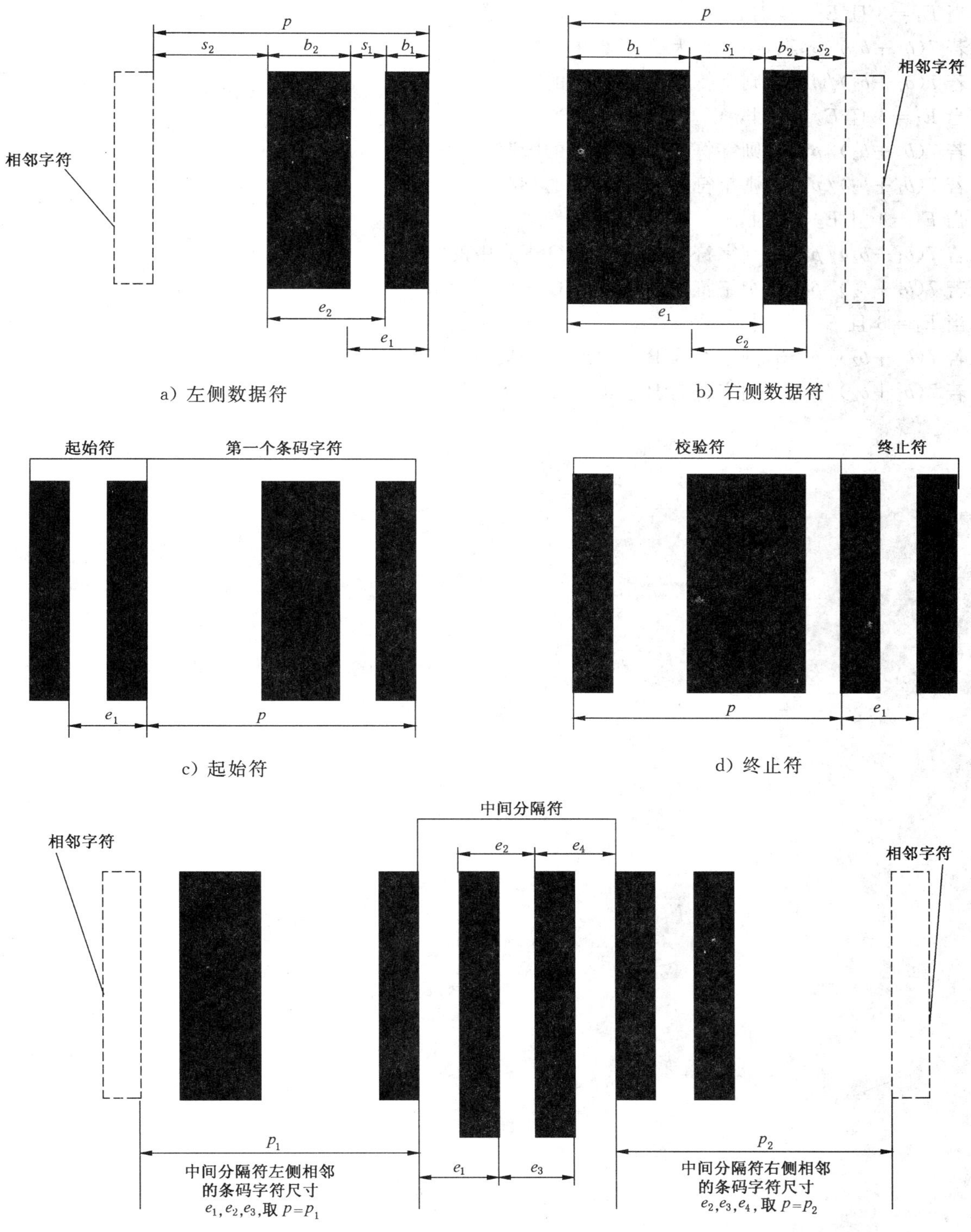

注：$b_i(i=1,2)$——条码字符中条的尺寸；s_1——条码字符中第一个空的尺寸；s_2——条码字符中第二个空的尺寸；$e_i(i=1,2,3,4)$——条码符号中，相邻两条相应的左、右边缘的距离尺寸；p——条码字符的尺寸。

图 E.1　条码中各部分的尺寸示意图

从表 E.1 可以看出，逻辑值为 1 和 7 或 2 和 8 的字符，它们的 E_1、E_2 值分别相等。因此，仅根据 E_1、E_2 值不足以判定这些字符的逻辑值，如果用上述方法已经确定字符是 1 和 7 或 2 和 8 时，可通过计算字符中各条的宽度之和(b_1+b_2)来确定具体字符值。

当 $E_1=3$ 且 $E_2=4$ 时，

若 $7(b_1+b_2)/p\leqslant4$,则字符为 A 子集中的“1”

若 $7(b_1+b_2)/p>4$,则字符为 A 子集中的“7”

当 $E_1=4$ 且 $E_2=3$ 时，

若 $7(b_1+b_2)/p\leqslant4$,则字符为 A 子集中的“2”

若 $7(b_1+b_2)/p>4$,则字符为 A 子集中的“8”

当 $E_1=4$ 且 $E_2=4$ 时，

若 $7(b_1+b_2)/p>3$,则字符为 B 子集或 C 子集中的“1”

若 $7(b_1+b_2)/p\leqslant3$,则字符为 B 子集或 C 子集中的“7”

当 $E_1=3$ 且 $E_2=3$ 时，

若 $7(b_1+b_2)/p>3$,则字符为 B 子集或 C 子集中的“2”

若 $7(b_1+b_2)/p\leqslant3$,则字符为 B 子集或 C 子集中的“8”

附　录　F
（资料性附录）
EAN/UPC条码印制过程质量控制技术要求

F.1　条码字符及起始符、中间分隔符、终止符尺寸允许偏差

F.1.1　允许偏差计算方法

F.1.1.1　条空尺寸允许偏差（Tb_i，Ts_1）

当放大系数（M）不大于1时，条空尺寸允许偏差（Tb_i，Ts_1）计算公式为：$\pm(X-0.229)$ mm。其中，X为模块宽度。

当放大系数大于1时，条空尺寸允许偏差（Tb_i，Ts_1）计算公式为：$\pm(0.470X-0.055)$ mm。其中，X为模块宽度。

F.1.1.2　相似边缘尺寸允许偏差（Te_i）

相似边缘尺寸允许偏差计算公式为：$Te_i=\pm0.147X$ mm。其中，X为模块宽度。

F.1.1.3　整体尺寸允许偏差（Tp）

整体尺寸允许偏差计算公式为：$Tp=\pm0.290X$ mm。其中，X为模块宽度。

F.1.2　条码字符及起始符、中间分隔符、终止符各部分尺寸偏差要求

条码字符及起始符、中间分隔符、终止符各部分尺寸偏差不得大于相对应的允许偏差，s_2的尺寸不得小于0.2 mm，参见图E.1。常用放大系数的条码符号各部分尺寸允许偏差详见表F.1。

表F.1　条码字符及起始符、中间分隔符、终止符各部分尺寸的允许偏差　单位为毫米

模块宽度（X）	放大系数（M）	b_i，s_1的允许偏差	e_i的允许偏差	p的允许偏差	s_2的尺寸
0.264	0.80	±0.035	±0.039	±0.077	≥0.2
0.281	0.85	±0.052	±0.041	±0.081	≥0.2
0.297	0.90	±0.068	±0.044	±0.086	≥0.2
0.330	1.00	±0.101	±0.049	±0.096	≥0.2
0.363	1.10	±0.116	±0.053	±0.105	≥0.2
0.396	1.20	±0.131	±0.058	±0.115	≥0.2
0.429	1.30	±0.147	±0.063	±0.124	≥0.2
0.462	1.40	±0.162	±0.068	±0.134	≥0.2
0.495	1.50	±0.178	±0.073	±0.144	≥0.2
0.528	1.60	±0.193	±0.078	±0.153	≥0.2
0.561	1.70	±0.209	±0.082	±0.163	≥0.2
0.594	1.80	±0.224	±0.087	±0.172	≥0.2
0.627	1.90	±0.237	±0.091	±0.180	≥0.2
0.660	2.00	±0.255	±0.097	±0.191	≥0.2
注：上述数值的中间值可线性内插而得。					

F.2　符号的光学特性

条码符号必须符合反射率及印刷对比度（PCS值）的要求。

F.2.1 反射率要求

条码符号中，当空的反射率一定时，条的反射率的最大值由公式(F.1)确定：

$$\lg R_D = 2.6\lg R_L - 0.3 \quad \cdots\cdots(F.1)$$

式中：

R_L——空的反射率；

R_D——条的反射率。

F.2.2 反射密度

反射密度是反射率 R 的倒数的常用对数值，即：

$$D=\lg \frac{1}{R}$$

空的反射密度应不大于 0.500，条的最小反射密度为空的反射密度的函数，见图 F.1 及表 F.2。

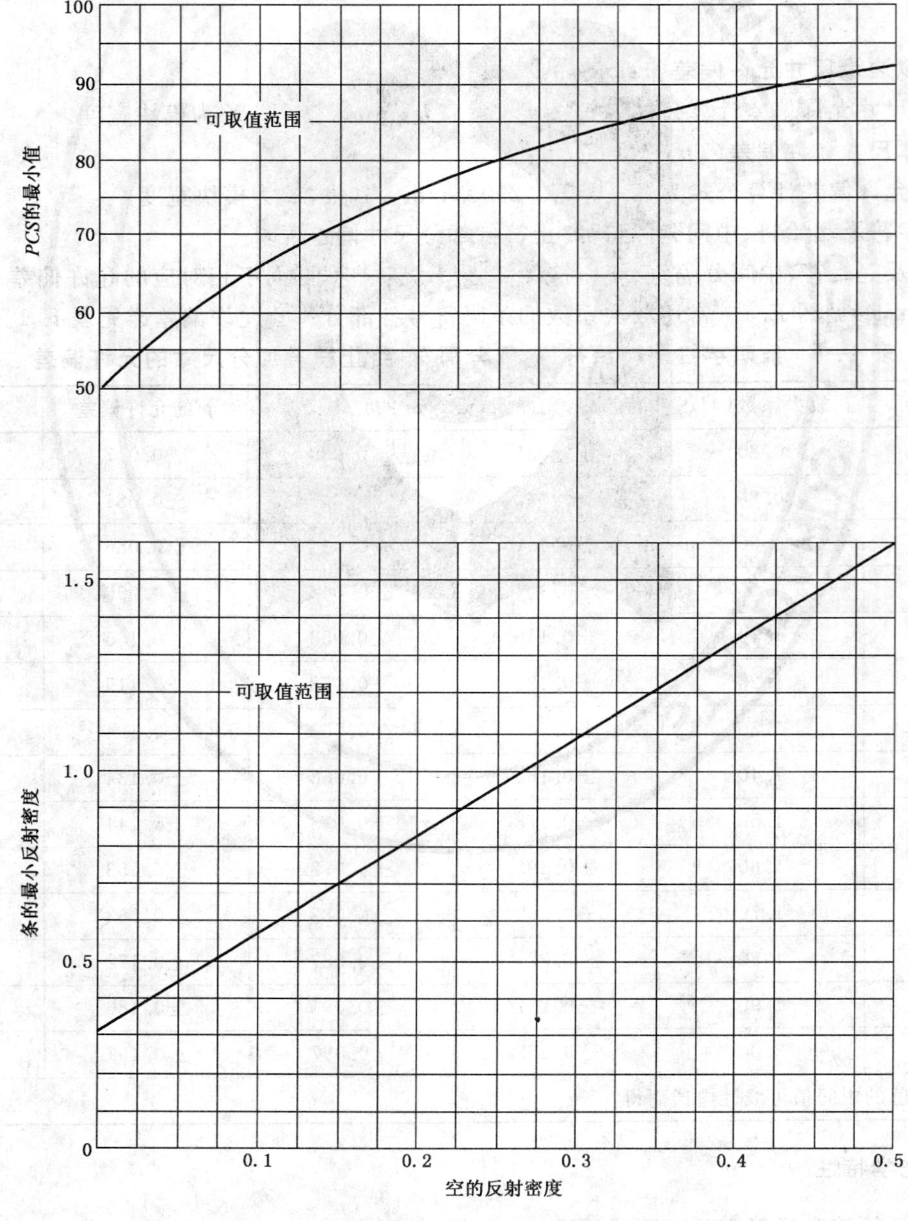

图 F.1 反射密度与 *PCS* 值要求

表 F.2 反射率、反射密度与 *PCS* 值的技术指标

空		条		最小 *PCS* 值/%
反射率/%	反射密度	最大反射率/%	最小反射密度	
100.0	0	50.1	0.300	49.9
94.4	0.025	43.1	0.365	54.3
89.1	0.050	37.1	0.430	58.3
84.1	0.075	32.0	0.495	61.9
79.4	0.100	27.6	0.560	65.3
74.9	0.125	23.7	0.625	68.3
70.8	0.150	20.4	0.690	71.2
66.8	0.175	17.6	0.755	73.7
63.1	0.200	15.1	0.820	76.0
56.2	0.250	11.2	0.950	80.1
53.1	0.275	9.6	1.015	81.8
50.1	0.300	8.3	1.080	83.4
47.3	0.325	7.2	1.145	84.9
44.7	0.350	6.2	1.210	86.2
42.2	0.375	5.3	1.275	87.4
39.9	0.400	4.6	1.340	88.6
37.5	0.425	3.9	1.405	89.6
35.5	0.450	3.4	1.470	90.4
33.5	0.475	2.9	1.535	91.4
31.6	0.500	2.5	1.600	92.1
注：上述数值的中间值可线性内插而得。				

F.2.3 印刷对比度（*PCS* 值）

PCS 值定义为：

$$PCS = \frac{R_L - R_D}{R_L} \times 100\% \quad \cdots\cdots (F.2)$$

式中：

R_L——条码中空及空白区的反射率；

R_D——条码中条的反射率。

条码符号的 *PCS* 值应大于表 F.2 中相应的 *PCS* 值。

F.3 颜色搭配

条码符号的条空颜色选择参见表 F.3。

表 F.3 条码符号条空颜色搭配参考表

序号	空色	条色	能否采用	序号	空色	条色	能否采用
1	白色	黑色	√	17	红色	深棕色	√
2	白色	蓝色	√	18	黄色	黑色	√
3	白色	绿色	√	19	黄色	蓝色	√
4	白色	深棕色	√	20	黄色	绿色	√
5	白色	黄色	×	21	黄色	深棕色	√
6	白色	橙色	×	22	亮绿	红色	×
7	白色	红色	×	23	亮绿	黑色	×
8	白色	浅棕色	×	24	暗绿	黑色	×
9	白色	金色	×	25	暗绿	蓝色	×
10	橙色	黑色	√	26	蓝色	红色	×
11	橙色	蓝色	√	27	蓝色	黑色	×
12	橙色	绿色	√	28	金色	黑色	×
13	橙色	深棕色	√	29	金色	橙色	×
14	红色	黑色	√	30	金色	红色	×
15	红色	蓝色	√	31	深棕色	黑色	×
16	红色	绿色	√	32	浅棕色	红色	×

注 1：“√”表示能采用；“×”表示不能采用。

注 2：此表仅供条码符号设计者参考。

ICS 35.040
A 24

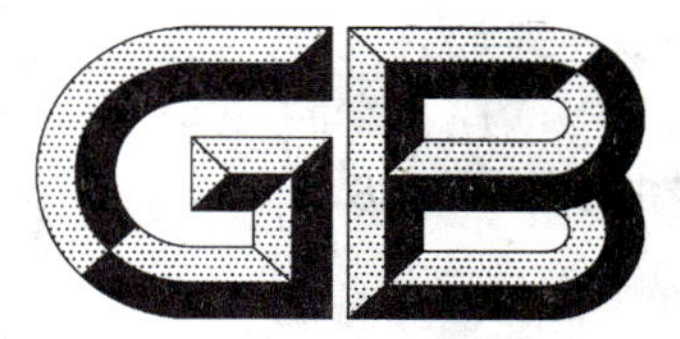

中华人民共和国国家标准

GB/T 12906—2008
代替 GB/T 12906—2001

中国标准书号条码

Bar code for China standard book number

2008-01-09 发布　　　　2008-08-01 实施

中华人民共和国国家质量监督检验检疫总局
中国国家标准化管理委员会　发布

前　言

本标准参照国际物品编码协会(GS1)制定的《EAN·UCC 通用规范》2006 版及 GB/T 5795—2006《中国标准书号》,并结合我国的实际情况对 GB/T 12906—2001《中国标准书号条码》进行了修订。本标准在技术内容上与国际规范的技术要求一致。

本标准代替 GB/T 12906—2001《中国标准书号条码》。

本标准与 GB/T 12906—2001 相比主要变化如下:

——规范性引用文件中增加了 GB/T 12508 和 GB/T 18348。

——为更方便地使用本标准,将 GB 12904 中第 5 章～第 9 章的有关技术内容放入本标准的正文。

——根据《中国标准书号》(GB/T 5795—2006)的要求,将条码印制位置做了适当调整。

本标准由全国物流信息管理标准化技术委员会提出并归口。

本标准起草单位:中国物品编码中心、国家新闻出版总署条码中心。

本标准主要起草人:李素彩、苏建忠、张培英、廖权虹、杜景荣、韩继明、盖爱文。

本标准从实施之日起代替 GB/T 12906—2001。

中国标准书号条码

1 范围

本标准规定了中国标准书号条码的代码结构、条码符号技术要求和印刷位置。

本标准适用于使用中国标准书号的出版物。

2 规范性引用文件

下列文件中的条款通过本标准的引用而成为本标准的条款。凡是注日期的引用文件，其随后所有的修改单(不包括勘误的内容)或修订版均不适用于本标准，然而，鼓励根据本标准达成协议的各方研究是否可使用这些文件的最新版本。凡是不注日期的引用文件，其最新版本适用于本标准。

GB/T 5795 中国标准书号(GB/T 5795—2006，ISO 2108:2005，MOD)

GB 12904—2003 商品条码(ISO/IEC 15420:2000，NEQ)

GB/T 12508 光学识别用字母数字字符集 第二部分:OCR-B字符集印刷图像的形状和尺寸(GB/T 12508—1990，eqv ISO 1073-2:1976)

GB/T 18348—2001 商品条码符号印制质量的检验(ISO/IEC 15416:2000，NEQ)

3 条码符号代码结构

3.1 代码结构

中国标准书号条码的代码采用EAN·UCC代码结构，且有两种形式:其一，由13位数字(EAN-13)组成;其二，由主代码(EAN-13)＋附加码组成，其结构如表1和表2所示。

表1 代码结构1

EAN-13		
EAN·UCC前缀码	数据码	校验码
$Q_1Q_2Q_3$	$X_1X_2X_3X_4X_5X_6X_7X_8X_9$	C

表2 代码结构2

主代码(EAN-13)			附加码
EAN·UCC前缀码	数据码	校验码	S_1S_2
$Q_1Q_2Q_3$	$X_1X_2X_3X_4X_5X_6X_7X_8X_9$	C	

3.2 EAN·UCC前缀码

EAN·UCC前缀码是国际物品编码协会(GS1)指定给国际标准书号(ISBN)系统专用的3位数字。其中，3位数字码中的第1位为前置码。

3.3 数据码

数据码由X_1～X_9 9位数字组成，它同前缀码和校验码一起构成与中国标准书号相同的由13位数字组成的中国标准书号条码的代码，见GB/T 5795。

3.4 校验码

校验码C按GB/T 5795附录C规定的方法计算得出。

3.5 附加码

附加码由S_1S_2 2位数字组成，用于表示同一中国标准书号的出版物价格变化的次数信息。

4 条码符号结构及二进制表示

4.1 表示 13 位数字的条码符号结构及二进制表示

4.1.1 表示 13 位数字的条码符号结构

13 位数字的条码符号结构采用 EAN-13 条码符号结构。

EAN-13 条码符号由左侧空白区、起始符、左侧数据符、中间分隔符、右侧数据符、校验符、终止符、右侧空白区及供人识别字符组成。见图 1 和图 2。

图 1 EAN-13 条码符号结构

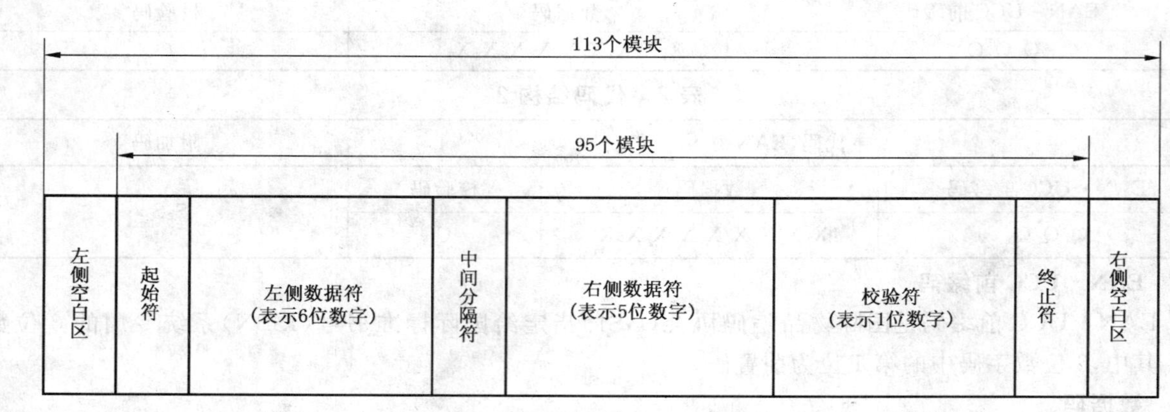

图 2 EAN-13 条码构成示意图

4.1.1.1 左侧空白区

位于条码符号最左侧的与空的反射率相同的区域，其最小宽度为 11 个模块宽。

4.1.1.2 起始符

位于条码符号左侧空白区的右侧，表示信息开始的特殊符号，由 3 个模块组成。

4.1.1.3 左侧数据符

位于起始符右侧,表示 6 位数字信息的一组条码字符,由 42 个模块组成。

4.1.1.4 中间分隔符

位于左侧数据符的右侧,是平分条码字符的特殊符号,由 5 个模块组成。

4.1.1.5 右侧数据符

位于中间分隔符的右侧,表示 5 位数字信息的一组条码字符,由 35 个模块组成。

4.1.1.6 校验符

位于右侧数据符的右侧,表示校验码的条码字符,由 7 个模块组成。

4.1.1.7 终止符

位于条码符号校验符的右侧,表示信息结束的特殊符号,由 3 个模块组成。

4.1.1.8 右侧空白区

位于条码符号最右侧的与空的反射率相同的区域,其最小宽度为 7 个模块宽。为保护右侧空白区的宽度,可在条码符号右下角加符号“＞”,符号的高度不大于供人识别字符的高度,符号的最小宽度自终止符右边缘起为 7 个模块,“＞”符号的位置见图 3。

图 3 EAN-13 条码符号右侧空白区中“＞”的位置

4.1.1.9 供人识别字符

位于条码的下方,与条码相对应的 13 位数字。供人识别字符优先选用 GB/T 12508 中规定的 OCR-B 字符集;字符顶部和条码字符底部的最小距离为 0.5 个模块宽。供人识别字符中的前置码“9”印制在条码符号起始符的左侧。

4.1.2 表示 13 位数字的二进制表示

4.1.2.1 条码字符集的二进制表示

条码字符集包括 A 子集、B 子集和 C 子集。每个条码字符由 2 个“条”和 2 个“空”构成。每个“条”或“空”由 1～4 个模块组成,每个条码字符的总模块数为 7。用二进制“1”表示“条”的模块,用二进制“0”表示“空”的模块。条码字符集可表示 0～9 共 10 个数字字符。条码字符集的二进制表示见表 3。

表 3　条码字符集的二进制表示

数字字符	A 子集	B 子集	C 子集
0	0001101	0100111	1110010
1	0011001	0110011	1100110
2	0010011	0011011	1101100
3	0111101	0100001	1000010
4	0100011	0011101	1011100
5	0110001	0111001	1001110
6	0101111	0000101	1010000
7	0111011	0010001	1000100
8	0110111	0001001	1001000
9	0001011	0010111	1110100

4.1.2.2　条码符号的二进制表示

起始符、终止符的二进制表示都为“101”。

中间分隔符的二进制表示为“01010”。

前置码“9”不包括在左侧数据符内，不用条码字符表示。

左侧数据符选用 A、B 子集进行二进制表示，选用规则见表 4。

右侧数据符及校验符均用 C 子集。

表 4　左侧数据符条码字符集选用规则

代码值	Q_2	Q_3	X_1	X_2	X_3	X_4
子集	A	B	B	A	B	A

4.2　附加码条码符号的结构及二进制表示

4.2.1　附加码条码符号结构

附加码条码符号由起始符、左侧数据符、中间分隔符、右侧数据符和右侧空白区组成，结构如表 5。

表 5　附加码条码符号结构

起始符	左侧数据符 S_1	中间分隔符	右侧数据符 S_2	右侧空白区
1011	A 子集/B 子集	01	A 子集/B 子集	(5 个模块宽)
注 1：“1”表示 1 个模块宽的条，“0”表示 1 个模块宽的空。 注 2：左、右侧数据符的二进制表示 A 子集还是 B 子集，按表 6 确定。				

附加码条码供人识读的字符选用 OCR-B 字体，字符高度与主代码条码符号的字符高度相同，并垂直置于相应的条的上端，其上边缘与主代码条码符号条的上边缘平齐。

4.2.2　附加码条码字符集的选择

附加码条码字符集根据附加码的值选择，选择规则见表 6。

表 6　附加码条码字符集的选择

附加码的值	条码字符集	
	左侧数据符 S_1	右侧数据符 S_2
4 的倍数，即 00，04，08…96	A	A
4 的倍数＋1，即 01，05，09…97	A	B
4 的倍数＋2，即 02，06，10…98	B	A
4 的倍数＋3，即 03，07，11…99	B	B
注：A 子集、B 子集的二进制表示按表 3 确定。		

5 技术要求

5.1 条码符号尺寸要求

5.1.1 条码符号尺寸

标准版条码符号为放大系数为1.00时的条码符号。当放大系数为1.00时，条码符号的模块宽度为0.330 mm，符号尺寸见图4。其中：

条码符号长度为从条码起始符左边缘到终止符右边缘的距离以及左、右侧空白区的最小宽度之和。

条高为条码的短条高度。

条码符号高度为条的上端到供人识别字符下端的距离。

图4 EAN-13条码符号尺寸示意图(放大系数为1.00)

5.1.2 条码符号放大系数

条码符号的放大系数为0.80～2.00，条码符号随放大系数的变化而放大或缩小。不同放大系数所对应的模块宽度、条码符号的主要尺寸见表7。

表7 放大系数与EAN-13条码符号主要尺寸对照表

放大系数	EAN-13条码符号的主要尺寸		
	条码符号长度/mm	条高/mm	条码符号高度/mm
0.80	29.83	18.28	20.74
0.85	31.70	19.42	22.04
0.90	33.56	20.57	23.34
1.00	37.29	22.85	25.93
1.10	41.01	25.14	28.52
1.20	44.75	27.42	31.12
1.30	48.48	29.71	33.71
1.40	52.21	31.99	36.30
1.50	55.94	34.28	38.90
1.60	59.66	36.56	41.49
1.70	63.39	38.85	44.08
1.80	67.12	41.13	46.67
1.90	70.85	43.42	49.27
2.00	74.58	45.70	51.86

5.2 条码符号条空颜色搭配

条码符号要求条与空的颜色反差越大越好。条色应采用深色,空色应采用浅色。白色作空,黑色作条是较理想的颜色搭配。通常条码符号的条空颜色选择见表8。

表8 条码符号条空颜色搭配参考表

序号	空色	条色	能否采用	序号	空色	条色	能否采用
1	白色	黑色	√	17	红色	深棕色	√
2	白色	蓝色	√	18	黄色	黑色	√
3	白色	绿色	√	19	黄色	蓝色	√
4	白色	深棕色	√	20	黄色	绿色	√
5	白色	黄色	×	21	黄色	深棕色	√
6	白色	橙色	×	22	亮绿	红色	×
7	白色	红色	×	23	亮绿	黑色	×
8	白色	浅棕色	×	24	暗绿	黑色	×
9	白色	金色	×	25	暗绿	蓝色	×
10	橙色	黑色	√	26	蓝色	红色	×
11	橙色	蓝色	√	27	蓝色	黑色	×
12	橙色	绿色	√	28	金色	黑色	×
13	橙色	深棕色	√	29	金色	橙色	×
14	红色	黑色	√	30	金色	红色	×
15	红色	蓝色	√	31	深棕色	黑色	×
16	红色	绿色	√	32	浅棕色	红色	×

注1:“√”表示能采用;“×”表示不能采用。

注2:此表仅供条码符号设计者参考,条空颜色搭配是否合格还应满足GB 12904—2003中的8.1.3和9.1.1的要求。

5.3 条码符号的质量参数及分级

5.3.1 译码正确性

条码译码正确性的分级见GB/T 18348—2001的第7.4条。

5.3.2 可译码度

条码可译码度的计算及分级见GB/T 18348—2001的第7.6条。

5.3.3 光学特性

条码的光学特性参数最低反射率(R_{min})、符号反差(SC)、最小边缘反差(EC_{min})、调制比(MOD)、缺陷度($Defects$)的确定和分级见GB/T 18348—2001的第7.5条。

5.4 条码符号等级的确定

条码符号等级的确定见GB/T 18348—2001的第8章。

5.5 符号质量及判定规则

5.5.1 符号质量

5.5.1.1 符号等级

条码的符号等级不得低于1.5/06/670。其中,1.5为符号等级;06为测量孔径标号(测量孔径为

0.15 mm)；670(nm)为测量光波长，其允许偏差为±10 nm。

注：符号等级 1.5/06/670 是对商品条码符号的最低质量要求，但由于商品在包装、储存、装卸等过程中商品条码易受损毁，使符号等级降低，因此建议商品条码的印制质量等级不低于 2.5/06/670。

5.5.1.2 一致性

条码所表示的中国标准书号应与供人识别字符相同。

5.5.1.3 空白区宽度

空白区的宽度尺寸应不小于标准规定的空白区最小宽度尺寸(单位为 mm)保留小数点后一位的值。

5.5.2 判定规则

条码的质量符合第 3 章和 5.5.1 要求的，判定为合格。

5.6 附加码条码符号的技术要求

5.6.1 附加码条码符号与主代码条码符号(EAN-13 条码)的相对位置

5.6.1.1 附加码条码符号置于主代码条码符号右侧。附加码与主代码条码符号的间隔尺寸最小为 7 个模块宽，最大为 12 个模块宽。其条的方向与主代码条码符号条的方向平行。

5.6.1.2 附加码条码符号条的下端与主代码条码符号的起始符、中间分隔符、终止符的条的下端平齐。

5.6.2 附加码条码符号的尺寸

附加码条码符号的放大系数应与主代码条码符号的放大系数相同。附加码的右侧空白区为 5 个模块宽。

当放大系数为 1.0 时，附加码条码符号的尺寸见图 5。

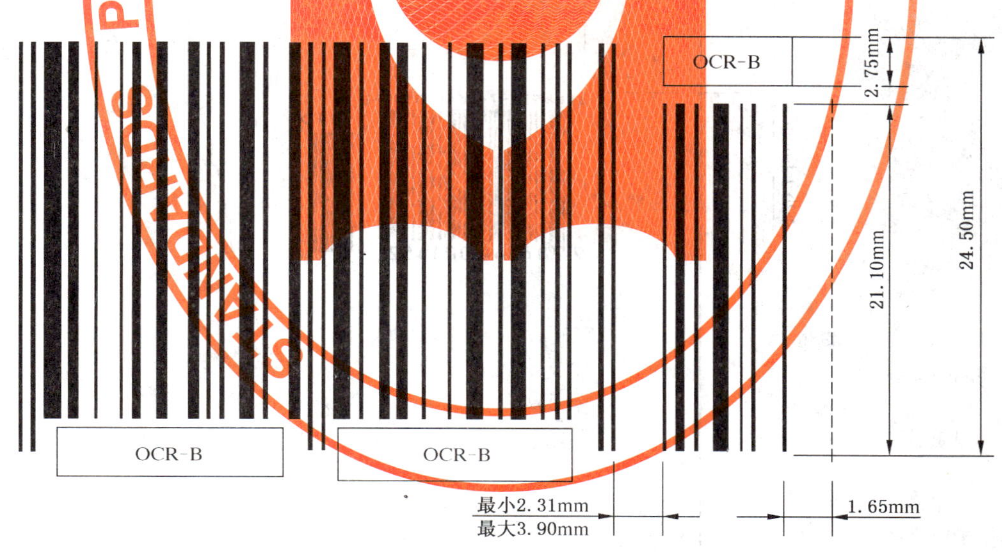

图 5 放大系数为 1 时的附加码条码符号的尺寸

6 条码印制位置

条码符号上方以 OCR-B 字体印刷中国标准书号。

图书上的条码印制优选位置为封底(或护封与之对应位置)的右下角(见图 6)。非纸封面的精装书的条码印刷在图书封 2 的左上角或图书的其他显著位置(见图 7)。条码符号条的方向与边线平行。

音像出版物和电子出版物的条码印制在外包装背面的便于识读的位置。

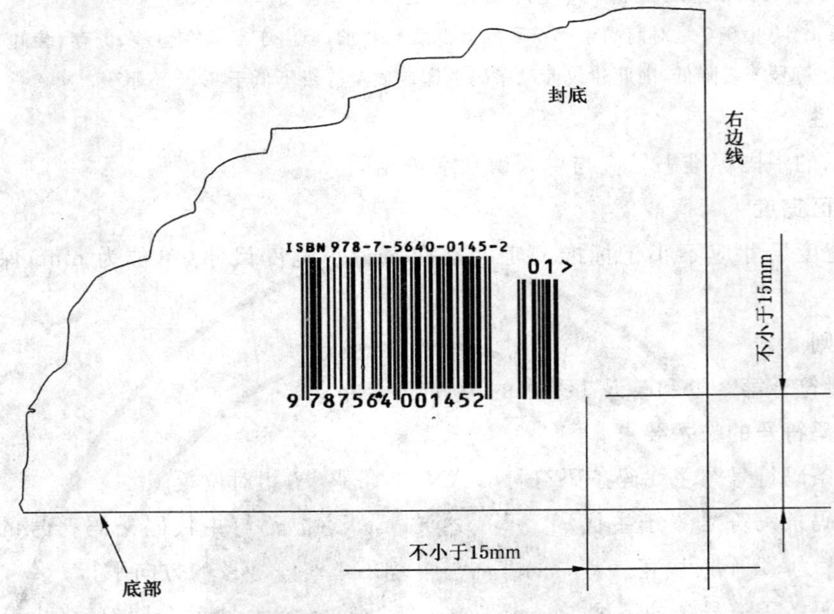

图6 条码位于封底右下角,条的方向与边线平行

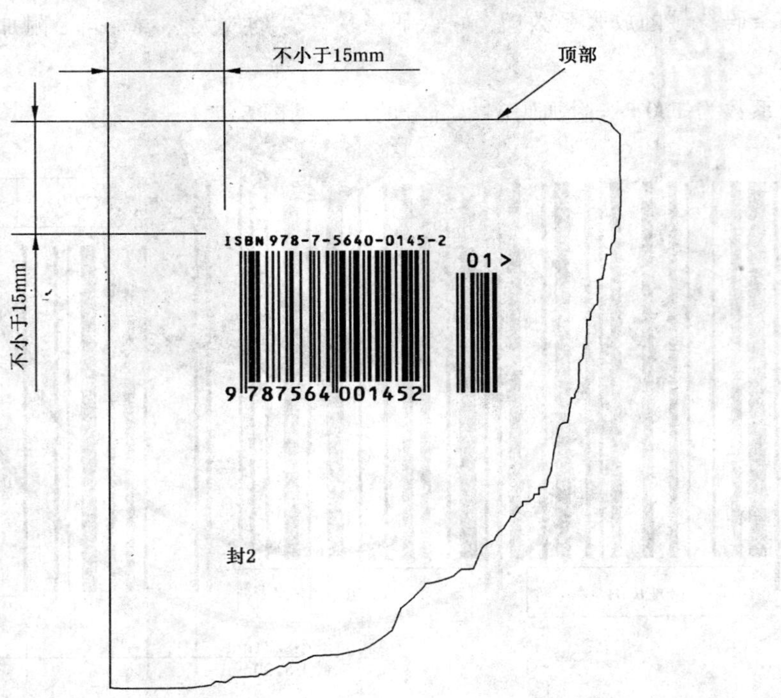

图7 条码位于封2左上角,条的方向与边线平行

ICS 35.040
A 24

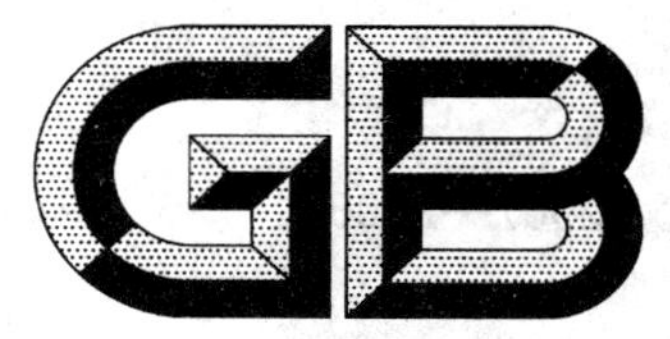

中华人民共和国国家标准

GB/T 12907—2008
代替 GB/T 12907—1991

库 德 巴 条 码

Codabar bar code

2008-07-16 发布 2009-01-01 实施

中华人民共和国国家质量监督检验检疫总局
中国国家标准化管理委员会 发布

前　言

本标准是参照 ANSI/AIM-BC3-2000《库德巴条码码制规范》对 GB/T 12907—1991《库德巴条码》进行了修订。

本标准代替 GB/T 12907—1991。

本标准与 GB/T 12907—1991 相比主要变化如下：

——用只有两种单元宽度的库德巴条码符号(原称库德巴条码变体)替代具有固定字符宽度的传统库德巴条码。

——条码符号质量评估的方法上用 GB/T 14258 中的条码扫描反射率曲线分析质量分级替代传统检测。

具体章节和内容变化如下：

——原标准第 1 章的适用范围修改为“本标准适用于库德巴条码的编码、生成和自动识别。”

——增加了“术语和定义”作为第 3 章。

——对原标准中的第 3 章“结构”和第 4 章“技术要求”进行了重新编写，为现在标准中第 4 章“要求”，并增加了数据传输的内容。

——删除了原标准中的第 5 章“原版胶片技术指标”和第 6 章“质量保证”，增加第 5 章“参考译码算法”，给出了库德巴条码译码的算法与步骤。

——删除了原标准中的附录 A “库德巴条码的变体”，增加了附录 A“供人识别字符”。

——增加了附录 B“非强制性特性”，介绍了传统库德巴条码的高密度特性和参数，ABC 库德巴条码的数据连接方法，提供了应用系统常采用的两种校验符计算方法。

——增加了附录 C“外观检查及尺寸允许偏差”，给出了印刷时条码尺寸允差计算公式和目测检测方法。

——增加了附录 D“应用系统应考虑的因素”，介绍了设计、设备选择、使用环境等方面应注意的问题。

——增加了附录 E“库德巴条码可译码度计算”，给出了库德巴条码可译码度计算公式和示例。

本标准的附录 E 为规范性附录，附录 A、附录 B、附录 C、附录 D 为资料性附录。

本标准由全国物流信息管理标准化技术委员会提出并归口。

本标准起草单位：中国物品编码中心负责起草，湖北省标准化研究院参加起草。

本标准主要起草人：赵辰、吴娟、熊立勇、杨健明、鄢若韫。

本标准于 1991 年首次发布，本次为第一次修订。

库德巴条码

1 范围

本标准规定了库德巴条码符号的结构、尺寸、技术要求及参考译码算法。

本标准适用于库德巴条码的编码、生成和自动识别。

2 规范性引用文件

下列文件中的条款通过本标准的引用而成为本标准的条款。凡是注日期的引用文件，其随后所有的修改单(不包括勘误的内容)或修订版均不适用于本标准，然而，鼓励根据本标准达成协议的各方研究是否可使用这些文件的最新版本。凡是不注日期的引用文件，其最新版本适用于本标准。

GB/T 12905 条码术语

GB/T 14258 信息技术 自动识别与数据采集技术 条码符号印制质量的检验(GB/T 14258—2003,ISO/IEC 15416:2000,MOD)

ISO/IEC 15424 信息技术 自动识别和数据采集技术 数据载体标识符(包括码制标识符)

3 术语和定义

GB/T 12905 和 GB/T 14258 中确立的术语和定义适用于本标准。

4 要求

4.1 码制特征

a) 字符集

——10 个数字:0～9;

——6 个附加字符:“－”(减号),“＄”(美元符号),“:”(冒号),“/”(斜杠),“.”(下位点),“＋”(加号)。

——4 个起始符/终止符:A、B、C 和 D。

b) 类型为非连续型、具有自校验功能的非定长条码符号。

c) 每个条码字符的单元数为 7 个(4 个条 3 个空)。

d) 每个条码字符的宽度为 10～14 倍的 X 尺寸。

注：条码字符的宽度根据宽窄比和被编码的字符确定，并包括一个 X 尺寸的字符间隔。

e) 常用的条码密度为 8.33 CPI(X=0.25 mm,N=3)。

f) 条码校验符可选用。

4.2 符号结构

库德巴条码符号由左侧空白区、一个起始符、数据符、一个终止符和右侧空白区构成。条码字符间隔把各个条码字符隔开。在库德巴条码符号中关于供人识别字符的要求见附录 A。

图 1 是一个完整的条码符号示例，表示的数据为“37859”,起始符为 A,终止符为 B。

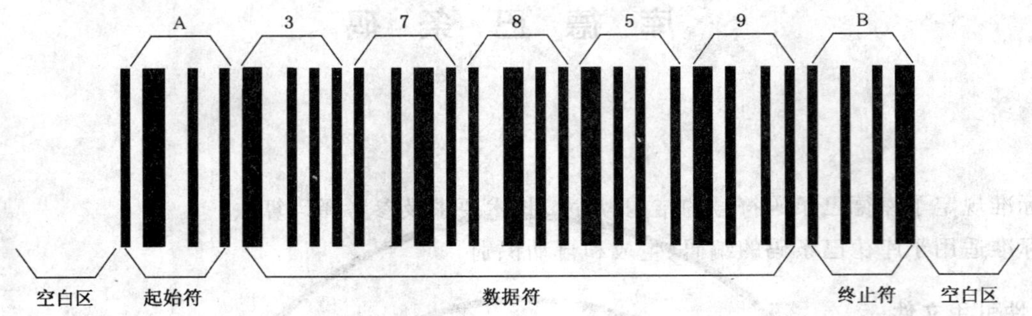

图 1　库德巴符号结构示意

每个库德巴条码符号只有两种单元宽度，即“宽”和“窄”。窄单元宽度用 X 尺寸表示，宽单元与窄单元的宽度之比用 N 表示。X 和 N 的取值在一个条码符号中应保持不变。

每个条码字符由四个条单元与三个空单元构成。构成条码字符的条单元与空单元又分别可分为宽单元和窄单元。每个条码字符可以是两个宽单元加五个窄单元或三个宽单元加四个窄单元。宽单元用二进制“1”表示，窄单元用二进制“0”表示，每个字符都可表示为独立的 7 位二进制形式和相应的宽窄单元形式。条码字符的二进制形式与相应的宽窄单元形式见表 1。

表 1　库德巴符号字符集

字　符	图 形 表 示	二进制表示
0		0000011
1		0000110
2		0001001
3		1100000
4		0010010
5		1000010
6		0100001
7		0100100
8		0110000
9		1001000
—		0001100
$		0011000
:		1000101

表 1（续）

字　　符	图　形　表　示	二进制表示
/		1010001
.		1010100
＋		0010101
A		0011010
B		0101001
C		0001011
D		0001110

4.2.1　空白区

左右空白区指起始符左侧和终止符右侧的与空反射率相同的区域，其宽度至少为 10 个 X 尺寸。

4.2.2　起始符和终止符

起始符和终止符用于标识条码的起始端和终止端，只在条码的开始和结尾部分使用。起始符和终止符通常用同一符号表示，也可任意组合。选择一些特殊含义的起始符和终止符见 B.1，特殊应用见 B.2。

4.2.3　条码字符间隔

条码字符间隔是指两个条码字符间宽度为规定范围（至少一个 X 尺寸）的空。图 2 是用库德巴条码编码的字符“1”的图形，并指出了条码字符间隔。

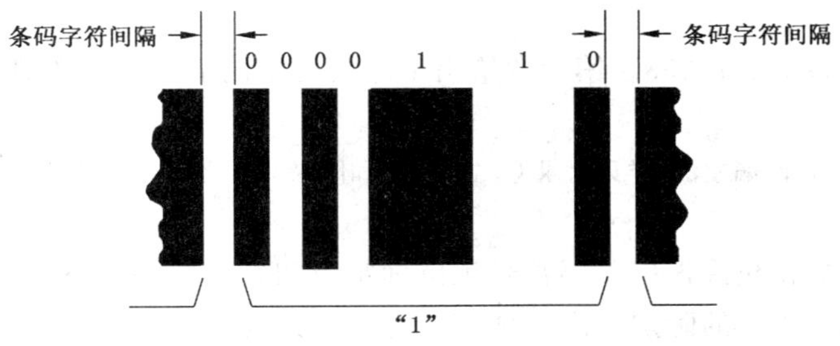

图 2　带条码字符间隔的库德巴条码字符“1”示意

4.3　符号长度

符号的长度应包含空白区在内，按公式（1）计算：

$$L=[(2N+5)(C+2)+(N-1)(W+2)]X+(C+1)I+2Q \quad \cdots\cdots(1)$$

式中：

L——包含空白区在内的符号长度；

N——宽窄比；

C——数据符个数（包含校验符）；

W——包含 3 个宽单元的数据符个数（字符“:”、“/”、“.”、“＋”）；

X——窄单元宽度；

I——条码字符间隔宽度；

Q——空白区宽度。

4.4 符号高度

最小条高为条码符号长度的15%，且不得小于5 mm。

4.5 校验符

校验符可选用，B.3规定了推荐的校验符的位置和计算方法。

4.6 数据传输

4.6.1 译码数据

译码数据包括起始符、数据符和终止符。完整的条码符号数据串可以通过译码器进行传输。应用时可选择不传输起始符和终止符。

4.6.2 码制标识符

码制标识符为“]Fm”，见ISO/IEC 15424。

其中：]——码制标识符标志（ASCⅡ码值93）；

F——条码的码制标识符；

m——指示符，m取值见表2。

表2 m取值

m	含义
0	无选项
1	ABC库德巴
2	已识读验证校验码
4	识读器在传输前已去掉校验码
注1：m的允许取值为0、1、2、4。	
注2：ABC(American Blood Commission)，美国血液委员会。	

4.7 质量检验

4.7.1 检验方法

条码符号的检验见GB/T 14258。第5章给出了库德巴条码的参考译码算法，用来评估“参考译码”和“可译码度”的参数。

注：传统测量采用尺寸允许偏差法，详见附录C。附录D和附录C中还介绍了其他的印刷指南。

4.7.2 附加判定参数

条码符号印制质量检验允许根据条码符号规范确定附加判定合格与不合格的标准。下面给出了库德巴条码每条扫描反射率曲线的附加标准。任何不符合下列要求的曲线划为“F”级或“0”级。

4.7.2.1 宽窄比

扫描曲线中N的测量值应在1.8～3.4范围内。N的设计值范围是2.0～3.0。对于X尺寸小于0.508 mm的条码符号，N的值不小于2.5。

注：在N设计值小于2.2的情况下很难取得满意的译码性能，其推荐值是3.0。

4.7.2.2 条码字符间隔的尺寸

窄单元平均测量宽度以“Z”表示，Z值小于0.287 mm的条码符号，其字符间隔最大取5.3Z；Z值大于或等于0.287 mm的条码符号，其字符间隔最大取3Z。

4.7.2.3 空白区

条码两侧空白区的最小值为10Z，Z为测量的平均窄单元宽度。

5 参考译码算法

采用GB/T 14258中描述的方法评估条码符号质量时，在可译码度计算中要用到参考译码算法。

库德巴条码参考译码算法如下：

a) 确定左侧空白区的存在。

b) 对每一个条码字符(包括起始符和终止符),应做以下判断：

  1) 确定所给条码字符的 7 个单元宽度,得到最宽的条和最宽的空的宽度；

  2) 4 个条的每一个条宽与最宽条的 5/8 相比较,判断其是宽单元还是窄单元；

  ——如果 4 个条中有一个条是宽单元,用同样的方法进行 3 个空和最宽空的 5/8 相比较,判断是宽单元还是窄单元；

  ——如果 4 个条中有 3 个为宽单元,3 个空中的任何一个与最宽空的比值都应大于 3/8,并依此认为所有的空为窄单元；

  ——其他条的组合形式是无效的库德巴条码字符。

  3) 用 7 位二进制数形式表示的 7 个单元的对比结果,可以用来检验字符形式的有效性。

c) 第一个读取的字符应为起始符或终止符,并依此推断扫描方向。

d) 同一方向连续识读条码字符直到碰到起始符或终止符为止。一个有效的字符应包含一个或多个数据符。为了减小无用数据的干扰,大部分译码器要求最少数据符的个数为 3。

e) 确定右侧空白区的存在。

f) 对空白区、条码字符间隔、扫描加速度、绝对计时等特性进行二次检测,以便鉴别特定的识读装置和应用环境。

该算法对每一个条码字符的条和空分别进行独立译码,是库德巴条码码制的基本译码算法。附录 E 给出了通过该参考译码算法进行可译码度计算的公式和示例。

C.1 中介绍的传统允许偏差 t 的推导也可借鉴此法。

附 录 A
（资料性附录）
供人识别字符

库德巴条码表示的条码字符所对应的供人识别字符通常与库德巴条码符号一起印制，供人识别字符包括起始符和终止符、数据符（若使用校验符也应包含）。字符的大小和字体形式不做具体规定，可在不超出空白区边界的符号上下方范围内印制。

图 A.1 是一个含供人识别字符的库德巴条码符号。

图 A.1 含供人识别字符的库德巴条码示意

附 录 B
（资料性附录）
非强制性特性

B.1 传统库德巴

这一码制的原始版本指传统库德巴，具有固定的条码字符宽度，采用第5章中的参考译码算法实现完全译码。在设备条件制约或应用系统要求的情况下才使用传统库德巴。新的应用领域使用本标准中规定的库德巴条码符号。

表B.1给出了字符平均密度CPI=10时，每个条码字符条空宽度的精确值。这一字符密度下传统库德巴条码印刷单元宽度的允许偏差值 t=0.038 mm。

表 B.1 密度为 10CPI 的传统库德巴条码字符的单元宽度

单位为毫米

字符	条1	空1	条2	空2	条3	空3	条4
0	0.165	0.264	0.165	0.264	0.165	0.617	0.455
1	0.165	0.264	0.165	0.264	0.455	0.617	0.165
2	0.165	0.254	0.165	0.620	0.165	0.254	0.472
3	0.455	0.617	0.165	0.264	0.165	0.264	0.165
4	0.165	0.264	0.455	0.264	0.165	0.617	0.165
5	0.455	0.264	0.165	0.264	0.165	0.617	0.165
6	0.165	0.617	0.165	0.264	0.165	0.264	0.455
7	0.165	0.617	0.165	0.264	0.455	0.264	0.165
8	0.165	0.617	0.455	0.264	0.165	0.264	0.165
9	0.472	0.254	0.165	0.620	0.165	0.254	0.165
$	0.165	0.254	0.472	0.620	0.165	0.254	0.165
—	0.165	0.254	0.165	0.620	0.472	0.254	0.165
：	0.424	0.236	0.165	0.236	0.424	0.236	0.373
/	0.373	0.236	0.424	0.236	0.165	0.236	0.424
.	0.345	0.257	0.378	0.257	0.437	0.257	0.165
+	0.165	0.257	0.437	0.257	0.378	0.257	0.345
A	0.165	0.203	0.498	0.493	0.165	0.409	0.165
B	0.165	0.409	0.165	0.493	0.165	0.203	0.498
C	0.165	0.203	0.165	0.493	0.165	0.409	0.498
D	0.165	0.203	0.165	0.493	0.498	0.409	0.165

对需要加大条空宽度和印刷允许偏差的情况，只要为所有给定的尺寸（包含允许偏差）提供一个统一的系数，就可使用较低的印刷密度。

传统库德巴的起始符和终止符有不同的名称，如表B.2所示。这些名称也可以出现在供人工识读字符行中，传递数据所含的信息。

表 B.2 传统库德巴起始符和终止符的命名

库德巴条码	传统库德巴条码	
起始符/终止符	起始符	终止符
A	a	t
B	b	n
C	c	*
D	d	e

传统库德巴和库德巴条码等价，起始符和终止符的表示方法是相同的。

B.2 邻近符号的数据连接

美国血液委员会为相邻符号的连接制定了一个方法。此方法通常针对ABC库德巴，终止符为"D"的数据应当和起始符为"D"的数据连接。

遵守这一方法的译码器应在第一个符号后的19 mm范围内寻找相邻符号。

如果发现了第二个符号，这两个数据信息可以省略字符D后连接。这一连接过程可双向进行，连接符号的数量也不限，最大信息长度只要控制在译码器允许的最大信息长度范围内即可。

B.3 校验符格式

对需要增强数据安全性的应用可采用校验符。校验符应紧随最后一个数据符排列在终止符前。

B.3.1 模16补码校验符

模16补码校验符的编码方法如下：

a) 根据表B.3给每个字符赋值。

b) 将所有字符值相加，用和除以16。

c) 第二步如果能除尽，校验符值就为0；如果不能除尽有余数，校验符值就为16减去余数的差。

d) 在表B.3中找出第三步所得结果对应的字符，这个字符就是校验符。

校验符计算示例：

库德巴条码"A37859B"校验符的算法：

A＝16，3＝3，7＝7，8＝8，5＝5，9＝9，B＝17

16＋3＋7＋8＋5＋9＋17＝65

65/16＝4 余 1

16－1＝15

从表B.3中查出15对应的字符为"＋"，因此包含校验符在内的完整的数据译码为"A37859＋B"

表 B.3 用于计算校验符的库德巴字符数值对照表

字符	数值	字符	数值
0	0	—	10
1	1	$	11
2	2	:	12
3	3	/	13
4	4	.	14
5	5	＋	15
6	6	A	16
7	7	B	17
8	8	C	18
9	9	D	19

B.3.2 模 10 补码校验符

模 10 补码校验符的编码方法如下：

a) 将数字字符自右向左依次编号按奇偶分为两组，参见表 B.4；

b) 依次将奇数位字符值求和，得 S_1；依次将偶数位字符值求和，得 S_2；

c) 计算奇数位中大于或等于 5 的字符的个数得 C_1；

d) 求和 S，$S= S_1\times2+S_2+C_1$；

e) 求余数 M，$M=\mathrm{mod}(S,10)$；

f) 计算校验符值 CK，$CK=10-M$；如果 $M=0$，则 $CK=0$。

例如：求 15126893 的模 10 补码校验符的值。

表 B.4 用于计算校验符的库德巴字符排序对照表

原数据	1	5	1	2	6	8	9	3
奇位数据		5		2		8		3
偶位数据	1		1		6		9	

取表 B.4 中的数据计算下列各参数。

$S_1=5+2+8+3=18$；

$S_2=1+1+6+9=17$；

奇数位中大于或等于 5 的字符 5 和 8，$C_1=2$；

$S=S_1\times2+S_2+C_1=18\times2+17+2=55$

$M=\mathrm{mod}(55,10)=5$

$CK=10-5=5$

15126893 的模 10 补码校验符的值为 5。

其他说明：

a) 如果数据中含非数字 0～9 的 6 个特殊字符，计算校验码时，应先去掉特殊字符后再计算。

b) 如果数据全部是特殊字符。则校验码为 0。

c) 计算校验码应先去掉起始符和终止符，直接用数据符计算。

例如：求 A1+51268/93B 的模 10 补码校验符的值

应先将数据变为 15126893 再计算。此例校验码仍为 5。

其他校验符计算法也适用于库德巴条码。由于库德巴校验符的使用是非强制的，要求有校验符的应用可以看作在条码符号中设置了一位校验符，如同 128 条码、93 条码、16K 条码和 49 条码一样。

附　录　C
（资料性附录）
外观检查及尺寸允许偏差

C.1　印刷尺寸允许偏差

允许偏差，即偏离单元标称宽度的最大允许偏差值，对于给定的符号是不变的，用“t”表示。库德巴条码印刷尺寸允许偏差由公式(C.1)给出。

在公式C.1的推导中用到了第5章给出的参考译码算法。

根据惯例，条码符号的每个单元宽度与其标称尺寸的值之间的差异不能大于偏差值，而且这种误差在一个符号中不可以累计，一个条码字符中任意数目的相邻单元的宽度和与其标称尺寸的差值不得大于$2t$。

$$t = \pm[(5N-8)/20]X \qquad \text{(C.1)}$$

式中：

N——宽窄比；

X——窄单元宽度。

C.2　目测

目测法是一种粗略的检查条码印刷质量和尺寸的方法。然而，用眼睛看到的边缘位置和用测量孔径测量出的位置是不同的。不论对于多大的X尺寸这种差异相对恒定，因此对较小的X尺寸，这种差异的相对量值就增大了。

目测法无法对一些符号特性：如污点、脱墨、粗糙边缘造成的影响和条空反射率的变化做出量化的测量。

一般来说，目测法不能保证符号在某一测量孔径条件下测量后达到指定的等级水平。但是在满足下列条件下，目测法和测量孔径检测的方法能很好地保持一致。

a)　已经通过其他的方法提前确定基材、油墨和印刷过程，以便提供足够多的反射率差值。为了后面环节的比较，将保留一个基准符号。如果可以预计由于反复使用的色带或其他印刷因素的变化而导致的符号反差的变化区间，应备有事先测好的、包含这个区间的符号集合以作比较。

b)　在条空边界以及条或空之内，符号条空反射率差值和反射率的均匀性，应与实现同一印刷过程并测试过的基准条码符号集合保持一致。

c)　符号没有污点和脱墨现象，也没有超出基准符号的不规则边缘。

d)　对于所有的条单元和空单元，C.1中定义的尺寸允许偏差满足要求。

如果满足上述条件并使用了恰当的测量孔径和波长，对于X尺寸大于0.25 mm的条码符号，其符号等级一般会达到或超过C级。

附　录　D
（资料性附录）
应用系统应考虑的因素

D.1　系统构成

一个条码应用系统由条码生成设备、标签、识读设备等组成。任何一部分出错或与其他部分不匹配，都会影响整个系统的性能和运行。

如按本标准规定无法得到可接受的结果，单一用户（或封闭系统各方经协商）可考虑同时对条码生成设备和识读设备进行指定，但系统各部分必须相互匹配并使系统性能达到预期的效果。

D.2　*X* 尺寸

在开放系统中 X 尺寸的最小值为 0.191 mm。在没有应用标准或未知扫描环境的情况下生成条码符号时，X 尺寸不宜小于 0.191 mm，否则可能影响识读。

D.3　镜面反射

应考虑光亮（或光泽度高的）符号表面上的镜面反射所产生的影响。标准的识读系统是按探测出条与空漫反射的差异设计的。从某些扫描角度方向上，反射光镜面反射的成分大大超过了要探测的漫反射光成分，这样就会降低识读性能。采用非光滑面可减小镜面反射的影响。

如果镜面反射被用于达到形成反差的效果（以某种形式直接在金属上印制或蚀刻），就应确保其光学性能在具体应用的整个扫描角度和扫描距离内满足规范的要求。

D.4　打印需考虑的因素

基于像素的印制设备使用的生成条码的制图软件，应根据所使用印制设备的像素密度精确绘制条码符号的条空图形。

对于两种宽度的条码码制，每个单元所含的像素数应取实现标称宽度的最佳数目。

对于采用边缘到边缘译码的条码码制，构成每个符号字符的像素数必须是每个符号字符模块数的整数倍。对均匀的条扩张和收缩，必须对一个条码符号中所有条和空采用相同补偿量。

不按上述规定操作经常导致条码符号拒读。

D.5　其他因素

遵循规范是确保整个系统成功运行的关键，其他因素也会影响系统的正常运作。下文介绍一些在条码应用系统中应注意的问题。

a）在选择确定的码制和印刷密度的允许误差时，应考虑实际印刷技术应用是否能实现。

b）选用分辨率适合符号密度和印刷质量要求的扫描器。

c）确保印制条码符号的光学性能与扫描光源的波长相兼容。

d）应检验最终生成标签和包装形态是否符合符号规范要求。覆盖、透映、弯曲、不规则表面等都会影响符号的识读。

e）在实际的标签包装和印刷技术等各项指标的限制条件下，条高一般选择最大值。

f）系统应设计为只能接受应用所需条码符号信息的长度和格式。

附 录 E
（规范性附录）
库德巴条码可译码度计算

库德巴条码是非定长的数字码制。每个条码字符包括条空相间的 4 个条和 3 个空。条码字符用条码字符间隔分隔开。库德巴条码可译码度计算采用 GB/T 14258 中规定的方法。

E.1 库德巴条码可译码度计算方法

a) 计算参考阈值

每个条码字符中，条的参考阈值 RT_b 等于最宽条的 5/8：

$$RT_b = 0.625 \times 最宽条$$

如果只有最宽的条比 RT_b 宽，那么空的参考阈值 RT_s 等于最宽的空的 5/8：

$$RT_s = 0.625 \times 最宽空$$

如果有 3 个条比 RT_b 宽，那么空的参考阈值 $RT_{s'}$ 等于最宽的空的 3/8：

$$RT_{s'} = 0.375 \times 最宽空$$

b) 计算平均窄单元和平均宽单元

对整个条码符号而言，平均窄条 Z_b 按公式(E.1)计算，平均宽条 W_b 按公式(E.2)计算，平均窄空 Z_s 按公式(E.3)计算，平均宽空 W_s 按公式(E.4)计算。

$$Z_b = \frac{所有窄条的总宽度}{窄条数} \qquad \cdots\cdots (E.1)$$

$$W_b = \frac{所有宽条的总宽度}{宽条数} \qquad \cdots\cdots (E.2)$$

$$Z_s = \frac{所有窄空(不包括字符间隔)的总宽度}{窄空数} \qquad \cdots\cdots (E.3)$$

$$W_s = \frac{所有宽空(不包括字符间隔)的总宽度}{宽空数} \qquad \cdots\cdots (E.4)$$

c) 可译码度计算

可译码度的值是针对每个条码字符进行计算的。计算示例见 E.2 或 E.3：

令 e_b 等于最宽的窄条的宽度，E_b 等于最窄的宽条的宽度。

$$V_1 = \frac{RT_b - e_b}{RT_b - Z_b} \qquad \cdots\cdots (E.5)$$

$$V_2 = \frac{E_b - RT_b}{W_b - RT_b} \qquad \cdots\cdots (E.6)$$

对于只有 1 个宽条的条码字符，令 e_s 等于最大的窄空的宽度，E_s 等于最小的宽空的宽度。

$$V_3 = \frac{RT_s - e_s}{RT_s - Z_s} \qquad \cdots\cdots (E.7)$$

$$V_4 = \frac{E_s - RT_s}{W_s - RT_s} \qquad \cdots\cdots (E.8)$$

对于有 3 个宽条的条码字符，令 $E_{s'}$ 等于最窄空的宽度。

$$V_3 = \frac{E_{s'} - RT_{s'}}{Z_s - RT_{s'}} \qquad \cdots\cdots (E.9)$$

$$V_4 = 1 \qquad \cdots\cdots (E.10)$$

V 是 V_1、V_2、V_3 和 V_4 中的最小值。对任意条码字符而言，由扫描反射率曲线计算的可译码度值就是 V 的最小值。

E.2 传统库德巴条码可译码度计算示例

a) 对所有条码字符的条宽计算 V_1 和 V_2：

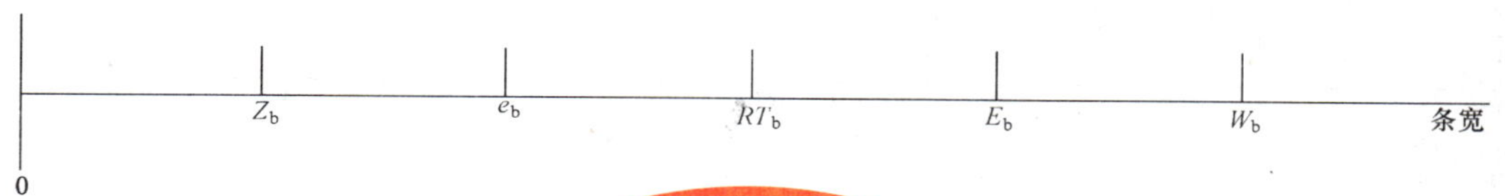

图 E.1 条码字符的条宽误差关系图

图 E.1 例中：Z_b 值是 0.254 mm，W_b 值是 0.635 mm，RT_b 值是 0.396 mm。在条码字符内，最宽的窄条 e_b 增加到 0.311 mm，同时最窄的宽条 E_b 减少到 0.578 mm，将这些传统允差允许的相对标称值的最大偏差代入公式：

$$V_1=\frac{RT_b-e_b}{RT_b-Z_b}=\frac{0.396-0.311}{0.396-0.254}=0.60,$$

$$V_2=\frac{E_b-RT_b}{W_b-RT_b}=\frac{0.578-0.396}{0.635-0.396}=0.76。$$

b) 对只有 1 个宽条的条码字符的空宽计算 V_3 和 V_4：

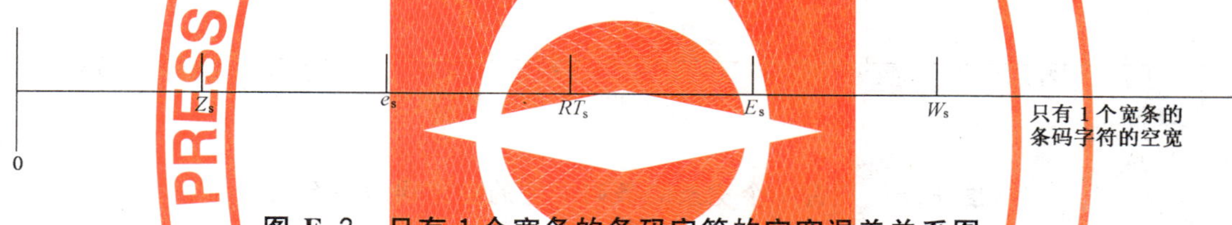

图 E.2 只有 1 个宽条的条码字符的空宽误差关系图

图 E.2 例中：Z_s 值是 0.254 mm，W_s 值是 0.635 mm，RT_s 值是 0.396 mm。在条码字符内，最宽的窄空 e_s 增加到 0.311 mm，同时最窄的宽空 E_s 减少到 0.578 mm，将这些传统允差允许的相对标称值的最大偏差代入公式：

$$V_3=\frac{RT_s-e_s}{RT_s-Z_s}=\frac{0.396-0.311}{0.396-0.254}=0.60,$$

$$V_4=\frac{E_s-RT_s}{W_s-RT_s}=\frac{0.578-0.396}{0.635-0.396}=0.76。$$

c) 或者对有 3 个宽条的条码字符的空宽计算 V_3 和 V_4：

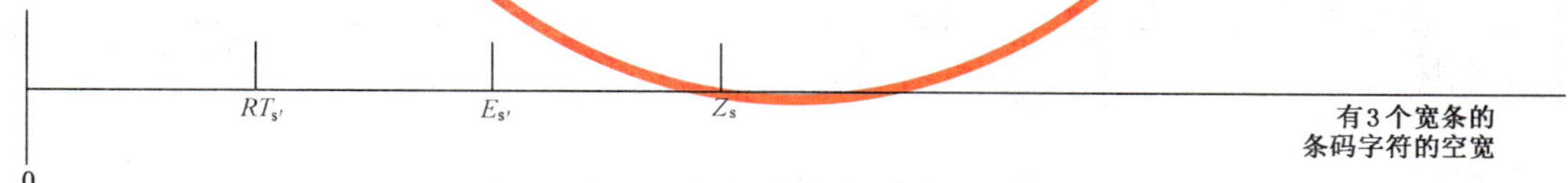

图 E.3 3 个宽条的条码字符的空宽误差关系图

图 E.3 例中：Z_s 值是 0.254 mm，$RT_{s'}$ 值是 0.095 mm。在条码字符内，最窄的空 $E_{s'}$ 减少到 0.197 mm，将这些传统允差允许的相对标称值的最大偏差代入公式：

$$V_3=\frac{E_{s'}-RT_{s'}}{Z_s-RT_{s'}}=\frac{0.197-0.095}{0.254-0.095}=0.64,$$

$$V_4=1。$$

d) 可译码度 V 取最小值等于 0.60；此条码字符的可译码度等级是“B”。

E.3 库德巴条码(库德巴条码变体)可译码度计算示例

a) 对所有条码字符的条宽计算 V_1 和 V_2：

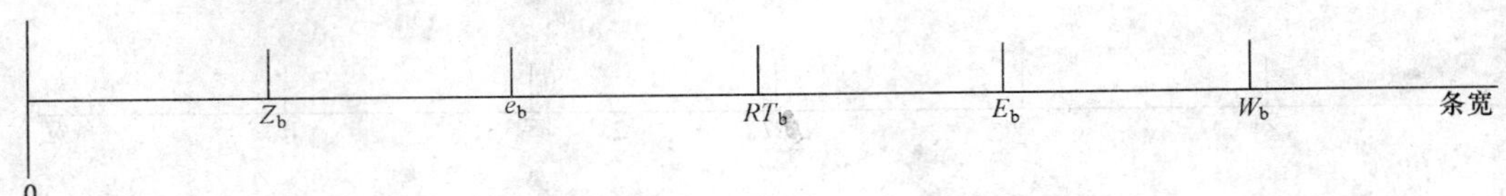

图 E.4 条码字符的条宽误差关系图

图 E.4 例中：Z_b 值是 0.254 mm，W_b 值是 0.635 mm，RT_b 值是 0.396 mm。在条码字符内，最宽的窄条 e_b 增加到 0.318 mm，同时最窄的宽条 E_b 减少到 0.572 mm，将这些传统允差允许的相对标称值的最大偏差代入公式：

$$V_1=\frac{RT_b-e_b}{RT_b-Z_b}=\frac{0.396-0.318}{0.396-0.254}=0.55,$$

$$V_2=\frac{E_b-RT_b}{W_b-RT_b}=\frac{0.572-0.396}{0.635-0.396}=0.74。$$

b) 对只有 1 个宽条的条码字符的空宽计算 V_3 和 V_4：

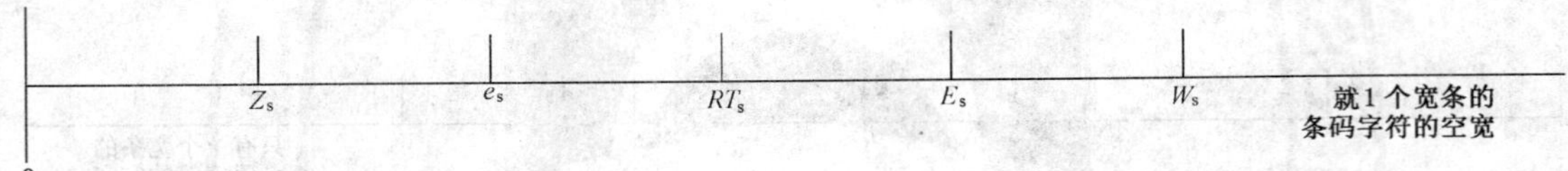

图 E.5 只有 1 个宽条的条码字符的空宽误差关系图

图 E.5 例中：Z_s 值是 0.254 mm，W_s 值是 0.635 mm，RT_s 值是 0.396 mm。在条码字符内，最宽的窄空 e_s 增加到 0.318 mm，同时最窄的宽空 E_s 减少到 0.572 mm，将这些传统允差允许的相对标称值的最大偏差代入公式：

$$V_3=\frac{RT_s-e_s}{RT_s-Z_s}=\frac{0.396-0.318}{0.396-0.254}=0.55,$$

$$V_4=\frac{E_s-RT_s}{W_s-RT_s}=\frac{0.572-0.396}{0.635-0.396}=0.74。$$

c) 或者对有 3 个宽条的条码字符的空宽计算 V_3 和 V_4：

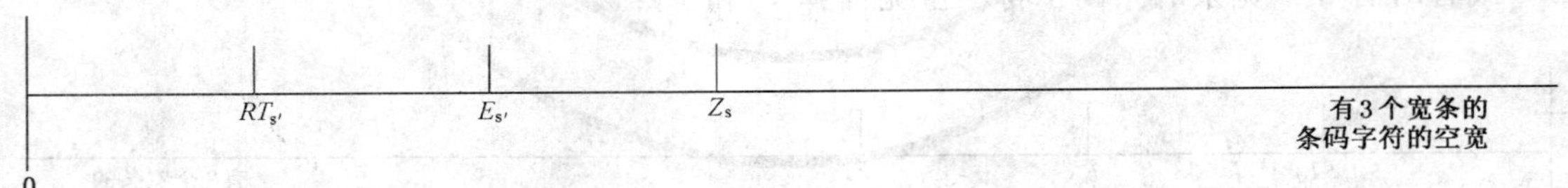

图 E.6 有 3 个宽条的条码字符的空宽误差关系图

图 E.6 例中：Z_s 值是 0.254 mm，$RT_{s'}$ 值是 0.095 mm。在条码字符内，最窄空 $E_{s'}$ 减少到 0.191 mm，将这些传统允差允许的相对标称值的最大偏差代入公式：

$$V_3=\frac{E_{s'}-RT_{s'}}{Z_s-RT_{s'}}=\frac{0.191-0.095}{0.254-0.095}=0.60,$$

$$V_4=1。$$

d) 可译码度 V 取最小值等于 0.55；此条码字符的可译码读等级是“B”。

ICS 85.060
Y 32

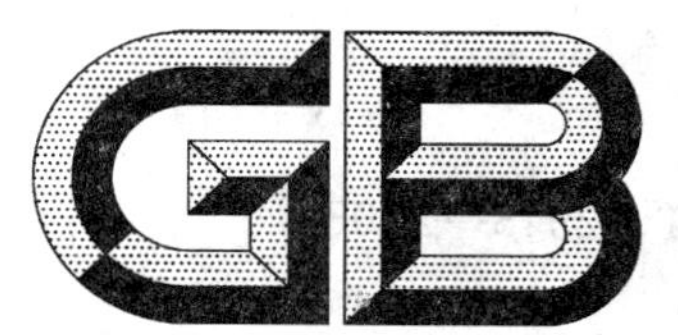

中华人民共和国国家标准

GB/T 12913—2008
代替 GB/T 12913—1991,GB/T 12656—1990,GB/T 12657—1990,GB/T 14217—1993

电 容 器 纸

Capacitor tissue paper

2008-08-19 发布　　　　2009-05-01 实施

中华人民共和国国家质量监督检验检疫总局
中国国家标准化管理委员会　发布

前　言

本标准整合并代替 GB/T 12913—1991《电容器纸》、GB/T 14217—1993《电容器纸介质损耗因数(tgδ)测定法》、GB/T 12656—1990《电容器纸工频击穿电压测定法》和 GB/T 12657—1990《电容器纸导电点测定法》。

本标准与 GB/T 12913—1991、GB/T 14217—1993、GB/T 12656—1990 和 GB/T 12657—1990 相比，主要变化如下：

——质量水平由原来的 A 等、B 等和 C 等改为优等品、一等品和合格品；

——修改了Ⅰ型、Ⅱ型电容器纸的界定，并根据市场需求，将Ⅱ型电容器纸的厚度范围从原来的 4 μm～17 μm 扩大到 4 μm～22 μm；

——将Ⅰ型系列中 1.15 g/cm^3 的紧度系列移入Ⅱ型系列；

——将Ⅱ型系列中 1.22 g/cm^3 的紧度改为 1.20 g/cm^3；

——提高了水溶性氯化物指标；

——提高了灰分指标；

——修改了电容器纸的规格尺寸；

——修改了电容器纸的接头个数；

——修改了交收检验抽样方案；

——修改了产品标识方法；

——修改了电容器纸的包装方式及要求；

——由于测定仪器的改良，适当调整了电容器纸介质损耗因数的测定方法。

本标准的附录 A、附录 B、附录 C 均为规范性附录。

本标准由中国轻工业联合会提出。

本标准由全国造纸工业标准化技术委员会归口。

本标准起草单位：民丰特种纸股份有限公司、玖龙浆纸（乐山）有限公司、中国制浆造纸研究院。

本标准主要起草人：刘海宁、朱晓红、张建平、王早珠。

本标准所代替标准的历次版本发布情况为：

——QB 603—1981、GB/T 12913—1991；

——GB/T 12656—1990；

——GB/T 12657—1990；

——GB/T 14217—1993。

本标准委托全国造纸工业标准化技术委员会负责解释。

电 容 器 纸

1 范围

本标准规定了电容器纸产品分类、技术要求、试验方法、检验规则、标志、包装、运输、贮存。

本标准适用于做金属化纸介电容器及标准型电容器用纸。

2 规范性引用标准

下列文件中的条款通过本标准的引用而成为本标准的条款。凡是注日期的引用文件，其随后所有的修改单(不包括勘误的内容)或修订版均不适用于本标准，然而，鼓励根据本标准达成协议的各方研究是否可使用这些文件的最新版本。凡是不注日期的引用文件，其最新版本适用于本标准。

GB/T 450 纸和纸板 试样的采取及试样纵横向、正反面的测定(GB/T 450—2008,ISO 186:2002,MOD)

GB/T 451.1 纸和纸板尺寸及偏斜度的测定法

GB/T 451.3 纸和纸板厚度的测定(GB/T 451.3—2002,idt ISO 534:1988)

GB/T 462 纸、纸板和纸浆 分析试样水分的测定(GB/T 462—2008,ISO 287:1985,ISO 638:1978,MOD)

GB/T 742 造纸原料、纸浆、纸和纸板 灰分的测定(GB/T 742—2008,ISO 2144:1997,MOD)

GB/T 1408.1 绝缘材料电气强度试验方法 第1部分:工频下的试验(GB/T 1408.1—2006,IEC 60243-1:1998,IDT)

GB/T 1545.1—2003 纸、纸板和纸浆 水抽提液酸度或碱度的测定

GB/T 2678.2 纸、纸板和纸浆 水溶性氯化物的测定

GB/T 2828.1 计数抽样检验程序 第1部分:按接收质量限(AQL)检索的逐批检验抽样计划(GB/T 2828.1—2003,ISO 2859-1:1999,IDT)

GB/T 7977 纸、纸板和纸浆 水抽提液电导率的测定(GB/T 7977—2007,ISO 6587:1992,MOD)

GB/T 10342 纸张的包装和标志

GB/T 10739 纸、纸板和纸浆试样处理和试验的标准大气条件(GB/T 10739—2002,eqv ISO 187:1990)

GB/T 12914 纸和纸板 抗张强度的测定(GB/T 12914—2008,ISO 1924-1:1992,ISO 1924-2:1992,MOD)

3 产品分类

3.1 电容器纸按质量分为优等品、一等品、合格品三个等级。

3.2 电容器纸按其紧度分为Ⅰ型和Ⅱ型。

3.2.1 Ⅰ型的紧度为 1.00 g/cm^3。

3.2.2 Ⅱ型的紧度为 1.20 g/cm^3 和 1.15 g/cm^3。

3.3 电容器纸为卷筒纸，卷筒宽度为 140 mm、280 mm、420 mm、500 mm 或符合合同规定。

3.3.1 卷筒宽度允许偏差:宽度小于或等于 200 mm 者，偏差应不大于±1.0 mm;宽度大于 200 mm 者，偏差应不大于±2.0 mm。

3.3.2 卷筒直径常规为 220 mm～250 mm。纸芯内径为(75±1.0)mm,(76±1.0)mm。当订货合同有约定时，按合同执行。

3.4 电容器纸的类型、厚度、规格、等级、包装应在订货合同中规定。

4 技术要求

4.1 电容器纸的化学性能应符合表1的规定。

表 1

指标名称		单位	规定		
			优等品	一等品	合格品
水分		%	4 μm～6 μm:6.0～10.0;7 μm 以上:5.0～9.0		
灰分	≤	%	0.28		
水抽出物酸度	≤	%	0.007 0		
水抽出物电导率	≤	mS/m	3.0	4.0	
水抽出物氯含量	≤	mg/kg	4.0[a] 24[b]		

[a] 按 GB/T 2678.2—2008 中硝酸银电位滴定法测定。

[b] 按 GB/T 2678.2—2008 中硝酸汞法测定。

4.2 Ⅰ型电容器纸物理电气性能应符合表2的规定。

表 2

指标名称		单位	优等品			一等品			合格品		
厚度	标称厚度/μm	μm	波动差≤		公差/%	波动差≤		公差/%	波动差≤		公差/%
			横向	纵向		横向	纵向		横向	纵向	
	8		0.7	1.0	±7	0.7	1.1	±8	0.8	1.2	±8
	10～15		0.8	1.1	±6	0.8	1.2	±7	0.9	1.3	±8
	17～22		1.0	1.2	±6	1.2	1.4	±6	1.3	1.5	±7
紧度		g/cm³	1.00±0.05								
抗张指数(纵向) 不小于		N·m/g	77.0			61.0					
工频击穿电压不小于AC	厚度/μm	V/层	最低值	平均值		最低值	平均值		最低值	平均值	
	8		260	340		260	320		250	305	
	10		300	370		280	350		270	335	
	12		330	410		310	390		300	375	
	15		350	430		330	410		320	395	
	17		380	470		360	450		350	435	
	20		420	520		400	500		390	485	
	22		440	540		420	520		410	505	
导电点不多于	8	个/m²	50			110			150		
	10		40			60			110		
	12		25			50			65		
	15		15			35			50		
	17		10			25			45		
	20		5			15			20		
	22		5			15			20		
介质损耗因数(tgδ)不大于	60 ℃	%	0.15			0.17					
	100 ℃		0.20			0.22					

4.3 Ⅱ型电容器纸物理电气性能应符合表3规定。

表 3

<table>
<tr><td colspan="2">指标名称</td><td>单位</td><td colspan="6">优等品</td><td colspan="6">一等品</td><td colspan="6">合格品</td></tr>
<tr><td rowspan="7">厚度</td><td rowspan="2">标称厚度/μm</td><td rowspan="7">μm</td><td colspan="4">波动差≤</td><td colspan="2" rowspan="2">公差/%</td><td colspan="4">波动差≤</td><td colspan="2" rowspan="2">公差/%</td><td colspan="4">波动差≤</td><td colspan="2" rowspan="2">公差/%</td></tr>
<tr><td colspan="2">横向</td><td colspan="2">纵向</td><td colspan="2">横向</td><td colspan="2">纵向</td><td colspan="2">横向</td><td colspan="2">纵向</td></tr>
<tr><td>4～6</td><td colspan="2">0.3</td><td colspan="2">0.5</td><td colspan="2">±10</td><td colspan="2">0.4</td><td colspan="2">0.6</td><td colspan="2">±10</td><td colspan="2">0.4</td><td colspan="2">0.6</td><td colspan="2">±10</td></tr>
<tr><td>7～8</td><td colspan="2">0.4</td><td colspan="2">0.6</td><td colspan="2">±7</td><td colspan="2">0.5</td><td colspan="2">0.7</td><td colspan="2">±8</td><td colspan="2">0.6</td><td colspan="2">0.8</td><td colspan="2">±8</td></tr>
<tr><td>10～12</td><td colspan="2" rowspan="2">0.5</td><td colspan="2" rowspan="2">0.7</td><td colspan="2" rowspan="2">±5</td><td colspan="2">0.6</td><td colspan="2">0.8</td><td colspan="2">±6</td><td colspan="2">0.7</td><td colspan="2">0.9</td><td colspan="2">±6</td></tr>
<tr><td>15～17</td><td colspan="2">0.7</td><td colspan="2">0.9</td><td colspan="2">±6</td><td colspan="2">0.8</td><td colspan="2">1.0</td><td colspan="2">±6</td></tr>
<tr><td>17～22</td><td colspan="2">0.9</td><td colspan="2">1.2</td><td colspan="2">±6</td><td colspan="2">1.1</td><td colspan="2">1.4</td><td colspan="2">±6</td><td colspan="2">1.2</td><td colspan="2">1.5</td><td colspan="2">±7</td></tr>
<tr><td rowspan="2">紧度</td><td>4 μm～15 μm</td><td rowspan="2">g/cm³</td><td colspan="18">1.20±0.05</td></tr>
<tr><td>17 μm～22 μm</td><td colspan="18">1.15±0.05</td></tr>
<tr><td colspan="2">抗张指数(纵向)　不小于</td><td>N·m/g</td><td colspan="6">78.0</td><td colspan="12">66.0</td></tr>
<tr><td rowspan="12">工频击穿电压
不小于
AC</td><td>厚度/μm</td><td rowspan="12">V/层</td><td colspan="3">最低值</td><td colspan="3">平均值</td><td colspan="3">最低值</td><td colspan="3">平均值</td><td colspan="3">最低值</td><td colspan="3">平均值</td></tr>
<tr><td>4</td><td colspan="3">165</td><td colspan="3">265</td><td colspan="3">165</td><td colspan="3">250</td><td colspan="3">155</td><td colspan="3">220</td></tr>
<tr><td>5</td><td colspan="3">190</td><td colspan="3">300</td><td colspan="3">190</td><td colspan="3">280</td><td colspan="3">180</td><td colspan="3">255</td></tr>
<tr><td>6</td><td colspan="3">220</td><td colspan="3">330</td><td colspan="3">220</td><td colspan="3">320</td><td colspan="3">190</td><td colspan="3">280</td></tr>
<tr><td>7</td><td colspan="3">255</td><td colspan="3">370</td><td colspan="3">255</td><td colspan="3">355</td><td colspan="3">210</td><td colspan="3">325</td></tr>
<tr><td>8</td><td colspan="3">280</td><td colspan="3">405</td><td colspan="3">280</td><td colspan="3">390</td><td colspan="3">230</td><td colspan="3">360</td></tr>
<tr><td>10</td><td colspan="3">330</td><td colspan="3">460</td><td colspan="3">330</td><td colspan="3">450</td><td colspan="3">270</td><td colspan="3">415</td></tr>
<tr><td>12</td><td colspan="3">365</td><td colspan="3">510</td><td colspan="3">365</td><td colspan="3">495</td><td colspan="3">290</td><td colspan="3">465</td></tr>
<tr><td>15</td><td colspan="3">410</td><td colspan="3">535</td><td colspan="3">410</td><td colspan="3">520</td><td colspan="3">310</td><td colspan="3">490</td></tr>
<tr><td>17</td><td colspan="3">425</td><td colspan="3">545</td><td colspan="3">425</td><td colspan="3">530</td><td colspan="3">320</td><td colspan="3">500</td></tr>
<tr><td>20</td><td colspan="3">435</td><td colspan="3">555</td><td colspan="3">435</td><td colspan="3">540</td><td colspan="3">330</td><td colspan="3">510</td></tr>
<tr><td>22</td><td colspan="3">445</td><td colspan="3">565</td><td colspan="3">445</td><td colspan="3">550</td><td colspan="3">340</td><td colspan="3">520</td></tr>
<tr><td rowspan="11">导电点
不多于</td><td>4</td><td rowspan="11">个/m²</td><td colspan="6">800</td><td colspan="6">1 100</td><td colspan="6">1 200</td></tr>
<tr><td>5</td><td colspan="6">550</td><td colspan="6">800</td><td colspan="6">900</td></tr>
<tr><td>6</td><td colspan="6">350</td><td colspan="6">450</td><td colspan="6">550</td></tr>
<tr><td>7</td><td colspan="6">180</td><td colspan="6">250</td><td colspan="6">300</td></tr>
<tr><td>8</td><td colspan="6">110</td><td colspan="6">150</td><td colspan="6">180</td></tr>
<tr><td>10</td><td colspan="6">70</td><td colspan="6">90</td><td colspan="6">105</td></tr>
<tr><td>12</td><td colspan="6">40</td><td colspan="6">55</td><td colspan="6">70</td></tr>
<tr><td>15</td><td colspan="6">25</td><td colspan="6">35</td><td colspan="6">50</td></tr>
<tr><td>17</td><td colspan="6">10</td><td colspan="6">25</td><td colspan="6">45</td></tr>
<tr><td>20</td><td colspan="6">5</td><td colspan="6">15</td><td colspan="6">20</td></tr>
<tr><td>22</td><td colspan="6">5</td><td colspan="6">15</td><td colspan="6">20</td></tr>
<tr><td rowspan="2">介质损耗
因数
不大于</td><td>60 ℃</td><td rowspan="2">%</td><td colspan="6">0.19</td><td colspan="12">0.20</td></tr>
<tr><td>100 ℃</td><td colspan="6">0.25</td><td colspan="6">0.26</td><td colspan="6">0.27</td></tr>
</table>

4.4 卷筒接头要求

4.4.1 接头宽度应不超过10 mm。应使用对电容器无害的胶粘剂。卷筒接头应牢固,并且不得粘住上下层。

4.4.2 每1 000 m长的电容纸其接头个数应不多于下列规定：

4 μm～5 μm的电容器纸	4个
6 μm～7 μm的电容器纸	3个
8 μm～12 μm的电容器纸	2个
大于12 μm的电容器纸	1个

4.5 纸面应平整，不应有死褶、裂口、压碎、机械损伤、无关的夹杂物、明显的花纹和印子。

4.6 卷筒端面应平整、洁净，无明显的波浪形、损伤、裂口、粘质物污染，两端应松紧一致。

5 试验方法

5.1 水分

测定时每个试样为5 g，其他按GB/T 462的规定进行。

5.2 灰分

称取约5 g风干试样，同时测定两份试样，按GB/T 742的规定进行。

5.3 水抽出物酸度

先称取5 g试样，按GB/T 1545.1—2003中8.1和8.2的规定进行抽提。抽提完毕后，滗出溶液100 mL于250 mL锥形瓶中，在电热板上加热至沸腾，并保持沸腾1 min。然后再按GB/T 1545.1—2003中8.3的滴定方法进行滴定。结果报告至两位有效数字，两次测定值的偏差应不超过0.001%。

5.4 水抽出物电导率

按GB/T 7977的规定进行。

5.5 水抽出物氯含量

按GB/T 2678.2的规定进行。

5.6 厚度

5.6.1 试样的采取及处理应按GB/T 450和GB/T 10739的规定进行。

5.6.2 沿纸的横向测定厚度。标称厚度大于或等于15 μm者，取5张样品，用5层进行测定。标称厚度小于15 μm者，取5张样品，对折成10层后进行测定。卷筒宽度95 mm～140 mm者，横向测定3点。卷筒宽度235 mm～280 mm者，横向测定5点。卷筒宽度390 mm～420 mm者，横向测定8点。测定结果用微米(μm)表示，取算术平均值，修约至0.1 μm。测定点的最大与最小厚度差为厚度的横向波动差。卷筒里、中、外厚度，在横向上共测定3次，各相应点的最大与最小厚度差为厚度的纵向厚度波动差。

5.6.3 纵向厚度波动差，仅在交收试验或仲裁时进行。

5.7 紧度

按GB/T 451.3的规定进行。

5.8 抗张指数(纵向)

按GB/T 12914的规定进行，仲裁时采用恒速拉伸法。

5.9 介质损耗因数(tgδ)

按附录A的规定进行。

5.10 导电点

按附录B的规定进行。

5.11 工频击穿电压

按附录C的规定进行。

5.12 尺寸及偏斜度

按GB/T 451.1进行测定。

6 检验规则

6.1 以一次交货数量为一批，每批应不多于 6 t。抽样单位为卷筒。

6.2 生产厂应保证所生产的电容器纸符合标准或订货合同的规定，每卷纸交货时应附有一张合格证。

6.3 化学性能和介质损耗因数应每批做一次，若不合格则加倍测定，若再出现不合格则判为批不合格。其他的性能按 GB/T 2828.1 规定进行，样本单位为卷/筒。接收质量限量(AQL)：击穿电压、导电点 AQL＝4.0；厚度、紧度、抗张指数纵向、尺寸偏差及外观指标 AQL＝6.5。抽样方案采用正常检验二次抽样。检验水平为特殊检查水平 S-2，见表 4。

表 4

批量/ 卷或筒	抽样方案				
	正常检验二次抽样方案　特殊检查水平 S-2				
	样品量	AQL＝4.0		AQL＝6.5	
		Ac	Re	Ac	Re
2～25	2	0	1	0	1
26～150	3	0	1	0	1
151～500	5	0	1	—	—
	3	—	—	0	2
	3(6)	—	—	1	2

6.4 可接收性的确定：经一次检验的样品数量应等于该方案给出的第一样本量。如果第一样本中发现的不合格数小于或等于第一接收数，应认为该批是可接收的；如果第一样本中发现的不合格品数大于或等于第一拒收数，则该批是不可接收的。如果第一样本中发现的不合格品数介于第一接收数与第一拒收数之间，应检验由方案给出样本量的第二样本并累计在第一样本和第二样本中发现的不合格品数。如果不合格品累计数小于或等于第二接收数，则判定该批是可接收的；如果不合格品累计数大于或等于第二拒收数，则判定该批是不可接收的。

6.5 需方有权按本部分或合同检验产品，检验时应先检查外部包装，然后从中取样进行检验。若对产品质量有异议，应在到货后一个月内(或订货合同规定)通知供方共同取样复验，或委托共同商定的检验部门进行仲裁；复验结果或仲裁结果如仍不合格，则判为批不合格，由供方负责处理；如合格，则判为批合格，由需方负责处理。

7 标志、包装、运输、贮存

7.1 电容器纸的包装和标志应符合 GB/T 10342 的规定或订货合同的规定。

7.2 应在卷筒纸卷芯内贴小标签，小标签内容包括产品型号、规格、卷筒号和生产班别。

7.3 产品的包装：电容器纸的包装分为纸箱包装和大托板包装两类。

7.3.1 纸卷包装：将卷筒先用与卷筒宽度相同的柏油纸包上一层，两端各垫上一层牛皮纸和纸板，然后再用比卷筒宽的牛皮纸包一层，在两端面上折叠好，附上一张合格证，装入塑料袋中并密封；宽度小于 280 mm 的卷筒可根据其宽度大小，逐筒包装后用几筒合并为一大筒，放入一张合格证，注明产品名称、数量、规格、标准编号等。

7.3.2 纸箱包装：将装好的卷筒放入纸箱内，并用泡沫定型方块固定。

7.3.3 托盘包装：将电容器纸竖放在托盘上，外用塑料纸包裹后再用缠绕膜缠绕，在缠绕膜次外层沿对角放置 2 张合格证。

7.4 每件(箱/托)外面应注明产品名称、规格、数量及“禁止受潮”、“小心轻放”等字样或图案标识。

7.5 运输时应使用有篷而洁净的运输工具,严禁与潮湿、易燃的物品混放。

7.6 不应将纸件从高处扔下,装卸时应轻放,不应使纸件受到冲撞。

7.7 电容器纸应妥善保管,以防止雨雪和地面湿气的影响,不应与化学品存放一起。

附 录 A
（规范性附录）
电容器纸介质损耗因数（tgδ）的测定

A.1 仪器

A.1.1 高压西林电桥，测量误差应不大于±（1.5%+1.5×10^{-4}）。

A.1.2 真空干燥测试箱。

A.2 试样的制备

用酒精擦洗清洁的剪刀，将样品剪成直径为35 mm～40 mm的圆形试样或边长为40 mm的方形试样，然后将试样放入真空干燥测试箱（A.1.2）中。在制备试样和放置试样时，应只接触离试样边缘不大于5 mm的地方，以免污染试样影响测定结果。

测定tgδ时试样的总厚度应不小于80 μm，具体见表A.1的规定：

表 A.1

试样标称厚度/μm	4	5	6	8	10	12	15	22
试样层数/层	20	16	14	10	8	7	6	4

A.3 试样的干燥

将试样放在上下电极之间，对准上下电极的中心。上电极直径为25 mm，下电极的直径为30 mm。将真空干燥测试箱（A.1.2）接线柱上的夹子夹在上电极上，关上门，将螺栓拧紧，通电加热至100 ℃～108 ℃。当真空干燥测试箱中的测定温度达到120 ℃后，应在120 ℃温度下保持1 h。然后打开真空泵，进行真空干燥4 h。

真空干燥后，通入经浓硫酸、氯化钙、硅胶干燥过的空气。并控制空气进入的速度，在15 min～20 min内将真空完全破坏。

A.4 介质损耗因数（tgδ）的测定

A.4.1 打开电桥系统，预热15 min左右。

A.4.2 将高压电源上的“通”键打开，转动升压旋钮，将工作电压升至400 V停止。

A.4.3 依次打开测试电极的转换开关，同时分别交替调节电桥上的R3、C4读数盘，直至灵敏度开关拨至“6～7”档时，电桥平衡为止。由R3、C4读数盘读取tgδ的值，将灵敏度开关拨至“0”档。

A.4.4 当真空干燥箱（A.1.2）和试样温度分别冷却至120 ℃、100 ℃、80 ℃、60 ℃时依次测试定介质损耗因数（tgδ）和电容量。

A.4.5 试验完毕时，应将灵敏度降至“0”，再将测量电压降至“0”，并切断电源开关。

附 录 B
（规范性附录）
电容器纸导电点的测定

B.1 原理

当试样通过施加110 V±10 V电压的两电极之间时，试样上导电颗粒所在位置的电阻若小于50 kΩ则产生一个电压脉冲，录下1 m^2试样上所产生脉冲的次数；即为导电点的个数，电阻若大于60 kΩ时则仪器不显示导电点的个数。

B.2 仪器

导电点测定仪由电子记录部分与机械传动部分组成，其中方法一的机械传动部分可测定卷筒纸；方法二的机械传动部分可测定平板纸。

B.2.1 电子记录部分

当试样的某处电阻小于50 kΩ时，电极间产生的电压脉冲输入计数回路，自动记录脉冲次数。电压加于导电点上时，每个导电点上只记录一次。在圆辊的转动方向上，记录装置就能对相隔1 mm或1 mm以上的各导电点分别记录。

B.2.2 机械传动部分

B.2.2.1 方法一的机械传动部分

B.2.2.1.1 电极是由电机驱动的两个实心磨光圆柱形黄铜或金属辊。尺寸为ϕ32 mm×25 mm，由上辊电极的自重加到试样上的压力为0.15 N/mm～0.2 N/mm。

电极加工精度：沿圆辊整个长度方向测得的直径变化应不大于±0.002 5 mm，可用灯光检查两个电极的接触状况。

B.2.2.1.2 试样的传动装置应保证试样的行进，其速度为(3.0±0.3)m/min。

B.2.2.2 方法二的机械传动部分

B.2.2.2.1 上电极为ϕ32 mm×50 mm，手推滚动的实心磨光圆柱形黄铜或金属辊。

B.2.2.2.2 金属平板下电极，其上压一带50 mm×250 mm开槽的有机玻璃压板。

B.2.2.2.3 输送280 mm宽试样的装置，上电极每往或返一次，下电极与有机玻璃板间的试样可做相应的移动，可进行连续的测定。

B.3 试样的采取和制备

按GB/T 450的规定采取试样，方法一的试样应为宽40 mm～100 mm、长度不小于100 m，卷筒芯为ϕ(76±1)mm。方法二的试样应为宽280 mm，总长度不小于10 m。

B.4 试验步骤

B.4.1 将电子记录部分与机械传动部分连接上，接通电源并打开电源开关。预热5 min，当电压表指示在110 V电压后，将电阻开关置于50 kΩ处，每按一下校验按钮记数器应记一个数，然后将电阻开关置于60 kΩ处，按下校验按钮，若记数器不记数，则说明仪器正常。根据测定的面积，调节给定自控转数。

B.4.2 每个试样测定两次，每次应不小于1 m^2。

B.5 结果计算

导电点的数目应以两次测定的算术平均值报告试验结果。

B.5.1 精密度

电容器纸中的导电点并不均匀，试验结果的重复性、再现性尚待进一步考核。在实际使用中当发现导电点明显异常时，可用导电点少于 50 个/m^2 的纸样进行校对。

B.5.2 试验报告

a) 本标准的编号；

b) 全面鉴别试样的资料；

c) 测定日期、面积及测定结果的平均值；

d) 任何不符合本标准的操作。

附 录 C
（规范性附录）
电容器纸工频击穿电压的测定

C.1 术语和定义

下列术语和定义适用于本附录。

C.1.1

工频击穿电压 breakdown voltage

在规定的试验条件下，用均匀升压的方法对试样施加工频电压，使试样发生击穿时的电压值。

C.1.2

电气强度 electric strength

在规定的试验条件下，试样发生击穿时的电压值除以施加电压的两电极间的试样平均厚度。

C.2 试验仪器

C.2.1 工频击穿电压试验仪

应符合 GB/T 1408.1 中试验设备的规定。

C.2.2 电极

C.2.2.1 电极材料为黄铜。

C.2.2.2 尺寸：

上电极 ϕ25 mm，边缘倒圆半径 r=2.5 mm；

下电极 ϕ25 mm，边缘倒圆半径 r=2.5 mm；或 ϕ(30～40)mm；ϕ75 mm。

C.2.2.3 电极表面的加工精度及其他要求应符合 GB/T 1408.1 中电极的规定。

C.2.2.4 若上、下电极的直径相同，应确保上、下电极同轴。

C.2.3 烘箱

保持(105±5)℃，可自动调节的恒温烘箱。

C.3 试样处理

按 GB/T 450 的规定，从卷筒纸上裁取试样，横向裁取宽 80 mm 的试样 16 张～20 张，试样上不应有褶子、皱纹、针孔等纸病。将试样垂直挂于烘箱内，在(105±5)℃下烘干 1 h。将经烘干处理后的试样置于干燥器内，立即在室温下进行击穿试验。试验过程中，应确保试样不重新吸湿而明显影响击穿电压值。如有争议，应在(90±2)℃下进行仲裁试验。

C.4 试验步骤

取双层试样置于上下两电极之间，并以电极的自重压在试样上。连续均匀地对试样施加工频电压，在 10 s～20 s 之间使电压由零升至击穿发生，记录击穿电压值。移动试样，每隔 50 mm～60 mm，按上述步骤测定一点击穿电压，起始瞬时的个别击穿点应略去不计，直至测得 20 点有效电压值。每进行 300 次～500 次击穿后，应用细金刚砂(或 No:02 金相砂纸)对电极研磨清净一次。

C.5 结果计算

以试样的 20 点击穿电压值的算术平均值除以 2 表示试验结果(V/层)，并报告结果的变异系数和最低击穿电压值(V/层)。

C.6 试验报告

a) 本标准的编号；

b) 全面鉴别试样的资料；

c) 测定日期，试样处理条件及试验环境温度和湿度；

d) 测定结果，击穿电压的平均值，最小值和变异系数；

e) 如有需要，可按试样的实测厚度报告电气强度(kV/mm)。

ICS 85-010
Y 30

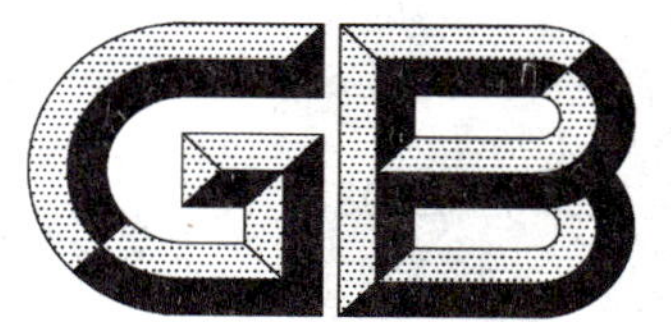

中华人民共和国国家标准

GB/T 12914—2008
代替 GB/T 453—2002,GB/T 12914—1991

纸和纸板 抗张强度的测定

Paper and board—Determination of tensile properties

(ISO 1924-1:1992,Paper and board—Determination of tensile properties—Part 1:Constant rate of loading method,ISO 1924-2:1994,Paper and board—Determination of tensile properties—Part 2:Constant rate of elongation method,MOD)

2008-08-19 发布 2009-05-01 实施

中华人民共和国国家质量监督检验检疫总局
中国国家标准化管理委员会 发布

前言

本标准中恒速加荷法内容修改采用ISO 1924-1:1992《纸和纸板 抗张强度的测定 第1部分:恒速加荷法》,恒速拉伸法内容与ISO 1924-2:1994《纸和纸板 抗张强度的测定 第2部分:恒速拉伸法》一致。

本标准与ISO 1924-1:1992的差异参见附录C。

本标准是对GB/T 453—2002《纸和纸板抗张强度的测定法(恒速加荷法)》和GB/T 12914—1991《纸和纸板抗张强度的测定法(恒速拉伸法)》的整合。

本标准同时代替GB/T453—2002和GB/T 12914—1991。

本标准与GB/T 453—2002、GB/T 12914—1991相比,主要变化如下:

——规范性引用文件中增加了GB/T 451.2—2002和QB/T 3704—1999;

——减小了试样宽度的误差;

——增加了弹性模量的定义。

本标准的附录A为规范性附录,附录B和附录C为资料性附录。

本标准由中国轻工业联合会提出。

本标准由全国造纸工业标准化技术委员会归口。

本标准起草单位:中国制浆造纸研究院。

本标准主要起草人:史记。

本标准所代替标准的历次版本发布情况为:

——GB/T 453—1989、GB/T 453—2002;

——GB/T 12914—1991。

本标准由全国造纸工业标准化技术委员会负责解释。

纸和纸板　抗张强度的测定

1　范围

本标准规定了纸和纸板抗张强度的两种测定方法:恒速加荷法和恒速拉伸法。

本标准适用于除瓦楞纸板外的所有纸和纸板。

2　规范性引用文件

下列文件中的条款通过本标准的引用而成为本标准的条款。凡是注日期的引用文件,其随后所有的修改单(不包括勘误的内容)或修订版均不适用于本标准,然而,鼓励根据本标准达成协议的各方研究是否可使用这些文件的最新版本。凡是不注日期的引用文件,其最新版本适用于本标准。

GB/T 450　纸和纸板　试样的采取及试样纵横向、正反面的测定(GB/T 450—2000,ISO 186:2002,MOD)

GB/T 451.2　纸和纸板定量的测定(GB/T 451.2—2002,eqv ISO 536:1995)

GB/T 451.3　纸和纸板厚度的测定(GB/T 451.3—2002,idt ISO 534:1988)

GB/T 10739　纸、纸板和纸浆试样处理和试验的标准大气条件(GB/T 10739—2002,eqv ISO 187:1990)

3　术语和定义

下列术语和定义适用于本标准。

3.1

抗张强度　tensile strength

在标准试验方法规定的条件下,单位宽度的纸或纸板断裂前所能承受的最大张力。

3.2

裂断长　breaking length

假设将一定宽度的纸或纸板的一端悬挂起来,计算由其因自重而断裂的最大长度。

3.3

抗张指数　tensile index

抗张强度除以定量,以牛顿·米/克表示。

3.4

裂断时伸长率　stretch at break

在标准试验方法规定的条件下,试样断裂时的伸长长度与原始长度的比率,以百分数表示。

3.5

抗张能量吸收　tensile energy absorption

将单位面积的纸和纸板拉伸至断裂时所做的总功。

3.6

抗张能量吸收指数　tensile energy absorption index

抗张能量吸收除以定量。

3.7

弹性模量　modulus of elasticity

单位试验面积上受到的张力与单位长度的伸长之比。

4 方法 A——恒速加荷法

4.1 原理

抗张强度试验仪在恒速加荷的条件下,将规定尺寸的试样拉伸至断裂,测定其抗张力,并记录其最大抗张力。从获得的结果和试样的定量,可以计算出裂断长及抗张指数。

4.2 仪器

4.2.1 抗张强度试验仪将接近于恒速的加荷,作用于规定尺寸的试样上,测定其抗张力。

加荷的速率可以调节,从而使试样的断裂时间在 20 s±5 s 范围内(见注 1)。当一个基本不伸长的材料夹在夹子中间,并在 20 s 内达到满量程时,其加荷速率在任何时间前后 1 s 的变化应不超过 5%(见注 2)。

注 1：若不改进现有的商业试验仪,就不可能使所有纸种的试验都达到这一速率(为了加速例行试验,常采用 10 s±5 s 的断裂时间,但所得结果将比规定的方法高 2%)。

注 2：为了满足加荷速率的变化不大于 5%的要求,摆锤式仪器不应在摆角大于 50°的条件下操作。

抗张强度试验仪应包括 4.2.1.1 和 4.2.1.2 中所提到的部件。

4.2.1.1 抗张强度试验仪的精度应为±1%。

注：虽然许多恒速加荷的仪器用于测定伸长率,但其测定精度很低。因此,不推荐用此种方法测定伸长率。当需要测定伸长率时,推荐使用配有电子放大和记录的恒速拉伸型仪器。

4.2.1.2 夹头：两个,为了夹住规定宽度的试样(见第 8 章),每个夹头应沿一条直线将试样的全宽牢固地夹住,不应损坏或滑动试样。夹头应配有调节夹力的部件。

夹头的夹面应在同一平面上,而且在试验过程中,试样也应位于这一平面上。

注：夹头将试样夹在圆柱面和平面之间,或者两个圆柱面之间,试样面与圆柱面相切。如果试样在测定过程中不发生损伤或滑动,也可使用其他类型的夹头。

在加荷过程中,夹线间的平行度应保持在 1°以内,而且夹线与作用力方向和试样长边应保持偏差不大于 1°的垂直(见图 1)。

夹线间的距离应调节到所规定的试验长度,且偏差应不大于±1 mm。

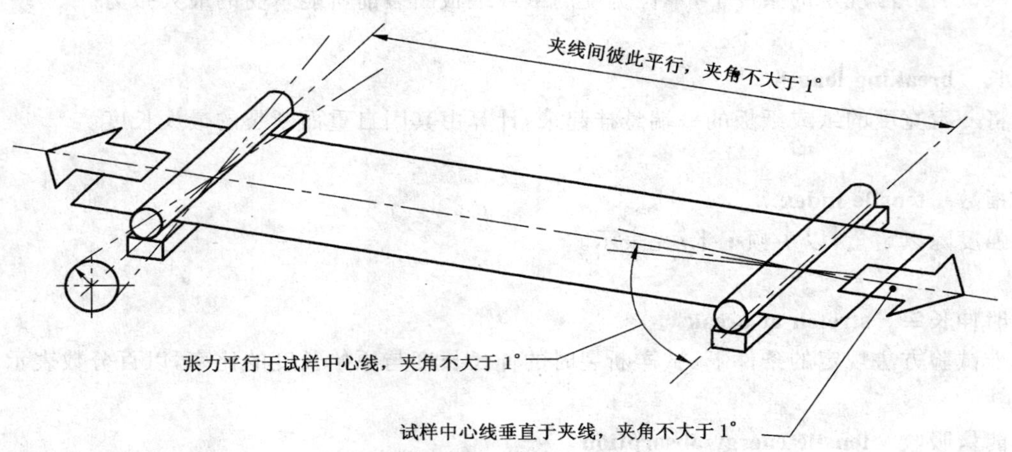

图 1 夹线与试样间的关系

4.2.2 裁切装置：将试样裁切至规定尺寸。

5 方法 B——恒速拉伸法

5.1 原理

抗张强度试验仪在恒速拉伸的条件下,将规定尺寸的试样拉伸至断裂,测定其抗张力。如需要,可测定试样的伸长率,记录其最大抗张力。

如果连续记录抗张力和伸长率，则可计算出抗张能量吸收。

从获得的结果和试样的定量，可以计算出抗张指数和抗张能量吸收指数。

5.2 仪器

5.2.1 抗张强度试验仪：在恒定拉伸速率下拉长一定尺寸的试样，用于测定抗张力。如有必要，还可测定相应的伸长率。在电子积分仪或类似仪器上，抗张力可以记录为伸长率的函数。抗张强度试验仪的组成部分如5.2.1.1和5.2.1.2所示。

5.2.1.1 抗张力的测定和记录装置：其精度应为±1%。如果需要，伸长率的精度应为±0.1%。

注：伸长率的精度是非常重要的，为了精确测定实际伸长率，推荐将合适的记录仪直接放在试样上，这样可以避免测定时发生明显的伸长。例如试样在夹头处发生不可察觉的松弛，或者由于仪器接头处的滑动而导致试样松弛。后者是由仪器的磨损导致的，同时与施加的负荷有关。

5.2.1.2 夹头：见4.2.1.2。

5.2.2 裁切装置：将试样裁切至规定尺寸。

5.2.3 在线测定仪：如积分仪，读数精度应为±1%。在试验过程中，可以对不同的试样长度进行自动分析。若需要测定抗张能量吸收，应使用该仪器。

5.2.4 绘制抗张力-伸长率曲线并测定该曲线最大斜率的装置：若需要测定弹性模量，则应使用该仪器。

6 取样

按GB/T 450进行取样。

7 温湿处理

试样应按GB/T 10739进行温湿处理，并在此相同的大气条件下制备试样并进行试验。

8 试样的制备

8.1 如果需要裂断长、抗张指数和抗张能量吸收指数，则应按GB/T 451.2测定定量。

8.2 如果需要弹性模量，则应按GB/T 451.3测定厚度。

注：如果要获得弹性模量的精确值，则应单独测定每个试样的厚度，而不是按GB/T 451.3的规定测定样品的平均厚度。但是，GB/T 451.3中所用的厚度计的铁砧直径为16 mm，因此对于15 mm宽的试样来说，其承受的压力会略大于给定的100 kPa。因此，本方法测得的弹性模量只是一个估计值。

8.3 在试样的试验面积内不应有折痕、明显的裂口和水印。不应在任何距平板纸或卷筒纸边缘15 mm以内切取试样。如必须包括水印，则应在试验报告上注明。

注：实验室手抄片可以在距边缘15 mm以内切取试样。

8.4 一次切取足够数量的试样，以保证纸和纸板在纵向和横向上，各有10个有效的测定结果。

8.5 试样的两个边应是平直的，其平行度应在±0.1 mm之内。切口应整齐，无任何损伤。

注：某些纸，例如软薄页纸，难于切齐。在这种情况下，应将两层或三层这种纸夹在较硬的纸中，如70 g/m^2 的证券纸中间，然后再切取试样。

8.6 试样的裁切尺寸如下：

a) 试样宽度应为15 mm±0.1 mm。

注：在有些特定情况下或者样品为卫生纸时，宽度可以为25 mm±0.1 mm或50 mm±0.1 mm，但应在试验报告中注明。同时应考虑该测定结果与标准宽度的测定结果间的一致性。

b) 试样长度应能夹住试样，且不触及夹头间的试样部分，最短长度通常为250 mm。当测定实验室手抄纸片时，应按其标准规定进行裁切。

注：对于某些产品，如卫生纸，其尺寸小于规定的180 mm的试验夹距。在这种情况下，试样长度应达到9.1中注1的规定，并在试验报告中注明试样。

9 试验步骤

9.1 仪器的校准和调节

按出厂说明书安装仪器。如果需要,可按附录A校准仪器的测力元件和伸长率测定装置。

调节夹头的负荷,保证试验过程中试样无滑动、无损伤。

调节夹头位置使试验长度(夹线间的平均距离)为180 mm±1 mm(见8.5的注)。将一片薄铝箔夹在两个夹头间,测定薄铝箔因夹持而产生的两个印子之间的距离,并以此来检验测定长度是否准确。

采用恒速拉伸法应调整仪器的拉伸速率至20 mm/min±5 mm/min。

注1:在某些情况下可以使用较小的长度,例如伸长率较大的纸或受长度限制的样品。如遇到这种情况,建议将拉伸速率数值调节至试样初始长度的10%±2.5%。应在试验报告中注明所采用的试验长度和拉伸速率。

注2:对于某些纸和纸板,试样可能在5 s内断裂,也可能需要30 s以上的时间才能断裂。此时,需要使用不同的拉伸速率,同时应在试验报告中注明。

9.2 测定

在与试样温湿处理相同的大气条件下进行试验(见第7章)。

检查测量装置的零位,如果使用记录装置也应校准零位。

将夹头调整到规定试验长度,将试样夹在夹头上,注意不应用手接触试验区域,建议在处理试样时佩戴一次性或轻质棉手套。摆正并夹紧试样,不留任何可觉察的松弛,并且不产生明显的应变。保证试样平行于所施加的张力方向(见图1)。

注1:仪器在垂直方向夹持试样时,为防止试样松弛,可以在试样下端附上一个小砝码,如低定量的纸可以附上一个10 g砝码。该方法不适用于高伸长率的纸。

注2:对于柔软的卫生纸,不对试样施加张力时很难辨别"可觉察的松弛"。此时,试样可以保留最低限度的松弛。

采用恒速加荷法时应先做预测试验,以便选择能使试样在(25±5)s内断裂的加荷速度。

开始试验直至试样断裂,记录所施加的最大抗张力。如需要还应记录断裂时的伸长(单位为mm),或者从仪器直接读出裂断时的伸长率(为一百分数)。

记录所有读数。如果某一样品超过20%的试样在离夹头10 mm以内断裂,则按照9.1的规定检查仪器。如果是仪器故障所致,则弃去所测数据并采取补救措施。在试验报告中注明在离夹头10 mm以内断裂的试样数量。

应在纸和纸板的每个方向上至少测定10个试样,以使在每个方向上均能得到10个有效结果。

10 结果的计算

10.1 总则

分别计算并以纸和纸板每个方向所得结果表示。机制纸或纸板有纵向和横向,而实验室手抄片没有方向的区别。

10.2 符号

公式中所用的符号如下:

t——试样的平均厚度,mm(见4.2.1.1的注);

E——等效功,即作用力-伸长率曲线所围面积,J或mJ;

E^*——弹性模量平均值,MN/m²(MPa);

g——定量平均值,g/m²;

S——抗张强度,kN/m;

l_i——夹头间的初始长度,mm;

Δl_i——所选试样长度的变化,mm(见图2);

w_i——试样的初始宽度,mm;

$\overline{F}$——平均抗张力，N；

ΔF——与 Δl_i 对应的力的变化，N(见图 2)；

I——抗张指数，N · m/g；

Z——抗张能量吸收，J/m²；

$\overline{Z}$——平均抗张能量吸收，J/m²；

l_z——抗张能量吸收指数，mJ/g。

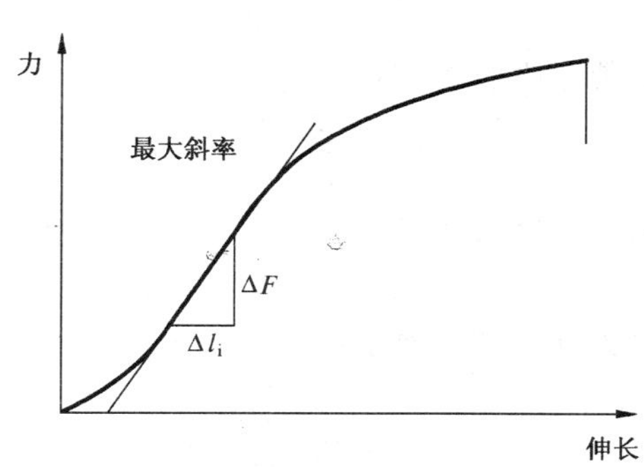

图 2 计算弹性模量所用概念

10.3 抗张强度

10.3.1 按式(1)计算试样的抗张强度。

$$S = \frac{\overline{F}}{w_i} \quad \cdots\cdots (1)$$

抗张强度用三位有效数字表示。

注：对于低定量的纸，例如薄页纸，其抗张强度用 N/m 表示更合适。

10.3.2 计算抗张力的标准偏差。

10.4 抗张指数

如需要，按式(2)计算抗张指数。

$$I = \frac{S}{g} \times 10^3 \quad \cdots\cdots (2)$$

抗张指数用三位有效数字表示。

也可用式(3)计算出抗张指数。

$$I = \frac{\overline{F}}{w_i g} \times 10^3 \quad \cdots\cdots (3)$$

注：由抗张强度平均值和定量计算抗张指数。测定定量和抗张力时，二者的变异性不同，彼此之间也不存在相关性，因此不能真实地反映出抗张指数的偏差，影响标准偏差的计算。鉴于上述原因，不推荐计算抗张指数的标准偏差。

10.5 裂断时伸长率

10.5.1 如果需要且仪器具备测定条件，则可由裂断时伸长和初始长度计算出裂断时伸长率，并计算平均值，结果保留一位小数。

仪器直接以百分数的形式给出裂断时伸长率，结果保留一位小数。

10.5.2 计算结果的标准偏差。

10.6 抗张能量吸收

10.6.1 如果需要，可按如下两种方法计算每个试样的抗张能量吸收：通过仪器自带的积分仪，或者抗张力-伸长率曲线下最大抗张力下的面积。用式(4)或式(5)计算抗张能量吸收：

$$Z = \frac{E}{w_i l_i} \times 10^6 \quad \cdots\cdots (4)$$

式中，E 的单位为 J。

或者，

$$Z = \frac{E}{w_i l_i} \times 10^3 \quad \cdots\cdots(5)$$

式中，E 的单位为 mJ。

计算抗张能量吸收的平均值，结果保留三位有效数字。

10.6.2　计算结果的标准偏差。

10.7　抗张能量吸收指数

如果需要，按式(6)计算抗张能量吸收指数：

$$l_z = \frac{\bar{Z}}{g} \times 10^3 \quad \cdots\cdots(6)$$

抗张能量吸收指数用三位有效数字表示。

10.8　弹性模量

如果需要，按式(7)计算每个方向的弹性模量：

$$E^* = \frac{\Delta F \times l_i}{w_i \times t \times \Delta l_i} \quad \cdots\cdots(7)$$

弹性模量用三位有效数字表示。

11　精确度

试验的精确度取决于被测纸和纸板的变化性。荷兰和美国分别进行了独立试验，其结果列于表1中，同时给出了重复性和再现性的数值。

表1　重复性和再现性

试验范围	试验方法	平均重复性/%	平均再现性/%
0.5 kN/m～1.3 kN/m	抗张	5.8	未知
2.9 kN/m～11.5 kN/m	抗张	3.8	12
0.7%～1.9%	伸长率	9.0	未知
1.4%～2.6%	伸长率	6.6	30
2.3%～7.0%	伸长率	4.5	未知
30 J/m²～200 J/m²	抗张能量吸收	10	28
注：以上数据是用带状图表记录仪和积分仪测得的。			

11.1　重复性

同一操作人员使用相同的仪器，对同一试验材料在较短的时间间隔内做两次独立的试验，操作正常且正确时，两个试验结果间存在一差值，在20个结果中超过平均重复性的不能多于一个。

11.2　再现性

两个操作人员在不同的实验室对同一试验材料做两次独立的试验，操作正常且正确时，两个试验结果间存在一差值，在20个结果中超过平均重复性的不能多于一个。

12　试验报告

试验报告应包括下列内容：

a)　本标准的编号；

b)　试样的准确鉴别；

c)　试验的日期和地点；

d)　所用的温湿处理条件；

e)　试样宽度不是15 mm±0.1 mm时，记录其宽度；

f) 试样长度不是 180 mm±1 mm 时，记录其长度；

g) 拉伸速率不是 20 mm/min±5 mm/min 时，记录该速率；

h) 试验中的试样数目、读数不合理的试样数目、在距夹头 10 mm 以内断裂的试样数目；

i) 每个方向的平均抗张强度；

j) 如需要，报告裂断时平均伸长率，以伸长对初始长度的百分数表示；

k) 如需要，报告平均抗张能量吸收；

l) 如需要，报告以上各性质的标准偏差；

m) 如需要，报告平均弹性模量；

n) 如需要，报告抗张指数和/或抗张能量吸收指数；

o) 如测定，报告样品的定量和/或厚度；

p) 任何偏离本标准及可能影响结果的任何情况。

附 录 A
（规范性附录）
仪器的校准和调整

依据仪器的使用频率定期校准仪器。建议每月至少校准一次。

使用已知质量、精度为±0.1%的砝码校准仪器的测力部件，如使用还应检查记录装置。计算由砝码质量所产生的力以及试样由于自重而自由下落的力。

在加载的情况下，在伸长装置的整个量程中，用游标卡尺或块规校准测量伸长的部件。如有使用，还应校准记录仪。

在加荷时，有些抗张试验仪的测力部件可能伸长。为保证不影响试验结果，应在相应量程内的几点上校准测力和伸长部件。

如使用积分仪测定抗张能量吸收，则应在张力和伸长的相应量程内按仪器说明书校准积分仪。

检查夹头，使其符合 4.2.1.2 的规定。

检查测定弹性模量用的绘图装置。

附 录 B
（资料性附录）
本标准与 ISO 1924-1:1992 和 ISO 1924-2:1994 章条编号对照

表 B.1 给出了本标准与 ISO 1924-1:1992 和 ISO 1924-2:1994 章条编号对照一览表。

表 B.1 本标准与 ISO 1924-1:1992 和 ISO 1924-2:1994 章条编号对照

本标准章条编号	对应 ISO 1924-1:1992 章条编号	对应 ISO 1924-2:1994 章条编号
1	1	1
2	2	2
3	3	3
4	—	—
4.1	4	—
4.2	5	—
4.2.1	5.1	—
4.2.1.1	5.1.1	—
4.2.1.2	5.1.2	—
4.2.2	5.2	—
5	—	—
5.1	—	4
5.2	—	5
5.2.1	—	5.1
5.2.1.1	—	5.1.1
5.2.1.2	—	5.1.2
5.2.2	—	5.2
5.2.3	—	5.3
5.2.4	—	5.4
6	6	6
7	7	7
8	8	8
9	9	9
9.1	9.1	9.1
9.2	9.2	9.2
10	10	10
11	11	11
12	12	12

附 录 C
（资料性附录）
本标准与 ISO 1924-1:1992 技术性差异及其原因

表 C.1 给出了本标准与 ISO 1924-1:1992 技术性差异及其原因一览表。

表 C.1 本标准与 ISO 1924-1:1992 技术性差异及其原因

本标准的章条编号	技术性差异	原 因
8	试样宽度应为 15 mm±0.1 mm。将试样宽度为 25 mm 和 50 mm加入注释中	适合我国国情，并与恒速拉伸法一致
9.1	更改了调节夹头位置，使试验长度为 180 mm±1 mm	
11	更改了标准中的精确度	

ICS 47.020.20
U 57

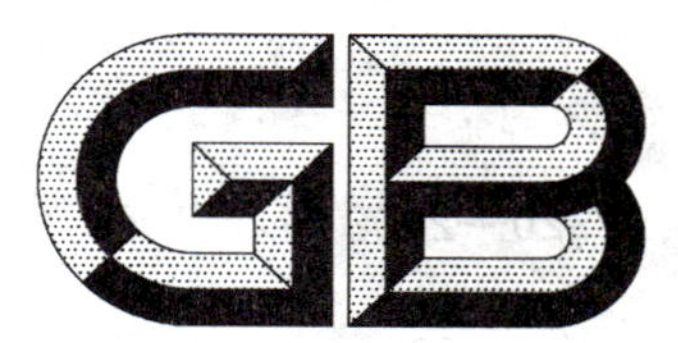

中华人民共和国国家标准

GB/T 12920—2008
代替 GB/T 12920—1991

船用气动系统通用技术条件

General specification for pneumatic system of ship

2008-02-03 发布　　2008-08-01 实施

中华人民共和国国家质量监督检验检疫总局
中国国家标准化管理委员会　发布

前　言

本标准代替 GB/T 12920—1991《船用气动系统通用技术条件》。

本标准与 GB/T 12920—1991 相比，主要变化如下：

——增加了气口等标志；

——修改了倾斜摇摆、振动值；

——增加了“管路空气流速不大于 30 m/s”；

——增加了电气线路图和气动回路图一致的要求；

——增加了对系统中各种元件的要求；

——增加了紧急停车或紧急复位装置；

——增加了过压保护措施；

——增加了气动系统图中的具体说明（气口、测试点、放气口和节流接头、气源和装置的管道两端应有标识、回路的每根管道应有编号。）；

——增加了对贮气罐的要求；

——增加了工作压力和最大推荐流量；

——增加了管路支撑件间距规格；

——增加了噪声限值。

本标准由中国船舶工业集团公司提出。

本标准由全国船用机械标准化技术委员会归口。

本标准起草单位：中国船舶工业综合技术经济研究院、广东肇庆环球净化设备有限公司。

本标准主要起草人：汪远、祁超、马涛、林晓东。

本标准所代替标准的历次版本发布情况为：

——GB/T 12920—1991。

船用气动系统通用技术条件

1 范围

本标准规定了船用气动系统(以下简称气动系统)的元件与辅件选用、要求、试验方法、检验规则、标志、包装、运输和贮存。

本标准适用于各种船舶和海上工程用气动系统的设计和生产。

2 规范性引用文件

下列文件中的条款通过本标准的引用而成为本标准的条款。凡是注日期的引用文件,其随后所有的修改单(不包括勘误的内容)或修订版均不适用于本标准,然而,鼓励根据本标准达成协议的各方研究是否可使用这些文件的最新版本。凡是不注日期的引用文件,其最新版本适用于本标准。

GB/T 191 包装储运图示标志(GB/T 191—2000,eqv ISO 780:1997)

GB 150 钢制压力容器

GB/T 786.1 液压气动图形符号

GB/T 2346 流体传动系统与元件 公称压力系列(GB/T 2346—2003,ISO 2944:2000,MOD)

GB 3033.1 船舶与海上技术 管路系统内含物的识别颜色 第1部分:主颜色和介质(GB 3033.1—2005,ISO 14726-1:1999,IDT)

GB/T 3783 船用低压电器基本要求(GB/T 3783—1994,neq IEC 971-1)

GB 4208 外壳防护等级(IP代码)(GB 4208—1993,eqv IEC 529:1989)

GB 5226.1 机械安全 机械电气设备 第1部分:通用技术条件(GB/T 5226.1—2002,idt IEC 204-1:2000)

GB/T 12241 安全阀 一般要求(GB/T 12241—2007,ISO 4126-1:1991,MOD)

GB/T 16769 金属切削机床 噪声声压级测量方法(GB/T 16769—1997,neq ISO/DIS 230-5.2:1996)

GB/T 17446 流体动力系统及元件 术语(GB/T 17446—1998,idt ISO 5598:1985)

GB/T 20081.2 气动减压阀和过滤减压阀 第2部分:评定商务文件应包含的主要特性的测试方法(GB/T 20081.2—2006,ISO 6953-2:2000,IDT)

CB/T 1146.2 舰船设备环境试验与工程导则 低温

CB/T 1146.3 舰船设备环境试验与工程导则 高温

CB/T 1146.4 舰船设备环境试验与工程导则 湿热

CB/T 1146.8 舰船设备环境试验与工程导则 倾斜和摇摆

CB/T 1146.12 舰船设备环境试验与工程导则 盐雾

CB/T 3447 船用气动逻辑元件

CB/T 3570 船用气动马达技术条件

CB/T 3598 船用气动缸

CB/T 3697 船用气动调速阀

CB/T 3698 船用气动电磁阀

CB/T 3699 船用气动延时阀

JB/T 6378 气动换向阀 技术条件

JB/T 7056 气动管接头 通用技术条件

JB/T 7374 气动空气过滤器 技术条件

JB/T 7375　气动油雾器　技术条件

JB/T 7376　气动空气减压阀　技术条件

ISO 65　符合 ISO 7-1 适用于车螺纹的碳钢管

ISO 8778　气压传动　标准参考大气

《钢质海船入级规范》CCS(2006 版)

3 术语和定义

GB/T 17446 中确立的以及下列术语和定义适用于本标准。

3.1

正常工作　normal operation

在规定的工作条件下,气动系统的性能参数变化均在预定范围内的工作状态。

3.2

气动系统　pneumatic system

由气源装置、控制元件、执行元件、附件与管路相结合以完成能量的传递和控制功能的整体。

3.3

露点　the dew point

对应于某一压力,水蒸气开始凝结的温度。

3.4

压力露点　the pressure dew point

在给定的实际压力下测得的露点。

4 元件与附件选用

4.1 气源

气动系统的气源压缩空气的含油量宜不大于 1 mg/m^3,含尘颗粒直径宜不大于 1 μm,压力露点应不高于 −40℃。

4.2 贮气罐

4.2.1 贮气罐应符合 GB 150 及《钢质海船入级规范》CCS(2006 年版)的要求。

4.2.2 贮气罐还应满足下列要求:

a) 容量应保持系统所需压力的稳定。

b) 应设置排污阀。

c) 必要时,应提供压力测量装置。

d) 气源关闭时,能排气或与空气系统隔离。隔离开的贮气罐上应配有手动排气阀及安全阀,对非重要控制系统用贮气罐可考虑使用易熔塞作为替代,其排气能力需满足在处于火灾环境下贮气罐内部压力可以限制在贮气罐设计压力的 1.5 倍。

e) 应安装永久性的维修警告标牌。

4.3 气动控制阀

4.3.1 气动逻辑元件应符合 CB/T 3447 的要求。

4.3.2 气动调速阀应符合 CB/T 3697 的要求。

4.3.3 气动电磁阀应符合 CB/T 3698 的要求。

4.3.4 气动延时阀应符合 CB/T 3699 的要求。

4.3.5 气动换向阀应符合 JB/T 6378 的要求。

4.3.6 气动空气减压阀应符合 JB/T 7376 的要求。

4.3.7 气动安全阀应符合 GB/T 12241 的要求。

4.3.8 气动控制阀的安装宜考虑以下几点：

a) 便于装拆、维修和调整；

b) 尽量减少因重力冲击和振动而引起的阀的偏离；

c) 留有足够的空间，以便于安放螺栓和(或)使用扳手以及连接电气线路；

d) 确保阀能够正确安装在基座上的措施，如：安装螺栓的图示、气口标识和其他的永久性标识；

e) 流量控制阀安装在气缸的气口上或附近。

4.4 电控气阀

4.4.1 电控气阀与电源的连接应符合 GB 5226.1 的要求。

4.4.2 阀需要配置接线盒时，接线盒应符合下列要求：

a) 按 GB 4208 选定相应的防护等级；

b) 为固定的接线端子和端子的连接(包括连接线的附加长度)留有足够的空间。

c) 为电气罩配有合适的防松紧固件，例如在螺栓上加装弹簧垫圈；

d) 为电气罩配加装适合的保险装置，例如金属链；

e) 连接的电缆线不应绷得太紧；

f) 接线盒进线处应加符合船用需求的填料函。

4.5 过滤器

空气过滤器应符合 JB/T 7374 的要求。

4.6 油雾器

气动油雾器应符合 JB/T 7375 的要求。

4.7 气动缸

气动缸应符合 CB/T 3598 的要求。

4.8 气动马达

气动马达应符合 CB/T 3570 的要求。

4.9 紧急控制装置

4.9.1 每个气动系统应设置一个紧急控制装置。

4.9.2 当气动系统有紧急停止或紧急复位的功能时，紧急控制装置应满足下列要求：

a) 易被识别；

b) 安置在每个操作人员的工作位置旁，并且要在任何工作条件下都能很快地接近和操作；

c) 直接操作；

d) 独立并且不受其他控制或节流调整的影响；

e) 不产生额外的危险；

f) 任何控制机构不需另配能源。

4.9.3 紧急停止或复位后，当重新启动系统时，不应引起危险或损坏。

4.10 管路

4.10.1 气动系统中管路的颜色应符合 GB 3033.1 的规定。

4.10.2 气动管道中的空气流速应不超过 30 m/s。

4.10.3 气动管道长度超过 5 m 时，沿气流方向应有 1%～3%的坡度。

4.10.4 应采用管夹支撑固定，管路支撑件最大间距应按表 1 要求。

表 1 管路支撑件间距

管道外径/mm	支撑件最大间距/m
≤10	1.0
>10～25	1.5
>25	2.0
>50	3.0

4.10.5 管路布局设计宜避免被当作踏板或梯子使用。管路不宜承受外部负载。管路上的每个连接件都应拧紧而不影响其相邻的管路和装置，尤其是柔性管路和(或)软管汇集处的管接头。

4.10.6 气动系统的压力和通过管道的最大推荐流量按表2。

表2 最大推荐流量(ANR[a])

单位为升每秒

工作压力/MPa	管路内径/mm								
	6	9	13	16	22	28	36	43	50
0.063	0.38	0.85	1.90	3.50	5.20	9.90	20.00	30.00	59.00
0.080	0.44	1.00	2.20	4.10	6.20	12.00	24.00	36.00	70.00
0.100	0.52	1.20	2.60	4.90	7.30	14.00	28.00	42.00	82.00
0.125	0.62	1.40	3.10	5.80	8.60	16.00	33.00	50.00	97.00
0.160	0.75	1.70	3.80	7.00	10.00	20.00	40.00	61.00	120.00
0.200	0.91	2.00	4.50	8.40	13.00	24.00	48.00	74.00	140.00
0.250	1.10	2.50	5.50	10.00	15.00	29.00	58.00	89.00	170.00
0.315	1.30	3.00	6.70	12.00	19.00	35.00	71.00	110.00	210.00
0.400	1.60	3.70	8.30	15.00	23.00	43.00	88.00	130.00	260.00
0.500	2.00	4.60	10.00	19.00	28.00	53.00	110.00	160.00	320.00
0.630	2.50	5.60	13.00	23.00	35.00	66.00	130.00	200.00	490.00
0.800	3.10	7.00	16.00	29.00	44.00	82.00	170.00	250.00	610.00
1.000	3.90	8.70	19.00	36.00	54.00	100.00	210.00	310.00	750.00
1.250	4.80	10.00	24.00	45.00	67.00	130.00	260.00	390.00	950.00
1.600	6.10	13.00	31.00	57.00	85.00	160.00	330.00	490.00	

注1：表中流量是根据在20℃，通过长30 m的ISO 65规定的精制钢管时，在下列压降下确定的：

a) 当内径为6 mm、9 mm、13 mm和16 mm时，压降为20%；

b) 当内径为22 mm、28 mm、36 mm、43 mm和50 mm时，压降为5%。

注2：超出表中的压力按GB/T 2346选取。

a 符合ISO 8778规定。

4.10.7 **管接头**

气动管接头应符合JB/T 7056的要求。

4.11 气动系统回路

4.11.1 气动系统回路的图形符号应符合GB/T 786.1的要求。

4.11.2 气动系统回路图中应包括下列资料：

a) 所有元件的名称、型号、规格、数量、制造商或供方名称的标识；

b) 硬管的直径、壁厚和技术要求、软管总成的通径和技术要求；

c) 各气缸的内径、活塞杆直径、行程长度；

d) 各马达所需的排气量、额定输出转矩、转速和旋转方向；

e) 压力控制阀的压力设定值；

f) 若有气路块，则给出气路块中各气路的清晰指示，也可采用边界线或边框线，边界线内仅包括安装在气路块上或气路块内的元件符号；

g) 各执行元件沿各方向的功能清晰指示。

4.11.3 所有元件或气路块气口、电信号转换器的标识,与在电路图上标明应一致。

4.11.4 气动系统的管线,两端应有标志。系统中每根管线应有编号。

4.11.5 供方应提供下列详细资料,若有可能,应在所有元件上以永久和明显的形式表示出来:

a) 制造商或供方的名称和地址;

b) 产品标识;

c) 额定压力。

4.11.6 气动系统中的每个元件都有一个唯一的元件号和(或)字母,此元件号应用于所有的原理图、清单和图样中标识该元件,并应清晰和永久地标在元件的安装位置附近,而不是标注在元件上。

4.11.7 所有气口应清晰明显地标识,该标识应与回路图上的标识一致。

4.11.8 电气的控制机构(电磁铁及其附带的插头或电缆)应采用相同的标识标明在电路原理图和气路原理图中。

4.12 其他

4.12.1 在气动系统中应提供易于接近的测试口。当需要测试多路压力时,应考虑设立一个共用的测试台。

4.12.2 质量超过 15 kg 的元件或部件应设置起吊装置。

4.12.3 气动系统应设置一个或多个调压阀来控制系统各部分的压力,使气动系统的压力在安全压力范围内。调压阀应符合 GB/T 20081.2 的要求。

4.12.4 气动系统应设置自动型排水装置,以排除过滤器的水分。必要时,应有防冻措施。

5 要求

5.1 外观

5.1.1 气动系统外表面不应有裂纹等缺陷,油漆面应均匀。

5.1.2 气动系统的铸件不应有裂纹、气孔、疏松及夹渣等缺陷。

5.2 环境条件

5.2.1 温度与湿度

气动系统在下列条件下应能正常工作:

a) 环境温度为 0℃～55℃。

b) 小于或等于 40℃时,相对湿度为 95%±3%;大于 40℃时,相对湿度为 70%±3%。

5.2.2 倾斜和摇摆

气动系统在表 3 所示的倾斜、摇摆环境下,应能正常工作。

表 3 倾斜、摇摆值

单位为度

横 倾	纵 倾	横 摇	纵 摇
±15	±5	±22.5	±7.5

5.2.3 盐雾

气动系统的电气元器件在 GB/T 3783 中盐雾条件下应能正常工作。

5.3 电源

5.3.1 电源为交流电时,电压变化为额定电压的－10%～＋6%;稳态频率变化为额定频率的±5%。

5.3.2 直流供电时的电压变化为额定电压的－10%～＋6%。

5.3.3 蓄电池供电的电压变化为额定电压的－25%～＋30%。

5.4 气动系统在 1.25 倍公称压力下,应无漏气现象。

5.5 气动系统在 1.50 倍公称压力下,所有零件应无损坏。

5.6 气动系统电气控制箱外壳防护等级根据不同场合与用途分别规定,应符合 GB 4208 的要求。

5.7 气动系统噪声应低于 A 计权声功率级 85 dB。

6 试验方法

6.1 外观

用目测检查气动系统的外观。结果应符合 5.1 的要求。

6.2 高温

按 CB 1146.3 规定的方法对气动系统进行高温试验。结果应符合 5.2.1 的要求。

6.3 低温

按 CB 1146.2 规定的方法对气动系统进行低温试验。结果应符合 5.2.1 的要求。

6.4 湿热

按 CB 1146.4 规定的方法对气动系统进行湿热试验。结果应符合 5.2.1 的要求。

6.5 倾斜、摇摆

按 CB 1146.8 规定的方法对气动系统进行倾斜、摇摆试验。结果应符合 5.2.2 的要求。

6.6 盐雾

按 CB 1146.12 规定的方法对气动系统中基本电器的元器件进行盐雾试验。结果应符合 5.2.3 的要求。

6.7 电源

按 GB/T 3783 规定的方法对电源进行试验。试验结果应符合 5.3 的要求。

6.8 密封性

进行密封试验,当压力升至 1.25 倍公称压力后,保压 3 min。结果应符合 5.4 的要求。

6.9 耐压强度

进行耐压强度试验,当压力升至 1.50 倍公称压力后,保压 3 min。结果应符合 5.5 的要求。

6.10 外壳防护

按 GB 4208 规定的方法进行外壳防护试验。结果应符合 5.6 的要求。

6.11 噪声

气动系统的噪声按 GB/T 16769 规定的方法进行。结果应符合 5.7 的要求。

7 检验规则

7.1 检验分类

船用气动系统的检验分为型式检验和出厂检验两类。

7.2 型式检验

7.2.1 检验数量

气动系统应抽 1 件进行型式检验。

7.2.2 检验项目和顺序

气动系统型式检验的项目和顺序按表 4 进行。

7.2.3 合格判据

所有检验项目符合要求时,则判定气动系统型式检验合格。若有不符合要求的项目,则允许加倍取样复验。若复验符合要求,则仍判定气动系统型式检验合格;若复验仍有不符合要求的项目,则判定型式检验不合格。

7.3 出厂检验

7.3.1 检验数量

气动系统在出厂前均要进行出厂检验。

表 4 检验项目和顺序

序号	检验项目	型式检验	出厂检验	要求章条号	检验方法章条号
1	外观	●	●	5.1	6.1
2	高温	●	—	5.2.1	6.2
3	低温	●	—	5.2.1	6.3
4	湿热	●	—	5.2.1	6.4
5	倾斜、摇摆	●	—	5.2.2	6.5
6	盐雾	●	—	5.2.3	6.6
7	电源	●	○	5.3	6.7
8	密封性	●	●	5.4	6.8
9	耐压强度	●	●	5.5	6.9
10	外壳防护	●	—	5.6	6.10
11	噪声	●	—	5.7	6.11
注：●为必检项目；○为定购方与承制方协商检验项目；—为不检项目。					

7.3.2 **检验项目和顺序**

气动系统出厂检验的项目和顺序按表 4 进行。

7.3.3 **合格判据**

所有检验项目符合要求时，则判定气动系统出厂检验合格。若有不符合要求的项目，则允许加倍取样复验。若复验符合要求，则仍判定气动系统出厂检验合格；若复验仍有不符合要求的项目，则判定出厂检验不合格。

8 标志、包装、运输和贮存

8.1 标志

8.1.1 气动系统应设置铭牌。

8.1.2 铭牌上应标明下列内容：

a) 产品型号和名称；

b) 制造厂名称；

c) 制造日期和编号；

d) 主要技术参数。

8.2 包装

8.2.1 气动系统中的敞开接口均应密封。

8.2.2 各运转件的外露表面，活塞杆的伸出部分传动轴伸等应采取有效保护措施。

8.2.3 管端及外螺纹应采取有效保护措施。

8.2.4 在产品包装箱内，随箱提供下列技术资料：

a) 产品合格证；

b) 产品说明书；

c) 产品附件、备件清单；

d) 装箱清单；

e) 系统安装简图。

8.3 运输

8.3.1 产品在运输中应有防震、防潮和防压措施。

8.3.2 当气动系统需要分段运输时，卸下的管路和其他相应端口和(或)连接件应做上标识。

8.3.3 包装运输标志应符合 GB/T 191 的要求。

8.4 贮存

8.4.1 气动系统应贮存在通风、干燥处，周围空气温度为 0℃～45℃，室内相对湿度应不大于 85%。且应离地面距离不小于 200 mm。

8.4.2 当库存超过 2a 时，应抽样测试。

ICS 47.020.20
U 48

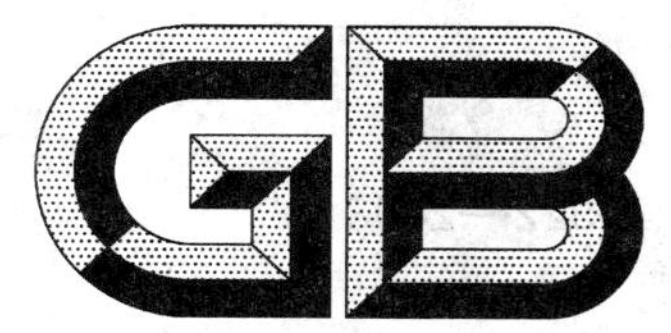

中华人民共和国国家标准

GB/T 12922—2008
代替 GB/T 12922—1991

弹性阻尼簧片联轴器

Elastic damping leaf coupling

2008-02-14 发布　　2008-09-01 实施

中华人民共和国国家质量监督检验检疫总局
中国国家标准化管理委员会　发布

前　言

本标准代替 GB/T 12922—1991《弹性阻尼簧片联轴器》。

本标准与 GB/T 12922—1991 相比主要有下列技术变化：

——修改了术语和定义；

——增加了规格系列和相应的基本参数；

——增加了超负荷能力和动平衡要求；

——增加了尺寸公差要求；

——修改了试验方法和检验规则；

——取消了平均无故障工作时间要求。

本标准由中国船舶工业集团公司提出。

本标准由全国船用机械标准化技术委员会柴油机分技术委员会归口。

本标准起草单位：中国船舶工业综合技术经济研究院、重庆齿轮箱有限责任公司。

本标准主要起草人：毛有军、祁超、李军、王友兵、罗成、吴玉莲。

本标准所代替标准的历次版本发布情况为：

——GB/T 12922—1991。

弹性阻尼簧片联轴器

1 范围

本标准规定了弹性阻尼簧片联轴器(以下简称联轴器)的术语、分类、要求、试验方法、检验规则、包装、运输和贮存等。

本标准适用于船舶、内燃机车、柴油机发电机组、重型车辆及工业用柴油机动力机组等柴油机动力装置中用以调节机械系统扭转振动的自振频率,降低共振时振幅的联轴器的设计、制造和验收。

2 规范性引用文件

下列文件中的条款通过本标准的引用而成为本标准的条款。凡是注日期的引用文件,其随后所有的修改单(不包括勘误的内容)或修订版均不适用于本标准,然而,鼓励根据本标准达成协议的各方研究是否可使用这些文件的最新版本。凡是不注日期的引用文件,其最新版本适用于本标准。

GB/T 191 包装储运图示标志(GB/T 191—2000,eqv ISO 780:1997)

GB/T 1804—2000 一般公差 未注公差的线性和角度尺寸的公差(eqv ISO 2768-1:1989)

GB/T 3077—1999 合金结构钢

GB/T 15822.1 无损检测 磁粉检测 第1部分:总则(GB/T 15822.1—2005,ISO 9934-1:2001,IDT)

GB/T 15822.2 无损检测 磁粉检测 第2部分:检测介质(GB/T 15822.2—2005,ISO 9934-2:2002,IDT)

GB/T 15822.3 无损检测 磁粉检测 第3部分:设备(GB/T 15822.3—2005,ISO 9934-3:2002,IDT)

JB/T 9239.1 机械振动 恒态(刚性)转子平衡品质要求 第1部分:规范与平衡允差的检验

3 术语和定义

下列术语和定义适用于本标准。

3.1

特征频率 characteristic frequency

ω_0

计算联轴器动扭转刚度和阻尼系数的一个特征值。

3.2

静扭转刚度 static torsional stiffness

C_s

联轴器在静载荷作用下的扭转刚度。

3.3

动扭转刚度 dynamic torsional stiffness

C_d

联轴器在动载荷作用下的扭转刚度。

3.4

额定扭转角 nominal torsional angle

φ

联轴器在额定扭矩下内外构件相对扭转角的值。

3.5

许用阻尼扭矩　permitted damping vibratory torque

[T_d]

联轴器长期承受阻尼振动力矩的许用值。

3.6

许用功率损失　permitted power loss

[P_v]

联轴器承受功率损失的许用值。

3.7

许用径向补偿量　permitted radial compensation

[ΔY]

联轴器补偿所联两轴在运转时产生的径向相对偏移量的许用值。

3.8

许用轴向补偿量　permitted axial compensation

[ΔX]

联轴器补偿所联两轴在运转时产生的轴向相对偏移量的许用值。

4　分类

4.1　结构

联轴器由内部构件和外部构件组成，内部构件包括花键轴、O 形橡胶密封圈、密封圈座，其余的零件组合为外部构件。联轴器的结构见图 1。

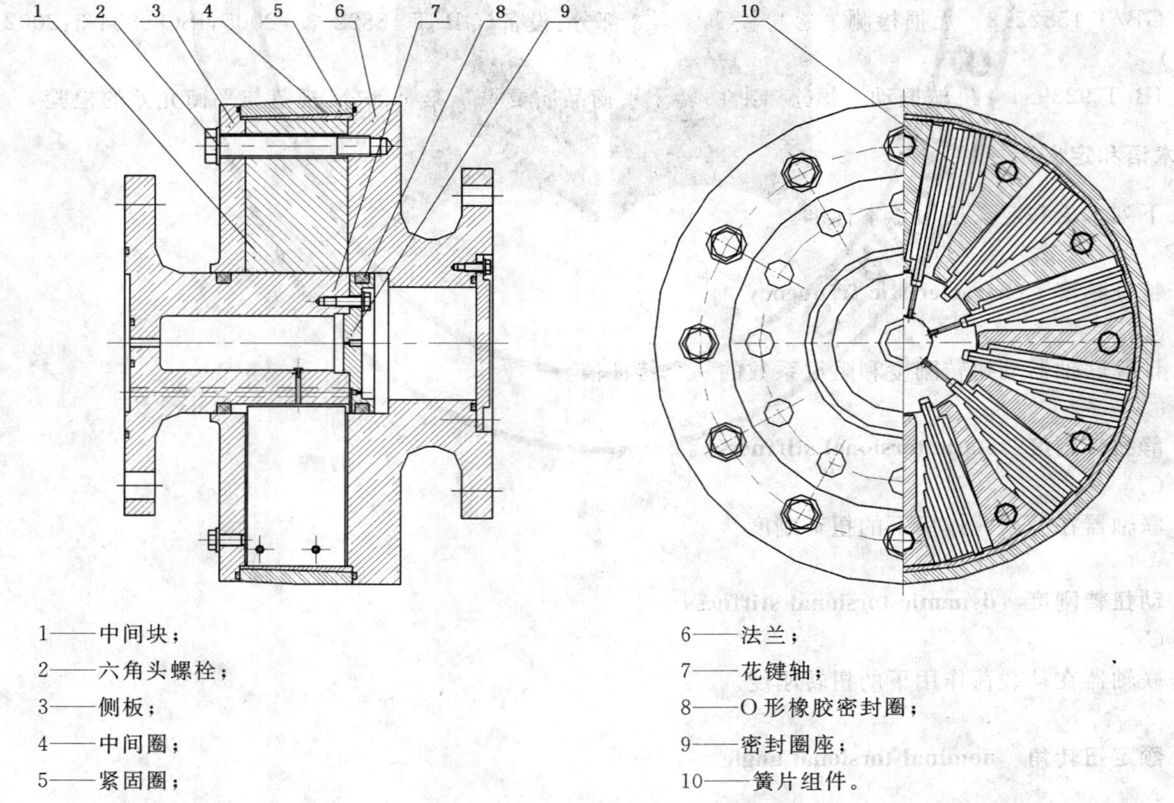

1——中间块；
2——六角头螺栓；
3——侧板；
4——中间圈；
5——紧固圈；
6——法兰；
7——花键轴；
8——O 形橡胶密封圈；
9——密封圈座；
10——簧片组件。

图 1　联轴器的基本结构

4.2 型式

4.2.1 联轴器按其簧片组的结构分为不可逆转N型和可逆转U型两种型式，分别见图2a)和图2b)。

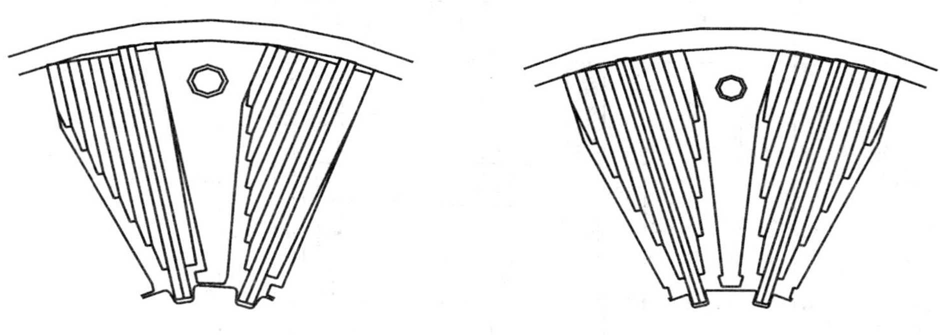

a) 不可逆转N型联轴器　　b) 可逆转U型联轴器

图2 按簧片组结构分类型式

4.2.2 联轴器按其在额定扭矩作用下内外构件之间的相对扭转角的大小分为55、85、140和55U、85U、140U等系列。

4.2.3 联轴器按其联接法兰的结构分为B、BC、BE等连接型式，分别见图3～图5。

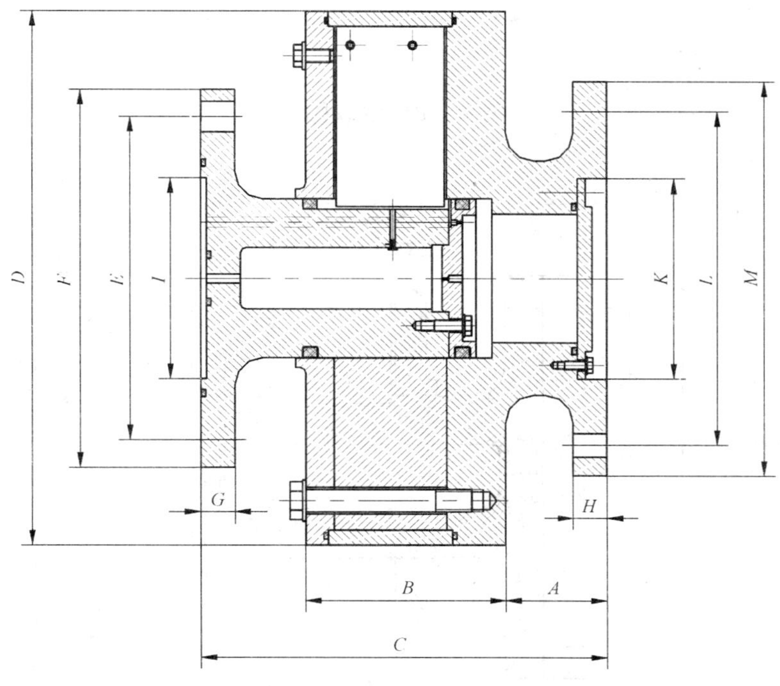

图3 B型联轴器

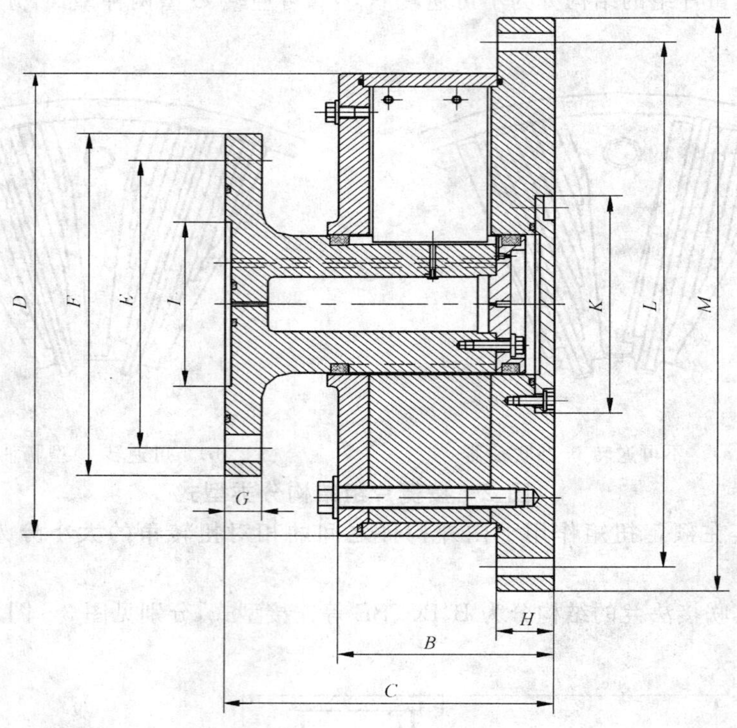

图 4 BC 型联轴器

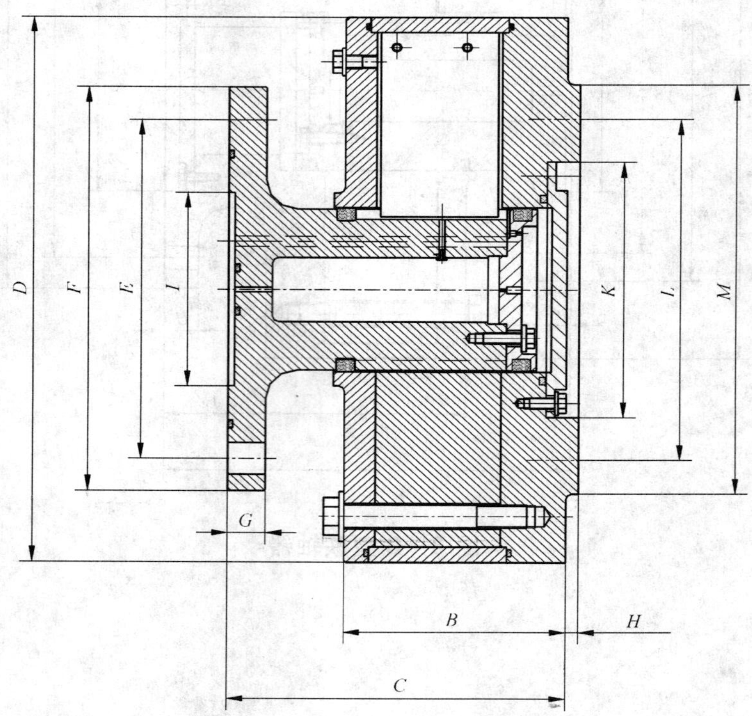

图 5 BE 型联轴器

4.3 产品标记

4.3.1 标记方法

联轴器的标记由法兰连接型式、紧固圈外径、簧片组宽度、系列、结构型式组成，其表示形式如下：

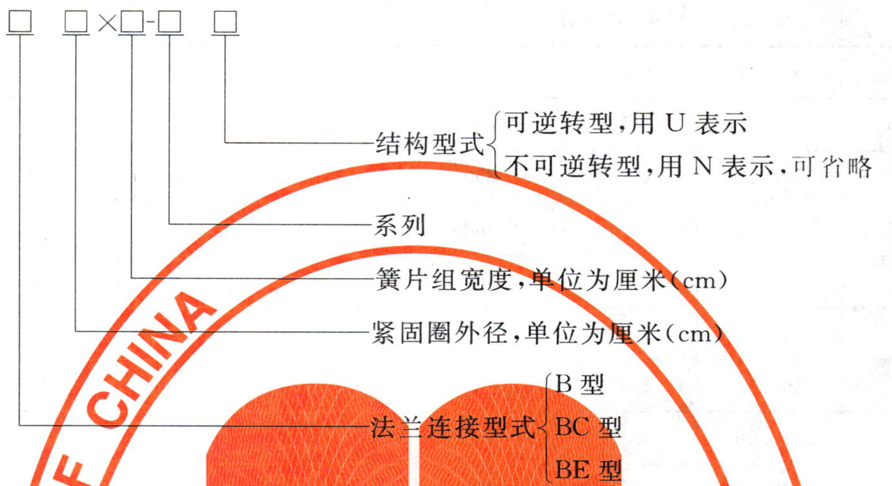

4.3.2 标记示例

紧固圈外径 90 cm、簧片组宽度 20 cm、140 系列、BC 连接形式的可逆转联轴器标记为：

联轴器 GB/T 12922—2008 BC90×20-140U

紧固圈外径 90 cm、簧片组宽度 20 cm、140 系列、BC 连接形式的不可逆转联轴器标记为：

联轴器 GB/T 12922—2008 BC90×20-140

4.4 基本参数

联轴器各系列的基本参数分别见表 1～表 6。

表 1 55 系列联轴器的基本参数

规格系列	额定扭矩 T_n/ kN·m	静扭转刚度 C_s/ MN·m/rad	特征频率 ω_0/ rad/s	许用阻尼扭矩 $[T_d]$/ N·m/kPa	许用功率损失 $[P_v]$/ kW	许用径向补偿量$[\Delta Y]$/ mm	许用轴向补偿量$[\Delta X]$/ mm
41×2.5-55	4.29	0.079	160	1.72	1.1	0.24	1.5
41×5-55	8.58	0.158	350	3.44	1.2	0.31	
41×7.5-55	12.90	0.237	500	5.16	1.3	0.35	
41×10-55	17.20	0.315	690	6.88	1.4	0.39	
48×7.5-55	17.90	0.323	460	7.08	1.7	0.39	2.0
48×10-55	23.90	0.430	610	9.45	1.9	0.43	
48×12.5-55	29.90	0.538	800	11.80	2.0	0.47	
56×10-55	32.10	0.588	530	12.80	2.5	0.48	2.5
56×12.5-55	40.20	0.735	630	15.90	2.6	0.51	
56×15-55	48.20	0.883	800	19.10	2.8	0.55	
63×12.5-55	52.10	0.980	630	20.10	3.2	0.56	2.5
63×15-55	62.50	1.180	770	24.10	3.4	0.60	
63×17.5-55	73.00	1.370	890	28.10	3.6	0.63	

表 1（续）

规格系列	额定扭矩 T_n/ kN·m	静扭转刚度 C_s/ MN·m/rad	特征频率 ω_0/ rad/s	许用阻尼扭矩 $[T_d]$/ N·m/kPa	许用功率损失 $[P_v]$/ kW	许用径向补偿量 $[\Delta Y]$/ mm	许用轴向补偿量 $[\Delta X]$/ mm
72×15-55	80.10	1.480	650	31.10	4.2	0.65	3.0
72×17.5-55	93.4	1.730	750	36.30	4.4	0.68	
72×20-55	107.00	1.980	850	41.50	4.7	0.71	
80×17.5-55	110.00	2.040	580	45.30	5.3	0.72	
80×20-55	126.00	2.330	660	51.80	5.5	0.75	
80×22.5-55	141.00	2.620	740	58.30	5.8	0.78	
90×20-55	166.00	3.070	650	65.50	6.8	0.82	3.5
90×22.5-55	186.00	3.450	750	73.70	7.0	0.86	
90×25-55	207.00	3.840	830	81.90	7.3	0.89	
100×22.5-55	233.00	4.330	660	91.70	8.4	0.92	
100×25-55	259.00	4.810	750	102.00	8.7	0.96	
110×25-55	315.00	5.840	660	123.00	10.0	1.00	4.0
110×30-55	379.00	7.010	880	148.00	11.0	1.10	
125×25-55	419.00	7.870	630	158.00	13.0	1.10	
125×30-55	502.00	9.440	820	190.00	13.0	1.20	
125×35-55	586.00	11.000	990	222.00	14.0	1.30	
140×30-55	619.00	11.500	730	237.00	16.0	1.30	5.0
140×35-55	722.00	13.400	730	277.00	17.0	1.30	
140×40-55	825.00	15.300	910	316.00	18.0	1.40	
160×35-55	925.00	17.000	720	364.00	21.0	1.50	
160×40-55	1 060.00	19.500	720	416.00	22.0	1.50	
160×45-55	1 190.00	21.900	870	468.00	23.0	1.60	
180×35-55	1 220.00	22.900	670	457.00	26.0	1.60	6.0
180×40-55	1 400.00	26.200	800	522.00	27.0	1.70	
180×45-55	1 570.00	29.500	800	587.00	28.0	1.70	
180×50-55	1 750.00	32.800	950	653.00	29.0	1.80	
200×45-55	1 920.00	35.600	800	726.00	33.0	1.90	
200×50-55	2 130.00	39.500	800	807.00	35.0	1.90	
200×55-55	2 350.00	43.500	930	887.00	36.0	2.00	

注：Nm/kPa 等同于 kNm/MPa。

表 2　85 系列联轴器的基本参数

规格系列	额定扭矩 T_n/ kN·m	静扭转刚度 C_s/ MN·m/rad	特征频率 ω_0/ rad/s	许用阻尼扭矩 [T_d]/ N·m/kPa	许用功率损失 [P_v]/ kW	许用径向补偿量[ΔY]/ mm	许用轴向补偿量[ΔX]/ mm
41×2.5-85	4.02	0.049	74	1.28	1.1	0.24	1.5
41×5-85	8.04	0.098	150	2.57	1.2	0.30	
41×7.5-85	12.10	0.147	210	3.85	1.3	0.34	
48×7.5-85	17.20	0.206	220	5.11	1.7	0.39	2.0
48×10-85	22.90	0.275	290	6.81	1.9	0.43	
56×10-85	28.70	0.345	210	9.04	2.5	0.46	2.5
56×12.5-85	35.90	0.431	260	11.30	2.6	0.49	
63×12.5-85	44.60	0.536	230	14.30	3.2	0.53	
63×15-85	53.60	0.643	290	17.20	3.4	0.57	
72×15-85	72.60	0.875	280	22.10	4.2	0.63	3.0
72×17.5-85	84.70	1.020	320	25.80	4.4	0.66	
80×15-85	83.40	0.998	200	27.60	5.1	0.66	
80×17.5-85	97.30	1.160	230	32.20	5.3	0.69	
80×20-85	111.00	1.330	260	36.80	5.5	0.72	
90×20-85	147.00	1.760	260	46.70	6.8	0.79	3.5
90×22.5-85	165.00	1.980	290	52.50	7.0	0.82	
100×20-85	184.00	2.230	240	57.80	8.1	0.85	
100×22.5-85	207.00	2.510	280	65.00	8.4	0.89	
110×20-85	221.00	2.640	220	70.20	9.5	0.91	4.0
110×25-85	276.00	3.300	210	87.70	10.0	0.98	
125×20-85	292.00	3.540	210	90.20	12.0	1.00	
125×25-85	365.00	4.420	280	113.00	13.0	1.10	
125×30-85	438.00	5.310	280	135.00	13.0	1.10	
140×25-85	461.00	5.550	270	141.00	15.0	1.20	5.0
140×30-85	553.00	6.660	270	169.00	16.0	1.20	
140×35-85	646.00	7.770	340	197.00	17.0	1.30	
160×30-85	710.00	8.530	210	222.00	20.0	1.30	
160×35-85	828.00	9.950	270	259.00	21.0	1.40	
160×40-85	946.00	11.400	330	296.00	22.0	1.50	
180×35-85	1 070.00	12.800	240	325.00	26.0	1.50	6.0
180×40-85	1 220.00	14.700	290	372.00	27.0	1.60	
180×45-85	1 370.00	16.500	350	418.00	28.0	1.70	
200×40-85	1 520.00	18.300	260	459.00	32.0	1.70	
200×45-85	1 710.00	20.600	310	516.00	33.0	1.80	
200×50-85	1 900.00	22.900	360	574.00	35.0	1.90	

表 3　140 系列联轴器的基本参数

规格系列	额定扭矩 T_n/ kN·m	静扭转刚度 C_s/ MN·m/rad	特征频率 ω_0/ rad/s	许用阻尼扭矩 $[T_d]$/ N·m/kPa	许用功率损失 $[P_v]$/ kW	许用径向补偿量 $[\Delta Y]$/ mm	许用轴向补偿量 $[\Delta X]$/ mm
41×2.5-140	2.35	0.017	32	1.24	1.1	0.20	1.5
41×5-140	4.70	0.034	62	2.47	1.2	0.25	
41×7.5-140	7.06	0.051	97	3.71	1.3	0.29	
41×10-140	9.41	0.069	130	4.95	1.4	0.32	
48×7.5-140	11.10	0.080	110	4.86	1.7	0.33	2.0
48×10-140	14.80	0.107	160	6.48	1.9	0.37	
48×12.5-140	18.60	0.134	200	8.10	2.0	0.40	
56×10-140	19.40	0.140	130	8.56	2.5	0.40	2.5
56×12.5-140	24.20	0.175	160	10.70	2.6	0.43	
56×15-140	29.00	0.210	190	12.80	2.8	0.46	
63×12.5-140	30.90	0.226	150	13.50	3.2	0.47	
63×15-140	37.10	0.271	180	16.20	3.4	0.50	
63×17.5-140	43.20	0.316	220	18.90	3.6	0.53	
72×15-140	47.40	0.346	150	21.00	4.2	0.54	3.0
72×17.5-140	55.30	0.403	170	24.50	4.4	0.57	
72×20-140	63.20	0.461	200	28.00	4.7	0.60	
80×17.5-140	68.20	0.500	150	30.50	5.3	0.61	
80×20-140	78.00	0.571	180	34.90	5.5	0.64	
80×22.5-140	87.70	0.642	200	39.20	5.8	0.67	
90×20-140	98.50	0.721	44.10	44.10	6.8	0.69	3.5
90×22.5-140	111.00	0.811	49.60	49.60	7.0	0.72	
90×25-140	123.00	0.901	55.10	55.10	7.3	0.75	
100×22.5-140	141.00	1.030	61.50	61.50	8.4	0.78	
100×25-140	156.00	1.150	68.40	68.40	8.7	0.81	
110×25-140	189.00	1.380	82.5	82.50	10.0	0.86	4.0
110×30-140	226.00	1.660	99.00	99.00	11.0	0.91	
125×25-140	251.00	1.840	107.00	107.00	13.0	0.95	
125×30-140	301.00	2.210	128.00	128.00	13.0	1.00	
125×35-140	351.00	2.580	149.00	149.00	14.0	1.10	
140×30-140	368.00	2.690	180	160.00	16.0	1.10	5.0
140×35-140	429.00	3.140	180	186.00	17.0	1.10	
140×40-140	491.00	3.590	230	213.00	18.0	1.20	
160×35-140	553.00	4.040	150	245.00	21.0	1.20	
160×40-140	632.00	4.620	190	280.00	22.0	1.30	
160×45-140	711.00	5.200	190	31.500	23.0	1.30	

表 3（续）

规格系列	额定扭矩 T_n/ kN·m	静扭转刚度 C_s/ MN·m/rad	特征频率 ω_0/ rad/s	许用阻尼扭矩 $[T_d]$/ N·m/kPa	许用功率损失 $[P_v]$/ kW	许用径向补偿量[ΔY]/ mm	许用轴向补偿量[ΔX]/ mm
180×35-140	743.00	5.480	180	30.400	26.0	1.40	6.0
180×40-140	849.00	6.270	180	34.700	27.0	1.40	
180×45-140	955.00	7.050	230	390.00	28.0	1.50	
180×50-140	1 060.00	7.830	230	434.00	29.0	1.50	
200×45-140	1 210.00	8.920	200	483.00	33.0	1.60	
200×50-140	1 340.00	9.910	250	537.00	35.0	1.70	
200×55-140	1 480.00	10.900	250	591.00	36.0	1.70	

表 4　55U 系列联轴器的基本参数

规格系列	额定扭矩 T_n/ kN·m	静扭转刚度 C_s/ MN·m/rad	特征频率 ω_0/ rad/s	许用阻尼扭矩 $[T_d]$/ N·m/kPa	许用功率损失 $[P_v]$/ kW	许用径向补偿量[ΔY]/ mm	许用轴向补偿量[ΔX]/ mm
41×2.5-55U	3.91	0.071	110	1.31	1.1	0.24	1.5
41×5-55U	7.83	0.142	210	2.61	1.2	0.30	
41×7.5-55U	11.70	0.213	300	3.92	1.3	0.34	
41×10-55U	15.70	0.284	420	5.23	1.4	0.38	
48×7.5-55U	15.90	0.295	280	5.26	1.7	0.38	2.0
48×10-55U	21.20	0.393	380	7.02	1.9	0.42	
48×12.5-55U	26.50	0.492	470	8.77	2.0	0.45	
56×10-55U	28.90	0.540	330	9.26	2.5	0.46	2.5
56×12.5-55U	36.10	0.675	430	11.60	2.6	0.50	
56×15-55U	43.30	0.810	510	13.90	2.8	0.53	
63×12.5-55U	43.50	0.805	330	14.60	3.2	0.53	
63×15-55U	52.20	0.966	390	17.60	3.4	0.56	
63×17.5-55U	60.90	1.130	460	20.60	3.6	0.59	
72×15-55U	70.10	1.300	380	22.70	4.2	0.62	3.0
72×17.5-55U	81.80	1.510	440	26.50	4.4	0.65	
72×20-55U	93.40	1.730	510	30.30	4.7	0.68	
80×17.5-55U	96.00	1.770	350	32.20	5.3	0.69	
80×20-55U	110.00	2.030	400	37.90	5.5	0.72	
80×22.5-55U	123.00	2.280	450	42.60	5.8	0.75	
90×20-55U	145.00	2.700	400	47.80	6.8	0.79	3.5
90×22.5-55U	163.00	3.040	440	53.80	7.0	0.82	
90×25-55U	181.00	3.370	490	59.70	7.3	0.85	
100×22.5-55U	203.00	3.760	390	67.00	8.4	0.88	
100×25-55U	225.00	4.180	440	74.50	8.7	0.91	

表 4（续）

规格系列	额定扭矩 T_n/ kN·m	静扭转刚度 C_s/ MN·m/rad	特征频率 ω_0/ rad/s	许用阻尼扭矩 [T_d]/ N·m/kPa	许用功率损失 [P_v]/ kW	许用径向补偿量[ΔY]/ mm	许用轴向补偿量[ΔX]/ mm
110×22.5-55U	251.00	4.670	390	80.70	9.8	0.95	4.0
110×25-55U	279.00	5.190	430	89.70	10.0	0.98	
110×30-55U	334.00	6.230	460	108.00	11.0	1.00	
125×25-55U	361.00	6.700	430	116.00	13.0	1.10	
125×30-55U	433.00	8.040	430	139.00	13.0	1.10	
125×35-55U	505.00	9.390	540	162.00	14.0	1.20	
140×30-55U	544.00	10.100	390	173.00	16.0	1.20	5.0
140×35-55U	634.00	11.800	500	202.00	17.0	1.30	
140×40-55U	725.00	13.500	500	231.00	18.0	1.30	
160×35-55U	822.00	15.400	410	264.00	21.0	1.40	
160×40-55U	940.00	17.600	500	302.00	22.0	1.50	
160×45-55U	1 060.00	19.800	500	340.00	23.0	1.50	
180×40-55U	1 200.00	24.000	440	381.00	27.0	1.60	6.0
180×45-55U	1 350.00	25.200	520	429.00	28.0	1.70	
180×50-55U	1 500.00	28.000	520	477.00	29.0	1.70	
200×45-55U	1 690.00	31.500	470	529.00	33.0	1.80	
200×50-55U	1 880.00	35.000	550	588.00	35.0	1.90	
200×55-55U	2 070.00	38.500	550	647.00	36.0	1.90	

表 5 85U 系列联轴器的基本参数

规格系列	额定扭矩 T_n/ kN·m	静扭转刚度 C_s/ MN·m/rad	特征频率 ω_0/ rad/s	许用阻尼扭矩 [T_d]/ N·m/kPa	许用功率损失 [P_v]/ kW	许用径向补偿量[ΔY]/ mm	许用轴向补偿量[ΔX]/ mm
41×2.5-85U	2.76	0.03	41	1.36	1.1	0.20	1.5
41×5-85U	5.52	0.066	87	2.72	1.2	0.27	
41×7.5-85U	8.29	0.099	120	4.07	1.3	0.30	
41×10-85U	11.00	0.132	160	5.43	1.4	0.33	
48×7.5-85U	11.30	0.135	110	5.49	1.7	0.34	2.0
48×10-85U	15.10	0.180	150	7.32	1.9	0.37	
48×12.5-85U	18.80	0.226	180	9.15	2.0	0.40	
56×10-85U	20.90	0.251	130	9.59	2.5	0.41	2.5
56×12.5-85U	26.10	0.313	160	12.00	2.6	0.44	
56×15-85U	31.30	0.376	190	14.40	2.8	0.47	
63×12.5-85U	33.30	0.404	150	15.10	3.2	0.48	
63×15-85U	40.00	0.484	180	18.20	3.4	0.51	
63×17.5-85U	46.70	0.565	210	21.20	3.6	0.54	

表 5（续）

规格系列	额定扭矩 T_n/ kN·m	静扭转刚度 C_s/ MN·m/rad	特征频率 ω_0/ rad/s	许用阻尼扭矩 $[T_d]$/ N·m/kPa	许用功率损失 $[P_v]$/ kW	许用径向补偿量$[\Delta Y]$/ mm	许用轴向补偿量$[\Delta X]$/ mm
72×15-85U	53.20	0.641	170	23.50	4.2	0.56	3.0
72×17.5-85U	62.10	0.748	200	27.40	4.4	0.59	
72×20-85U	71.00	0.855	230	31.40	4.7	0.62	
80×17.5-85U	70.30	0.838	140	34.30	5.3	0.62	
80×20-85U	80.40	0.958	170	39.10	5.5	0.65	
80×22.5-85U	90.40	1.080	180	44.00	5.8	0.67	
90×20-85U	110.00	1.320	180	49.50	6.8	0.72	3.5
90×22.5-85U	123.00	1.490	200	55.70	7.0	0.75	
90×25-85U	137.00	1.650	220	61.90	7.3	0.77	
100×22.5-55U	153.00	1.860	170	69.30	8.4	0.80	
100×25-55U	170.00	2.060	190	77.33	8.7	0.83	
110×22.5-85U	182.00	2.190	150	83.30	9.8	0.85	4.0
110×25-85U	202.00	2.430	170	92.50	10.0	0.88	
110×30-85U	242.00	2.920	210	111.00	11.0	0.94	
125×25-85U	272.00	3.320	170	119.00	13.0	0.97	
125×30-85U	326.00	3.990	180	143.00	13.0	1.00	
125×35-85U	380.00	4.650	240	167.00	14.0	1.10	
140×30-85U	407.00	4.920	180	179.00	16.0	1.10	5.0
140×35-85U	474.00	5.740	230	209.00	17.0	1.20	
140×40-85U	542.00	6.560	230	239.00	18.0	1.20	
160×35-85U	606.00	7.280	180	275.00	21.0	1.30	
160×40-85U	693.00	8.320	180	315.00	22.0	1.30	
160×45-85U	780.00	9.360	230	354.00	23.0	1.40	
180×40-85U	876.00	10.400	160	396.00	27.0	1.40	6.0
180×45-85U	985.00	11.700	200	445.00	28.0	1.50	
180×50-85U	1 090.00	13.000	200	495.00	29.0	1.50	
200×45-85U	1 250.00	15.100	190	549.00	33.0	1.60	
200×50-85U	1 390.00	16.800	220	609.00	35.0	1.70	
200×55-85U	1 530.00	18.500	220	670.00	36.0	1.70	

表 6　140U 系列联轴器的基本参数

规格系列	额定扭矩 T_n/ kN·m	静扭转刚度 C_s/ MN·m/rad	特征频率 ω_0/ rad/s	许用阻尼扭矩 $[T_d]$/ N·m/kPa	许用功率损失 $[P_v]$/ kW	许用径向补偿量$[\Delta Y]$/ mm	许用轴向补偿量$[\Delta X]$/ mm
41×2.5-85U	1.83	0.013	25	1.28	1.1	0.18	1.5
41×5-85U	3.66	0.027	53	2.55	1.2	0.23	
41×7.5-85U	5.49	0.040	76	3.83	1.3	0.26	
41×10-85U	7.32	0.053	110	5.10	1.4	0.29	

表 6（续）

规格系列	额定扭矩 T_n/ kN·m	静扭转刚度 C_s/ MN·m/rad	特征频率 ω_0/ rad/s	许用阻尼扭矩 [T_d]/ N·m/kPa	许用功率损失 [P_v]/ kW	许用径向补偿量[ΔY]/ mm	许用轴向补偿量[ΔX]/ mm
48×7.5-140U	7.67	0.056	76	5.13	1.7	0.30	2.0
48×10-140U	10.20	0.074	100	6.84	1.9	0.33	
48×12.5-140U	12.80	0.093	120	8.55	2.0	0.35	
56×10-140U	15.00	0.109	100	8.91	2.5	0.37	2.5
56×12.5-140U	18.70	0.137	130	11.10	2.6	0.40	
56×15-140U	22.50	0.164	150	13.40	2.8	0.42	
63×12.5-140U	23.50	0.170	110	14.10	3.2	0.43	
63×15-140U	28.20	0.205	140	16.90	3.4	0.46	
63×17.5-140U	32.9	0.239	160	19.70	3.6	0.48	
72×15-140U	36.80	0.266	120	22.10	4.2	0.50	3.0
72×17.5-140U	42.90	0.310	140	25.70	4.4	0.53	
72×20-140U	49.00	0.355	160	29.40	4.7	0.55	
80×17.5-140U	51.00	0.379	120	31.80	5.3	0.56	
80×20-140U	59.20	0.433	130	36.30	5.5	0.58	
80×22.5-140U	66.60	0.487	150	40.80	5.8	0.61	
90×20-140U	77.20	0.570	130	45.90	6.8	0.64	3.5
90×22.5-140U	86.80	0.641	140	51.60	7.0	0.66	
90×25-140U	96.50	0.712	160	57.30	7.3	0.69	
100×22.5-140U	112.00	0.836	140	64.00	8.4	0.72	
100×25-140U	125.00	0.929	160	71.00	8.7	0.75	
110×22.5-140U	129.00	0.947	120	77.40	9.8	0.76	4.0
110×25-140U	144.00	1.050	130	86.00	10.0	0.79	
110×30-140U	173.00	1.260	150	103.00	11.0	0.83	
125×25-140U	191.00	1.400	120	111.00	13.0	0.86	
125×30-140U	229.00	1.680	150	133.00	13.0	0.92	
125×35-140U	267.00	1.960	170	156.00	14.0	0.97	
140×30-140U	285.00	2.090	130	167.00	16.0	0.99	5.0
140×35-140U	332.00	2.440	130	195.00	17.0	1.00	
140×40-140U	380.00	2.790	180	223.00	18.0	1.10	
160×35-140U	436.00	3.200	120	255.00	21.0	1.10	
160×40-140U	498.00	3.660	150	291.00	22.0	1.20	
160×45-140U	560.00	4.110	150	328.00	23.0	1.20	
180×40-140U	671.00	4.940	150	367.00	27.0	1.30	6.0
180×45-140U	755.00	5.560	180	413.00	28.0	1.40	
180×50-140U	838.00	6.180	180	458.00	29.0	1.40	
200×45-140U	912.00	6.750	160	506.00	33.0	1.50	
200×50-140U	1 010.00	7.510	160	562.00	35.0	1.50	
200×55-140U	1 120.00	8.260	190	618.00	36.0	1.60	

4.5 **主要尺寸、连接尺寸、转动惯量和重量**

联轴器各连接型式的主要尺寸、连接尺寸、转动惯量和重量分别见表7～表9。

表7 B型联轴器的连接尺寸、转动惯量和重量

规格	B	C						A	D	E	F	G	H	I	K	L	M	转动惯量		重量		
		55	85	140	55U	85U	140U											内部	外部	内部	外部	总和
	mm																	kgm²		kg		
41×2.5	91	245	245	245	245	245	245											0.14	3.36	22	125	147
41×5	116	270	270	270	270	270	270	75	410	230	285	20	25	120	175	265	315	0.15	3.87	24	145	169
41×7.5	141	295	295	295	295	295	295											0.16	4.36	27	165	192
41×10	166	320	—	320	320	320	320											0.17	4.87	29	185	214
48×7.5	152	335	335	335	335	335	335											0.39	9.03	47	245	292
48×10	177	360	360	360	360	360	360	90	480	275	335	25	30	160	195	300	355	0.41	9.98	50	275	325
48×12.5	202	385	—	360	360	360	360											0.43	10.93	54	305	359
56×10	190	400	400	400	400	400	400											0.89	19.15	78	390	468
56×12.5	215	425	425	425	425	425	425	100	560	315	390	30	35	180	220	345	405	0.92	20.90	83	430	513
56×15	240	450	—	450	450	450	450											0.95	22.70	88	470	558
63×12.5	224	455	455	455	455	455	455											1.55	37.65	125	610	735
63×15	249	480	480	480	480	480	480	110	630	355	430	35	40	180	250	385	460	1.60	40.55	135	655	790
63×17.5	274	505	—	505	505	505	505											1.65	43.35	140	700	840
72×15	256	505	505	505	505	505	505											2.70	69.00	167	865	1 032
72×17.5	281	530	530	530	530	530	530	125	720	400	475	40	45	190	280	440	525	2.75	73.90	176	930	1 106
72×20	306	555	—	555	555	555	555											2.85	78.70	185	995	1 180
80×15	264	—	530	—	—	—	—											4.55	108.00	230	1 110	1 340
80×17.5	289	555	555	545	565	545	540	140	800	445	530	45	50	190	315	490	580	4.70	115.00	240	1 190	1 430
80×20	314	580	580	570	590	570	565											4.85	123.00	250	1 270	1 520
80×22.5	339	605	—	595	615	595	590											5.00	130.00	260	1 350	1 610
90×20	322	620	620	615	625	615	600											8.15	202.00	310	1 675	1 985
90×22.5	347	645	645	640	650	640	625	145	900	500	590	50	55	220	350	580	670	8.35	214.00	325	1 775	2 100
90×25	372	670	—	665	675	665	650											8.55	226.00	340	1 875	2 215

表 7（续）

规 格	B	C						A	D	E	F	G	H	I	K	L	M	转动惯量		重量		
		55	85	140	55U	85U	140U											内部	外部	内部	外部	总和
	mm																	kgm^2		kg		
100×20	328	—	650	—	—	—	—											12.85	321.00	365	2 130	2 495
100×22.5	353	675	675	660	675	660	650	155	1 000	555	655	55	60	220	395	640	730	13.15	339.00	380	2 255	2 635
100×25	378	700	—	685	700	685	675											13.45	357.00	395	2 380	2 775
110×20	343	—	705	—	—	—	—											21.20	507.00	530	2 760	3 290
110×22.5	368	—	—	—	730	710	700											21.70	533.00	550	2 910	3 460
110×25	393	755	755	735	755	735	725	175	1 100	605	720	60	65	220	430	710	830	22.20	560.00	570	3 060	3 630
110×30	443	805	—	785	825	785	775											23.10	613.00	610	3 366	3 970
125×20	342	—	725	—	—	—	—											40.20	849.00	800	3 620	4 420
125×25	392	780	805	780	815	780	770											41.80	937.00	850	4 010	4 860
125×30	442	855	855	830	865	830	820	190	1 250	690	820	70	75	250	485	820	925	43.40	1 025.00	900	4 400	5 300
125×35	492	905	—	880	915	900	870											45.00	1 113.00	950	4 790	5 740
140×25	409	—	880	—	—	—	—											73.30	1 505.00	1 180	5 270	6 450
140×30	459	930	930	890	945	920	890											75.90	1 645.00	1 250	5 760	7 010
140×35	509	980	980	955	995	970	940	220	1 400	775	920	80	85	280	515	900	1 050	78.50	1 785.00	1 320	6 240	7 560
140×40	559	1 030	—	1 005	1 045	1 020	990											81.10	1 925.00	1 390	6 730	8 120
160×30	469	—	995	—	—	—	—											140.00	2 880.00	1 630	7 710	9 340
160×35	519	1 035	1 045	1 020	1 050	1 025	980											144.00	3 120.00	1 710	8 350	10 060
160×40	569	1 085	1 095	1 070	1 100	1 075	1 050	240	1 600	885	1 050	90	95	320	605	1 020	1 160	148.00	3 360.00	1 790	8 980	10 770
160×45	619	1 135	—	1 120	1 150	1 125	1 100											152.00	3 600.00	1 870	9 610	11 480
180×35	539	1 115	1 125	1 100	—	—	—											255.00	5 020.00	2 510	10 950	13 460
180×40	589	1 165	1 175	1 150	1 175	1 150	1 125	265	1 800	990	1 180	100	105	350	650	1 160	1 350	260.00	5 400.00	2 630	11 750	14 380

表 7（续）

规 格	B	C						A	D	E	F	G	H	I	K	L	M	转动惯量		重量		
		55	85	140	55U	85U	140U											内部	外部	内部	外部	总和
	mm																	kgm^2		kg		
180×45	639	1 215	1 225	1 200	1 225	1 200	1 175	265	1 800	990	1 180	100	105	350	650	1 160	1 350	265.00	5 780.00	2 750	12 560	15 310
180×50	689	1 265	—	1 250	1 275	1 250	1 225											270.00	6 160.00	2 870	13 360	16 230
200×40	613	—	1 235	—	—	—	—	275	2 000	1 100	1 310	110	115	400	725	1 280	1 490	255.00	5 020.00	2 510	10 950	13 460
200×45	663	1 275	1 285	1 260	1 300	1 270	1 235											260.00	5 400.00	2 630	11 750	14 380
200×50	713	1 325	1 335	1 310	1 350	1 320	1 285											265.00	5 780.00	2 750	12 560	15 310
200×55	763	1 375	—	1 360	1 400	1 370	1 335											270.00	6 160.00	2 870	13 360	16 230

注 1：刚度系列对尺寸、重量和转动惯量的影响较小，故在规格中省略。

注 2：E、F、I、K、L、M 为推荐值，根据所连接零件的具体尺寸来确定。

表 8　BC 型联轴器的连接尺寸、转动惯量和重量

规 格	B	C						D	E	F	G	H	I	K	L	M	转动惯量		重量		
		55	85	140	55U	85U	140U										内部	外部	内部	外部	总和
	mm																kgm^2		kg		
41×2.5	91	170	170	170	170	170	170	410	230	285	20	40	120	200	465	510	0.14	3.14	22	105	127
41×5	116	195	195	195	195	195	195										0.15	3.65	24	125	149
41×7.5	141	220	220	220	220	220	220										0.16	4.14	27	145	172
41×10	166	245	—	245	245	245	245										0.17	4.65	29	165	194
48×7.5	152	245	245	245	245	245	245	480	275	335	25	47	160	230	545	595	0.39	8.59	47	215	262
48×10	177	270	270	270	270	270	270										0.41	9.54	50	245	295
48×12.5	202	295	—	295	295	295	295										0.43	10.49	54	275	329
56×10	190	300	300	300	300	300	300	560	315	390	30	50	180	270	630	685	0.89	18.30	78	350	428
56×12.5	215	325	325	325	325	325	325										0.92	20.05	83	390	473
56×15	240	350	—	350	350	350	350										0.95	21.85	88	430	518
63×12.5	224	345	345	345	345	345	345	630	355	430	35	55	180	300	715	780	0.55	36.05	125	550	675
63×15	249	370	370	370	370	370	370										0.60	38.95	135	595	730
63×17.5	274	395	—	395	395	395	395										1.65	41.75	140	640	780

表 8（续）

规 格	B	C						D	E	F	G	H	I	K	L	M	转动惯量		重量		
		55	85	140	55U	85U	140U										内部	外部	内部	外部	总和
	mm																kgm²		kg		
72×15	256	380	380	380	380	380	380										2.70	66.00	167	780	947
72×17.5	281	405	405	405	405	405	405	720	400	475	40	60	190	335	810	885	2.75	70.90	176	845	1 020
72×20	306	430	—	430	430	430	430										2.85	75.70	185	910	1 095
80×15	264	—	390	—	—	—	—										4.55	103.00	230	990	1 220
80×17.5	289	415	415	405	425	405	400	800	445	530	45	64	190	370	900	975	4.70	110.00	240	1 070	1 310
80×20	314	440	440	430	450	430	425										4.85	118.00	250	1 150	1 400
90×20	322	475	475	470	480	470	455										8.15	192.00	310	1 490	1 800
90×22.5	347	500	500	495	505	495	480	900	500	590	50	69	220	460	1 000	1 085	8.35	204.00	325	1 590	1 915
90×25	372	525	—	520	530	520	505										8.55	216.00	340	1 690	2 030
100×20	328	—	495	—	—	—	—										12.85	305.00	365	1 890	2 255
100×22.5	353	520	520	505	520	505	495	1 000	555	655	55	77	220	510	1 115	1 205	13.15	323.00	380	2 015	2 395
100×25	378	545	—	530	545	530	520										13.45	341.00	395	2 140	2 535
110×20	343	—	530	—	—	—	—										21.20	479.00	530	2 430	2 960
110×22.5	368	—	—	—	555	535	525	1 100	605	720	60	88	220	555	1 225	1 330	21.70	505.00	550	2 580	3 130
110×25	393	580	580	560	580	560	550										22.20	532.00	570	2 730	3 300
110×30	443	630	—	610	650	610	600										23.10	585.00	610	3 030	3 640
125×20	342	—	535	—	—	—	—										40.20	796.00	800	3 120	3 920
125×25	392	590	615	590	625	590	580	1 250	690	820	70	82	250	635	1 395	1 525	41.80	884.00	850	3 510	4 360
125×30	442	665	665	640	675	640	630										43.40	972.00	900	3 900	4 800
125×35	492	715	—	690	725	710	680										45.00	1 060.00	950	4 290	5 240
140×25	409	—	660	—	—	—	—										73.30	1 410.00	1 180	4 570	5 750
140×30	459	710	710	670	725	700	670	1 400	775	920	80	94	280	695	1 540	1 660	75.90	1 550.00	1 250	5 050	6 300
140×35	509	760	760	735	775	750	720										78.50	1 690.00	1 320	5 540	6 860
140×40	559	810	—	785	825	800	770										81.10	1 830.00	1 390	6 020	7 410

表 8（续）

规格	B	C 55	C 85	C 140	C 55U	C 85U	C 140U	D	E	F	G	H	I	K	L	M	转动惯量 内部	转动惯量 外部	重量 内部	重量 外部	重量 总和
	mm																kgm²		kg		
160×30	469	—	755	—	—	—	—	1 600	885	1 050	90	99	320	780	1 765	1 895	140.00	2 720.00	1 630	6 750	8 380
160×35	519	795	805	780	810	785	740										144.00	2 960.00	1 710	7 390	9 100
160×40	569	845	855	830	860	835	810										148.00	3 200.00	1 790	8 020	9 810
160×45	619	895	—	880	910	885	860										152.00	3 440.00	1 870	8 660	10 530
180×35	539	850	860	835	—	—	—										255.00	4 710.00	2 510	9 540	12 050
180×40	589	900	910	885	910	885	860	1 800	990	1 180	100	114	350	900	1 930	2 035	260.00	5 090.00	2 630	10 350	12 980
180×45	639	950	960	935	960	935	910										265.00	5 470.00	2 750	11 150	13 900
180×50	689	1 000	—	985	1 010	985	960										270.00	5 850.00	2 870	11 960	14 830
200×40	613	—	960	—	—	—	—	2 000	1 100	1 310	110	132	400	970	2 140	2 260	425.00	8 170.00	3 380	13 400	16 780
200×45	663	1 000	1 010	985	1 025	995	960										435.00	8 750.00	3 520	14 390	17 910
200×50	713	1 050	1 060	1 035	1 075	1 045	1 010										445.00	9 330.00	3 660	15 380	19 040
200×55	763	1 100	—	1 085	1 125	1 095	1 060										455.00	9 910.00	3 800	16 370	20 170

表 9　**BE 型联轴器的连结尺寸、转动惯量和重量**

规格	B	C 55	C 85	C 140	C 55U	C 85U	C 140U	D	E	F	G	H	I	K	L	M	转动惯量 内部	转动惯量 外部	重量 内部	重量 外部	重量 总和
	mm																kgm²		kg		
41×2.5	100	180	180	180	180	180	180	410	230	285	20	1	120	200	265	320	0.14	2.14	22	90	112
41×5	125	205	205	205	205	205	205										0.15	2.64	24	110	134
41×7.5	150	230	230	230	230	230	230										0.16	3.14	27	130	157
41×10	175	255	—	255	255	255	255										0.17	3.64	29	150	179
48×7.5	161	255	255	255	255	255	255	480	275	335	25	1	160	230	300	360	0.39	6.35	47	190	237
48×10	186	280	280	280	280	280	280										0.41	7.30	50	220	270
48×12.5	211	305	—	305	305	305	305										0.43	8.25	54	250	304

表 9（续）

规 格	B	C						D	E	F	G	H	I	K	L	M	转动惯量		重量		
		55	85	140	55U	85U	140U										内部	外部	内部	外部	总和
	mm																kgm²		kg		
56×10	199	310	310	310	310	310	310	560	315	390	30	1	180	270	345	425	0.89	14.50	78	320	398
56×12.5	224	335	335	335	335	335	335										0.92	16.25	83	360	443
56×15	249	360	—	360	360	360	360										0.95	18.00	88	400	488
63×12.5	233	350	350	350	350	350	350	630	355	430	35	1	180	300	385	465	1.55	27.15	125	475	600
63×15	258	375	375	375	375	375	375										1.60	30.00	135	525	660
63×17.5	283	400	—	400	400	400	400										1.65	32.85	140	575	715
72×15	269	390	395	395	395	395	395	720	400	475	40	2	190	335	440	535	2.70	53.70	167	720	887
72×17.5	294	425	420	420	420	420	420										2.75	58.55	176	785	961
72×20	319	440	—	445	445	445	445										2.85	63.40	185	850	1 035
80×15	277	—	400	—	—	—	—	800	445	530	45	2	190	370	490	585	4.55	84.30	230	920	1 150
80×17.5	302	430	435	420	440	420	415										4.70	91.70	240	1 000	1 240
80×20	327	455	450	445	465	445	440										4.85	99.10	250	1 080	1 330
80×22.5	352	480	—	470	490	470	465										5.00	106.50	260	1 160	1 420
90×20	335	490	490	485	495	485	470	900	500	590	50	2	220	460	580	675	8.15	162.00	310	1 400	1 710
90×22.5	360	515	515	510	520	510	495										8.35	174.00	325	1 500	1 825
90×25	385	540	—	535	545	535	520										8.55	186.00	340	1 600	1 940
100×20	341	—	510	—	—	—	—	1 000	555	655	55	2	220	510	640	750	12.85	252.00	365	1 760	2 125
100×22.5	366	535	535	520	535	520	510										13.15	270.00	380	1 880	2 260
100×25	391	560	—	545	560	545	535										13.45	288.00	395	2 000	2 395
110×20	350	—	540	—	—	—	—	1 100	605	720	60	3	220	555	710	820	21.20	380.00	530	2 190	2 720
110×22.5	375	—	—	—	565	545	535										21.70	407.00	550	2 340	2 890
110×25	400	590	590	570	590	570	560										22.20	433.00	570	2 490	3 060
110×30	450	640	—	620	660	620	610										23.10	486.00	610	2 790	3 400

表 9（续）

规格	B	C						D	E	F	G	H	I	K	L	M	转动惯量		重量		
		55	85	140	55U	85U	140U										内部	外部	内部	外部	总和
	mm																kgm²		kg		
125×20	359	—	555	—	—	—	—										40.20	652.00	800	2 910	3 710
125×25	409	610	635	610	645	610	600	1 250	690	820	70	3	250	635	820	930	41.80	740.00	850	3 300	4 150
125×30	459	685	685	660	695	660	650										43.40	828.00	900	3 690	4 590
125×35	509	735	—	710	745	730	700	1 250	690	820	70	3	250	635	820	930	45.00	916.00	950	4 080	5 030
140×25	421	—	675	—	—	—	—	1 400	775	920	80	3	280	695	900	1 030	73.30	1 200.00	1 180	4 720	5 450
140×30	471	725	725	685	740	715	685										75.90	1 340.00	1 250	4 760	6 010
140×35	521	775	775	750	790	765	735										78.50	1 480.00	1 320	5 250	6 570
140×40	571	825	—	800	840	815	785										81.10	1 620.00	1 390	5 740	7 130
160×30	486	—	775	—	—	—	—	1 600	885	1 050	90	3	320	780	1 020	1 160	140.00	2 360.00	1 630	6 420	8 050
160×35	536	815	825	800	830	805	760										144.00	2 590.00	1 710	7 060	8 770
160×40	586	865	875	850	880	855	830										148.00	2 830.00	1 790	7 690	9 480
160×45	636	915	—	900	930	905	880										152.00	3 070.00	1 870	8 330	10 200
180×35	551	865	875	850	—	—	—	1 800	990	1 180	100	3	350	900	1 160	1 320	255.00	4 270.00	2 510	9 180	11 690
180×40	601	915	925	900	925	900	875										260.00	4 650.00	2 630	9 990	12 620
180×45	651	965	975	950	975	950	925										265.00	5 030.00	2 750	10 790	13 540
180×50	701	1 015	—	1 000	1 025	1 000	975										270.00	5 410.00	2 870	11 600	14 470
200×40	614	—	965	—	—	—	—	2 000	1 100	1 310	110	4	400	970	1 280	1 450	425.00	7 260.00	3 380	12 630	16 010
200×45	664	1 005	1 015	990	1 030	1 000	965										435.00	7 840.00	3 520	13 620	17 140
200×50	714	1 055	1 065	1 040	1 080	1 050	1 015										445.00	8 420.00	3 660	14 610	18 270
200×55	764	1 105	—	1 090	1 130	1 100	1 065										455.00	9 000.00	3 800	15 600	19 400

4.6 设计

联轴器的许用环境温度为－10℃～70℃。

5 要求

5.1 标识

5.1.1 对于不可逆转的联轴器，应在零件表面永久刻印上旋向标志。

5.1.2 应在联轴器上标识下列内容：

a) 产品型号；

b) 制造厂代号；

c) 出厂编号。

5.2 表面质量

5.2.1 联轴器表面不应有碰伤、划痕、锈蚀等缺陷。

5.2.2 联轴器的各外露表面粗糙度应不超过 *Ra*6.3。

5.3 尺寸公差

K、*I* 的尺寸公差为 G6，*C* 的尺寸公差为±0.5 mm。其他尺寸公差等级应不低于 GB/T 1804—2000 规定的 m 级。

5.4 材料及热处理

5.4.1 联轴器主要零件材料宜按表 10 的规定选用。

表 10 联轴器主要零件材料选用表

零件名称	材料牌号	标准号
六角头螺栓	40Cr	GB/T 3077—1999
紧固圈	42CrMo	
簧片组件	50CrVA	
花键轴	40Cr	

5.4.2 允许选用性能不低于表 10 规定且证明同样适用的其他材料。

5.4.3 花键轴和簧片组件经热处理后不应出现裂纹、气泡等缺陷。

5.5 性能

5.5.1 密封性

进入联轴器的滑油与柴油机（或齿轮箱）相同，滑油压力为 0.1 MPa～0.5 MPa，联轴器内的滑油不应有泄漏现象。

5.5.2 静扭转刚度

联轴器的静扭转刚度的测定值与规定值的偏差应不大于±4％。

5.5.3 超负荷能力

联轴器在承受 3.25 倍额定扭矩的静扭矩下应不被破坏。

5.5.4 动平衡

转速高于 1 500 r/min 时，联轴器外部构件的动平衡等级应达到 JB/T 9239.1 规定的 G6.3 级。

6 检验方法

6.1 标识

目视检查联轴器的标识。结果应符合 5.1 的要求。

6.2 表面质量

6.2.1 目视检查联轴器表面。结果应符合 5.2.1 的要求。

6.2.2 用粗糙度比较样块检查联轴器的表面粗糙度。结果应符合5.2.2的要求。

6.3 尺寸公差

用相应精度等级的量具测量联轴器各联接尺寸。结果应符合5.3的要求。

6.4 材料及热处理

6.4.1 查看联轴器各零部件的材料和材质证明。结果应符合5.4.1和5.4.2的要求。

6.4.2 按GB/T 15822.1、GB/T 15822.2、GB/T 15822.3规定的方法对联轴器花键轴和簧片组件进行磁粉探伤检查。结果应符合5.4.3的要求。

6.5 密封性

在室温下，将联轴器浸没在盛有防锈水的容器中，通入0.5 MPa的压缩空气，保压5 min，观察联轴器各密封部位是否有漏气现象。结果应符合5.5.1的要求。

6.6 静扭转刚度

将联轴器内外构件分别固定在静扭转试验台上，以每分钟增加20%额定扭矩的速度进行加载，一直加到额定扭矩的1.5倍，记录每次加载的扭矩和在相应扭矩作用下内外构件之间的相对扭转角，绘制如图6所示扭矩与扭转角的关系曲线，按照公式(1)计算联轴器的静扭转刚度。结果应符合5.5.2的要求。

$$C_{si} = T_i/\phi_i \qquad \cdots\cdots(1)$$

式中：

C_{si}——静扭转刚度测定值，单位为兆牛米每弧度(MN·m/rad)；

T_i——加载扭矩，单位为千牛米(kN·m)；

ϕ_i——扭转角，单位为毫弧度(mrad)；

i=1、2、3、4、5……。

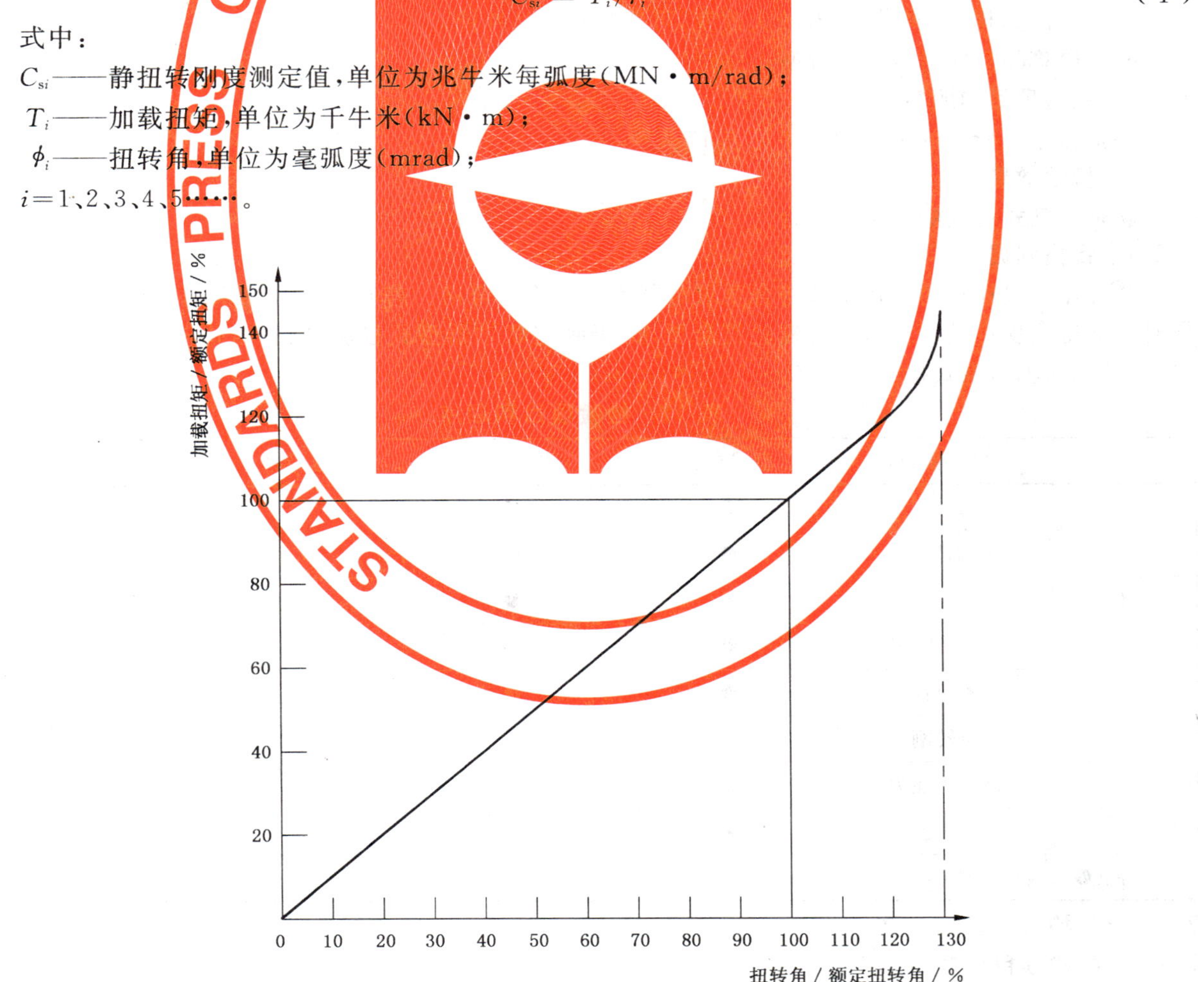

图6 扭矩与扭转角的关系曲线

6.7 超负荷能力

按照6.6的试验方法将扭矩加载到额定扭矩的3.25倍,观察联轴器的结构。结果应符合5.5.3的要求。

6.8 动平衡

联轴器的外部构件装配好后,按JB/T 9239.1规定的方法进行动平衡试验。结果应符合5.5.4的要求。

7 检验规则

7.1 检验分类

本标准规定的检验分类如下:

a) 型式检验;

b) 出厂检验。

7.2 型式检验

7.2.1 检验时机

联轴器在下列情况下应进行型式检验:

a) 系列首制产品;

b) 产品结构、材料、工艺有较大改变,可能影响产品性能;

c) 检验部门提出需要进行型式检验。

7.2.2 检验项目和顺序

联轴器型式检验的项目和顺序见表11。

7.2.3 检验数量

联轴器型式检验的数量为1台。

7.2.4 合格判据

联轴器型式检验的项目全部符合要求时判为型式检验合格。若有不符合要求的项目,允许加倍取样对全部检验项目进行复验。若复验符合要求,仍判定联轴器型式检验合格;若仍有不符合要求的项目,则判定联轴器型式检验不合格。

表11 检验项目和顺序

序号	检验项目	型式检验	出厂检验	要求章条号	检验方法章条号
1	标识	●	●	5.1	6.1
2	表面质量	●	●	5.2	6.2
3	尺寸公差	●	●	5.3	6.3
4	材料及热处理	●	●	5.4	6.4
5	密封性	●	●	5.5.1	6.5
6	静扭转刚度	●	○	5.5.2	6.6
7	超负荷能力	●	—	5.5.3	6.7
8	动平衡	●	○	5.5.4	6.8
注:●必检项目;○协商检验项目;—不检项目。					

7.3 出厂检验

7.3.1 检验项目和顺序

出厂检验的项目和顺序见表11。

7.3.2 检验数量

每台联轴器均应进行出厂检验。

7.3.3 **合格判据**

联轴器的出厂检验全部项目符合要求,判定联轴器出厂检验合格。若有不符合要求的项目,则判定该联轴器出厂检验不合格。

8 包装、运输和贮存

8.1 联轴器应进行防锈油封处理。

8.2 包装箱应坚固,箱内应衬防潮纸;联轴器在箱内应固定,防止受冲击后窜动。

8.3 包装箱内应装入下列文件:

a) 产品合格证;

b) 使用说明书;

c) 安装布置图;

d) 装箱清单。

8.4 包装标志应符合 GB/T 191 的要求,注明“小心轻放”、“防潮”和“不许倒置”等字样。

8.5 联轴器应保存在清洁、干燥和通风良好的仓库中,油封保养有效期为出厂后 6 个月。

ICS 47.020.01
U 04

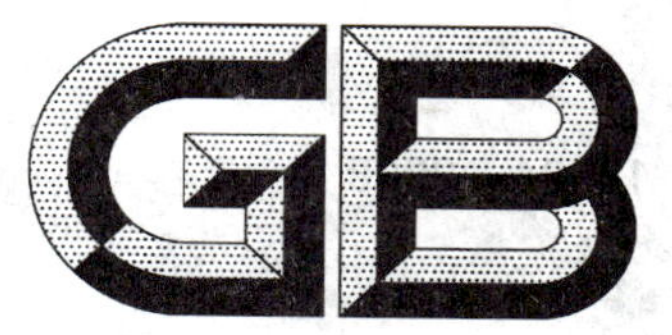

中华人民共和国国家标准

GB/T 12924—2008
代替 GB/T 12924—1991,GB/T 12925—1991

船舶工艺术语 船体建造和安装工艺

Terminology for ship technology—Hull construction and installation technology

2008-08-04 发布　　　　2009-02-01 实施

中华人民共和国国家质量监督检验检疫总局
中国国家标准化管理委员会　发布

前言

本标准代替 GB/T 12924—1991《船舶工艺术语　船体建造工艺》和 GB/T 12925—1991《船舶工艺术语　安装工艺》。

本标准与 GB/T 12924—1991、GB/T 12925—1991 相比，主要有下列变化：

——整合了船体建造工艺和安装工艺术语；

——删除了部分过时的术语；

——修订了部分原术语定义；

——增补了部分新术语；

——增补了中文、英文索引。

本标准由中国船舶工业集团公司提出。

本标准由全国海洋船标准化技术委员会船舶基础分技术委员会归口。

本标准负责起草单位：中国船舶工业船舶工艺研究所。

本标准参加起草单位：大连船舶重工集团有限公司。

本标准主要起草人：李沁溢、胡毛字。

本标准所代替标准的历次版本发布情况为：

——GB/T 12924—1991；

——GB/T 12925—1991。

船舶工艺术语
船体建造和安装工艺

1 范围

本标准规定了船舶有关船体建造工艺和安装工艺等方面的术语及其定义。

本标准适用于船舶的设计、建造、科研、教学等。

2 船体

2.1 船体放样

2.1.1

船体放样 lofting floor

在船体建造过程中，根据设计图纸，将船体型线或结构按一定比例进行放大，以获得光顺的型线或构件在船体上的正确位置、形状和尺寸，为后续工序提供施工依据的过程，是船舶建造过程中的首道工序。

2.1.2

实尺放样 full scale lofting

运用手工的方式在样台上将设计的型线或船体结构构件放大到 1∶1 的实际尺寸的放样。

2.1.3

数学放样 mathematical lofting

运用数学函数来定义船体型线或结构，采用相关专业的软件来进行的放样。

2.1.4

手工放样 manual lofting

运用手工作图方法进行的放样。

2.1.5

船体理论型线放样 theoretical model line of hull lofting

运用手工或数学方法求取船体理论型线的准确形状和尺寸的放样。

2.1.6

肋骨型线放样 frame lines lofting

运用手工或数学方法求取肋骨型线准确形状和尺寸的放样。

2.1.7

船体结构线放样 lofting of structural line

运用手工或数学方法求取船体内部结构与外板的交线以及外板板缝位置的放样。

2.1.8

型线光顺 lines fairing

在船体型线放样过程中，对不符合光顺要求的型线在满足性能的前提下反复进行修改，以达到三面投影光顺的过程。

2.1.9

数学光顺 mathematical fairing of lines

运用数学计算方法完成船体型线光顺的过程。

2.1.10

肋骨插值 frame interpolation

在船长方向以基准点为准(如舵杆中心线等)按肋骨间距进行插值,以求得肋骨剖面的实际形状。

2.1.11

完工型值表 finished offsets table

根据完工型值编制而成的型值表。

2.1.12

板缝排列 seam arrangement

在船体结构放样中对外板的接逢线进行合理布置的过程。

2.1.13

结构展开 structural member development

将船体曲面形状的内部构件、外板、甲板等展开成平面形状,并根据需要制作结构样板或样条。

2.1.14

外板展开 shell plate development

将船体上有曲度的外板,采用一定的方法将其展开成平面形状的过程。

2.1.15

板厚修正 thickness amending in plate development

根据船体理论线进行外板展开时,为弥补板材厚度的中和曲线与理论线之间的位置差异所造成的误差而对外板展开尺寸所作的修正。

2.1.16

肋骨弯度 curvature of frame

在船体型表面上,肋骨平面距其对应的外板法面的最大距离。

2.1.17

样板 template

根据实尺放样结果,按局部船体型线或展开后的形状制作的平板模型。按用途可分为号料样板、加工样板、装配样板、胎架样板等多种。

2.1.18

样箱 mock-up

由基面板框,肋骨剖面样板和侧面半框等组成的表达船体某一部位的型表面形状的立体模型。

2.1.19

样条 batten

供放样、号料、装配等作业量取型值和绘制曲线所使用的细长条料。

2.1.20

样棒 mould bar

供放样、号料、装配及检验等作业时测量或驳取直线长度的棒材。

2.1.21

可调样板 adjustable template

一种能根据船体部位的外形、零件的轮廓形状或不同的夹角要求等可进行调节的样板。前者主要是可调外形曲线,后者主要是调节各种不同的角度供加工等使用。

2.1.22

梁拱样板 camber mould

按梁拱曲线制作的专供甲板构件、甲板胎架等号料、加工、制造、装配等使用的样板。

2.1.23

肋骨样板 frame mould

按肋骨曲线形状制作的专供肋骨、肋板、型材肋骨等号料、加工工作用的样板。

2.1.24

加工样板 section mould

供船体零件加工时测量零件外形正确性的样板。

2.1.25

号料样板 template for marking-off

专用于船体零件制作时号料用的样板。

2.1.26

船体零件号料 marking of hull parts

根据船体放样提供的数据与资料，将船体零件的展开形状及各种施工符号标记在板材或型材上的过程。

2.1.27

手工号料 manual marking-off

采用手工的方法进行的船体零件号料。

2.1.28

草图号料 marking-off from sketches

按草图在板材或型材上进行的船体零件号料。

2.1.29

数控号料 numerical controlled marking

采用数控号料机在板材上进行的船体零件号料。

2.1.30

套料 nesting

将若干个同类材质及厚度的船体零件，根据其展开的形状，合理地布置在同一板材上进行号料的过程。

2.1.31

数控套料 mathematical control nesting

利用电子计算机进行的套料。

2.2 船体加工

2.2.1

船体加工 hull steel fabrication

把板材或型材制作成船体零件的工艺过程。

2.2.2

船体加工符号 symbols of hull steel fabrication

在板材、型材或船体零件上表示加工方法和加工要求的图形及符号。

2.2.3

钢材预处理 pre-treatment of steel plate

在钢材投入使用前，对其进行的矫正、除锈、喷涂防锈底漆等工作的统称。

2.2.4

边缘加工 edge preparation

对金属材料的边缘进行切割、剪切、刨边、铣边、磨边等各种作业总称。

2.2.5

削斜　**chamfer**

两块不同厚度的金属板材对接时，将较厚一块边缘削成契形，使连接处形成均匀过渡的加工过程。

2.2.6

曲面成形加工　**shaping preparation**

利用一定的加工方法和加工设备将平直的零件加工成所需的曲面形状的过程。

2.2.7

型材内弯　**concave bending of frame**

角钢或T型材弯曲时，以腹板为内缘、面板为外缘的弯曲形式。

2.2.8

型材外弯　**convex bending of frame**

角钢或T型材弯曲时，以腹板为外缘、面板为内缘的弯曲形式。

2.2.9

冷弯加工　**cold bending**

材料在常温下直接通过施加外力将其弯曲成形的加工方法。

2.2.10

热弯加工　**hot bending**

材料加热到再结晶温度以上，再施加外力将其弯曲成形的加工方法。

2.2.11

滚弯　**roll bending**

通过轴的滚动使材料弯曲成形的加工方法。

2.2.12

压弯　**press bending; bending**

用模具或压弯设备将材料弯成所需形状的加工方法。

2.2.13

顶弯　**push bending**

用顶撑机械将材料弯曲成所需形状的加工方法。

2.2.14

折角　**knuckle**

将金属板材沿直线作小曲率半径弯曲的加工方法。

2.2.15

折边　**folding**

将工件边缘沿直线压制成一定角度的加工方法。

2.2.16

压筋　**channeling**

用压力机械及相应的模具，在金属板材上压出长条形凹槽的加工方法。用以增强平板构件在槽形长度方向的刚度和稳定性。

2.2.17

水火弯板　**flame forming**

先将板材加工出单向曲面；然后在其边缘（或中心）进行线状加热，并伴以水冷却，使其产生横向弯曲和角变形，从而形成所需要的三维曲面形状的加工方法。

2.2.18

大火成形 hot forming

将金属板材大面积加热至一定温度，使其具有一定的热塑性后，再用压力机械或人力敲击使其成形的加工方法。

2.2.19

火工矫正 distortion correction by flame

用火焰对钢质船体的零件、部件或分段的不符合形状要求的部位，进行局部加热，并通过手工敲击或强迫冷却等手段，使其获得正确形状的加工方法。

2.2.20

高频感应外板成形工艺 high frequency panel moulding technology

用高频电流产生的交变磁场对钢材进行局部加热变形的工艺方法。

2.2.21

逆直线法 method of straighten anti-curve line

在弯曲前平直的型钢上划一根或数根曲线，使其在型钢被弯曲到所需形状时正好成为一条直线，并以此来检验成形形状的方法。

2.3 船体装配

2.3.1

船体装配 hull assembly

将加工好的船体零件按规定的技术要求组装成部件、组件、分段、总段及完整船体的过程。

2.3.2

船体零件 individuals of hull structure

经下料或加工后未进行任何组合的船体构件。

2.3.3

船体部件 sub-assembly of hull structure

由两个或两个以上船体零件组合而成的船体构件。

2.3.4

船体组件 assemblies of hull

由零件与部件装焊而成的船体构件，包括平面或曲面的子分段、舱壁、框架、基座等。

2.3.5

肋骨框架 frame ring

由肋板、肋骨、横梁、肘板等零部件组合而成的环形框架结构。

2.3.6

船体分段 section；unit

根据船体结构特点和建造施工工艺要求，对船体进行合理划分所形成的区段。

2.3.7

平面分段 flat section

由平直列板与相应的骨材装配结合而成的船体分段。

2.3.8

曲面分段 curved section

由曲面板列与相应骨架所组成的船体分段。

2.3.9

立体分段 three-dimensional unit；three dimensional block

由两个或多个船体分段、船体零部件及船体组件组合成的船体分段。

2.3.10

嵌补分段　joining section

采用岛式建造法进行船台装配时，最后以嵌补方式将各“岛”互相连接成完整船体的分段。

2.3.11

基准分段　basic section

在船台（坞）装配时，最先吊运进行定位，并依此作为其他分段的装配基准的分段。

2.3.12

总段　complete cross section; block

按船体建造的工艺需要及船体结构的特征，对主船体沿船长方向进行横向划分所形成的船体环形区段；或者由数个分段组合而成的分段。

2.3.13

巨型总段　mega block

重量超过 2 000 t 至 3 000 t 的船体总段。

2.3.14

装配定位　positioning

在装配过程中，将工件固定于正确的安装位置上的作业。

2.3.15

拼板　plate alignment

将板材与板材装配焊接成板列的过程。

2.3.16

部组件装配　subassembly

将若干个零件装配焊接成船体部件或组件的过程。

2.3.17

分段装配　section assembly

把零件、部件和组件组装成船体分段或总段的过程。

2.3.18

船台（坞）装配　berth(dock) assembly

将船体零部件、组件、分段、总段在船台上（坞内）组装成为完整船体的过程。

2.3.19

正装法　upright method of hull section construction

分段以船底外板为基准面而进行装配的建造方法。

2.3.20

倒装法　upside-down method of hull-section construction

分段以船体甲板、平台或内底板等为基准面进行装配的建造方法。

2.3.21

侧装法　lateral method of hull section construction

分段以舷侧或舱壁板为基准面进行装配的建造方法。

2.3.22

肋板拉入法　rib pulling method of assembly

在双层底或上下边水舱的底板上先装焊纵骨，再将肋板拉入并装焊的安装工艺方法。

2.3.23

分段建造法　sectional method of hull construction

在船台或船坞内以船体分段为主组装成完整船体的建造方法。

2.3.24

总段建造法　block method of hull construction

在船台上或船坞内以船体总段为主组装成完整船体的建造方法。

2.3.25

塔式建造法　pyramid method of hull construction

在船台装配时以某一底部分段(通常取舯后部)为基准,向前后左右自下而上将分段组装形成“塔”形并逐步向前后左右进行展开组装成完整船体的建造方法。

2.3.26

岛式建造法　island method of hull construction

在船台装配时将船体分成两个或两个以上的建造区,以每个建造区的中心底部分段为基准,各自向前后左右自下而上的进行建造形成“岛”,最后在“岛”与“岛”之间以嵌补分段连接成完整船体的建造方法。

2.3.27

两段造船法　two-part method of hull construction

将船体沿船长方向分为前后两大部分分别建造,然后在船坞内或水面连接成整个船体的建造方法。

2.3.28

串联造船法　tandem shipbuilding method

在同一船台上或船坞内,在建造一艘船体的同时,在一端空余的位置上建造第二艘船的尾段,当第一艘船下水后,该尾段即移至第一艘船的位置上进行整船的建造,并在原第二艘船尾段位置上继续建造第三艘船的尾段并以此类推进行的造船方法。

2.3.29

巨型总段建造法　mega block method of hull construction

由巨型吊机将已建造好的巨型总段吊入船坞组装成整船的建造方法。

2.3.30

浮船坞建造法　floating dock method of hull construction

在浮船坞内组装成整船的建造方法。

2.3.31

平地建造法　flat method of hull construction

在平地上组装成整船的建造方法。

2.3.32

水上合拢　joining ship sections afloat

采用水密罩或水密浮箱等特殊工艺装备,在水上将船体总段组装成完整船舶的建造方法。

2.3.33

平面分段流水线　flat section assembly and welding flow line

对船体平面分段进行装配和焊接的生产线。

2.3.34

曲面分段流水线　curved section assembly and welding flow line

对船体曲面分段进行装配和焊接的生产线。

2.3.35

胎架　jig;moulding bed

根据船体分段有关部位的线性制造,用以承托建造船体分段并保证其外形正确性的专用工艺装备。

2.3.36

固定胎架　fixed moulding bed

胎架线性不变,用于制造同一线形分段的胎架。

2.3.37

摇摆胎架　tilting jig

能根据需要在一定范围内进行左右(或前后)摇摆,以使船体分段在装配或焊接时能处于一个较为有利的工作位置的活动胎架。

2.3.38

回转胎架　rotating jig

可绕某一轴线作360°回转的胎架。其结构除胎架本身的回转本体外,还应有固定装置,回转传动装置等。

2.3.39

可调胎架　adjustable moulding bed

根据所建造船体分段表面线型要求可进行调整的胎架。

2.3.40

正切胎架　normal moulding bed

胎架基准面与船体基准平行或垂直且与肋骨平面垂直的胎架。

2.3.41

单斜切胎架　skew single moulding bed

胎架基准面与船体基准面成一斜角,与肋骨基准面垂直的胎架。

2.3.42

双斜切胎架　skew double moulding bed

胎架基准面与船体基准面、肋骨平面都倾斜成一定角度的胎架。

2.3.43

固定平台　fixed platform

符合结构刚性和表面平整度要求的不可移动式工作台。

2.3.44

传送平台　deferent platform

符合结构刚性和表面平整度要求,并设有相应传送装置的工作台。

2.3.45

余量　surplus; margin

在被加工零件的基本尺寸以外加放的材料的尺度量值,以保证在施工中产生误差时作必要的补偿。

2.3.46

补偿量　compensation

为弥补工件在加工、装配及焊接后产生收缩变形而预先对工件基本尺寸以外所加放的一定量值,该量值在完工后不作修正并能使工件尺寸符合规定的要求。

2.3.47

焊接反变形　preset

对焊件在焊接过程中可能产生焊接变形的相反方向设置一定的预变形,使焊件在焊接完毕后获得预期的形状或尺寸的工艺措施。

2.3.48

假舱壁　assembly frame

一种由模板及撑材连接组成的舱壁形构件。常在分段吊运及装配时作船体分段或总段的临时加强结构使用。

3 舾装

3.1 一般

3.1.1

船装 hull outfitting

船舶机、炉舱以外所有区域的内舾装和外舾装工作的总称。

3.1.2

机装 machinery fitting

船舶机、炉舱所有机械设备、管路装置及相关辅助装置安装工作的总称。

3.1.3

管装 piping outfitting

船舶所有管路及其附件安装工作的总称。

3.1.4

电装 electric fitting

船舶电气设备安装和电缆敷设等工作的总称。

3.1.5

安装基准 reference for installation

在安装过程中用以确定其他点、线或面的相对位置或尺寸的点、线或面。

3.1.6

拉线 running a measuring wire

用张紧的钢丝作为基准线的工艺方法。

3.1.7

找中 determination of center lines

确定机件孔和轴的轴线的过程。

3.1.8

校中 centering

机件的孔或轴根据规定的轴线进行调整的过程。

3.1.9

船舶动力装置安装 installation

船舶动力装置及其配置的设备和管路系统安装工作的统称。

3.1.10

综合布置 complex layout

按专业、层次、部位或区域将各种设备、系统综合在一起,进行统筹协调、合理布局,以得到最优化布置的一种设计方法。

3.1.11

综合安装图 complex installation drawing

按专业、层次、部位或区域将各种设备、系统综合在一起绘制的安装图。

3.1.12

区域舾装 outfitting technique of zone shipbuilding technology

按区域进行舾装件的集配和安装。

3.1.13

舾装单元　outfits unit

由若干个舾装件组装成的一个整体。它可以以设备或者托架为主体组装而成。

3.1.14

预舾装　pre-outfitting

在总段上船台(船坞)前,对有关设备、系统进行的先行安装工艺。

3.1.15

单元组装　unit assembly

将有关设备、系统组合为一单元的预先组装工作。

3.1.16

单元舾装　unit outfitting

将预先组装好的单元,在船体分段、总段或船上安装的工作。

3.1.17

分段舾装　section outfitting;block outfitting

将有关设备、系统在船体分段上进行安装的工作。

3.1.18

总段舾装　block outfitting;PE block outfitting

将有关设备、系统在船体总段上进行安装的工作。

3.1.19

船台舾装　berth outfitting

将有关设备、系统在船台上进行安装的工作。

3.1.20

船坞舾装　dock outfitting

将有关设备、系统在船坞中进行安装的工作。

3.1.21

码头舾装　quay outfitting

将有关设备、系统在安装码头上进行安装的工作。

3.1.22

上层建筑整体吊装　lifting and mounting complete superstructure of a ship

将主船体以上自一舷伸至另一舷的甲板建筑物,连同设备、系统装配在一起,一次整体吊运上船进行定位和安装的工艺。

3.1.23

托盘　pallet

专为配合船舶建造时,按区域/阶段/场地规划出的供舾装件集配,并可吊运的框箱。

3.1.24

托盘管理　pallet control

以托盘为单位进行组织生产、物资配套以及工程进度安排的一种生产管理方法。

3.1.25

托盘编码　pallet code

表达托盘的施工信息和资源的代码。

3.2　船装

3.2.1

外舾装　deck outfitting

机舱、炉舱、居住舱室及上层建筑以外所有部位的铁舾装、管装工作的统称。

3.2.2

铁舾装　steel outfitting

管路及其附件以外的所有船体设备的金属制件安装工作的统称。

3.2.3

舵设备安装　installation of rudder and steering gear

舵及其支承部件和操舵的机械装置在船上的安装。

3.2.4

舵系拉线　running a measuring wire for rudder system

通过两个基准点拉线找出舵系中心线的过程。

3.2.5

舵对零位　rudder to zero

在船台上使舵叶首尾端中线面与船体中线面保持重合或平行，以确定舵角指示器的零位的过程。

3.2.6

舵叶与舵杆平台找正　alignment of rudder blade and rudder stock on platen

舵叶与舵杆在平台上先行试装、拉线找正、研配舵叶锥孔（或连接法兰面），使之达到正确安装位置的过程。

3.2.7

舵叶“0”位校正　adjusting “zero” position for blade

在舵系安装后对舵叶零位的测定和校正工作。

3.2.8

舵承间隙测量　measurement of clearance of rudder bearing

舵系安装完毕后，对舵杆、舵销和舵承间配合的径向间隙的测量检验。

3.2.9

锚设备安装　installation of anchoring equipment

船舶锚泊所需的部件和机械设备在船上的安装。

3.2.10

锚定位　positioning of anchor

使锚达到锚头和锚爪贴紧锚唇和船体的过程。

3.2.11

掣链器定位　positioning of cable stopper

确定和调整掣链器及其基座在甲板上位置的过程。

3.2.12

系泊设备安装　installation of mooring equipment

船舶系靠码头、浮筒、船坞或其他船的装置在船上的安装。

3.2.13

推拖设备安装　installation of pushing and towing equipment

供推、拖的专用结构、部件和机械在船上的安装。

3.2.14

救生设备安装　installation of life-saving equipment

供遇险时进行自救或救助的专门设备及其附属件在船上的安装。

3.2.15

艇固定　fixing of boat

将艇牢靠地收存在艇架上的过程。

3.2.16

起货设备安装　installation of cargo handling gear

供装卸货物的起重柱、吊杆、起重机以及其他装卸机械等在船上的安装。

3.2.17

支索紧固　fixing of stays

用索具螺旋扣拉紧桅杆和起重柱支索的过程。

3.2.18

舱口盖安装　installation of hatchcover

将舱口盖与舱口围配合、调整安装的过程。

3.2.19

舱面属具安装　installation of deck equipment and fitting

舱面上诸如门、窗、梯、索具、天幕、栏杆、小舱口盖等辅助设备的安装。

3.2.20

内舾装　accommodation outfitting

居住舱室和上层建筑内的铁舾装、管装、木舾装及有关处所装饰、绝缘工作的统称。

3.2.21

木舾装　wood outfitting

船舶所有木制件安装工作的统称。

3.2.22

舱室设备安装　installation of accommodation equipment

对起居处所、公共处所、服务处所等部位的舱室设备进行固定的过程。

3.2.23

甲板敷料敷设　deck covering laying

将敷料按规定要求附着在钢甲板上的过程。

3.2.24

绝缘敷设　insulator laying

将绝缘材料固定在钢结构等物体表面的过程。

3.2.25

表面封闭　sealing of surface

用某种材料将绝缘材料表面缝隙处遮盖的过程。

3.2.26

预埋件安装　fixing of built-in piece

固定各种舱室设备和专业设备的连接件，在绝缘、敷料敷设前与钢结构的焊接固定。

3.2.27

围壁板安装　fixing of wall panel

用各种连接形式固定围壁板的过程。

3.2.28

带金属骨架绝缘安装　fixing of insulated structure with metal frame

对带金属热桥支持的绝热结构进行组装的过程。

3.2.29

无金属骨架绝缘安装　fixing of insulated structure without metal frame

对无金属热桥支持的绝热结构进行组装的过程。

3.2.30

冷库防潮处理　**moisture-proofed laying for refrigerated room**

在冷库绝热材料表面敷设一层防潮材料,以防其受潮失效的工艺方法。

3.3　机装

3.3.1

主机安装　**installation for main engine**

按规定要求将船舶主机安装在基座上的过程。

3.3.2

整机安装　**installation for complete set of engine**

机械设备上船安装前已完成其总成装配,在基座上仅做定位和固定的安装。

3.3.3

上船组装　**assembling on board**

在船上进行机械设备的部件或组件组装在一起的过程。

3.3.4

主机校中　**determination for main engine**

根据轴系与柴油机安装的先后顺序来进行主机飞轮法兰偏移和曲折的校中。

3.3.5

主机定位　**location for main engine**

按照主机和轴系的校中规定,确定主机安装位置的过程。

3.3.6

主机热膨胀调整　**adjustment for main engine heat expansion**

考虑主机热膨胀的影响,对主机和轴系的校中要求进行预调整的过程。

3.3.7

辅机安装　**installation for auxiliary machinery**

按规定要求将船舶辅机安装在基座上的过程。

3.3.8

配垫　**pad fitting**

对设备与机座之间的垫块进行研配的过程。

3.3.9

基座找平　**levelling of foundation plane**

使设备安装的基座平面达到规定的平面度的过程。

3.3.10

液压拉伸螺栓连接　**hydraulic bolt connection**

螺栓经液压拉伸后再固定连接的安装。

3.3.11

轴系中线　**shafting centre line**

设计图样上标注的全轴系中心线的理论值,作为轴系拉线、照光的依据。

3.3.12

轴系找中　**shafting alignment**

在船体适当部位确定和标记出轴系中线位置的过程。

3.3.13

轴系孔划线　**marking for shafting boring**

轴系中线测定后,在需镗孔的端面上划出圆孔线和中心十字线的过程。

3.3.14

拉线轴系找中　shafting alignment by wiring

利用调整钢丝在基准点的位置，使其坐标符合轴系布置图中轴线的坐标，用钢丝来代表轴系中线的轴系找中方法。

3.3.15

光学轴系找中　shafting alignment by optical method

利用光学仪器来测定轴系中线，在基准点处设置光靶并使其中心符合轴系中线的坐标，用一束光线使其通过两基准点处光靶中心，以该束光代表轴系中心线的轴系找中方法。

3.3.16

法兰对中　flange centering

中间轴前法兰与主机输出端法兰镗孔前，对法兰进行临时连接并调整其外围轴度，使其偏移量和曲折值达到要求的过程。

3.3.17

基准靶　basic target

在轴系找中或校中时与光学仪配合使用，确定轴系中线基准点的工具。

3.3.18

投影靶　projection target

在轴系找中或校中时与光学仪配合使用，确定轴系中心某一位置通过点的工具。

3.3.19

轴系镗孔　boring for shafting

按确定的轴系中线划出的加工线对轴系所贯穿的尾托架、尾轴壳和各横舱壁处等进行镗削加工的过程。

3.3.20

尾轴管安装　installation for stern tube

将尾轴管按规定的要求安装于镗好孔的尾轴壳内的过程。

3.3.21

尾轴安装　installation of tail shaft

将尾轴安装于尾轴承内的过程。

3.3.22

尾轴管衬套嵌套　fitting liner for stern tube

将起滑动轴承作用的整体或块状的轴承块嵌套于尾轴管衬套内的过程。

3.3.23

尾轴密封装置安装　installation of tail shaft seal stuffing

艉轴与艉轴壳之间水密装置的安装。

3.3.24

尾轴安装间隙测量　measurement of fit clearance for tail shaft

尾轴安装在尾轴管内后，对其轴承前后两端的径向安装间隙进行的测量。

3.3.25

尾轴承冷装安装　installation of back bearing

通过轴承本身热胀冷缩的原理，将其装入艉轴管内适配位置的安装过程。

3.3.26

轴系校中　centering for shafting

当轴系中线确定后，将组成轴系的诸轴和轴承按规定的要求进行校中的过程。

3.3.27

计算法轴系校中　centering for shafting by calculation

用公式计算确定轴系校中的位置偏差，并据此进行轴系校中的方法。

3.3.28

轴承负荷法轴系校中　centering for shafting by loading method

通过中间轴承上安装测力计的测力数，测算出轴承的实际负荷，并按规定的允许负荷范围进行轴系校中的方法。

3.3.29

平轴校中法　centering for shafting by direct connection

以轴系中心线为准，由尾至首调整中间轴和中间轴系的位置，使各对法兰上的偏中值小于规定的偏中值的校中方法。

3.3.30

光学校中法　centering for shafting by optical method

利用光的直线传播的特性，采用光学准直仪或投射仪进行轴系校中的方法。

3.3.31

两轴偏移　parallel offset

轴系中前后相邻两轴中心线不重合，形成互相平行的状态。

3.3.32

两轴曲折　deflection

轴系中前后相邻两轴中心线相交，形成一定角度的状态。

3.3.33

轴端下垂量计算　calculation for shaft endsag

用计算方法确定轴的法兰端因自重而产生的下垂量。

3.3.34

中间轴承安装　installation for intermediate bearing

中间轴承按规定要求在基座上的定位安装。

3.3.35

推力轴承安装　installation for thrust shaft bearing

支承轴系及螺旋桨承受推力和旋转运动的推力轴承按规定要求在基座上的定位安装。

3.3.36

螺旋桨安装　installation of propeller

连接装配螺旋桨和螺旋桨轴的过程。

3.3.37

螺旋桨胶合连接　mounting propeller by bonding

用胶合剂将螺旋桨与螺旋桨轴（或尾轴）胶合连接的过程。

3.3.38

无键螺旋桨液压安装　mounting for keyless propeller by hydraulic jack

用液压设备安装无键螺旋桨的过程。

3.3.39

有键螺旋桨连接　mounting for key propeller

连接装配有键槽的螺旋桨与螺旋桨轴的过程。

3.3.40

螺旋桨轴密封安装　installation of propeller shaft seal

在螺旋桨轴上装配和紧固密封装置的过程。

3.3.41

调距桨零位调正　adjusting "zero" position for control pitch propeller

将可调螺距螺旋桨桨叶调整到零位的过程。

3.3.42

锅炉本体上船安装　installation for boiler on board

将装配完成的锅炉本体按规定要求在基座上进行定位和紧固的过程。

3.3.43

锅炉附件安装　installation for boiler accessory

将锅炉所有附件如主副蒸汽阀、安全阀、给水阀、排污阀、水位表等附件安装在锅炉本体上的过程。

3.4　**管装**

3.4.1

管件族制造　pipe-piece family manufacturing

将管子按设计和制造过程的共同特征，系统地分成组或族，进行批量生产的过程。

3.4.2

无余量制管　manufacture pipe without surplus

将管子制作过程中的收缩变形(焊接、弯曲等变形)预先加放在管子的公称尺寸上，使管子制作后的尺寸在其公差范围内的方法。

3.4.3

管系放样　piping layout

按比例绘出船体型线、结构，并布置每一系统的管路及有关设备，根据此图通过计算求得管路的管段实际形状、尺寸、绘制加工用的管子零件图及管子安装图的过程。

3.4.4

管子制作图表　working diagram for pipe fabrication

提供管子加工、表面处理、安装等一系列生产过程所需的各种数据、图形的一种综合性图表。

3.4.5

管子划线　pipe marking

按管子零件图或利用管子样棒划定管子起弯点、终点及管长切割线等的过程。

3.4.6

管子平台划线　pipe marking on slab

在平台上将已弯制的管子按管子零件图的要求划出管子有关加工尺寸线的过程。

3.4.7

管子下料　pipe cutting

根据管子划线、利用手工或机械等方法对管子进行的切割。

3.4.8

管子无余量下料　cutting pipe without surplus

在考虑管子弯曲变形，连接件余量等因素的理论长度计算的前提下对管子加工过程中的一次性切割。

3.4.9

管子冷弯　cold bend

将管子在常温下进行弯曲。

3.4.10

管子热弯　hot bend

将管子要弯曲的部位加热到一定温度以后进行的弯曲。

3.4.11

中频弯管　medium frequency bending of pipe

利用中频电流产生的交变电磁场对管子进行加热弯曲的工艺方法。

3.4.12

高频弯管　high frequency bending of pipe

利用高频电流产生交变电磁场对管子进行加热弯曲的工艺方法。

3.4.13

数控弯管　numerical controlled bending of pipe

用数控弯管机进行的弯管。

3.4.14

风管咬扣　seam-lap of duct

风管接合缝的咬合加工方法。

3.4.15

先焊后弯工艺　technology of jointing before bend

先将两端法兰焊在支管上，然后再进行管子弯曲的加工工艺。

3.4.16

回弹角测定　measurement of springback angle

测定弯模的中心角与管子在弯曲外力消除后的中心角之差的过程。

3.4.17

管子清洗　pipe cleaning

对管子内外的杂质(氧化物、金属屑、砂子、油垢等)进行清洁的过程。

3.4.18

校管　pipe reshaping and positioning

将弯制的管子按管子零件图要求对法兰、支管及附件等进行定位、点焊和矫形的过程。

3.4.19

螺旋卷管　fabricating of spiral pipe

用螺旋转管机将镀锌钢带料卷成薄壁圆管的加工过程。

3.4.20

管子加工流水线　pipe working flow line

应用计算机技术实现管子从备料、切割、法兰焊接、弯曲以及管子输送、装卸等过程自动化的加工生产线。

3.4.21

管系安装　installation of pipe

管子及其附件、设备在船上的敷设连接与紧固的工艺过程。

3.4.22

管子分段预舾装法　block method of per-outfitting

根据分段预装图将船体分段内的有关管路及设备安装完毕，将各分段吊至船体合拢，最后用嵌补管连接各分段的管路的安装方法。

3.4.23

管子单元组装法　method of unit assembling

按单元组装图将有关机械设备、附件、管子等按单元在车间内事先组装形成若干单元，吊装到船体分段或船上的安装位置，连接各单元最后组合成完整管路系统的安装方法。

3.4.24

法兰连接　flange joint

以法兰为连接件的一种可拆式连接。

3.4.25

套管连接　sleeve joint

管路中采用套管而进行的一种不可拆式连接。

3.4.26

螺纹接头连接　union joint

借助于螺纹接头进行的管子与管子、管子与附件、管子与设备间的连接。

3.4.27

卡套接头连接　ferrule fitting connection; bite type union

借助于卡套接头进行的管子与管子、管子与附件、管子与设备间的连接。

3.4.28

管子绝缘　pipe insulating

用绝缘材料包覆管子外表的过程。

3.4.29

管路补偿　compensation of pipeline

用于补偿管路中因热胀冷缩而产生的伸缩的一种措施。有补偿器及弯管等补偿形式。

3.4.30

管路冲洗　flushing of pipeline

管路系统安装完毕后的全面清洗工作。一般用液压、空气和化学清洗方法。

3.4.31

嵌补管　inserting pipe

为消除管系设计和安装误差，在管系安装中最后连接的，由现场决定尺寸的管子。

3.4.32

管子单元　unit of pipe

由管系及附件组成的单元。

3.4.33

管系完整性检查　inspection of piping completeness

在管系安装完毕后对整个系统的一次全面的检查。

3.5　电装

3.5.1

电缆敷设　cables installation

电缆按规定线路进行安装工作的统称。包括电缆预切割、拉线、穿线、电缆紧固等。

3.5.2

主干电缆　main cable

敷设在主配电板和应急配电板、电动机集中起动屏、区配电板及电力推进集中控制屏的直接上方或下方的电缆。

3.5.3

成束敷设　bunched cables installation

两根或两根以上电缆紧贴的敷设。

3.5.4

穿管敷设　cable installation in pipe

为保护电缆不受机械损伤，将电缆穿在管子内的敷设。

3.5.5

管道敷设　cable installation in conduit

多根且具有分支的电缆的穿管敷设。

3.5.6

穿管系数　space factor

贯穿于管中电缆截面积的总和(按电缆外径计算)与电缆管内截面积之比。

3.5.7

贯通件利用系数　penetration space factor

贯穿于框筒中电缆截面积的总和(按电缆外径计算)与其内截面面积之比。

3.5.8

电缆支承件　cable supporting fittings

电缆敷设中支承电缆的元件，包括电缆支架、电缆紧钩、电缆导板、电缆槽等。

3.5.9

电缆紧固件　cable installation fittings

电缆敷设中紧固电缆的元件，包括电缆扎带、电缆卡子、电缆紧钩等。

3.5.10

分层敷设　layer-built cables installation

电缆由分支的支架支承、相邻两层间隔一定空间距离的敷设。

3.5.11

分束敷设　bunch separated cables installation

考虑电缆散热，不同护套等因素，采取分开成几束，相邻两束间隔一定空间距离，电缆束横截面一般为矩形的敷设。

3.5.12

电缆护罩　cable capping;cable casing

覆盖于电缆敷设路径上，易受机械损伤之处的金属防护罩壳。

3.5.13

电缆贯通件　cable penetration fittings

用于电缆穿过舱壁或甲板的金属或非金属的安装件。

3.5.14

电缆框　cable coaming;cable trunk

用于电缆穿过舱壁(甲板)及船体构件兼作船体构件补强的电缆贯通件。

3.5.15

电缆填料盒　multi-gland

用于成束电缆穿过甲板、舱壁、具有密封填料的贯通件。

3.5.16

电缆衬套　cable liner

用于电缆穿过舱室内装壁板的贯通件。

3.5.17

电缆伸缩箱　cable expansion box

为减少船体挠度和环境温度变化所产生的伸缩应力对电缆的影响而设置的供电缆有一定伸缩裕度的箱子。

3.5.18

电缆伸缩环　cable expansion loop

电缆通过船体伸缩接头时，设置与接头伸缩长度成比例的电缆弯头。

3.5.19

积木式电缆填料盒　multi-cables transit(MCT)

由预制成不同标准尺寸的橡皮填料块组成的水密电缆贯通件。

3.5.20

电缆填料函　cable gland

用于单根电缆穿过水密或气密的舱壁或设备外壳而设置的电缆贯通件。

3.5.21

组合电缆填料函　multi-cables gland

若干只电缆填料函组合焊在公共金属底板上供多根电缆通过的贯通件。

3.5.22

耐压填料函　pressure-tight gland

用于水下装置及舰艇耐压壳体上承受较大压力的贯通件。

3.5.23

成束电缆阻燃工艺　fire stop for bunched cables

电缆成束敷设时，如所用电缆未满足成束滞燃性能要求时，所采取的限制火焰沿成束电缆蔓延的措施。

3.5.24

止火隔板　fire stop metal plate

在成束电缆的路径上设置的具有一定尺寸，开孔满足一定防火等级，能限制火焰沿电缆束蔓延的钢板。

3.5.25

布线利用点　point in wiring

借以连线照明设备或将用电设备接至电源的固定布线的任一终端。

3.5.26

分接　tapping

总电路电缆通过接线盒接至分支电路的工艺方法。

3.5.27

电缆册　cables data book

表示电缆编号、型号、长度、起始点、终止点、拉敷标记及程序的表册。

3.5.28

热缩套管工艺　pyrocondensation bushing

利用热缩套管受热收缩来连接、密封电缆的过程。

3.5.29

电缆贯穿密封填料　sealing stuff for cables penetration

用以密封电缆贯通件并保持舱壁原有密封完整性的填充材料。按其成分分为有机和无机两种，按其功能分为防水填料和耐火填料两种。

3.5.30

电缆贯穿密封堵料　caulking material for cable penetration; retaining frontwall for cable penetration

用灌注型填料灌注时，封堵电缆填料盒两侧(电缆筒下侧)，以免填料流出的施工用料。

3.5.31

减震式安装　vibration-proof type installation

电气设备与基座之间配备减震器的安装。

3.5.32

封口板　cable inlet plate

电气设备上用于封闭非水密设备电缆进线口的板。

3.5.33

托线板　cable inlet bracket

电气设备上用于承托并固定进入设备的电缆的板。

3.5.34

水密进线　water tight cable entrance

电缆进入水密式设备时，保证其水密性的进线工艺方法。

3.5.35

冷压连接　cold pressed joint

电缆线芯导体与接头用冷压方法进行的连接。

3.5.36

螺柱式接线　screw type connection

将电缆线芯导体或接头套上螺柱，用螺母紧固的接线。

3.5.37

插入式接线　plug-in type connection

将电缆线芯导体或接头插入端子板，用螺栓压板或弹簧压紧的接线。

3.5.38

电气连续性　electrical continuity

使非带电金属部件之间保持等电位性能。

3.5.39

接地　earthing; grounding

借以确保能即时释放电能达到等电位而不发生危险的与金属船的船底金属接地板的电气连接。

3.5.40

跨接　bond

非带电部件之间保证电气连续性的连接。

3.5.41

工作接地　work earthing

保证电力系统和设备达到正常工作而进行的接地。

3.5.42

保护接地　protection earthing

把故障状态下可能呈现危险的对地电压的外露导电部分同船体可靠地连接起来。

3.5.43

防干扰接地　anti-jamming earthing

主要为防止电磁干扰的接地。

3.5.44

重复接地　repetition earthing

防止因零线断开而造成的触电事故,为确保零线接地可靠,将零线在其他地方多处接地。

3.5.45

故障接地　malfunction earthing

电气设备的主电路、控制线路绝缘损坏时发生的接地现象。

3.5.46

电缆连续导体接地　earthed by continuity conductor

设备利用供电电缆中一根线芯进行的接地。有固定电缆,可移电缆连续导体接地两种。

4　综合

4.1

船体建造工艺　technology of hull const-ruction

与船体建造有关的钢材预处理、放样、号料、船体零件加工、分段装配、焊接、船台(坞)安装、下水等阶段所采用的各种工艺方法和过程的统称。

4.2

精度控制　accuracy control

在船体建造过程中,将船体零件、部件、分段及全船的建造尺寸,控制在规定范围以内的工作方法。其内容主要是合理地制定船体建造公差,掌握尺寸变化的规律,以尺寸精度的补偿量代替余量,减少装配作业的现场修整工作。

4.3

预密性试验　testing for block tightness

船体组件、分段、总段建造完成后进行的密性试验。

4.4

下水　launching

船舶修造时使船舶从建造区进入水域处于浮态的过程。

4.5

纵向下水　end launching

船舶在滑道上沿船长方向滑行入水的下水方式。

4.6

横向下水　side launching

船舶在滑道上沿船宽方向滑行入水的下水方式。

4.7

重力式下水　gravity launching

利用船舶自身重力沿滑道斜面方向的分力,克服滑板与滑道间的摩擦力,使船舶滑行入水的下水方式。

4.8

漂浮式下水　floating launching

使船舶自然漂浮起来的下水方式。

4.9

机械化下水　mechanization launching

利用机械设备将船舶从建造区进入水域的下水方式。

4.10

纵向涂油滑道下水　end slideway launching

船舶在涂有一定厚度的下水油脂的滑道上，沿船长方向滑行入水的下水方式。

4.11

钢珠下水　steel ball launching

利用钢珠滚动使船舶沿船长方向滑行入水的下水方式。

4.12

下水重量　launching weight

船舶下水时的总重与滑板、下水架等重量的总和。

4.13

前支架压力　fore poppet pressure

船舶纵向下水艉浮开始后，由重力与浮力之差所产生的不平衡力，作用于前支架上，使前支架承受的瞬间最大压力。

4.14

滑道末端压力　way end pressure

船舶纵向下水过程中，当前支架经过滑道末端时滑道所受到的瞬时最大压力。

4.15

艏沉　dipping

船舶纵向下水的过程中，发生艏落时因动力作用使船艏自静浮状态艏吃水继续下沉的现象。

4.16

艏落　dropping

船舶纵向下水过程中，当前支架脱离滑道末端后的瞬间，船的艏吃水小于静浮状态的艏吃水时所产生的船首快速下落现象。

4.17

艉浮　lift by the stern

船舶纵向下水过程中，浮力对前支架的力矩大于重力对前支架力矩的瞬间所发生的艉部上浮现象。

4.18

艉落　tipping

船舶纵向下水过程中，当重心离开滑道末端，而重力对滑道末端的力矩仍大于浮力对滑道末端力矩的瞬间所发生的船尾下落现象。

4.19

艏翘　cocking up of forebody

船体建造完工后，其首端高度与船体基线之间距离的变化情况。

4.20

艉翘　cocking up of after body

船体建造完工后，其尾端高度与船体基线之间距离的变化情况。

中 文 索 引

A

安装基准 …… 3.1.5

B

板缝排列 …… 2.1.12
板厚修正 …… 2.1.15
保护接地 …… 3.5.42
边缘加工 …… 2.2.4
表面封闭 …… 3.2.25
补偿量 …… 2.3.46
布线利用点 …… 3.5.25
部组件装配 …… 2.3.16

C

舱口盖安装 …… 3.2.18
舱面属具安装 …… 3.2.19
舱室设备安装 …… 3.2.22
草图号料 …… 2.1.28
侧装法 …… 2.3.21
插入式接线 …… 3.5.37
掣链器定位 …… 3.2.11
成束电缆阻燃工艺 …… 3.5.23
成束敷设 …… 3.5.3
重复接地 …… 3.5.44
穿管敷设 …… 3.5.4
穿管系数 …… 3.5.6
传送平台 …… 2.3.44
船舶动力装置安装 …… 3.1.9
船台(坞)装配 …… 2.3.18
船台舾装 …… 3.1.19
船体部件 …… 2.3.3
船体放样 …… 2.1.1
船体分段 …… 2.3.6
船体加工 …… 2.2.1
船体加工符号 …… 2.2.2
船体建造工艺 …… 4.1
船体结构线放样 …… 2.1.7

船体理论型线放样…………………………………………………… 2.1.5
船体零件………………………………………………………………… 2.3.2
船体零件号料 ……………………………………………………… 2.1.26
船体装配………………………………………………………………… 2.3.1
船体组件………………………………………………………………… 2.3.4
船坞舾装 ……………………………………………………………… 3.1.20
船装 …………………………………………………………………… 3.1.1
串联造船法 …………………………………………………………… 2.3.28

D

大火成形 ……………………………………………………………… 2.2.18
带金属骨架绝缘安装 ………………………………………………… 3.2.28
单斜切胎架 …………………………………………………………… 2.3.41
单元舾装 ……………………………………………………………… 3.1.16
单元组装 ……………………………………………………………… 3.1.15
岛式建造法 …………………………………………………………… 2.3.26
倒装法 ………………………………………………………………… 2.3.20
电缆册 ………………………………………………………………… 3.5.27
电缆衬套 ……………………………………………………………… 3.5.16
电缆敷设 ……………………………………………………………… 3.5.1
电缆贯穿密封堵料 …………………………………………………… 3.5.30
电缆贯穿密封填料 …………………………………………………… 3.5.29
电缆贯通件 …………………………………………………………… 3.5.13
电缆护罩 ……………………………………………………………… 3.5.12
电缆紧固件 …………………………………………………………… 3.5.9
电缆框 ………………………………………………………………… 3.5.14
电缆连续导体接地 …………………………………………………… 3.5.46
电缆伸缩环 …………………………………………………………… 3.5.18
电缆伸缩箱 …………………………………………………………… 3.5.17
电缆填料函 …………………………………………………………… 3.5.20
电缆填料盒 …………………………………………………………… 3.5.15
电缆支承件 …………………………………………………………… 3.5.8
电气连续性 …………………………………………………………… 3.5.38
电装 …………………………………………………………………… 3.1.4
顶弯……………………………………………………………………… 2.2.13
舵承间隙测量 ………………………………………………………… 3.2.8
舵对零位 ……………………………………………………………… 3.2.5
舵设备安装 …………………………………………………………… 3.2.3
舵系拉线 ……………………………………………………………… 3.2.4
舵叶“0”位校正………………………………………………………… 3.2.7
舵叶与舵杆平台找正 ………………………………………………… 3.2.6

F

法兰对中 …… 3.3.16
法兰连接 …… 3.4.24
防干扰接地 …… 3.5.43
分层敷设 …… 3.5.10
分段建造法 …… 2.3.23
分段舾装 …… 3.1.17
分段装配 …… 2.3.17
分接 …… 3.5.26
分束敷设 …… 3.5.11
风管咬扣 …… 3.4.14
封口板 …… 3.5.32
浮船坞建造法 …… 2.3.30
辅机安装 …… 3.3.7

G

钢材预处理 …… 2.2.3
钢珠下水 …… 4.11
高频感应外板成形工艺 …… 2.2.20
高频弯管 …… 3.4.12
工作接地 …… 3.5.41
固定平台 …… 2.3.43
固定胎架 …… 2.3.36
故障接地 …… 3.5.45
管道敷设 …… 3.5.5
管件族制造 …… 3.4.1
管路补偿 …… 3.4.29
管路冲洗 …… 3.4.30
管系安装 …… 3.4.21
管系放样 …… 3.4.3
管系完整性检查 …… 3.4.33
管装 …… 3.1.3
管子单元 …… 3.4.32
管子单元组装法 …… 3.4.23
管子分段预舾装法 …… 3.4.22
管子划线 …… 3.4.5
管子加工流水线 …… 3.4.20
管子绝缘 …… 3.4.28
管子冷弯 …… 3.4.9
管子平台划线 …… 3.4.6

管子清洗 …… 3.4.17
管子热弯 …… 3.4.10
管子无余量下料 …… 3.4.8
管子下料 …… 3.4.7
管子制作图表 …… 3.4.4
贯通件利用系数 …… 3.5.7
光学校中法 …… 3.3.30
光学轴系找中 …… 3.3.15
滚弯 …… 2.2.11
锅炉本体上船安装 …… 3.3.42
锅炉附件安装 …… 3.3.43

H

焊接反变形 …… 2.3.47
号料样板 …… 2.1.25
横向下水 …… 4.6
滑道末端压力 …… 4.14
回弹角测定 …… 3.4.16
回转胎架 …… 2.3.38
火工矫正 …… 2.2.19

J

机械化下水 …… 4.9
机装 …… 3.1.2
积木式电缆填料盒 …… 3.5.19
基准靶 …… 3.3.17
基准分段 …… 2.3.11
基座找平 …… 3.3.9
计算法轴系校中 …… 3.3.27
加工样板 …… 2.1.24
甲板敷料敷设 …… 3.2.23
假舱壁 …… 2.3.48
减震式安装 …… 3.5.31
接地 …… 3.5.39
结构展开 …… 2.1.13
精度控制 …… 4.2
救生设备安装 …… 3.2.14
巨型总段 …… 2.3.13
巨型总段建造法 …… 2.3.29
绝缘敷设 …… 3.2.24

K

卡套接头连接 …… 3.4.27
可调胎架 …… 2.3.39
可调样板 …… 2.1.21
跨接 …… 3.5.40

L

拉线 …… 3.1.6
拉线轴系找中 …… 3.3.14
肋板拉入法 …… 2.3.22
肋骨插值 …… 2.1.10
肋骨框架 …… 2.3.5
肋骨弯度 …… 2.1.16
肋骨型线放样 …… 2.1.6
肋骨样板 …… 2.1.23
冷库防潮处理 …… 3.2.30
冷弯加工 …… 2.2.9
冷压连接 …… 3.5.35
立体分段 …… 2.3.9
梁拱样板 …… 2.1.22
两段造船法 …… 2.3.27
两轴偏移 …… 3.3.31
两轴曲折 …… 3.3.32
螺纹接头连接 …… 3.4.26
螺旋桨安装 …… 3.3.36
螺旋桨胶合连接 …… 3.3.37
螺旋桨轴密封安装 …… 3.3.40
螺旋卷管 …… 3.4.19
螺柱式接线 …… 3.5.36

M

码头舾装 …… 3.1.21
锚定位 …… 3.2.10
锚设备安装 …… 3.2.9
木舾装 …… 3.2.21

N

内舾装 …… 3.2.20
耐压填料函 …… 3.5.22
逆直线法 …… 2.2.21

P

配垫 …… 3.3.8
漂浮式下水 …… 4.8
拼板 …… 2.3.15
平地建造法 …… 2.3.31
平面分段 …… 2.3.7
平面分段流水线 …… 2.3.33
平轴校中法 …… 3.3.29

Q

起货设备安装 …… 3.2.16
前支架压力 …… 4.13
嵌补分段 …… 2.3.10
嵌补管 …… 3.4.31
区域舾装 …… 3.1.12
曲面成形加工 …… 2.2.6
曲面分段 …… 2.3.8
曲面分段流水线 …… 2.3.34

R

热缩套管工艺 …… 3.5.28
热弯加工 …… 2.2.10

S

上层建筑整体吊装 …… 3.1.22
上船组装 …… 3.3.3
实尺放样 …… 2.1.2
手工放样 …… 2.1.4
手工号料 …… 2.1.27
艏沉 …… 4.15
艏落 …… 4.16
艏翘 …… 4.19
数控号料 …… 2.1.29
数控套料 …… 2.1.31
数控弯管 …… 3.4.13
数学放样 …… 2.1.3
数学光顺 …… 2.1.9
双斜切胎架 …… 2.3.42
水火弯板 …… 2.2.17
水密进线 …… 3.5.34

水上合拢 …… 2.3.32

T

塔式建造法 …… 2.3.25
胎架 …… 2.3.35
套管连接 …… 3.4.25
套料 …… 2.1.30
调距桨零位调正 …… 3.3.41
铁舾装 …… 3.2.2
艇固定 …… 3.2.15
投影靶 …… 3.3.18
推力轴承安装 …… 3.3.35
推拖设备安装 …… 3.2.13
托盘 …… 3.1.23
托盘编码 …… 3.1.25
托盘管理 …… 3.1.24
托线板 …… 3.5.33

W

外板展开 …… 2.1.14
外舾装 …… 3.2.1
完工型值表 …… 2.1.11
围壁板安装 …… 3.2.27
尾轴安装 …… 3.3.21
尾轴安装间隙测量 …… 3.3.24
尾轴承冷装安装 …… 3.3.25
尾轴管安装 …… 3.3.20
尾轴管衬套嵌套 …… 3.3.22
尾轴密封装置安装 …… 3.3.23
艉浮 …… 4.17
艉落 …… 4.18
艉翘 …… 4.2
无键螺旋桨液压安装 …… 3.3.38
无金属骨架绝缘安装 …… 3.2.29
无余量制管 …… 3.4.2

X

舾装单元 …… 3.1.13
系泊设备安装 …… 3.2.12
下水 …… 4.4
下水重量 …… 4.12

先焊后弯工艺 …… 3.4.15
削斜 …… 2.2.5
校管 …… 3.4.18
校中 …… 3.1.8
型材内弯 …… 2.2.7
型材外弯 …… 2.2.8
型线光顺 …… 2.1.8

Y

压筋 …… 2.2.16
压弯 …… 2.2.12
样板 …… 2.1.17
样棒 …… 2.1.20
样条 …… 2.1.19
样箱 …… 2.1.18
摇摆胎架 …… 2.3.37
液压拉伸螺栓连接 …… 3.3.10
有键螺旋桨连接 …… 3.3.39
余量 …… 2.3.45
预埋件安装 …… 3.2.26
预密性试验 …… 4.3
预舾装 …… 3.1.14

Z

找中 …… 3.1.7
折边 …… 2.2.15
折角 …… 2.2.14
整机安装 …… 3.3.2
正切胎架 …… 2.3.40
正装法 …… 2.3.19
支索紧固 …… 3.2.17
止火隔板 …… 3.5.24
中间轴承安装 …… 3.3.34
中频弯管 …… 3.4.11
重力式下水 …… 4.7
轴承负荷法轴系校中 …… 3.3.28
轴端下垂量计算 …… 3.3.33
轴系孔划线 …… 3.3.13
轴系镗孔 …… 3.3.19
轴系校中 …… 3.3.26
轴系找中 …… 3.3.12

轴系中线 …… 3.3.11
主干电缆 …… 3.5.2
主机安装 …… 3.3.1
主机定位 …… 3.3.5
主机热膨胀调整 …… 3.3.6
主机校中 …… 3.3.4
装配定位 …… 2.3.14
综合安装图 …… 3.1.11
综合布置 …… 3.1.10
总段 …… 2.3.12
总段建造法 …… 2.3.24
总段舾装 …… 3.1.18
纵向涂油滑道下水 …… 4.1
纵向下水 …… 4.5
组合电缆填料函 …… 3.5.21

英 文 索 引

A

accommodation outfitting ······ 3.2.20
accuracy control ······ 4.2
adjustable moulding bed ······ 2.3.39
adjustable template ······ 2.1.21
adjusting "zero" position for blade ······ 3.2.7
adjusting "zero" position for control pitch propeller ······ 3.3.41
adjustment for main engine heat expansion ······ 3.3.6
alignment of rudder blade and rudder stock on platen ······ 3.2.6
anti-jamming earthing ······ 3.5.43
assemblies of hull ······ 2.3.4
assembling on board ······ 3.3.3
assembly frame ······ 2.3.48

B

basic section ······ 2.3.11
basic target ······ 3.3.17
batten ······ 2.1.19
bending ······ 2.2.12
berth(dock) assembly ······ 2.3.18
berth outfitting ······ 3.1.19
bite type union ······ 3.4.27
block ······ 2.3.12
block method of hull construction ······ 2.3.24
block method of per-outfitting ······ 3.4.22
block outfitting ······ 3.1.18
bond ······ 3.5.40
boring for shafting ······ 3.3.19
bunch separated cables installation ······ 3.5.11
bunched cables installation ······ 3.5.3

C

cable capping ······ 3.5.12
cable casing ······ 3.5.12
cable coaming ······ 3.5.14
cable expansion box ······ 3.5.17
cable expansion loop ······ 3.5.18

cable gland ………… 3.5.20
cable inlet bracket ………… 3.5.33
cable inlet plate ………… 3.5.32
cable installation fittings ………… 3.5.9
cable installation in conduit ………… 3.5.5
cable installation in pipe ………… 3.5.4
cable liner ………… 3.5.16
cable penetration fittings ………… 3.5.13
cable supporting fittings ………… 3.5.8
cable trunk ………… 3.5.14
cables data book ………… 3.5.27
cables installation ………… 3.5.1
calculation for shaft endsag ………… 3.3.33
camber mould ………… 2.1.22
caulking material for cable penetration ………… 3.5.30
centering ………… 3.1.8
centering for shafting ………… 3.3.26
centering for shafting by calculation ………… 3.3.27
centering for shafting by direct connection ………… 3.3.29
centering for shafting by loading method ………… 3.3.28
centering for shafting by optical method ………… 3.3.30
chamfer ………… 2.2.5
channeling ………… 2.2.16
cocking up of after body ………… 4.2
cocking up of forebody ………… 4.19
cold bend ………… 3.4.9
cold bending ………… 2.2.9
cold pressed joint ………… 3.5.35
compensation ………… 2.3.46
compensation of pipeline ………… 3.4.29
complete cross section ………… 2.3.12
complex installation drawing ………… 3.1.11
complex layout ………… 3.1.10
concave bending of frame ………… 2.2.7
convex bending of frame ………… 2.2.8
curvature of frame ………… 2.1.16
curved section ………… 2.3.8
curved section assembly and welding flow line ………… 2.3.34
cutting pipe without surplus ………… 3.4.8

D

deck covering laying ………… 3.2.23

deck outfitting …… 3.2.1
deferent platform …… 2.3.44
deflection …… 3.3.32
determination for main engine …… 3.3.4
determination of center lines …… 3.1.7
dipping …… 4.15
distortion correction by flame …… 2.2.19
dock outfitting …… 3.1.20
dropping …… 4.16

E

earthed by continuity conductor …… 3.5.46
earthing …… 3.5.39
edge preparation …… 2.2.4
electric fitting …… 3.1.4
electrical continuity …… 3.5.38
end launching …… 4.5
end slideway launching …… 4.1

F

fabricating of spiral pipe …… 3.4.19
ferrule fitting connection …… 3.4.27
finished offsets table …… 2.1.11
fire stop for bunched cables …… 3.5.23
fire stop metal plate …… 3.5.24
fitting liner for stern tube …… 3.3.22
fixed moulding bed …… 2.3.36
fixed platform …… 2.3.43
fixing of boat …… 3.2.15
fixing of built-in piece …… 3.2.26
fixing of insulated structure with metal frame …… 3.2.28
fixing of insulated structure without metal frame …… 3.2.29
fixing of stays …… 3.2.17
fixing of wall panel …… 3.2.27
flame forming …… 2.2.17
flange centering …… 3.3.16
flange joint …… 3.4.24
flat method of hull construction …… 2.3.31
flat section …… 2.3.7
flat section assembly and welding flow line …… 2.3.33
floating dock method of hull construction …… 2.3.30

floating launching …… 4.8
flushing of pipeline …… 3.4.30
folding …… 2.2.15
fore poppet pressure …… 4.13
frame interpolation …… 2.1.10
frame lines lofting …… 2.1.6
frame mould …… 2.1.23
frame ring …… 2.3.5
full scale lofting …… 2.1.2

G

gravity launching …… 4.7
grounding …… 3.5.39

H

high frequency bending of pipe …… 3.4.12
high frequency panel moulding technology …… 2.2.20
hot bend …… 3.4.10
hot bending …… 2.2.10
hot forming …… 2.2.18
hull assembly …… 2.3.1
hull outfitting …… 3.1.1
hull steel fabrication …… 2.2.1
hydraulic bolt connection …… 3.3.10

I

individuals of hull structure …… 2.3.2
inserting pipe …… 3.4.31
inspection of piping completeness …… 3.4.33
installation …… 3.1.9
installation for auxiliary machinery …… 3.3.7
installation for boiler accessory …… 3.3.43
installation for boiler on board …… 3.3.42
installation for complete set of engine …… 3.3.2
installation for intermediate bearing …… 3.3.34
installation for main engine …… 3.3.1
installation for stern tube …… 3.3.20
installation for thrust shaft bearing …… 3.3.35
installation of accommodation equipment …… 3.2.22
installation of anchoring equipment …… 3.2.9
installation of back bearing …… 3.3.25

installation of cargo handling gear …… 3. 2. 16
installation of deck equipment and fitting …… 3. 2. 19
installation of hatchcover …… 3. 2. 18
installation of life-saving equipment …… 3. 2. 14
installation of mooring equipment …… 3. 2. 12
installation of pipe …… 3. 4. 21
installation of propeller …… 3. 3. 36
installation of propeller shaft seal …… 3. 3. 40
installation of pushing and towing equipment …… 3. 2. 13
installation of rudder and steering gear …… 3. 2. 3
installation of tail shaft …… 3. 3. 21
installation of tail shaft seal stuffing …… 3. 3. 23
insulator laying …… 3. 2. 24
island method of hull construction …… 2. 3. 26

J

jig …… 2. 3. 35
joining section …… 2. 3. 10
joining ship sections afloat …… 2. 3. 32

K

knuckle …… 2. 2. 14

L

lateral method of hull section construction …… 2. 3. 21
launching …… 4. 4
launching weight …… 4. 12
layer-built cables installation …… 3. 5. 10
levelling of foundation plane …… 3. 3. 9
lift by the stern …… 4. 17
lifting and mounting complete superstructure of a ship …… 3. 1. 22
lines fairing …… 2. 1. 8
location for main engine …… 3. 3. 5
lofting floor …… 2. 1. 1
lofting of structural line …… 2. 1. 7

M

machinery fitting …… 3. 1. 2
main cable …… 3. 5. 2
malfunction earthing …… 3. 5. 45
manual lofting …… 2. 1. 4

manual marking-off ······ 2.1.27
manufacture pipe without surplus ······ 3.4.2
margin ······ 2.3.45
marking for shafting boring ······ 3.3.13
marking of hull parts ······ 2.1.26
marking-off from sketches ······ 2.1.28
mathematical control nesting ······ 2.1.31
mathematical fairing of lines ······ 2.1.9
mathematical lofting ······ 2.1.3
measurement of clearance of rudder bearing ······ 3.2.8
measurement of fit clearance for tail shaft ······ 3.3.24
measurement of springback angle ······ 3.4.16
mechanization launching ······ 4.9
medium frequency bending of pipe ······ 3.4.11
mega block ······ 2.3.13
mega block method of hull construction ······ 2.3.29
method of straighten anti-curve line ······ 2.2.21
method of unit assembling ······ 3.4.23
mock-up ······ 2.1.18
moisture-proofed laying for refrigerated room ······ 3.2.30
mould bar ······ 2.1.20
moulding bed ······ 2.3.35
mounting for key propeller ······ 3.3.39
mounting for keyless propeller by hydraulic jack ······ 3.3.38
mounting propeller by bonding ······ 3.3.37
multi-cables gland ······ 3.5.21
multi-cables transit(MCT) ······ 3.5.19
multi-gland ······ 3.5.15

N

nesting ······ 2.1.30
normal moulding bed ······ 2.3.40
numerical controlled bending of pipe ······ 3.4.13
numerical controlled marking ······ 2.1.29

O

outfits unit ······ 3.1.13
outfitting technique of zone shipbuilding technology ······ 3.1.12

P

pad fitting ······ 3.3.8

pallet ······ 3.1.23
pallet code ······ 3.1.25
pallet control ······ 3.1.24
parallel offset ······ 3.3.31
penetration space factor ······ 3.5.7
pipe cleaning ······ 3.4.17
pipe cutting ······ 3.4.7
pipe insulating ······ 3.4.28
pipe marking ······ 3.4.5
pipe marking on slab ······ 3.4.6
pipe reshaping and positioning ······ 3.4.18
pipe working flow line ······ 3.4.20
pipe-piece family manufacturing ······ 3.4.1
piping layout ······ 3.4.3
piping outfitting ······ 3.1.3
plate alignment ······ 2.3.15
plug-in type connection ······ 3.5.37
point in wiring ······ 3.5.25
positioning ······ 2.3.14
positioning of anchor ······ 3.2.10
positioning of cable stopper ······ 3.2.11
preset ······ 2.3.47
press bending ······ 2.2.12
pressure-tight gland ······ 3.5.22
pre-outfitting ······ 3.1.14
pre-treatment of steel plate ······ 2.2.3
projection target ······ 3.3.18
protection earthing ······ 3.5.42
push bending ······ 2.2.13
pyramid method of hull construction ······ 2.3.25
pyrocondensation bushing ······ 3.5.28

Q

quay outfitting ······ 3.1.21

R

reference for installation ······ 3.1.5
repetition earthing ······ 3.5.44
rib pulling method of assembly ······ 2.3.22
roll bending ······ 2.2.11
rotating jig ······ 2.3.38

rudder to zero ······ 3. 2. 5
running a measuring wire ······ 3. 1. 6
running a measuring wire for rudder system ······ 3. 2. 4

S

screw type connection ······ 3. 5. 36
sealing of surface ······ 3. 2. 25
sealing stuff for cables penetration ······ 3. 5. 29
seam arrangement ······ 2. 1. 12
seam-lap of duct ······ 3. 4. 14
section ······ 2. 3. 6
section assembly ······ 2. 3. 17
section mould ······ 2. 1. 24
section outfitting ······ 3. 1. 17
sectional method of hull construction ······ 2. 3. 23
shafting alignment ······ 3. 3. 12
shafting alignment by optical method ······ 3. 3. 15
shafting alignment by wiring ······ 3. 3. 14
shafting centre line ······ 3. 3. 11
shaping preparation ······ 2. 2. 6
shell plate development ······ 2. 1. 14
side launching ······ 4. 6
skew double moulding bed ······ 2. 3. 42
skew single moulding bed ······ 2. 3. 41
sleeve joint ······ 3. 4. 25
space factor ······ 3. 5. 6
steel ball launching ······ 4. 11
steel outfitting ······ 3. 2. 2
structural member development ······ 2. 1. 13
sub-assembly of hull structure ······ 2. 3. 3
subassembly ······ 2. 3. 16
surplus ······ 2. 3. 45
symbols of hull steel fabrication ······ 2. 2. 2

T

tandem shipbuilding method ······ 2. 3. 28
tapping ······ 3. 5. 26
technology of hull const-ruction ······ 4. 1
technology of jointing before bend ······ 3. 4. 15
template ······ 2. 1. 17
template for marking-off ······ 2. 1. 25

testing for block tightness ………… 4.3
theoretical model line of hull lofting ………… 2.1.5
thickness amending in plate development ………… 2.1.15
three-dimensional block ………… 2.3.9
three-dimensional unit ………… 2.3.9
tilting jig ………… 2.3.37
tipping ………… 4.18
two-part method of hull construction ………… 2.3.27

U

union joint ………… 3.4.26
unit ………… 2.3.6
unit assembly ………… 3.1.15
unit of pipe ………… 3.4.32
unit outfitting ………… 3.1.16
upright method of hull section construction ………… 2.3.19
upside-down method of hull-section construction ………… 2.3.20

V

vibration-proof type installation ………… 3.5.31

W

water tight cable entrance ………… 3.5.34
way end pressure ………… 4.14
wood outfitting ………… 3.2.21
work earthing ………… 3.5.41
working diagram for pipe fabrication ………… 3.4.4

ICS 47.020.30
U 47

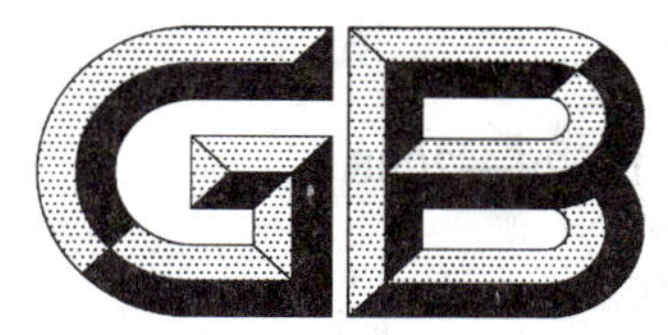

中华人民共和国国家标准

GB/T 12928—2008
代替 GB/T 12928—1991,GB/T 12933—1991

船用中低压活塞空气压缩机

Marine reciprocating air compressor for medium pressure and low pressure

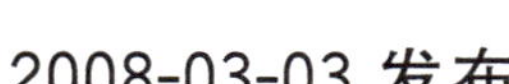

2008-03-03 发布　　　　2008-09-01 实施

中华人民共和国国家质量监督检验检疫总局
中国国家标准化管理委员会　发布

前 言

本标准代替 GB/T 12928—1991《船用中压活塞式空气压缩机》、GB/T 12933—1991《船用低压活塞式空气压缩机》。

本标准与 GB/T 12928—1991、GB/T 12933—1991 相比，主要技术内容有如下变动：

——将 GB/T 12928—1991、GB/T 12933—1991 合并修订成 GB/T 12928 新版；

——重新规定了适用范围，将额定排气压力不大于 4.0 MPa 的船用空压机列入范围中；

——修改了引用标准；

——增加了术语与定义的章节；

——将原两个标准中产品的基本参数合并成表 1 和表 2；

——表 4 中对空压机主要零件的材料提出了具体的要求；

——表 5 中对各型空压机的噪声声功率指标的分类和要求进行了调整；

——表 6 中增加了容积流量 51 m^3/h～119 m^3/h 这一档的润滑油耗油量要求；

——将船用条件要求和试验改为环境适应性要求和试验，并修改了具体数值；

——增加了油耗量和冷却水耗量的试验方法；

——修改了表 9(检验项目和顺序)。

本标准由中国船舶重工集团公司提出。

本标准由中国船用机械标准化技术委员会甲板机械及机舱辅机分技术委员会归口。

本标准起草单位：中国船舶重工集团公司第七〇四研究所。

本标准主要起草人：顾军威、乐维健、罗桂山、鞠毅。

本标准所代替标准的历次版本发布情况为：

——GB/T 12928—1991、GB/T 12933—1991。

船用中低压活塞空气压缩机

1 范围

本标准规定了船用中低压活塞空气压缩机(以下简称"空压机")的分类、要求、试验方法、检验规则以及标志、包装、运输和贮存。

本标准适用于电动机驱动的额定排气压力为 3.0 MPa、1.0 MPa 和 0.7 MPa 的船用中、低压活塞式空气压缩机的设计、生产、试验和验收等。

柴油机驱动的船用空压机以及其他额定排气压力不大于 4.0 MPa 的船用空压机也可参照执行。

2 规范性引用文件

下列文件中的条款通过本标准的引用而成为本标准的条款。凡是注日期的引用文件,其随后所有的修改单(不包括勘误的内容)或修订版均不适用于本标准,然而,鼓励根据本标准达成协议的各方研究是否可使用这些文件的最新版本。凡是不注日期的引用文件,其最新版本适用于本标准。

GB/T 669 优质碳素结构钢

GB/T 700 碳素结构钢(GB/T 700—2006,ISO 630:1995,NEQ)

GB/T 1173 铸造铝合金(GB/T 1173—1995,neq ASTM B26:1992)

GB/T 1176 铸造铜合金技术条件(GB/T 1176—1987,neq ISO 1338:1977)

GB/T 1348 球墨铸铁件

GB/T 2506 船用搭焊钢法兰(四进位)

GB 3033.1 船舶与海上技术 管路系统内含物的识别颜色 第1部分:主颜色和介质(GB 3033.1—2005,ISO 14726-1:1999,IDT)

GB/T 3077 合金结构钢

GB/T 3853—1998 容积式压缩机验收试验(eqv ISO 1217:1996)

GB/T 4975 容积式压缩机术语 总则(GB/T 4975—1995,eqv ISO 3857:1977)

GB/T 4980 容积式压缩机噪声的测定

GB/T 9439 灰铸铁件

GB/T 10746 船用对焊钢法兰(四进位)

GB/T 16301—2008 船舶机舱辅机振动烈度的测量和评价

GB/T 13306 标牌

GB/T 13384 机电产品包装通用技术条件

GB/T 15487 容积式压缩机流量测量方法

CB 1146.4 舰船设备环境试验与工程导则 湿热

CB 1146.6 舰船设备环境试验与工程导则 倾斜和摇摆

JB/T 6908 容积式压缩机用钢锻件

3 术语和定义

GB/T 4975 和下列术语与定义适用于本标准

3.1

额定工况 rated condition

由额定转速和额定排气压力共同确定的空压机的工况。

3.2

容积流量 volume rate of flow

空压机在额定工况下运转，单位时间内于空压机排气口处测得并换算到第一级进气口前吸入空气之温度和压力下的空气体积(包括自储气罐，中间冷却器等处收集的空气中的冷凝水折算成的空气体积)。

3.3

公称容积流量 nominal volume rate of flow

容积流量换算到标准吸气状态和名义转速(交流电动机的同步转速)下的空气体积。

3.4

标准吸气状态 standard inlet condition

吸入气体在压缩机标准吸气位置的状态，此时吸入温度为20℃，压力为0.101 MPa(绝压)，相对湿度为0，冷却水进口温度为15℃。

4 产品分类

4.1 基本型式

4.1.1 空压机采用V型、W型、Z型的结构型式。

4.1.2 空压机采用水冷式(海水冷却或淡水冷却)或风冷式。

4.2 基本参数

4.2.1 水冷式空压机的基本参数应符合表1的规定。

4.2.2 风冷式空压机的基本参数应符合表2的规定。

表1 水冷式空压机基本参数

额定排气压力/MPa	驱动功率/kW	公称容积流量/(m^3/h)	比功率/[kW/(m^3/h)]	冷却水需要量/(m^3/h)	
				海水	淡水
				最高进水温度不大于32℃	最高进水温度不大于40℃
0.7	3	22	0.13	0.4	0.5
	4	29	0.13	0.6	0.8
	5.5	48	0.13	0.8	1.0
	7.5	54	0.12	1	1.2
	11	90	0.12	1.2	1.5
1	18.5	132	0.12	1.5	2
	22	144	0.12	2	2.5
	30	240	0.12	3.6	4.5
	37	288	0.12	4	5
	45	360	0.12	4.6	5.5
	55	480	0.11	5	6
	75	600	0.11	6	7.5
	90	780	0.11	8	10.0

表 1（续）

额定排气压力/MPa	驱动功率/kW	公称容积流量/(m³/h)	比功率/[kW/(m³/h)]	冷却水需要量/(m³/h) 海水 最高进水温度不大于 32℃	冷却水需要量/(m³/h) 淡水 最高进水温度不大于 40℃
3	1.5	5	0.25	0.1	0.15
	2.2	6	0.25	0.1	0.15
	3	10	0.25	0.2	0.3
	4	12	0.25	0.3	0.4
	5.5	20	0.24	0.4	0.5
	7.5	24	0.24	0.6	0.8
	11	40	0.24	0.8	1.0
	15	60	0.24	1.0	1.2
	18.5	72	0.24	1.2	1.5
	22	90	0.23	1.5	1.8
	30	120	0.23	2	2.5
	37	144	0.23	2.4	3
	45	180	0.23	3	3.6
	55	240	0.23	4	5
	75	300	0.22	4.5	5.5
	90	360	0.22	6	7.5
	110	426	0.22	7.2	8.5

表 2 风冷式空压机基本参数

额定排气压力/MPa	驱动功率/kW	公称容积流量/(m³/h)	比功率/[kW/(m³/h)]	冷却空气需要量/(m³/min) 最高环境温度不大于 50℃
0.7	0.37	2	0.15	—
	0.55	3.3	0.14	—
	0.75	4.8	0.14	—
	1.1	7.2	0.14	—
3	2.2	5	0.25	6
	3	10	0.25	12
	4	12	0.25	14
	5.5	20	0.25	24
	7.5	24	0.25	28
	11	40	0.24	48
	15	48	0.24	57
	18.5	60	0.24	72

表 2（续）

额定排气压力/MPa	驱动功率/kW	公称容积流量/(m^3/h)	比功率/[kW/(m^3/h)]	冷却空气需要量/(m^3/min)
				最高环境温度不大于 50℃
3	22	72	0.23	86
	30	108	0.23	108
	37	120	0.23	144
	45	180	0.23	216
	55	228	0.23	259
	63	252	0.23	288
	75	300	0.23	324
	90	360	0.23	432
	110	432	0.23	518

4.3 产品标记

4.3.1 空压机的型号由型式代号和阿拉伯数字组成，其表示方法如图 1 所示：

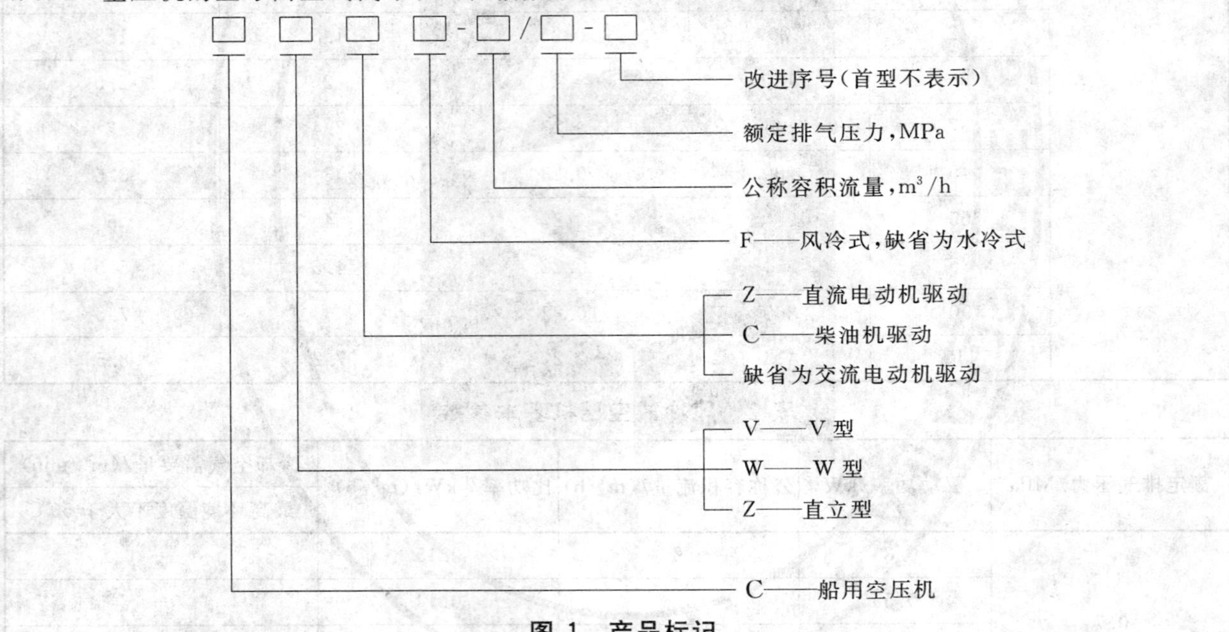

图 1 产品标记

4.3.2 标记示例

示例：

公称容积流量为 5 m^3/h，额定排气压力为 3 MPa，直流电动机驱动，风冷立式活塞式空压机：

船用空压机 CZZF-5/3 GB/T 12928—2008

5 要求

5.1 外观

5.1.1 空压机外表面的铸造、焊接及加工表面应清理干净。做到无锈、无垢、无焊渣，涂漆表面应平坦光滑、色泽一致。油漆应能防止盐雾、油雾及潮气的腐蚀。风冷式空压机的气缸、气缸盖的外表面不允许打腻子，应用导热良好的导热油漆喷刷。

5.1.2 空压机的气管、水管、油管应按 GB 3033.1 规定的颜色涂漆，各管路的排列应整齐。

5.1.3 外露紧固件、操作件应进行发蓝、镀铬等装饰性处理。

5.1.4 压力表的上方或下方应有标牌指示。

5.2 设计与结构

5.2.1 空压机应有压力表指示，压力表可根据需要有防水或夜光显示功能。

5.2.2 曲轴箱上面应设润滑油补给孔、油位计、放油塞、防爆阀和透气装置。

5.2.3 水冷空压机的冷却系统中，与冷却水接触的部件，应采取防锈和防腐措施，并设有冷却水排放通道，以便于气缸内排水。

5.2.4 水冷空压机应设置冷却器，多级压缩的水冷空压机应设置中间冷却器和后冷却器。冷却器上应设置冷却水安全阀或安全膜，并设有放泄旋塞或放泄阀。空压机后冷却器出口处应设有小型易熔塞或报警装置，当空气温度超过121℃时应发出报警。

5.2.5 空压机应设置卸荷机构，在采用自动控制的场合应具备能手动操作的机构。

5.2.6 空压机应设置液气分离器(公称容积流量不大于24 m^3/h的风冷空压机可不装)。

5.2.7 空压机的气管、水管、油管的连接应保证密封，便于拆装并能防振。

5.2.8 空压机的排气口、冷却水进出口外接管路采用法兰结构连接时，空压机外接法兰应符合GB/T 2506、GB/T 10746的规定。

5.2.9 空压机吸气口应设置空气滤清器。

5.2.10 空压机的自动控制装置分半自动化和全自动化两种方式：

a) 半自动化形式包括自动开机、自动停机、自动卸荷、自动泄放；

b) 全自动化形式包括自动开机、自动停机、自动卸荷、自动泄放，并附加必要的自动保护装置和报警装置。

5.2.11 外露的运动部件应设置以金属丝网或钢板为主要材料的防护罩。

5.2.12 活塞、连杆、平衡铁的实际质量与图样上所示的质量偏差不应超过下列规定：

a) 活塞：±3%；

b) 连杆：±3%；

c) 平衡铁：±4%。

5.2.13 飞轮(皮带轮)应作静平衡校正。

5.2.14 空压机机头和原动机用弹性联轴器直联时，两机主轴的对中要求应符合表3的规定。

表3 空压机和原动机主轴对中要求

单位为毫米

联轴器外径	测定部位	
	联轴器外圆径向圆跳动公差	联轴器端面跳动公差
<250	<0.05	<0.10
250～500	<0.08	<0.15
>500	<0.10	<0.20

5.2.15 为使空压机机头和原动机拆开后容易复位，空压机机头与公共底座、原动机与公共底座间应采用定位销定位。

5.3 材料

5.3.1 空压机的主要零件所用的材料见表4，并符合5.3.3～5.3.8的规定，使用非原设计规定的材料时，须经订货方批准。

表 4 主要零件材料选用

用 途	材料名称	备 注
底座	结构钢、锻钢	
气缸、气缸头(盖)	铸铁、青铜、锻钢	
气缸套	铸铁	
活塞	铸铝、铸铁	
曲轴箱、机身(机架)	铸钢、结构钢、锻钢、铸铁、铸铝	
曲轴	锻钢、球墨铸铁	
连杆、活塞杆、螺栓、螺母	锻钢	螺栓、螺母指连杆用

5.3.2 所有与润滑油或油雾接触的橡胶件应该用耐油橡胶制成。

5.3.3 结构钢件应符合 GB/T 699、GB/T 700 的规定。

5.3.4 锻钢件应符合 JB/T 6908 的规定。

5.3.5 灰铸铁件应符合 GB/T 9439 的规定;球墨铸铁件应符合 GB/T 1348 的规定。

5.3.6 铸造铜合金件应符合 GB/T 1176 的规定。

5.3.7 铸造铝合金件应符合 GB/T 1173 的规定。

5.3.8 合金结构钢件应符合 GB/T 3077 的规定。

5.4 耐压性和气密性

5.4.1 承受气体压力的零部件(如气缸、活塞、气缸套、冷却器、气液分离器、空气管等)能承受其 1.5 倍最高工作压力的强度;水路、水腔能承受的压力一般为 0.50 MPa、水下用空压机为 0.75 MPa。

5.4.2 承受空气压力的零部件之间的连接在其最高工作压力下不允许有渗漏现象。

5.5 性能

5.5.1 气、水、油压力

5.5.1.1 空压机的各级排气压力应符合技术文件中的规定。

5.5.1.2 水冷空压机的冷却水压力应不低于 0.05 MPa。

5.5.1.3 空压机润滑油泵的供油压力不低于 0.1 MPa,并应能适当调节,保证可靠供油,油路中应装有过滤器,清除杂质粒度小于 0.05 mm。空压机还应采取必要措施,保证起动时的正常润滑。

5.5.2 安全性

空压机每一压缩级后均应设置安全阀,安全阀应安全可靠、动作灵敏,空压机的排气压力上升至额定排气压力的 110%时,最后级安全阀必须开启,并保证空压机的排气压力不再上升,级间安全阀的开启压力应不大于该级最高工作压力的 120%,冷却水腔上的安全阀开启压力或安全膜破裂时压力为 0.40 MPa～0.45 MPa,水下用空压机为 0.60 MPa～0.65 MPa。

5.5.3 容积流量

空压机在额定工况下运行,测量的容积流量换算成公称容积流量应不低于表 1、表 2 中规定值的 95%。

5.5.4 轴功率

空压机在额定工况下运行,测量的轴功率不得超过表 1、表 2 规定的数值。

5.5.5 气、水、油温度

5.5.5.1 空压机在额定排气压力下各级排气温度不高于 200℃,进入空气瓶的空气温度:

a) 水冷空压机不超过进水温度加 30℃;

b) 风冷空压机不超过环境温度加 40℃。

5.5.5.2 使用淡水冷却的空压机的水泵进口处的水温不应超过 40℃,使用海水冷却的空压机的水泵进口处的水温不应超过32℃，空压机的冷却水出口温度一般比进口温度高5℃～15℃。

5.5.5.3 曲轴箱内润滑油温度对水冷空压机不应高于70℃，对风冷空压机不应高于80℃。

5.5.6 噪声

空压机在额定工况下运转的噪声声功率级应符合表5的规定。

表5 噪声要求

容积流量/(m^3/h)	噪声声功率级/dB(A)	
>50	风　冷	≤106
	水　冷	≤104
7～50	风　冷	≤104
	水　冷	≤102
<7	风冷和水冷	≤94

5.5.7 振动烈度

空压机在额定工况下运转的振动烈度值 V_{rms} 不大于18 mm/s。

5.5.8 润滑油消耗量

空压机传动机构和气缸部分的润滑油总消耗量应符合表6规定。

表6 润滑油总消耗量要求

项目	容积流量/(m^3/h)		
	≤50	51～119	≥120
油耗量/(g/m^3)	<0.7	<0.6	<0.5

5.5.9 冷却水流量

水冷式空压机的冷却水流量应符合表1的规定。

5.6 耐久性

空压机的中修期为1 000 h，空压机的主要零件(气缸体、气缸盖、气缸套、曲轴箱、活塞、活塞销、连杆、连杆螺栓、曲轴等)在中修期内不应发生影响压缩机正常运转的损坏或损伤，各主要间隙值不超过允许的极限值。

5.7 环境适应性

空压机应能在下列条件下使用，符合5.4的要求：

a) 横摇：±22.5°；
b) 纵摇：±7.5°；
c) 横倾：±15°；
d) 纵倾：±5°；
e) 环境温度：5℃～45℃；
f) 冷却用海水最高进水温度为32℃；
g) 闭式循环冷却用淡水最高进水温度为40℃；
h) 进入空压机的空气中含有微量油雾、盐雾，最大相对湿度为95%。

6 试验方法

6.1 外观

用目测检查空压机的外观，结果应符合5.1的要求。

6.2 材料

检查并核对空压机主要零件所使用材料的牌号和材质说明书，结果应符合5.3的要求。

6.3 耐压性和气密性

6.3.1 承受气体压力的零部件以1.5倍的最高工作压力进行水压试验;水路、水腔的水压试验压力一般为0.5 MPa;水下用空压机为0.75 MPa,以上试验均历时30 min,不允许有渗漏现象,结果应符合5.4的要求。

6.3.2 承受空气压力的零件和部件(如气缸、活塞、气缸套、冷却器、气液分离器、空气管等)在水压试验合格组装后,在最高工作压力下进行气密性检验,不允许有渗漏现象,结果应符合5.4的要求。

6.4 气、水、油压力

按GB/T 3853—1998中A2.1的方法测量压力,结果应符合5.5.1的要求。

6.5 安全性

启动空压机,调节出口截止阀,空压机的压力稳定上升,逐个调整空压机的安全阀(中间各级安全阀允许放在末级上调整),使安全阀在设定的压力值开启,结果应符合5.5.2的要求。调整次数不少于3次,整定后的安全阀应铅封。

6.6 容积流量

按GB/T 15487规定的方法测量空压机吸气状态下的容积流量,结果应符合5.5.3的要求。

6.7 轴功率

按GB/T 3853—1998中A2.6的方法测量功率,结果应符合5.5.4的要求。

6.8 气、水、油温度

按GB/T 3853—1998中A2.2的方法测量气、水、油温度,结果应符合5.5.5的要求。

6.9 噪声

空压机在额定工况下运转,按GB/T 4980规定的方法对空压机进行噪声的测量,结果应符合5.5.6的要求。

6.10 振动

空压机在额定工况下运转,按GB/T 16301—2008规定的方法对空压机进行振动烈度测量,结果应符合5.5.7的规定。

6.11 润滑油的消耗量

按GB/T 3853—1998中A5的方法测量润滑油的消耗量,结果应符合5.5.8的要求。

6.12 冷却水流量

按GB/T 3853—1998中A2.7的方法测量冷却水的流量,结果应符合5.5.9的要求。

6.13 耐久性

6.13.1 空压机按表7的规定运转时间和起动次数进行耐久性试验,结果应符合5.6的要求。

表7 耐久试验要求

样机类型	容积流量/(m^3/h) >50		容积流量/(m^3/h) ≤50	
	累计运转时间/h	起动次数	累计运转时间 /h	起动次数
新设计	1 000	150	500	100
转厂生产	500	75	250	50
设计、工艺做重大修改	500	75	250	50
与不同类型电动机配套	500	75	250	50
停产两年以上恢复生产	250	50	250	25

6.13.2 试验应在额定工况下进行,试验开始和结束时应测量空压机的容积流量,其流量降低量不得超过10%。

6.13.3 试验时每隔4 h至少记录一次数据。

6.13.4 试验结束后，空压机按技术文件规定进行拆检。

6.14 **环境适应性**

空压机在额定工况下运行，按 CB 1146.4 和 CB 1146.6 规定的方法进行环境适应性试验，试验时间和测定的项目见表 8，结果应符合 5.7 的要求。

表 8 试验时间和测定项目

<table>
<tr><th colspan="2">试验项目</th><th>要求</th><th>运转时间/h</th><th>必须测定的项目</th></tr>
<tr><td rowspan="2">摇摆试验</td><td>横摇</td><td>±22.5°</td><td rowspan="2">>0.5</td><td rowspan="2">轴功率、润滑油压力、冷却水压力、各级空气压力、冷却水耗量</td></tr>
<tr><td>纵摇</td><td>±7.5°</td></tr>
<tr><td rowspan="2">倾斜试验</td><td>横倾</td><td>±15°</td><td rowspan="2">>0.5</td><td rowspan="2">轴功率、润滑油压力及温度、冷却水压力及温度、各级空气压力及进排气温度、冷却水耗量、容积流量</td></tr>
<tr><td>纵倾</td><td>±5°</td></tr>
<tr><td colspan="2">高温高湿试验</td><td>环境温度：45℃
相对湿度：95%
冷却水进口温度：
海水 32℃
淡水 40℃</td><td>>4</td><td>轴功率、润滑油压力及温度、冷却水压力及温度、各级空气压力及进排气温度、冷却水耗量、容积流量</td></tr>
</table>

7 检验规则

7.1 检验分类

空压机的检验分型式检验和出厂检验。

7.2 型式检验

7.2.1 检验时机

有下列情况之一时，应进行型式检验：

a) 新产品和老产品转厂生产的试制定型鉴定；

b) 正式生产后，如结构、材料、工艺有较大改变，可能影响产品性能时；

c) 正常生产时，应每 4 年或生产 100 台后进行一次检验；

d) 产品停产 2 年后恢复生产时；

e) 出厂检验结果与上次型式检验有较大差异时；

f) 国家质量监督机构提出进行型式检验的要求时。

7.2.2 项目和顺序

型式检验的项目和顺序按表 9 规定。

表 9 检验项目和顺序

序号	检验项目	型式检验	出厂检验	要求章条号	试验方法章条号
1	外观	●	●	5.1	6.1
2	材料	●	●	5.3	6.2
3	耐压性和气密性	●	●	5.4	6.3
4	气、水、油压力	●	●	5.5.1	6.4
5	安全性	●	●	5.5.2	6.5
6	容积流量	●	●	5.5.3	6.6
7	轴功率	●	●	5.5.4	6.7

表 9（续）

序号	检验项目	型式检验	出厂检验	要求章条号	试验方法章条号
8	气、水、油温度	●	●	5.5.5	6.8
9	噪声	●	○	5.5.6	6.9
10	振动	●	○	5.5.7	6.10
11	油耗量	●	○	5.5.8	6.11
12	水耗量	●	○	5.5.9	6.12
13	耐久性	●	○	5.6	6.13
14	环境适应性	●	○	5.7	6.14
注：●为必检项目；○为订购方与承制方协商检验项目。					

7.2.3　**受检样品数**

型式检验的样品数量每一种型号检验数不少于 1 台，新设计的空压机的首制样机须进行环境适应性试验，新设计的同一型式、同一缸径的变型机组及转厂生产的机组可不进行环境适应性试验。对于第一次检验不符合要求的项目，经整改后的检验数量应加倍抽试。

7.2.4　**合格判据**

当产品所有检验项目均符合要求时，则判为该产品型式检验合格。当产品有任一检验项目不符合要求时，允许采取改进措施，再对该项目进行检验。仍不符合要求时，则判为该产品型式检验不合格。

7.3　**出厂检验**

7.3.1　**检验时机**

每台空压机均需进行出厂检验。

7.3.2　**项目和顺序**

出厂检验的项目和顺序按表 9 规定。

7.3.3　**合格判据**

当产品所有检验项目均符合要求时，则判为该产品出厂检验合格。

8　标志、包装、运输和贮存

8.1　标志

8.1.1　**产品标志**

空压机应设置标牌，标牌符合 GB/T 13306 的要求，标牌上至少应包含如下内容：

a)　产品型号与名称；

b)　公称容积流量；

c)　额定排气压力；

d)　转速；

e)　轴功率；

f)　机组外形尺寸；

g)　质量；

h)　制造厂名称；

i)　出厂编号；

j)　出厂日期。

8.1.2　**包装标志**

包装标志按 GB/T 13384 包装箱箱面的标志规定。

8.2 **包装**

8.2.1 空压机组的包装根据储运条件按照 GB/T 13384 的规定选用。

8.2.2 随机技术文件：

a) 产品合格证；

b) 产品说明书；

c) 出厂试验的试验报告；

d) 船检证书；

e) 装箱单；

f) 随机备附件清单和专用工具清单。

8.3 **运输**

运输时不应采用抛滑或其他容易引起撞击的方式。

8.4 **贮存**

空压机组应存放在通风干燥的仓库内，当存放期超过油封有效期后应定期检查，必要时应重新油封。

ICS 47.020.30
U 47

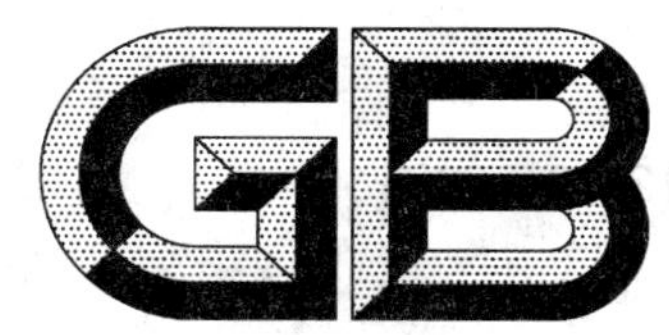

中华人民共和国国家标准

GB/T 12929—2008
代替 GB/T 12929—1991

船用高压活塞空气压缩机

Marine reciprocating air compressor for high pressure

2008-03-03 发布

2008-09-01 实施

中华人民共和国国家质量监督检验检疫总局
中国国家标准化管理委员会 发布

前　言

本标准代替 GB/T 12929—1991《船用高压活塞式空气压缩机》。

本标准与 GB/T 12929—1991 相比，主要技术内容有如下变动：

——修改了引用标准；

——增加了术语与定义的章节；

——表 3 中对主要零件的材料提出了具体的要求；

——删除了原标准中 4.2.14 中绘制各类曲线的要求；

——提高了噪声要求，降低了振动烈度要求；

——将船用条件要求和试验改为环境适应性要求和试验，并修改了具体数值；

——提高气阀的密封性要求；

——修改了容积流量的计算方法；

——增加了油耗量和冷却水耗量的试验方法；

——修改了表 9。

本标准由中国船舶重工集团公司提出。

本标准由中国船用机械标准化技术委员会甲板机械及机舱辅机分技术委员会归口。

本标准起草单位：中国船舶重工集团公司第七〇四研究所。

本标准主要起草人：顾军威、乐维健、郑福明、鞠毅。

本标准所代替标准的历次版本发布情况为：

——GB/T 12929—1991。

船用高压活塞空气压缩机

1 范围

本标准规定了船用高压活塞空气压缩机(以下简称空压机)的分类、要求、试验方法、检验规则以及标志、包装、运输和贮存。

本标准适用于电动机或柴油机驱动的额定排气压力范围从15 MPa～40 MPa的船用高压活塞空气压缩机的产品设计、生产、试验验收。

2 规范性引用文件

下列文件中的条款通过本标准的引用而成为本标准的条款。凡是注日期的引用文件,其随后所有的修改单(不包括勘误的内容)或修订版均不适用于本标准,然而,鼓励根据本标准达成协议的各方研究是否可使用这些文件的最新版本。凡是不注日期的引用文件,其最新版本适用于本标准。

GB/T 699　优质碳素结构钢

GB/T 700　碳素结构钢(GB/T 700—2006,ISO 630:1995,NEQ)

GB/T 1173　铸造铝合金

GB/T 1176　铸造铜合金技术条件(GB/T 1176—1987,neq ISO 1338:1977)

GB/T 1348　球墨铸铁件

GB/T 2506　船用搭焊钢法兰(四进位)

GB 3033.1　船舶与海上技术　管路系统内含物的识别颜色　第1部分:主颜色和介质(GB 3033.1—2005,ISO 14726-1:1999,IDT)

GB/T 3077　合金结构钢

GB/T 3853—1998　容积式压缩机验收试验(eqv ISO 1217:1996)

GB/T 4975　容积式压缩机术语　总则(GB/T 4975—1995,eqv ISO 3857:1977)

GB/T 4980　容积式压缩机噪声的测定

GB/T 9439　灰铸铁件

GB/T 10746　船用对焊钢法兰(四进位)

GB/T 13306　标牌

GB/T 13384　机电产品包装通用技术条件

GB/T 15487—1995　容积式压缩机流量测量方法

GB/T 16301—2008　船舶机舱辅机振动烈度的测量和评价

CB 1146.4　舰船设备环境试验与工程导则　湿热

CB 1146.6　舰船设备环境试验与工程导则　倾斜和摇摆

JB/T 6908　容积式压缩机用钢锻件

3 术语与定义

GB/T 4975和下列术语与定义适用于本标准。

3.1

额定工况　rated condition

由额定转速和额定排气压力共同确定的空压机的工况。

3.2

容积流量 volume rate of flow

空压机在额定工况下运转，单位时间内于空压机排气口处测得并换算到第一级进气口前吸入空气之温度和压力下的空气体积(包括自储气罐，中间冷却器等处收集的空气中的冷凝水折算成的空气体积)。

3.3

公称容积流量 nominal volume rate of flow

容积流量换算到标准吸气状态和名义转速(交流电动机的同步转速)下的空气体积。将换算至吸气状态下的容积流量定义为公称吸气容积流量，换算至额定排气压力下的容积流量定义为公称排气容积流量。

3.4

标准吸气状态 standard inlet condition

吸入气体在压缩机标准吸气位置的状态，此时吸入温度为 20℃，压力为 0.101 MPa(绝压)，相对湿度为 0，冷却水进口温度为 15℃。

4 产品分类

4.1 基本型式

4.1.1 空压机采用 V 型、H 型或直立型的结构型式。

4.1.2 空压机采用水冷式(海水冷却或淡水冷却)。

4.2 基本参数

空压机的基本参数应符合表 1 的规定。

表 1 空压机的基本参数

额定排气压力/MPa	公称容积流量		比功率/[kW/(m³/h)]	驱动功率/kW	冷却水需要量/(m³/h)
	公称吸气容积流量/(m³/h)	公称排气容积流量/(10^{-3} m³/min)			
15	17	2	0.38	7.5	0.6
	25	3	0.37	11	0.9
	50	6	0.36	22	1.8
	100	11	0.35	37	3.6
20	25	2.2	0.40	11	1.0
	100	9	0.38	45	4.8
	200	18	0.37	75	6
	300	27	0.36	110	9
25	100	7	0.39	45	4.8
	200	14	0.38	90	6
	300	21	0.37	132	9
40	90	5	0.42	45	4.8
	180	10	0.41	90	6
	270	15	0.40	132	9

4.3 产品标记

4.3.1 空压机的型号由型式代号和阿拉伯数字组成，其表示方法如图1所示：

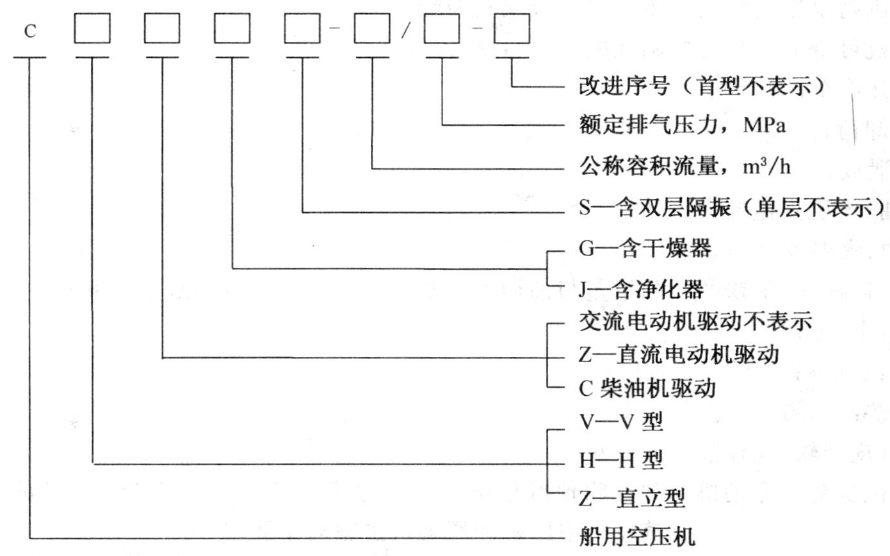

图1 产品标记

4.3.2 标记示例

公称容积流量为200 m^3/h，额定排气压力为20 MPa的船用V型交流电动机驱动，带干燥净化装置的水冷空压机标记为：

船用空压机 GB/T 12929—2008CVGJ-200/20

5 要求

5.1 外观

5.1.1 空压机外表面的铸造、焊接及加工表面应清理干净。做到无锈、无垢、无焊渣，涂漆表面应平坦光滑、色泽一致。油漆应能防止盐雾、油雾及凝露的腐蚀。气缸盖等高温零件应涂以银粉漆等耐热漆。

5.1.2 空压机的气管、水管、油管应按GB 3033.1规定的颜色涂漆，各管路的排列应整齐。

5.1.3 外露紧固件、操作件应进行发蓝、镀铬等装饰性处理。

5.1.4 压力表的上方或下方应有标牌指示。

5.2 设计与结构

5.2.1 选用的压缩机油的闪点应比气缸内最高压缩温度高20℃以上，其黏度应能保证压缩机能在5℃～45℃的环境温度中正常工作；其热稳定性应能保证在200℃的温度下不积碳并应具有抗乳化和防锈能力。

5.2.2 空压机应有压力表指示，压力表可根据需要有防水或夜光显示功能。

5.2.3 曲轴箱上面应设有润滑油补给孔、油位计、放油塞、防爆阀或其他透气装置。

5.2.4 气缸水套底部应设有放水旋塞，应在适当的部位装防蚀锌块，锌块的位置应避免在冷却腔内部引起涡流，且应便于更换。

5.2.5 空压机应设置中间冷却器和后冷却器。冷却水套上应设置冷却水安全阀或安全膜，并装有放泄旋塞或放泄阀。冷却器水腔内应设有防蚀锌块。

5.2.6 空压机应设置气液分离器，吸气口应设空气滤清器。

5.2.7 空压机的气管、水管、油管的连接应保证密封，便于拆装并能防振。

5.2.8 空压机的排气口、冷却水进出口外接管路采用法兰结构连接时，空压机外接法兰应符合

GB/T 2506、GB/T 10746 的规定。

5.2.9 外露的运动部件应设置以金属丝网或钢板为主要材料的防护罩。

5.2.10 空压机高温排气管应采用隔热挡板或其他隔热措施。

5.2.11 空压机可带下列自动控制性能,各项自控元件应灵敏可靠:

a) 自动开停车;

b) 自动卸荷;

c) 自动泄放;

d) 气、油、水压力监控;

e) 气、油、水温度监控。

5.2.12 活塞、连杆、平衡铁的实际重量与图样上所示的重量偏差不应超过下列规定:

a) 活塞:±3%;

b) 连杆:±2%;

c) 平衡铁:±3%。

5.2.13 飞轮(皮带轮)应作静平衡校正。

5.2.14 空压机机头和原动机用弹性联轴器直联时,两机主轴的对中要求应符合表 2 的规定。

表 2 空压机和原动机主轴对中要求

单位为毫米

联轴器外径	测定部位	
	联轴器外圆径向圆跳动公差	联轴器端面跳动公差
<250	<0.05	<0.10
250~500	<0.08	<0.15
>500	<0.10	<0.20

5.2.15 空压机与原动机的公共底座应采用钢材焊接结构,为使空压机机头和原动机拆开后容易复位,空压机机头与公共底座、原动机与公共底座间应采用定位销定位。

5.3 材料

5.3.1 空压机的主要零件所用的材料见表 3,并符合 5.3.3~5.3.8 的规定,允许使用性能高于规定材料的其他材料代替。

表 3 主要零件材料

用 途	材料名称	备 注
底座	结构钢、锻钢	
气缸、气缸头(盖)	铸铁、青铜、锻钢	
气缸套	铸铁、结构钢	
活塞	铸铝、铸铁	
曲轴箱、机身(机架)	铸钢、结构钢、锻钢、铸铁、铸铝	
曲轴	锻钢	
连杆、活塞杆、螺栓、螺母	锻钢	螺栓、螺母指连杆用

5.3.2 所有与润滑油或油雾接触的橡胶件应该用耐油橡胶制成。

5.3.3 结构钢件应符合 GB/T 699、GB/T 700 的规定。

5.3.4 锻钢件应符合 JB/T 6908 的规定。

5.3.5 灰铸铁件应符合 GB/T 9439 的规定;球墨铸铁件应符合 GB/T 1348 的规定。

5.3.6 铸造铜合金件应符合 GB/T 1176 的规定。

5.3.7 铸造铝合金件应符合 GB/T 1173 的规定。

5.3.8 合金结构钢件应符合 GB/T 3077 的规定。

5.4 耐压性和气密性

5.4.1 承受气体压力的零部件(如气缸、活塞、气缸套、冷却器、气液分离器、空气管等)能承受其 1.5 倍最高工作压力的强度;水路、水腔能承受的压力一般为 0.50 MPa、水下用空压机为 0.75 MPa。

5.4.2 承受空气压力的零部件在其最高工作压力下不允许有渗漏现象。

5.4.3 工作压力不超过 6 MPa 的气阀,每分钟滴漏不得超过 2 滴;工作压力大于 6 MPa 的气阀,每分钟滴漏不得超过 1 滴。

5.5 性能

5.5.1 气、水、油压力

5.5.1.1 空压机的各级排气压力应符合技术文件中的规定。

5.5.1.2 自带冷却水泵的空压机,其水泵应能以含微量泥沙的海水为工质长期正常地工作;吸高一般不小于 3 m,水压不低于 0.1 MPa,水下用空压机的冷却水泵在进口压力 0.2 MPa 时应能正常工作。

5.5.1.3 空压机润滑油泵的供油压力不低于 0.1 MPa,并能调节,保证可靠供油。油路中应装有过滤器,清除杂质粒度小于 0.05 mm。空压机还应采取必要措施,保证起动时的正常润滑。

5.5.2 安全性

空压机每一压缩级后均应设置安全阀,安全阀所在位置的气体温度不应超过 82℃,安全阀应安全可靠、动作灵敏,空压机的排气压力上升至额定排气压力的 110%时,最后级安全阀必须开启,并保证空压机的排气压力不再上升,级间安全阀的开启压力应不大于该级最高工作压力的 120%,冷却水腔上的安全阀开启压力或安全膜破裂时压力:水上用空压机为 0.40 MPa~0.45 MPa,水下用空压机为 0.60 MPa~0.65 MPa。

5.5.3 容积流量

空压机在额定工况下运行,测量容积流量换算成公称容积流量应不低于表 1 中规定值的 95%。

5.5.4 轴功率

空压机在额定工况下运行,测量轴功率,并计算得的比功率不得超过表 1 规定的数值。

5.5.5 气、水、油温度

5.5.5.1 空压机在额定排气压力下各级排气温度不高于 200℃,空压机后冷却器出口处的空气温度应不高于 55℃。

5.5.5.2 使用淡水冷却的空压机的水泵进口处的水温不应超过 40℃,使用海水冷却的空压机的水泵进口处的水温不应超过 32℃,空压机的冷却水出口温度一般比进口温度高 5℃~15℃。

5.5.5.3 空压机曲轴箱内润滑油温度不高于 70℃。

5.5.6 噪声

空压机在额定工况下运转的噪声声功率级应符合表 4 的规定。

表 4 噪声要求

容积流量/(m^3/h)	噪声声功率级/dB
≤50	≤100
>50	≤103

5.5.7 振动

空压机在额定工况下运转的振动烈度值 V_{rms} 不大于 28 mm/s。

5.5.8 **润滑油消耗量**

空压机传动机构和气缸部分的润滑油总消耗量应符合表5规定的值。

表5 润滑油总消耗量要求

项 目	容积流量/(m^3/h)					
	17	25	50	90～100	180～200	270～300
油耗量/(g/m^3)	3	2.8	2	2	1.75	1.5

5.5.9 **冷却水流量**

空压机自带的水泵冷却水流量或系统直接供给的冷却水流量应符合表1的规定的值。

5.6 **耐久性**

容积流量大于50 m^3/h空压机的中修期为1 000 h,容积流量等于或小于50 m^3/h空压机的中修期为500 h,空压机的主要零件(气缸体、气缸盖、气缸套、曲轴箱、活塞、活塞销、连杆、连杆螺栓、曲轴等)在中修期内不应发生影响空压机正常运转的损坏或损伤,各主要间隙值不超过允许的极限值。

高压级(最末级)活塞环或柱塞的使用寿命不低于500 h,低压级活塞环的使用寿命不低于1 000 h。

5.7 **环境适应性**

空压机应能在下列条件下使用,符合5.5的要求。

a) 横摇:±22.5°;

b) 纵摇:±7.5°;

c) 横倾:±15°;

d) 纵倾:±5°;

e) 环境温度:5℃～45℃;

f) 冷却用海水最高进水温度为32℃;

g) 闭式循环冷却用淡水最高进水温度为40℃;

h) 进入空压机的空气中含有微量油雾、盐雾,最大相对湿度为95%。

6 试验方法

6.1 **外观**

用目测检查空压机的外观,结果应符合5.1的要求。

6.2 **材料**

检查并核对空压机主要零件所使用材料的牌号和材质说明书,结果应符合5.3的要求。

6.3 **耐压性和气密性**

6.3.1 承受气体压力的零部件以1.5倍的最高工作压力进行水压试验;水路、水腔的水压试验压力一般为0.5 MPa;水下用空压机为0.75 MPa。以上试验均历时30 min,不允许有渗漏现象,结果应符合5.4的要求。

6.3.2 承受空气压力的零件和部件(如气缸、活塞、气缸套、冷却器、气液分离器、空气管等)在水压试验合格组装后,按最高工作压力用空气进行气密性试验,保压时间不少于10 min,不允许有渗漏现象,结果应符合5.4的要求。

6.3.3 气阀在组件装配后,进行气密性试验。向阀内注入煤油后,进行滴漏试验,结果应符合5.4的要求。

6.4 **气、水、油压力**

按GB/T 3853—1998的附录A中A2.1的方法测量压力,结果应符合5.5.1的要求。

6.5 **安全性**

启动空压机,调节出口截止阀,空压机的压力稳定上升,逐个调整空压机的安全阀(中间各级安全阀允许放在末级上调整),使安全阀在设定的压力值开启,结果应符合 5.5.2 条的要求;调整次数不少于 3 次,整定后的安全阀应铅封。

6.6 容积流量

6.6.1 按 GB/T 15487—1995 中"用 ASME 喷嘴测量装置测量压缩机流量"的方法测量空压机吸气状态下的容积流量,结果应符合 5.5.3 的要求。

6.6.2 按 GB/T 15487—1995 的附录 A 的方法测量空压机排气状态下的容积流量,结果应符合 5.5.3 的要求。

6.6.3 采用充瓶(罐)法测量排气量时,测量气瓶至少为 100 L,在稳定工况下,测量从初始压力为 0(压力表读数)至最终压力,在测量期间不允许吹除,其排气量由式(1)确定:

$$Q_S = \frac{0.101\ 325}{p_0} \times \frac{T_S}{T} \times \frac{n_0}{n} \times \frac{V}{t} \qquad \cdots\cdots(1)$$

式中:

Q_S——空压机计算排量,单位为升每分(L/min);

p_0——试验时试验场的大气压力,单位为兆帕(MPa);

T_S——空压机排气温度,单位为开尔文(K);

T——充气终了时气瓶内压缩空气的瞬时平均温度,单位为开尔文(K);

n_0——额定转速,单位为转每分(r/min);

n——测量期间的平均转速,单位为转每分(r/min);

V——测量气瓶的容积,单位为升(L);

t——充满气瓶所需的时间,单位为分(min)。

吸气容积流量(m^3/min)与排气容积流量(L/min)的换算按式(2)计算:

$$Q_0 = \frac{T_0}{p_0} \times \frac{p_0}{T_S} \times \frac{Q_S \times 10^{-3}}{\xi} \qquad \cdots\cdots(2)$$

式中:

Q_0——吸气容积流量,单位为立方米每分钟(m^3/min);

T_0——空压机吸气温度,单位为开尔文(K);

T_S——空压机排气温度,单位为开尔文(K);

p_0——试验时试验场的大气压力,单位为兆帕(MPa);

p_S——空压机排气压力,单位为兆帕(MPa);

Q_S——排气容积流量,单位为升每分(L/min),;

ξ——常温下(273 K~323 K)空气可压缩性系数,推荐值按表 6 选取:

表 6 空气可压缩性系数

温度/K	压力/MPa						
	10	15	20	25	30	35	40
273	0.965	0.974	0.999	1.05	1.10	1.16	1.21
303	0.993	1.007	1.033	1.07	1.11	1.16	1.21
323	1.005	1.021	1.047	1.08	1.12	1.17	1.21

6.7 轴功率

按 GB/T 3853—1998 的附录 A 中 A2.6 的方法测量功率,结果应符合 5.5.4 的要求。

6.8 气、水、油温度

按 GB/T 3853—1998 的附录 A 中 A2.2 的方法测量气、水、油温度,结果应符合 5.5.5 的要求。

6.9 噪声

空压机在额定工况下运转,按 GB/T 4980 规定的方法对空压机进行噪声的测量,结果应符合 5.5.6

的要求。

6.10 振动

空压机在额定工况下运转，按 GB/T 16301—2008 规定的方法对空压机进行振动烈度测量，结果应符合 5.5.7 的规定。

6.11 润滑油消耗量

按 GB/T 3853—1998 的附录 A 中 A.5 的方法测量润滑油的消耗量，结果应符合 5.5.8 的要求。

6.12 冷却水流量

按 GB/T 3853—1998 的附录 A 中 A2.7 的方法测量冷却水的流量，结果应符合 5.5.9 的要求。

6.13 耐久性

6.13.1 空压机按表 7 的规定运转时间和起动次数进行耐久性试验，结果应符合 5.6 的要求。

表 7 耐久试验要求

样机类型	容积流量＞50 m^3/h		容积流量≤50 m^3/h	
	累计运转时间/h	起动次数	累计运转时间/h	起动次数
新设计	1 000	150	500	100
转厂生产	500	75	250	50
设计、工艺做重大修改	500	75	250	50
与不同类型电动机配套	500	75	250	50
停产两年以上恢复生产	250	50	250	25

6.13.2 试验应在额定工况下进行，试验开始和结束时应测量空压机的容积流量，其流量降低量不得超过 10%。

6.13.3 试验时每隔 4 h 至少记录一次数据。

6.13.4 试验结束后，空压机按技术文件规定进行拆检。

6.14 环境适应性

空压机在额定工况下运行，按 CB 1146.4 和 CB 1146.6 规定的方法进行环境适应性试验，试验时间和测定的项目见表 8，结果应符合 5.7 的要求。

表 8 试验项目和要求

试验项目		要求	运转时间/h	必须测定的项目
摇摆试验	横摇	±22.5°	＞0.5	轴功率、润滑油压力、冷却水压力、各级空气压力、冷却水耗量
	纵摇	±7.5°		
倾斜试验	横倾	±15°	＞0.5	轴功率、润滑油压力及温度、冷却水压力及温度、各级空气压力及进排气温度、冷却水耗量、容积流量
	纵倾	±5°		
高温高湿试验		环境温度：45℃； 相对湿度：95%； 冷却水进口温度： 海水 32℃； 淡水 40℃	＞4	轴功率、润滑油压力及温度、冷却水压力及温度、各级空气压力及进排气温度、冷却水耗量、容积流量

7 检验规则

7.1 检验分类

空压机的检验分出厂检验和型式检验。

7.2 型式检验

7.2.1 检验时机

有下列情况之一时，应进行型式检验：

a) 新产品和老产品转厂生产的试制定型鉴定；

b) 正式生产后，如结构、材料、工艺有较大改变，可能影响产品性能时；

c) 正常生产时，应每四年或生产 100 台后进行一次检验；

d) 产品停产二年后恢复生产时；

e) 出厂检验结果与上次型式检验有较大差异时；

f) 国家质量监督机构提出进行型式检验的要求时。

7.2.2 项目和顺序

型式检验的项目和顺序按表 9 规定。

表 9 检验项目和顺序

序号	检验项目	型式检验	出厂检验	要求章号	试验方法章条号
1	外观	●	●	5.1	6.1
2	材料	●	●	5.3	6.2
3	耐压性和气密性	●	●	5.4	6.3
4	气、水、油压力	●	●	5.5.1	6.4
5	安全性	●	●	5.5.2	6.5
6	容积流量	●	●	5.5.3	6.6
7	轴功率	●	●	5.5.4	6.7
8	气、水、油温度	●	●	5.5.5	6.8
9	噪声	●	○	5.5.6	6.9
10	振动	●	○	5.5.7	6.10
11	油耗量	●	○	5.5.8	6.11
12	水耗量	●	○	5.5.9	6.12
13	耐久性	●	○	5.6	6.13
14	环境适应性	●	○	5.7	6.14
注：●必检项目；○订购方与承制方协商检验项目。					

7.2.3 受检样品数

型式检验的样品数量每一种型号检验数不少于 1 台，新设计的空压机的首制样机须进行环境适应性试验，新设计的同一型式、同一缸径的变型机组及转厂生产的机组可不进行环境适应性试验。对于第一次检验不符合要求的项目，经整改后的检验数量应加倍抽试。

7.2.4 合格判据

当产品所有检验项目均符合要求时，则判为该产品型式检验合格。当产品有任一检验项目不符合要求时，允许采取改进措施，再对该项目进行检验。仍不符合要求时，则判为该产品型式检验不合格。

7.3 出厂检验

7.3.1 检验时机

每台空压机均需进行出厂检验。

7.3.2 项目和顺序

出厂检验的项目和顺序按表 9 规定。

7.3.3 合格判据

当产品所有检验项目均符合要求时，则判为该产品出厂检验合格。

8 标志、包装、运输和贮存

8.1 标志

8.1.1 产品标志

空压机应设置标牌，标牌符合 GB/T 13306 的要求，标牌上至少应包含如下内容：

a) 产品型号与名称；

b) 公称容积流量；

c) 额定排气压力；

d) 转速；

e) 轴功率；

f) 机组外形尺寸；

g) 重量；

h) 制造厂名称；

i) 出厂编号；

j) 出厂日期。

8.1.2 包装标志

包装标志按 GB/T 13384 包装箱箱面的标志规定。

8.2 包装

8.2.1 空压机组的包装根据储运条件按照 GB/T 13384 的规定选用。

8.2.2 随机技术文件

a) 产品合格证；

b) 产品说明书；

c) 出厂试验的试验报告；

d) 船检证书；

e) 装箱单；

f) 随机备附件清单和专用工具清单。

8.3 运输

运输时不应采用抛滑或其他容易引起撞击的方式。

8.4 贮存

空压机组应存放在通风干燥的仓库内，当存放期超过油封有效期后应定期检查，必要时应重新油封。

ICS 73.040
D 26

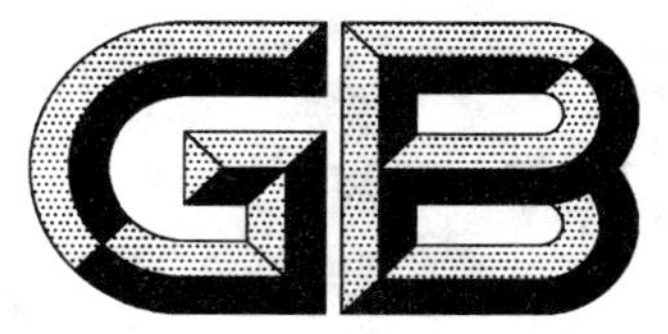

中华人民共和国国家标准

GB/T 12937—2008
代替 GB/T 12937—1995

煤岩术语

Terms relating to coal petrology

(ISO 7404-1:1994,Methods for the petrographic analysis of bituminous coal and anthracite—Part 1:Vocabulary,MOD)

2008-09-18 发布 2009-04-01 实施

中华人民共和国国家质量监督检验检疫总局
中国国家标准化管理委员会 发布

前言

本标准修改采用ISO 7404-1:1994《烟煤和无烟煤的煤岩分析方法——第1部分:名词术语》(英文版)。

本标准代替GB/T 12937—1995《煤岩术语》。

本标准修订内容如下:

——取消半镜质组及其组分的术语,惰质组中增加分泌体术语,显微矿质类型中增加5个新术语,测试方法术语中增加荧光组分术语。

——增加附录A,用以与ISO 7404-1:1994有关词条编号相互对照。

——增加附录B,用以与ISO 7404-1:1994有关技术性差异相互对照。

——增加汉语拼音索引和英语对应词索引。

本标准根据ISO 7404-1:1994重新起草。为了方便比较,在附录A中,列出了本标准词条编号与ISO 7404-1:1994词条编号的对照一览表。

考虑我国国情,在采用ISO 7404-1:1994时做了一些修改。这些技术性差异用垂直单线标识在它们所涉及的条款的页边空白处。附录B中给出了技术性差异及其原因的一览表以供参考。

为便于使用,本标准还做了下列编辑性修改:

a) “本国际标准”一词改为“本标准”;

b) 删除国际标准的前言和引言。

本标准的附录A、附录B为资料性附录。

本标准由中国煤炭工业协会提出。

本标准由全国煤炭标准化技术委员会归口。

本标准起草单位:煤炭科学研究总院西安研究院。

本标准主要起草人:张群、李小彦。

本标准所代替标准的历次版本发布情况为:

——GB/T 12937—1991、GB/T 12937—1995。

煤岩术语

1 范围

本标准规定了腐植煤煤岩学研究的宏观、微观和分析方法等有关名词术语。

本标准适用于褐煤、烟煤和无烟煤。

2 烟煤和无烟煤的煤岩术语

2.1

宏观煤岩成分 lithotype

腐植煤中肉眼可识别的基本组成单元。

2.1.1

镜煤 vitrain

煤中光泽最强、黑亮、均匀、性脆、内生裂隙发育的煤岩成分。

2.1.2

亮煤 clarain

煤中光泽较强、次亮、具有纹理的煤岩成分。

2.1.3

暗煤 durain

煤中光泽暗淡、致密坚硬、不均匀的煤岩成分。

2.1.4

丝炭 fusain

煤中丝绢光泽、纤维状结构、性脆的煤岩成分。

2.2

宏观煤岩类型 macrolithotype

依据煤的总体相对光泽强度和光亮成分含量来划分的类型，在一定程度上反映煤岩成分的组合。

2.2.1

光亮煤 bright coal BC

煤中总体相对光泽最强的宏观煤岩类型，其光亮成分含量大于80%。

2.2.2

半亮煤 semibright coal SBC

煤中总体相对光泽较强的宏观煤岩类型，其光亮成分含量大于50%～80%。

2.2.3

半暗煤 semidull coal SDC

煤中总体相对光泽较弱的宏观煤岩类型，其光亮成分含量大于20%～50%。

2.2.4

暗淡煤 dull coal DC

煤中总体相对光泽最弱的宏观煤岩类型，其光亮成分含量小于20%。

2.3

显微组分 maceral

显微镜下可辨别的煤的有机组成单元。

2.4

显微亚组分　submaceral

依据成因、形态和物理性质上的微小差别所做的显微组分的细分。

2.5

显微组分组　maceral group

成因和性质大致相似的煤岩组分的归类。

2.6

镜质组　vitrinite group　V

主要由植物的木质纤维组织经凝胶化作用转化而成的显微组分的总称。

2.6.1

镜质体　vitrinite

泛指镜质组中各种显微组分。

2.6.2

结构镜质体　telinite　T

具有植物细胞结构的镜质体(指细胞壁部分)。

2.6.2.1

结构镜质体1　telinite　1　T1

细胞壁开放的结构镜质体。

2.6.2.2

结构镜质体2　telinite　2　T2

细胞壁封闭的结构镜质体。

2.6.3

无结构镜质体　collinite　C

显微镜下,均匀、不显示植物细胞结构的镜质体。

2.6.3.1

均质镜质体　telocollinite　TC

均匀、纯净、边界清晰、条带状分布的无结构镜质体。

2.6.3.2

基质镜质体　desmocollinite　DC

无定形、胶结其他组分或碎片的无结构镜质体。

2.6.3.3

团块镜质体　corpocollinite　CC

多呈圆形或椭圆状、均一块状或充填细胞腔的无结构镜质体,反射力较胶质镜质体略强。

2.6.3.4

胶质镜质体　gelocollinite　GC

充填于细胞腔或裂隙中均一、致密、胶体状的无结构镜质体。

2.6.4

碎屑镜质体　vitrodetrinite　CD

粒径小于10 μm碎屑状镜质体。

2.7

惰质组　inertinite group　I

由植物遗体经丝炭化作用转化而成的显微组分的总称。

2.7.1

惰质体　inertinite

泛指惰质组中各种显微组分。

2.7.2

半丝质体　semifusinite　Sf

反射率介于镜质体与丝质体之间，具有细胞结构的惰质体。

2.7.3

丝质体　fusinite　F

主要由木质纤维组织经丝炭化作用形成的、具有植物细胞结构的、高反射率的惰质体。

2.7.3.1

火焚丝质体　pyrofusinite　Pf

由森林火灾形成的亮黄色、植物细胞结构基本未改变的惰质体。

2.7.3.2

氧化丝质体　oxyfusinite　Of

由丝炭化作用形成的亮黄色、植物细胞结构不同程度发生膨胀的惰质体。

2.7.4

粗粒体　macrinite　Ma

不显示细胞结构的块状或基质状的惰质体。

2.7.5

微粒体　micrinite　Mi

粒径一般小于 1 μm，单个或粒状集合体的惰质体。

2.7.6

真菌体　funginite　Fu

由真菌遗体生成的惰质体。

2.7.7

分泌体　secretinite　Se

由植物分泌物经丝炭化作用形成的圆形或似圆状的惰质体。

2.7.8

碎屑惰质体　inertodetrinite　ID

粒径小于 30 μm 的无细胞结构的碎屑状惰质体。

2.8

壳质组　exinite group；liptinite group　E

主要由高等植物繁殖器官、树皮、分泌物以及藻类等形成的反射力最弱的显微组分的总称。

2.8.1

壳质体　exinite；liptinite

泛指壳质组中的各种显微组分。

2.8.2

孢粉体　sporinite　Sp

由植物繁殖器官的孢子和花粉外壁形成的壳质体。

2.8.2.1

大孢子体　macrosporinite　MaS

个体较大的雌性孢粉体，＞100 μm。

2.8.2.2

小孢子体　microsporinite　MiS

个体较小的雄性孢粉体，<100 μm。

2.8.3

角质体　cutinite　Cu

由植物茎、枝、叶等表皮组织的分泌物形成的壳质体。

2.8.4

树脂体　resinite　Re

由植物的树脂、蜡质和脂类物质形成的壳质体。

2.8.5

木栓质体　suberinite　Sub

由植物细胞壁栓质化形成的壳质体。

2.8.6

树皮体　barkinite　Ba

由植物的周皮组织形成的壳质体，其纵横切面呈叠瓦状结构。

2.8.7

沥青质体　bituminite　Bt

由藻类、浮游生物、细菌等经强烈分解形成的基质状或线纹状的壳质体。

2.8.8

渗出沥青体　exsudatinite　Ex

主要由壳质体和无结构镜质体析出的次生显微组分。

2.8.9

荧光体　fluorinite　Fl

主要由植物叶分泌的油、脂肪等转化而成的具强荧光的壳质体。

2.8.10

藻类体　alginite　Alg

由低等生物的藻类遗体形成的壳质体。

2.8.10.1

结构藻类体　telalginite　Ta

显示藻类组织细胞结构的壳质体。

2.8.10.2

层状藻类体　lamalginite　La

藻类组织细胞结构不明显的壳质体。

2.8.11

碎屑壳质体　liptodetrinite　LD

粒径小于 3 μm 的碎屑状壳质体。

2.9

显微煤岩类型　microlithotype

显微组分的典型共生组合，其最小厚度为 50 μm。

2.9.1

微镜煤　vitrite

镜质组含量大于 95%的类型。

2.9.2

微惰煤 inertrite

惰质组含量大于95%的类型。

2.9.3

微壳煤 liptite

壳质组含量大于95%的类型。

2.9.4

微镜惰煤 vitrinertite

镜质组和惰质组含量之和大于95%,两者含量均不小于5%的类型。

2.9.5

微亮煤 clarite

镜质组和壳质组含量之和大于95%,两者含量均不小于5%的类型。

2.9.6

微暗煤 durite

壳质组和惰质组含量之和大于95%,两者含量均不小于5%的类型。

2.9.7

微三合煤 trimacerite

镜质组、惰质组和壳质组含量均大于5%的类型。

2.9.8

显微矿化类型 carbominerite

含硫化铁5%~20%或含其他矿物20%~<60%的矿物和显微组分的共生组合。

2.9.8.1

微泥质煤 carbargilite

黏土矿物占20%~<60%的显微矿化类型。

2.9.8.2

微硅质煤 carbosilicite

石英占20%~<60%的显微矿化类型。

2.9.8.3

微碳酸盐质煤 carbankerite

碳酸盐占20%~<60%的显微矿化类型。

2.9.8.4

微硫化物质煤 carbopyrite

硫化物占5%~<20%的显微矿化类型。

2.9.8.5

微复矿质煤 carbopolyminerite

包含两种和两种以上矿物(含硫化物类>5%~<45%、>10%~<30%,含黏土类、碳酸盐类、石英20%~<60%)的显微矿化类型。

2.9.9

显微矿质类型 minerite

含硫化铁大于20%或含其他矿物大于等于60%的矿物和显微煤岩类型的共生组合。

2.9.9.1

微泥质型

黏土矿物含量大于等于60%的显微矿质类型。

2.9.9.2

微硅质型

石英含量大于等于60%的显微矿质类型。

2.9.9.3

微碳酸盐质型

碳酸盐矿物含量大于等于60%的显微矿质类型。

2.9.9.4

微硫化物质型

硫化物矿物含量大于20%的显微矿质类型。

2.9.9.5

微复矿质型

包含两种和两种以上矿物(黏土类、碳酸盐类、石英大于等于60%,硫化物类大于20%)的显微矿质类型。

3 褐煤的煤岩术语[1)]

3.1

褐煤煤岩类型

3.1.1

木质煤 xylitic coal

含有10%以上木煤的宏观煤岩类型。

3.1.2

碎屑煤 detrital coal

木煤、丝炭含量均小于10%、主要由腐植型碎屑物质组成的宏观煤岩类型。

3.1.3

丝质煤 fusinitic coal

丝炭含量大于10%的宏观煤岩类型。

3.1.4

矿化煤 mineral-rich coal

矿物质含量高的宏观煤岩类型。

3.2

褐煤显微组分

3.2.1

腐植组 huminite group H

主要由植物的木质纤维组织经腐植化作用转化而成的褐煤显微组分的总称。

3.2.1.1

腐植体 huminite

泛指腐植组中的各种显微组分。

---

1) 褐煤显微组分划分为腐植组、惰质组、稳定组三大组。其中惰质组部分的术语包括:半丝质体、丝质体、粗粒体、微粒体、菌类体、碎屑惰质体;定义见烟煤显微组分的相应术语。稳定组部分的术语除叶绿素体外,还包括:孢子体、角质体、树脂体、木栓质体、沥青质体、荧光体、渗出沥青体、藻类体、碎屑稳定体,定义见烟煤显微组分的相应术语。

3.2.1.2

结构腐植体 humotelinite

具有植物细胞结构的腐植体(指细胞壁部分)。

3.2.1.2.1

结构木质体 textinite

细胞壁基本上没有膨胀的结构腐植体。

3.2.1.2.2

腐木质体 ulminite

细胞壁虽已膨胀,但仍保留细胞结构的结构腐植体。

3.2.1.2.2.1

结构腐木质体 texto-ulminite

胞腔开放的腐木质体。

3.2.1.2.2.2

充分分解腐木质体 eu-ulminite

胞腔封闭的腐木质体。

3.2.1.3

无结构腐植体 humocollinite

不显示植物细胞结构的腐植体。

3.2.1.3.1

凝胶体 gelinite

胶状的无结构腐植体。

3.2.1.3.1.1

多孔凝胶体 porigelinite

多孔、不均匀的凝胶体。

3.2.1.3.1.2

均匀凝胶体 levigelinite

均一、致密的凝胶体。

3.2.1.3.2

团块腐植体 corpohuminite

团块状的无结构腐植体。

3.2.1.3.2.1

鞣质体 phlobaphinite

团块状的无结构腐植体。

3.2.1.3.2.2

假鞣质体 pseudo-phlobaphinite

与凝胶体同源的团块腐植体。

3.2.1.4

碎屑腐植体 humodetrinite

粒径小于 10 μm 的碎屑状腐植体。

3.2.1.4.1

细屑体 attrinite

形态不同、轮廓清晰、疏松的碎屑腐植体。

3.2.1.4.2

密屑体 densinite

粒径极细小、轮廓模糊、密集的碎屑腐植体。

3.2.2

稳定组 liptinite group L

主要由高等植物的繁殖器官、树皮、分泌物和藻类等形成的反射力最弱的显微组分的总称。

3.2.2.1

稳定体 exinite; liptinite

泛指稳定组中各种显微组分。

3.2.2.2

叶绿素体 chlorophyllinite

由植物的叶绿素转变的稳定组分。

4 煤岩显微测试方法术语

4.1

反射率 reflectance R

在油浸和波长 546 nm 条件下，显微组分表面的反射光强度占垂直入射光强度的百分比。

4.1.1

镜质体最大反射率 maximum reflectance of vitrinite R_{max}

单偏光下，转动载物台所测得的镜质体反射率的最大值。

4.1.2

镜质体最小反射率 minimum reflectance of vitrinite R_{min}

单偏光下，在垂直层理的抛光面上，转动载物台所测得的镜质体反射率的最小值。

4.1.3

镜质体随机反射率 random reflectance of vitrinite R_{ran}

非偏光下，不转动载物台所测得的镜质体反射率。

4.1.4

镜质体双反射率 bireflectance of vitrinite R_{bi}

镜质体的最大反射率与最小反射率的差值。

4.1.5

镜质体反射率分布图 reflectogram of vitrinite

表示镜质体反射率分布特征的直方图。

4.2

荧光组分 fluorescence maceral

在荧光显微镜下，可以被激发出荧光的显微组分。

4.2.1

荧光强度 fluorescence intensity I_{546}

显微组分在波长 546 nm 条件下，相对于铀酰玻璃标准的发光强度。

4.2.2

荧光光谱 spectral distribution of fluorescence

在紫外光照射下，显微组分在波长 400 nm～700 nm 范围内荧光强度的分布曲线。

4.2.3

红/绿商 red/green quotient $Q_{650/500}$

显微组分在波长 650 nm 和 500 nm 处相对荧光强度的比值。

4.3

显微硬度 microhardness of coal Hv

显微组分对所施加的静压力的抵抗能力。根据用金刚石方锥压入显微组分表面所形成的压痕大小计算出的显微硬度,称为维氏显微硬度。

附　录　A
（资料性附录）
本标准词条编号与 ISO 7404-1：1994 词条编号对照

表 A.1 给出了本标准词条编号与 ISO 7404-1：1994 词条编号对照一览表。

表 A.1　本标准词条编号与 ISO 7404-1：1994 词条编号对照

本部分词条编号	对应的国际标准词条编号
1	1
—	2
—	2.1
2	—
2.1	—
2.2	—
2.3	2.3.1
2.4	2.3.2
2.5	2.3.3
2.6、2.7、2.8	3、3.1
2.9	2.3.4、3.2
—	2.3.5、2.3.6
2.9.8	2.3.7、3.3
2.9.9	2.3.8
3.1	—
3.2	—
4.1	2.2
4.2	—
4.3	—
附录 A	—
附录 B	—
汉语拼音索引	—
英语对应词的索引	—
—	附录 A

附 录 B
（资料性附录）
本标准词条编号与 ISO 7404-1:1994 技术性差异及其原因

表 B.1 给出了本标准与 ISO 7404-1:1994 的技术性差异及其原因的一览表。

表 B.1 本标准与 ISO 7404-1:1994 技术性差异及其原因

本标准词条编号	技术性差异	原 因
—	删除 ISO 7404-1:1994 名词术语中 2.1 一般定义。	这部分术语在我国已归入《煤矿科技煤田地质与勘探》术语部分。
2.1	烟煤和无烟煤的煤岩术语部分，增加宏观煤岩术语，煤岩成分(2.1)部分。	宏观煤岩特征是煤岩学研究的一个重要组成部分，我国早已有一套系统的名词术语和描述分类方法。
2.2	烟煤和无烟煤的煤岩术语部分，增加了宏观煤岩术语，宏观煤岩类型(2.2)部分。	宏观煤岩特征是煤岩学研究的一个重要组成部分，我国早已有一套系统的名词术语和描述分类方法。
2.6～2.8	烟煤和无烟煤的煤岩术语部分，增加了微观术语镜质体、惰质体、壳质体(2.6.1、2.7.1、2.8.1)。	显微组分分析，已对镜质体、惰质体、壳质体的定义有了共识。
2.7	惰质组中增加分泌体(2.7.7)。	根据我国煤层的实际情况。
2.8	壳质组中增加了树皮体(2.8.6)。 壳质组中增加了渗出沥青体、荧光体(2.8.8、2.8.9)。	树皮体是我国南方晚二叠世煤中一种特征组分。 荧光技术应用，发现了一些新的显微组分。
—	删除了 ISO 7404-1:1994 名词术语中矿物和矿物质(2.3.5、2.3.6)。	术语归入煤田地质术语中。
3.1	增加了褐煤宏观煤岩术语。	褐煤术语国内还没有标准。其宏观煤岩类型术语，参照《国际煤岩学手册》(1975)。
3.2	增加了褐煤微观煤岩术语。	褐煤术语国内还没有标准。其显微组分术语，参照《国际煤岩学手册》(1975)。
4.1	煤岩显微测试方法术语，在 4.1 中增加 4.1.2、4.1.4、4.1.5。	镜质体最小反射率(R_{min})、双反射率(R_{bi})和反射率分布图测定方法已经建立并使用。
4.2	煤岩显微测试方法术语，在 4.2 中增加镜质体最小反射率(R_{min})、双反射率(R_{bi})和反射率分布图(4.2.1、4.2.2、4.2.3)。	荧光组分术语中，荧光强度、荧光光谱、红/绿商测定方法已经建立并使用。
4.3	煤岩显微测试方法术语，增加了显微硬度(4.3)。	显微硬度测定方法已经建立并使用。
汉语拼音索引	增加了汉语拼音索引。	GB/T 20001.1—2001《标准编写规则 第 1 部分：术语》要求。
英文索引	增加了英语对应词的索引。	GB/T 20001.1—2001《标准编写规则 第 1 部分：术语》要求。
附录 A	增加了附录 A，用以与 ISO 7404-1:1994 有关词条相互对照。	与国际标准接轨，了解采标情况。

表 B.1（续）

本标准词条编号	技术性差异	原　　因
附录 B	增加了附录 B，用以与 ISO 7404-1：1994 有关技术性差异相互对照。	与国际标准接轨，了解采标情况。
—	删除 ISO 7404-1：1994 名词术语中附录 A，参考文献部分。	已在文中注明。

汉语拼音索引

A

暗淡煤…… 2.2.4
暗煤…… 2.1.3

B

半暗煤…… 2.2.3
半亮煤…… 2.2.2
半丝质体…… 2.7.2
孢粉体…… 2.8.2

C

层状藻类体 …… 2.8.10.2
充分分解腐木质体…… 3.2.1.2.2.2
粗粒体…… 2.7.4

D

大孢子体…… 2.8.2.1
多孔凝胶体…… 3.2.1.3.1.1
惰质体…… 2.7.1
惰质组…… 2.7

F

反射率…… 4.1
分泌体…… 2.7.7
腐木质体…… 3.2.1.2.2
腐植体…… 3.2.1.1
腐植组…… 3.2.1

G

光亮煤…… 2.2.1

H

宏观煤岩类型…… 2.2
红/绿商 …… 4.2.3
火焚丝质体…… 2.7.3.1

J

基质镜质体…… 2.6.3.2
假鞣质体…… 3.2.1.3.2.2
胶质镜质体…… 2.6.3.4
角质体…… 2.8.3
结构腐木质体…… 3.2.1.2.2.1
结构腐植体…… 3.2.1.2
结构镜质体…… 2.6.2
结构木质体…… 3.2.1.2.1
结构藻类体 …… 2.8.10.1
镜煤…… 2.1.1
镜质体…… 2.6.1
镜质体反射率分布图…… 4.1.5
镜质组…… 2.6
镜质体双反射率…… 4.1.4
镜质体随机反射率…… 4.1.3
镜质体最大反射率…… 4.1.1
镜质体最小反射率…… 4.1.2
均匀凝胶体…… 3.2.1.3.1.2
均质镜质体…… 2.6.3.1

K

壳质体…… 2.8.1
壳质组…… 2.8
矿化煤…… 3.1.4

L

亮煤…… 2.1.2
沥青质体…… 2.8.7

M

煤岩成分…… 2.1
密屑体…… 3.2.1.4.2
木栓质体…… 2.8.5
木质煤…… 3.1.1

N

凝胶体…… 3.2.1.3.1

R

鞣质体…… 3.2.1.3.2.1

S

渗出沥青体…………………………… 2.8.8
树皮体……………………………………… 2.8.6
树脂体……………………………………… 2.8.4
丝炭………………………………………… 2.1.4
丝质煤……………………………………… 3.1.3
丝质体……………………………………… 2.7.3
碎屑惰质体………………………………… 2.7.8
碎屑腐植体……………………………… 3.2.1.4
碎屑镜质体………………………………… 2.6.4
碎屑壳质体 ……………………………… 2.8.11
碎屑煤……………………………………… 3.1.2

T

团块腐植体…………………………… 3.2.1.3.2
团块镜质体……………………………… 2.6.3.3

W

微暗煤……………………………………… 2.9.6
微惰煤……………………………………… 2.9.2
微复矿质煤……………………………… 2.9.8.5
微复矿质型……………………………… 2.9.9.5
微硅质煤………………………………… 2.9.8.2
微硅质型………………………………… 2.9.9.2
微镜惰煤…………………………………… 2.9.4
微镜煤……………………………………… 2.9.1
微壳煤……………………………………… 2.9.3
微粒体……………………………………… 2.7.5
微亮煤……………………………………… 2.9.5
微硫化物质煤…………………………… 2.9.8.4
微硫化物质型…………………………… 2.9.9.4
微泥质煤………………………………… 2.9.8.1
微泥质型………………………………… 2.9.9.1
微三合煤…………………………………… 2.9.7
微碳酸盐质煤…………………………… 2.9.8.3
微碳酸盐质型…………………………… 2.9.9.3
稳定体…………………………………… 3.2.2.1
稳定组……………………………………… 3.2.2
无结构腐植体…………………………… 3.2.1.3
无结构镜质体……………………………… 2.6.3

X

细屑体………………………………… 3.2.1.4.1
显微矿化类型……………………………… 2.9.8
显微矿质类型……………………………… 2.9.9
显微煤岩类型………………………………… 2.9
显微亚组分…………………………………… 2.4
显微硬度……………………………………… 4.3
显微组分……………………………………… 2.3
显微组分组…………………………………… 2.5
小孢子体………………………………… 2.8.2.2

Y

氧化丝质体……………………………… 2.7.3.2
叶绿素体………………………………… 3.2.2.2
荧光光谱…………………………………… 4.2.2
荧光强度…………………………………… 4.2.1
荧光体……………………………………… 2.8.9
荧光组分……………………………………… 4.2

Z

藻类体 ………………………………… 2.8.10
真菌体……………………………………… 2.7.6

英语对应词索引

A

alginite …… 2.8.10
attrinite …… 3.2.1.4.1

B

barkinite …… 2.8.7
bireflectance of vitrinite …… 4.1.4
bright coal …… 2.2.1

C

carbankerite …… 2.9.8.3
carbargilite …… 2.9.8.1
carbominerite …… 2.9.8
carbopolyminerite …… 2.9.8.5
carbopyrite …… 2.9.8.4
carbosilicite …… 2.9.8.2
chlorophyllinite …… 3.2.2.2
clarain …… 2.1.2
clarite …… 2.9.5
collinite …… 2.6.3
corpocollinite …… 2.6.3.3
corpohuminite …… 3.2.1.3.2
cutinite …… 2.8.3

D

densinite …… 3.2.1.4.2
desmocollinite …… 2.6.3.2
detrital coal …… 3.1.2
dull coal …… 2.2.4
durain …… 2.1.3
durite …… 2.9.6

E

eu-ulminite …… 3.2.1.2.2.2
exinite group …… 2.8
exsudatinite …… 2.8.8

F

fluorescence intensity …… 4.2.1

fluorescence maceral …… 4.2
fluorinite …… 2.8.9
funginite …… 2.7.6
fusain …… 2.1.4
fusinite …… 2.7.3
fusinitic coal …… 3.1.3

G

gelinite …… 3.2.1.3.1
gelocollinite …… 2.6.3.4

H

huminite …… 3.2.1
humocollinite …… 3.2.1.3
humodetrinite …… 3.2.1.4
humotelinite …… 3.2.1.2

I

inertinite …… 2.7.1
inertinite group …… 2.7
inertodetrinite …… 2.7.8
inertrite …… 2.9.2

L

lamalginite …… 2.8.10.2
levigelinite …… 2.1.3.1.2
liptinite group …… 3.2.2
liptite …… 2.9.3
liptodetrinite …… 2.8.11
lithotype …… 2.1

M

maceral …… 2.3
maceral group …… 2.5
macrinite …… 2.7.4
macrolithotype …… 2.1.2
macrosporinite …… 2.8.2.1
maximum reflectance of vitrinite …… 4.1.1
micrinite …… 2.7.5
microhardness of coal …… 4.3
microlithotype …… 2.9
microsporinite …… 2.8.2.2
mineral-rich coal …… 3.1.4

minerite ………… 2.9.9
minimum reflectance of vitrinite ………… 4.1.2

O

oxyfusinite ………… 2.7.3.2

P

phlobaphinite ………… 3.2.1.3.3
porigelinite ………… 3.2.1.3.1.1
pseudo-phlobaphinite ………… 3.2.1.3.2.2
pyrofusinite ………… 2.7.3.1

R

random reflectance of vitrinite ………… 4.1.3
red/green quotient ………… 4.2.3
reflectance ………… 4.1
reflectogram of vitrinite ………… 4.1.5
resinite ………… 2.8.4

S

secretinite ………… 2.7.7
semibright coal ………… 2.1.2.2
semidull coal ………… 2.1.2.3
semifusinite ………… 2.7.2
spectral distribution of fluorescence ………… 4.2.2
sporinite ………… 2.8.2
suberinite ………… 2.8.5
submaceral ………… 2.4

T

telalginite ………… 2.8.10.1
telinite ………… 2.6.2
telocollinite ………… 2.6.3.1
textinite ………… 3.2.1.2.1
texto-ulminite ………… 3.2.1.2.2.1
trimacerite ………… 2.9.7

U

ulminite ………… 3.2.1.2.2

V

vitrain ………… 2.1.1
vitrinertite ………… 2.9.4

vitrinite group ………………………………………………………………… 2.6
vitrite ………………………………………………………………… 2.9.1
vitrodetrinite ………………………………………………………………… 2.6.4

X

xylitic coal ………………………………………………………………… 3.1.1

ICS 29.120.99
K 14

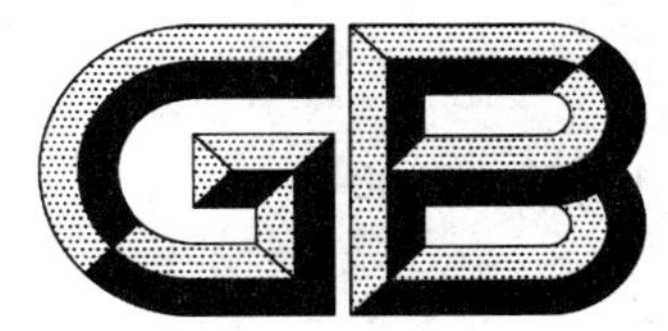

中华人民共和国国家标准

GB/T 12940—2008
代替 GB/T 12940—1991

银石墨电触头技术条件

Technical specification for silver-graphite electrical contacts

2008-04-23 发布　　2008-12-01 实施

中华人民共和国国家质量监督检验检疫总局
中国国家标准化管理委员会　发布

前言

本标准代替GB/T 12940—1991《银石墨电触头技术条件》。

本标准与GB/T 12940—1991相比主要变化如下：

——修改并增删了部分技术指标；

——增加了部分引用标准；

——增加了AgC(4)电触头；

——检验规则按GB/T 1.1—2000的要求作了较大修改。

本标准的附录A、附录B均为规范性附录。

本标准由中国电器工业协会提出。

本标准由全国电工合金标准化技术委员会归口。

本标准负责起草单位：桂林电器科学研究所、中希合金有限公司、温州宏丰电工合金有限公司。

本标准参加起草单位：上海电科电工材料有限公司、桂林金格电工电子材料科技有限公司、绍兴县宏峰化学金属制品厂、佛山精密电工合金有限公司、福达合金材料股份有限公司。

本标准主要起草人：谢永忠、郑元龙、陈晓、陈京生、项兢、黄锡文、陈达峰、霍志文、王永根。

本标准所代替的标准历次版本发布情况为：

——GB/T 12940—1991。

银石墨电触头技术条件

1 范围

本标准规定了含石墨3%、4%、5%、10%的银石墨电触头的要求、试验方法、检验规则以及标志、包装与贮存。

本标准适用于烧结-挤压或烧结-复压工艺制造的银石墨电触头(以下简称电触头)。该系列产品主要用作低压开关电器的闭合、断开触头和滑动触头。

2 规范性引用文件

下列文件中的条款通过本标准的引用而成为本标准的条款。凡是注日期的引用文件,其随后所有的修改单(不包括勘误的内容)或修订版均不适用于本标准,然而,鼓励根据本标准达成协议的各方研究是否可使用这些文件的最新版本。凡是不注日期的引用文件,其最新版本适用于本标准。

GB/T 2828.1—2003 计数抽样检验程序 第1部分:按接收质量限(AQL)检索的逐批检验抽样计划(idt ISO 2859-1:1999)

GB/T 5163 烧结金属材料(不包括硬质合金)可渗性烧结金属材料 密度、含油率和开孔率的测定

GB/T 5586 电触头材料基本性能试验方法

GB/T 5587 银基电触头基本形状、尺寸、符号及标注

JB/T 8753 电触头材料金相图谱

JB/T 8985 电触头材料金相检验方法

3 符号、代号及标注方法

3.1 符号及代号

Q——代表烧结-挤压工艺制造的纤维型银石墨电触头;

P——代表烧结-复压工艺制造的普通型银石墨电触头;

R——代表软态;

Y——代表硬态。

3.2 标注方法

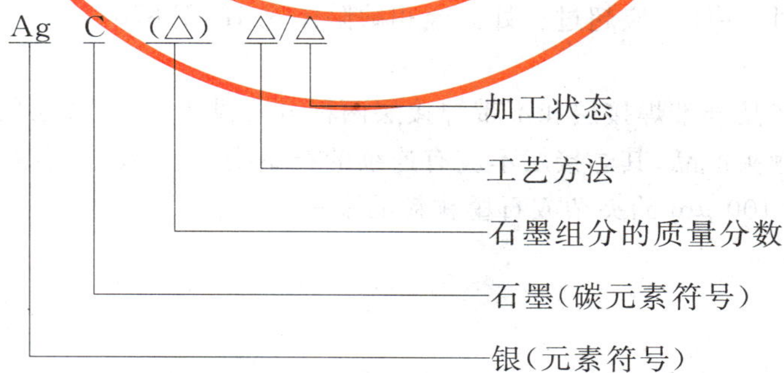

3.3 标注示例

标注示例及含义见表1。

表 1 标注示例及含义

标注示例	含　义
AgC(3)Q	含石墨 3%的烧结-挤压工艺制造的纤维型银石墨电触头
AgC(5)P	含石墨 5%的烧结-复压工艺制造的普通型银石墨电触头

4 要求

4.1 外观

电触头表面不得有裂纹、气泡、疤块、掉边、缺角、污物及分层等缺陷。边缘毛刺高度不大于 0.1 mm。

4.2 尺寸

电触头产品的尺寸公差应符合 GB/T 5587 规定。用户有特殊要求时由供需双方商定。

4.3 化学成分及力学、物理性能

电触头产品的化学成分及力学、物理性能应符合表 2 规定。

表 2 电触头化学成分及力学、物理性能

<table>
<tr><th rowspan="3">产品名称</th><th rowspan="3">代　号</th><th colspan="3">化学成分[a]，质量分数/(%)</th><th colspan="4">力学、物理性能</th></tr>
<tr><th rowspan="2">石墨</th><th rowspan="2">杂质
≤</th><th rowspan="2">银</th><th rowspan="2">密度
g/cm³
≥</th><th colspan="2">硬度
≥</th><th rowspan="2">电阻率
μΩ·cm
≤</th></tr>
<tr><th>HB</th><th>HV</th></tr>
<tr><td>银石墨(3)Q</td><td>AgC(3)Q</td><td>3±0.5</td><td rowspan="7">0.5</td><td rowspan="7">余量</td><td>9.1</td><td rowspan="4">40</td><td rowspan="4">42</td><td>2.2</td></tr>
<tr><td>银石墨(4)Q</td><td>AgC(4)Q</td><td>4±0.7</td><td>8.8</td><td>2.3</td></tr>
<tr><td>银石墨(5)Q</td><td>AgC(5)Q</td><td>5±0.8</td><td>8.6</td><td>2.5</td></tr>
<tr><td>银石墨(10)Q</td><td>AgC(10)Q</td><td>10±1.0</td><td>7.4</td><td>3.0</td></tr>
<tr><td>银石墨(3)P</td><td>AgC(3)P</td><td>3±0.5</td><td>9.1</td><td rowspan="3">R:25
Y:40</td><td rowspan="3">R:26
Y:42</td><td>2.4</td></tr>
<tr><td>银石墨(4)P</td><td>AgC(4)P</td><td>4±0.7</td><td>8.8</td><td>2.7</td></tr>
<tr><td>银石墨(5)P</td><td>AgC(5)P</td><td>5±0.8</td><td>8.6</td><td>3.2</td></tr>
<tr><td colspan="9">注：不包含焊接层。</td></tr>
</table>

4.4 金相组织

4.4.1 电触头产品金相组织应分布均匀，金相组织图例见 JB/T 8753。

4.4.2 在磨片试样的整个观察面上不应有裂纹、夹层，不应有长度大于或等于 200 μm 的聚集物，或 80 μm 长的气孔及夹杂物。在任一观察视场内(100×)，最多允许有三处大于或等于 100 μm 而小于 200 μm 的聚集物、大于或等于 50 μm 而小于 80 μm 的气孔或夹杂物。当上述允许值范围内的聚集物、气孔、夹杂物同时存在时，共计不应超过三处。金相缺陷图见 JB/T 8753。

4.5 焊接层

4.5.1 银石墨电触头产品分带焊接层和不带焊接层两种方式供货，其焊接层的厚度由供需双方商定。

4.5.2 带焊接层的电触头产品，其焊接层不应有连续的石墨线，在焊接层与银石墨的结合界面，不得有裂纹和长度等于或大于 100 μm 的夹杂或石墨颗粒的聚集物。

5 试验方法

5.1 外观

5.1.1 表观质量用目测或借助于 10 倍放大镜、工具显微镜或投影仪观察。

5.1.2 毛刺高度用分度值为 0.01 mm 的外径千分尺测量。

5.2 尺寸

厚度用分度值为 0.01 mm 的外径千分尺测量，其余尺寸用分度值为 0.02 mm 的游标卡尺或具有

同等分度值的其他仪器、工具测量。

5.3 化学成分及力学、物理性能

5.3.1 化学成分

电触头化学成分分析按附录A(规范性附录)的规定进行。

5.3.2 力学、物理性能

5.3.2.1 密度、硬度按GB/T 5586测定,在测量密度时如发现试样吸水,则按GB/T 5163规定方法测其密度,硬度测量应在产品工作面上进行。

5.3.2.2 电阻率按GB/T 5586测定。

5.4 金相组织

按JB/T 8985观测金相组织。

6 检验规则

6.1 组批

同一批配料、按相同的工艺、在同一设备条件下制造出来的产品为一批。

6.2 出厂规定

每个检验批的产品应由供应商质检部门检验合格后并附有检验合格证,方可出厂。

6.3 检验项目

检验项目为第4章规定的全部项目。采用合适的检验顺序,同一试样可进行多项性能的检测。

6.4 抽样方案和判定规则

6.4.1 外观

外观为逐件检查,按件判定。

6.4.2 尺寸

尺寸检验按GB/T 2828.1—2003规定,采用Ⅱ级一般检查水平、正常检验二次抽样方案,厚度接收质量限AQL值为2.5,其他尺寸为4.0。

6.4.3 化学成分和力学、物理性能

6.4.3.1 化学成分

6.4.3.1.1 化学成分按表3所示抽样方案及判定规则抽样和判定。

6.4.3.1.2 若电触头单个质量小于0.5 g,则应加倍抽样,直到每份试料质量大于或等于0.5 g。

6.4.3.1.3 电触头产品化学成分分析前,应去掉脱碳层或覆银层。

6.4.4 力学、物理性能

6.4.4.1 硬度按GB/T 2828.1—2003的规定,采用S-2特殊检验水平、正常检验二次抽样方案,接收质量限AQL值为4.0。

6.4.4.2 密度、电阻率采用表3所示抽样方案及判定规则,测试时只要密度、电阻率中某一项不合格则判该试样为不合格品。

表3 化学成分、密度、电阻率和金相组织抽样方案及判定规则

批量	样本	样本量	累计样本量	接收质量限(AQL)	
				Ac	Re
≤10 000	第一 第二	2 4	2 6	0 1	* 2
10 001~30 000	第一 第二	3 6	3 9	0 1	2 2

表 3（续）

批量	样本	样本量	累计样本量	接收质量限(AQL)	
				Ac	Re
30 001～50 000	第一 第二	4 8	4 12	0 1	2 2
50 001～100 000	第一 第二	5 10	5 15	0 1	2 2
≥100 001	第一 第二	6 12	6 18	1 2	3 3
* 第一次抽样不合格时，从累计样本量的检验结果判定。					

6.4.5 金相组织

金相组织按表 3 所示抽样方案及判定规则抽样和判定。

6.5 说明事项

6.5.1 只有在 6.4.2、6.4.3、6.4.4、6.4.5 规定的所有检验项目符合本标准要求时，方判该批产品合格。

6.5.2 为方便本标准使用，附录 B(规范性附录)给出了样本量字码和正常检验二次抽样方案。

7 标志、包装、运输、贮存

7.1 标志

7.1.1 每批产品应附有产品合格证，用户需要时，还应提供质量保证书。

7.1.2 产品标志应包含如下内容：

a) 电触头材料名称(或代表符号)、型号或尺寸规格及批号(或生产日期)；

b) 电触头数量(或净重)；

c) 检验日期；

d) 制造商名称及地址；

e) 检验员代号和检验部门印鉴；

f) 产品执行标准号及名称。

7.1.3 产品质量保证书内容应包括：

a) 电触头材料名称(或代表符号)、型号或尺寸规格及批号(或生产日期)；

b) 电触头材料产品性能和金相组织照片；

c) 检验日期；

d) 制造商名称；

e) 检验员代号和检验部门印鉴。

7.2 包装

7.2.1 电触头应按同一组分、同一规格包装。

7.2.2 产品纸包后采用塑料袋封装。每袋触头重量不得超过 1 kg。塑料袋装入硬纸盒，每盒净重不得超过 4 kg。每盒上应标明触头名称、规格、重量或粒数，生产批号或编号，制造单位名称。

7.2.3 电触头产品发运，应装入包装箱内，并用松软的材料填实。

7.2.4 包装箱内应附有装箱单，装箱单上应注明：

a) 袋(盒)的总数；

b) 各种型号或尺寸规格的电触头的袋(盒)数；

c） 电触头净重；

d） 包装日期；

e） 包装者印签。

7.2.5 包装箱应注明：

a） 制造单位名称；

b） 毛重及净重；

c） 附有检验单的应加注；

d） 防潮、防震标志。

7.3 运输

银石墨电触头产品在运输中应防潮、防震，应避免与有腐蚀性货物混运。

7.4 贮存

电触头产品应贮存在无腐蚀气氛的仓库内，并防受潮。

附　录　A
（规范性附录）
银石墨中碳含量的测定

A.1　方法提要

试样在高温下通氧燃烧，碳转变成二氧化碳，同氧收集于量气管中，将量气管中的混合气体压入氢氧化钾吸收器中，二氧化碳被吸收后，剩余气体返回量气管，由量气管吸收前后体积之差计算碳含量。

A.2　试剂

A.2.1　无水氯化钙。

A.2.2　碱石棉（粒状）。

A.2.3　钒酸银：称取 11.7 g 钒酸铵溶于 400 mL 热水中。另取 17 g 硝酸银溶于 200 mL 水中。将硝酸银徐徐倒入钒酸铵溶液中搅拌，产生黄色沉淀，过滤，用水洗涤沉淀至溶液无银离子存在，置于 110℃ 干燥箱中烘干，研成粒状，筛选 1 mm～3 mm 的细沙粒备用。

A.2.4　硫酸（ρ1.84）。

A.2.5　氢氧化钾（40%）。

A.2.6　氯化钠（26%）。

A.2.7　甲基红溶液（0.1%）。

A.2.8　氯化钠酸性溶液：取氯化钠溶液（A.2.6）800 mL，加数滴甲基红溶液（A.2.7），用硫酸调节溶液变红色。

A.3　分析步骤

A.3.1　通氧检查活塞和管路是否漏气，分析装置是否正常。

A.3.2　开启电源将温度慢慢升至 1 100℃，用烧标准样品或不做正式数据的样品进行测试，以检查仪器及操作有无错误。

A.3.3　称取 0.200 0 g～0.250 0 g 不含覆银层的块状试样于燃烧舟中，用长钩将燃烧舟推入燃烧管中温度最高处，立即用橡皮塞将燃烧管塞住，1 min 后，通入氧气燃烧，以下按照定碳仪的操作规程进行。测定完毕后打开管塞，用长钩将燃烧舟拉出。

A.3.4　每批试样做三支空白试样。

A.3.5　分析结果计算：

按公式 A.1 计算碳的百分含量：

$$\mathrm{C}(\%)=\frac{(A_1-A_2)f}{m}\times 100 \qquad\cdots\cdots\cdots\cdots(\mathrm{A.1})$$

式中：

A_1——测定试样时量气管读数，%；

A_2——测定空白试样时量气管读数，%；

f——温度、气压校正系数；

m——称样量，单位为克（g）。

注：校正系数 f 可以由《气体容积法测定碳的气压温度校正系数表》中查出。如果量气管是以 mL 刻度需乘系数 0.000 502 7。

附 录 B
（规范性附录）
产品检查抽样表

B.1 本附录引用的数据部分摘自 GB/T 2828.1—2003，以便使用本标准时查用。

B.2 样本量字码见表 B.1，二次正常检查抽样表如表 B.2。

表 B.1 样本量字码

批量	特殊检验水平				一般检验水平		
	S-1	S-2	S-3	S-4	Ⅰ	Ⅱ	Ⅲ
2～8	A	A	A	A	A	A	B
9～15	A	A	A	A	A	B	C
16～25	A	A	B	B	B	C	D
26～50	A	B	B	C	C	D	E
51～90	B	B	C	C	C	E	F
91～150	B	B	C	D	D	F	G
151～280	B	C	D	E	E	G	H
281～500	B	C	D	E	F	H	J
501～1 200	C	C	E	F	G	J	K
1 201～3 200	C	D	E	G	H	K	L
3 201～10 000	C	D	F	G	J	L	M
10 001～35 000	C	D	F	H	K	M	N
35 001～150 000	D	E	G	J	L	N	P
150 001～500 000	D	E	G	J	M	P	Q
500 001 及其以上	D	E	H	K	N	Q	R

表 B.2 正常检验二次抽样方案

样本量字码	样本	样本量	累计样本量	接收质量限(AQL)					
				2.5		4.0		10	
				Ac	Re	Ac	Re	Ac	Re
A				↓		↓		↓	
B	第一	2	2	↓		*		↓	
	第二	2	4						
C	第一	3	3	*		↑		0	2
	第二	3	6					1	2
D	第一	5	5	↑		↓		0	3
	第二	5	10					3	4
E	第一	8	8	↓		0	2	1	3
	第二	8	16			1	2	4	5

表 B.2（续）

样本量字码	样本	样本量	累计样本量	接收质量限(AQL)					
				2.5		4.0		10	
				Ac	Re	Ac	Re	Ac	Re
F	第一 第二	13 13	13 26	0 1	2 2	0 3	3 4	2 6	5 7
G	第一 第二	20 20	20 40	0 3	3 4	1 4	3 5	3 9	6 10
H	第一 第二	32 32	32 64	1 4	3 5	2 6	5 7	5 12	9 13
J	第一 第二	50 50	50 100	2 6	5 7	3 9	6 10	7 18	11 19
K	第一 第二	80 80	80 160	3 9	6 10	5 12	9 13	11 26	16 27
L	第一 第二	125 125	125 250	5 12	9 13	7 18	11 19	⇧	
M	第一 第二	200 200	200 400	7 18	11 19	11 26	16 27		
N	第一 第二	315 315	315 630	11 26	16 27	⇧			
P	第一 第二	500 500	500 1 000	⇧					
Q	第一 第二	800 800	800 1 600						
R	第一 第二	1 250 1 250	1 250 2 500						

注：表中符号：

⇩——使用箭头下面的第一个抽样方案，如果样本量等于或超过批量，则执行100%检验；

⇧——使用箭头上面的第一个抽样方案；

*——使用对应的一次抽样方案(或者使用下面适用的二次抽样方案)；

Ac——接收数；

Re——拒收数。

ICS 67.080.10
B 31

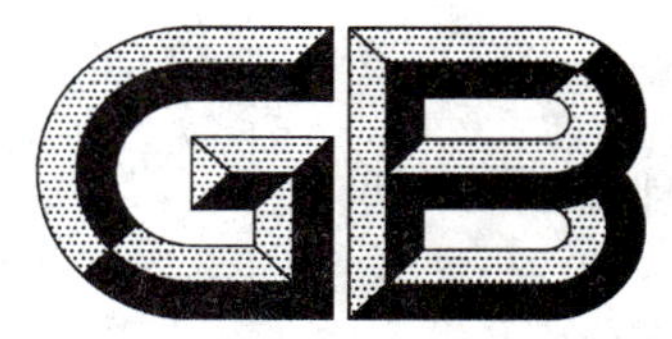

中华人民共和国国家标准

GB/T 12947—2008
代替 GB/T 12947—1991

鲜柑橘

Fresh citrus

2008-08-07 发布　　2008-12-01 实施

中华人民共和国国家质量监督检验检疫总局
中国国家标准化管理委员会　发布

前 言

本标准代替 GB/T 12947—1991《鲜柑橘》。

本标准与 GB/T 12947—1991 相比主要变化如下：

——修改了原标准中的术语；

——修改了原标准中分等分级方法；

——修改了原标准中的检验规则；

——修改了原标准中的标志、标签与包装。

本标准由中华全国供销合作总社提出。

本标准由中华全国供销合作总社济南果品研究院归口。

本标准主要起草单位：中华全国供销合作总社济南果品研究院。

本标准主要起草人：解维域、丁辰、宋烨。

本标准所代替标准的历次版本发布情况为：

——GB/T 12947—1991。

鲜　柑　橘

1　范围

本标准规定了甜橙类和宽皮柑橘类相关的术语和定义、要求、检验方法、检验规则、标志、标签与包装、贮存与运输及销售。

本标准适用于甜橙类、宽皮柑橘类鲜果的生产、收购和销售。

2　规范性引用文件

下列文件中的条款通过本标准的引用而成为本标准的条款。凡是注日期的引用文件，其随后所有的修改单(不包括勘误的内容)或修订版均不适用于本标准，然而，鼓励根据本标准达成协议的各方研究是否可使用这些文件的最新版本。凡是不注日期的引用文件，其最新版本适用于本标准。

GB/T 191　包装储运图示标志

GB 2762　食品中污染物限量

GB 2763　食品中农药最大残留限量

GB/T 8210　出口柑桔鲜果检验方法

GB/T 8855　新鲜水果和蔬菜　取样方法

GB/T 13607　苹果、柑桔包装

NY/T 1189　柑桔贮藏

3　术语和定义

下列术语和定义适用于本标准。

3.1　基本要求

3.1.1

成熟度　degrees of ripe

果实发育到可供食用的适当成熟程度。

3.1.2

合理采摘　reasonable picking

按采摘技术与注意事项进行的果实采摘。如轻采轻放，不允许攀枝拉果；果梗齐果肩处剪平；雨天、刮风天和叶面水未干时不采摘。

3.1.3

脱绿处理　degreening treatment

着色度低的果实，经自控温湿度的专门装置与专用催熟剂加以催熟转色，提高果实内质与外观质量的处理。

3.1.4

果实完整新鲜　intact and fresh fruit

果实无裂口、无重伤、无畸形，油胞饱满，有光泽，果蒂青绿色，完好。

3.1.5

果面洁净　fruit surface clean

果面无药迹、泥沙、灰尘等污物。

3.1.6

风味正常　normal flavour

具有果实成熟后固有的滋味与香气。

3.2　外观质量

3.2.1

果形　fruit shape

果实品种固有的形状和特征。

3.2.1.1

品种典型特征　typical cultivar characters

果实品种固有的形状、色泽和内质。

3.2.1.2

品种类似特征　similar cultivar characters

果实有类似品种的形状和色泽。

3.2.2

果面光洁　smooth and bright surface

果面光滑清洁程度。

3.2.3

色泽　colour and lustre

果实具有成熟后固有的颜色和光泽。

3.2.4

缺陷　defects

果实在生长发育和采摘过程中受病虫危害、机械作用和化学作用造成的伤害。

3.2.5

损伤　injury

机械作用对果实造成的创伤，分重伤、轻伤、愈合伤三种。

a)　重伤：伤及果实白皮层的创伤；

b)　轻伤：仅伤及果实表皮的创伤；

c)　愈合伤：已愈合的果面创伤。

3.2.6

腐烂果　decay fruit

已经局部腐烂或有腐烂迹象的果实。

3.2.7

油斑　oil spot

果面的油胞病变。有绿色、黄色、褐色油斑等。

3.2.8

褐斑　brown spot

果实表皮层呈褐色凹陷的干缩斑痕。又称干疤。

3.2.9

枯水 granulation

果实囊瓣皱缩、汁胞粗硬、果汁干枯，影响食用。

3.2.10

水肿 edema

果实处于通风不良或受冷害的影响，导致生理代谢失调，果皮褐变甚至组织软溃，有浓烈异味，部分或全部失去食用价值。

3.2.11

浮皮 puffiness

包裹果肉的囊瓣与果皮分离后浮起，果皮与囊瓣膜之间产生空隙分离的状况。

3.3 内在品质

3.3.1

可溶性固形物 total soluble solid；TSS

果汁中能溶于水的糖、酸、维生素、矿物质等，以百分率表示。

3.3.2

总酸 total acid；TA

果汁中所含有的可滴定酸总量，以柠檬酸计。

3.3.3

固酸比 TSS/TA

果汁固形物含量与果汁总酸量之比值。

3.3.4

可食率 edible rate

可供食用的部分与整果重之比，以百分率表示。

3.4

果实大小 fruit size

果实横径(果实赤道线横切面直径)的大小，以毫米(mm)计。

3.5

容许度 tolerance

人为规定的对某项要求的允许限度。

3.6

串级果 neighbor grade fruit

邻级相互混杂，不含隔级的鲜柑橘果。

4 要求

4.1 基本要求

果实达到适当成熟度采摘，成熟状况应与市场要求一致(采摘初期允许果实有绿色面积，甜橙类≤1/3、宽皮柑橘类≤1/2、早熟品种≤7/10)，必要时允许脱绿处理；合理采摘，果实完整新鲜；果面洁净；风味正常。

4.2 分等

在符合基本要求的前提下，按感官要求分为优等果、一等果和二等果，见表1。

表 1 柑橘鲜果等级要求

项目		优等果	一等果	二等果
果形		有该品种典型特征，果形端正、整齐	有该品种典型特征，果形端正、较整齐	有该品种典型特征，无明显畸形果
果面及缺陷		果面洁净，果皮光滑。无雹伤、日灼、干疤；允许单果有极轻微的油斑、网纹、病虫斑、药迹等缺陷。但单果斑点不超过 2 个，小果型品种每个斑点直径≤1.0 mm；其他果型品种每个斑点直径≤1.5 mm。无水肿、枯水和浮皮果	果面洁净，果皮较光滑。允许单果有较轻微的日灼、干疤、油斑、网纹、病虫斑、药迹等缺陷。但单果斑点不超过 4 个，小果型品种每个斑点直径≤1.5 mm；其他果型品种每个斑点直径≤2.5 mm。无水肿、枯水果，允许有极轻微浮皮果	果面较光洁。允许单果有轻微的雹伤、日灼、干疤、油斑、网纹、病虫斑、药迹等缺陷。但单果斑点不超过 6 个，小果型品种每个斑点直径≤2.0 mm；其他果型品种每个斑点直径≤3.0 mm。无水肿果，允许有轻微枯水、浮皮果
色泽	红皮品种	橙红色或橘红色，着色均匀	浅橙红色或淡红色，着色均匀	淡橙黄色，着色较均匀
	黄皮品种	深橙黄色或橙黄色，着色均匀	淡橙黄色，着色均匀	淡黄色或黄绿色，着色较均匀

4.3 理化指标

各等级果应符合表 2 规定。

表 2 理化指标

项目		优等果		一等果		二等果	
		甜橙类	宽皮橘类	甜橙类	宽皮橘类	甜橙类	宽皮橘类
可溶性固形物/%	≥	10.5	10.0	10.0	9.5	9.5	9.0
总酸量/%	≤	0.9	0.95	0.9	1.0	1.0	1.0
固酸比	≥	11.6∶1	10.0∶1	11.1∶1	9.5∶1	9.5∶1	9.0∶1
可食率/%	≥	70	75	65	70	65	70

4.4 分级

同等别果依据果实横径大小分为六个级别，分别为 3L、2L、L、M、S、2S，大于 3L 或小于 2S 级均视为等外级果品，见表 3。

表 3 柑橘鲜果级别要求

单位为毫米

品种类型		级别					
		3L	2L	L	M	S	2S
甜橙类	脐橙、锦橙	85.0≤ϕ<95.0	80.0≤ϕ<85.0	75.0≤ϕ<80.0	70.0≤ϕ<75.0	65.0≤ϕ<70.0	60.0≤ϕ<65.0
	其他甜橙	80.0≤ϕ<85.0	75.0≤ϕ<80.0	70.0≤ϕ<75.0	65.0≤ϕ<70.0	60.0≤ϕ<65.0	55.0≤ϕ<60.0
宽皮柑橘类	椪柑类、橘橙类等	80.0≤ϕ<85.0	75.0≤ϕ<80.0	70.0≤ϕ<75.0	65.0≤ϕ<70.0	60.0≤ϕ<65.0	55.0≤ϕ<60.0
	温州蜜柑类、红橘、蕉柑、早橘等	75.0≤ϕ<80.0	70.0≤ϕ<75.0	65.0≤ϕ<70.0	60.0≤ϕ<65.0	55.0≤ϕ<60.0	50.0≤ϕ<55.0
	朱红橘、本地早、南丰蜜橘、砂糖橘等	65.0≤ϕ<70.0	60.0≤ϕ<65.0	55.0≤ϕ<60.0	50.0≤ϕ<55.0	40.0≤ϕ<50.0	25.0≤ϕ<40.0
注：ϕ 为果实横径。							

4.5 卫生指标

按照 GB 2762、GB 2763 有关规定执行。

4.6 保鲜处理

需经长途调运、贮藏之果实，要通过保鲜药物处理，处理药剂与方法参照 NY/T 1189 规定。果实打蜡须在药剂处理之后进行。采后即销或用于加工之果，可不进行保鲜处理。

4.7 容许度

等级质量之间出现的差异性，其允许差异限制在下述范围之内。

4.7.1 重量差异

产地站台交接，每件净重不低于标示重量的 99%。目的地站台交接，每件净重不得低于标示重量的 95%。

4.7.2 大小差异

每个包装内的串级果以个计算，优等果允许混有的串级果不得超过总个数的 5%，一等果、二等果允许混有的串级果不得超过总个数的 10%。

4.7.3 腐烂果

起运点不允许有腐烂果和重伤果，到达目的地后腐烂果不超过 3%，重伤果不超过 1%。

4.7.4 果面缺陷

带有病虫、伤痕、伤迹等附着物的果实，按重量计，优等果不超过 1%，一等果、二等果不超过 3%。

5 检验方法

5.1 取样方法

按 GB/T 8855 规定执行。

5.2 外观质量和分等分级检验

按 GB/T 8210 规定执行。

5.3 理化检验

5.3.1 可溶性固形物测定

按 GB/T 8210 规定的方法执行。

5.3.2 总酸量测定

按 GB/T 8210 中可滴定酸含量测定方法执行。

5.3.3 固酸比

按式(1)计算：

$$\text{固酸比} = \frac{\text{可溶性固形物含量}}{\text{可滴定酸含量}} \qquad \cdots\cdots(1)$$

5.3.4 可食率测定

分别称出全果重量、果皮及种子的重量，然后按式(2)计算。

$$\text{可食率}(\%) = \frac{\text{全果重量} - (\text{果皮重量} + \text{种子重量})}{\text{全果重量}} \times 100 \qquad \cdots\cdots(2)$$

5.4 卫生指标检测

污染物、农药残留量分别按 GB 2762、GB 2763 规定的相应检验方法和标准执行。

6 检验规则

6.1 组批规则

同一生产单位、同品种、同等级、同一贮运条件、同一包装日期的柑橘作为一个检验批次。

6.2 型式检验

型式检验是对产品进行全面考核，即对本标准规定的全部要求（指标）进行检验。有下列情形之一者，应进行型式检验：

a) 前后两次检验，结果差异较大；

b) 因人为或自然因素使生产或贮藏环境发生较大变化；

c) 国家质量监督机构或主管部门提出型式检验要求。

6.3 交收检验

6.3.1 每批产品交收前，生产单位都应进行交收检验，其内容包括感官、净含量、包装、标志的检验。检验的期限为货到产地站台 24 h 内检验，货到目的地 48 h 内检验。检验合格并附合格证的产品方可交收。

6.3.2 检验等级差异：优等果允许混有的串级果不得超过总个数的 5%；一等果、二等果允许混有的串级果不得超过总个数的 10%。

6.3.3 伤腐果：起运点无伤腐果，到达目的地不超过 3%。

6.4 判定规则

6.4.1 感官要求的总不合格品百分率不超过 7%，理化指标和安全卫生指标均为合格，则该批产品判为合格。

6.4.2 当一个果实的感官质量要求有多项不合格时，只记录其中最主要的一项。

单项不合格果的百分率按式(3)计算，结果保留一位小数。

$$单项不合格果百分率(\%)=\frac{单项不合格果的果数}{检验样本果的总个数}\times 100 \qquad \cdots\cdots\cdots\cdots(3)$$

单项不合格果的百分率之和为总不合格果百分率。

6.4.3 感官要求的总不合格品超过 7%，或理化指标不合格项超过两项，或安全卫生指标有一项不合格，或标志不合格，则该批产品判为不合格。

6.4.4 安全卫生指标出现不合格时，允许另取一份样品复检，若仍不合格，则判该项指标不合格；若复检合格，则需再取一份样品作第二次复检，以第二次复检结果为准。

6.4.5 对包装、缺陷果允许度检验不合格的产品，允许生产单位进行整改后申请复检。

7 标志、标签与包装

7.1 标志、标签

包装箱上应标明品名、品种、产地、执行标准编号、果品质量等级（×等×级）、毛重(kg)、个数或净含量(kg)、装箱日期、体积。小心轻放、防雨、防压等相关储运图示标记应符合 GB/T 191 规定。

7.2 包装

7.2.1 包装箱

果箱要求清洁、干燥、牢固，无毒、无害。其他应符合 GB/T 13607 之规定。

7.2.2 捆扎材料

选用宽度≥60 mm 的无水胶带。

7.2.3 包装物要求

7.2.3.1 装箱果品应排列整齐。衬垫材料要求柔软、干净、无污染，轻便，有一定缓冲性。

7.2.3.2 纸箱应留有若干个 $\phi\geqslant 2$ cm 小通风孔，通风孔的总面积不大于纸箱侧面的 10%。

8 运输与贮存

8.1 运输

8.1.1 不同型号包装箱分开装运。运输工具应清洁、干燥。

8.1.2 装卸、搬运时要轻拿轻放，严禁乱丢乱掷。堆码高度应控制在6层以内。

8.1.3 交运手续力求简便、迅速，运输时严禁日晒、雨淋，注意防冻。不得与有毒有害物品混运。

8.2 贮存

8.2.1 常温贮存

按NY/T 1189规定执行。

8.2.2 冷库贮存

应经2 d～3 d预冷后达到最终冷藏温度方可入库冷藏，冷藏库内适宜温度为4 ℃～8 ℃，适宜的相对湿度为85%～95%。

8.2.3 应分等级、包装规格堆放，批次应分明，堆码整齐，堆放和装卸时要轻搬轻放。

9 销售

9.1 销售等级

批发环节的销售等级划分应符合本标准等级之规定。

9.2 销售质量

应标明名称、品种、等级和产地，不准使用虚假信息和假冒品名，不得混杂销售。

9.3 销售卫生

销售场地应干净、卫生。禁止与有毒、有异味物品混放。

ICS 91.100.50
Q 27

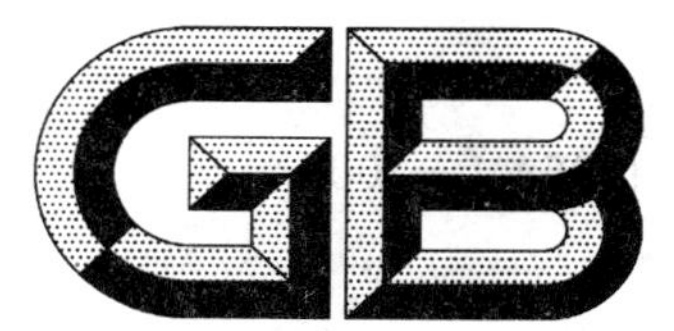

中华人民共和国国家标准

GB/T 12954.1—2008
代替 GB/T 12954—1991

建筑胶粘剂试验方法 第1部分：陶瓷砖胶粘剂试验方法

Testing methods for construction adhesives—Part 1: Test methods for ceramic tiles adhesives

(ISO 13007-2:2005, Ceramic tiles—Grouts and adhesives Part2: Test methods for adhesives, MOD)

2008-06-30 发布 2009-04-01 实施

中华人民共和国国家质量监督检验检疫总局
中国国家标准化管理委员会 发布

前言

GB/T 12954《建筑胶粘剂试验方法》预计分为三个部分：

——第1部分：陶瓷砖胶粘剂试验方法；

——第2部分：保温板胶粘剂试验方法；

——第3部分：装饰板胶粘剂试验方法。

本部分为GB/T 12954的第1部分。

本部分修改采用ISO 13007-2:2005《瓷砖——填缝剂和胶粘剂 第2部分：胶粘剂的试验方法》。

为了更适合我国国情，本部分在采用ISO 13007-2:2005时进行了修改，本部分与ISO 13007-2:2005的主要差异如下：

——将国际标准中的引用标准修改为相应的我国国家标准；

——增加了设备的引用标准；

——增加了术语和定义；

——增加了压剪粘结强度的计算公式；

——增加了横向变形试验材料和器具中的压块条款。

本部分代替GB/T 12954—1991《建筑胶粘剂通用试验方法》。

本部分与GB/T 12954—1991的主要区别是：

——修改了标准名称；

——修改了适用范围；

——增加了术语和定义；

——增加了标准试验条件；

——取消了密度、pH值、粘度、固体含量、贮存稳定性、适用期、涂胶量的试验方法；

——增加了晾置时间、滑移、横向变形、耐化学侵蚀性的试验方法；

——增加了附录A。

本部分的附录A为规范性附录。

本部分由中国建筑材料联合会提出。

本部分由全国轻质与装饰装修建筑材料标准化技术委员会(SAC/TC 195)归口。

本部分负责起草单位：上海市建筑科学研究院(集团)有限公司。

本部分主要参加起草单位：上海曹杨建筑粘合剂厂、上海贝恒化学建材有限公司、深圳市建筑科学研究院。

本部分主要起草人：赵敏、王静、毕麟波、储昌毅。

本部分所代替标准的历次发布情况为：

——GB/T 12954—1991。

建筑胶粘剂试验方法　第1部分：陶瓷砖胶粘剂试验方法

1　范围

GB/T 12954 的本部分规定了陶瓷砖胶粘剂(以下简称胶粘剂)的晾置时间、滑移、剪切粘结强度、拉伸粘结强度、横向变形、耐化学侵蚀性的试验方法。

本部分适用于粘贴陶瓷砖用胶粘剂的性能测试。

2　规范性引用文件

下列文件中的条款通过 GB/T 12954 本部分的引用而成为本部分的条款。凡是注日期的引用文件，其随后所有的修改单(不包括勘误的内容)或修订版均不适用于本部分，然而，鼓励根据本部分达成协议的各方研究是否可使用这些文件的最新版本。凡是不注日期的引用文件，其最新版本适用于本部分。

GB 175—2007　通用硅酸盐水泥

GB/T 4100—2006　陶瓷砖(ISO 13006:1998 Ceramic tiles-definitions，classification，characteristics and marking，MOD)

JC/T 681—2005　行星式水泥胶砂搅拌机

JC/T 682—2005　水泥胶砂试体成型振实台

3　术语和定义

下列术语和定义适用于本部分。

3.1

晾置时间　open time

涂胶后至叠合试件能满足规定的拉伸粘结强度指标时的最大时间间隔。

3.2

滑移　slip

在垂直面上，用梳理后的胶粘剂涂层粘结后试验砖的向下位移量。

3.3

横向变形　transverse deformation

硬化的条状胶粘剂试件承受三点弯曲，试件中心出现裂纹时产生的最大位移。

3.4

熟化时间　maturing time

水泥基胶粘剂从加水拌和到可以使用的时间间隔。

3.5

水泥基胶粘剂　cementitious adhesive

由水硬性胶凝材料、矿物集料、有机外加剂组成的粉状混合物，使用时需与水或其他液体拌和。

3.6

膏状乳液胶粘剂　dispersion adhesive

由水性聚合物乳液、有机外加剂和矿物填料等组成的膏糊状混合物，可直接使用。

3.7

反应型树脂胶粘剂 **reaction adhesive**

由合成树脂、矿物填料和有机外加剂组成的单组分或多组分混合物，通过化学反应使其硬化。

4 一般规定

4.1 取样

每次拌和最少需要准备2 kg试样。

4.2 标准试验条件

标准试验条件：(23±2)℃，相对湿度(50±5)%，试验区的循环风速小于0.2 m/s。

其他试验条件在第5章中规定。

所有试件的养护周期的时间偏差应满足表1的要求：

表1 养护周期的时间偏差

养护周期	时间偏差/h
24 h	±0.5
7 d	±3
14 d	±6
21 d	±9
28 d	±12

4.3 试验材料

所有试验材料(包括拌和用水)试验前应在标准试验条件下放置24 h。进行试验的胶粘剂应该在贮存期内。

试验前应检查试验用陶瓷砖，保证其为洁净且干燥的新瓷砖。每种试验用陶瓷砖都有不同的要求，应满足第5章的规定。

4.4 胶粘剂的拌和

4.4.1 水泥基胶粘剂(代号为C)

根据生产商提供的配比准备胶粘剂，及所需要的水或者液体外加剂。(如果给定范围，则取中间值)。

在符合JC/T 681—2005要求的搅拌机中，准备2 kg试样。按下列步骤进行拌和：

——将水或液体倒入搅拌锅中；

——均匀撒入粉料；

——搅拌30 s；

——取出搅拌叶；

——60 s内清理搅拌叶和搅拌锅壁上的胶粘剂；

——重新放入搅拌叶，再搅拌60 s。

如果生产商对产品有熟化要求，按其规定的时间熟化，再搅拌15 s后使用。

4.4.2 膏状乳液胶粘剂(代号为D)或者反应型树脂胶粘剂(代号为R)

根据生产商的说明拌和膏状乳液胶粘剂(D)或反应型树脂胶粘剂(R)。

4.5 试验用基材

4.5.1 试验用混凝土板

混凝土板制作见附录A。混凝土板厚(40±5) mm，含水率不大于3%，4 h表面吸水量在0.5 mL与1.5 mL之间。其表面拉伸强度按A.4.3试验，不得小于1.5 MPa。

4.5.2 **其他基材**

允许胶粘剂生产商要求使用其他基材，但应进行胶粘剂晾置时间的试验。当发生在基材上的拉伸粘结强度结果满足规定的晾置时间技术指标时，所选基材可用。

4.6 **破坏模式**

4.6.1 **粘结破坏**

当破坏发生在胶粘剂与基材的界面，用 AF-S 表示，见图 1a)。当破坏发生在试验砖与胶粘剂的界面，用 AF-T 表示，见图 1b)。某些情况下，破坏可能发生在试验砖与拉拔头之间的粘结层，使用符号 BF 表示。在此情况下，粘结强度大于试验数值，试验应重做，见图 1c)。

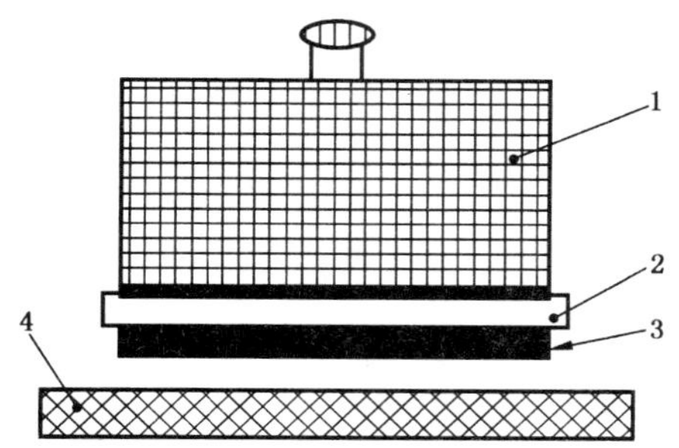

a) 发生在胶粘剂层和基材的界面(AF-S)的破坏

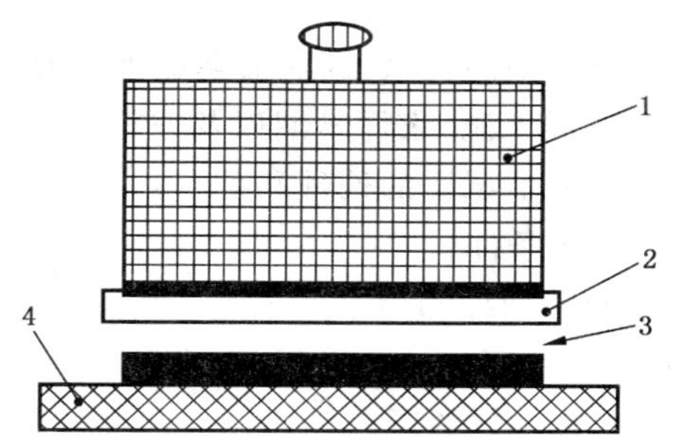

b) 发生在陶瓷砖和胶粘剂层界面(AF-T)的破坏

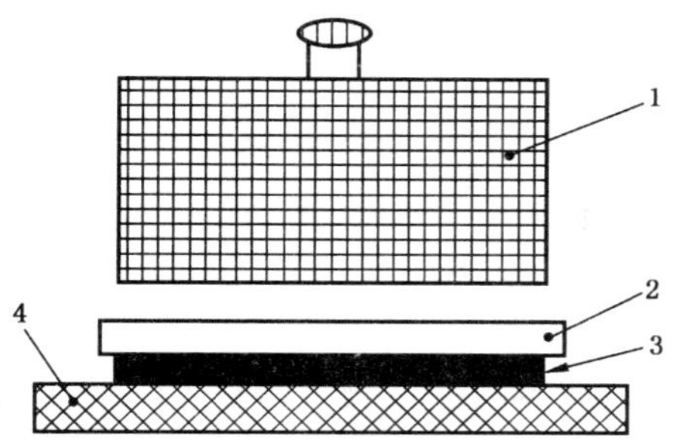

c) 放生在陶瓷砖和拉拔头之间(BF)的破坏

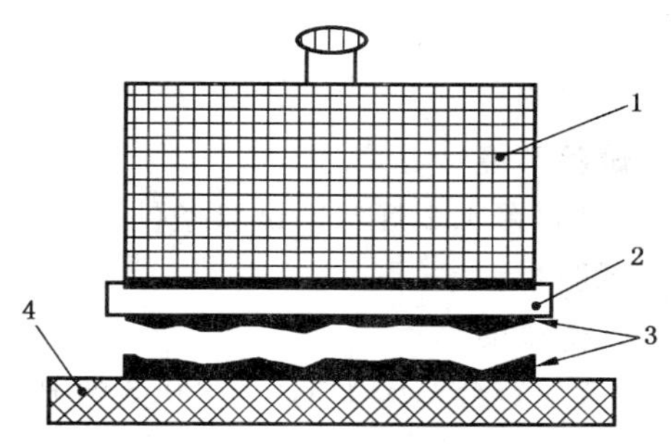

d) 胶粘剂内聚(CF-A)的破坏

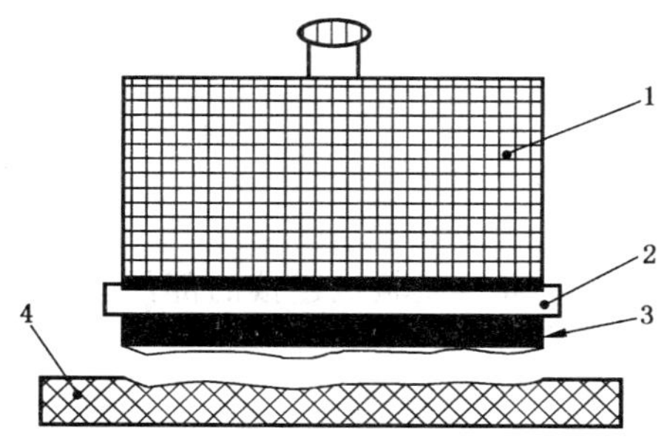

e) 基材内聚(CF-S)的破坏

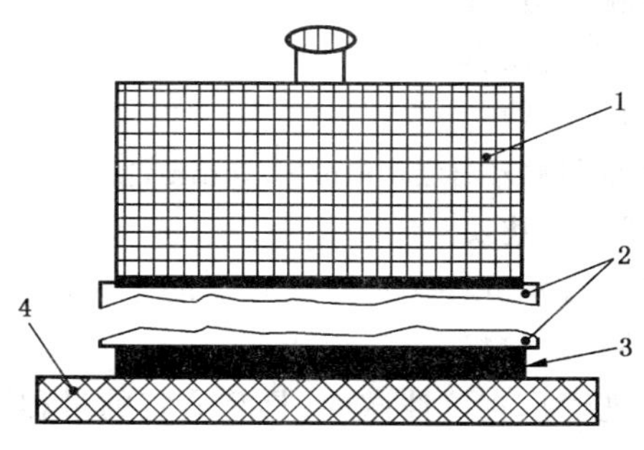

f) 陶瓷砖内聚(CF-T)的破坏

1——拉拔头；

2——陶瓷砖；

3——胶粘剂；

4——混凝土板。

图 1 破坏模式

4.6.2 **胶粘剂内聚破坏(CF-A)**

破坏发生在粘结层内(见图 1d))。

4.6.3 **基材或试验砖内聚破坏(CF-S 或 CF-T)**

基材发生破坏,用 CF-S 表示(见图 1e))。试验砖发生破坏(CF-T)(见图 1f))。在此情况下,粘结强度大于试验数值。

破坏模式可能是上述几种情况的组合,此时应记录每种破坏所占的比例。

4.7 试验报告

试验报告应包括以下内容:

a) 本部分的名称、标准号;

b) 试验日期;

c) 胶粘剂的类型,商业命名和生产商;

d) 试样来源,来样日期以及完整试样信息;

e) 试验前试样的处理和贮存;

f) 试验条件;

g) 胶粘剂拌和用水量或液体用量;

h) 试验结果(单个数据、算术平均值以及破坏模式);

i) 试验基材的所有描述;

j) 其它可能影响结果的因素。

5 试验方法

5.1 晾置时间

5.1.1 试验环境

晾置时间在 4.2 规定的试验条件下进行,如有特殊情况应注明。

5.1.2 试验材料

5.1.2.1 **陶瓷砖**

试验砖应符合 GB/T 4100—2006 的 BⅢ 型陶质砖的要求,吸水率(15±3)%,切割成(50±1) mm×(50±1) mm。

5.1.2.2 **混凝土板**

混凝土板应满足 4.5.1 的要求。

5.1.3 试验器具

5.1.3.1 **压块**

截面积略小于 50 mm×50 mm,能够施加(20±0.05) N 的压力。

5.1.3.2 **拉拔头**

(50±1) mm×(50±1) mm 的正方形金属板,最小厚度 10 mm,有与试验机连接的部件。

5.1.3.3 **试验机**

能进行垂直拉伸试验,具有适宜的量程和灵敏度。

试验机能以(250±50) N/s 的速度均匀施加载荷,通过合适的方式连接拉拔头,试验过程中不应产生任何弯曲应力。

5.1.4 试验步骤

根据 4.4 拌和胶粘剂。

用直边抹刀在混凝土板上薄涂一层拌和好的胶粘剂,再厚涂一层。水泥基胶粘剂用带有 6 mm×6 mm凹口,中心间距 12 mm 的齿型抹刀进行梳理;膏状乳液胶粘剂或反应型树脂胶粘剂用 4 mm×4 mm凹口,中心间距为 8 mm 的齿型抹刀进行梳理。抹刀与基材成大约 60°角,与基材的一边成直角,平行地抹至混凝土的另一端(直线运动)。

在 5 min,10 min,20 min,30 min,或者更长时间间隔后,30 s 内在胶粘剂上分别放置至少十块试验砖,彼此间隔 50 mm。在每块试验砖上放置(20±0.05) N 的压块,保持 30 s。

在标准试验条件下养护 27 d 之后,用适宜的高强胶粘剂将拉拔头粘在试验砖上。

在标准条件下继续放置 24 h 之后,测定胶粘剂的拉伸粘结强度,试验速度为(250±50) N/s。

5.1.5 结果评价与表示

按式(1)计算单个试件的拉伸粘结强度,精确至 0.1 MPa。

$$S_{拉} = \frac{F_{拉}}{A} \qquad (1)$$

式中:

$S_{拉}$——单个试件拉伸粘结强度,单位为兆帕(MPa);

$F_{拉}$——拉力,单位为牛顿(N);

A——粘结面积,单位为平方毫米(mm^2)。

由下列规定确定每个时间间隔的拉伸粘结强度:

——求十个数据的算术平均值;

——舍弃超出算术平均值±20%范围的数据;

——若仍有五个或者更多数据被保留,求新的算术平均值;

——若少于五个数据被保留,重新试验;

——确定试件的破坏模式(见 4.6)。

5.1.6 试验报告

试验报告除 4.7 外,还应包括以下内容:

晾置时间(单位为分钟)。

5.2 滑移

5.2.1 试验环境

滑移在 4.2 规定的试验条件下进行,如有特殊情况应注明。

5.2.2 试验材料

5.2.2.1 陶瓷砖

试验砖应符合 GB/T 4100—2006 中 BⅠa 型瓷质砖的要求,吸水率不大于 0.2%,无釉,尺寸(100±1) mm×(100±1) mm,质量(200±10) g。

5.2.2.2 混凝土板

混凝土板应满足 4.5.1 的要求。

5.2.3 试验器具

5.2.3.1 钢直尺

5.2.3.2 夹具

5.2.3.3 遮蔽胶带,25 mm 宽。

5.2.3.4 隔片

隔片为不锈钢材质,尺寸(25±0.5) mm×(25±0.5) mm×(10±0.5) mm,两片。

5.2.3.5 压块

截面积为(100±1) mm×(100±1) mm,能够施加(50±0.1) N 的压力。

5.2.3.6 游标卡尺

精度 0.02 mm。

5.2.4 试验步骤

将钢直尺置于混凝土板的顶端,保证混凝土板垂直竖立时,与钢直尺底部边缘保持同一水平。将

25 mm 宽的遮蔽胶带紧挨钢直尺下缘粘在混凝土板上，用直边抹刀先在混凝土板薄涂一层胶粘剂，再厚涂一层，覆盖遮蔽胶带的底部边缘。

用齿型抹刀以正确的角度进行梳理：

——水泥基胶粘剂用带有 6 mm×6 mm 凹口，中心间距 12 mm 的齿型抹刀进行梳理；

——膏状乳液胶粘剂或反应型树脂胶粘剂用 4 mm×4 mm 凹口，中心间距为 8 mm 的齿型抹刀进行梳理。

抹刀与基材成大约 60°角，与基材的一边成直角，平行地抹至混凝土的另一端（直线运动）。

立即撕下遮蔽胶带，在与直边垂直的位置上固定 25 mm 宽的隔片。2 min 后，在隔片垂直方向上放置试验砖，并放置(50±0.1) N 的压块，保持(30±5) s。

移出隔片，用游标卡尺测量钢直尺边缘与试验砖之间的间距。测量后立即小心地将混凝土板垂直放置。20 min 后重新测量钢直尺边缘与试验砖之间的间距。前后两次测量读数的差值就是试验砖在自重下的最大滑移（见图 2）。

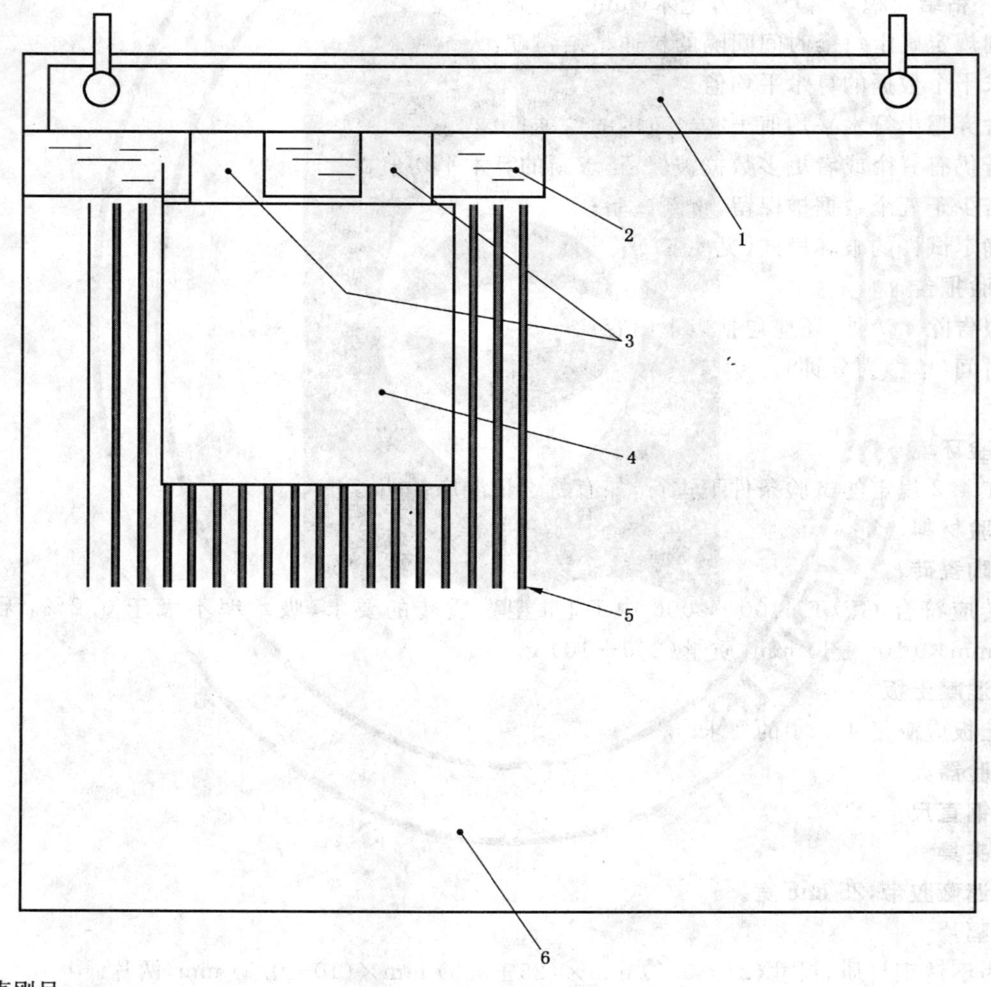

1——直刚尺；

2——25 mm 的遮蔽胶带；

3——隔片；

4——瓷砖；

5——胶粘剂；

6——混凝土基板。

图 2 滑移示意图

每一种胶粘剂用三个试件进行试验。试验结果取算术平均值,单位为毫米。

5.2.5 **试验报告**

试验报告除4.7外,还应包括以下内容:

滑移(用mm表示,包括单个值及算术平均值)。

5.3 剪切粘结强度(D和R类胶粘剂)

5.3.1 **试验环境**

剪切粘结强度在4.2规定的试验条件下进行试验,如有特殊情况应注明。

5.3.2 **试验材料和器具**

5.3.2.1 **陶瓷砖**

试验砖应满足下列条件:

——膏状乳液胶粘剂(D):

应符合GB/T 4100—2006中BⅢ型陶质砖的要求,吸水率(15±3)%,尺寸(108±1) mm×(108±1) mm,厚度至少6 mm。

——反应型树脂胶粘剂(R):

应符合GB/T 4100—2006中BⅠa型瓷质砖的要求,吸水率不大于0.2%,尺寸(100±1) mm×(100±1) mm,无釉。

5.3.2.2 **模板**

模板采用光滑的、不相容的材质(如聚四氟乙烯),图3为D类胶粘剂用模板,图4为R类胶粘剂用模板。

单位为毫米

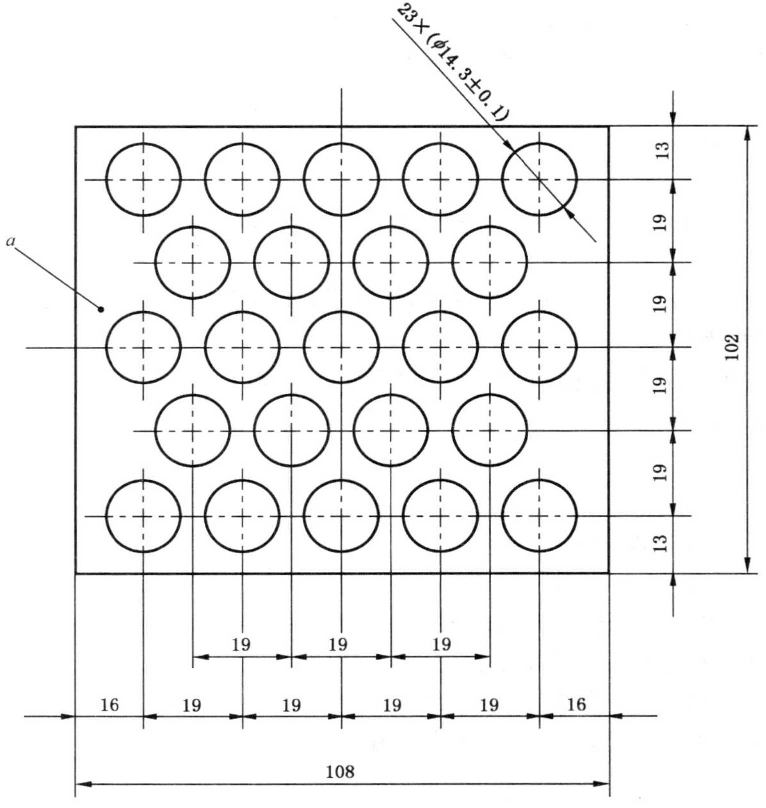

a——模板厚度(1.5±0.1) mm。

图3 D类胶粘剂用模板

单位为毫米

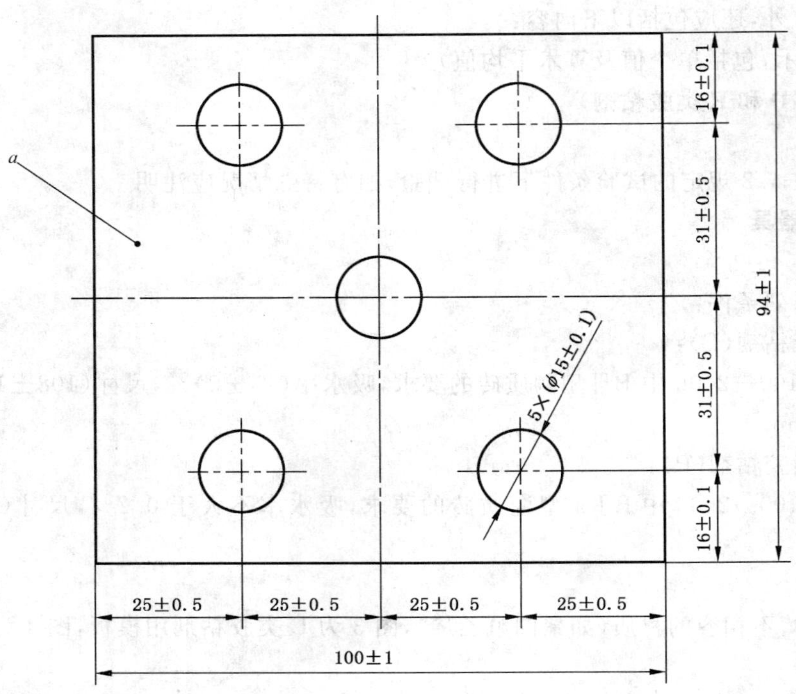

a——模板厚度(1.5±0.1) mm。

图 4 R 类胶粘剂用模板

5.3.2.3 垫条

直径 0.8 mm,约 40 mm 长。

5.3.2.4 压块

截面积略小于 100 mm×100 mm,能施加(70±0.15) N 的压力。

5.3.2.5 试验机

具有适宜的量程、敏感度和可变的试验速度,能够通过适宜的夹具将荷载应用到试件上。

5.3.2.6 剪切试验用夹具

能将试验机的拉力或压力转换成剪切力的适宜夹具(见图 5 和图 6)。

5.3.2.7 试验用鼓风烘箱

控温精度±3℃。

5.3.3 试验步骤

每个试件需要准备两块试验砖。

在每块试验砖距离边缘 6 mm 处画一条直线(在粘贴时作为参照线)。

将模板(见图 3 和图 4)放在第一块试验砖上。在模板内涂抹足够的胶粘剂,然后刮平,使胶粘剂完整地填满模板上的孔。小心地垂直取出模板(见图 7 和图 8)。

在第一块试验砖的每个角上放置直径 0.8 mm 的金属垫条,伸入约 20 mm。2 min 后,在涂好胶粘剂的试验砖上放置第二块试验砖,按所划的参照线在两块试验砖间错开 6 mm 距离,并保证两块试验砖的边缘平行。

将试件放在平整的平面上,放置(70±0.15) N 的压块,保持 3 min。抽去垫条,试验砖的相对位置不得移动,每组至少 10 个试件。

单位为毫米

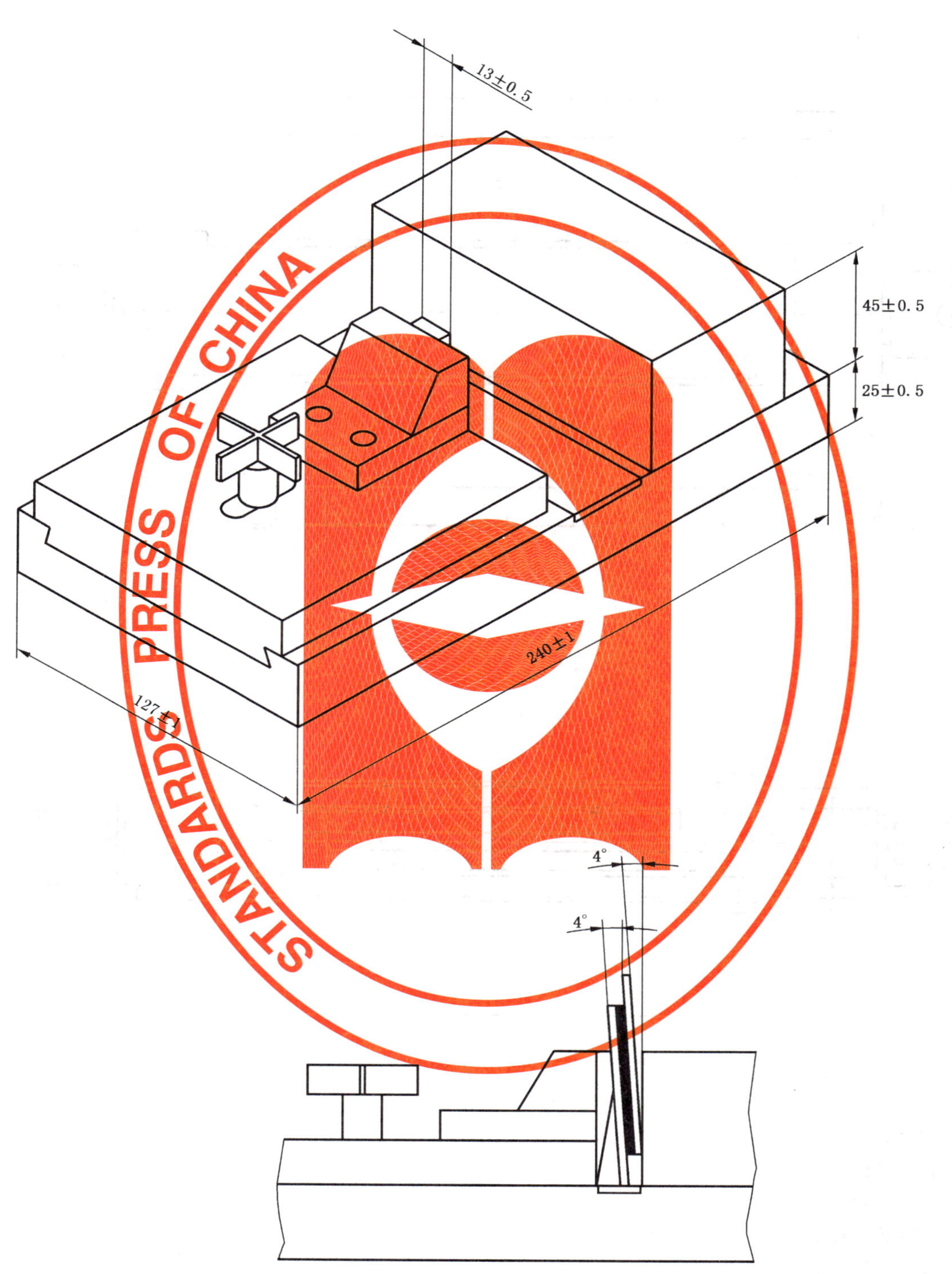

图 5 适用于压力机的剪切夹具

单位为毫米

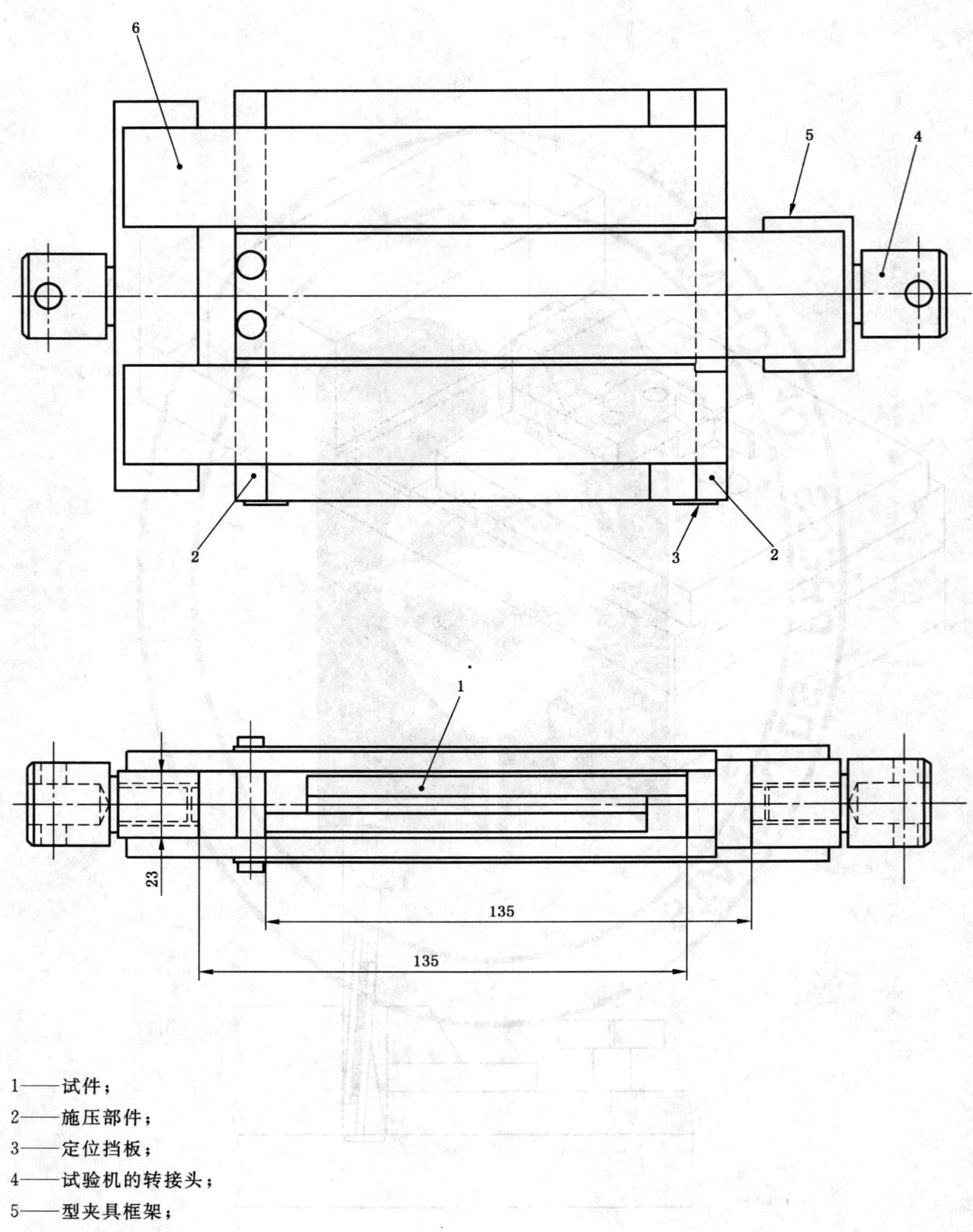

1——试件；

2——施压部件；

3——定位挡板；

4——试验机的转接头；

5——型夹具框架；

6——夹具框架。

图 6　适用于拉力机的剪切夹具

单位为毫米

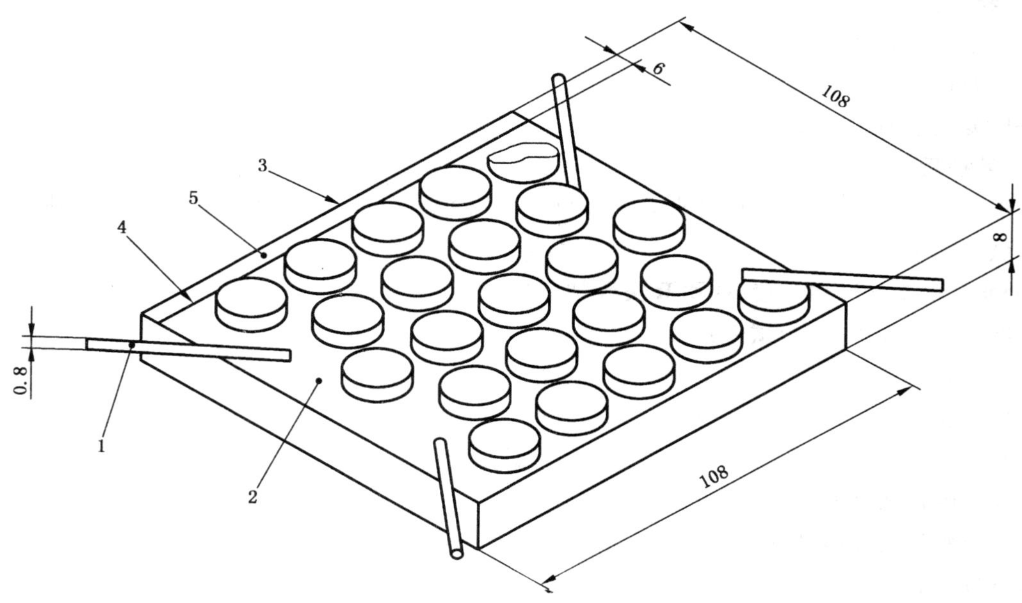

1——直径 0.8 mm，长 40 mm 的垫条应放置于所示位置；

2——108 mm×108 mm 陶瓷片；

3——加载方向；

4——参照线；

5——粘结剂。

图 7 试件制备(D 类胶粘剂)

单位为毫米

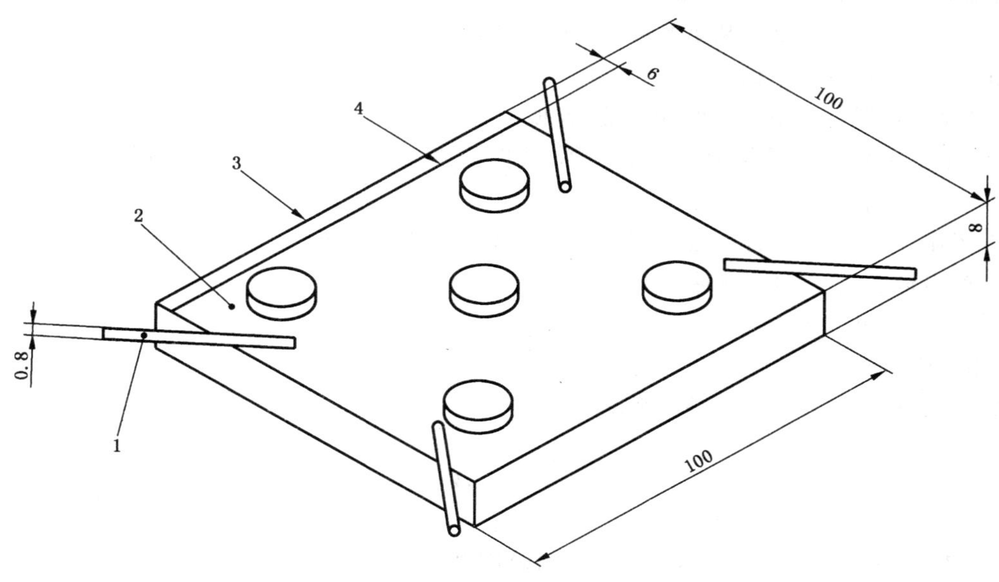

1——垫条；

2——测试瓷砖；

3——加载方向；

4——参照线。

图 8 试件制备(R 类胶粘剂)

5.3.4 **剪切粘结强度(D和R类胶粘剂)**

5.3.4.1 **养护**

在标准条件下养护10个试件:

——D类胶粘剂为14 d,

——R类胶粘剂为7 d。

5.3.4.2 **养护后**

在养护后,将试件放在剪切试验夹具上,以(5±0.5) mm/min的速度对试件施加载荷直至发生破坏。记录试验结果,单位为牛顿。

5.3.5 **浸水后的剪切粘结强度(D和R类胶粘剂)**

在标准条件下养护10个试件:

——D类胶粘剂养护21 d;

——R类胶粘剂养护7 d。

然后在(23±2)℃水中浸泡:

——D类胶粘剂浸泡7 d;

——R类胶粘剂浸泡21 d。

取出试件,用布擦干,按5.3.4.2进行试验。

记录试验结果,单位为牛顿。

5.3.6 **热老化后剪切粘结强度(D类胶粘剂)**

将10个试件在标准条件下养护14 d,然后放入鼓风烘箱中,在(70±2)℃温度下保持14 d,应保证每个试件周围空气能自由流通。

继续在标准条件下养护24 h,按5.3.4进行试验。

记录试验结果,单位为牛顿。

5.3.7 **高温剪切粘结强度(D类胶粘剂)**

按照5.3.6的步骤,但试件从烘箱取出1 min之后立即进行剪切粘结强度的试验。

记录试验结果,单位为牛顿。

5.3.8 **高低温循环后剪切粘结强度(R类胶粘剂)**

10个试件在标准条件下养护7 d之后,将试件放入(23±2)℃的水浴中保持30 min,然后移入(100±2)℃水浴中保持30 min。

重复上述循环四次,将试件放置在(23±2)℃水浴中冷却30 min。

从水中取出每个试件,擦干多余水分,按5.3.4进行试验。

记录试验结果,单位为牛顿。

5.3.9 **结果评价与表示**

按式(2)计算单个试件的剪切粘结强度,精确至0.1 MPa:

$$S_{剪} = \frac{F_{剪}}{A} \quad \cdots\cdots(2)$$

式中:

$S_{剪}$——单个试件剪切粘结强度,单位为兆帕(MPa);

$F_{剪}$——剪切力,单位为牛顿(N);

A——粘结面积,单位为平方毫米(D类5 480 mm^2;R类1 660 mm^2)。

按照下列方法计算剪切粘结强度:

——求10个数据的算术平均值;

——舍弃超过算术平均值±20%范围的数据;

——若仍有五个或者更多的数据被保留,求新的算术平均值;

——若少于五个数据被保留,重新试验。

5.3.10 试验报告

试验报告除 4.7 外,还应包括以下内容:

每种养护条件下的剪切粘结强度,单位为兆帕(MPa)。

5.4 拉伸粘结强度(C 类胶粘剂)

5.4.1 试验环境

拉伸粘结强度在 4.2 规定的试验条件下进行,如有特殊情况应注明。

5.4.2 试验材料

5.4.2.1 陶瓷砖

试验砖应符合 GB/T 4100—2006 中 BⅠa 型瓷质砖的要求,吸水率不大于 0.2%,尺寸(50±1) mm×(50±1) mm,无釉。

5.4.2.2 混凝土板

混凝土板应符合 4.5.1 中的要求。

5.4.3 试验器具

5.4.3.1 压块

截面积略小于 50 mm×50 mm,能够施加(20±0.05) N 的压力。

5.4.3.2 拉拔头

(50±1) mm×(50±1) mm 的正方形金属板,最小厚度 10 mm,有与试验机连接的部件。

5.4.3.3 试验机

能进行垂直拉伸试验,具有适宜的量程和灵敏度。

试验机能以(250±50) N/s 的速度均匀施加载荷,通过合适的方式连接拉拔头,试验过程中不应产生任何弯曲应力。

5.4.3.4 鼓风烘箱

控温精度±3℃。

5.4.4 试验步骤

5.4.4.1 试件的制备

用直边抹刀在混凝土板上薄涂一层拌和好的胶粘剂,再厚涂一层。用带有 6 mm×6 mm 凹口,中心间距 12 mm 的齿型抹刀进行梳理。抹刀与基材成大约 60°角,与基材的一边成直角,平行地抹至混凝土的另一端(直线运动)。5 min 后,分别放置至少十块试验砖于胶粘剂上,彼此间隔 50 mm,并在每块试验砖上放置(20±0.05) N 的压块,保持 30 s。

5.4.4.2 拉伸粘结强度

将制备好的试件放置在标准试验条件下养护 27 d 后,用适宜的高强胶粘剂将拉拔头粘在试验砖上。

在标准试验条件下继续放置 24 h,以(250±50) N/s 的速度施加拉力,测定拉伸粘结强度。

记录试验结果,单位为牛顿(N)。

5.4.4.3 浸水后拉伸粘结强度

将制备好的试件放置在标准试验条件下养护 7 d 后,放入(23±2)℃的水中。

浸水 20 d 后,从水中取出试件,用布擦干,用适宜的高强度胶粘剂将拉拔头粘在试验砖上,在标准条件下放置 7 h 后将试件放入(23±2)℃的水中。

第二天从水中取出试件,立刻以(250±50) N/s 的速度施加拉力,测定拉伸粘结强度。

记录试验结果,单位为牛顿。

5.4.4.4 热老化后的拉伸粘结强度

将制备好的试件放置在标准试验条件下养护 14 d 后，将试件放入(70±2)℃鼓风烘箱中。放置14 d 后从烘箱中取出试件，用适宜的高强度胶粘剂将拉拔头粘在试验砖上，继续将试件放置在标准试验条件下养护 24 h，以(250±50) N/s 的速度施加拉力，测定拉伸粘结强度。

记录试验结果，单位为牛顿。

5.4.4.5 冻融循环后拉伸粘结强度

根据 5.4.4.1 制备试件，试验砖粘贴前在粘结面上加涂 1 mm 厚的胶粘剂。

将制备好的试件放置在 4.2 规定的条件下养护 7 d，然后在水中浸泡 21 d，从水中取出试件，进行冻融循环。

每次循环如下：

a) 将试件从水中取出，2 h±20 min 内降温至(−15±3)℃；

b) 在(−15±3)℃下保持 2 h±20 min；

c) 将试件浸入(20±3)℃水中，调整温度至(15±3)℃，并保持 2 h±20 min。

d) 重复 25 次循环。

冻融循环结束后，取出试件，用布擦干，用适宜的高强胶粘剂将拉拔头粘在试验砖上，在标准试验条件下养护 1 d 后，以(250±50) N/s 的速度施加拉力，测定拉伸粘结强度。

记录试验结果，单位为牛顿。

5.4.5 结果评价与表示

按 5.1.5 进行。

5.4.6 试验报告

试验报告除 4.7 外，还应包括以下内容：

每种养护条件下的拉伸粘结强度，单位为兆帕(MPa)。

5.5 横向变形(C 类胶粘剂)

5.5.1 试验环境

横向变形在 4.2 规定的试验条件下进行，如有特殊情况应注明。

5.5.2 试验材料和器具

5.5.2.1 基材

厚度为 0.15 mm 以上的聚乙烯薄膜。

5.5.2.2 塑料密封箱

能够有效密封，内部容积(26±5) L，尺寸(600±20) mm×(400±10) mm×(110±10) mm。

5.5.2.3 垫座

刚性、平整且光滑，用于支撑聚乙烯薄膜。

5.5.2.4 压头

金属压头的构造和尺寸见图 9。

5.5.2.5 支架

二个金属圆柱形的支架，直径(10±0.1) mm，中心距(200±1) mm，长度 60 mm(见图 10)。

5.5.2.6 模具 A

刚性、光滑、防粘的矩形框架，其内部尺寸(280±1) mm×(45±1) mm×(5±0.1) mm。由四氟乙烯或者金属制成。

注：建议在内部每个角落钻一个直径为 2 mm 的圆洞以方便制备试验样品(见图 11)。

单位为毫米

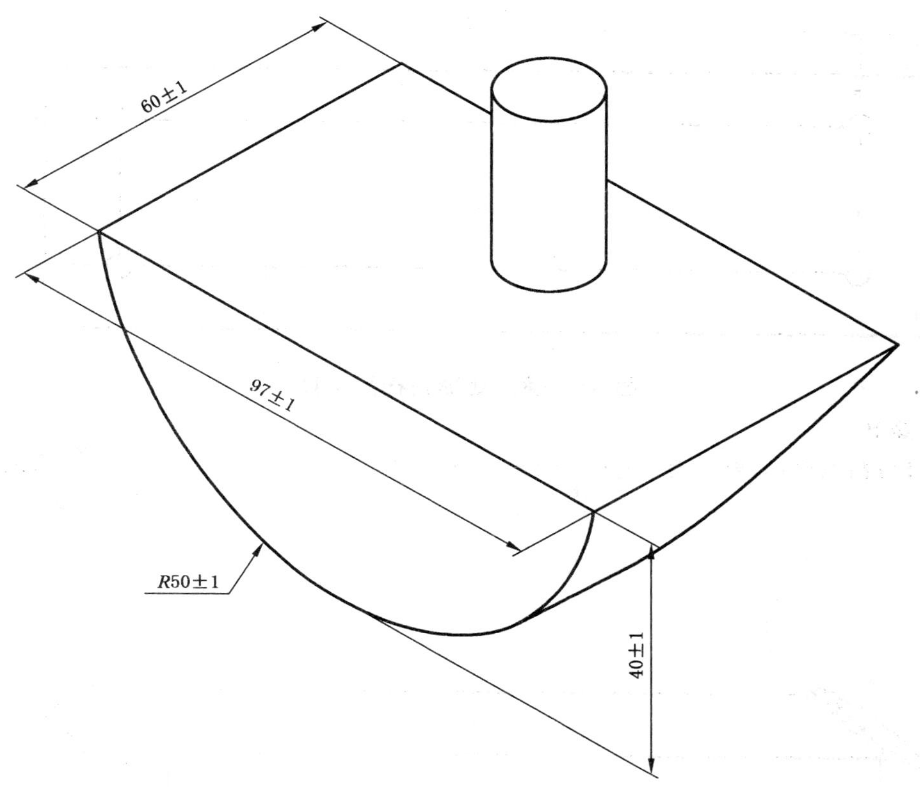

图 9 横向变形试验用压头

单位为毫米

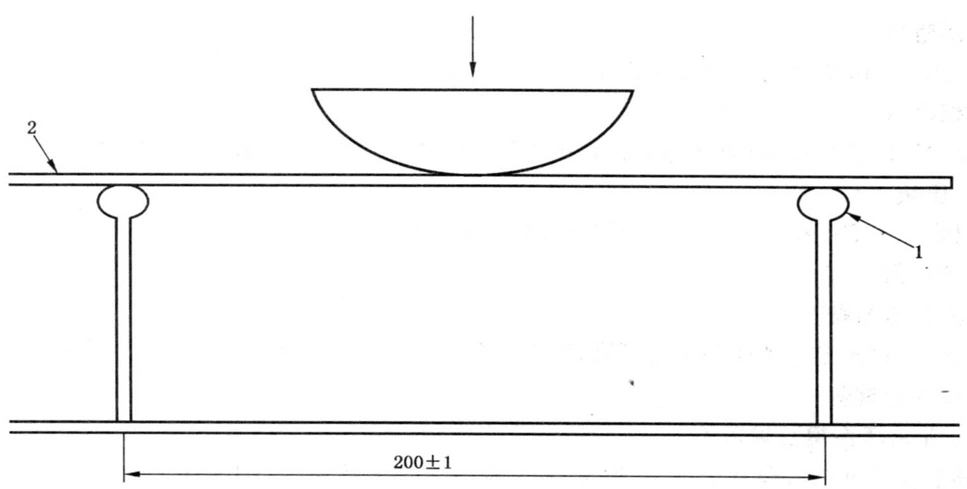

1——圆柱形支架,直径为(10±0.1) mm,最小长度为 60 mm;

2——胶粘剂厚度为(3±0.1) mm。

图 10 横向变形试验用支架

单位为毫米

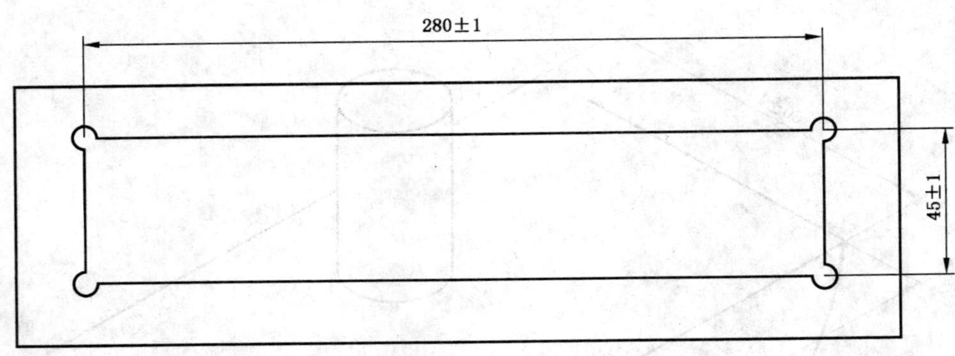

图 11 横向变形制样用模具 A

5.5.2.7 **模具 B**

刚性光滑防粘的模具，能成型尺寸(300±1) mm×(45±1) mm×(3±0.05) mm 的试件(见图 12)。

单位为毫米

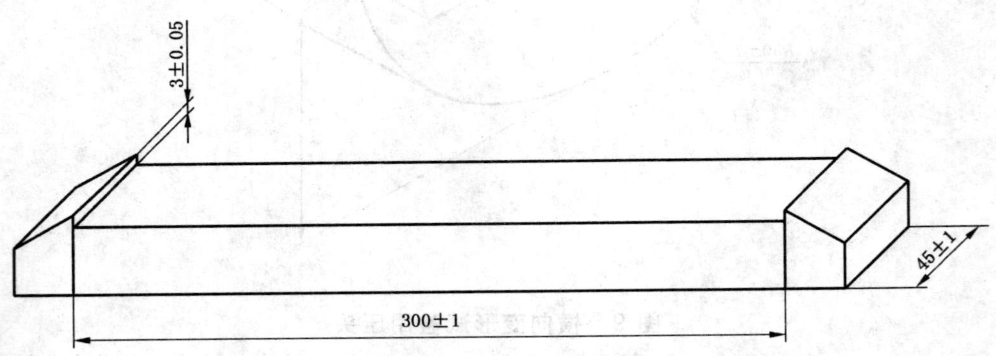

图 12 横向变形制样用模具 B

5.5.2.8 **试验机**

能以 2 mm/min 的速度进行试验的压力机。

5.5.2.9 **振动台**

应符合 JC/T 682—2005 的要求，能够振实 280 mm×45 mm×5 mm 尺寸的样品。

5.5.2.10 **压块**

截面积略小于 290 mm×45 mm，能够施加(100±0.1) N 的压力。

5.5.3 **试验步骤**

5.5.3.1 **基材的准备**

将聚乙烯薄膜固定在刚性垫座上，确保胶粘剂粘贴面不会发生扭曲变形，即没有皱纹。

5.5.3.2 **试件的制备**

将模具 A 紧压在聚乙烯薄膜上。

将足够的胶粘剂刮入模具中，然后涂抹均匀，使其完全平整地装填于模具内。

将模具固定在振动台上，振动 70 次，振实试件。

小心地垂直移走模具。

将模具 B 对准试件放置，在模具 B 上放置(100±0.1) N 的压块，保证材料完全填满模具 B 的间隙，得到规定的厚度。刮去模板边缘溢出的胶粘剂，1 h 后移走压块。

48 h 之后移走模具 B。

每次试验准备六个试件。

5.5.3.3 养护

移走模具B后，将六个试件立即连同垫座放入塑料密封箱中，并密封箱口。

在(23±2)℃的条件下养护12 d后，将试件从塑料密封箱中取出，在标准试验条件下养护14 d。

5.5.3.4 横向变形

养护完成后，将聚乙烯薄膜从试件上移走，用精度0.02 mm的游标卡尺测量试件中间和距离两端(50±1) mm处的厚度。如果三个数据均在(3±0.1) mm内，则计算算术平均值，舍弃任何一个超出允许厚度的试件。

将试件放在试验支架上。

通过压头以2 mm/min的速度对试件施加载荷，直至试件破坏。

试验头接触试件时为起始点，记录破坏时的载荷(单位为牛顿)及形变(单位为毫米)。

重复试验其它试件，每组试件至少需要三个有效试件。

5.5.4 结果评价与表示

横向变形取试验结果的算术平均值，精确到0.1 mm。

5.5.5 试验报告

试验报告除4.7外，还应包括以下内容：

横向变形的单个数值和算术平均值，单位为毫米(mm)。

5.6 耐化学侵蚀性(R类胶粘剂)

5.6.1 试验环境

适用于R类胶粘剂。

耐化学侵蚀性在4.2规定的试验条件下进行，如有特殊情况应注明。

5.6.2 试验器具

5.6.2.1 模具

试模中间应有内径(25±1) mm，高(25±1) mm的圆孔。

典型试模：由(25±1) mm厚塑料平板制得，中间切割出一个直径(25±1) mm的圆孔，底部为至少6 mm厚光滑平整的无孔塑料片，能通过螺栓或者其它合适的部件固定。试模也可以是由一个内径为(25±1) mm的塑料圆管，在成型过程中有足够的刚性和尺寸稳定性，任意一端都能竖直放置在6 mm的塑料平板上。

试模所用材料应具有化学惰性及防粘性能，如：聚乙烯、聚丙烯、聚四氟乙烯或有聚四氟乙烯涂层的金属材料。

5.6.2.2 容器

5.6.2.2.1 广口瓶

应配有塑料质的螺纹盖子或塑料衬里、金属质的螺纹盖子。适用于低温下低挥发性介质。

5.6.2.2.2 烧瓶

应配有标准锥形连接管和回流冷凝器。适用于挥发性介质。

5.6.2.2.3 其他容器

由适宜的惰性材质制得，满足5.6.2.2.1或5.6.2.2.2所描述的条件。适用于对玻璃容器有侵蚀的介质。

5.6.2.3 试验机

试验机应有适宜的量程和灵敏度以及可调的加载速度，能通过适宜的夹具进行加压试验，并能自动调节试件位置。

5.6.3 化学试剂

进行耐化学侵蚀试验所需的介质。

5.6.4 试件

5.6.4.1 数量

所需试件总量取决于所用化学介质的种类、试验温度条件的数量和试验次数。在每种试验条件下，即一种介质在一种温度下进行一次试验，最少需要三个试件。所需试件总量按式(3)计算：

$$N = n(M \times T \times I) + (n \times T) + n \quad \cdots\cdots\cdots(3)$$

式中：

N——试件数量，单位为个；

n——一次试验所需试件数量；

M——介质种类；

T——试验温度条件的数量；

I——试验次数。

5.6.4.2 尺寸

试件尺寸是直径和高度均为(25±1) mm 的圆柱体，圆柱体表面应平整光滑，用 5.6.2.1 描述的试模成型，不得使用脱模剂。

5.6.4.3 拌和

根据生产商提供的配比，使用适当的手工搅拌器或机械搅拌机进行拌和，保证各组分混合均匀。

5.6.4.4 养护条件

在标准试验条件下养护 7 d，7 d 养护期包括试件在试模中的时间。在 7 d 之后，按 5.6.6 试验一组试件。

5.6.5 试验步骤

5.6.5.1 养护期之后测量、称量和描述试件

在养护之后立即用游标卡尺测量所有试件的直径，精确到 0.02 mm。在相互垂直的方向上测量两次，并记录测量结果的算术平均值。

测量直径后，用电子天平称量试件质量，精确至 0.001 g，记录数据。在浸入之前，记录试件的颜色、表面状态以及试验用介质的颜色和透明度。

5.6.5.2 浸泡

将称量好需要浸泡的试件放入容器中，试件的侧面与容器底部接触。

加入足够的化学试剂，浸没每个试件至少 10 mm。把密封好的容器放入已调到所需温度的恒温箱或恒温水浴中，以尽可能模拟实际的侵蚀环境。在试验过程中，保持溶液的浓度。

5.6.5.3 浸泡之后

在浸泡 28 d 之后取出试件，测定其化学侵蚀情况。如有需要，也可选用其它浸泡龄期。

用自来水冲洗试件三次，并在每次冲洗后立即用纸巾把水擦干。将冲洗后的试件在标准试验条件下竖直放置，干燥 30 min，按 5.6.5.1 的步骤测量试件的直径、称量和描述试件。

5.6.6 抗压强度的测定

测定每个试件的抗压强度：

——养护龄期结束后立即测定；

——在每一个试验温度下经不同化学试剂侵蚀后测定；

——在不同试验温度下空气养护后测定。

试验时，从化学试剂中取出试件到测定抗压强度的时间间隔应保持一致。

试验时，应保证试件的平面紧贴试验机承压面。试验机加荷速度为(5.5±0.5) mm/min，加载至试件破坏，并记录最大荷载。

5.6.7 结果计算

5.6.7.1 质量变化率

按式(4)计算每一个侵蚀龄期后单个试件的质量变化率，精确至 0.01%：

$$\Delta m = \frac{m_w - m_c}{m_c} \times 100 \quad \cdots\cdots (4)$$

式中：

Δm——质量变化率，%；

m_c——试件标准养护后的质量，单位为克(g)；

m_w——试件侵蚀后的质量，单位为克(g)。

质量变化率取三个或更多试验结果的算术平均值。结果应标明“+”或“-”，以说明化学侵蚀后试件质量是增加还是减少。

5.6.7.2 直径变化率

按式(5)计算每一个侵蚀龄期后试件的直径变化率，精确到0.01%：

$$\Delta d = \frac{d_2 - d_1}{d_1} \times 100 \quad \cdots\cdots (5)$$

式中：

Δd——直径变化率，%；

d_1——试件标准养护后的直径，单位为毫米(mm)；

d_2——试件侵蚀后的直径，单位为毫米(mm)。

直径变化率取三个或更多试验结果的算术平均值。结果应标明“+”或“-”，以说明化学侵蚀后试件直径是增加还是减少。

5.6.7.3 抗压强度变化率

按式(6)计算每一个侵蚀龄期后单个试件的抗压强度变化率，精确至0.01%：

$$\Delta C = \frac{C_2 - C_1}{C_1} \times 100 \quad \cdots\cdots (6)$$

式中：

ΔC——试件抗压强度变化率，%；

C_1——试件标准养护后的抗压强度，单位为兆帕(MPa)；

C_2——试件侵蚀后的抗压强度，单位为兆帕(MPa)。

抗压强度变化率取三个或更多试验结果的算术平均值。结果应标明“+”或“-”，说明侵蚀后试件抗压强度是增加还是降低。

5.6.8 试验报告

试验报告除4.7外，还应包括以下内容：

a) 每种化学试剂的侵蚀条件，如试剂更换频率、浓度、温度等；

b) 试验前试件的颜色和表面情况；

c) 完整的试验周期和侵蚀周期，单位为天。

对于每一个侵蚀周期，要求报告下列数据：

1) 试件的质量变化率算术平均值；

2) 试件的直径变化率算术平均值；

3) 试件的抗压强度变化率算术平均值；

4) 侵蚀后试件的表面变化(表面裂纹、色泽的变化、蚀斑情况、软化情况等)；

5) 化学侵蚀介质的情况(颜色变化、沉淀物情况等)。

附 录 A
（规范性附录）
试验用混凝土板

A.1 范围

本附录规定了用于测定胶粘剂性能试验的基材——混凝土板。

A.2 试验条件

混凝土板的试验在4.2规定的试验条件下进行试验。

A.3 设备

A.3.1 拉拔头

(50±1) mm×(50±1) mm的正方形金属板，最小厚度10 mm，有与试验机连接的部件。

A.3.2 试验机

能进行垂直拉伸试验，具有适宜的量程和灵敏度。

试验机能以(250±50) N/s的速度均匀施加载荷，通过合适的方式连接拉拔头，试验过程中不应产生任何弯曲应力。

A.3.3 卡斯通管

用于测定混凝土板表面吸水量(见图A.1)。

单位为毫米

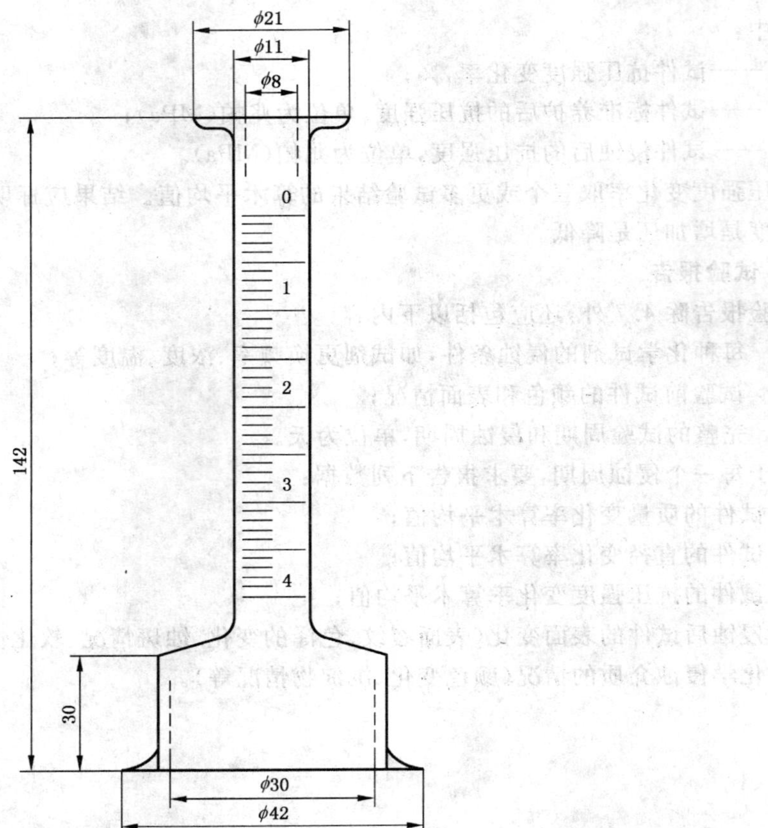

图 A.1 测定混凝土板表面吸水量用卡斯通管

A.4 试验用混凝土板

A.4.1 混凝土板的制作

使用下列方法制作满足 4.5.1 要求的混凝土板：

——胶凝材料：符合 GB 175—2007 的 P Ⅰ 硅酸盐水泥；

——集料：(0～8) mm 粒径的砂石，连续级配曲线在 A 和 B 之间(见图 A.2)；

——水泥和集料比：质量比 1∶5；

——每立方米超细粒含量：500 kg/m^3，超细粒由水泥和粒径 0.125 mm 以下的集料组成；

——水胶比：0.5；

——成型：垂直或者水平浇捣，不得使用脱模剂；

——振实：在 50 Hz 振动台上振动 90 s；

——养护：标准试验条件下养护 24 h，浸入(20±2)℃的水中 6 d，然后在标准试验条件下养护 21 d 后备用。每块混凝土板应垂直放置，且互不接触。

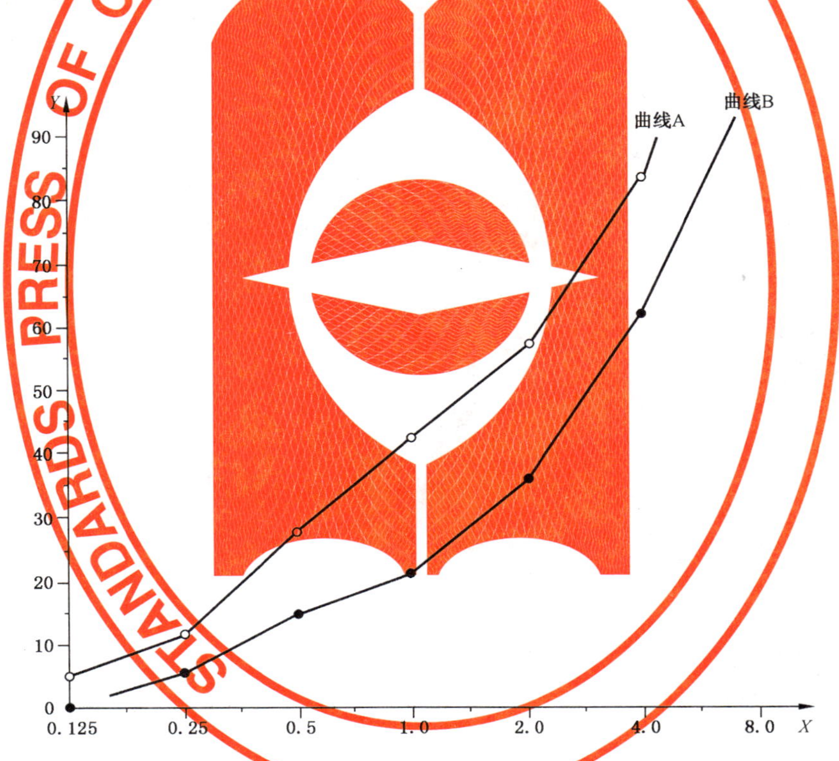

X——筛子的孔径尺寸，单位为毫米(mm)；

Y——某一粒径尺寸下的质量通过率，%。

图 A.2 连续级配曲线

A.4.2 表面吸水量的测量

混凝土板表面吸水量试验按下列方法进行：

用适宜的密封材料将卡斯通管粘在混凝土板上。密封胶固化后，在卡斯通管中注入水至零刻度。在 4 h 的试验时间内每隔 60 min 记录水面刻度，绘制吸水量与时间曲线。

每批至少取一块混凝土板进行三次试验。

A.4.3 表面拉伸强度的测定

混凝土板表面拉伸强度不得小于 1.5 MPa。测定强度时，用环氧树脂在每块板上粘结至少 5 个拉拔头，以(250±50) N/s 的速度施加载荷来测定表面拉伸强度。

A.4.4 数据记录

下列项目应该记录：

a) 混凝土板的批号；

b) 在试验前混凝土板的处理和储存；

c) 该批混凝土板的吸水量，单位为毫升(mL)；

d) 该批混凝土板的含水率，用%表示；

e) 该批混凝土板的表面拉伸强度，单位为兆帕(MPa)；

f) 其他影响结果的因素；

g) 检验日期。

ICS 13.220.50
C 82

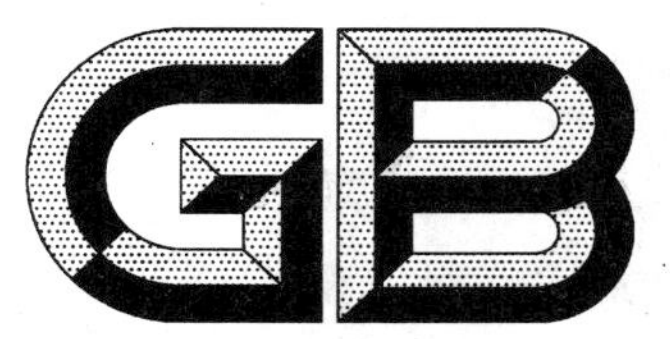

中华人民共和国国家标准

GB 12955—2008
代替 GB 12955—1991,GB 14101—1993

防 火 门

Fire resistant doorsets

2008-04-22 发布 2009-01-01 实施

中华人民共和国国家质量监督检验检疫总局
中国国家标准化管理委员会 发布

前　言

本标准第5章、7.2为强制性条款，其余为推荐性条款。

本标准代替GB 12955—1991《钢质防火门通用技术条件》、GB 14101—1993《木质防火门通用技术条件》。

本标准与GB 12955—1991、GB 14101—1993相比主要变化如下：

——增加了防火门按材质分类的内容(见4.1)；

——对防火门的耐火性能分类进行了修改，由原来按甲、乙和丙分类，改为本版按“隔热防火门(A类)”、“部分隔热防火门(B类)”和“非隔热防火门(C类)”分类(GB 12955—1991的4.3、GB 14101—1993的4.1;本版的4.4)；

——对防火门用材料的要求更加全面而具体，除金属材料以外的材料，增加了有关材料燃烧性能和材料燃烧烟气毒性的要求(GB 12955—1991和GB 14101—1993的5.1;本版的5.2)；

——删去对用作建筑物外门的木质防火门的耐风压变形性能，抗空气渗透性能和抗雨水渗透性能的要求；

——对防火锁的性能要求更为具体(GB 12955—1991的5.1.3、GB 14101—1993的5.1.4;本版的5.3.1)；

——对防火合页(铰链)的性能要求更为具体(GB 12955—1991的5.1.3和5.1.4、GB 14101—1993的5.1.4;本版的5.3.2)；

——对闭门装置的性能要求更为具体(GB 12955—1991的5.1.3、GB 14101—1993的5.1.4;本版的5.3.3)；

——对防火玻璃的要求更为具体(GB 12955—1991的5.1.3、GB 14101—1993的5.1.3;本版的5.3.8)；

——增加了防火门的门扇质量要求和试验方法(见5.5、6.6)；

——增加对门扇宽度方向弯曲度的要求和试验方法(见5.7、6.8.3)；

——增加了门扇与门框贴合面间隙的要求和试验方法(见5.8.2.6、6.9.3)；

——增加了防火门灵活性的要求和试验方法(见5.9、6.10)；

——增加了防火门可靠性的要求和试验方法(见5.10、6.11)；

——对防火门的门扇扭曲度试验方法有所改进(GB 14101—1993的6.2;本版的6.8.2)；

——增加了门扇与门框的搭接尺寸测量方法(见6.9.1)；

——增加了判定准则(见7.2.4)；

——增加了规范性附录A(见附录A)；

——增加了规范性附录B(见附录B)；

——增加了规范性附录C(见附录C)；

——增加了规范性附录D(见附录D)。

本标准的附录A～附录D均为规范性附录。

本标准由中华人民共和国公安部提出。

本标准由全国消防标准化技术委员会第八分技术委员会(SAC/TC 113/SC 8)归口。

本标准负责起草单位：公安部天津消防研究所。

本标准参加起草单位：深圳市蓝盾实业有限公司、沈阳强盾防火门有限公司、深圳鹏基龙电安防股份有限公司、重庆美心·麦森门业有限公司、广东金刚玻璃科技股份有限公司、天津名门防火建材实业有限公司、北京光华安富业门窗有限公司、浙江唐门金属结构有限公司。

本标准主要起草人：赵华利、刘晓慧、黄伟、李博、李希全、王鹏翔、张相会、纪祥安、吕滋立、于洋、夏明宪、张明罡、纪春传、唐俊烈。

本标准所代替标准的历次版本发布情况为：

——GB 12955—1991；

——GB 14101—1993。

请注意本标准的一些内容有可能涉及专利。本标准的发布机构不应承担识别这些专利的责任 。

防　　火　　门

1　范围

本标准规定了防火门的分类、代号与标记、要求、试验方法、检验规则、标志、包装、运输和贮存等内容。

本标准适用于平开式木质、钢质、钢木质防火门和其他材质防火门。其他开启方式的防火门，可参照本标准执行。

2　规范性引用文件

下列文件中的条款通过本标准的引用而成为本标准的条款。凡是注日期的引用文件，其随后所有的修改单(不包括勘误的内容)或修订版均不适用于本标准，然而，鼓励根据本标准达成协议的各方研究是否可使用这些文件的最新版本。凡是不注日期的引用文件，其最新版本适用于本标准。

GB/T 708　冷轧钢板和钢带的尺寸、外形、重量及允许偏差

GB/T 709　热轧钢板和钢带的尺寸、外形、重量及允许偏差

GB/T 2828.1　计数抽样检验程序　第1部分：按接收质量限(AQL)检索的逐批检验抽样计划(GB/T 2828.1—2003，ISO 2859-1：1999，IDT)

GB/T 4823—1995　锯材缺陷(eqv ISO 1029：1974)

GB/T 5823—1986　建筑门窗术语

GB/T 5824　建筑门窗洞口尺寸系列

GB/T 5907—1986　消防基本术语　第一部分

GB/T 6388　运输包装收发货标志

GB/T 7633　门和卷帘的耐火试验方法

GB 8624—2006　建筑材料及制品燃烧性能分级

GB/T 8625—2005　建筑材料难燃性试验方法

GB 9969.1　工业产品使用说明书　总则

GB/T 13306　标牌

GB/T 14436　工业产品保证文件　总则

GB 15763.1　建筑用安全玻璃　防火玻璃

GB 16807　防火膨胀密封件

GB/T 20285—2006　材料产烟毒性危险分级

GA 93　防火门闭门器

JG/T 122—2000　建筑木门、木窗

QB/T 2474　弹子插芯门锁

3　术语和定义

GB/T 5823—1986和GB/T 5907—1986确立的以及下列术语和定义适用于本标准。

3.1

平开式防火门　fire resistant side hung doorsets

由门框、门扇和防火铰链、防火锁等防火五金配件构成的，以铰链为轴垂直于地面，该轴可以沿顺时针或逆时针单一方向旋转以开启或关闭门扇的防火门。

3.2

木质防火门　fire resistant timber doorsets

用难燃木材或难燃木材制品制作门框、门扇骨架和门扇面板，门扇内若填充材料，则填充对人体无毒无害的防火隔热材料，并配以防火五金配件所组成的具有一定耐火性能的门。

3.3

钢质防火门　fire resistant steel doorsets

用钢质材料制作门框、门扇骨架和门扇面板，门扇内若填充材料，则填充对人体无毒无害的防火隔热材料，并配以防火五金配件所组成的具有一定耐火性能的门。

3.4

钢木质防火门　fire resistant timber doorsets with steel structure

用钢质和难燃木质材料或难燃木材制品制作门框、门扇骨架和门扇面板，门扇内若填充材料，则填充对人体无毒无害的防火隔热材料，并配以防火五金配件所组成的具有一定耐火性能的门。

3.5

其他材质防火门　other material fire resistant doorsets

采用除钢质、难燃木材或难燃木材制品之外的无机不燃材料或部分采用钢质、难燃木材、难燃木材制品制作门框、门扇骨架和门扇面板，门扇内若填充材料，则填充对人体无毒无害的防火隔热材料，并配以防火五金配件所组成的具有一定耐火性能的门。

3.6

隔热防火门(A类)　fully insulated doorsets

在规定时间内，能同时满足耐火完整性和隔热性要求的防火门。

3.7

部分隔热防火门(B类)　partially insulated doorsets

在规定大于等于0.50 h内，满足耐火完整性和隔热性要求，在大于0.50 h后所规定的时间内，能满足耐火完整性要求的防火门。

3.8

非隔热防火门(C类)　no insulated doorsets

在规定时间内，能满足耐火完整性要求的防火门。

4　分类、代号与标记

4.1　按材质分类及代号

4.1.1　木质防火门，代号：MFM。

4.1.2　钢质防火门，代号：GFM。

4.1.3　钢木质防火门，代号：GMFM。

4.1.4　其他材质防火门，代号：** FM。(** 代表其他材质的具体表述大写拼音字母)

4.2　按门扇数量分类及代号

4.2.1　单扇防火门，代号为1。

4.2.2　双扇防火门，代号为2。

4.2.3　多扇防火门(含有两个以上门扇的防火门)，代号为门扇数量用数字表示。

4.3　按结构形式分类及代号

4.3.1　门扇上带防火玻璃的防火门，代号为b。

4.3.2　防火门门框：门框双槽口代号为s，单槽口代号为d。

4.3.3　带亮窗防火门，代号为l。

4.3.4　带玻璃带亮窗防火门，代号为bl。

4.3.5 无玻璃防火门，代号略。

4.4 按耐火性能分类及代号

防火门按耐火性能的分类及代号见表1。

4.5 其他代号、标记

4.5.1 其他代号

4.5.1.1 下框代号

有下框的防火门代号为k。

4.5.1.2 平开门门扇关闭方向代号

平开门门扇关闭方向代号见表2。

注：双扇防火门关闭方向代号，以安装锁的门扇关闭方向表示。

表1 按耐火性能分类

名称	耐火性能		代号
隔热防火门（A类）	耐火隔热性≥0.50 h 耐火完整性≥0.50 h		A0.50（丙级）
	耐火隔热性≥1.00 h 耐火完整性≥1.00 h		A1.00（乙级）
	耐火隔热性≥1.50 h 耐火完整性≥1.50 h		A1.50（甲级）
	耐火隔热性≥2.00 h 耐火完整性≥2.00 h		A2.00
	耐火隔热性≥3.00 h 耐火完整性≥3.00 h		A3.00
部分隔热防火门（B类）	耐火隔热性≥0.50 h	耐火完整性≥1.00 h	B1.00
		耐火完整性≥1.50 h	B1.50
		耐火完整性≥2.00 h	B2.00
		耐火完整性≥3.00 h	B3.00
非隔热防火门（C类）	耐火完整性≥1.00 h		C1.00
	耐火完整性≥1.50 h		C1.50
	耐火完整性≥2.00 h		C2.00
	耐火完整性≥3.00 h		C3.00

表2 平开门门扇关闭方向代号

代号	说明	图示
5	门扇顺时针方向关闭	关面 开面

表 2(续)

代　　号	说　　明	图　　示
6	门扇逆时针方向关闭	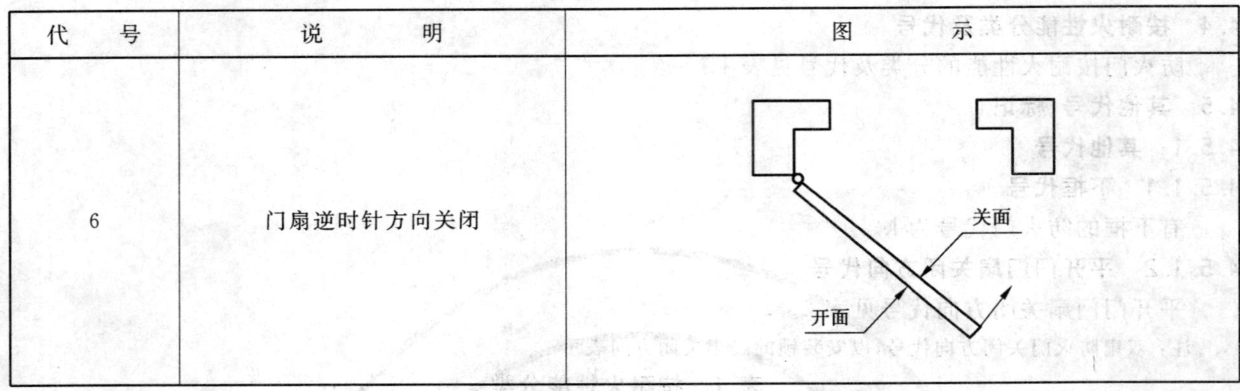

4.5.2　标记

防火门标记为：

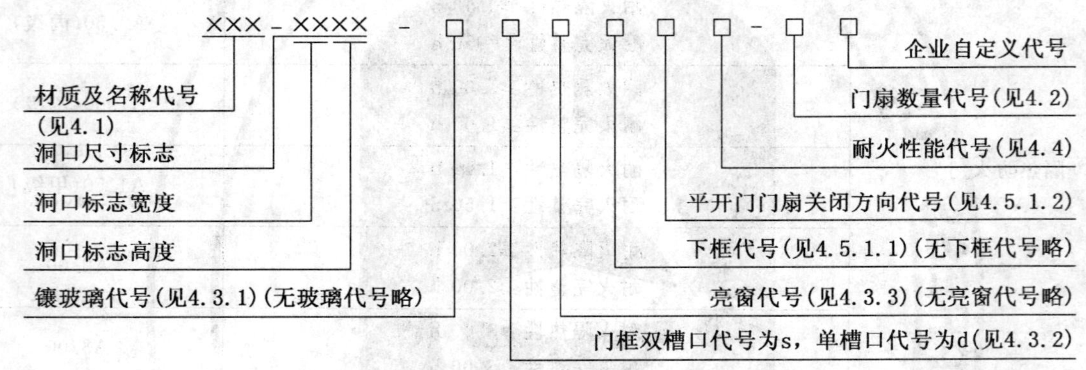

示例 1:GFM-0924-bslk5 A1.50(甲级)-1。表示隔热(A类)钢质防火门,其洞口宽度为 900 mm,洞口高度为 2 400 mm,门扇镶玻璃、门框双槽口、带亮窗、有下框,门扇顺时针方向关闭,耐火完整性和耐火隔热性的时间均不小于 1.50 h 的甲级单扇防火门。

示例 2:MFM-1221-d6B1.00-2。表示半隔热(B类)木质防火门,其洞口宽度为 1 200 mm,洞口高度为 2 100 mm,门扇无玻璃、门框单槽口、无亮窗、无下框门扇逆时针方向关闭,其耐火完整性的时间不小于 1.00 h、耐火隔热性的时间不小于 0.50 h 的双扇防火门。

4.5.3　规格

防火门规格用洞口尺寸表示,洞口尺寸应符合 GB/T 5824 的相关规定,特殊洞口尺寸可由生产厂方和使用方按需要协商确定。

5　要求

5.1　一般要求

防火门应符合本标准要求,并按规定程序批准的图样及技术文件制造。

5.2　材料

5.2.1　填充材料

5.2.1.1　防火门的门扇内若填充材料,则应填充对人体无毒无害的防火隔热材料。

5.2.1.2　防火门门扇填充的对人体无毒无害的防火隔热材料,应经国家认可授权检测机构检验达到 GB 8624—2006 规定燃烧性能 A_1 级要求和 GB/T 20285—2006 规定产烟毒性危险分级 ZA_2 级要求。

5.2.2　木材

5.2.2.1　防火门所用木材应符合 JG/T 122—2000 第 5.1.1.1 条中对Ⅱ(中)级木材的有关材质要求。

5.2.2.2　防火门所用木材应为阻燃木材或采用防火板包裹的复合材,并经国家认可授权检测机构按照

GB/T 8625—2005 检验达到该标准第 7 章难燃性要求。

5.2.2.3 防火门所用木材进行阻燃处理再进行干燥处理后的含水率不应大于 12%；木材在制成防火门后的含水率不应大于当地的平衡含水率。

5.2.3 人造板

5.2.3.1 防火门所用人造板应符合 JG/T 122—2000 第 5.1.2.2 条中对Ⅱ(中)级人造板的有关材质要求。

5.2.3.2 防火门所用人造板应经国家认可授权检测机构按照 GB/T 8625—2005 检验达到该标准第 7 章难燃性要求。

5.2.3.3 防火门所用人造板进行阻燃处理再进行干燥处理后的含水率不应大于 12%；人造板在制成防火门后的含水率不应大于当地的平衡含水率。

5.2.4 钢材

5.2.4.1 材质

a) 防火门框、门扇面板应采用性能不低于冷轧薄钢板的钢质材料，冷轧薄钢板应符合 GB/T 708 的规定。

b) 防火门所用加固件可采用性能不低于热轧钢材的钢质材料，热轧钢材应符合 GB/T 709 的规定。

5.2.4.2 材料厚度

防火门所用钢质材料厚度应符合表 3 的规定。

表 3 钢质材料厚度

单位为毫米

部件名称	材料厚度
门扇面板	≥0.8
门框板	≥1.2
铰链板	≥3.0
不带螺孔的加固件	≥1.2
带螺孔的加固件	≥3.0

5.2.5 其他材质材料

5.2.5.1 防火门所用其他材质材料应对人体无毒无害，应经国家认可授权检测机构检验达到 GB/T 20285—2006规定产烟毒性危险分级 ZA_2 级要求。

5.2.5.2 防火门所用其他材质材料应经国家认可授权检测机构检验达到 GB/T 8625—2005 第 7 章规定难燃性要求或 GB 8624—2006 规定燃烧性能 A_1 级要求，其力学性能应达到有关标准的相关规定并满足制作防火门的有关要求。

5.2.6 粘结剂

5.2.6.1 防火门所用粘结剂应是对人体无毒无害的产品。

5.2.6.2 防火门所用粘结剂应经国家认可授权检测机构检验达到 GB/T 20285—2006 规定产烟毒性危险分级 ZA_2 级要求。

5.3 配件

5.3.1 防火锁

5.3.1.1 防火门安装的门锁应是防火锁。

5.3.1.2 在门扇的有锁芯机构处，防火锁均应有执手或推杠机构，不允许以圆形或球形旋钮代替执手(特殊部位使用除外，如管道井门等)。

5.3.1.3 防火锁应经国家认可授权检测机构检验合格，其耐火性能应符合附录 A 的规定。

5.3.2 **防火合页(铰链)**

防火门用合页(铰链)板厚应不少于 3 mm,其耐火性能应符合附录 B 的规定。

5.3.3 **防火闭门装置**

5.3.3.1 防火门应安装防火门闭门器,或设置让常开防火门在火灾发生时能自动关闭门扇的闭门装置(特殊部位使用除外,如管道井门等)。

5.3.3.2 防火门闭门器应经国家认可授权检测机构检验合格,其性能应符合 GA 93 的规定。

5.3.3.3 自动关闭门扇的闭门装置,应经国家认可授权检测机构检验合格。

5.3.4 **防火顺序器**

双扇、多扇防火门设置盖缝板或止口的应安装顺序器(特殊部位使用除外),其耐火性能应符合附录 C 的规定。

5.3.5 **防火插销**

采用钢质防火插销,应安装在双扇防火门或多扇防火门的相对固定一侧的门扇上(若有要求时),其耐火性能应符合附录 D 的规定。

5.3.6 **盖缝板**

5.3.6.1 平口或止口结构的双扇防火门宜设盖缝板。

5.3.6.2 盖缝板与门扇连接应牢固。

5.3.6.3 盖缝板不应妨碍门扇的正常启闭。

5.3.7 **防火密封件**

5.3.7.1 防火门门框与门扇、门扇与门扇的缝隙处应嵌装防火密封件。

5.3.7.2 防火密封件应经国家认可授权检测机构检验合格,其性能应符合 GB 16807 的规定。

5.3.8 **防火玻璃**

5.3.8.1 防火门上镶嵌防火玻璃的类型

5.3.8.1.1 A 类防火门若镶嵌防火玻璃,其耐火性能应符合 A 类防火门的条件。

5.3.8.1.2 B 类防火门若镶嵌防火玻璃,其耐火性能应符合 B 类防火门的条件。

5.3.8.1.3 C 类防火门若镶嵌防火玻璃,其耐火性能应符合 C 类防火门的条件。

5.3.8.2 防火玻璃应经国家认可授权检测机构检验合格,其性能应符合 GB 15763.1 的规定。

5.4 **加工工艺和外观质量**

5.4.1 **加工工艺质量**

使用钢质材料或难燃木材,或难燃人造板材料,或其他材质材料制作防火门的门框、门扇骨架和门扇面板,门扇内若填充材料,则应填充对人体无毒无害的防火隔热材料,与防火五金配件等共同装配成防火门,其加工工艺质量应符合 5.5、5.6、5.7 的要求。

5.4.2 **外观质量**

采用不同材质材料制造的防火门,其外观质量应分别符合以下相应规定:

a) 木质防火门:割角、拼缝应严实平整;胶合板不允许刨透表层单板和戗槎;表面应净光或砂磨,并不得有刨痕、毛刺和锤印;涂层应均匀、平整、光滑,不应有堆漆、气泡、漏涂以及流淌等现象。

b) 钢质防火门:外观应平整、光洁、无明显凹痕或机械损伤;涂层、镀层应均匀、平整、光滑,不应有堆漆、麻点、气泡、漏涂以及流淌等现象;焊接应牢固、焊点分布均匀,不允许有假焊、烧穿、漏焊、夹渣或疏松等现象,外表面焊接应打磨平整。

c) 钢木质防火门:外观质量应满足 a)、b)项的相关要求。

d) 其他材质防火门:外观应平整、光洁,无明显凹痕、裂痕等现象,带有木质或钢质部件的部分应分别满足 a)、b)项的相关要求。

5.5 **门扇质量**

门扇质量不应小于门扇的设计质量。

注:指门扇的重量。

5.6 尺寸极限偏差

防火门门扇、门框的尺寸极限偏差应符合表4的规定。

表4 尺寸极限偏差

单位为毫米

名称	项目	极限偏差
门扇	高度 H	±2
	宽度 W	±2
	厚度 T	+2 −1
门框	内裁口高度 H'	±3
	内裁口宽度 W'	±2
	侧壁宽度 T'	±2

5.7 形位公差

门扇、门框形位公差应符合表5的规定。

表5 形位公差

名称	项目	公差
门扇	两对角线长度差 $\lvert L_1-L_2\rvert$	≤3 mm
	扭曲度 D	≤5 mm
	宽度方向弯曲度 B_1	<2‰
	高度方向弯曲度 B_2	<2‰
门框	内裁口两对角线长度差 $\lvert L_1'-L_2'\rvert$	≤3 mm

5.8 配合公差

5.8.1 门扇与门框的搭接尺寸(见图14)

门扇与门框的搭接尺寸不应小于12 mm。

5.8.2 门扇与门框的配合活动间隙

5.8.2.1 门扇与门框有合页一侧的配合活动间隙不应大于设计图纸规定的尺寸公差。

5.8.2.2 门扇与门框有锁一侧的配合活动间隙不应大于设计图纸规定的尺寸公差。

5.8.2.3 门扇与上框的配合活动间隙不应大于3 mm。

5.8.2.4 双扇、多扇门的门扇之间缝隙不应大于3 mm。

5.8.2.5 门扇与下框或地面的活动间隙不应大于9 mm。

5.8.2.6 门扇与门框贴合面间隙(见图14),门扇与门框有合页一侧、有锁一侧及上框的贴合面间隙均不应大于3 mm。

5.8.3 门扇与门框的平面高低差 R

防火门开面上门框与门扇的平面高低差不应大于1 mm。

5.9 灵活性

5.9.1 启闭灵活性

防火门应启闭灵活、无卡阻现象。

5.9.2 门扇开启力

防火门门扇开启力不应大于80 N。

注:在特殊场合使用的防火门除外。

5.10 可靠性

在进行500次启闭试验后,防火门不应有松动、脱落、严重变形和启闭卡阻现象。

5.11 耐火性能

防火门的耐火性能应符合表1的规定。

6 试验方法

6.1 试件要求

防火门试件结构和门扇内若填充材料应填充对人体无毒无害的防火隔热材料以及防火五金配件的安装情况等应与实际使用情况相符。

除非有特殊规定，防火门试件应按本标准第5章的要求内容顺序，逐项进行检验。

6.2 仪器设备的准确度

仪器设备名称	准确度
千分尺：	±0.001 mm
游标卡尺(带深度尺)：	±0.02 mm
钢卷尺：	±1 mm
平台：	三级
顶尖：	±1 mm
高度尺：	±0.02 mm
钢直尺：	±1 mm
塞尺：	±0.1 mm
磅秤：	±1 kg
含水率测定仪：	1%
测力计：	2 N
秒表：	1 s
计数器：	1次

6.3 材料

6.3.1 填充材料

防火门门扇内填充对人体无毒无害的防火隔热材料，按照GB 8624—2006的规定检验其燃烧性能，按照GB/T 20285—2006的规定检验其产烟毒性危险分级，结果应符合本标准5.2.1.2的要求，或提供国家认可授权检测机构出具有效的相应检验报告。

6.3.2 木材

按照GB/T 4823—1995的规定，检验防火门门框、门扇各零部件使用木材的材质，结果应符合本标准5.2.2.1的要求。

按照GB/T 8625—2005的规定，检验防火门用木材的难燃性，结果应符合本标准5.2.2.2的要求，或提供国家认可授权检测机构出具有效的相应检验报告。

难燃木材的含水率，使用含水率测定仪在防火门同一部件上任意测定三点，计算其平均值，结果应符合本标准5.2.2.3的要求。

6.3.3 人造板

防火门使用的人造板，按照GB/T 8625—2005的规定，检验防火门用人造板的难燃性，结果应符合本标准5.2.3.2的要求，或提供国家认可授权检测机构出具有效的相应检验报告。

难燃人造板的含水率，使用含水率测定仪在防火门同一部件上任意测定三点，计算其平均值，结果应符合本标准5.2.3.3的要求。

6.3.4 钢材

6.3.4.1 防火门门框、门扇和加固件使用钢质材料的性能应有生产厂商提供的合格材质检验报告。

6.3.4.2 钢质材料的厚度采用千分尺测量，在防火门同一部件上任意测定三点，计算其平均值，结果应符合本标准表 3 的要求。

6.3.5 其他材质材料

防火门使用的其他材质材料，按照 GB/T 20285—2006 的规定检验产烟毒性危险分级和 GB/T 8625—2005的规定检验难燃性或按照 GB 8624—2006 的规定检验其燃烧性能，结果应符合本标准 5.2.5 的相应要求，或提供国家认可授权检测机构出具有效的相应检验报告。

6.3.6 粘结剂

防火门使用的粘结剂，按照 GB/T 20285—2006 的规定检验产烟毒性危险分级，结果应符合本标准 5.2.6.2 的要求，或提供国家认可授权检测机构出具有效的相应检验报告。

6.4 配件

6.4.1 防火锁

按附录 A 的规定进行检验，或提供国家认可授权检测机构出具有效的相应检验报告。

6.4.2 防火合页(铰链)

防火合页(铰链)板厚采用游标卡尺检验，任意测定三点，计算其平均值。

防火合页(铰链)的耐火性能应按附录 B 的规定进行检验，或提供国家认可授权检测机构出具有效的相应检验报告。

6.4.3 防火闭门装置

防火门用闭门器应按 GA 93 的规定进行检验，或提供国家认可授权检测机构出具有效的相应检验报告。

防火门用自动闭门装置在接收到火灾报警信号后应能自动关闭门扇，其他性能应按相应标准检验，或提供国家认可授权检测机构出具有效的相应检验报告。

6.4.4 防火顺序器

按实际使用状态将防火顺序器装配到防火门上，同时推开各个门扇，然后同时释放门扇，目测防火顺序器能否使防火门门扇按顺序要求关闭；防火顺序器的耐火性能应按附录 C 的规定进行检验，或提供国家认可授权检测机构出具有效的相应检验报告。

6.4.5 防火插销

采用目测及手感相结合的方法检查防火门上安装防火插销的情况，防火插销的耐火性能应按附录 D 的规定进行检验，或提供国家认可授权检测机构出具有效的相应检验报告。

6.4.6 盖缝板

防火门盖缝板的安装情况，采用目测和手感相结合的方法进行检验。

6.4.7 防火密封件

目测门框与门扇、门扇与门扇的缝隙处是否设有防火密封件，其性能应按 GB 16807 的规定进行检验，或提供国家认可授权检测机构出具有效的相应检验报告。

6.4.8 防火玻璃

应按 GB 15763.1 规定进行检验，或提供国家认可授权检测机构出具有效的相应检验报告。

6.5 加工工艺和外观质量

由成型门扇或填充对人体无毒无害防火隔热材料的门扇、门框、防火五金配件组成防火门，其外观质量以目测方法检验，其加工工艺质量按 6.7、6.8、6.9 的规定检验。

6.6 门扇质量

采用磅秤对每一门扇进行称重，任一门扇的质量(重量)应符合本标准 5.5 的要求。

6.7 尺寸公差

6.7.1 门扇高度 H

采用钢卷尺测量，测量位置为距门扇两竖边各 50 mm 处，见图 1 所示的 A-A 和 A′-A′位置。检测值与产品设计图示门扇高度值相减，结果取其极值。

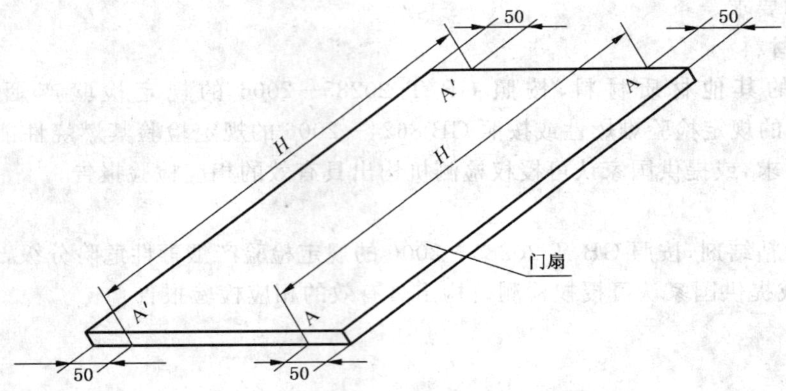

图 1 门扇高度测量位置示意图

6.7.2 门扇宽度 ***W***

采用钢卷尺测量，测量位置为距门扇上两横边各 50 mm 处，见图 2 所示的 B-B 和 B′-B′位置。检测值与产品设计图示门扇宽度值相减，结果取其极值。

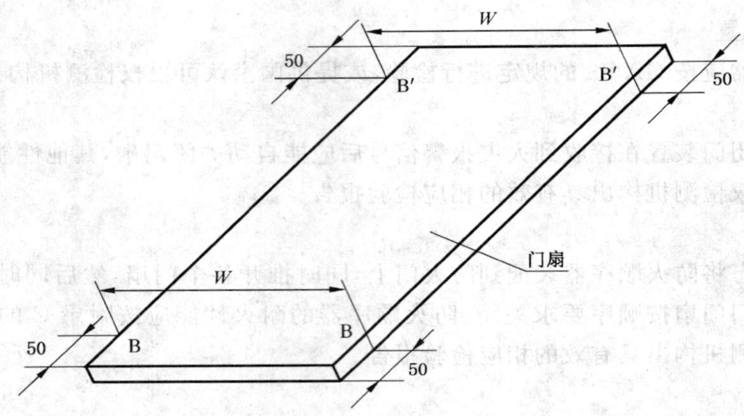

图 2 门扇宽度测量位置示意图

6.7.3 门扇厚度 ***T***

采用游标卡尺测量，测量位置见图 3 中 T_1、T_2、T_3……T_8 所标定的位置[注：遇锁具、合页（铰链）处相应避开 50 mm]，检测值与产品设计图示门扇厚度值相减，结果取其极值。

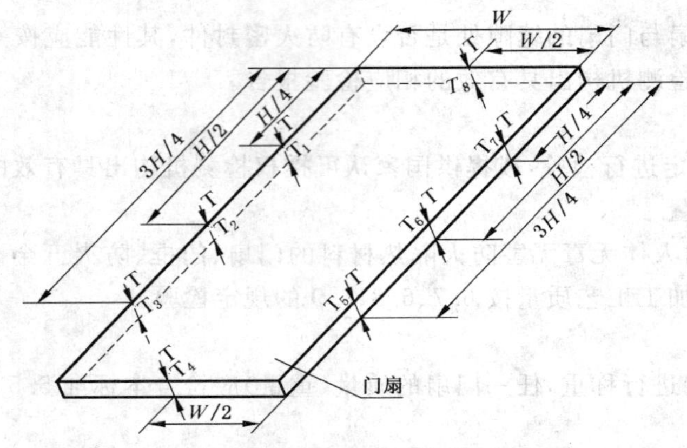

图 3 门扇厚度测量位置示意图

6.7.4 门框内裁口高度 ***H′***

采用钢卷尺测量，分别测量门框内裁口的左竖边和右竖边，见图 4 所示 C-C、C′-C′。检测值与产品设计图示门框内裁口高度值相减,结果取其极值。

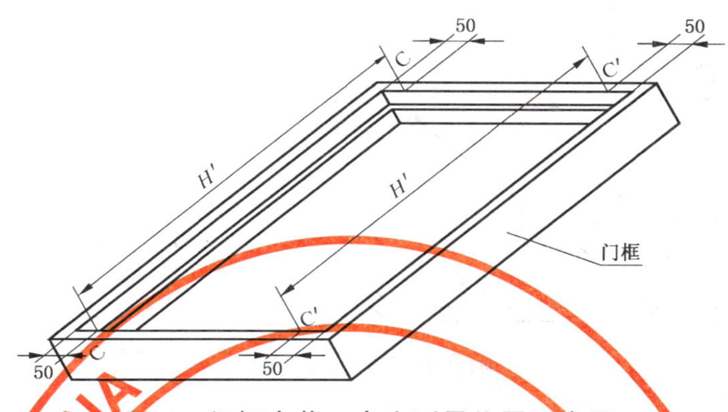

图 4 门框内裁口高度测量位置示意图

6.7.5 门框内裁口宽度 W'

采用钢卷尺测量,测量位置见图 5 所示的 D-D、D′-D′、D″-D″。检测值与产品设计图示门框内裁口宽度值相减,结果取其极值。

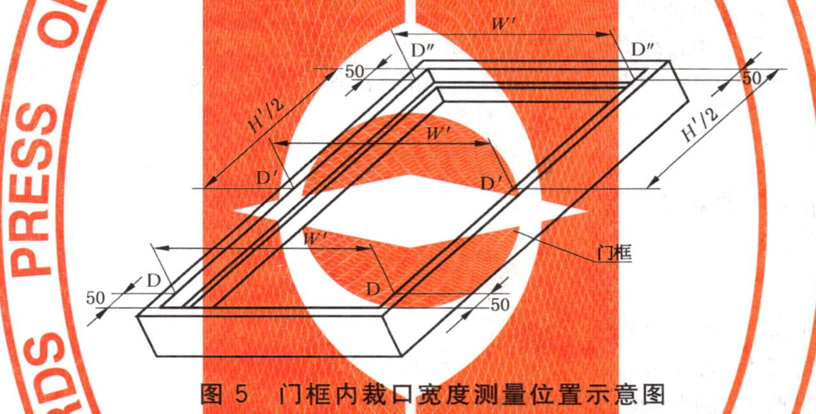

图 5 门框内裁口宽度测量位置示意图

6.7.6 门框侧壁宽度 T'

采用游标卡尺测量,测量位置见图 6 所示的 T_1'、T_2'、T_3'……T_6'。检测值与产品设计图示门框侧壁宽度值相减,结果取其极值。

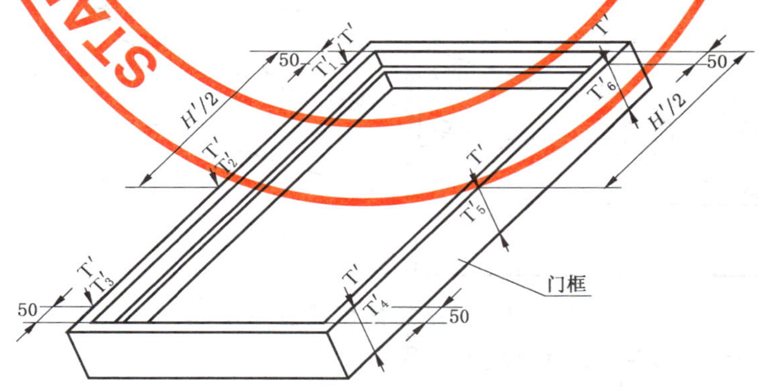

图 6 门框侧壁宽度测量位置示意图

6.8 形位公差

6.8.1 门扇两对角线长度差 $|L_1-L_2|$(见图 7)

采用钢卷尺测量。

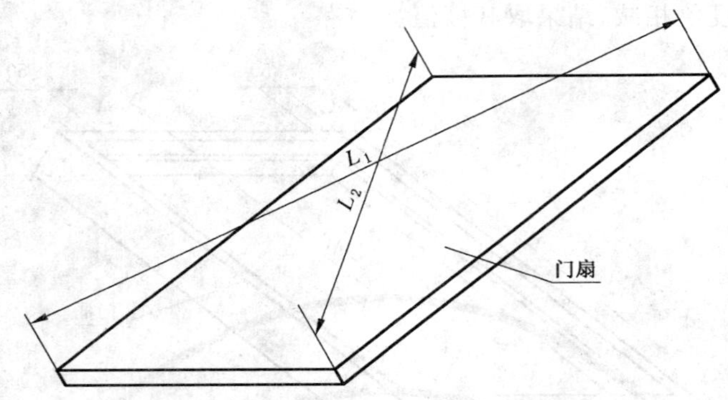

图 7 门扇对角线长度测量位置示意图

6.8.2 门扇扭曲度 D

6.8.2.1 试验设备

平台、三个顶尖、高度尺。平台的尺寸不应小于 1 m×2 m。

6.8.2.2 试验步骤

6.8.2.2.1 在门扇正反两面的四个角处分别标出四个测点，如一面为 P_1、P_2、P_3 和 P_4 测点，则另一面为对应的 P_1'、P_2'、P_3'和 P_4'测点，每个测点距门扇横边和竖边的距离均为 20 mm。三个顶尖分别放在门扇的三个任意测点处(P_1、P_2 和 P_3)将门扇顶起，如图 8 所示。用高度尺测量第四个测点 P_4 与平台的距离 h_1。

6.8.2.2.2 将门扇反转 180°，按 6.8.2.2.1 的位置和方法测定平台至 P_4'的距离 h_2。

6.8.2.2.3 门扇扭曲度 D 按式(1)计算：

$$D = | h_2 - h_1 | /2 \qquad \cdots\cdots(1)$$

式中：

D——门扇扭曲度，单位为毫米(mm)；

h_1——平台至测点 P_4 的距离，单位为毫米(mm)；

h_2——平台至测点 P_4'的距离，单位为毫米(mm)。

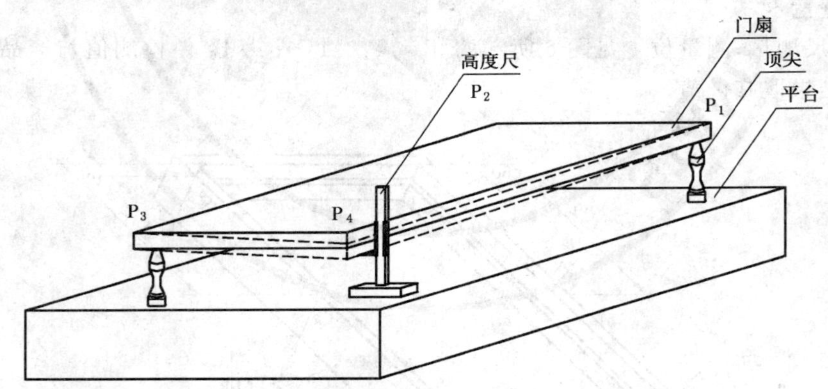

图 8 门扇扭曲度测量示意图

6.8.3 门扇宽度(高度)方向弯曲度 B_1(B_2)(见图 11、图 12)

6.8.3.1 试验设备

平台、四个顶尖、游标卡尺、尼龙线、吊线锥。平台的尺寸应不小于 1 m×2 m。

6.8.3.2 试验步骤

6.8.3.2.1 将门扇平放在平台的四个顶尖上，顶尖距门扇横边和竖边的距离均为 20 mm，将两端带有吊线锥的细尼龙线横跨于门扇宽度(高度)上，如图 9 所示。用游标卡尺的深度尺在规定测量位置量出高度值，即为该规定测量点的弯曲度值。测量位置见图 10 所示的 E-E(F-F)、E′-E′(F′-F′)和 E″-E″

(F″-F″)的中点。

6.8.3.2.2 门扇反转180°，测定门扇另一面的弯曲度值，测量位置和测量方法同6.8.3.2.1。

6.8.3.2.3 门扇宽度(高度)方向弯曲度值，取测量结果的极值 $h_3(h_4)$。

6.8.3.2.4 门扇宽度(高度)方向弯曲度按式(2)计算：

$$B_1(B_2) = h_3(h_4)/W(H) \times 1\,000 \qquad \cdots\cdots(2)$$

式中：

B_1——门扇宽度方向弯曲度，单位为千分之一(‰)；

B_2——门扇高度方向弯曲度，单位为千分之一(‰)；

h_3——门扇宽度方向弯曲度值，单位为毫米(mm)；

h_4——门扇高度方向弯曲度值，单位为毫米(mm)；

W——门扇宽度，单位为毫米(mm)；

H——门扇高度，单位为毫米(mm)。

注：括号内计算门扇高度方向弯曲度。

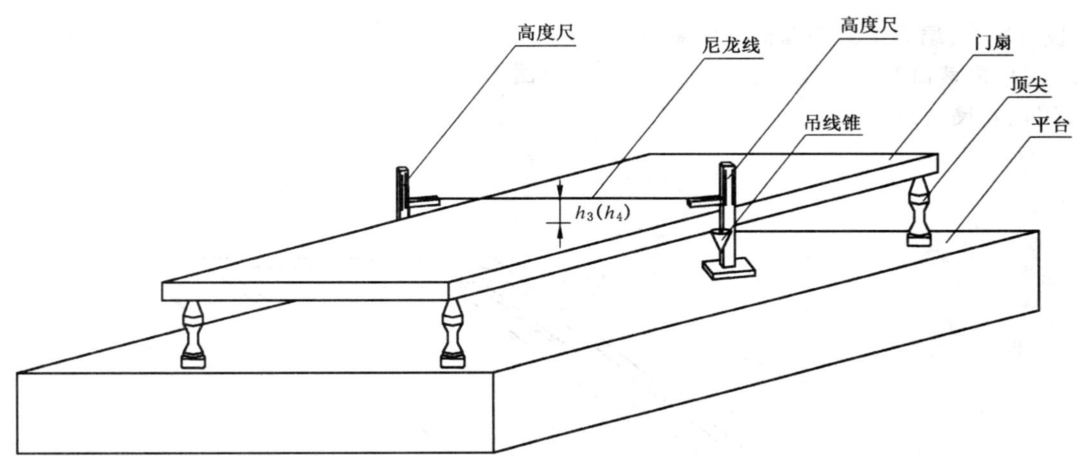

图9 门扇弯曲度测量示意图

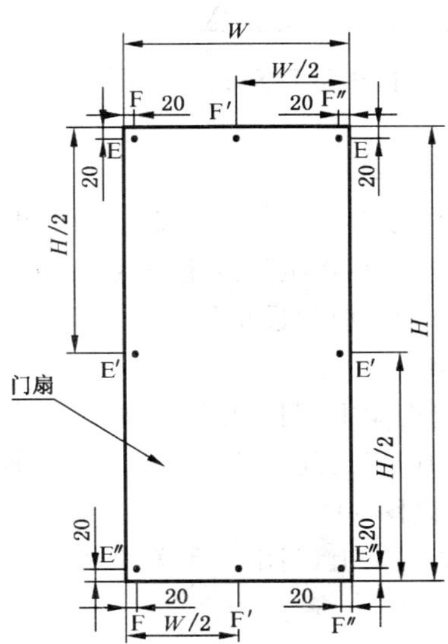

图10 门扇高度(宽度)方向弯曲度测量位置示意图

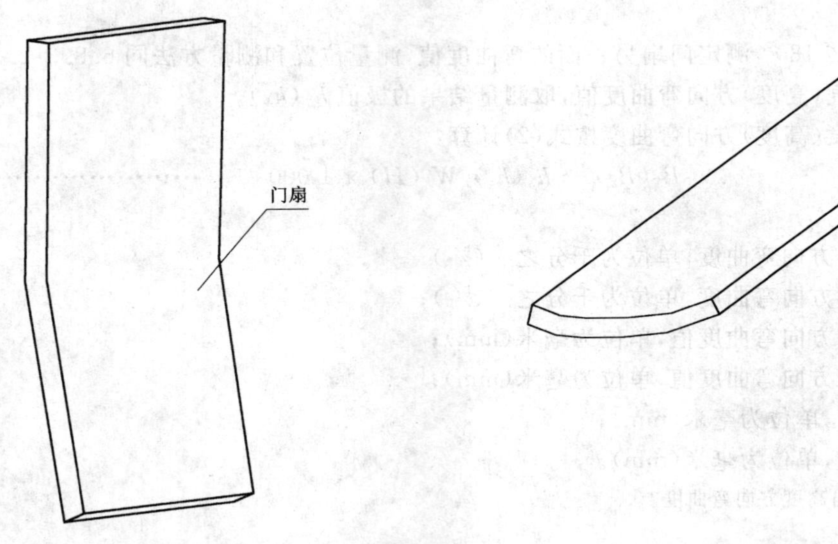

图 11　门扇高度方向弯曲度示意图　　　　图 12　门扇宽度方向弯曲度示意图

6.8.4　门框内裁口两对角线长度差$|L_1'-L_2'|$(见图 13)

采用钢卷尺测量。

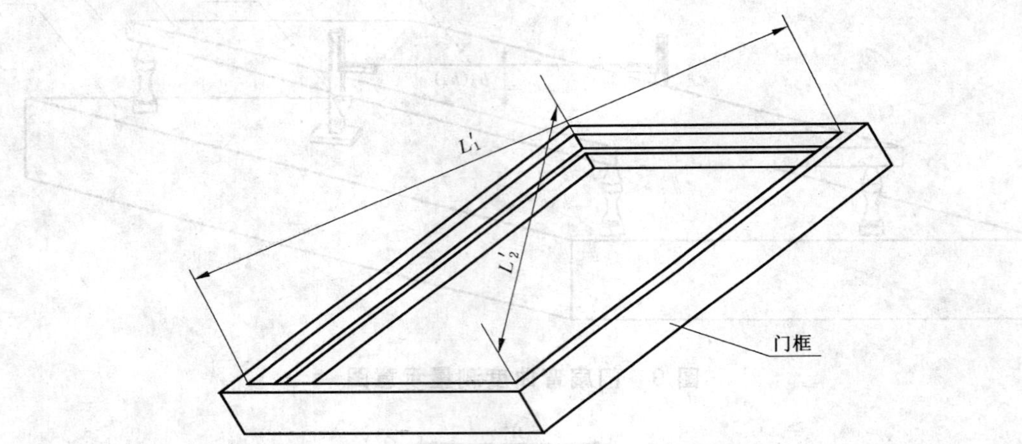

图 13　门框内裁口对角线长度测量位置示意图

6.9　配合公差

6.9.1　门扇与门框的搭接尺寸(见图 14)

6.9.1.1　按使用状态,将试件安装在试验框架上,门扇处于关闭状态,用划刀在门扇与门框相交的左边、右边和上边的中部划线作出标记后,用钢板尺测量搭接宽度。

6.9.1.2　门扇与门框的搭接宽度取测量值的最小值。

6.9.2　门扇与门框的配合活动间隙

按使用状态,将试件安装在试验框架上,门扇处于关闭状态,门扇与门框有合页一侧、有锁一侧,以及门扇与上框、下框,双扇、多扇门的门扇之间的活动间隙以塞尺最大插入厚度作为测量值。

6.9.3　门扇与门框的贴合面间隙(见图 14)

按使用状态,将试件安装在试验框架上,门扇处于关闭状态,门扇与门框贴合面间隙以塞尺最大插入厚度作为测量值。

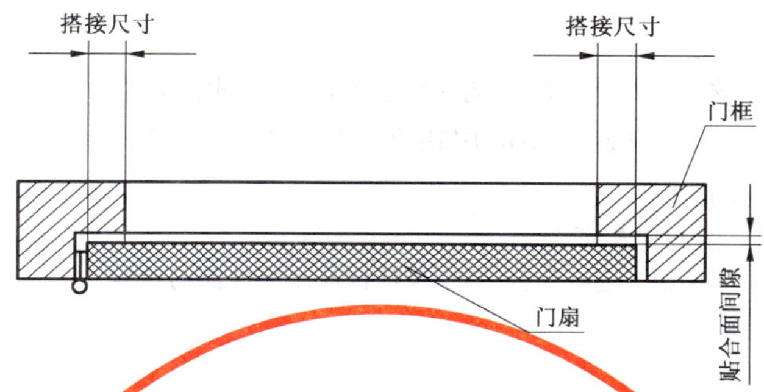

图 14 门扇与门框的搭接尺寸和贴合面间隙示意图

6.9.4 门的开面上门框与门扇的平面高低差 *R*

6.9.4.1 门扇关闭，用游标卡尺测定门框与门扇的平面高低差。测量位置见图 15 所标定的位置 R_1、R_2、R_3……R_6。

6.9.4.2 门框与门扇的平面高低差 *R* 取测量值的极值。

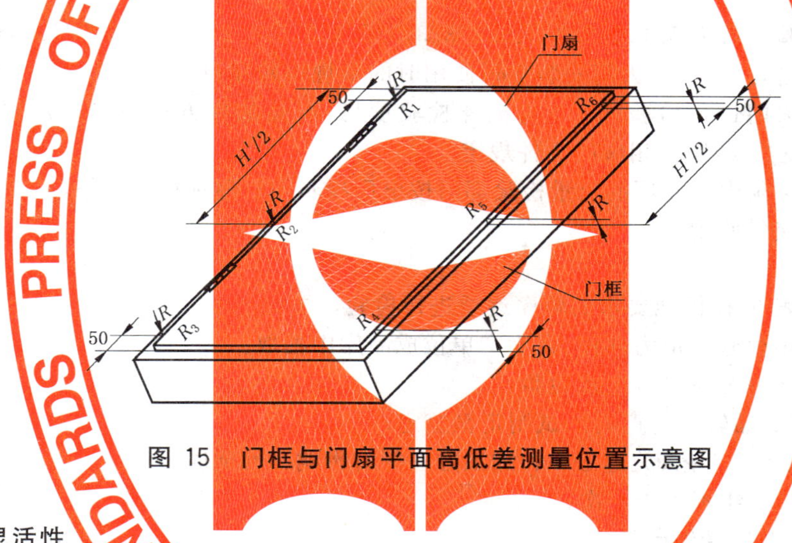

图 15 门框与门扇平面高低差测量位置示意图

6.10 灵活性

6.10.1 启闭灵活性

防火门处于使用状态，将试件安装在试验框架上，手感和目测其启闭灵活性。

6.10.2 门扇开启力 *F*

按使用状态，将试件安装在试验框架上，门扇处于关闭状态，测力计作用于门执手处，并与门扇垂直，将门扇拉开，测量并记录门扇开启力 *F*。

6.11 可靠性

6.11.1 试验框架

为可调框架，以适合安装不同规格尺寸的防火门，框架应有足够的刚度，以免在试验过程中产生影响试验结果的变形。

6.11.2 试件

包括门框、门扇及实际使用中应配备的防火五金配件如防火锁、闭门器和顺序器等所组成的防火门。

6.11.3 试验步骤

6.11.3.1 将试件固定在试验框架上。

6.11.3.2 门扇开启、关闭为运行一次，运行周期为 8 s～14 s，门扇开启角度为 70°，记录运行次数。试验过程中应记录：防火门的各个配件是否松动、脱落、严重变形、启闭卡阻等现象。

6.12 耐火性能

6.12.1 试验步骤

按使用状态，将试件安装在试验框架上，耐火试验前检查试件，门扇应开启灵活。通过闭门器等闭门装置关闭门扇，使防火锁的斜舌碰上，不应用钥匙锁闭门扇；特殊使用的门（如管道井门），可用钥匙锁闭门扇，钥匙不应留在锁孔内。

按 GB/T 7633 的规定进行耐火试验。

注：试件应在同一框架、同一状态下进行配合公差、灵活性与耐火性能的检验。

6.12.2 耐火性能判定条件

6.12.2.1 耐火完整性

应按 GB/T 7633 的规定判定。

6.12.2.2 耐火隔热性

应按 GB/T 7633 的规定判定。

7 检验规则

7.1 出厂检验

7.1.1 常规出厂检验项目为 5.1、5.2.2.3、5.2.3.3、5.2.4.2、5.4.2、5.5、5.6 和 5.7，应对每一樘防火门的门框、门扇单独进行检验；防火门安装交付使用时的常规检验项目为 5.8、5.9 和 5.3 中的配件安装情况，应对每一樘防火门进行检验；5.10 为抽样检验项目，产品抽样方法由生产厂根据生产批量，按 GB/T 2828.1 的有关要求，制订相应的文件规定。

7.1.2 防火门产品必须由生产厂的质量检验部门按出厂检验项目逐项检验合格，签发合格证后方可出厂，并安装验收合格交付使用。

7.2 型式检验

7.2.1 检验项目见表 6，按标准要求的顺序逐项进行检验。

7.2.2 防火门的最小检验批量为 9 樘，在生产单位成品库中抽取。

7.2.3 有下列情况之一时应进行型式检验。

a) 新产品或老产品转厂生产时的试制定型鉴定；

b) 结构、材料、生产工艺、关键工序和加工方法等有影响其性能时；

c) 正常生产，每三年不少于一次；

d) 停产一年以上恢复生产时；

e) 出厂检验结果与上次型式检验有较大差异时；

f) 发生重大质量事故时；

g) 质量监督机构提出要求时。

7.2.4 判定准则

表 6 所列检验项目的检验结果不含 A 类不合格项，B 类与 C 类不合格项之和不大于四项，且 B 类不合格项不大于一项，判该产品为合格。否则判该产品不合格。

表 6 检验项目

序号	检验项目	要求条款	试验方法条款	不合格分类
1	填充材料	5.2.1	6.3.1	A
2	木材	5.2.2	6.3.2	A
3	人造板	5.2.3	6.3.3	A
4	钢材	5.2.4	6.3.4	A
5	其他材质材料	5.2.5	6.3.5	A
6	粘结剂	5.2.6	6.3.6	A

表 6(续)

序号	检验项目	要求条款	试验方法条款	不合格分类
7	防火锁	5.3.1	6.4.1	B
8	防火合页(铰链)	5.3.2	6.4.2	B
9	防火闭门装置	5.3.3	6.4.3	B
10	防火顺序器	5.3.4	6.4.4	B
11	防火插销	5.3.5	6.4.5	C
12	盖缝板	5.3.6	6.4.6	B
13	防火密封件	5.3.7	6.4.7	A
14	防火玻璃	5.3.8	6.4.8	A
15	加工工艺和外观质量	5.4	6.5	C
16	门扇质量	5.5	6.6	A
17	门扇高度偏差	5.6	6.7.1	C
18	门扇宽度偏差	5.6	6.7.2	C
19	门扇厚度偏差	5.6	6.7.3	B
20	门框内裁口高度偏差	5.6	6.7.4	C
21	门框内裁口宽度偏差	5.6	6.7.5	C
22	门框侧壁宽度偏差	5.6	6.7.6	C
23	门扇两对角线长度差	5.7	6.8.1	C
24	门扇扭曲度	5.7	6.8.2	B
25	门扇宽度方向弯曲度	5.7	6.8.3	B
26	门扇高度方向弯曲度	5.7	6.8.3	B
27	门框内裁口两对角线长度差	5.7	6.8.4	C
28	门扇与门框的搭接尺寸	5.8.1	6.9.1	B
29	门扇与门框的有合页一侧的配合活动间隙	5.8.2.1	6.9.2	C
30	门扇与门框的有锁一侧的配合活动间隙	5.8.2.2	6.9.2	C
31	门扇与上框的配合活动间隙	5.8.2.3	6.9.2	C
32	双扇门中间缝隙	5.8.2.4	6.9.2	C
33	门框与下框或地面间隙	5.8.2.5	6.9.2	C
34	门扇与门框贴合面间隙	5.8.2.6	6.9.3	C
35	门框与门扇的平面高低差	5.8.3	6.9.4	C
36	启闭灵活性	5.9.1	6.10.1	A
37	开启力	5.9.2	6.10.2	B
38	可靠性	5.10	6.11	A
39	耐火性能	5.11	6.12	A

8 标志、包装、运输和贮存

8.1 标志

8.1.1 每樘防火门都应在明显位置固有永久性标牌，标牌应包括以下内容：

a) 产品名称、型号规格及商标(若有)；

b) 制造厂名称或制造厂标记和厂址；

c) 出厂日期及产品生产批号；

d) 执行标准。

8.1.2 产品标牌的制作应符合 GB/T 13306 的规定。

8.2 包装、运输和使用说明书

产品及其五金配件的包装应安全、可靠，并便于装卸、运输和贮存。包装、运输应符合 GB/T 6388 的规定。

随产品应提供如下文字资料

a) 产品合格证，其表述应符合 GB/T 14436 的规定；

b) 产品说明书，其表述应符合 GB 9969.1 的规定；

c) 装箱单；

d) 产品安装图；

e) 防火五金配件及附件清单。

应把上述资料装入防水袋中。

产品在运输过程中应避免因行车时碰撞损坏包装，装卸时轻抬轻放，严格避免磕、摔 、撬等行为，防止机械变形损坏产品，影响安装使用。

8.3 贮存

产品应贮存在通风、干燥处，要避免和有腐蚀的物质及气体接触，并要采取防潮、防雨、防晒、防腐等措施。产品平放时底部须垫平，门框堆码高度不得超过 1.5 m，门扇堆放高度不超过 1.2 m；产品竖放时，其倾斜角度不得大于 20°。

附 录 A
（规范性附录）
防火锁的要求和试验方法

A.1 要求

A.1.1 防火锁的牢固度、灵活度和外观质量应符合 QB/T 2474 的规定。

A.1.2 防火锁的耐火性能

A.1.2.1 防火锁的耐火时间应不小于其安装使用的防火门耐火时间。

A.1.2.2 耐火试验过程中，防火锁应无明显变形和熔融现象。

A.1.2.3 耐火试验过程中，防火锁处应无窜火现象。

A.1.2.4 耐火试验过程中，防火锁应能保证防火门门扇处于关闭状态。

A.2 试验方法

A.2.1 防火锁的牢固度、灵活度和外观质量应按 QB/T 2474 的规定进行试验。

A.2.2 防火锁的耐火性能试验

A.2.2.1 将防火锁按实际使用情况安装在防火门上。

A.2.2.2 按 GB/T 7633 规定的升温和炉压条件进行耐火试验。

A.2.2.3 耐火试验过程中按 A.1.2 的要求进行现象观察和记录。

附 录 B
（规范性附录）
防火铰链（合页）的耐火性能要求和试验方法

B.1 要求

B.1.1 防火铰链（合页）的耐火性能

B.1.1.1 防火铰链（合页）的耐火时间应不小于其安装使用的防火门耐火时间。

B.1.1.2 耐火试验过程中，防火铰链（合页）应无明显变形。

B.1.1.3 耐火试验过程中，防火铰链（合页）处应无窜火现象。

B.1.1.4 耐火试验过程中，防火铰链（合页）应能保证防火门门扇与铰链（合页）安装处无位移，并处于良好关闭状态。

B.2 试验方法

B.2.1 防火铰链（合页）的耐火性能试验

B.2.1.1 将防火铰链（合页）按实际使用情况安装在防火门上。

B.2.1.2 按 GB/T 7633 规定的升温和炉压条件进行耐火试验。

B.2.1.3 耐火试验过程中按 B.1.1 的要求进行现象观察和记录。

附 录 C
（规范性附录）
防火顺序器的耐火性能要求和试验方法

C.1 要求

C.1.1 防火顺序器的耐火性能

C.1.1.1 防火顺序器的耐火时间应不小于其安装使用的防火门耐火时间。

C.1.1.2 耐火试验过程中，防火顺序器应无明显变形和熔融现象。

C.2 试验方法

C.2.1 防火顺序器的耐火性能试验

C.2.1.1 将防火顺序器按实际使用情况安装在防火门上。

C.2.1.2 按 GB/T 7633 规定的升温和炉压条件进行耐火试验。

C.2.1.3 耐火试验过程中按 C.1.1 的要求进行现象观察和记录。

附　录　D
（规范性附录）
防火插销的耐火性能要求和试验方法

D.1　要求

D.1.1　防火插销的耐火性能

D.1.1.1　防火插销的耐火时间应不小于其安装使用的防火门耐火时间。

D.1.1.2　耐火试验过程中，防火插销应无明显变形和熔融现象。

D.1.1.3　耐火试验过程中，防火插销处应无窜火现象。

D.1.1.4　耐火试验过程中，防火插销应能保证防火门门扇与插销安装处无位移，并处于良好关闭状态。

D.2　试验方法

D.2.1　防火插销的耐火性能试验

D.2.1.1　将防火插销按实际使用情况安装在防火门上。

D.2.1.2　按 GB/T 7633 规定的炉温和炉压条件进行耐火试验。

D.2.1.3　耐火试验过程中按 D.1.1 的要求进行现象观察和记录。

ICS 91.140.70
Q 31

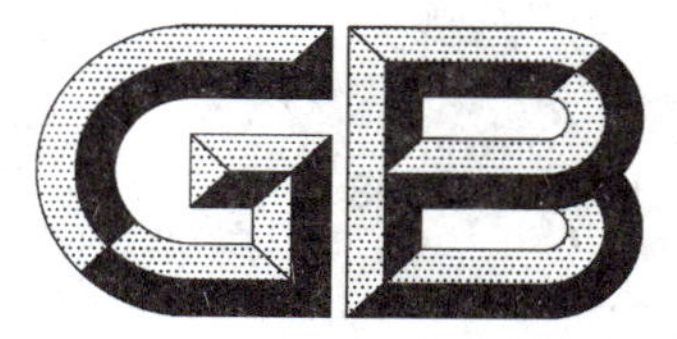

中华人民共和国国家标准

GB/T 12956—2008
代替 GB/T 12956—1991

卫生间配套设备

Fixtures for bathroom

2008-06-30 发布　　　　2009-04-01 实施

中华人民共和国国家质量监督检验检疫总局
中国国家标准化管理委员会　发布

前　言

本标准代替 GB/T 12956—1991《卫生间配套设备》。

本标准与 GB/T 12956—1991 相比，主要变化如下：

——增加了第 3 章“术语和定义”；

——原第 3 章“分类”修改为第 4 章“分类”，将原按档次对卫生间进行分类修改为按用途对卫生间进行分类；

——增加了第 5 章“材料”；

——修改了技术要求，为与相关标准保持一致；

——增加了第 7 章“安装要求”；

——删除了原第 5、6、7 章“试验方法”、“检验规则”、“标志、包装、运输和贮存”。

本标准由中国建筑材料联合会提出。

本标准由全国建筑卫生陶瓷标准化技术委员会归口。

本标准负责起草单位：咸阳陶瓷研究设计院。

本标准参加起草单位：国家住宅与居住环境工程技术研究中心、唐山惠达陶瓷（集团）股份有限公司、杜拉维特（中国）洁具有限公司。

本标准主要起草人：李直、段先湖、张磊、曾雁、王惠文、王广轩。

本标准于 1991 年首次发布。

卫生间配套设备

1 范围

本标准规定了卫生间配套设备的术语和定义、分类、材料、技术要求、安装要求。

本标准适用于与给排水管路连接的卫生间配套设备的选用与安装。

2 规范性引用文件

下列文件中的条款通过本标准的引用而成为本标准的条款。凡是注日期的引用文件,其随后所有的修改单(不包括勘误的内容)或修订版均不适用于本标准,然而,鼓励根据本标准达成协议的各方研究是否可使用这些文件的最新版本。凡是不注日期的引用文件,其最新版本适用于本标准。

GB 6952 卫生陶瓷

GB/T 9195—1999 陶瓷砖和卫生陶瓷分类和术语

GB/T 16662—1996 建筑给水排水设备器材术语

GB/T 17219 生活饮用水输配水设备及防护材料的安全性评价标准

GB 18145 陶瓷片密封水嘴

CJ/T 186 地漏

CJ/T 194 非接触式给水器具

JC/T 758 面盆水嘴

JC/T 760 浴盆及淋浴水嘴

JC/T 764 坐便器坐圈和盖

JC/T 779 玻璃纤维增强塑料浴缸

JC/T 858 住宅浴缸和淋浴底盘用浇铸丙烯酸板材

JC 886 卫生设备用软管

JC/T 931 机械式便器冲洗阀

JC/T 932 卫生洁具排水配件

JC 987 便器水箱配件

QB 1334 水嘴通用技术条件

QB/T 1560 卫生间附属配件

QB 2584 淋浴房

QB 2585 喷水按摩浴缸

QB 2658 卫生设备用台盆

QB/T 2664 搪瓷浴缸

QB 2759 卫生洁具及暖气管道用直角阀

QB 2806 温控水嘴

3 术语和定义

GB/T 9195—1999 和 GB/T 16662—1996 确立的以及下列术语和定义适用于本标准。

3.1

卫生间 bathroom

建筑物中供使用者进行便溺、洗浴、盥洗、洗涤等活动的空间。

3.2

卫生间配套设备　fixtures for bathroom

安装在卫生间内的，能够满足使用者进行便溺、洗浴、盥洗、洗涤等活动的产品。

4　分类

4.1　住宅卫生间

4.1.1　住宅卫生间根据不同功能需求可以分为便溺、洗浴、盥洗、洗涤四种基本的卫生单元，各卫生单元根据使用要求可分别独立设置，亦可组合设置。

4.1.2　各卫生单元配套设备设置见表1。

表1

卫生单元种类	应安装的设备	其他设备、设施
便溺单元	坐便器或蹲便器及冲水装置	净身器、小便器、照明设备、换气设备、电源等
洗浴单元	淋浴装置或浴缸、地漏	照明设备、换气设备、电源等
盥洗单元	洗面器、水嘴	照明设备、电源等
洗涤单元	洗衣机专用水嘴、地漏	拖布池、电源等

4.2　宾馆卫生间

宾馆卫生间至少应配置便器、洗浴器、洗面器三种卫生洁具，并应根据宾馆的级别设置相应的配套设备。

4.3　公共建筑卫生间

4.3.1　公共建筑卫生间根据不同功能需求可以分为便溺、盥洗两种基本的卫生单元，各卫生单元根据使用要求可分别独立设置，亦可组合设置。

4.3.2　各卫生单元配套设备设置见表2。

表2

卫生单元种类	应安装的设备	其他设备、设施
便溺单元	坐便器或蹲便器及冲水装置、小便器及冲水装置	照明设备、换气设备、电源等
盥洗单元	洗面器、水嘴	照明设备、电源等

4.3.3　公共建筑卫生间应使用节水型装置。

5　材料

5.1　卫生间配套设备所用的各种材料应符合国家和行业的相关标准要求。

5.2　产品与水接触的部位应使用耐腐蚀材料制造；直接影响产品寿命的零部件表面应做防腐蚀处理或采用不易腐蚀的材料制造。

5.3　产品所使用的所有与饮用水直接接触的材料，应符合 GB/T 17219 的规定。其他材料应满足产品使用性能的要求。

6　技术要求

6.1　一般要求

6.1.1　各类卫生间配套设备应符合相关的标准要求。

6.1.2　各类卫生间配套设备的安装尺寸应与建筑模数协调。优先采用 50 mm 建筑模数。

6.2 便溺单元

陶瓷材质的坐便器，蹲便器，小便器应符合 GB 6952 的要求；其他材质的坐便器，蹲便器，小便器应符合 GB 6952 中 5.3.2.3、5.3.2.4、6.1.1、6.1.2.4、7.1.1、7.1.3 的要求。

6.3 洗浴单元

6.3.1 玻璃纤维增强塑料浴缸应符合 JC/T 779 的要求；搪瓷浴缸应符合 QB/T 2664 的要求；按摩浴缸应符合 QB 2585 的要求；压克力浴缸和淋浴底盘的材料应符合 JC/T 858 的要求。

6.3.2 浴盆及淋浴用水嘴应符合 JC/T 760 的要求；温控水嘴应符合 QB 2806 的要求；采用陶瓷片密封的水嘴应同时符合 GB 18145 的要求。

6.3.3 淋浴房应符合 QB 2584 的要求。

6.4 盥洗单元

6.4.1 陶瓷材质的洗面器应符合 GB 6952 的要求；其他材质的洗面器应符合 QB 2658 的要求。

6.4.2 面盆水嘴应符合 JC/T 758 的要求，采用陶瓷片密封的水嘴应同时符合 GB 18145 的要求。

6.5 洗涤单元

洗涤用水嘴应符合 QB 1334 的要求，采用陶瓷片密封的水嘴应同时符合 GB 18145 的要求。

6.6 其他附属配件

6.6.1 卫生设备用软管应符合 JC 886 的要求。

6.6.2 卫生洁具排水配件应符合 JC/T 932 的要求。

6.6.3 连接进水管路与卫生设备的角阀应符合 QB 2759 的要求。

6.6.4 与便器配套的水箱配件产品应符合 JC 987 的要求；非接接触式冲洗装置应符合 CJ/T 194 的要求；机械式冲洗阀应符合 JC/T 931 的要求；坐便器塑料圈和盖应符合 JC/T 764 的要求。

6.6.5 卫生间内的浴巾架、拉手等附属配件应符合 QB/T 1560 的要求。

6.6.6 卫生间内的地漏应符合 CJ/T 186 的要求。

7 安装要求

7.1 卫生间配套设备与给水和排水系统之间的连接安装完成后各连接部位应无渗漏。

7.2 各类卫生间配套设备安装完成后应符合以下各项要求，其安装示意图见图 1。

——蹲便器中心线距侧墙：有竖管时应不小于 450 mm，无竖管时应不小于 400 mm；中心线距侧面器具应不小于 350 mm，后边缘距墙应不小于 200 mm、距器具应不小于 400 mm。如图 1a）所示。

——坐便器中心线距侧墙：有竖管时应不小于 450 mm，无竖管时应不小于 400 mm；中心线距侧面器具应不小于350 mm，前边缘距墙应不小于 550 mm、距器具应不小于 500 mm。如图 1b）所示。

——非靠墙式淋浴器喷头中心距墙应不小于 450 mm。喷头中心与器具水平距离应不小于 350 mm。如图 1c）所示。

——浴缸人体进出面边缘距墙应不小于 600 mm。如图 1d）所示。

——洗面器中心线距侧墙应不小于 550 mm，侧边缘距相邻器具应不小于 100 mm，前边缘距墙、距器具应不小于 600 mm。如图 1e）所示。

——水嘴出水口距洗面器最高水位面的垂直距离应不小于 25 mm。如图 1f）所示。

7.3 当建筑交工为毛坯房且排水管道无存水弯时，应选用带存水弯的卫生器具，其水封深度应不小于 50 mm；排水管道有存水弯时应选用不带存水弯的卫生器具。

7.4 构造内无存水弯的卫生器具与排水管道连接时，在排水口以下应设存水弯，其水封深度应不小于 50 mm。

单位为毫米

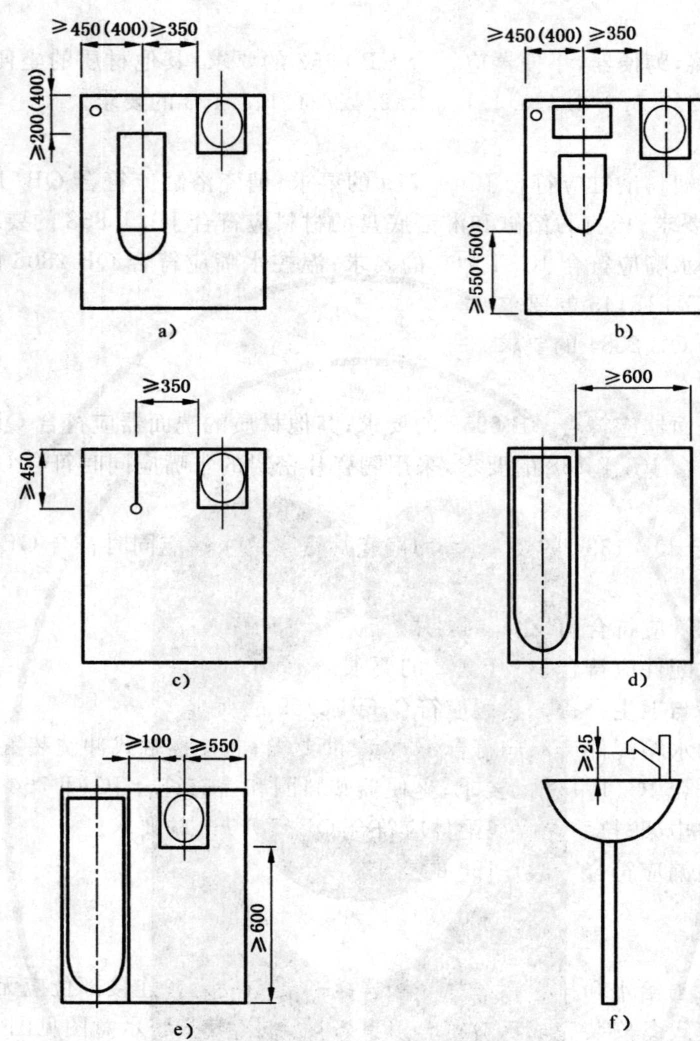

图 1 卫生间配套设备安装示意图

ICS 91.100.10
Q 11

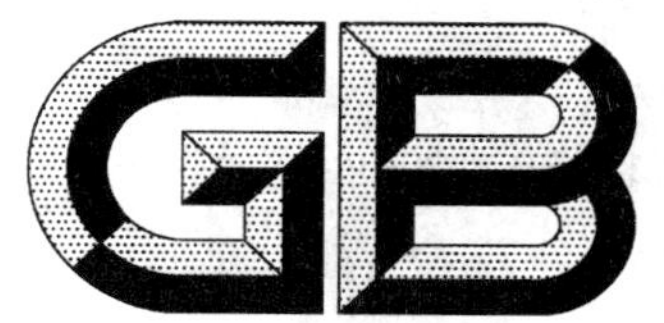

中华人民共和国国家标准

GB/T 12959—2008
代替 GB/T 12959—1991、GB/T 2022—1980

水泥水化热测定方法

Test methods for heat of hydration of cement

2008-01-09 发布　　2008-08-01 实施

中华人民共和国国家质量监督检验检疫总局
中国国家标准化管理委员会　发布

前言

本标准参照美国 ASTM C186—1998《水硬性水泥水化热测定方法》、日本 JIS R5203—1987《水泥水化热测定方法　溶解热法》和欧洲 EN 196-8:2003《水化热测定方法　溶解热法》、EN 196-9:2003《定量测定水化热　半绝热法》、俄罗斯 ГОСТ 310.5—1988《水泥水化热量热仪测定法　直接法》等试验方法标准。

本标准代替 GB/T 12959—1991《水泥水化热测定方法(溶解热法)》和 GB/T 2022—1980《水泥水化热试验方法(直接法)》两个标准。

本标准溶解热法与 GB/T 12959—1991 相比,主要变化如下:

——主要仪器设备热量计由单筒改为双筒;增加了循环水泵、加热装置、量热温度计、广口保温瓶配有耐酸塑料筒(1991 版第 3 章,本版 3.3);

——灼烧质量由一个样品定值修改为二个样品平均结果定值(1991 版 6.2.2,本版 3.5.2.3);

——水化样品的存放提出要求(本版 3.5.3.3);

——规范了试验操作步骤(1991 版第 6 章,本版 3.5)。

本标准直接法与 GB/T 2022—1980 相比,主要变化如下:

——截锥圆筒材料由原来铜皮改为塑料,内衬由原来牛皮纸改为薄塑料筒(1980 版 1.1.2,本版 4.3);

——热容量测定散热常数用水量改为 500 g±10 g(1980 版 4.8,本版 4.5.3.3);

——试验用标准砂改为符合 GB/T 17671 规定的粒度范围在(0.5～1.0)mm 的中砂(1980 版5.11,本版 4.2.2);

——试验灰砂比由原来按不同品种、不同等级变化配比改为固定灰砂比,水泥:标准砂=1:3(1980 版 5.11,本版 4.5.6.4);

——搅拌方式由手工搅拌改用 ISO 胶砂搅拌机搅拌(1980 版 5.13,本版 4.5.7);

——原试验胶砂量改为称量 800 g±1 g(1980 版 5.13,本版 4.5.8);

——增加了仲裁试验样品用水为蒸馏水(本版 4.2.3)。

本标准由中国建筑材料联合会提出。

本标准由全国水泥标准化技术委员会(SAC/TC 184)归口。

本标准主要起草单位:中国建筑材料科学研究总院、中国建筑材料检验认证中心。

本标准参加起草单位:云南省建筑材料产品质量监督检验站、葛洲坝股份有限公司水泥厂、四川金顶集团峨眉山水泥厂、抚顺水泥股份有限公司、浙江金华婺星水泥有限公司。

本标准主要起草人:张秋英、王旭方、霍春明、刘胜、郭俊萍、周桂林、黎锦清、李绍元、张顺、邵水凭。

本标准所代替标准的历次版本情况为:

——GB/T 12959—1991;

——GB/T 2022—1980。

水泥水化热测定方法

1 范围

本标准规定了水泥水化热测定方法的原理、仪器设备、试验室条件、材料、试验操作、结果的计算及处理等。

本标准适用于中热硅酸盐水泥、低热硅酸盐水泥、低热矿渣硅酸盐水泥、硅酸盐水泥、普通硅酸盐水泥、矿渣硅酸盐水泥、火山灰硅酸盐水泥、粉煤灰硅酸盐水泥。其他品种水泥采用溶解热方法时应确定该品种水泥测读温度的时间。

在本标准中溶解热法列为基准法，直接法列为代用法，水泥水化热测定结果有争议时以基准法为准。

2 规范性引用文件

下列文件中的条款通过本标准的引用而成为本标准的条款。凡是注日期的引用文件，其随后所有的修改单(不包括勘误的内容)或修订版均不适用于本标准，然而，鼓励根据本标准达成协议的各方研究是否可使用这些文件的最新版本。凡是不注日期的引用文件，其最新版本适用于本标准。

GB/T 1346—2001　水泥标准稠度用水量、凝结时间、安定性检验方法(eqv ISO 9597:1989)

GB/T 6682　分析实验室用水规格和试验方法(GB/T 6682—1992,neq ISO 3696:1987)

GB/T 17671　水泥胶砂强度检验方法(ISO法)(GB/T 17671—1999,idt ISO 679:1989)

JC/T 681　行星式水泥胶砂搅拌机

3 溶解热法(基准法)

3.1 方法原理

本方法是依据热化学盖斯定律，化学反应的热效应只与体系的初态和终态有关而与反应的途径无关提出的。它是在热量计周围温度一定的条件下，用未水化的水泥与水化一定龄期的水泥分别在一定浓度的标准酸溶液中溶解，测得溶解热之差，作为该水泥在该龄期内所放出的水化热。

3.2 材料、试剂及配制

3.2.1　水泥试样应通过 0.9 mm 的方孔筛，并充分混合均匀。

3.2.2　氧化锌(ZnO)

用于标定热量计热容量，使用前应预先进行如下处理，将氧化锌放入坩埚内，在(900～950)℃下灼烧 1 h 取出，置于干燥器中冷却后，用玛瑙研钵研磨至全部通过 0.15 mm 方孔筛，贮存备用。在进行热容量标定前，应将上述制取的氧化锌约 50 g 在(900～950)℃下灼烧 5 min，然后在干燥器中冷却至室温。

3.2.3　氢氟酸(HF)

浓度为 40%(质量分数)或密度(1.15～1.18)g/cm^3。

3.2.4　硝酸(HNO_3)

一次应配制大量浓度为(2.00±0.02)mol/L 的硝酸溶液。配制时量取浓度为 65%～68%(质量分数)或密度为 1.39 g/cm^3～1.41 g/cm^3(20℃)的浓硝酸 138 mL，加蒸馏水稀释至 1 L。

硝酸溶液的标定：用移液管吸取 25 mL 上述已配制好的硝酸溶液，移入 250 mL 的容量瓶中，用蒸馏水稀释至标线，摇匀。接着用已知浓度(约 0.2 mol/L)的氢氧化钠标准溶液标定容量瓶中硝酸溶液的浓度，该浓度乘以 10 即为上述已配制好的硝酸溶液的浓度。

3.2.5 标准中所用试剂应用分析纯。用于标定的试剂应为基准试剂。所用水应符合 GB/T 6682 中规定的三级水要求。

3.3 仪器设备

3.3.1 溶解热测定仪

由恒温水槽、内筒、广口保温瓶、贝克曼差示温度计或量热温度计、搅拌装置等主要部件组成。另配一个曲颈玻璃加料漏斗和一个直颈加酸漏斗。有单筒和双筒两种，双筒如图 1 所示。

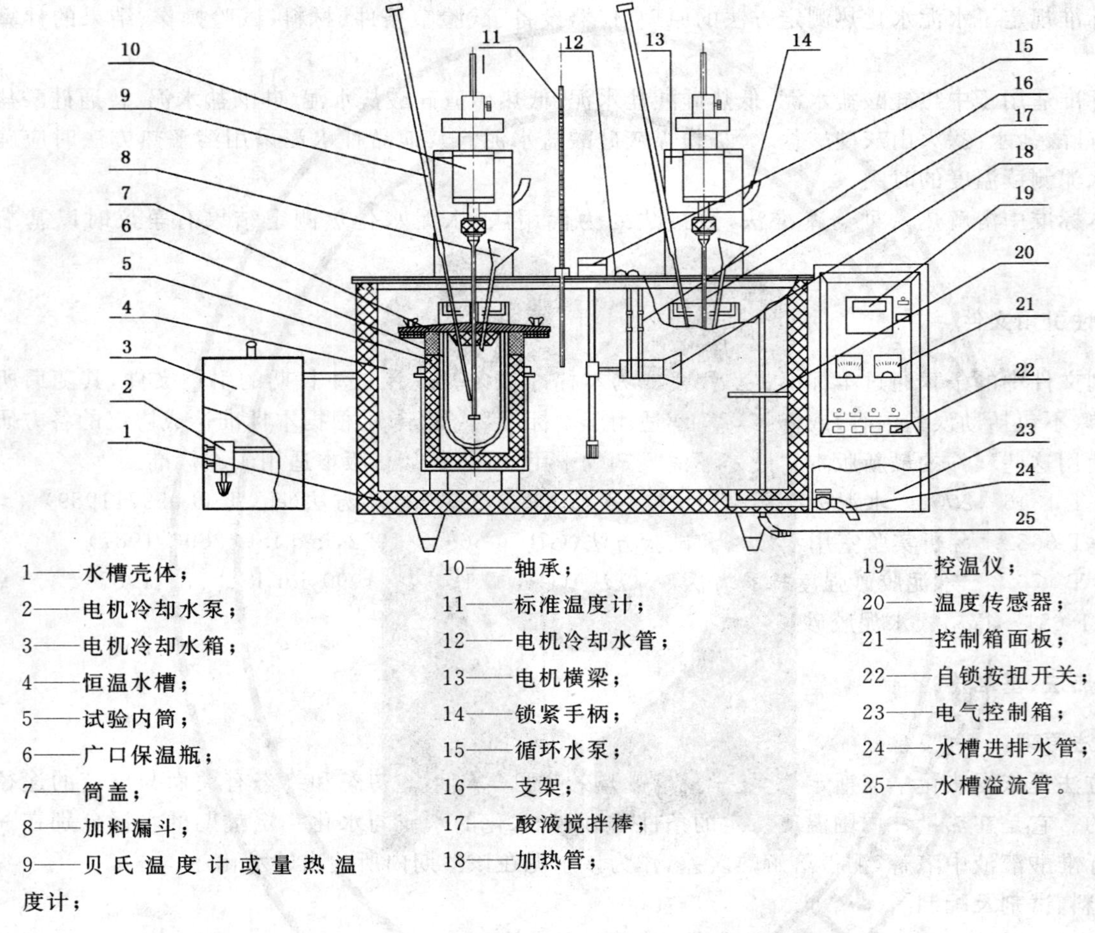

1——水槽壳体；
2——电机冷却水泵；
3——电机冷却水箱；
4——恒温水槽；
5——试验内筒；
6——广口保温瓶；
7——筒盖；
8——加料漏斗；
9——贝氏温度计或量热温度计；
10——轴承；
11——标准温度计；
12——电机冷却水管；
13——电机横梁；
14——锁紧手柄；
15——循环水泵；
16——支架；
17——酸液搅拌棒；
18——加热管；
19——控温仪；
20——温度传感器；
21——控制箱面板；
22——自锁按扭开关；
23——电气控制箱；
24——水槽进排水管；
25——水槽溢流管。

图 1 溶解热测定仪

3.3.1.1 恒温水槽

水槽内外壳之间装有隔热层，内壳横断面为椭圆形的金属筒，横断面长轴 750 mm，短轴 450 mm，深 310 mm，容积约 75 L。并装有控制水位的溢流管。溢流管高度距底部约 270 mm，水槽上装有二个用于搅拌保温瓶中酸液的搅拌器，水槽内装有二个放置试验内筒的筒座，进排水管、加热管与循环水泵等部件。

3.3.1.2 内筒

筒口为带法兰的不锈钢圆筒，内径 150 mm，深 210 mm，筒内衬有软木层或泡沫塑料，筒口上镶嵌有橡胶圈以防漏水，盖上有三个孔，中孔安装酸液搅拌棒，两侧的孔分别安装加料漏斗和贝克曼差示温度计或量热温度计。

3.3.1.3 广口保温瓶

配有耐酸塑料筒，容积约为 600 mL，当盛满比室温高约 5℃的水、静置 30 min 时，其冷却速率不得大于 0.001℃/min。

3.3.1.4 **贝克曼差示温度计(以下简称贝氏温度计)**

分度值为0.01℃,最大差示温度为5.2℃,插入酸液部分须涂以石蜡或其他耐氢氟酸的材料。试验前应用量热温度计将贝氏温度计零点调整到约14.500℃。

3.3.1.5 **量热温度计**

分度值为0.01℃,量程(14～20)℃,插入酸液部分须涂以石蜡或其他耐氢氟酸的材料。

3.3.1.6 **搅拌装置**

酸液搅拌棒直径ϕ(6.0～6.5)mm,总长约280 mm,下端装有两片略带轴向推进作用的叶片,插入酸液部分必须用耐氢氟酸的材料制成。水槽搅拌装置使用循环水泵。

3.3.1.7 **曲颈玻璃加料漏斗**

漏斗口与漏斗管的中轴线夹角约为30°,口径约为70 mm,深100 mm,漏斗管外径7.5 mm,长95 mm,供装试样用。加料漏斗配有胶塞。

3.3.1.8 **直颈加酸漏斗**

由耐酸塑料制成,上口直径约70 mm,管长120 mm,外径7.5 mm。

3.3.2 **天平**

量程不小于200 g,分度值为0.001 g和量程不小于600 g,分度值为0.1 g天平各一台。

3.3.3 **高温炉**

使用温度(900～950)℃,并带有恒温控制装置。

3.3.4 **试验筛**

0.15 mm和0.60 mm方孔筛各一个。

3.3.5 **铂金坩埚或瓷坩埚**

容量约30 mL。瓷坩埚使用前应编号灼烧至恒重。

3.3.6 **研钵**

钢或铜材料研钵、玛瑙研钵各1个。

3.3.7 **低温箱**

用于降低硝酸溶液温度。

3.3.8 **水泥水化试样瓶**

由不与水泥作用的材料制成,具有水密性,容积约15 mL。

3.3.9 **其他**

磨口称量瓶、分度值为0.1℃的温度计、放大镜、时钟、秒表、干燥器、容量瓶、吸液管、石蜡、量杯、量筒等。

3.4 **试验室条件**

3.4.1 试验室温度应保持在(20±1)℃,相对湿度不低于50%。室内应备有通风设备。

3.4.2 试验期间恒温水槽内的水温应保持在(20±0.1)℃。

3.4.3 恒温水槽用水为纯净的饮用水。

3.5 **试验步骤**

3.5.1 **热量计热容量的标定**

3.5.1.1 贝氏温度计或量热温度计、保温瓶及塑料内衬、搅拌棒等应编号配套使用。使用贝氏温度计试验前应用量热温度计检查贝氏温度计零点。如果使用量热温度计,不需调整零点,可直接测定。

3.5.1.2 在标定热量计热容量的前24 h应将保温瓶放入内筒中,酸液搅拌棒放入保温瓶内,盖紧内筒盖,再将内筒放入恒温水槽内。调整酸液搅拌棒悬臂梁使夹头对准内筒中心孔,并将酸液搅拌棒夹紧。在恒温水槽内加水使水面高出试验内筒盖(由溢流管控制高度),打开循环水泵等,使恒温水槽内的水温调整并保持到(20±0.1)℃,然后关闭循环水泵备用。

3.5.1.3 试验前打开循环水泵,观察恒温水槽温度使其保持在(20±0.1)℃,从安放贝氏温度计孔插入直颈加酸漏斗，用 500 mL 耐酸的塑料杯称取(13.5±0.5)℃的(2.00±0.02)mol/L 硝酸溶液约 410 g，量取 8 mL 40%氢氟酸加入耐酸塑料量杯内，再加入少量剩余的硝酸溶液，使两种混合溶液总质量达到(425±0.1)g，用直颈加酸漏斗加入到保温瓶内，然后取出加酸漏斗，插入贝氏温度计或量热温度计，中途不应拔出避免温度散失。

3.5.1.4　开启保温瓶中的酸液搅拌棒，连续搅拌 20 min 后，在贝氏温度计或量热温度计上读出酸液温度，此后每隔 5 min 读一次酸液温度，直至连续 15 min，每 5 min 上升的温度差值相等时(或三次温度差值在 0.002℃内)为止。记录最后一次酸液温度，此温度值即为初测读数 θ_0，初测期结束。

3.5.1.5　初测期结束后，立即将事先称量好的(7±0.001)g 氧化锌通过加料漏斗徐徐地加入保温瓶酸液中(酸液搅拌棒继续搅拌)，加料过程须在 2 min 内完成，漏斗和毛刷上均不得残留试样，加料完毕盖上胶塞，避免试验中温度散失。

3.5.1.6　从读出初测读数 θ_0 起分别测读 20 min、40 min、60 min、80 min、90 min、120 min 时贝氏温度计或量热温度计的读数，这一过程为溶解期。

3.5.1.7　热量计在各时间内的热容量按式(1)计算，计算结果保留至 0.1 J/℃：

$$C=\frac{G_0[1\,072.0+0.4(30-t_a)+0.5(t-t_a)]}{R_0} \quad \cdots\cdots(1)$$

式中：

C——热量计热容量，单位为焦耳每摄氏度(J/℃)；

G_0——氧化锌重量，单位为克(g)；

t——氧化锌加入热量计时的室温，单位为摄氏度(℃)；

t_a——溶解期第一次测读数 θ_a 加贝氏温度计 0℃时相应的摄氏温度(如使用量热温度计时，t_a 的数值等于 θ_a 的读数)单位为摄氏度(℃)；

R_0——经校正的温度上升值，单位为摄氏度(℃)；

1 072.0——氧化锌在 30℃时溶解热，单位为焦耳每克(J/g)；

0.4——溶解热负温比热容，单位为焦耳每克摄氏度[J/(g·℃)]；

0.5——氧化锌比热容，单位为焦耳每克摄氏度[J/(g·℃)]。

R_0 值按式(2)计算，计算结果保留至 0.001℃：

$$R_0=(\theta_a-\theta_0)-\frac{a}{b-a}(\theta_b-\theta_a) \quad \cdots\cdots(2)$$

式中：

θ_0——初测期结束时(即开始加氧化锌时)的贝氏温度计或量热温度计读数，单位为摄氏度(℃)；

θ_a——溶解期第一次测读的贝氏温度计或量热温度计的读数，单位为摄氏度(℃)；

θ_b——溶解期结束时测读的贝氏温度计或量热温度计的读数，单位为摄氏度(℃)；

a、b——分别为测读 θ_a 或 θ_b 时距离测初读数 θ_0 时所经过的时间，单位为分(min)。

3.5.1.8　为了保证试验结果的精度，热量计热容量对应 θ_a、θ_b 的测读时间 a、b 应分别与不同品种水泥所需要的溶解期测读时间对应，不同品种水泥的具体溶解期测读时间按表 1 规定。

表 1　各品种水泥测读温度的时间　　单位为分

水泥品种	距初测期温度 θ_0 的相隔时间	
	a	b
硅酸盐水泥 中热硅酸盐水泥 低热硅酸盐水泥 普通硅酸盐水泥	20	40

表 1 （续）

单位为分

水泥品种	距初测期温度 θ_0 的相隔时间	
	a	b
矿渣硅酸盐水泥 低热矿渣硅酸盐水泥	40	60
火山灰硅酸盐水泥	60	90
粉煤灰硅酸盐水泥	80	120
注：在普通水泥、矿渣水泥、低热矿渣水泥中掺有大于10%（质量分数）火山灰质或粉煤灰时，可按火山灰质水泥或粉煤灰水泥规定的测读期。		

3.5.1.9 热量计热容量应平行标定两次，以两次标定值的平均值作为标定结果。如果两次标定值相差大于5.0 J/℃时，应重新标定。

3.5.1.10 在下列情况下，热容量应重新标定：

a) 重新调整贝氏温度计时；

b) 当温度计、保温瓶、搅拌棒更换或重新涂覆耐酸涂料时；

c) 当新配制的酸液与标定热量计热容量的酸液浓度变化大于±0.02 mol/L时；

d) 对试验结果有疑问时。

3.5.2 未水化水泥溶解热的测定

3.5.2.1 按3.5.1.1～3.5.1.4进行准备工作和初测期试验，并记录初测温度 θ_0'。

3.5.2.2 读出初测温度 θ_0' 后，立即将预先称好的四份(3±0.001)g未水化水泥试样中的一份在2 min内通过加料漏斗徐徐加入酸液中，漏斗、称量瓶及毛刷上均不得残留试样，加料完毕盖上胶塞。然后按表1规定的各品种水泥测读温度的时间，准时读记贝氏温度计读数 θ_a' 和 θ_b'。第二份试样重复第一份的操作。

3.5.2.3 余下二份试样置于(900～950)℃下灼烧90 min，灼烧后立即将盛有试样的坩埚置于干燥器内冷却至室温，并快速称量。灼烧质量 G_1 以二份试样灼烧后的质量平均值确定，如二份试样的灼烧质量相差大于0.003 g时，应重新补做。

3.5.2.4 未水化水泥的溶解热按式(3)计算，计算结果保留至0.1 J/g：

$$q_1 = \frac{R_1 C}{G_1} - 0.8(T' - t_a') \qquad \cdots\cdots(3)$$

式中：

q_1——未水化水泥试样的溶解热，单位为焦耳每克(J/g)；

C——对应测读时间的热量计热容量，单位为焦耳每摄氏度(J/℃)；

G_1——未水化水泥试样灼烧后的质量，单位为克(g)；

T'——未水化水泥试样装入热量计时的室温，单位为摄氏度(℃)；

t_a'——未水化水泥试样溶解期第一次测读数 θ_a' 加贝氏温度计0℃时相应的摄氏温度（如使用量热温度计时，t_a' 的数值等于 θ_a' 的读数），单位为摄氏度(℃)；

R_1——经校正的温度上升值，单位为摄氏度(℃)；

0.8——未水化水泥试样的比热容，单位为焦耳每克摄氏度[J/(g·℃)]。

R_1 值按式(4)计算，计算结果保留至0.001℃：

$$R_1 = (\theta_a' - \theta_0') - \frac{a'}{b' - a'}(\theta_b' - \theta_a') \qquad \cdots\cdots(4)$$

式中：

θ_0'、θ_a'、θ_b'——分别为未水化水泥试样初测期结束时的贝氏温度计读数、溶解期第一次和第二次测读时的贝氏温度计读数，单位为摄氏度(℃)；

a'、b'——分别为未水化水泥试样溶解期第一次测读时 θ_a' 与第二次测读时 θ_b' 距初读数 θ_0' 的时间，单位为分(min)。

3.5.2.5 未水化水泥试样的溶解热以两次测定值的平均值作为测定结果，如两次测定值相差大于 10.0 J/g 时，应进行第三次试验，其结果与前试验中一次结果相差小于 10.0 J/g 时，取其平均值作为测定结果，否则应重做试验。

3.5.3 部分水化水泥溶解热的测定

3.5.3.1 在测定未水化水泥试样溶解热的同时，制备部分水化水泥试样。测定两个龄期水化热时，称 100 g 水泥加 40 mL 蒸馏水，充分搅拌 3 min 后，取近似相等的浆体二份或多份，分别装入符合 3.3.8 要求的试样瓶中，置于(20±1)℃的水中养护至规定龄期。

3.5.3.2 按 3.5.1.1～3.5.1.4 进行准备工作和初测期试验，并记录初测温度 θ_0''。

3.5.3.3 从养护水中取出一份达到试验龄期的试样瓶，取出水化水泥试样，迅速用金属研钵将水泥试样捣碎并用玛瑙研钵研磨至全部通过 0.60 mm 方孔筛，混合均匀放入磨口称量瓶中，并称出 4.200 g±0.050 g(精确至 0.001 g)试样四份，然后存放在湿度大于 50%的密闭容器中，称好的样品应在 20 min 内进行试验。两份供作溶解热测定，另两份进行灼烧。从开始捣碎至放入称量瓶中的全部时间应不大于 10 min。

3.5.3.4 读出初测期结束时的温度 θ_0''后，立即将称量好的一份试样在 2 min 内通过加料漏斗徐徐加入酸液中，漏斗、称量瓶及毛刷上均不得残留试样，加料完毕盖上胶塞，然后按表 1 规定不同水泥品种的测读时间，准时读记贝氏温度计或量热温度计读数 θ_a''和 θ_b''。第二份试样重复第一份的操作。

3.5.3.5 余下二份试样进行灼烧，灼烧质量 G_2 按 3.5.2.3 进行。

3.5.3.6 经水化某一龄期后水泥的溶解热按式(5)计算，计算结果保留至 0.1 J/g：

$$q_2 = \frac{R_2 \cdot C}{G_2} - 1.7(T'' - t_a'') + 1.3(t_a'' - t_a') \quad \cdots\cdots\cdots (5)$$

式中：

q_2——经水化某一龄期后水化水泥试样的溶解热，单位为焦耳每克(J/g)；

C——对应测读时间的热量计热容量，单位为焦耳每摄氏度(J/℃)；

G_2——某一龄期水化水泥试样灼烧后的质量，单位为克(g)；

T''——水化水泥试样装入热量计时的室温，单位为摄氏度(℃)；

t_a''——水化水泥试样溶解期第一次测读数 θ_a''加贝氏温度计 0℃时相应的摄氏温度，单位为摄氏度(℃)；

t_a'——未水化水泥试样溶解期第一次测读数 θ_a'加贝氏温度计 0℃时相应的摄氏温度，单位为摄氏度(℃)；

R_2——经校正的温度上升值，单位为摄氏度(℃)；

1.7——水化水泥试样的比热容，单位为焦耳每克摄氏度[J/(g·℃)]；

1.3——温度校正比热容，单位为焦耳每克摄氏度[J/(g·℃)]。

R_2 值按式(6)计算，计算结果保留至 0.001℃：

$$R_2 = (\theta_a'' - \theta_0'') - \frac{a''}{b'' - a''}(\theta_b'' - \theta_a'') \quad \cdots\cdots\cdots (6)$$

式中：

θ_0''、θ_a''、θ_b''、a''、b''与前述相同，但在这里是代表水化水泥试样。

3.5.3.7 部分水化水泥试样的溶解热测定结果按 3.5.2.5 的规定进行。

3.5.3.8 每次试验结束后，将保温瓶中的耐酸塑料筒取出，倒出筒内废液，用清水将保温瓶内筒、贝氏温度计或量热温度计、搅拌棒冲洗干净，并用干净纱布擦干，供下次试验用。涂蜡部分如有损伤，松裂或脱落应重新处理。

3.5.3.9 部分水化水泥试样溶解热测定应在规定龄期的±2 h内进行，以试样加入酸液时间为准。

3.5.4 水泥水化热结果计算

水泥在某一水化龄期前放出的水化热按式(7)计算，计算结果保留至1 J/g：

$$q = q_1 - q_2 + 0.4(20 - t_a') \qquad \cdots\cdots(7)$$

式中：

q——水泥试样在某一水化龄期放出的水化热，单位为焦耳每克(J/g)；

q_1——未水化水泥试样的溶解热，单位为焦耳每克(J/g)；

q_2——水化水泥试样在某一水化龄期的溶解热，单位为焦耳每克(J/g)；

t_a'——未水化水泥试样溶解期第一次测读数θ_0'加贝氏温度计0℃时相应的摄氏温度，单位为摄氏度(℃)；

0.4——溶解热的负温比热容，单位为焦耳每克摄氏度[J/(g·℃)]。

4 直接法(代用法)

4.1 方法原理

本方法是依据热量计在恒定的温度环境中，直接测定热量计内水泥胶砂(因水泥水化产生)的温度变化，通过计算热量计内积蓄的和散失的热量总和，求得水泥水化7 d内的水化热。

4.2 材料

4.2.1 水泥试样应通过0.9 mm的方孔筛，并充分混合均匀。

4.2.2 试验用砂采用符合GB/T 17671规定的标准砂粒度范围在(0.5～1.0)mm的中砂。

4.2.3 试验用水应是洁净的自来水。有争议时采用蒸馏水。

4.3 仪器设备

4.3.1 直接法热量计

4.3.1.1 广口保温瓶

容积约为1.5 L，散热常数测定值不大于167.00 J/(h·℃)。

4.3.1.2 带盖截锥形圆筒

容积约530 mL，用聚乙烯塑料制成。

4.3.1.3 长尾温度计

量程(0～50)℃，分度值为0.1℃。示值误差≤±0.2℃。

4.3.1.4 软木塞

由天然软木制成。使用前中心打一个与温度计直径紧密配合的小孔，然后插入长尾温度计，深度距软木塞底面约120 mm，然后用热蜡密封底面。

4.3.1.5 铜套管

由铜质材料制成。

4.3.1.6 衬筒

由聚酯塑料制成，密封不漏水。

4.3.2 恒温水槽

水槽容积根据安放热量计的数量及易于控制温度的原则而定，水槽内的水温应控制在(20±0.1)℃，水槽装有下列附件：

a) 水循环系统；

b) 温度自动控制装置；

c) 指示温度计 分度值为0.1℃；

d) 固定热量计的支架和夹具。

4.3.3 胶砂搅拌机

符合JC/T 681的要求。

4.3.4 天平

最大量程不小于 1 500 g,分度值为 0.1 g。

4.3.5 捣棒

长约 400 mm,直径约 11 mm,由不锈钢材料制成。

4.3.6 其他

漏斗、量筒、秒表、料勺等。

4.4 试验条件

4.4.1 成型试验室温度应保持在(20±2)℃,相对湿度不低于 50%。

4.4.2 试验期间水槽内的水温应保持在(20±0.1)℃。

4.4.3 恒温用水为纯净的饮用水。

4.5 试验步骤

4.5.1 试验前应将广口保温瓶(g)、软木塞(g_1)、铜套管(g_2)、截锥形圆筒(g_3)和盖(g_4)、衬筒(g_5)、软木塞封蜡质量(g_6)分别称量记录。热量计各部件除衬筒外,应编号成套使用。

4.5.2 热量计热容量的计算

热量计的热容量,按(8)式计算,计算结果保留至 0.01 J/℃:

$$C = 0.84 \times \frac{g}{2} + 1.88 \times \frac{g_1}{2} + 0.40 \times g_2 + 1.78 \times g_3 + 2.04 \times g_4 + 1.02 \times g_5 + 3.30 \times g_6 + 1.92 \times V \qquad (8)$$

式中:

C——不装水泥胶砂时热量计的热容量,单位为焦耳每摄氏度(J/℃);

g——保温瓶质量,单位为克(g);

g_1——软木塞质量,单位为克(g);

g_2——铜套管质量,单位为克(g);

g_3——塑料截锥筒质量,单位为克(g);

g_4——塑料截锥筒盖质量,单位为克(g);

g_5——衬筒质量,单位为克(g);

g_6——软木塞底面的蜡质量,单位为克(g);

V——温度计伸入热量计的体积,单位为立方厘米(cm^3)[1.92 是玻璃的容积比热,J/(cm^3·℃)]。

式中各系数分别为所用材料的比热容,单位为焦耳每克摄氏度[J/(g·℃)]。

4.5.3 热量计散热常数的测定

4.5.3.1 测定前 24 h 开起恒温水槽,使水温恒定在(20±0.1)℃范围内。

4.5.3.2 试验前热量计各部件和试验用品在试验室中(20±2)℃温度下恒温 24 h,首先在截锥形圆筒内放入塑料衬筒和铜套管,然后盖上中心有孔的盖子,移入保温瓶中。

4.5.3.3 用漏斗向圆筒内注入温度为 $45^{+0.2}_{0}$℃的(500±10)g 温水,准确记录用水质量(W)和加水时间(精确到 min),然后用配套的插有温度计的软木塞盖紧。

4.5.3.4 在保温瓶与软木塞之间用胶泥或蜡密封防止渗水,然后将热量计垂直固定于恒温水槽内进行试验。

4.5.3.5 恒温水槽内的水温应始终保持(20±0.1)℃,从加水开始到 6 h 读取第一次温度 T_1(一般为 34℃左右),到 44 h 读取第二次温度 T_2(一般为 21.5℃以上)。

4.5.3.6 试验结束后立即拆开热量计,再称量热量计内所有水的质量,应略少于加入水质量,如等于或多于加入水质量,说明试验漏水,应重新测定。

4.5.4 热量计散热常数的计算

热量计散热常数 K 按(9)式计算,计算结果保留至 0.01 J/(h·℃):

$$K=(C+W\times 4.1816)\frac{\lg(T_1-20)-\lg(T_2-20)}{0.434\Delta t} \qquad \cdots\cdots(9)$$

式中：

K——散热常数，单位为焦耳每小时摄氏度[J/(h·℃)]；

W——加水质量，单位为克(g)；

C——热量计的热容量，单位为焦耳每摄氏度(J/℃)；

T_1——试验开始后 6 h 读取热量计的温度，单位为摄氏度(℃)；

T_2——试验开始后 44 h 读取热量计的温度，单位为摄氏度(℃)；

Δt——读数 T_1 至 T_2 所经过的时间，38 h。

4.5.5 热量计散热常数的规定

a) 热量计散热常数应测定两次，两次差值小于 4.18 J/(h·℃)时，取其平均值；

b) 热量计散热常数 K 小于 167.00 J/(h·℃)时允许使用；

c) 热量计散热常数每年应重新测定；

d) 已经标定好的热量计如更换任意部件应重新测定。

4.5.6 水泥水化热测定操作

4.5.6.1 按 4.5.3.1 进行准备工作。

4.5.6.2 试验前热量计各部件和试验材料预先在(20±2)℃温度下恒温 24 h，截锥形圆筒内放入塑料衬筒。

4.5.6.3 按照 GB/T 1346—2001 方法测出每个样品的标准稠度用水量，并记录。

4.5.6.4 试验胶砂配比

每个样品称标准砂 1 350 g，水泥 450 g，加水量按(10)式计算，计算结果保留至 1 mL：

$$M=(P+5\%)\times 450 \qquad \cdots\cdots(10)$$

式中：

M——试验用水量，单位为毫升(mL)；

P——标准稠度用水量，%；

5%——加水系数。

4.5.7 首先用潮湿布擦拭搅拌锅和搅拌叶，然后依次把称好的标准砂和水泥加入到搅拌锅中，把锅固定在机座上，开动搅拌机慢速搅拌 30 s 后徐徐加入已量好的水量，并开始计时，慢速搅拌 60 s，整个慢速搅拌时间为 90 s，然后再快速搅拌 60 s，改变搅拌速度时不停机。加水时间在 20 s 内完成。

4.5.8 搅拌完毕后迅速取下搅拌锅并用勺子搅拌几次，然后用天平称取 2 份质量为(800±1)g 的胶砂，分别装入已准备好的 2 个截锥形圆筒内，盖上盖子，在圆筒内胶砂中心部位用捣棒捣一个洞，分别移入到对应保温瓶中，放入套管，盖好带有温度计的软木塞，用胶泥或蜡密封，以防漏水。

4.5.9 从加水时间算起第 7 min 读第一次温度，即初始温度 T_0。

4.5.10 读完温度后移入到恒温水槽中固定，根据温度变化情况确定读取温度时间，一般在温度上升阶段每隔 1 h 读一次，下降阶段每隔 2 h、4 h、8 h、12 h 读一次。

4.5.11 从开始记录第一次温度时算起到 168 h 时记录最后一次温度，末温 T_{168}，试验测定结束。

4.5.12 全部试验过程热量计应整体浸在水中，养护水面至少高于热量计上表面 10 mm，每次记录温度时都要监测恒温水槽水温是否在(20±0.1)℃范围内。

4.5.13 拆开密封胶泥或蜡，取下软木塞，取出截锥形圆筒，打开盖子，取出套管，观察套管中、保温瓶中是否有水，如有水此瓶试验作废。

4.5.14 试验结果的计算

4.5.14.1 曲线面积的计算

根据所记录时间与水泥胶砂的对应温度，以时间为横坐标(1 cm⇒5 h)，温度为纵坐标(1 cm⇒1℃)

在坐标纸上作图，并画出20℃水槽温度恒温线。恒温线与胶砂温度曲线间的总面积（恒温线以上的面积为正面积，恒温线以下的面积为负面积）$\sum F_{0\sim X}$（h·℃）可按下列计算方法求得。

a) 用求积仪求得；

b) 把恒温线与胶砂温度曲线间的面积按几何形状划分为若干个小三角形，抛物线，梯形面积 F_1，F_2，F_3……（h·℃）等，分别计算，然后将其相加，因为 1 cm² 相当于 5 h·℃，所以总面积乘以 5 即得 $\sum F_{0\sim X}$（h·℃）；

c) 近似矩形法

如图 2 所示，以每 5 h（1 cm）作为一个计算单位，并作为矩形的宽度，矩形的长度（温度值）是通过面积补偿确定。在图 2 补偿的面积中间选一点，这一点如能使一个计算单位内阴影面积与曲线外的空白面积相等，那么这一点的高度便可作为矩形的长度，然后与宽度相乘即得矩形的面积。将每一个矩形的面积相加，再乘以 5 即得 $\sum F_{0\sim X}$（h·℃）；

d) 用电子仪器自动记录和计算；

e) 其他方法。

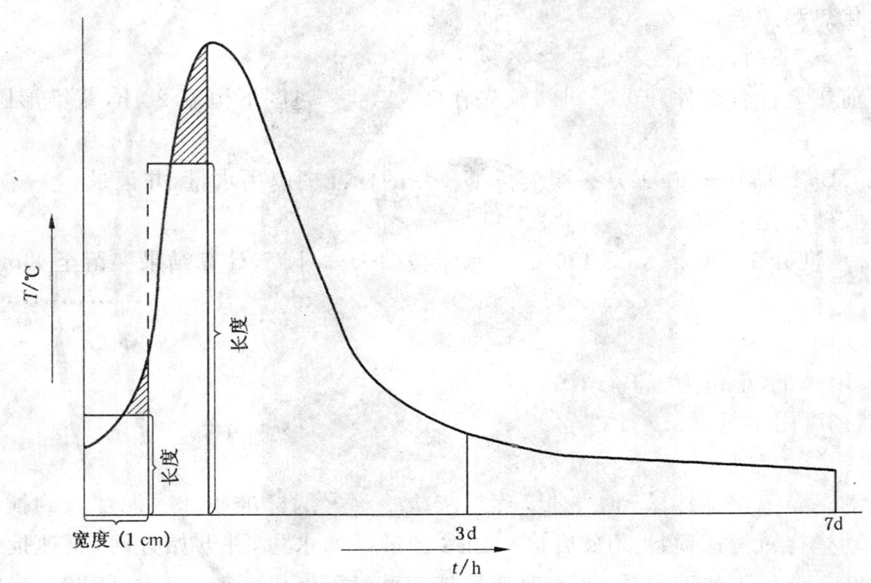

图 2 近似矩形法

4.5.14.2 试验用水泥质量（G）按（11）式计算，计算结果保留至 1 g：

$$G = \left(\frac{800}{4+(P+5\%)}\right) \quad \cdots\cdots (11)$$

式中：

G——试验用水泥质量，单位为克（g）；

P——水泥净浆标准稠度，%；

800——试验用水泥胶砂总质量，单位为克（g）；

5%——加水系数。

4.5.14.3 试验中用水量（M_1）按（12）式计算，计算结果保留至 1 mL：

$$M_1 = G \times (P + 5\%) \quad \cdots\cdots (12)$$

式中：

M_1——试验中用水量，单位为毫升（mL）；

P——水泥净浆标准稠度，%。

4.5.14.4 总热容量的计算 C_P

根据水量及热量计的热容量 C，按(13)式计算，计算结果保留至 0.1 J/℃：

$$C_P = [0.84 \times (800 - M_1)] + 4.1816 \times M_1 + C \qquad (13)$$

式中：

C_P——装入水泥胶砂后的热量计的总热容量，单位为焦耳每摄氏度(J/℃)；

M_1——试验中用水量，单位为毫升(mL)；

C——热量计的热容量，单位为焦耳每摄氏度(J/℃)。

4.5.14.5 总热量的计算 Q_X

在某个水化龄期时，水泥水化放出的总热量为热量计中蓄积和散失到环境中热量的总和 Q_X 按(14)式计算，计算结果保留至 0.1 J：

$$Q_X = C_P(t_X - t_0) + K\sum F_{0\sim X} \qquad (14)$$

式中：

Q_X——某个龄期时水泥水化放出的总热量，单位为焦耳(J)；

C_P——装水泥胶砂后热量计的总热容量，单位为焦耳每摄氏度(J/℃)；

t_X——龄期为 X 小时的水泥胶砂温度，单位为摄氏度(℃)；

t_0——水泥胶砂的初始温度，单位为摄氏度(℃)；

K——热量计的散热常数，单位为焦耳每小时摄氏度[J/(h·℃)]；

$\sum F_{0\sim X}$——在 0～X 小时水槽温度恒温线与胶砂温度曲线间的面积，单位为小时摄氏度(h·℃)。

4.5.14.6 水泥水化热的计算 q_X

在水化龄期 X 小时水泥的水化热 q_X，按(15)式计算，计算结果保留至 1 J/g：

$$q_X = \frac{Q_X}{G} \qquad (15)$$

式中：

q_X——水泥某一龄期的水化热，单位为焦耳每克(J/g)；

Q_X——水泥某一龄期放出的总热量，单位为焦耳(J)；

G——试验用水泥质量，单位为克(g)。

4.5.15 每个水泥样品水化热试验用两套热量计平行试验，两次试验结果相差小于 12 J/g 时，取平均值作为此水泥样品的水化热结果；两次试验结果相差大于 12 J/g 时，应重做试验。

ICS 19.100
H 20

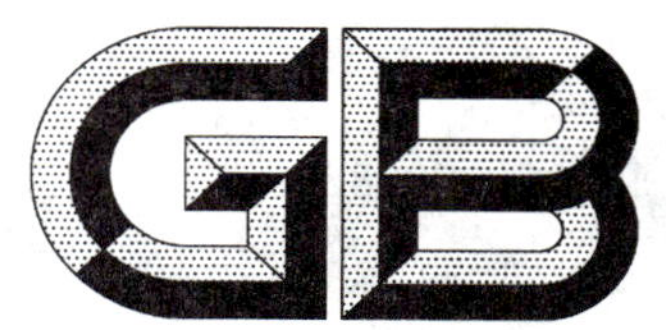

中华人民共和国国家标准

GB/T 12966—2008
代替 GB/T 12966—1991

铝合金电导率涡流测试方法

The method for determining aluminum alloys conductivity using eddy current

2008-06-17 发布　　2008-12-01 实施

中华人民共和国国家质量监督检验检疫总局
中国国家标准化管理委员会 发布

前 言

本标准代替 GB/T 12966—1991《铝合金电导率涡流测试方法》。

本标准与 GB/T 12966—1991 相比，主要变化如下：

——具体规定了仪器使用频率范围。

——修改了仪器使用前的校准内容。

——修改了电导率标准试块的要求。

——修改了电导仪测试方法。

——增加了薄规格非包铝试件电导率检测的修正测试方法。

——增加了 Sigmatest 2.068 型号电导仪在 60 kHz 工作频率下，测试曲率半径不大于 75 mm 的凸面柱状试件时的电导率值修正方法和修正值。

本标准的附录 A、附录 B 为规范性附录。

本标准由中国有色金属工业协会提出。

本标准由全国有色金属标准化技术委员会归口。

本标准负责起草单位：东北轻合金有限责任公司。

本标准参加起草单位：中国航空工业第一集团公司北京航空材料研究院、西南铝业（集团）有限责任公司。

本标准主要起草人：张晓霞、徐可北、吕新宇、程辉、郭瑞、王志超、熊晓波。

本标准所代替的历次版本标准发布情况为：

——GB/T 12966—1991。

铝合金电导率涡流测试方法

1 范围

本标准规定了利用涡流测试铝合金电导率的方法。

本标准规定的方法适用于铝合金材料或产品。

本标准规定的电导率涡流测试方法与其他试验方法结合，可间接鉴别材料或产品的热处理状态和性能（如组织均匀性、力学性能、时效状态、过烧程度和抗应力腐蚀性能等）。

2 规范性引用文件

下列文件中的条款通过本标准的引用而成为本标准的条款。凡是注日期的引用文件，其随后所有的修改单（不包括勘误的内容）或修改版均不适用于本标准，但鼓励根据本标准达成协议的各方研究是否可使用这些文件的最新版本。凡是不注日期的引用文件，其最新版本适用于本标准。

GB/T 12604.6　无损检测术语　涡流检测

3 术语和定义

GB/T 12604.6 确立的以及下列术语、定义适用于本标准。

3.1

涡流　eddy current

由于外磁场在时间或空间上的变化而在导体表面及近表面产生的感应电流。

3.2

有效透入深度　effective depth of penetration

在涡流检测中，与选用的频率相对应的能测出厚度方向质量信息的最大深度。

3.3

标准透入深度　standard depth of penetration

在涡流检测中，涡流密度降至试件表面上密度 $1/e$（约 37%）时的深度。按公式(1)计算：

$$\delta = \frac{1}{\sqrt{\mu_0 \mu_r \pi f \sigma}} \qquad \cdots\cdots(1)$$

式中：

δ——标准透入深度，单位为米(m)；

σ——试件的电导率，单位为西门子每米(S/m)；

μ_0——真空磁导率，$\mu_0 = 4\pi \times 10^{-7}$ 亨利每米(H/m)；

μ_r——相对磁导率，对于铝合金 μ_r 值近似为 1；

f——测试频率，单位为赫兹(Hz)。

3.4

提离效应　lift-off effect

涡流检测线圈与被检试件之间的距离改变时，其阻抗矢量产生变化的效应。

3.5

边缘效应　edge effect

在涡流检测中，由于试件几何形状的突变而产生的磁场和涡流的变化。

3.6

测量精度　accuracy

给定条件下涡流电导仪测试电导率标准试块获得的测量值与标准试块电导率值之间的差异。

3.7

仪器灵敏度　sensitivity of instrument

给定方法和仪器所能检测出材料或产品电导率的最小差值或变化。

3.8

仪器稳定性　stability of instrument

仪器测量指示值在一定时间间隔内的变化情况。

3.9

提离抑制性　suppression of lift-off

仪器消除或减小探头与试件间微小间隙影响的能力。

3.10

直接测量　direct measurement

由于被检测对象的尺寸、形状及表面状态对电导率的准确测量不存在影响而可直接获得电导率真实值的测量。

3.11

修正测量　correcting measurement

由于被检测对象的尺寸、形状或表面状态对电导率的准确测量存在影响而需要对获得的电导率视在值加以修正补偿的测量。

3.12

修正系数　correction factors

将修正测量获得的电导率值转化为被检测对象的真实电导率值所引入的补偿值或换算系数。

4　方法原理

当载有确定频率和振幅交流电的线圈接近导电体表面时，线圈中交流电产生的交变磁场在导电体表面和近表面感应产生涡流，感应涡流的磁场反作用于线圈，这种反作用的大小与导电体表面和近表面的电导率有关。通过以电导率单位标定的仪器可直接测出导电体的电导率。

注：涡流法测试电导率受许多因素影响，如试件的几何形状尺寸、表面状态，探头与试件表面的间隙，环境温度波动，铁磁性金属和强磁场，探头交变磁场的“趋肤效应”等。

5　标准试块与仪器

5.1　标准试块（简称标块）

5.1.1　标块尺寸应不小于 25 mm×25 mm，厚度不小于 5 mm，表面粗糙度参数(R_a)不大于 3.2 μm。

5.1.2　标块至少配备三块（必要时，可根据需要增加）：低值标块、中值标块、高值标块，其标块标称值应覆盖被测试件电导率测试值，两相邻标块标称值之差应在 5 MS/m～15 MS/m(9%IACS～26%IACS)之间。

5.1.3　标块每 12 个月应送计量部门或计量归口单位检定或校准一次。

5.1.4　标块在投入使用前，或出现故障修复后，应送计量部门或计量归口单位重新进行检定或校准。

5.1.5　标块应有检定或校准证书，应贴有检定或校准状态标识，其中应包括有检定或校准日期、检定或校准有效期和标称值等信息。

5.1.6　对于同一标块，各次检定或校准的结果并不完全相同，这种标块量值在规定范围内变化的情况是正常的。标块的电导率值在 20℃下的不确定度应优于±0.2 MS/m(0.35%IACS)。如果标块量值的变化量超出规定范围，应予以修复或报废。

5.2 电导仪

5.2.1 电导仪测试频率一般在 50 kHz～100 kHz，本标准优选测试频率为 60 kHz。对于薄规格板材或试件可选用更高的测试频率。

5.2.2 电导仪的测试范围应不小于 9 MS/m～36 MS/m(15%IACS～62%IACS)，电导仪的工作温度应为 0℃～40℃。

5.2.3 电导仪灵敏度应能够响应不大于±0.2 MS/m(±0.35%IACS)的电导率差异。

5.2.4 电导仪在电导率值约为 20 MS/m(35%IACS)标块上的测量精度应优于±0.2 MS/m(±0.35%IACS)。

5.2.5 在电导率值约为 20 MS/m(35%IACS)标块上，电导仪测试的稳定性在 30 min 内应优于±0.2 MS/m(±0.35%IACS)。

5.2.6 电导仪的提离抑制性在 0 μm～75 μm 范围内应优于±0.3 MS/m(±0.5%IACS)。

5.2.7 电导仪每 12 个月应送计量部门或计量归口单位检定或校准一次。

5.2.8 电导仪在投入使用前，或出现故障检修后，应送计量部门或计量归口单位重新进行检定或校准。

5.2.9 电导仪应有检定或校准证书，应贴有检定或校准状态标识，其中应包括有检定或校准日期、检定或校准有效期等信息。

5.2.10 按电导仪说明书要求对仪器进行预热及调试操作。选择约为 20 MS/m(35%IACS)的电导率标块为中值标块，再分别选择低于和高于中值标块的电导率标块作为低值标块、高值标块，分别用低值、中值、高值三个标块对电导仪进行校准，校准时将探头平稳地置于标块中心部位上，校准完成后再对中值标块进行测量以校验仪器测量精度，其测量精度应满足 5.2.4 要求。

5.2.11 用非金属夹具将探头平稳固定于电导率值约为 20 MS/m(35%IACS)的标块上，在 30 min 时间内每隔 5 min 读取一次电导仪的指示值或显示值，各次读取的数值之间的最大差值应满足 5.2.5 要求。

5.2.12 将探头平稳置于电导率值约为 20 MS/m(35%IACS)标块上，标块与探头之间分别放置 25 μm、50 μm、75 μm 厚的非导电薄膜，读取每次测量值，各次测量值与标块电导率标称值的差值应满足 5.2.6 要求。

5.2.13 电导仪每六个月应按 5.2.10、5.2.11、5.2.12 进行一次自检，当电导仪性能不满足 5.2.4、5.2.5、5.2.6 要求时应送计量部门或计量归口单位重新检定或校准。

6 试件与试样

6.1 直接测量的试件

6.1.1 试件表面测试部位粗糙度参数(R_a)不大于 6.3 μm，试件表面测试部位应无包铝层、电镀层、腐蚀斑、灰尘、油脂及划伤等。

6.1.2 测试部位厚度应不小于涡流有效透入深度。涡流的有效透入深度约为标准透入深度的 3 倍，若测试频率取 60 kHz，当被测试件电导率值为 10 MS/m(17%IACS)时，测试部位厚度一般应不小于 2.0 mm，当被测试件电导率值为 36 MS/m(62%IACS)时，测试部位厚度应不小于 1.0 mm。

6.1.3 测试部位宽度应不小于探头直径的 1.5 倍。

6.1.4 曲面试件的凹面曲率半径应不小于 250 mm，凸面曲率半径应不小于 75 mm。

6.1.5 试件表面的非导电覆盖层(如阳极氧化膜、油漆层等)厚度一般应不大于 75 μm。

6.1.6 测试面的机械加工应在热处理前进行。

6.1.7 自然时效试件的电导率测试应在自然时效 48h 后进行，若不合格，继续时效到总计 96 h 后进行测试。

6.1.8 被测试件在热处理淬火后要经过足够的时效时间。

6.2 比较测量的试件与试样

6.2.1 不符合6.1.2、6.1.3、6.1.4、6.1.5规定的试件应采用比较测量法。

6.2.2 使用牌号和状态与试件相同的试样确定电导率的修正系数。

6.2.3 用于确定电导率修正系数的试样，其真实电导率应为已知或可以测知，试样的电导率应具有良好的稳定性。

6.2.4 测试面的机械加工应在热处理前进行。

6.2.5 试件和试样表面测试部位粗糙度参数(R_a)不大于6.3 μm，并应符合6.1.7、6.1.8要求。

7 测试方法

7.1 测试条件

7.1.1 电导仪、标块应在无腐蚀、无电磁场干扰的环境中保存和使用，且避免存放在太热或温度变化大的地方。

7.1.2 标块、探头表面应保持清洁，如有油脂、灰尘等污物，应使用棉布或软纸蘸不会产生化学腐蚀的液体擦拭干净。

7.1.3 仪器、探头要防止受振动、碰撞，标块表面切忌划伤。

7.1.4 测试尽可能在室温(20℃±5℃)下进行。

7.1.5 探头、仪器、标块及被测试件之间的温度差不大于3℃。

7.1.6 测试时应远离热源，避免阳光直射。

7.2 测试步骤

7.2.1 校准仪器

7.2.1.1 开启仪器，按电导仪说明书要求对仪器进行预热，按电导仪说明书要求的操作方法对仪器进行校准。

7.2.1.2 选择低值、中值、高值三个标块，其标块标称值应覆盖被测试件电导率值。

7.2.1.3 分别用低值、中值、高值标块对电导仪进行校准，校准时将探头平稳地置于标块中心部位上，校准完成后对中值标块进行校验以验证校准的准确性，其测试精度应不大于±0.2 MS/m(0.35% IACS)。

7.2.2 测试电导率

7.2.2.1 根据试件大小、形状及测试面(应平行于金属流线方向)的状态，至少选择3个以上的测试点进行测量。

7.2.2.2 测试点随被测试件增大而增多，测试点应在测试面上均匀分布，并在每个测试点附近测2～3次，读取各部位的电导率测试值。

7.2.2.3 对于厚度不一致的试件(锻件、挤压件等)，其最薄及最厚处为必测点；对于板材，应在中心处和接近边角处等有代表性部位进行测量；对于棒材、管材类试件，应在其表面轴向不同周向位置上按适当间距分布进行测试；对于型材，应在不同型面上按适当间距分布选择测试点。

7.2.2.4 测试时探头应平稳地置于试件表面的测试部位上，探头与测试面紧密接触。测试时手持探头时间尽可能短，切忌用手触摸探头端部、标块和被检试件的测试部位。对于小尺寸试件，探头应置于平整区域中心部位进行测量，以避免边缘效应。

7.2.2.5 曲率半径不大于75 mm的凸面零件和曲率半径不大于250 mm的凹面零件，应采用修正测量方法进行电导率的测试。应根据不同型号、不同测试频率的电导仪制做不同规格曲率半径试件的曲率修正系数。采用Sigmatest 2.067和Sigmatest 2.068型号电导仪在60 kHz工作频率下测试曲率半径不大于75 mm的凸面柱状试件电导率时，应按附录A给出的修正方法和修正系数执行。

7.2.2.6 对于厚度小于涡流有效透入深度但不小于1.5倍标准透入深度的无包铝层或无覆盖层的试件，可采用同牌号、同状态厚度相同的三个试件叠加并互换位置的修正测量方法进行电导率的测试。叠加测量时，相邻试件应紧密接触。薄规格无包铝层或无覆盖层试件电导率测试按附录B给出的修正测量方法执行。

7.2.2.7 包铝层较薄的板材或试件可采用比较测量法，应根据不同型号、不同工作频率的电导仪建立与不同牌号、不同状态、不同厚度规格包铝板材或试件相对应的电导率修正系数。当包铝层超过规定厚度而影响测试结果判定，或测量结果无比较意义(各处测量值差异较大)时，需局部清除包铝层后进行测量。

7.2.2.8 对于表面粗糙度参数(R_a)大于6.3 μm试件，可采用修正测量方法进行电导率的测试。应根据不同型号、不同工作频率的电导仪建立与试件不同的表面粗糙度状态相对应的修正系数。

7.2.2.9 试件表面非导电层厚度大于75 μm而导致测试值与不带非导电层试件的电导率值之间差异大于±0.3 MS/m(0.5%IACS)时，根据所使用电导仪的型号和工作频率建立与试件表面不同非导电层厚度相对应的修正系数后进行测试。

7.2.2.10 对于厚度大于有效透入深度而宽度小于探头直径1.5倍的窄条试件，应根据所使用电导仪的型号和工作频率建立与试件不同宽度尺寸相对应的修正系数后进行测试。

7.2.2.11 修正方法或修正系数的建立和使用应经过相关技术部门或技术主管的审批。

7.2.2.12 连续使用电导仪过程中，应每隔约30 min重新校验电导仪。若校验值不符合7.2.1.3要求，应重新校准仪器，并对上一次校准后测试的所有试件重新测试。

7.2.2.13 当电导率测试值超出规定范围时，应重新校验仪器，以保证测试结果的准确。当确定测试点电导率值不合格时，应在附近增加测试点数。

7.2.2.14 对测试值超出验收范围的不合格点要进行标识。

7.2.2.15 在没有特殊说明的情况下，试件应100%进行电导率测试。

8 测试报告

测试报告应包括以下内容：

a) 本标准编号；

b) 试件名称；

c) 合金牌号、状态、炉号、批次；

d) 使用仪器的型号、编号；

e) 所用标块的编号；

f) 测试的环境温度；

g) 测试结果；

h) 测试日期；

i) 检测人员及审核人员。

附 录 A
（规范性附录）
Sigmatest2.067、Sigmatest D 2.068 电导仪 60 kHz 工作频率条件下的曲面修正系数

A.1 Sigmatest2.067 型电导仪在 60 kHz 工作频率条件下的曲面修正系数

A.1.1 曲率直径在 20 mm～150 mm 的裸面铝合金管、棒材及凸面柱状试件电导率修正测量的修正系数按式(A.1)计算。

$$\eta(\phi) = \exp\left(s + \frac{t}{\phi}\right) \qquad \cdots\cdots(\text{A.1})$$

式中：

ϕ——曲率直径，单位为毫米(mm)；

s,t——修正因子。对于不同直径范围的曲面，s、t 分别取不同的修正因子，具体数值见表 A.1；

$\eta(\phi)$——修正系数，即该曲面上电导率测试值与平面上测得的真实的电导率值之比。

表 A.1

曲率直径 ϕ/mm	s	t
20～50	0.050	−4.87
50～150	0.018	−3.28

A.1.2 当 ϕ=50 mm 时，分别取两组不同的 s、t 代入公式 A.1 计算 $\eta(\phi)$，再求其平均值作为修正系数。

A.1.3 曲率直径在 20 mm～150 mm 的铝合金试件的修正系数见表 A.2。

表 A.2

曲率直径 ϕ/mm	$\eta(\phi)$	曲率直径 ϕ/mm	$\eta(\phi)$	曲率直径 ϕ/mm	$\eta(\phi)$
20	0.826	40	0.931	85	0.980
22	0.843	45	0.944	90	0.982
24	0.858	50	0.954	95	0.984
26	0.872	55	0.959	100	0.985
28	0.883	60	0.964	110	0.988
30	0.893	65	0.968	120	0.991
32	0.903	70	0.972	130	0.992
35	0.915	75	0.975	140	0.994
37	0.922	80	0.977	150	0.996

A.2 Sigmatest D 2.068 型电导仪在 60 kHz 工作频率条件下的曲面修正系数

A.2.1 曲率直径为 20 mm～150 mm 的裸面铝合金管、棒材及凸面柱状试件的电导率修正测量的修正系数见表 A.3、表 A.4。

A.2.2 在不同曲率直径试件上测得的电导率值对应到表 A.3 或表 A.4 中“已经过修正值”栏的数值，即可得到被检测试件的真实电导率值。

表 A.3

已经过修正值	对应不同曲率直径(mm)曲面试件上电导率的测试值/(%IACS)								
	19.1 mm	25.4 mm	38.1 mm	50.8 mm	76.2 mm	88.9 mm	101 mm	127 mm	152 mm
20.0	18.0	19.0	20.0	20.0	20.0	20.0	20.0	20.0	20.0
21.0	19.0	20.0	20.5	21.0	21.0	21.0	21.0	21.0	21.0
22.0	20.0	20.5	21.5	22.0	22.0	22.0	22.0	22.0	22.0
23.0	20.5	21.5	22.5	23.0	23.0	23.0	23.0	23.0	23.0
24.0	21.5	22.5	23.5	24.0	24.0	24.0	24.0	24.0	24.0
25.0	22.5	23.5	24.5	25.0	25.0	25.0	25.0	25.0	25.0
26.0	23.0	24.5	25.5	25.5	26.0	26.0	26.0	26.0	26.0
27.0	24.0	25.0	26.0	26.5	27.0	27.0	27.0	27.0	27.0
28.0	25.0	26.0	27.0	27.5	28.0	28.0	28.0	28.0	28.0
29.0	26.0	27.0	28.0	28.5	29.0	29.0	29.0	29.0	29.0
30.0	26.5	28.0	29.0	29.5	30.0	30.0	30.0	30.0	30.0
31.0	27.5	28.5	30.0	30.5	31.0	31.0	31.0	31.0	31.0
32.0	28.5	29.5	31.0	31.5	32.0	32.0	32.0	32.0	32.0
33.0	29.0	30.5	31.5	32.5	33.0	33.0	33.0	33.0	33.0
34.0	30.0	31.5	32.5	33.5	33.5	34.0	34.0	34.0	34.0
35.0	31.0	32.0	33.5	34.0	34.5	35.0	35.0	35.0	35.0
36.0	32.0	33.0	34.5	35.0	35.5	36.0	36.0	35.5	36.0
37.0	32.5	34.0	35.5	36.0	36.5	36.5	37.0	36.5	37.0
38.0	33.5	35.0	36.5	37.0	37.5	37.5	37.5	37.5	38.0
39.0	34.5	35.5	37.5	38.0	38.5	38.5	38.5	38.5	39.0
40.0	35.0	36.5	30.0	39.0	39.5	39.5	39.5	39.5	40.0
41.0	36.0	37.5	39.0	40.0	40.5	40.5	40.5	40.5	41.0
42.0	37.0	38.5	40.0	41.0	41.5	41.5	41.5	41.5	42.0
43.0	37.5	39.5	41.0	42.0	42.5	42.5	42.5	42.5	43.0
44.0	38.5	40.0	42.0	43.0	43.5	43.5	43.5	43.5	44.0
45.0	39.5	41.0	43.0	43.5	44.5	44.5	44.5	44.5	45.0
46.0	40.5	42.0	43.5	44.5	45.5	45.5	45.5	45.5	46.0
47.0	41.0	43.0	44.5	45.5	46.5	46.5	46.5	46.5	47.0
48.0	42.0	43.5	45.5	46.5	47.5	47.5	47.5	47.5	48.0
49.0	43.0	44.5	46.5	47.5	48.5	48.5	48.5	48.5	49.0
50.0	43.5	45.5	47.5	48.5	49.5	49.5	49.5	49.5	50.0
51.0	44.5	46.5	48.5	49.5	50.5	50.5	50.5	50.5	51.0
52.0	45.5	47.0	49.0	50.5	51.0	51.5	51.5	51.5	52.0
53.0	46.0	48.0	50.0	51.5	52.0	52.5	52.5	52.5	53.0
54.0	47.0	49.0	51.0	52.0	53.0	53.5	53.5	53.5	54.0
55.0	48.0	50.0	52.0	53.0	54.0	54.5	54.5	54.5	55.0
56.0	49.0	50.5	53.0	54.0	55.0	55.5	55.5	55.5	56.0
57.0	49.5	51.5	54.0	55.0	56.0	56.5	56.5	56.5	57.0
58.0	50.5	52.5	54.5	56.0	57.0	57.5	57.5	57.5	58.0
59.0	51.5	53.5	55.5	57.0	58.0	58.5	58.5	58.5	59.0
60.0	52.0	54.0	56.5	58.0	59.0	59.0	59.5	59.5	60.0

表 A.4

已经过修正值	对应不同曲率直径(mm)曲面试件上电导率的测试值/(MS/m)								
	19.1 mm	25.4 mm	38.1 mm	50.8 mm	76.2 mm	88.9 mm	101 mm	127 mm	152 mm
11.6	10.4	11.0	11.6	11.6	11.6	11.6	11.6	11.6	11.6
12.2	11.0	11.6	11.9	12.2	12.2	12.2	12.2	12.2	12.2
12.8	11.6	11.9	12.5	12.8	12.8	12.8	12.8	12.8	12.8
13.3	11.9	12.5	13.1	13.3	13.3	13.3	13.3	13.3	13.3
13.9	12.5	13.1	13.6	13.9	13.9	13.9	13.9	13.9	13.9
14.5	13.1	13.6	14.2	14.5	14.5	14.5	14.5	14.5	14.5
15.1	13.3	14.2	14.8	14.8	15.1	15.1	15.1	15.1	15.1
15.7	13.9	14.5	15.1	15.4	15.7	15.7	15.7	15.7	15.7
16.2	14.5	15.1	15.7	16.0	16.2	16.2	16.2	16.2	16.2
16.8	15.1	15.7	16.2	16.5	16.8	16.8	16.8	16.8	16.8
17.4	15.4	16.2	16.8	17.1	17.4	17.4	17.4	17.4	17.4
18.0	16.0	16.5	17.4	17.7	18.0	18.0	18.0	18.0	18.0
18.6	16.5	17.1	18.0	18.3	18.6	18.6	18.6	18.6	18.6
19.1	16.8	17.7	18.3	18.9	19.1	19.1	19.1	19.1	19.1
19.7	17.4	18.3	18.9	19.4	19.4	19.4	19.7	19.7	19.7
20.3	18.0	18.6	19.4	19.7	20.0	20.0	20.3	20.3	20.3
20.9	18.6	19.1	20.0	20.3	20.6	20.6	20.9	20.6	20.9
21.5	18.9	19.7	20.6	20.9	21.2	21.2	21.5	21.2	21.5
22.0	19.4	20.3	21.2	21.5	21.8	21.8	21.8	21.8	22.0
22.6	20.0	20.6	21.8	22.0	22.3	22.3	22.3	22.3	22.6
23.2	20.3	21.2	17.4	22.6	22.9	22.9	22.9	22.9	23.2
23.8	20.9	21.8	22.6	23.2	23.5	23.5	23.5	23.5	23.8
24.4	21.5	22.3	23.2	23.8	24.1	24.1	24.1	24.1	24.4
24.9	21.8	22.9	23.8	24.4	24.7	24.7	24.7	24.7	24.9
25.5	22.3	23.2	24.4	24.9	25.2	25.2	25.2	25.2	25.5
26.1	22.9	23.8	24.9	25.2	25.8	25.8	25.8	25.8	26.1
26.7	23.5	24.4	25.2	25.8	26.4	26.4	26.4	26.4	26.7
27.3	23.8	24.9	25.8	26.4	27.0	27.0	27.0	27.0	27.3
27.8	24.4	25.2	26.4	27.0	27.6	27.6	27.6	27.6	27.8
28.4	24.9	25.8	27.0	27.6	28.1	28.1	28.1	28.1	28.4
29.0	25.2	26.4	27.6	28.1	28.7	28.7	28.7	28.7	29.0
29.6	25.8	27.0	28.1	28.7	29.3	29.3	29.3	29.3	29.6
30.2	26.4	27.3	28.4	29.3	29.6	29.6	29.9	29.9	30.2
30.7	26.7	27.8	29.0	29.9	30.2	30.2	30.5	30.5	30.7
31.3	27.3	28.4	29.6	30.2	30.7	30.7	31.0	31.0	31.3
31.9	27.8	29.0	30.2	30.7	31.3	31.3	31.6	31.6	31.9
32.5	28.4	29.3	30.7	31.3	31.9	31.9	32.2	32.2	32.5
33.1	28.7	29.9	31.3	31.9	32.5	32.5	32.8	32.8	33.1
33.6	29.3	30.5	31.6	32.5	33.1	33.1	33.4	33.4	33.6
34.2	29.9	31.0	32.2	33.1	33.6	33.6	33.9	33.9	34.2
34.8	30.2	31.3	32.8	33.6	34.2	34.2	34.5	34.5	34.8

附　录　B
（规范性附录）
薄规格非包铝板材或试件电导率检测的修正测试方法

B.1　采用叠加方式测量电导率试件应满足的条件

B.1.1　牌号、厚度、热处理状态相同。

B.1.2　不带包铝层或涂层。

B.1.3　要求进行电导率测试的相同试件不少于3个。

B.1.4　叠层试件具有相同的外形，并可紧密地贴合在一起。

B.2　薄规格非包铝试件电导率的检测方法

B.2.1　从同批待检测试件中抽取3个试样分别标记为a、b、c进行电导率的叠加测试试验。

B.2.2　分别按表B.1中的A、B、C叠放顺序测试电导率 σ_A、σ_B、σ_C。

表 B.1

试验序号	A	B	C
试样排列序号	a	b	c
	b	c	a
	c	a	b
电导率值	σ_A	σ_B	σ_C

B.2.3　如果叠加测量的电导率值超出了相应的电导率验收范围，该叠加方式顶层的试件不能作为叠加测量的试样，应从该批试件中重新选择一个试样继续进行叠加测量试验。

B.2.4　在非叠加条件下，在a、b、c薄规格非包铝试件的接近边角处和中心部位分别测得5个电导率值，并分别求出a、b、c的平均电导率 σ_a、σ_b、σ_c。

B.2.5　分别按公式(B.1)、公式(B.2)计算出叠加方式和非叠加方式测量的电导率平均值。

$$\text{叠加方式测量电导率的平均值} = 1/3(\sigma_A + \sigma_B + \sigma_C) \quad \cdots\cdots\cdots\cdots(B.1)$$

$$\text{非叠加方式测量电导率的平均值} = 1/3(\sigma_a + \sigma_b + \sigma_c) \quad \cdots\cdots\cdots\cdots(B.2)$$

B.2.6　以“叠加方式测量电导率的平均值”减去“非叠加方式测量电导率的平均值”所得差值作为薄规格非包铝试件电导率测量的修正系数，并按下列规定测试该批试件：

B.2.6.1　当修正系数在−1.5 MS/m～1.5 MS/m(−2.5%IACS～2.5%IACS)之间，可在非叠加情况下测试该批试件，并在判定试件合格前对电导率测量值加以补偿修正。

B.2.6.2　当修正系数在1.5 MS/m～3.0 MS/m(2.5%IACS～5.0%IACS)之间，用叠加方式测试该批试件。叠加时，每个试件以叠放在最上面时作为被测量试件，每次测量叠放试件的数量不少于3个。

B.2.6.3　当修正系数大于3.0 MS/m(5.0%IACS)时，所用的仪器和工作频率不适合应用叠加方式测试该批薄规格非包铝试件的电导率。

ICS 25.220.20
H 20

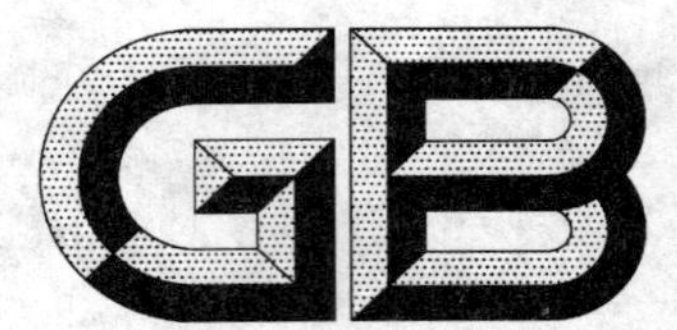

中华人民共和国国家标准

GB/T 12967.1—2008
代替 GB/T 12967.1—1991

铝及铝合金阳极氧化膜检测方法 第1部分:用喷磨试验仪测定阳极氧化膜的平均耐磨性

Test methods for anodic oxidation coatings of aluminium and aluminium alloys—Part 1:Measurement of mean specific abrasion resistance of anodic oxidation coatings with an abrasive jet test apparatus

(ISO 8252:1987,Anodized aluminium and aluminium alloys—Measurement of mean specific abrasion resistance of anodic oxidation coatings with an abrasive jet test apparatus,MOD)

2008-06-09 发布 2008-12-01 实施

中华人民共和国国家质量监督检验检疫总局
中国国家标准化管理委员会 发布

前　言

GB/T 12967《铝及铝合金阳极氧化膜检测方法》分为 7 个部分：

——第 1 部分：用喷磨试验仪测定阳极氧化膜的平均耐磨性；

——第 2 部分：用轮式磨损试验仪测定阳极氧化膜的耐磨性和磨损系数；

——第 3 部分：氧化膜的铜加速乙酸盐雾试验(CASS 试验)；

——第 4 部分：着色阳极氧化膜耐紫外光性能的测定；

——第 5 部分：用变形法评定阳极氧化膜的抗破裂性；

——第 6 部分：目视观察法检验着色阳极氧化膜色差和外观质量；

——第 7 部分：用落砂试验仪测定阳极氧化膜的耐磨性。

本部分为 GB/T 12967 的第 1 部分。

本部分根据 EN 12373-10：1999《铝及铝合金阳极氧化—阳极氧化膜平均耐磨性的测定—喷磨试验仪法》，修改采用 ISO 8252：1987《铝及铝合金阳极氧化—用喷磨试验仪测定阳极氧化膜的平均耐磨性》(英文版)，并根据 ISO 8252：1987 重新起草。为了方便比较，在资料性附录 D 中列出了本部分章条和对应的国际标准章条的对照一览表。

本部分在采用 ISO 8252：1987 时进行了修改。这些技术差异用垂直单线标识在它们所涉及的条款的页边空白处。主要技术差异如下：

——将第 1 章“范围”和第 2 章“适用范围”合并为“范围”，并删除了其中关于“轮磨试验法”的阐述；

——在 1.3 中增加“万用表”；

——在 5.2.1 中指定磨料的粒度为 GB/T 2481.1—1998 中规定的 F100；

——在 5.2.2 中增加“干燥时间至少为 2 h”；

——在 5.2.2 中将“可选用筛孔公称尺寸为 180 μm 或 300 μm 的筛子”更改为“可选用筛孔公称尺寸为 300 μm 的筛子，筛下磨料重复使用。”；

——在 6.2“试样”中增加“冷封孔的试样，应放置 24 h 以后方可试验。中温封孔的试样，放置时间可由供需双方协商决定。”；

——在第 9 章“试验报告”中，增加了“试验日期”；

——在 B.4.2.4 中将“可借助低压连续探头来证实。”更改为“可借助万用表来证实。”；

——在附录 C 中增加了“C.1　范围”和“C.2　方法概要”；

——将附录 C 中的阳极氧化温度偏差范围修改为±1℃。

本部分代替 GB/T 12967.1—1991《铝及铝合金阳极氧化　用喷磨试验仪测定阳极氧化膜的平均耐磨性》。

本部分与 GB/T 12967.1—1991 相比，主要变化如下：

——删除了引言部分；

——删除了第 1 章中关于“轮磨试验法”的阐述；

——在 1.3 中增加“万用表”；

——在第 2 章中增加了对 GB/T 2481.1 和 GB/T 8005.3 的引用；

——根据 ISO 8252：1987，删除了第 3 章中关于“分层检验”的叙述，并将相关内容并入到第 1 章中；

——根据 EN 12373-10：1999，调整了第 4 章的结构；

——根据 ISO 8252：1987，对第 5 章的结构进行了重新调整；

——在 5.2.1 中指定磨料的粒度为 GB/T 2481.1—1998 中规定的 F100；

——在 5.2.2 中增加“干燥时间至少为 2 h”；

——在 5.2.2 中将“可选用筛孔公称尺寸为 180 μm 或 300 μm 的筛子”更改为“可选用筛孔公称尺寸为 300 μm 的筛子，筛下磨料重复使用。”；

——在 6.2“试样”中增加“冷封孔的试样，应放置 24 h 以后方可试验。中温封孔的试样，放置时间可由供需双方协商决定。”；

——在 7.2“平均耐磨性”中增加“应为不少于三次测定结果的平均值”；

——在第 9 章“试验报告”中，增加了“试验日期”；

——根据 EN 12373-10:1999，调整了附录 C 的结构；

——在 B.4.2.4 中将“可借助低压连续探头来证实。”更改为“可借助万用表来证实。”；

——在附录 C 中增加了“C.1　范围”和“C.2　方法概要”；

——将附录 C 中的阳极氧化温度偏差范围修改为±1℃。

本部分的附录 C 是规范性附录，附录 A、附录 B、附录 D 是资料性附录。

本部分由中国有色金属工业协会提出。

本部分由全国有色金属标准化技术委员会归口。

本部分负责起草单位：国家有色金属质量监督检验中心、广东兴发铝业有限公司、广东坚美铝型材厂有限公司、佛山市新合铝业有限公司、苏州罗普斯金铝业有限公司。

本部分参加起草单位：福建省南平铝业有限公司、华南有色金属质量监督检验中心、福建省闽发铝业股份有限公司、佛山市南海华豪铝型材有限公司、广东豪美铝业有限公司。

本部分主要起草人：纪红、陈文泗、何耀祖、戴悦星、曹贵水、颜廷柱、陈礼华、李扬、陈素妹、蓝安英、周春荣。

本部分所代替的历次版本发布情况为：

——GB/T 12967.1—1991。

铝及铝合金阳极氧化膜检测方法 第1部分:用喷磨试验仪测定阳极氧化膜的平均耐磨性

1 范围

1.1 本部分规定了使用喷磨试验仪测定铝及铝合金阳极氧化膜的平均耐磨性并与标准试样、协议参比试样的耐磨性进行比较的试验方法。

1.2 本部分适用于膜厚不小于 5 μm 的铝及铝合金阳极氧化膜的检验,尤其适用于检验区直径约为 2 mm的小试样和表面不平的试样。

1.3 使用设计合理的喷磨试验仪、涡流测厚仪和万用表,可以进行分层检验,反映耐磨性沿膜厚方向变化的情况(参见附录 B)。

1.4 由于不同批次的磨料会使试验结果产生一定的误差,所以本试验只是一种相对的检验。

2 规范性引用文件

下列文件中的条款通过本标准的引用而成为本标准的条款。凡是注日期的引用文件,其随后所有的修改单(不包括勘误的内容)或修订版均不适用于本标准,然而,鼓励根据本标准达成协议的各方研究是否可使用这些文件的最新版本。凡是不注日期的引用文件,其最新版本适用于本标准。

GB/T 2481.1—1998 固结磨具用磨料 粒度组成的检测和标记 第1部分:粗磨粒 F4～F220

GB/T 4957 非磁性基体金属上非导电覆盖层 覆盖层厚度测量 涡流法(GB/T 4957—2003,ISO 2360:1982,IDT)

GB/T 8005.3 铝及铝合金术语 第3部分:表面处理术语(GB/T 8005.3—2008,ISO 7583:1986,Anodizing of aluminium and its alloys—vocabulary trilingual edition,MOD)

3 术语、定义

GB/T 8005.3 确立的以及下列术语、定义适用于本部分。

3.1

试样 test specimen

待检验的样品。

3.2

标准试样 standard test specimen

按附录 C 所给条件制备的样品。

3.3

协议参比试样 agreed reference specimen

按供需双方所认可的条件制备的样品。

4 方法原理

在严格控制的条件下,由干燥的空气流或惰性气体将干燥的碳化硅颗粒喷射在试样一个小的检验区上,一直到裸露出金属基体为止。氧化膜的平均耐磨性可用喷磨时间或喷磨所用的碳化硅质量来表示。检验结果应和标准试样(附录 C)或协议参比试样的结果相比较。

5 装置

5.1 喷磨试验仪(参见图 A.1～图 A.3)

5.1.1 喷磨装置

5.1.1.1 喷磨装置由玻璃、黄铜、不锈钢或其他的硬质材料制成。它主要由两个管子组成,管子之间为同轴固定。外管与净化干燥的压缩空气或惰性气体发生器相通,所供气体由控制阀严格控制其流速。干燥磨料通过内管在出口端与空气混合后,直接喷射在阳极氧化膜试样的表面上。

5.1.1.2 对于喷磨试验仪的结构无严格的规定,只要求在连续多次的试验中应有较好的重现性,并且测量准确。

5.1.1.3 有些喷磨试验仪的结构虽然设计合理,但是在实际应用中,运用这些设计却难以生产出一批能产生相同试验结果,不随某些因素影响而产生误差的喷磨试验仪。推荐使用附录 A 中所的设计方案。

5.1.2 试样支架

5.1.2.1 试样支架为一个倾斜式平台,试样固定在平台上。试样面通常与喷嘴的轴线成 45°～55°角。喷嘴的轴线通常为竖直方向。

5.1.2.2 角度不同,其喷磨作用也不同。角度越大,其椭圆形的检验区越小,磨损越快,最终的检验点越明显。

5.1.3 空气或惰性气体供应

5.1.3.1 外管所需要的空气或惰性气体,通常是由空气压缩机或贮气瓶提供。送气量由仪器附近的调节阀、流量计或压力计来精确地控制。

5.1.3.2 压缩空气或惰性气体应为干燥的或低湿度的。可用将压缩空气通过一个容器使水汽凝聚的方法产生低湿度的空气。也可用将压缩空气或惰性气体通入置有硅胶的管子的方法,来产生干燥的气体。

注:实际应用中,压缩空气或惰性气体的常用流速为 40 L/min～70 L/min,常用压强约为 15 kPa。在喷磨试验仪使用期间,一旦选定压缩空气或惰性气体的流速,应在整个试验期间内尽可能保持该流速恒定。

5.1.4 供料漏斗

供料漏斗用于储存磨料,并能以(20 g/min～30 g/min)±1 g/min 的速度供料。

5.2 磨料

5.2.1 喷磨试验仪(5.1)所用的磨料,采用碳化硅颗粒。磨料的合适粒度为 GB/T 2481.1—1998 中规定的 F100。

5.2.2 磨料应无潮气,在使用之前应放在平底托盘中,于 105℃下进行干燥,干燥时间至少为 2 h。然后进行粗筛(可选用筛孔公称尺寸为 300 μm 的筛子,筛下磨料重复使用。),以保证磨料中没有大的颗粒或条状物等杂质。干燥后的磨料应储存在干净的密封容器中,它可以重复使用 50 次,但每次使用之前应再次干燥和粗筛,然后使用。

5.2.3 环境湿度对试验结果无太大影响,但如果使用没有干燥过的磨料,则它将对试验结果产生较大的影响。

5.3 计时器

计时器可根据需要来选择。

6 试验步骤

6.1 标准试样

按附录 C 的条件制备的试样。

6.2 试样

根据需要和可能,切取大小适宜的待检试样,但不能损坏试样的检验表面。冷封孔的试样,应放置 24 h 以后方可试验。中温封孔的试样,放置时间可由供需双方协商决定。

6.3 仪器校正

6.3.1 选好标准试样(6.1)的待磨损面并作上标记。按 GB/T 4957 规定的方法,用涡流测厚仪精确地测量每个检验面上的阳极氧化膜厚度。

6.3.2 将标准试样(6.1)固定在试样支架(5.1.2)上,其受检面与喷嘴相对,并与喷嘴轴呈正确角度(参见 5.1.2.1)。

6.3.3 试验时,在供料漏斗(5.1.4)中加入足够量的磨料(5.2)。如果耐磨性能是按磨料(5.2)用量来测量,则应称量供料漏斗(5.1.4)中的磨料(5.2)质量,精确到 1 g。

6.3.4 把气体的流速或压强调整至选定值,并且在每次检验过程中,自始至终保持在这一选定值。

注:对于标准试样和测试试样,其压缩空气或惰性气体流速都应调整到合适的磨损速率。最佳的流速或压强可由仪器制造厂提供。但对于硬质阳极氧化膜、软膜、薄膜,其上述参数则有所不同。

6.3.5 磨料(5.2)的流动和计时应同时进行,在整个检验周期内,应保证磨料喷射自如。

6.3.6 在目测条件下检验时应密切注意标准试样(6.1),当磨损面中心出现一个小黑点,并且黑点的直径扩大至 2 mm 时,应立即停止磨料(5.2)喷射和计时器(5.3),结束试验。

6.3.7 记录试验时间,用秒表示。如果需要,还应称量供料漏斗(5.1.4)中所剩磨料(5.2)的质量,精确到 1 g。

6.3.8 从两次称量(6.3.3 与 6.3.7)中,计算出穿透氧化膜时所用的磨料(5.2)质量,用克表示。

6.3.9 从上述过程(6.3.7 与 6.3.8)中得出标准试样的耐磨性参数(S),以秒或克表示。

6.3.10 在标准试样(6.1)的其他部分至少再进行两次测量(6.3.3 至 6.3.9)。

6.4 喷射流的校正

6.4.1 概述

在试验前必须用标准试样(6.1)按 6.3 条的规定对仪器进行校正,得到试验时所需要的喷磨系数(7.1)。

6.4.2 喷射流与磨损特性随时间的变化

当进行一系列的检验时,应按 6.3 条规定的步骤,每天检验 1~2 次,以便对喷射流或磨损特性随时间的变化进行校正。

6.4.3 喷嘴更换后的校正

喷嘴更换后,应按 6.3 条规定的步骤重新试验,以便对喷射流特性的变化进行校正。

6.5 测量

按 6.3 所规定的步骤,用试样(6.2)置换标准试样(6.1)后进行试验。

6.6 协议参比试样的使用

6.6.1 在某些情况下,例如,为了达到控制质量的目的,在试验中可以使用协议参比试样进行比较。

6.6.2 当需要并经供需双方同意后,可以用协议参比试样来替代标准试样(6.1),并按 6.3 规定的步骤进行试验。

7 结果表示

7.1 喷磨系数

喷磨系数(K)按公式(1)计算:

$$K = \frac{d_s}{S_s} \times 10 \qquad \cdots\cdots(1)$$

式中:

K——喷磨系数,单位为微米每克(μm/g)或微米每秒(μm/s);

d_s——标准试样上的检验面原始膜厚,单位为微米(μm);

S_s——标准试样的耐磨性参数,单位为克(g)或秒(s)。

注:在规定的条件下,若已得出了所用仪器的喷磨系数后,当再用这台仪器进行试验时,试验数据乘以这个系数。

7.2 以标准试样为基准的平均耐磨性

如果喷磨试验是以标准试样(6.1)为基准，那么氧化膜表面某个部位的平均耐磨性(R)按公式(2)计算，式中所采用的试样(6.2)上的数据，应为不少于三次测定结果的平均值。

$$R = \frac{K \cdot S}{d} \qquad \cdots\cdots(2)$$

式中：

R——以标准试样为基准的平均耐磨性，无量纲值；

S——试样(6.2)的耐磨性参数(6.3.9)，单位为克(g)或秒(s)；

d——试样(6.2)上的检验面原始膜厚，单位为微米(μm)。

注：平均耐磨性这个术语的含义是指阳极氧化膜的耐磨性沿厚度方向有可能发生变化，因此所测量的值应是整个膜厚的平均性能。它是一个无量纲比值，标准试样的平均耐磨性为10。

7.3 以协议参比试样为基准的平均耐磨性

如果喷磨试验是以协议参比试样为基准，那么氧化膜表面某个部位的平均耐磨性(R_x)按公式(3)计算，式中所采用的试样(6.2)和协议参比试样上的数据，应为不少于三次测定结果的平均值。

$$R_x = (S/d) \times (d_r/S_r) \times 100 \qquad \cdots\cdots(3)$$

式中：

R_x——以协议参比试样为基准的平均耐磨性，无量纲值；

d_r——协议参比试样检验面上的原始膜厚，单位为微米(μm)；

S_r——协议参比试样的耐磨性参数，单位为克(g)或秒(s)。

8 试验报告

试验报告至少应包括以下内容：

a) 试样号；

b) 本部分编号；

c) 所用喷磨仪的型号，试验面和喷嘴之间的夹角；

d) 磨料粒度，所用气体的流速或压强；

e) 试验点的数量和位置；

f) 以标准试样为基准的平均耐磨性(R)的计算值或以协议参比试样为基准的平均耐磨性(R_x)的计算值；

g) 有关试验现象和检验面特性的说明；

h) 试验日期。

附　录　A
（资料性附录）
喷磨试验仪的设计

A.1　喷磨试验仪 1

A.1.1　图 A.1 为一种喷磨试验仪的基本结构和设计，但它未包括附件、试样和磨料收集箱。

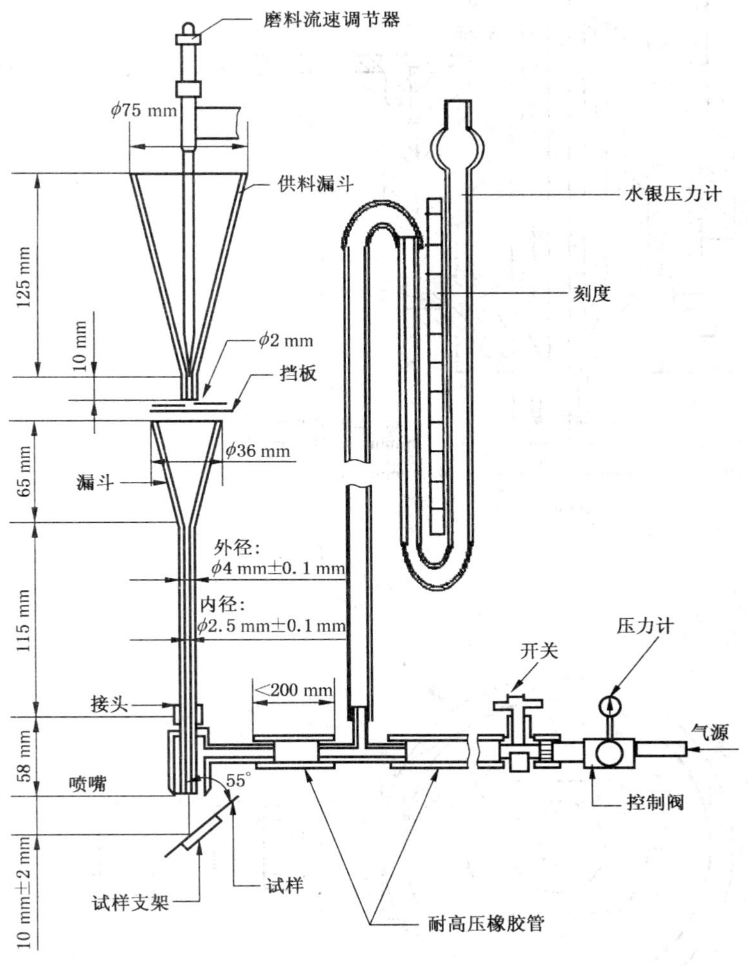

图 A.1　喷磨试验仪 1 的基本结构

A.1.2　图 A.2 为喷嘴的结构。喷嘴一般由黄铜或不锈钢制成，设计上要求喷嘴的耐磨性很强。当喷嘴与试样成 55°角时，其磨速大，最终的喷磨点很明显。

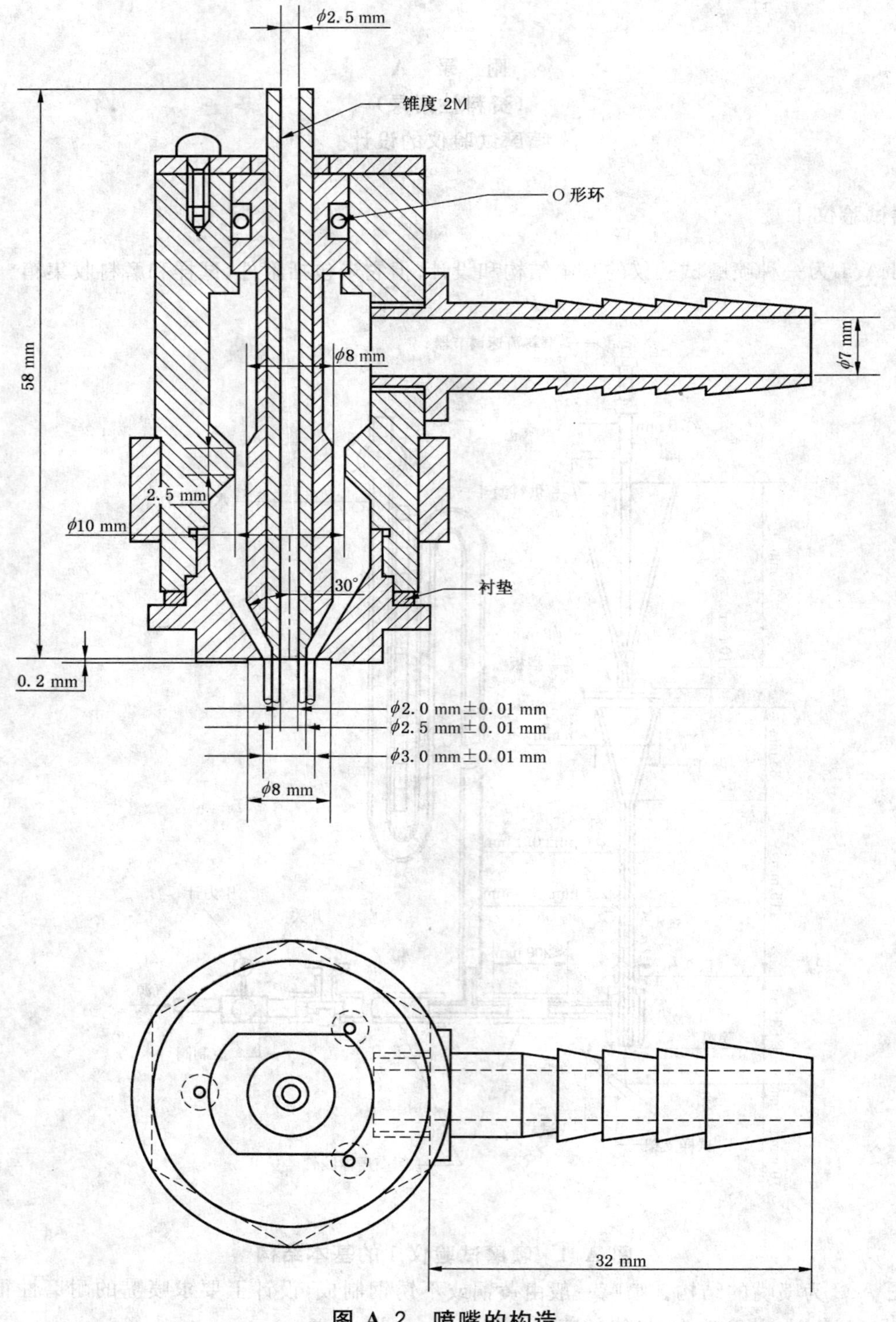

图 A.2 喷嘴的构造

A.2 喷磨试验仪 2

A.2.1 图 A.3 为另一种比较令人满意的喷磨试验仪的基本结构和设计。制作材料可以任意选择。但是，建议外管(8.5 mm)应由玻璃制成。由于外管易损坏，会影响试验结果的准确性，因此，建议用可拆卸的金属环来固定，以便更换。

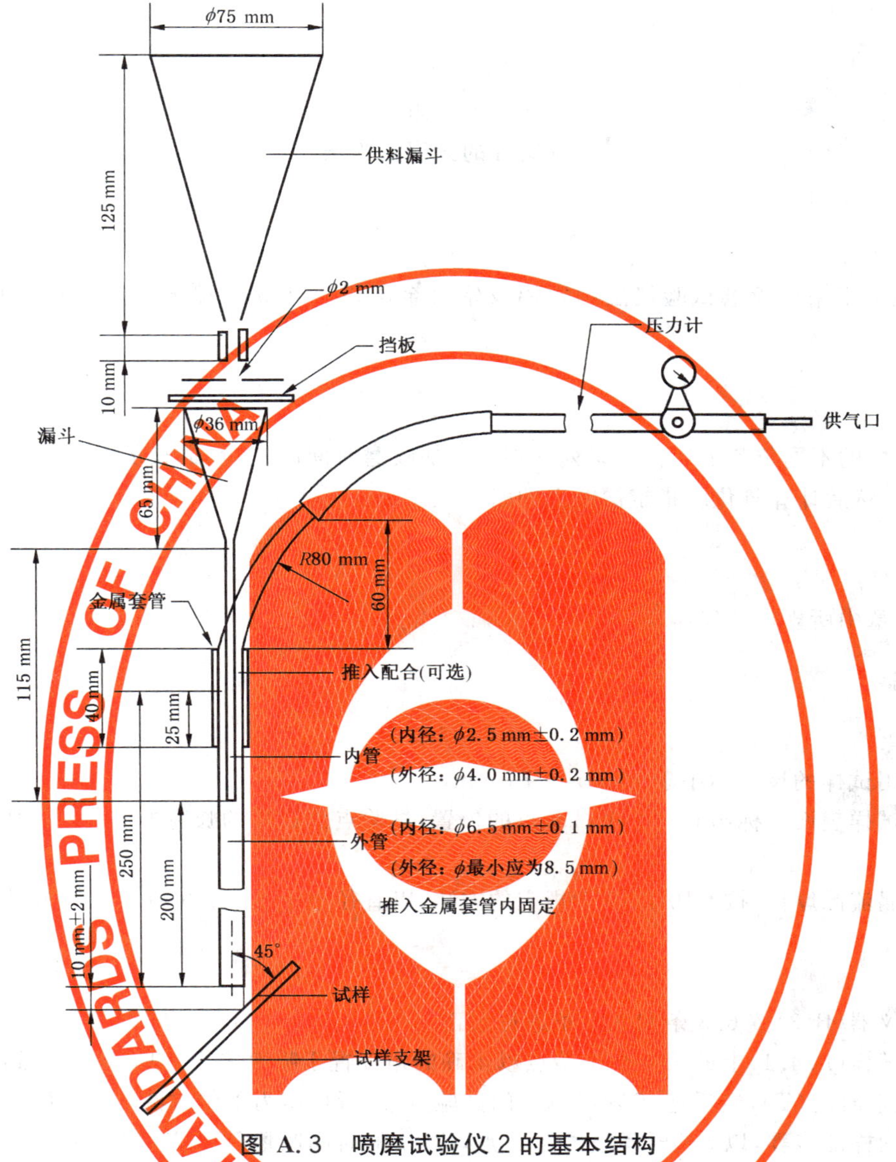

图 A.3　喷磨试验仪 2 的基本结构

A.2.2　试验期间，最终喷磨点明显。对于每一种空气流速，都应选用各自特定的玻璃管。试样与喷嘴间的夹角通常成 45°角，但在本标准中规定为 45°～55°角。

附　录　B
（资料性附录）
耐磨性的分层检验法

B.1　范围

本附录规定了采用喷磨试验仪法测定铝及铝合金阳极氧化膜沿厚度方向上的各层间的耐磨性的方法。

B.2　原理

在一个试样的不同位置上进行一系列的不断增加喷磨时间的试验，最长的时间为氧化膜完全穿透为止(6.3.6)。然后计算氧化膜指定深度上的耐磨性。

B.3　仪器

采用第 5 章中所规定的仪器。

B.4　试验步骤

B.4.1　试样

B.4.1.1　所用试样的尺寸不小于 70 mm×70 mm。

B.4.1.2　在试样表面上标出 6～12 个试验点的位置，试验点沿试样的长宽方向排列间距分别为10 mm 和 20 mm。

B.4.1.3　用涡流测厚仪，按 GB/T 4957 规定的方法，以直径小于 1 mm 的探头去精确地测量每个试验点的原始膜厚。

B.4.2　测量

B.4.2.1　将仪器(B.3)按 6.3 条和 6.4 条进行校正。

B.4.2.2　把试样(B.4.1)上的第一个试验点以正确的角度置于喷嘴之下，进行喷磨直到氧化膜刚好被磨穿为止。记下时间(T)，然后把 T 除以剩下的试验点数，所得值为单位耐磨时间(t)。

B.4.2.3　以同样的步骤，以 t 的时间喷磨第二点，以 $2t$ 的时间喷磨第三点，依此类推直至各点都试验完毕。记录下各点喷磨所用的磨料(5.2)质量(m)。

B.4.2.4　所有给定的试验点都喷磨完毕后，取下试样(B.4.1)，用软布擦净试验面，按 GB/T 4957 规定的方法，精确测量各个试验部位剩下的膜厚。确认膜厚是否为零时，可借助万用表来证实。

B.4.2.5　用标准试样(6.1)进行测试，计算喷磨系数(7.1)。

B.5　结果表示

B.5.1　对每个喷磨点计算磨掉的膜厚。

B.5.2　对每个喷磨点计算相应的磨损值($t \cdot K$ 或 $m \cdot K$)。

B.5.3　以被磨掉的膜厚为横坐标，以相应的磨损值为纵坐标绘制曲线，则曲线上各点的斜率为氧化膜该深度的耐磨特性。

注：本方法不适用于厚度小于 5 μm 的氧化膜。曲线上低于该值的那一部分可以由接近的那一点处外推得到。但是外推得到的结果，往往与实验结果有一定的误差。

附 录 C
（规范性附录）
标准试样的制备

C.1 范围

本附录规定了通过阳极氧化处理来制备耐磨试验用标准试样的方法。

C.2 方法概要

将指定牌号和状态的铝板制成固定尺寸的试样，于规定的条件下，在硫酸水溶液中对试样进行阳极氧化，使试样表面生成厚度为 20 μm±2 μm 的阳极氧化膜。经过这种阳极氧化处理的试样即可作为耐磨试验用标准试样。

C.3 试样

试样选用 H14 状态的 1050A 抛光铝板或冷轧铝板，尺寸为 140 mm×70 mm，厚度在 1.0 mm～1.6 mm之间。

C.4 制备过程

C.4.1 预处理

预处理只进行脱脂处理（允许采用轻微的碱浸蚀、电化学抛光或化学抛光）。

C.4.2 阳极氧化

C.4.2.1 用硫酸水溶液进行阳极氧化，溶液中游离硫酸浓度应保持在 180 g/L±2 g/L，铝离子浓度应保持在 5 g/L～10 g/L 之间。

C.4.2.2 阳极氧化应在 20℃±1℃的温度下进行，电流密度应控制在 1.5 A/dm^2±0.1 A/dm^2，采用压缩空气进行搅拌，氧化时间为 45 min。

C.4.2.3 试样（C.3）在槽液中进行氧化时，应呈轴水平、竖直放置。阳极表面保持强烈搅拌，电流应稳定，波动不超过 5%。每次氧化的试样（C.3）不超过 20 块，电解液的体积为每个试样（C.3）不小于 10 L。

C.4.3 封孔

在每升含有 1 g 醋酸铵的去离子水中（pH5.5～pH6.5），于沸腾情况下封孔 60 min。

注：严格控制阳极氧化条件时，可以制取非常精确的试样，并且还具有较好的重现性。采用本附录 C 的规定，标准试样的相对偏差为±10%。

附 录 D
（资料性附录）
本部分章条编号与 ISO 8252:1987 章条编号对照

表 D.1 本部分章条编号与 ISO 8252:1987 章条编号对照

本部分章条编号	对应的国际标准章条编号
—	0
1	1、2
2	3
3	5
4.1	4.3
4.2	4.1
4.3	4.2
5.1～5.3	6.1～6.3
6.1～6.6	7.1～7.6
7.1～7.3	8.1～8.3
8	9
—	A.1
A.1～A.2	A.2～A.3
B.1～B.5	B.1～B.5
C.1～C.2	—
C.3	AnnexC 的 1～5 段
C.4	AnnexC 的 6～22 段